谨以此书纪念辛亥革命100周年
纪念孙中山先生诞辰145周年
献给中国第六个文化遗产日

“十二五”时期国家重点图书
纪念辛亥革命100周年国家重点图书

中国近现代建筑经典丛书

辛亥革命纪念建筑

建筑文化考察组
《中国建筑文化遗产》编辑部 编著

指导单位：国家文物局

协编单位：江苏省文物局　湖北省文物局　广东省文物局　湖南省文化厅　南京博物院　宝佳集团　广州市文化局　深圳市文物管理办公室　天津大学　南京大学　广州大学　潇湘晨报社　中国文物学会传统建筑园林委员会　北京市文物局　天津市文物局　四川省文物局　辛亥革命武昌起义纪念馆　南京中山陵园管理局　中国建筑学会建筑师分会　天津历史风貌建筑保护专家咨询委员会　广州市中山纪念堂管理处　华南理工大学　深圳建筑科学研究院　中山舰博物馆　中国建筑图书馆　中国建设报社　等

天津大学出版社
TIANJIN UNIVERSITY PRESS

图书在版编目（CIP）数据

辛亥革命纪念建筑 / 建筑文化考察组等编著.—天津：天津大学出版社，2011.10
ISBN 978-7-5618-4212-6

I. ①辛… II. ①建… III. ①辛亥革命—纪念建筑—介绍 IV. ①TU251

中国版本图书馆CIP数据核字（2011）第234476号

出版发行　天津大学出版社
出 版 人　杨欢
地　　址　天津市卫津路92号天津大学内（邮编：300072）
电　　话　发行部：022-27403647 邮购部：022-27402742
网　　址　www.tjup.com
印　　刷　北京华联印刷有限公司
经　　销　全国各地新华书店
开　　本　260mm×350mm
印　　张　63.5
字　　数　569千
版　　次　2011年10月第1版
印　　次　2011年10月第1次
定　　价　386.00 元

序

1911年10月10日在武汉爆发的辛亥革命，是五千年中华民族推翻封建帝制、建立富强民主现代中国的伟大历史事件。在这个伟大的历史事件即将迎来其一百周年纪念日之际，由《中国建筑文化遗产》编辑部、建筑文化考察组等单位策划组织编著《辛亥革命纪念建筑》的书稿送来审阅，并邀我作序。我仔细阅读了这数十万言的书稿和相关的建筑测图及珍贵照片资料，认为此书诚为研究“辛亥革命”前后的特定历史阶段建筑现象的开先河之作，取得了十分可喜的研究成果，很值得向业内外读者推荐。在此，我谨做如下感言。

1. 围绕着辛亥革命，涌现了一大批见证重大历史事件，纪念孙中山、黄兴等革命先行者的建筑物，如武汉辛亥革命首义纪念馆（原晚清湖北省咨议局）、南京中华民国孙中山临时大总统办公室、南京中山陵、灵谷寺国民革命阵亡军士公墓、广州市中山纪念堂、黄花岗七十二烈士公墓、长沙黄兴墓、蔡锷墓等数百处具有重大历史意义和文化艺术价值的建筑精品，堪称近现代中国珍贵的文化遗产，它们也尤其受到党和国家领导人的高度重视和海峡两岸人民的喜爱。从建筑历史学的角度看，这一历史时期的建筑现象，折射出了中国社会在经济、文化、科技等方面的变化、发展趋势，已成为反映社会变革缘由的重要社会文化现象之一。

2. 有关以辛亥革命为中心事件的晚清至抗日战争前夜这一历史时期的建筑文化遗产保护和建筑事件研究，比较建筑文化遗产的其他项目（如古代建筑、古代墓葬遗址等）而言，应该说是起步较晚的，而其所面临的具体内容是相当繁重的。目前各地文物部门在这方面所开展的工作，主要是对数以千计的各地建筑遗址、遗存的普查。此次《中国建筑文化遗产》编辑部在各地相关部门的配合下，以“见证物性质的史迹建筑”、“本期建筑活动与作品”为基本分类，从文化类型和建筑学体系方面入手，对现存实例进行了系统分析，对其文化价值作出了客观评价，为今后加强保护和研究，打下了很好的基础。

3. 自晚清以来，以孙中山、黄兴等革命先驱为代表的仁人志士，为使中华民族由封建帝制走向真正的民主共和政体，历经坎坷、屡仆屡战，向世人展现了中华民族坚韧不拔的民族精神，同时也涉及一个古老民族在全人类社会发展潮流中所不能回避的政治、经济、军事、文化等一系列错综复杂的问题。本书虽以建筑文化遗产保护和建筑历史研究为论述范围，但能以较宏观的视野，及时吸收国内外历史学等相关领域的研究进展，将建筑活动与建筑作品还原到历史时代背景中，从而阐释了这一时期建筑的社会文化价值，极令人信服地指出：中国建筑遗产的发展，一如民族复兴的大趋势一样，必须在充分吸收外来文化的基础上，寻求符合民族文化心理的重生之路。

4. 从该书的编撰体例和治学风格上看，各具专长的中青年学者围绕这一个课题，分别从文化史、建筑史和社会发展史诸角度，采集史料（文献资料、建筑测绘资料和口述资料）、甄别史料，在对已有研究成果的比较和对历史发展逻辑的演绎等方面，都下了深入且扎实的工夫。尤其可贵的是，他们在理性归纳及学术研究过程中，字里行间洋溢着为建筑文化遗产与辛亥革命伟大实践竭尽全力的激情。

5. 历史地看，由于建筑文化考察组从事这一专项考察研究总结、著述工作才仅仅四年，受认知水平、时间和其他条件制约，其研究工作不可能面面俱到，许多重要地区的建筑实例难全涉及。我认为辛亥建筑乃至中国近现代建筑遗产的大课题不可能一蹴而就，需分阶段实施，但这些绝不能成为我们对这部优秀著作作出评价的阻碍。因此，我向读者郑重推荐这部书，并希望以这个研究成果为起点，日后不断有新的成果问世。

应当着重指出的是，随着我国综合国力的不断提高和文化事业的新需求，包括海峡两岸四地及各国侨民在内的全球华人，对中华民族伟大的文化复兴充满了希望和信心。而在这个划时代的百年文化建设中，客观、公正地评价孙中山等革命先行者的历史功勋和其在思想史上的地位，终将成为建筑界、文博界乃至历史文化界的奋斗方向。在这一时代背景下，我赞同几年来金磊总编及其建筑文化考察组对“事件建筑学”的界定与关注，尤其认为他们矢志不移地围绕在中国近现代史所展开的一系列“大事件”背后的建筑考察是十分有价值的。本书作为“中国近现代建筑经典丛书”的第三部著作，在继《中山纪念建筑》（2009年）、《抗战纪念建筑》（2010年）连续出版之后，又适时问世，无疑是对中国近现代史及建筑遗产专项研究独辟蹊径的补充，它记录下了亿万炎黄子孙为中华民族伟大复兴而付出的艰苦努力，更说明使事件建筑上升到建筑遗产的传播与出版工作是自觉的文化坚守之举，是这批中青年学者探寻建筑文化遗产保护方向、重育历史心境、传承建筑遗产文明的奉献之举。

单霁翔

国家文物局局长

2011年10月

目　录
Contents

辛亥时代建筑概述

殷力欣

引言

本书系“中国近现代建筑经典丛书”第三卷。前二卷为《中山纪念建筑》、《抗战纪念建筑》，分别论述了1866年（孙中山先生出生之年）以来的一个时间延续达百年以上的专题建筑现象——中山纪念建筑；1931年至1945年的特定时代建筑现象——抗战历史建筑。本卷所涉及时间段，主要以“1894年中日甲午战争爆发、孙中山创立兴中会——1911年黄花岗起义、武昌起义——1912年中华民国临时政府在南京成立——二次革命——护国战争——北伐——1928年实现共和政体下的全国初步统一”为主线，旁及1937年之前的一些相关建筑事件。

或者可以这样界定本书的选题范围：“抗日战争之前所建造的，从兴中会成立、武昌首义、创立民国至誓师北伐、国民政府定都南京等一系列具有历史见证意义的史迹建筑和专题建造的纪念建筑。”

作为有国内外多家高校和研究机构的多位中青年学者加盟的“建筑文化考察组”，我们编撰这三部书稿，试图以我们近年来对近现代建筑发展史初步探究的阶段性成果，大致脉络明晰地向读者展示1840—1945年这百年历程中，中国建筑业逐渐展露出的复兴端倪和发展轨迹，进而以建筑现象为研究途径，寄寓我们对民族文化未来图景的思索。

适值辛亥革命百周年纪念日临近，谨以此书表达我们对辛亥革命先贤烈士的深切缅怀。

本卷之所以将1894—1937年命名为“辛亥时代”，是因为这个前后历时四十余年、波折迭起的历史阶段，以1911年武昌起义为中心事件，是经过全国各民族、各阶层四万万同胞的共同奋斗，终于使现代共和政体在古老的中国大地上得以确立的关键时期。

图1 1894年——兴中会在华侨李昌宅成立

图2 1894年甲午战争——日军在辽东半岛花园口登陆

图3 1900年八国联军乘火车兵临北京城下

图4 1901年9月7日签订辛丑条约

这一时期，中华民国取代清王朝的政权更迭，以结束四千年帝王政治、确立民主共和政体为历史表象，而在此表象之下，则包含着中华民族及其文化传统或存或亡、全民族对生存未来的抉择等一系列问题，表现在建筑现象上，则是民族精神与现实生存状况、民族文化习俗与现代生活需求、固有文化心理与西方现代理念等多重元素的多重撞击、多重融合。

目前，我国学术界涉及具体的建筑门类尚无更缜密、明确的科学分类，现参考《中国大百科全书·建筑园林城市规划》[1]、《民用建筑设计通则》[2]等相关名词解释和现行规范，暂罗列十项基本内容如下：

① 宏观调控性质的城市、乡镇规划建设；

② 居住建筑（住宅建筑）：住宅、公寓等；

③ 公共建筑：立法、司法、政府办公用房，工商业、事业、团体、社区办公用房，多功能综合大楼、商场、银行、商务中心，看守所、监狱等；

④ 文教科卫建筑：影剧院、音乐厅、图书馆、博物馆、档案馆、文化馆、展览馆、礼堂、体育场馆、科研园区及用房、大中小学校园区及教学楼、医院、康复中心、急救中心、疗养院等；

⑤ 交通建筑：汽车客货运站、港口客货运站、铁路客货运站、空港航站楼、地铁站、桥梁等；

⑥ 工业建筑：厂房、水利工程等；

⑦ 军事建筑：军营、军港、军用机场、军事院校、防御设施等；

⑧ 纪念建筑：纪念碑塔亭、纪念馆堂、宗祠、故居、墓园等；

⑨ 宗教建筑：文庙、武庙、佛寺、道观、清真寺、基督教堂及修道院等；[3]

⑩ 园林建筑：公园、私园、游乐场、旅游景点建筑、城市建筑小品等。

应该说，上述十项内容均关联到本卷所要探讨的问题，似乎每一分项都可视为研究建筑与社会问题的基本史料。但囿于时间和目前的考察、研究进展，目前还不具备一一详述的条件。经与其他作者商议，本卷仍如前二卷一样，应用建筑实例考察、建筑风格分析、城市规划格局衍变分析、历史文献考证和口述历史资料采集等方法，而以纪念建筑为基本述论内容。经近一年的努力，分别由陈飞、李媛丽合撰完成《民国之门——湖北咨议局旧址》，周学鹰、鄢增华、苏艳萍合撰完成《孙中山临时大总统办公室、国民革命阵亡将士公墓的建筑特色及启示》，彭长歆撰写完成《纪念与继承——辛亥时代广州的纪念物、纪念建筑及空间生产》，潇湘晨报湖湘地理工作室撰写完成《寻访长沙岳麓山辛亥先贤遗迹》，重点述论武汉、广州、南京、长沙等四个与辛亥革命关系最为紧密也最具代表性的城市及其周边地区的辛亥时代纪念建筑遗存概况；全国其他省市与辛亥革命相关的建筑遗存，暂编入附表，以待来日补阙；又由张天洁女士完成一项对黄兴纪念物的专题研究，以弥补以往对孙黄并称的黄兴纪念建筑研究尤嫌不足的缺憾；本卷所收录赖德霖先生的专文《旧新共存和中西交织下的"辛亥时期"礼制建筑及纪念物概论》，打破既定的建筑学分类，撷取文化类型意义上的"礼制建筑"为研究课题，独辟蹊径地阐释了古代中国向现代文明演进的特定时代发展脉络，令人深思中国文化精神在当代的表述问题；而本文所承担的综述任务，则不苛求深入，以能为日后继续研究提供线索为基本目标。

一、清末民初社会思潮与文教事业一瞥

笔者在撰写前两卷综述文章时，都曾大致梳理了所述时代建筑现象所处之特定社会背景，主要着力将建筑现象还原在自第一次鸦片战争爆发至抗日战争胜利结束这一历史阶段的中国政治、经济和军事等形势之中。[4]这个工作与本书所述内容多有重合，故不再赘论。本文所侧重的，是中国近现代文化形态衍变和社会思潮动态等对建筑活动的影响。

[1] 中国大百科全书编辑委员会：《中国大百科全书·建筑园林城市规划》。北京：中国大百科全书出版社，1988年。
[2] 中华人民共和国建设部,中华人民共和国质量监督检验检疫总局：《民用建筑设计通则》。北京：中国建筑工业出版社，2005年。
[3] 按：中国儒学是否为严格意义上的宗教，目前尚存争议。按"宗教哲学、宗教情感和宗教仪式"三要素衡量，笔者认为文武庙建筑基本具备了宗教建筑的文化特征，故暂列入宗教建筑行列。
[4] 殷力欣，周学鹰：《中山纪念建筑概说》，载：建筑文化考察组编《中山纪念建筑》，天津，天津大学出版社，2009年；殷力欣，金磊：《抗日战争建筑概说》，载：建筑文化考察组编《抗战纪念建筑》，天津，天津大学出版社，2010年。

笔者近年来曾指出：16世纪以前始终维持着高度文明水准的古代中国，之所以在清代迅速衰微直至濒临亡国灭种的险境，原因之一在于清代以来思想的禁锢，使得国人接受外来文化影响、致力于民族文化自我更新的文化再生能力丧失殆尽；[5]而从另一方面看，以孙中山、黄兴为代表的进步势力领导辛亥革命，其历史功勋，不仅仅在于推翻清王朝、创立民主共和政体的中华民国，更在于其为振兴民族精神所付出的不懈努力、其为实现民族文化复兴所做出的艰苦的理论探索。

（一）清末民初社会思潮动态

参照《孙中山全集》、《剑桥中华民国史》（费正清）、《中华民国史》（张宪文）、《国学大纲》（钱穆）、《国学概论》、《中国近代思想史论》（李泽厚）等著述，1840年以来，除马克思、列宁主义学说在五四运动后逐渐结合中国社会实际成为中国社会的主流思想外，中国思想界有如下值得载入史册的思潮和学说。

① 魏源（1794—1857年）等在坚持儒学基本理念原则的基础上，倡导“师夷长技以制夷”之说。《海国图志》（1852年）、《书古微》等是其代表作，意在于打破有清一代汉族士大夫阶层拘泥于经学考据而不问政事的局面，开“睁眼看世界”之时代先河。

② 康有为（1858—1927年）、梁启超（1873—1929年）、谭嗣同（1865—1898年）等寻求政治上的“托古改新”。在学理上，这一派维新人士继承清代国学传统，借鉴西方现代思想，而以治儒学“公羊今文之学”为其立论基础。康有为之《新学伪经考》（1891年）、《孔子改制考》（1891年）、《大同书》（1894年）和谭嗣同之《仁学》（1897年）等为其代表作。

③ 严复（1854—1921年）提倡西学、呼吁变法，向国人系统介绍西方现代哲学、政治学成果。译作《天演论》（赫胥黎，1905年）、《法意》（孟德斯鸠，1902年）等在近代思想史上影响巨大。

④ 章太炎（1869—1936年）作为一代朴学大师，博览儒释道典籍，通晓西方现代哲学，借鉴历史经验，图谋中国之复兴大业。从其《訄书》初版（1899年）到《訄书重订本》（1906年）的思想变化看，大致在康梁变法失败后，他开始放弃对清政府变法维新的幻想，进而主张以汉族为主体力量的中华民族革命。邹容作《革命军》，陈天华作《猛回头》、《警世钟》等，其与章太炎文风迥异，而主张民族革命的精神实质则是一致的。

⑤ 孙文学说系孙中山（1866—1925年）先生历经1894年至1924年三十年社会实践与理论探索而独创。其以客观审视中国历史，理性接受西方现代科学思想、人文理念为基础，倡导将西方“三权分立”政治学说改良为具有中国固有文化成分的“五权宪法”，强调西方“自由、平等、博爱”精神与中国上古民本思想的契合，代表作有《三民主义》、《中国革命史》等。

⑥ “新文化运动”与“五四运动”。以胡适之、陈独秀等“文学革命”为先期论题，在学术界倡导“科学与民主”，致力于救国和文化启蒙，对中国传统思想、民族性等进行反思。这两次运动，使鲁迅等大文学家应运而生。鲁迅的文学意义，表面上是反传统（抨击宋明理学尤不遗余力），实则在主张学习西方文化的同时，呼吁恢复“汉唐文化精神”[6]。

⑦ 此外，这一时期又有张君劢、丁文江等的“科学与玄学之辩”；梁漱溟以《东西文化及其哲学》一书，倡导新儒学，有熊十力、冯友兰等响应，亦成颇具影响力的学派。

上述诸多流派，实际上核心问题是两个要素：旧学（国学）与新学（西学）。围绕着二者之间的关系，大致归纳为三种立场：主张因袭固有文化传统；主张采纳西学元素但坚持固有文化为不可动摇的根基；主张彻底摒弃中国文化传统，认为只有实行彻底的西化才是民族生存的唯一途径。

相比较而言，孙文学说属于第二种立场，因其对中外历史认识之清醒、透彻，立论之高屋建瓴而有别于其他学说，最具说服力。虽

[5] 殷力欣：《杂感—“甲申三百六十年”与“甲辰一百年”》，载《实现—综合艺术评论》，香港，2004年。
[6] 按：有关鲁迅的文学思想，笔者认为，不仅仅要重视《狂人日记》等反传统的作品，还要参阅其涉及传统文化学理分析的篇章，如《汉文学史纲》、《看镜有感》等。

然此学说在当时并没用受到应有的重视，但无疑是最深刻也最为重要的，至今仍可视为中国走向未来的思想宝库之一。著名历史学家、国学大师钱穆先生曾评价孙文学说：

"……有深闳博大之思，足以鼓动全国，以开未来学术思想之新机运者，则为孙中山先生之'三民主义'。先生本革命活动之经验，而创'行易知难'之说，又定'三民主义'以为救国之方针，其于恢复民族固有道德智识能力，以恢复民族固有之精神者，尤言之深切而著名。"[7]

这是很客观中肯的。

笔者近日曾撰《刍议"中国固有式建筑"的文化意义》一文，[8]认为：

"孙中山一生的社会活动和著述，留给后人这样一个命题：为解决中国乃至世界的问题，中国既要学习近现代西方建立在科学的基础上的民主自由观念，又要充分认识到科学并不能解决一切问题，而中国古代哲学、伦理学所暗含的人生智慧，正是解决复杂的社会现象的必要途径。

以他提出的'五权宪法'为例。孙中山《中国革命史》有言：'……欧洲立宪之精义，发于孟德斯鸠，所谓立法、司法、行政三权分立是已。欧洲立宪之国，莫不行之；然余游欧美，深究其政治、法律之得失，知选举之弊，决不可无以救之。而中国相传考试之制，纠察之制，实有其精义，足以济欧美法律、政治之穷，故主张以考试、纠察之权，与立法、司法、行政之权并立，合为五权宪法；更采直接民权之制，以实现主权在民之实……'[9]

西方来自洛克、孟德斯鸠等的'三权分立'说，通常被认为是非常科学的政治理论，而孙中山在此基础上又加上了来自中国传统的两项权利：考试、监察。这似乎是多余的，不够科学的，应该合并在"行政权"范畴之内。但是，就现在各国形势说，强调这两条，则是极富有远见的。社会毕竟不是机械，必须有所侧重。就目前世界各地的执政现状来看，侧重强调'考试权'和'监察权'，不失为铲除社会弊端的有效途径。"

本文在此补充一点：孙文学说的意义还在于其真实体现了这一时期中国在意识形态领域所面临的根本问题：如何理性地处理中西方文化之间的接触，变文化冲突为文化融合。或者说，孙文学说立足于民族传统，将眼界拓展为不仅要解决中国的生存，不仅致力于中华民族的文化复兴，更有进一步图谋中国应对世界有所贡献的胆识，此为辛亥时代中国思想界独具世界意识的学说。

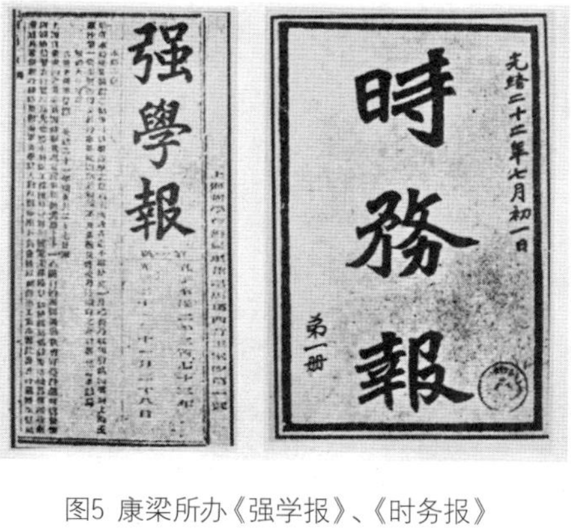

图5 康梁所办《强学报》、《时务报》

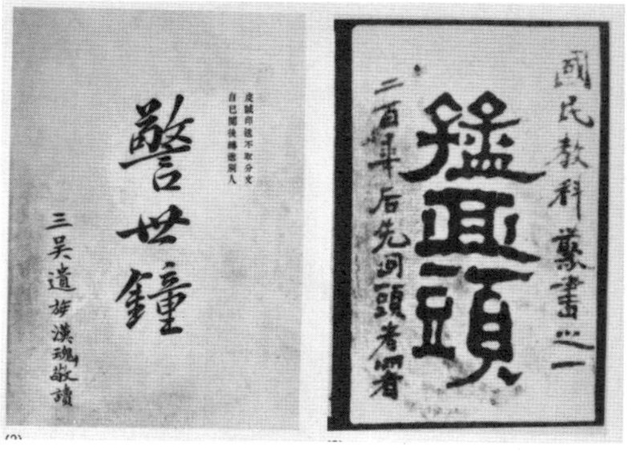

图6 陈天华著作

图7 邹容《革命军》书影

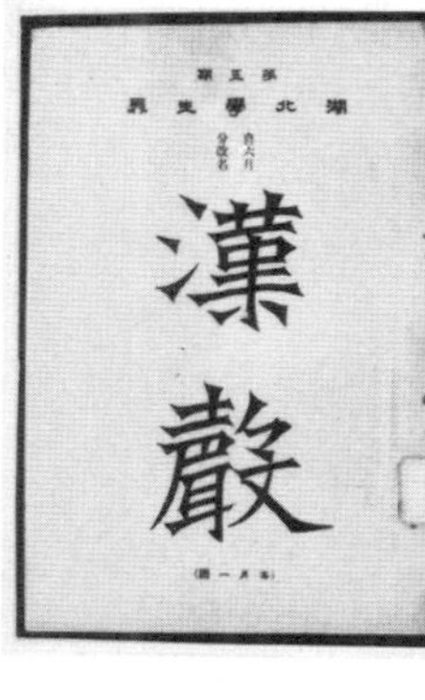

图8 湖北学生所办《汉声》杂志

（二）清末民初教育、科技事业

仍借助《剑桥中华民国史》（费正清）、《中华民国史》（张宪文）、《国学大纲》（钱穆）等民国史论著为基本资料，我们大致可以了解到：

[7] 钱穆：《国学概论》，349~350页，北京，九州出版社，2011年 。
[8] 殷力欣：《刍议"中国固有式建筑"的文化意义》，载《中国建筑文化遗产1》，天津大学出版社，2011年。
[9] 《孙中山全集》（7），61页，北京，中华书局，2006年。

①晚清于1905年废除科举制，新式的大中小学教育逐渐取代了传统教育；

②民国之初，孙中山领导下的南京临时政府即颁行《普通教育暂行办法》（1912年1月19日），倡导自由、平等、科学、民主的时代浪潮，体现为全体国民的文化素质教育；

③虽经袁世凯复辟帝制、倡导拒绝新思想的“尊孔读经”反时代思潮的冲击[10]，1916年蔡元培提出“思想自由、兼容并包” 的办学方针，稍后清华大学国学研究院陈寅恪教授提出“独立之精神，自由之思想”的治学原则，终于成为中国兴办大学教育的社会共识。

而在科技事业方面，民国之初至抗战前夜，现代科技的发展可列举成果如下：

①数学方面：先后有熊庆来、陈建功、陈省身、华罗庚等相继在微分几何、三角级数、傅里叶级数、堆垒素数等研究方面取得突破性进展，跻身于世界一流数学家行列；

②物理学方面：吴有训、叶企孙、吴大猷等不仅屡有成果，还形成了高水平的教研体系，为日后杨振宁、李政道等获得诺贝尔物理学奖打下了伏笔；

③化学方面：除陈克恢、吴宪、高崇熙、曾昭抡等的研究进展外，更有侯德榜、范旭东合作开创天津塘沽永利制碱厂、黄河化学工业社，将“科学救国”的理想直接应用于“实业救国”的社会实践；

④生物学方面：胡先骕、陈焕镛合撰《中国植物图谱》有“中国植物学发展的扛鼎之作”之誉，而1929年创办的南京中山植物园更是享有世界声誉；

⑤其他科技门类：地质学方面有翁文灏、丁文江、李四光等，气象学方面有竺可桢等，古生物与古人类学方面有裴文中等，均取得了世人瞩目的发现和研究进展， 1934年竣工的南京紫金山天文台，拥有当时最先进的设备和相当数量的一流人才，至少在亚洲居领先地位。

应当承认，尽管有上述一流的研究成果、一流的科技人才，尽管对照欧洲自工业革命以来的社会进步历程，应当承认中国当时科技进步势头之迅猛异常，但毕竟与当时的欧美先进国家相比，仍然具有相当大的差距，显然仍属草创阶段，仍面临着诸如经济条件的制约、文化观念滞后等诸多困扰。

与上述思想界之百家争鸣和教育、科技之筚路蓝缕相呼应，这一时期的后半段，克服了北洋政府时期的战争创伤，使社会生产得到了相当程度的恢复和发展。但自鸦片战争以来积贫积弱的国势，仍然没有实质性的改变。

在这个我们称之为“辛亥时代”的历史阶段，新的共和政体需要真正确立，而发展经济、恢复综合国力的任务也异常艰巨；更为艰难的，是面对西方列强的势力渗透和国内旧势力的重重阻碍，新的共和国必须完成与之相适应的文化观念的更新。

这也决定了“辛亥时代”的建筑面貌的复杂多样和亟待产生合乎时代要求的新建筑的社会呼声。

图9 清末灾民

图10 清末北京农业试验场大门

图11 清末广州贡院考棚

[10] 按：此处袁世凯等所倡导的孔子思想，是被后人扭曲的，并不代表儒家学说的本原。

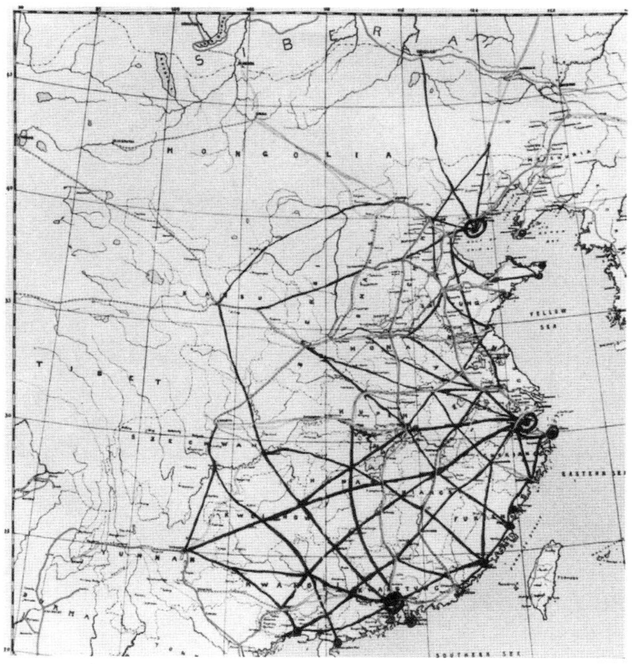

图12 孙中山1913年亲笔勾画的铁路建设图

图13 孙中山实业计划图

二、“辛亥时代”建筑背景

(一)清初至1840年(鸦片战争)以前的中国建筑面貌

依据历史文献记录和近年来的实地考察情况分析,以中国传统建筑技艺和材料建造的各类建筑物,虽经社会变迁、自然环境变化等原因,自周秦延续至公元1840年左右,依然覆盖着中国几乎100%的乡村和99%的城镇。这里,所谓城镇建筑面貌的99%,系指西式建筑的引进,其数额很可能实际上尚不足1%。但是,也正是这不足1%的西式建筑,却预示着不久之后的中国社会之巨变。

就中国历史发展进程而言,即使没有外来影响,沿袭3 000余年的以木结构为主体的中国建筑体系,也有着自身求变的需求。我们看南宋、元、明、清的建筑结构与技术衍变,大致可感觉到其在建筑规制方面、建筑材料方面之趋于体量的缩小和用材的节俭。这一方面反映了北宋以降综合国力之远逊于汉唐,自然环境变化也使得主要建筑材料(木材)日益短缺;另一方面,也凸显出明清以来人口大幅度剧增所招致的社会压力。故可以说,即使在正常的情况下,中国建筑也必然要有所变化、有所发展。

同时也应注意到,实际上自古以来华夏并不是一个封闭的拒绝接受外来影响的民族,但由于自身文化之深厚,很少生硬地照搬外来建筑样式,而是因地制宜地将外来文化与固有文化相融合。因此,外来的佛教、伊斯兰教建筑很早就随着宗教的进入而被中国所接纳,也很早就形成中国化的建筑面貌。

而对于清王朝而言,其特殊性在于:它没有能力完成建筑自身的变化发展(基本沿袭明代建筑风格,只在装饰细节上更加精细,但也趋于繁复琐碎),而对待外来文化影响,则在大政方针上予以拒绝,偶有引进,也仅是猎奇心理,绝无真正的理解,遑论在理解的基础上有所创新。

兹举五例。

1. 承德避暑山庄及外八庙

避暑山庄为集合江南园林、北方民居等元素营建的地处塞北的大型皇家园囿,始建于清康熙四十二年(1703年),经雍正、乾隆两代增修,同时在山庄外围修建博采汉藏寺庙建筑之长的普陀宗乘之寺、须弥福寿之寺、安远庙等“外八庙”,费时87年基本竣工。避暑山庄是北京以外的第二政治中心——夏宫。在建筑上,避暑山庄集民居与园林于一体,风格淡雅,突出亲民形象,而外八庙则融汇汉藏

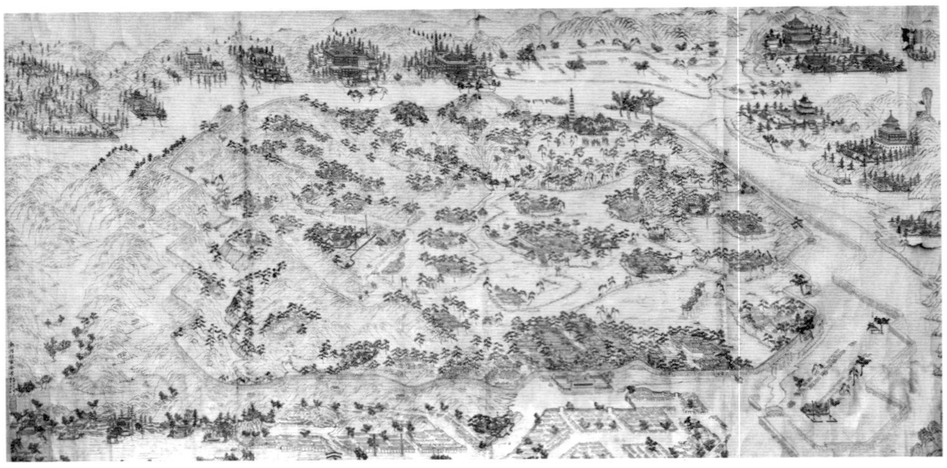

图14 热河行宫全图

图15 承德须弥福寿之寺全景

等各族宫殿佛寺之特长，强调中央政权的强大及其与蒙藏回等各部族间的和睦相处。两组风格各异的建筑群相互映衬，组合为一组规模更为宏大的建筑群，尽显清代短期的辉煌，虽无艺术上的创新，但也堪称中国古代建筑杰作之一。

2. 北京圆明园

这是这一时期传统风格建筑的另一杰作，同时又包含着早期清廷对西方文化的猎奇。圆明园系圆明园、长春园、绮春园三园的统称，坐落在北京西郊。它始建于清康熙四十六年（1707年），建筑面积逾16万平方米，系清皇室经营150余年的大型皇家宫苑——又一处夏宫。其设计理念与承德避暑山庄大体相似（集合全国各地建筑、园林之精华于一隅），所不同之处，则在于其在园之东北部营建了一处欧式建筑群（含“远瀛观”、“大水法”等多处单体建筑）。此系意大利传教士郎世宁、法国传教士王致诚、蒋友仁等秉承乾隆旨意设计建造，具有欧洲巴洛克建筑风格，局部采用中国传统装饰纹样。应当说明的是，郎世宁等并非专业建筑师（至少不是一流的建筑师），此作品虽建材考究、局部雕饰精美，但在柱梁式样、比例的选择上均有失当之处。此大型园囿，既尽展中国古典园林之艺术魅力，又表现了其对西方建筑艺术的一知半解。

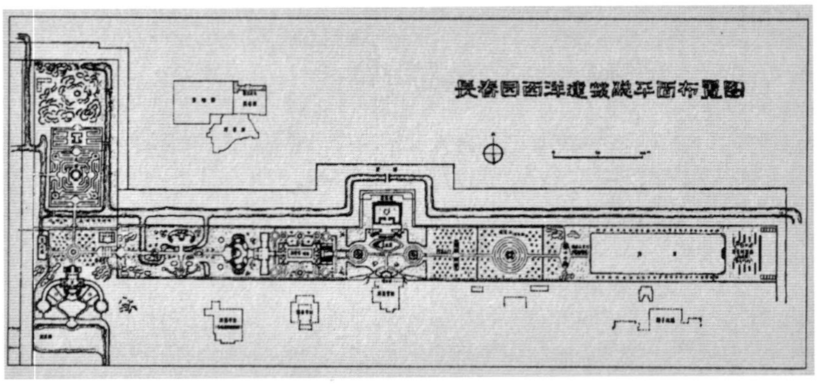

图16 圆明园西洋建筑群总平面图

图17 晚清圆明园西洋楼铜版画之一

1860年10月，圆明园遭英法联军洗劫、焚毁。

3. 北京宣武门天主教堂（南堂）

此教堂始建于明万历三十三年（1605年），由意大利耶稣会传教士利玛窦倡导兴建，但现存为1904年重建。据考证，原建筑外观为中国庙堂建筑，内部装修、布置为西洋式，集中反映了利玛窦当年传教的理念——必须将基督教义融入中国传统文化氛围之中。入清以后，此教堂建筑屡经重建，现为水平一般的巴洛克风格建筑。这个变化过程，似乎是自然灾祸等偶然因素使然，但无形中也说明了有清一代已缺乏消化外来影响的能力。

图18 北京宣武门天主堂全景

图19 北京宣武门天主堂正面局部

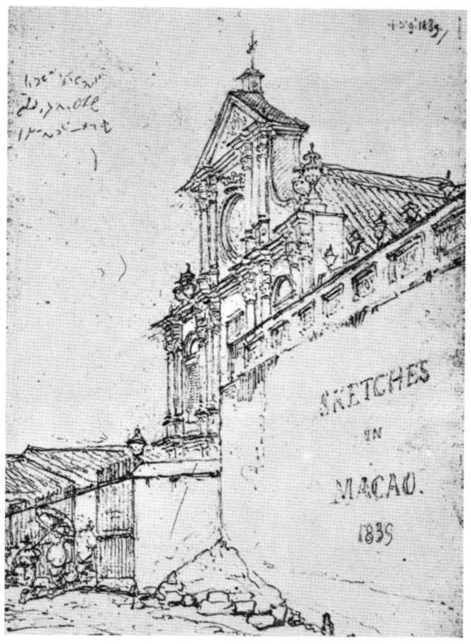

图20 英国画家钱纳利绘澳门圣母玫瑰堂（1828年重修）

4. 澳门城市建设

自明代中晚期起（1557年），始有葡萄牙人为通商贸易计，开始在澳门逗留、居住。至清雍正、乾隆年间，广州成为对外通商口岸，但外商很少被允许居住，澳门则成为得到中国政府允许的外商居住地。由此，广州十三行商馆（即“十三夷馆”）成为当时极为罕见的西方建筑群，而澳门除建有大三巴教堂等单体建筑外，更由葡萄牙人营建了具有西式城市规划特色的城市街区。

5. 虎门要塞炮台建筑遗存

此期间最具象征性的建筑，当首推此项建筑遗存。[11]从清康熙年间起，至鸦片战争前，广东海防以廉州、虎门、长洲、潮州和琼州等五个要塞为基点，构筑了大量的海防工事——炮台。仅扼守珠江口的虎门要塞，就达13处，至今犹存威远炮台、沙角炮台等遗迹。其中以威远炮台（始称南山威远月台）最为著名。它始建于清康熙五十六年（公元1717年），位于珠江东岸南山山脚，西向与江心洲之横挡岛炮台互为犄角，素称“金锁铜关”。其平面呈半月形，全长360米，外围墙体高6.2米，宽6.8米，基本以花岗岩条石垒砌；外墙向内，环套两重护墙，形成三重攻防体系。全炮台有券顶之暗炮位40个，各高2.9米，宽4.2米，深6.8米。沿台面另有4个露天炮位，每个炮位两边各设储蓄室1间。暗炮洞后，以2米宽的露天炮巷沟通，炮巷之后即第二重护墙，墙体设有射击孔。炮台第三重内围之后，有官厅1座，神庙3间，兵房12间，药局1座。

图21 虎门威远炮台厚近7米的外垣

仅以其地势之险要和建构之坚固而言，考虑到在1840前后的英军战舰实际火力强度，当时英军并无获胜把握。然而，据史料记载，中国守军相继于1841、1842和1856年三度被英军击败。

图22 虎门威远炮台三重防御体系鸟瞰

可以想见，尽管那一时期中国综合国力确实羸弱，英军确实船坚炮利，

[11] 刘琼林：《珠江口沿岸炮台建筑研究》，华南理工大学硕士学位论文，2000年。

但影响战局的，恐怕是人的因素远远大于物质条件。威远炮台之坚固与战事的惨败，正说明了中国需要的不仅仅是技术的改变，更需要社会制度的改变与民族精神的复兴。

类似的建筑遗存尚有浙江宁波镇海口海防遗址、天津大沽炮台遗址等。

上述选取传统建筑、西式建筑、军事建筑和城市建设等五个实例，虽不足以全面反映“辛亥时代”之前的中国社会风貌，但也不妨为一种锥指管窥，预示着中国建筑开始面临着创始几千年以来在使用功能、建筑材料和审美心理等方面来自西洋的挑战。尽管传统建筑依然在中小城镇和乡村被继续使用，但西式建筑所具有的功能上更适应现代生活的优势，首先在东部沿海新型的工商业城镇引发了审美习惯的微妙变化，之后，势必将波及到内地和村镇。

（二）1840年以后至辛亥革命前夜的中国建筑面貌

1840—1911年间，满清政府历经鸦片战争、甲午战争、庚子赔款等历史事件，不得不考虑国家在政治、经济、军事、文化方面实施一些变革维新，尤以李鸿章、张之洞、张謇等倡导的洋务运动最为引人注目。此期间，中国开始在东部沿海地带逐步接受西洋现代文明，在建筑上有如下表现。

①上海、天津、汉口、广州、大连、青岛、哈尔滨等大中型城市，相继建造了成规模的西式建筑群，城市整体面貌渐趋西化。对比传统的北京、西安、苏州等城市的格局，这一变化尤为显著。

②以北京资政院（1909年）与南京、广州、武昌等地所建各省咨议局办公楼为代表，涌现了相当一批西洋古典建筑风格的官署建筑。

③在工业、交通建筑方面，已经出现了现代主义建筑的若干元素，如此期间建造的山东威海卫海防、福建船政局（即福建马尾造船厂）、湖北枪炮厂、上海江南制造总局（1865年）、金陵机器局（1865年）、天津机器局（1867年）、华新纺织局、上海吴淞港、湖北汉阳铁厂（1893年）、南通大生纱厂（1899年）、京张铁路沿线桥梁站房（1905—1909年）、天津铁厂等。

④文教建筑方面，则有武昌两湖书院、长沙楚怡学校、清华学堂、北洋大学堂、上海商务印书馆等，以西式为主，残存若干中国元素。

上述实例，今或存建筑遗址，或有历史文献记录，可大致了解社会变迁所导致的建筑面貌的变化，而传统建筑覆盖100%乡村的局面并没有变化。在中心城市，新的传统风格建筑也没有中断，表现如下。

①广州陈家祠堂。原称陈氏书院，位于今广州市中山七路。陈家祠始建于清光绪十四年(1888年)，建成于光绪二十年(1894年)，占

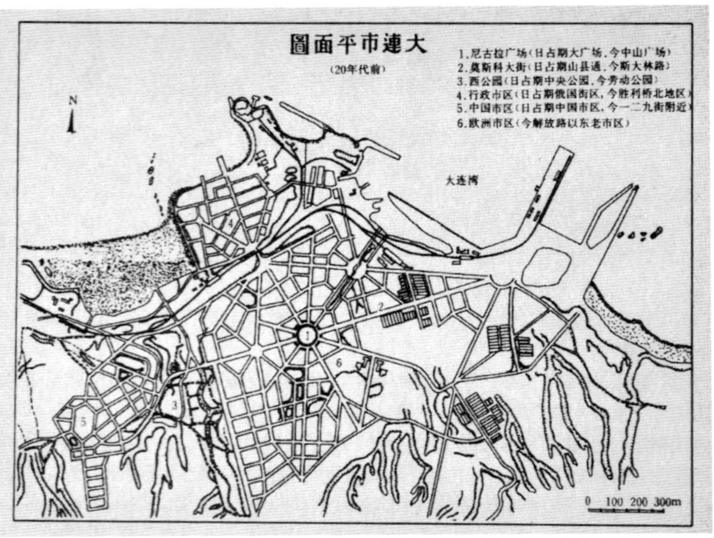

图23 沙俄时期大连市区规划图

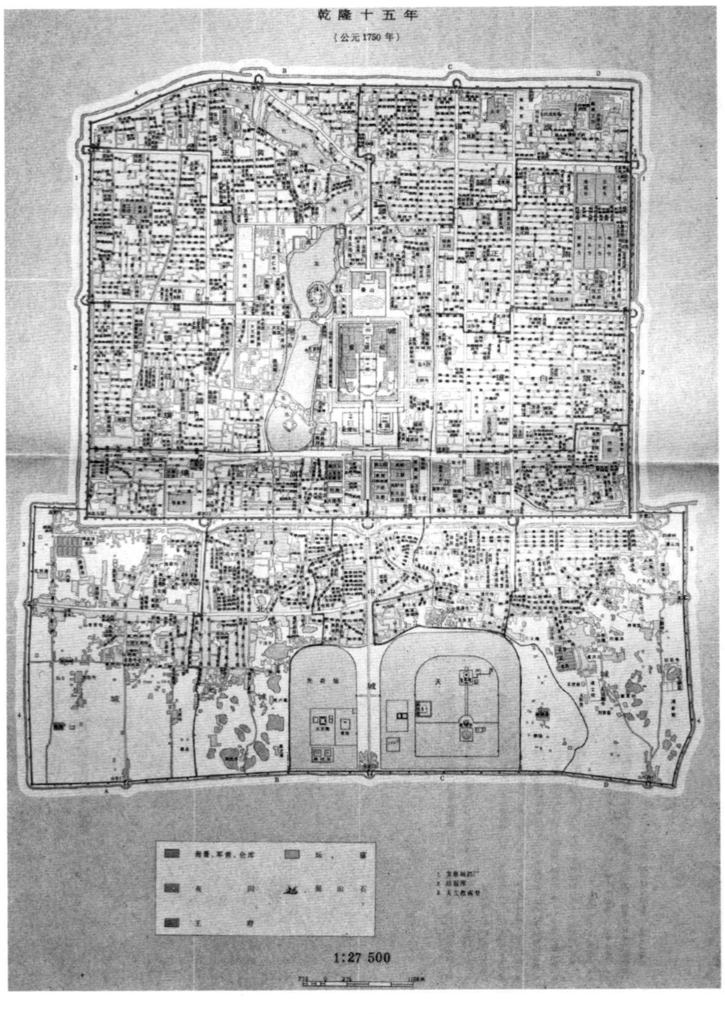

图24 清乾隆十五年北京城图（1850年）

图25 清末北京资政院大厦透视图

图26 清末南京江苏省咨议局大楼

图27 清末汉阳铁厂全景

图28 京张铁路青龙桥站

图29 北京女子师范学堂，1908年

图30 清末上海震旦学院天文台

地面积1.5万平方米。主体建筑为五座三进、九堂六院，建筑面积6 400平方米。建筑以大门、聚贤堂和后座为中轴线，通过青云巷、廊、庑、庭院，由大小19座建筑组成建筑群体，各个单体建筑之间既独立又互相联系。

该祠规模宏大，装饰华丽，是广东地区保存较完整的富有代表性的清末民间建筑，在全国范围内，也属纯中国传统风格建筑的罕见的最新实例。

②广州锦纶会馆。锦纶会馆又名锦纶堂，原位于广州市下九路西来新街，现整体迁移至荔湾区康王南路康王路隧道北出口西侧。锦

纶会馆原是广州丝织行业股东公会，始建于清代雍正元年(1723年)，道光二十四年（1844年）重修，是清朝至民国期间广州地区的丝织行业会馆。此为一座清朝的祠堂式建筑，现存主体面积700平方米，坐北朝南，结构为三路三进的祠堂院落。其石刻、木雕及陶塑、灰塑等建筑装饰，深具岭南建筑雕饰的灵动秀丽之美。馆内另存碑记22通，为重要的民族工业史料。

图31 广州锦纶会馆旧照

此建筑似乎说明，即使在工商业必须走西化之路的时候，国人也依然抱有对本国文化的依恋。

③北京颐和园。颐和园与圆明园同样是满清王朝在北京西郊的行宫之一。前身为清漪园，是所谓“三山五园”（指北京西郊的万寿山、香山、玉泉山、清漪园、静宜园、静明园、畅春园和圆明园）中最后兴建的皇家园林，始建于1750年，1764年建成，面积290公顷,水面约占四分之三。乾隆继位以前，北京西郊一带四座大型皇家园林已自成体系，但相互间缺乏有机的联系，中间的“瓮山泊”为空旷地带。乾隆十五年（1750年），清室动用448万两白银，将“瓮山泊”改建为清漪园，以此为中心将先有四园子连成一体，形成圆明园至香山一带延绵数十华里的皇家园林区。咸丰十年（1860年），清漪园被英法联军焚毁。光绪十四年（1888年），慈禧太后以筹措海军经费的名义，动用五六百万两白银，由样式雷的第七代传人雷廷昌主持重建，改称颐和园，作消夏游乐地。光绪二十六年（1900年），颐和园又遭“八国联军”的破坏，许多珍宝被劫掠一空。光绪二十九年（1903年）再度修复。

图31 郎世宁颐和园设计图

颐和园于1888、1903年的两次重修，均值国势羸弱、亟待积蓄力量以图振兴之际，故其兴建，无疑表现了清政府的昏聩腐败。

本时期另一值得重视的建筑现象，是中西合璧样式建筑的出现，其重要实例为1894年建造的上海圣约翰大学怀施堂。必须指出的是，此建筑虽含中国文化元素，但却是西方势力在中国推行基督教教化的策略，与中华民国成立后产生的“中国固有式建筑”流派，有着立意上的本质区别。[12]

综合上述，辛亥革命前夜的中国社会，除国势羸弱、列强虎视眈眈外，思想界、文化界也处于思变而不得要领的特殊时期。表现在建筑上，采纳西方影响者，仅为皮相，尚谈不上对西方现代文明有深入的理解；对于本土的建筑文化，则或抱残守阙，或弃之如敝屣，实际上对如何使民族文化走向复兴并没有清醒的意识和思考。

图32 圣约翰学院怀施堂（1894年）

[12] 杨秉德：《中国近代中西建筑文化交融史》，武汉，湖北教育出版社，2003年。

三、1911年后至抗战前的建筑现象概览

1911年10月10日武昌起义为肇始，共和政体的中华民国临时政府于1912年（民国元年）在南京成立。之后，历经清帝逊位、北洋政府成立、二次革命、袁世凯复辟帝制、护国战争、五四运动、北伐战争、中华民国国民政府重新建都南京、东北易帜实现全国统一等一系列重大历史事件。虽不断遭到挫折，路途漫长、艰难，但屡败屡战、忍辱负重，逐渐由老迈的封建帝国迈向现代文明国家，民族文化复兴的希望初见曙光。特别是1928—1937年，尽管仍然存在着诸多痼疾，而百废俱兴的迹象初见端倪，史称民国时代的“黄金十年”。就在这一时期，中国的民族工业开始涌现如江南造船厂、东亚毛纺厂等众多知名实业；上海成为远东最具活力的国际化大都市；北京大学、清华大学、协和医学院、中央大学、中央研究院、中国地质调查所、中国营造学社等教学科研机构逐渐赢得世界性的声誉……

这一时期，全国各地的西式建筑得到迅猛发展，甚至整个城市的建设格局，也以西式风格为主，不仅上海、天津、汉口、广州等沿海工商重镇，内地一些中小型城镇（如安徽芜湖、广西梧州等）也涌现了成规模的西式建筑群。与前期不同，西方现代主义建筑在此期间已不局限于工业建筑，而在市政建设方面逐步与西洋古典建筑分庭抗礼，直至成为建筑业的主流。

（一）本期值得注意的建筑现象

1. 中国产生了有史以来第一批具有独立意义的建筑师团体和建筑研究、教学机构

在中国古代，建筑师历来只属于难留姓名的工匠阶层，五千年来也只有李春、宇文恺、李诫、喻浩、蒯祥、计成、样式雷世家等寥寥无几的知名人物。而进入民国时期，建筑师有关颂声、吕彦直、庄俊、沈理源、杨廷宝等；建筑学家有朱启钤、梁思成、刘敦桢等；建筑学研究机构有中国营造学社；建筑教学机构则出现苏州工专建筑科、东北大学建筑系、中央大学建筑系、天津工商学院建筑系等；另有墨菲、穆勒、邬达克等外籍建筑师在华开业。

2. “中国固有式建筑”的产生

“中国固有式建筑”又有“中国古式”、“中国式”、“中国古典复兴式”等称谓。[13]有关中国近现代建筑史上的流派分类、命名，学术界原有“中西合璧式建筑”之说，大致包括两类：以西方建筑技艺和材料建造，少量采用中国传统建筑符号（如斗栱、彩画之类）作建筑装饰的建筑物；借鉴西方建筑结构、采用新的建筑材料，而整体艺术风格仍保持中国传统建筑艺术特色的建筑物，又被称为“中西合璧式建筑”。本文按文化内涵的深浅程度，不采用“中西合璧式”这个概念，将前者仍归类于西式建筑，而以“中国固有式建筑”这个概念涵盖约20世纪20年代以后出现的，虽采用西方建筑技术但更突出表现民族文化归属感的新建筑流派。

这一流派在这一时期出现，是很耐人寻味的：恰恰由于推翻了抱残守阙的清政府，使得以孙中山为代表的“以学习西方现代文明为途径，复兴中国民族文化精神”的主张，有了实现的可能。

上文提到，随着西风东渐，中国产生了首批具有独立意识的建筑师团体和建筑研究、教学机构。也正是这批有深厚的传统文化根基，又有留学西洋背景（包括在日本接受西学影响）的建筑师、建筑学家，建筑界很快意识到中国的民族复兴决不能简单接受西方舶来品。于是，经多年的努力，建筑界逐渐开始了对中国传统建筑的再认识、再估价，富有远见的建筑师由此萌发了以建筑唤起国民对中国固有文化传统的兴趣和信心的念头。比之略早，外籍建筑师墨菲、中国建筑师吕彦直等人相继开始了折中西方建筑技术与中国建筑文化元素的创作尝试，设计建造出北京协和医院、南京金陵女子大学、南京灵谷寺塔等探索性作品。“中国固有式建筑”流派的创始人之一的吕彦直先生曾撰文指出：

“……今者国体更新，治理异于昔时，其应用之公共建筑，为吾民建设精神之主要的表示，必当采取中国特有之建筑式，加以详密

[13] 赖德霖：《“科学性”与“民族性”——中国近代的建筑价值观》，载《中国近现代建筑史研究》，181~273页，北京，清华大学出版社，2007年。

之研究，以艺术思想设图案，用科学原理行构造，然后中国之建筑，乃可作进步之发展……”[14]

国民政府也适时以官方立场主张政府办公建筑和纪念性建筑应尽量采用“中国固有式建筑”，认为：“政治区之建筑物，宜尽量采用中国固有之形式，凡古代宫殿之优点，务当一一施用。”[15]

在这一时代背景下，以1925年孙中山先生逝世为契机，吕彦直先生设计建造的南京中山陵、广州中山纪念堂等，被学界正式冠以“中国固有式建筑”之名，被誉为“适足以象征我民族复兴之始也”。[16]之后，上海市又有上海市政府大楼、上海市博物馆大楼等类似作品问世。可以说，这批“中国固有式建筑”，尽管存在着许多有待探讨、完善之处，其建造数量也大大少于同期西式建筑，更无法与当时所存纯传统建筑的数量相比，但其所蕴涵的探索精神和文化含义，都是不容忽视的。

图33 吕彦直设计南京中山陵全景

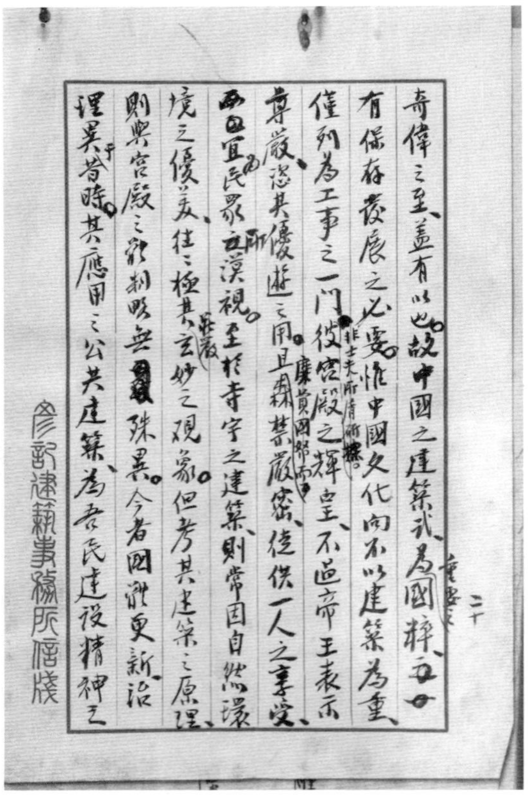

奇偉之至，蓋有以也。故中國之建築式，為國粹，
有保存發展之必要。惟中國文化向不以建築為重，
僅列為工事之一門，彼宮殿之輝煌，不過帝王表示
尊嚴，恣其優游之用，且藉禁嚴密，徒供一人之享受
而民眾所漠視。至於寺宇之建築，則常因自然環
境之優美，往往極其玄妙之觀象，但考其建築之原理，
則與宮殿之體制略無殊異。今者國體更新，治
理異昔，其應用之公共建築，為吾民建設精神之
彥記建築事務所信箋

图34 吕彦直手迹

3. 中国传统建筑文化的整理、研究

由于中国近现代的历史发展进程较缓慢，致使成系统的科学的对古代建筑文化遗产的调研工作起步较晚。民国成立后，以1929年朱启钤在北京创办中国营造学社为标志，建筑历史与理论学科作为建筑学的重要分科，正式在中国奠基。[17]中国营造学社在1931—1937年重点考察北平、河北（含今天津市）、山西、河南、山东地区，江苏（主要是苏州、南京两地）、浙江（主要是杭州）、陕西等也有少量涉及，其余省份均未及着手。但经此考察、研究，如北京故宫、曲阜“三孔”建筑群、山西五台山佛光寺、应县木塔、大同上下华严寺、善化寺、河北蓟县独乐寺、赵州安济桥、正定隆兴寺等，正为中国建筑经典，渐被国内外、业内外认知。

应当指出：中国营造学社等对传统建筑的考察与研究，大致与“中国固有式建筑”流派的产生同期起步，但两者并没有直接的关联。吕彦直等的建筑设计，并没有机会参考中国营造学社对唐宋木构建筑的研究成果。中国营造学社的影响，主要彰显于本时期之后。

[14] 吕彦直：《建设首都市区计划大纲草案》，见《中山纪念建筑》，349页，天津，天津大学出版社，2009年。
[15] 国都设计技术专员办事处：《首都计划》（非正式出版物）。南京，1929年。
[16] 按：此语出自梁思成先生。梁思成对吕彦直设计方案在一些构造和艺术风格细节处理上持保留意见，其赞誉则基于设计理念上的文化追求。
[17] 梁思成：《梁思成全集》（四），215页，北京，中国建筑工业出版社，2001年。关于中国营造学社成立的年份，有1929年、1930年两种说法。但其动议则无疑不晚于1929年。

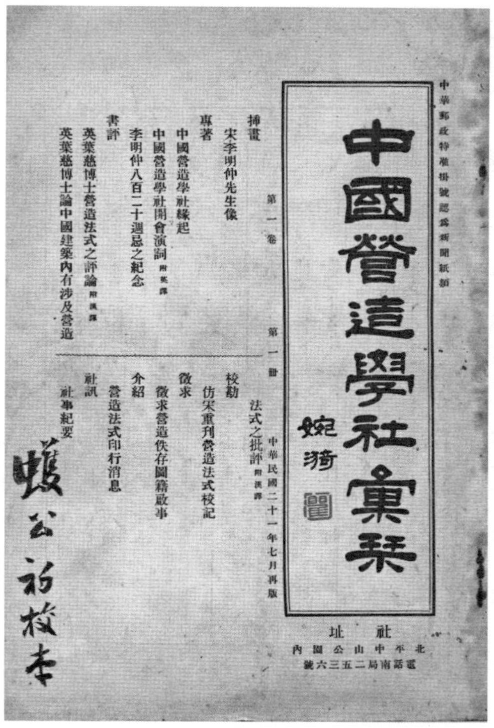

图35 《中国营造学社汇刊》第一卷第一期书影

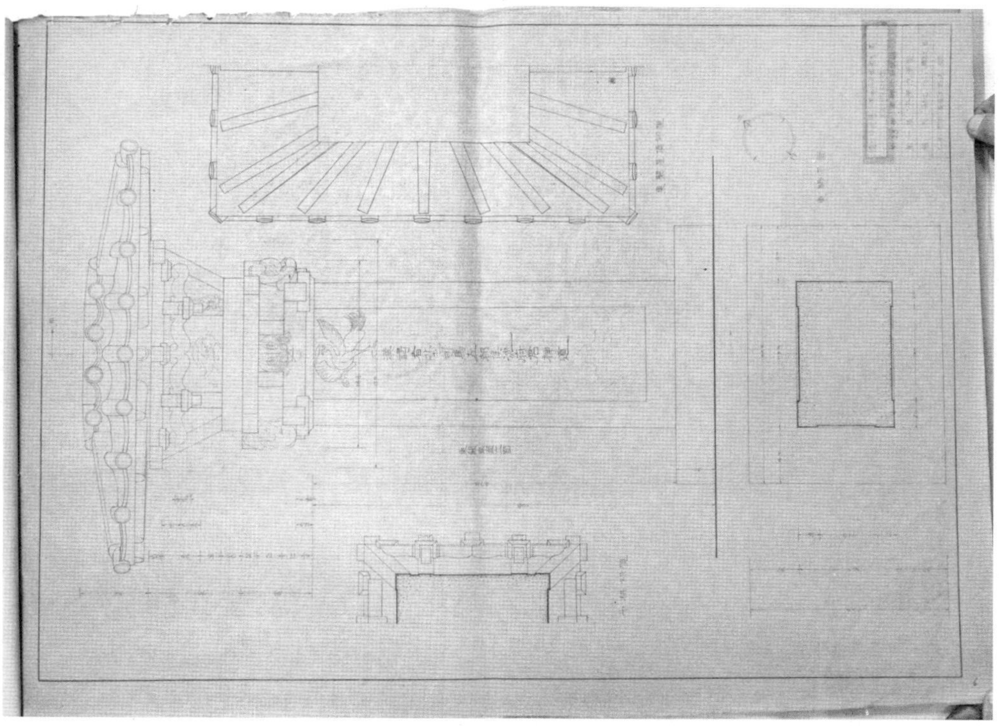

图36 营造学社古建筑测绘图之一

（二）本时期建筑功能类型举要

1. 城市规划

1927年国民政府定都南京，1929年颁行《首都计划》，有美籍建筑师墨菲(Henry Kikkam Murphy 1877—1954)、中国建筑师吕彦直等参与拟定。此计划不仅为“中国固有式建筑”的积极倡导者，更从城市建筑整体考虑，借鉴西方现代城市规划经验，按照南京为政治文化中心的城市功能，试图将其建设为富有中国文化特色和时代气息的现代中国城市。

上海于1927年成为特别市（相当于今日的直辖市）后，于1930年制定《上海市市中心区域计划》，不久扩展为《大上海计划》，先后有美国市政专家费力伯（Asa E.Phillips）、美籍建筑师墨菲、中国建筑师董大酉、社会名流叶恭绰等襄赞其事，而以董大酉先生出力尤多。此计划的整体思路大致与《首都计划》相似，而在道路网设计和建筑风格选择方面更为规整，更具欧洲学院派倾向。在整体的欧化城市格局中，强调个体建筑的民族风格，是此计划的突出特点。

《首都计划》与《大上海计划》均部分实施而未全部实现，但充分表现了这个时代在建筑业上的文化追求。

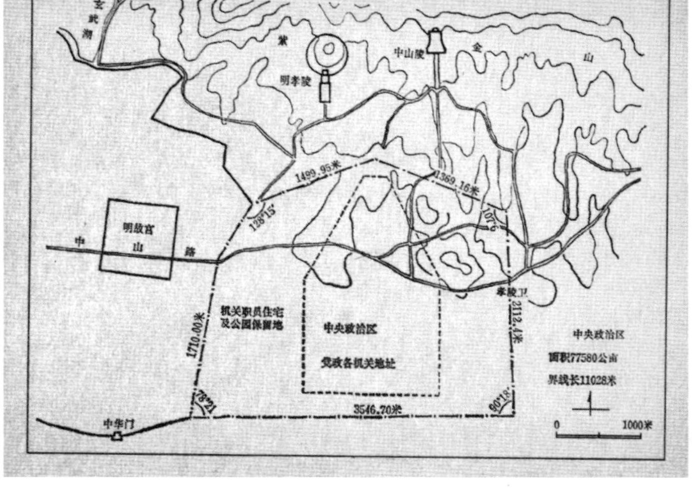

图37 《首都计划》之中央政治区

图38 《大上海计划》之行政区规划

图39 天津碱厂

图40 钱塘江大桥现状全景，殷力欣摄

图41 钱塘江大桥与茅以升纪念像，殷力欣摄

2. 工业建筑

此时期的工业建筑继续充任应用西方现代建筑技术的先锋。突出实例有天津碱厂（全称“天津渤化永利碱业有限公司”，1914年）、上海福新面粉厂（1913—1919年）等。

3. 交通建筑

1912—1927年北洋政府时期，交通建设几乎陷于停滞。南京政府成立后，至抗战前，新建铁路约7 000公里，尤以粤汉铁路、陇海铁路、浙赣铁路等重点工程的高质量竣工，赢得世界性的声誉，也部分实现了孙中山先生大规模兴建铁路的遗愿。其中于1932年竣工的杭州钱塘江大桥，为我国首座铁路公路两用桥，是工程与桥梁建筑艺术的双重杰作。

津浦铁路洛口黄河大桥（1912年竣工）、天津万国桥（1926年）、广州海珠桥（1929年）等，也是此时期交通建筑的代表作。

此外，上述交通建筑在经验上的积累，也为日后抗战期间完成滇缅公路、芷江机场等震惊世界的战时工程打下了基础。

图42 南京铁道部

4. 公共建筑

在此期间，上海、天津等地的工商业、事业、团体、社区办公用房，多功能综合大楼、商场、银行、商务中心等，均有大的发展，建筑技术的应用、艺术风格的把握，也日趋成熟。对1911年之前已建造的上海外滩建筑群、天津英法租界金融街、商业街等，均进行了规模不等的改建、扩建。如上海江海关大楼、汇丰银行大楼、交通银行总行大楼，天津法国公议局大楼、盐业银行大楼（沈理源设计）、新华信托银行天津分行大楼（沈理源设计）等一大批上乘之作，在今天已被认可为中国近现代建筑经典。

而南京铁道部（1930年，范文照设计）、交通部（1930年，【俄】耶朗设计）、上海市政府大楼（1931—1933年，董大酉设计）、广州市府合署（1934年，林克明设计）等，则是“中国固有式建筑”的尝试制作。

图43 南京励志社

5. 居住建筑

此时期在居住建筑方面，北京、西安及全国大部分村镇仍以传统民

居为主要民居形式，同时，随着生活方式的转变，西式住房也逐渐兴建。而在新兴城市，如上海、天津等，西式住宅也逐步在使用功能和艺术风格上，结合现代生活与文化心理的多重要求，得到进一步发展。出现了上海霞飞坊（1924年）等较成熟的新式里弄住宅，上海英商正广和汽水厂大班住宅（1928年）、沙逊别墅（1932年）、南京海关总署住宅（1932年）等高级住宅。

需要说明的是：这一时期的住宅建筑虽然取得了一定的成绩，但在如何解决外来建筑形式与本民族生活习惯之间的矛盾方面，尚存在社会功能、结构技术、经济条件等有待进一步探讨的问题。[18]

图44 上海孙中山故居

6. 文教科卫建筑

在前期一些西方建筑师为利于在中国宣传基督教教义而于教会学校建筑中融入中国文化符号的基础上，本时期文教科卫建筑首先在概念上突出中国新文化氛围，故这类建筑更多地体现为建筑师（包括吕彦直等本国建筑师和墨菲等外籍建筑师）在艺术上追求中国特色、展现民族精神。较突出的实例有：燕京大学（1926年，【美】墨菲设计）、西安易俗社（西式剧场罩以中式外观，1912年）、南京中央博物院（抗战前设计）、紫金山天文台、南京中央医院主楼、金陵女子大学（1922—1923年，【美】墨菲设计，吕彦直助理设计）、武汉大学、上海市博物馆大楼、广州中山图书馆（1934年，林克明设计）、北平图书馆（1931年，【美】莫律兰设计）等。

图45 南京中央大学

7. 军事建筑

在辛亥革命之前，中国相继创建了北洋武备学堂、云南讲武堂、保定军校等新式军事院校，为辛亥革命的成功及民国时期的国防事业储备了相当数量的军事人才；而民国成立之后，为实现真正的民主共和，孙中山先生于1924年在广州创办黄埔军校，成为中国最著名的军事院校。今遗址在广州市黄埔区长洲岛，有黄埔军校校本部（复建）、孙中山故居、学生俱乐部、东征烈士墓园等建筑遗存。

国民政府1928年定都南京后，黄埔军校随之迁往南京，组建中央军校。今遗址犹存，其中最著名者，为中央军校大礼堂。此建筑于1929年9月2月竣工，采用钢筋混凝土结构，仿效文艺复兴时期法国府邸式建筑样式，其设计意图颇似当时社会思潮的图释："……从西方模式中获得更为先进的内容。"[19]

早在民国初创的1913年，杰出的军事学家、战略家蒋百里先生就预测中日之间的战事不可避免，并在20世纪30年代初提出在中国中南、西南部着手战略物资储备和军事部署的建议。[20]按这一思路，民国时代克服经费和人才的匮乏，部署建造了相当数量的军事防御建筑。现存较完整的，为浙江宁波"镇海口海防设施建筑"。此军事设施建筑系按照《宁波区海防设备实施计划》（1931年民国政府聘请德国军事顾问佛采尔拟订）着手建造，大体于1937年竣工的宁波镇海口海防设施建筑，在明清两代军事设施的基础上，在长达百里

[18] 陈明达：《对〈中国建筑简史〉的几点意见》，载《建筑学报》，1963(6)。
[19] 刘先觉，王昕：《江苏近代建筑》，126页，南京，江苏科学技术出版社，2008年。
[20] 蒋百里：《国防论》，载《大公报》，1937；陶菊隐：《蒋百里传》，北京，中华书局，1985年。

图46 宁波镇海口海防工事

图47 南京中央军校大礼堂全景

的海岸线上，建造钢骨水泥的机枪、指挥所掩体60余座，钢筋水泥炮台4座，其军事防御能力远大于古代同类建筑。[21]

8. 宗教建筑

孙中山先生在他所起草的《保护公共建筑古迹名胜告示》中说："公共建筑、古迹名胜均为地方公益之物，或系人民信仰所关，理宜保护，以重公德。"[22]

这一时期虽然尚未制定严谨的相关立法，但中山先生阐释的涉及宗教建筑的理念，却得到了全国各界的认可。因此，这一时期各类固有宗教建筑（佛寺、道观、清真寺、文庙、关岳庙等）虽然没有大的新项目兴建，但大多得到了妥善保护和尊重；而西方基督教堂、犹太教堂等，也不因反对列强而予禁止，仍有天津西开教堂（1916年）、上海佘山大教堂（1925—1935年）、东正教圣母大堂（1931年）、哈尔滨圣索菲亚教堂（1932年）、青岛圣弥爱尔教堂（1934年）等大型外来宗教建筑问世。

9. 园林建筑

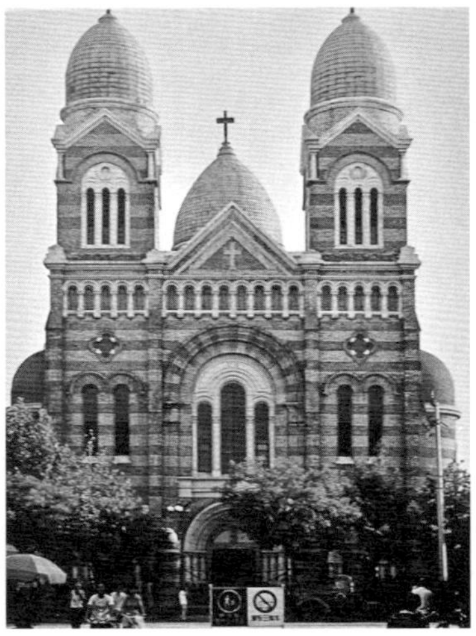
图48 天津西开教堂正面

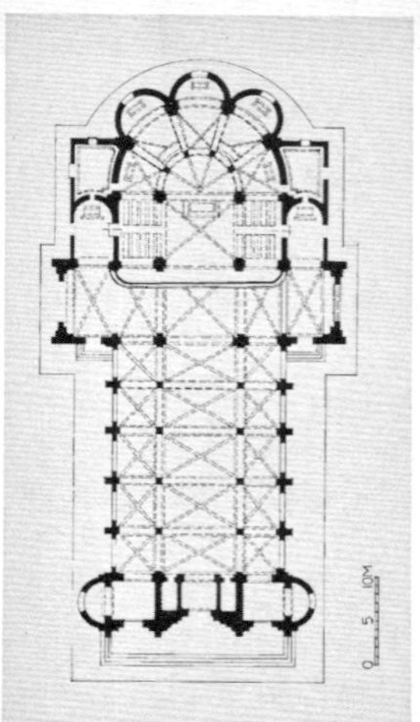
图49 天津西开教堂平面图

图50 天津西开教堂内景

此期间以北京社稷坛改为中央公园（后命名为中山公园）为先导，原清皇室禁苑、行宫、坛庙等，如北京西苑（北中南三海）[23]、颐和园、天坛、承德避暑山庄等，大多经改建、修缮被辟为公园对公众开放。此举虽不是新的园林建构，但表明了时代的进步。而上海中山公园（始建于1914年，中山先生逝世后命名）、黄兴公园、杭州中山公园等的兴建，不仅标志着以往私家园林向公共空间观念性的转移，

[21] 殷力欣：《抗日战争建筑概说》，见《抗战纪念建筑》，天津，天津大学出版社，2010年。
[22] 孙中山：《革命方略》，广州，广东人民出版社，2007年。
[23] 北京西苑的中南海部分，长期为政府所在地，但在1929—1937年间，曾有部分区域（如紫光阁、瀛台、游泳池等）对公众开放。

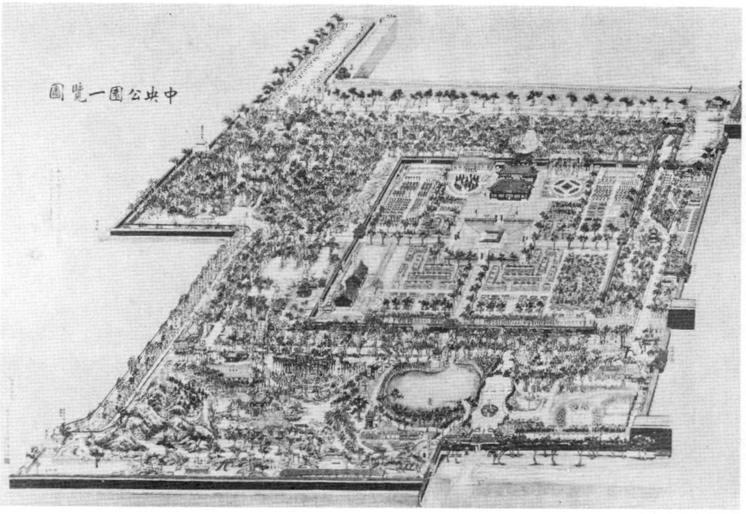

图51 民初朱启钤主持中央公园改建、开放事宜

图52 由清廷行宫遗址改建的杭州中山公园

更使得中国现代城市建设趋于城市功能的完备。

10. 纪念建筑

此时期发生了一系列历史事件，相应的纪念建筑的兴建不仅数量众多，也往往成为公众的关注点和社会变革的晴雨表，其文化意义十分重大。就建筑本身而言，设计者、建造者们已不满足于以往纪念建筑形式（如帝王陵寝、先贤墓祠等）的陈陈相因，更加注重建筑形式与其所承载文化内涵之间的关系，更加侧重考虑不同建筑项目在艺术上的个性表现。另外，如广州中山纪念堂等，不仅建筑艺术上臻于纯熟，在建筑结构技术方面也达到了同时期的世界先进水平。[24]

图53 街心公园性质的上海中山公园

本纪念建筑以纪念黄花岗七十二烈士等早期先烈为起点，却以上海、南京、广州、杭州等地祭奠1932年淞沪抗战阵亡将士为尾声，同时开启了中国历史上有一个攸关民族存亡的历史时期，充分展现了近现代中华儿女在谋求民族复兴大业中所重塑的坚忍不拔的民族精神与民族伟力，赢得了全世界所有热爱和平人们的尊重与敬仰。

因纪念建筑为本卷的中心论题，其他各位作者均有精辟论述，此处不做过多赘言，仅在其他作者未得顾及处，作一点补充。除武汉、南京、广州、长沙四市外，全国其他地区重要遗址尚有：

① 广东：深圳庚子首义旧址、惠州七女湖起义旧址、潮州黄冈起义旧址等；

② 北京：滦州起义烈士墓园、中山公园（含纪念坊、中山堂）、碧云寺孙中山先生衣冠冢、湖广会馆、孙中山行辕等；

③ 天津：中山公园、张园等；

④ 上海：孙中山故居、黄兴公园、宋教仁墓、邹容墓等；

⑤ 浙江：杭州中山公园、浙军攻克金陵阵亡诸将士公墓及徐锡麟、陶成章等先贤墓葬、秋瑾墓、章太炎墓等；

⑥ 广西：镇南关起义旧址、钦廉上思旧址等；

⑦ 云南：云南讲武堂旧址等；

⑧ 河北：保定军校旧址等；

[24] 李铿，冯宝玲：《广州中山纪念堂工程设计》，载《工程》，第七卷第三号，民国二十一年九月一日。

图54 1907年3月爆发的广东潮州黄冈起义旧址

图55 1907年6月爆发惠州女湖起义，香港为策划地

图56 自兴中会1900年庚子首义之后，1906年12月爆发了同盟会组织的湖南萍浏醴起义，图为起义旧址

图57 1907年爆发广东钦廉防城起义，图为起义军攻克之县属监狱

图58 1907年12月爆发的广西镇南关起义旧址1

图59 广西镇南关起义旧址2

图60 广西镇南关炮台旧址

图61 徐锡麟领导安庆起义旧址1

图62 徐锡麟领导安庆起义旧址2

图63 1911年3月爆发的广州黄花岗起义指挥部旧址

图64 黄花岗起义香港行动部旧址——香港摆花街

序

昌黎有言士有曠百世而相感者予亦不知其何心非當世之所希曷爲使予歔欷而不可禁夫以百世之久猶足令人感喟若是況時不過八年地不過數里而其人其事又爲古今所絕無如黃花岡七十二烈士者不更令人感懷惻愴而低徊欲絕耶蓋自亡清季世皇族柄政國事蜩螗豪傑之士知革命之不容緩爰於夏曆辛亥三月二十九日糾合同志攻取粵垣乃以倉卒發難功敗垂成而七十二烈遂叢葬於黃花之岡論者惜之迨六閱月鄂唱一聲萬方響應卒能竟先烈未竟之志還我山河迄今追溯元勛不能不推七二烈爲嚆矢之先登也民國以來前總統孫今參謀部長李曾先後追悼一時桑車白馬聯翩弔

图65 1919年林森编撰《碧血黄花集》书影

⑨ 陕西：西安易俗社剧场等；

上述建筑项目，有些仅存文献资料（如秋瑾墓曾先后迁葬10次，今之墓葬很难说明历史原貌；上海邹容墓经“文革”破坏后也已不复原貌），但均为值得研究的辛亥时代重要史迹建筑和纪念地，尤可将辛亥时代同盟会领导的历次武装起义旧址、纪念地等视为一个整体，形成一个“辛亥史迹建筑”系列。

结语

让我们以建筑铭记历史，让我们以建筑思考未来。

公元11—12世纪，在西方以诞生首批大学、建造比萨大教堂象征着欧洲“黑暗时代”（ Dark Age，公元476—1000年）将被冲破的时候，中国宋辽时期以书院教育、应县木塔与之遥相呼应，但无妨称之为汉唐文化的延续以及试图有所发展的尝试。

公元13—17世纪，在西方相继诞生但丁、蒙田、达芬奇、米开朗琪罗、哥白尼、牛顿、莎士比亚、笛卡尔等文学、哲学、艺术、科学巨匠的时代，也即营建佛罗伦萨大教堂、凡尔赛宫的建筑时代，中国历经宋元明三朝更迭，是宋元山水画、元杂剧、明代市井小说的成熟时期，沈括、毕昇、宋应星、李时珍、朱载堉、徐霞客等在科学技术上成就可观的时期和徐光启翻译《几何原本》的时期，也即明代营建北京紫禁城的建筑时期。

而在甲申之变（公元1644年）后，差不多与伟大的法国哲学家帕斯卡尔（Plaise Pascal，1623—1662年）高举“人的伟大在于思想”（Penser fait la grandeur de l' homme ）的旗帜开启现代欧美一系列巨变的同时，清王朝正成功地踏着扬州、嘉定的血迹走向可称之为“要温饱，不要思想”的康乾盛世，1840年的战败及一系列不平等条约的签订，中华民族亡国灭种的危机已然难以避免。约与欧洲建造伦敦水晶宫、巴黎埃菲尔铁塔的同时，中国则是圆明园蒙灭顶之灾、清廷挪用海军军费重修颐和园和旧有建筑功能亟待更新的建筑时代。

此时此刻，有谁会预想到1840年之后的1945年，这个似乎注定要重蹈古埃及和古巴比伦之覆辙的民族，仅用短短百年的时间，即以抗日战争的胜利和对第二次世界大战的特殊贡献重返世界政治文化的中心呢？

五千年华夏文明之辉煌历史与三百年（自1644年明王朝覆灭计）之疾速沉沦的态势，和鸦片战争以来（特别是兴中会成立以来）中华儿女之忍辱负重而力图复兴，最终凝聚在一个特定的时刻——公元一千九百一十一年十月十日，即夏历辛亥年戊戌月癸丑日（清宣统三年农历八月十九日）。有了这一年的热血，孙中山、黄兴、宋教仁、蔡锷以及无数未留下姓名的殉国烈士们，使得夏禹以来之“家天下”的政治现实开始向中华先民“天下为公”的民族理想转移，并与西方18世纪以来的现代人文理念汇合为不可阻挡的历史洪流。同时，这些伟大的先贤烈士也因南京中山陵、南京灵谷寺国民革命军士公墓等一系列伟大的建筑而永垂不朽，而为万民永世景仰。

这个民族复兴的阵痛时刻，有另一项建筑记录：从传统手工作坊到汉阳铁厂、天津碱厂，从赵州安济桥到杭州钱塘江大桥，从乡村私塾、天一阁藏书楼到清华学堂、中央大学、北京图书馆、中央博物院，从乡村戏台、颐和园内德和园大戏楼到西安易俗社新式剧场与作为五千人公共会场的广州中山纪念堂……

所有这一切不可思议的逆转，在中山先生于1924年泰然申明“中国从前的忠孝仁爱信义种种的道德，固然是驾乎外国人，说到和平的道德，更是驾乎外国。这种特别好的道德，便是我们的民族精神。我们以后对于这种精神，不但是要保存，并且要发扬光大，然后我们民族的地位才可以恢复”[25]的时候，一切不可能就成为可能了。

2011年10月7日

于辛亥革命百周年前夕

[25] 孙中山：《三民主义》，载《孙中山全集(9)》，北京，中华书局，1981—1986年。

参考文献

[1] 张宪文.中华民国史[M].南京：南京大学出版社，2005.

[2] 费正清，费维凯.剑桥中华民国史（上下卷）[M].北京：中国社会科学出版社，1994.

[3] 爱德华·麦克诺尔·伯恩斯，菲利浦·李·拉尔夫.世界文明史[M].罗经国，陈筠译.北京：商务印书馆，1990.

[4] 翦伯赞.中外历史年表[M].北京：中华书局，1961.

[5] 黄兴集（2卷本）.长沙：湖南人民出版社，2008.

[6] 钱穆.国史大纲[M].北京：商务印书馆，2011.

[7] 章炳麟.徐复，注.訄书详注[M].上海：上海古籍出版社，2000.

[8] 李泽厚.中国近代思想史论[M].北京：生活·读书·新知三联书店，2008.

[9] 弗朗索瓦魁奈.中华帝国的专制制度[M].北京：商务印书馆，1992.

[10] 吴光祖.中国现代美术全集·建筑艺术1[M].北京：中国建筑工业出版社，1998.

[11] 谭其骧.简明中国历史地图集[M].北京：中国地图出版社，1991.

[12] 辛亥革命武昌起义纪念馆.辛亥革命大写真[M].武汉：湖北美术出版社，2001.

民国之门——湖北咨议局旧址

陈飞
李媛丽

20世纪初，资产阶级君主立宪政体开始在中华大地上生根发芽。清廷于1901年宣布实行“新政”，1905年派五大臣出洋考察，并在1906年宣布“预备立宪”。虽其推行预备立宪的目的是抵制革命，维持自身统治，且“九年预备立宪清单”还未完成自己就已经灭亡了，但是，推行立宪政体对加速中国民主化进程产生了不可估量的作用。

建筑文化遗产作为凝固的历史，是一定历史事件和历史现象的物化。伴随着清末预备立宪，中国大地出现了一批具有西方资本主义国家议会性质的近代公共建筑，其中包括湖北咨议局，它不仅是当时立宪派的一个重要的合法活动的舞台，而且成为中华民国的发端，是“民国之门”。目前，该建筑原布局、形制、结构均得以完整保存，通过对其形态、内涵的分析，可以管窥出在中国由封建专制走向民主共和的过程中，封建势力不愿退出历史舞台的垂死挣扎和辛亥革命先贤的殊勋。

一、湖北省辛亥时代建筑遗存简介

湖北是辛亥革命的核心区域，1911年10月10日，湖北革命党人在武昌成功举行了反对清政府的武装起义，不仅打响了辛亥革命的第一枪，而且建立了中国历史上第一个资产阶级革命政权——湖北军政府（鄂军都督府）。为保护和巩固革命成果，革命党人实施了历时一个多月的阳夏保卫战，吸引了清军主力，为全国各地反正、脱离清王朝的统治赢得了时间；颁布了中国历史上第一部具有宪法性质的法律文件——《鄂州约法》。可以说没有武昌首义就没有辛亥革命，武昌首义是辛亥革命的导火索，拉开了20世纪中国历史巨变的序幕。光辉的辛亥革命历程给湖北留下了珍贵的文化遗产资源，根据第三次文物普查初步统计结果，全省共有辛亥革命遗迹60处（群），分布于全省9个市州20多个县区，涵盖重要历史事件发生地、重要机关旧址、名人故旧居及墓、纪念建筑等6大类，可列举下述40项重要遗存。

1. 宝通禅寺

宝通禅寺位于湖北省武汉市武昌洪山南麓，是三楚第一佛地。1911年 11月29日，民军战时总司令部在此改组成立，蒋翊武任总司令。12月2日，通过英国驻汉领事的调停，民军与清军在此签署停战协议。

图1 宝通禅寺全景

宝通禅寺始建于南朝刘宋年间(420—479年)，初名东山寺，唐贞观年间(627—649年)更名弥陀寺；南宋端平年间(1234—1236年)更名崇宁万寿禅寺，明成化二十一年（1485年）改名为宝通禅寺，现存建筑为清同治四年（1865年）至光绪五年（1879年）间重建。寺依山就势，自下而上为山门、放生池、圣僧桥、天王殿、大雄宝殿、祖师殿、藏经楼、铁佛寺、华严祠、华严亭、法界宫，寺后有宝通寺塔。1992年，湖北省人民政府公布其为第三批湖北省文物保护单位。

2. 古德寺

古德寺位于湖北省武汉市汉口江岸区黄浦路21号。武昌起义爆发后，古德寺的僧众在昌宏住持的率领下，冒着枪林弹雨，自发救护起义军伤员，还在寺后的菜地里集中掩埋烈士遗体。

图2 古德寺

古德寺始建于1877年，原名“古德茅篷”，清光绪三十一年（1905年）扩建，改名古德禅寺。1921至1934年建成大雄宝殿，坐东朝西，占地面积2 000余平方米。中轴线上有山门、天王殿、大雄宝殿，左侧为方丈室、觉幻室、观音堂、藏经楼，右侧为僧寮房、客堂、斋堂。大雄宝殿面阔、进深均为五间27米，钢筋混凝土结构，仿缅甸“阿难陀寺”样式，殿正脊有象征五佛四菩萨的九座佛塔，塔周围有96个莲花墩和二十四诸天菩萨像。殿正中供释迦牟尼、药师、弥勒三尊佛像，像后为西方三圣、二十五圆通及文殊、普贤菩萨像。1992年，湖北省人民政府公布其为第三批湖北省文物保护单位。

3. 归元寺

归元寺位于湖北省武汉市汉阳翠微横路西侧，始建于清顺治十五年（1658年），顺治十七年（1660年）建成大雄宝殿、斋堂、客堂，康熙三年（1664年）初具规模，道光十四年（1834年）形成较大规模，咸丰二年（1852年）遭火灾，同治、光绪年间复建。

图3 归元寺历史照片

阳夏保卫战中，湖北军政府战时总司令设粮台于此。革命军撤退时，为了不使粮食落入清军手中，下令放火焚烧归元寺，后仅存罗汉堂、老藏经阁、普同塔。中华民国成立后，黎元洪带头募捐并拨款修葺归元寺，并亲笔题写“归元古刹”和“胜大宏阔”、“三乘广运”等匾额，使归元寺名声大振，香火旺盛。

寺庙坐西朝东，占地面积约2.1万平方米。山门内分为东、南、西、北、中五院，有藏经阁、大士阁、地藏殿、放生池、钟鼓楼、韦驮殿、大雄宝殿、罗汉堂、普同塔等。藏经阁收藏7 000余卷佛经、北魏石刻、唐代石观音及唐以后各代雕塑佛像，还有各种法器及名家字画等附属文物。1956年，湖北省人民委员会公布其为第一批湖北省文物保护单位。

4. 古琴台

古琴台位于湖北省武汉市汉阳龟山西麓。北宋时，为纪念俞伯牙弹琴遇知音钟子期而建，后毁，清嘉庆初年湖广总督毕沅重建，咸丰年间毁于兵火，光绪八年（1882年）重修。1911年，阳夏保卫战时，黄兴曾设民军战时总司令部于此，后毁于战火，民国年间维修增建。

图4 阳夏保卫战时作为战时总司令部的古琴台

古琴台为一组庭院式建筑群，坐北朝南，占地面积约1万平方米。由门厅、碑廊、照壁、琴台、琴堂等主体建筑构成。门厅面阔三间，进深一间，单檐歇山绿琉璃瓦顶，如意式封火山墙，额嵌杨守敬书“古琴台”石匾；琴堂面阔五间，进深三间，单檐歇山绿琉璃瓦顶，明间出歇山式抱厦，檐下悬“高山流水”匾；琴台为汉白玉方形石台，中央为立方形石碑，高1.75米，上刻“琴台”和“伯牙抚琴图”，四周石栏板上浮雕“伯牙摔琴谢知音”故事图案。1992年 湖北省人民政府公布其为第三批湖北省文物保护单位。

5. 楚望台遗址

楚望台位于湖北省武汉市武昌区梅亭山，原武昌中和门内东侧。明太祖朱元璋为纪念六子朱祯的出生在此建亭，并命名为“封建亭”。后朱桢受封楚王，就藩后在此筑台以遥望帝京，因故称楚望台。清末，湖北新军军械库设于此，库内存放着数万枪支和大量的弹药，是当时远东最大的军火库之一，由工程八营看守。1911年10月10日晚，武昌起义爆发，革命党人一举占领楚望台，并在此设起义军临时大本营，组织和指挥了向湖广总督署的进攻。1912年4月10日，孙中山偕同廖仲恺、胡汉民等人亲临楚望台视察。现台上的军械库已毁，仅存遗址。1956年，湖北省人民委员会公布其为第一批湖北省文物保护单位。

图5 楚望台历史照片

6. 辛亥首义发难处工程营旧址

工程营旧址位于湖北省武汉市武昌区紫阳路234号，是打响武昌起义第一枪的功勋之地。

工程营是清末湖北新军最先成立的部队。吴禄贞、蓝天蔚、胡瑛、张难先、熊十力等曾入伍该部。武昌起义前，该部已有共进会会员234名。1911年10月10日晚，按照革命党人制订的起义计划，工程营士兵率先起事，随后直奔楚望台，占领了军械库，为武昌起义的胜利奠定了基础。

工程营原有近代建筑风格的营房多栋，现基本无存。1987年建纪念碑，1995年建纪念亭。纪念碑形似三支汉阳造的步枪，纪念亭为传统的长廊式。1956年，湖北省人民委员会公布其为第一批湖北省文物保护单位。

7. 起义门

起义门位于湖北省武汉市武昌区首义路起义街，原为武昌城中和门。1911年10月10日晚，湖北革命党人打响反清武装起义第一枪后，起义军迅速占领该门，迎接城外南湖炮队、马队入城，在城楼布定炮位，围攻总督署，一举占领武昌城，取得了起义的胜利，因此被誉为“首义胜利开端”。1912年该门改称为起义门。1981年纪念辛亥革命70周年时，修整了城门门洞，修复了城楼。起义门由城台和城楼组成，城台为方形，城门洞上方嵌大理石匾额，阴刻叶剑英题写的“起义门”三字。城楼高7.1米，宽5米，为重檐歇山顶，钢筋混凝土仿木结构，朱柱青瓦，檐下施斗栱。1956年，湖北省人民委员会公布其为第一批湖北省文物保护单位。

8. 大智门火车站

大智门火车站旧址位于湖北省武汉市江岸区京汉路特1号，是中国近代铁路建设的重要遗存。武昌起义爆发后，湖北总督瑞澂等官员为了保全性命，从这里乘火车逃往北方。阳夏战争期间，革命军以此为据点，向盘踞在刘家庙一带的清军进攻，赢得了刘家庙首战大捷。

图6 大智门火车站历史照片

该站为芦汉铁路（后称京汉铁路）南端终点建筑，建成于1903年，新中国成立后改名为汉口火车站。该站由比利时贷款，法国工程师设计，中国铁路总公司承建。火车站坐西朝东，二层砖木混合结构，建筑面积1 176平方米。平面布局呈亚字形，中部突出、两翼内收；立面呈山字形；主楼四角筑有方锥形塔楼；屋顶中部为四坡红瓦屋面，两端为覆斗式铁瓦屋面；檐周建有栏杆；底层窗户为券拱式玻璃窗，顶层窗户为长方形玻璃窗。主出入口由并列的三洞六扇门组成，设于大厅正中。建筑正中为一层，内空高约10米；两侧为二层楼房。建筑细部比较讲究，室内采用方形立柱，柱头饰以涡卷纹撑拱，室外檐口和窗楣以多道层层递进的线条装饰，塔楼檐下饰以撑拱。2001年，国务院公布其为第五批全国重点文物保护单位。

9. 日知会旧址

日知会旧址位于湖北省武汉市武昌区崇福山街33号。

日知会原是美国基督教中华圣公会在武昌设立的阅报室。1906年，革命党人刘静庵依托该会秘密成立同名革命团体，进行推翻清政府的革命活动。日知会成立不久，革命团体“群学社”全体加入。日知会的革命活动主要以报告、讲演、办报撰文、教授讲课等方式开展。他们编印《楚报》，翻印《警世钟》、《猛回头》、《革命军》等小册子，广为流传。1907年，同盟会总部派会员回湖南联络会党，组织并发动萍乡、浏阳、醴陵起义，不久，萍浏醴起义失败，因叛徒告密，刘静庵、张难先等9人先后被捕，发生了轰动全国的“丙午之狱”。至此，日知会被彻底破坏。1927年6月，该址曾为国民革命军暂编第二十军（军长贺龙）军部所在地。现仅存大门。

图7 日知会旧址

10. 共进会机关旧址

该旧址位于湖北省武汉市汉口区兰陵路楚善里234号（原宝善里14号），是辛亥革命时期秘密革命团体湖北共进会的总机关部所在地。

1907年，共进会在日本东京成立，1909年春，共进会成员孙武、刘公等人由日本回武汉，在武昌设立共进会总部，在汉口建立总机关。1911年8月，湖北共进会与文学社联合，组成起义总指挥部，这里为起义总指挥部政治筹备处。同年10月9日，孙武在此制作炸弹不慎爆炸，革命机密泄露，革命党人被迫提前起义，1911年10月10日，武昌起义爆发。原建筑已毁，现建筑为后来重修。旧址为砖木结构两层楼房，坐西朝东，硬山红瓦顶，面阔4.5米，进深18米。1992年，湖北省人民政府公布其为第三批湖北省文物保护单位。

图8 共进会机关旧址正面

11. 程正瀛故居

程正瀛故居位于湖北省鄂州市鄂城区泽林镇大山村下庄湾。程正瀛（1885—1916年），鄂州市泽林镇大山村人，早年投入湖北新军工程八营当兵。1908年他加入共进会，并任工程营革命军第二正队第五支队队长。其间，他响应孙中山民主革命的号召，秘密联络同志，共谋反清大业。武昌起义被当局察觉后，程正瀛率先击中该营前来镇压的二排排长陶启胜，打响了武昌首义第一枪。

该故居始建于清末，后被洪水冲毁，2005年修复，占地面积800平方米，砖木结构，面阔五间16.5米，进深一间7米，单檐硬山灰瓦顶，内设陈列室，门前立有程正瀛塑像。

图9 程正瀛故居

12. 唐生智公馆

唐生智公馆位于湖北省武汉市汉口区胜利街183号。唐生智（1889—1970年），字孟潇，湖南东安人。曾参加辛亥革命、讨袁和护法战争，后历任国民革命军第八军军长、北伐军前敌总指挥、第四集团军总司令、湖南省政府主席、南京国民政府军事参议院院长等职。1949年后，历任全国人大常委、全国政协常委、湖南省副省长、民革中央常委等职。

图10 唐生智公馆

公馆建于1913年，三层，钢筋混凝土结构，属古典主义建筑。外墙用人造石饰面，正面做二柱三间外廊，楼梯设在两侧，略突出于门廊。楼梯间上部设有圆拱顶塔楼。出挑的檐口较大，侧窗由窗套拉成整体。室内一层正中为主活动区，二、三层设起居室、主卧室、客卧室、儿童房。建筑内部装修较精，木梯上有“十”字装饰物，地面瓷砖嵌有黑白“卍”字形图案。2008年，湖北省人民政府公布其为第五批“湖北省文物保护单位”。

13. 李书城旧居

李书城旧居位于湖北省武汉市武昌区蛇山南麓。李书城(1882—1965年)，字晓圆、筱垣，湖北潜江人。1902年赴日本留学。1904年回国，秘密联络新军。同年再次赴日本，进振武学校习陆军，毕业后升入陆军士官学校步兵科。1905年7月参加中国同盟会筹备会，为同盟会发起人之一。1908年毕业归国。1911年参加武昌起义，任民军战时总司令部参谋长。1912年任孙中山总统府秘书处军事组长兼陆军部顾问官，1913年二次革命失败后流亡日本，后随黄兴赴美，宣传讨袁。1917年7月任湘西防务督办兼援鄂军总司令，参加护法战争。1926年7月任国民革命北伐军总司令部顾问。1927年因倾共罪名被关押。1928年春获释。1930年5月任冯玉祥、阎锡山讨蒋军顾问。1965年在北京病逝。

图11 李书城旧居（东栋）

旧居现存两栋西式二层楼房，建于民国早期，2008年维修，占地面积约700平方米，建筑面积约600平方米，坐北朝南，背倚蛇山，砖木结构，麻石基础，四面坡屋顶。第三次全国文物普查期间被发现，并被纳入文物保护范畴。

14. 董必武故居

董必武故居位于湖北省红安县民主街。董必武（1886—1975年），湖北黄安（今红安）人。武昌起义后，任鄂军都督府秘书官，担任过同盟会湖北支部评议员、军政府总务科长等职。 1914年入日本东京“私立日本大学”学习法律，并加入孙中山创建的中华革命党。 1915年6月回国从事反袁活动，两次被捕入狱。1918年参加了护法运动。1919年在上海参加了五四运动，后创办武汉中学。1920年建立武汉共产主义小组。1921年出席中国共产党第一次全国代表大会。曾任政务院副总理、中华人民共和国代主席、全国人大副委员长等职。故居始建于清代，现仅存一栋七间中式平房，砖木结构，平面呈“凹”字形。2006年，国务院公布其为第六批全国重点文物保护单位。

图12 董必武故居

15. 邓玉麟故居及墓

邓玉麟故居及墓位于湖北省巴东县野三关镇金象坪村大石桥。邓玉麟（1881—1951年），名世泰，巴东县人。1910年加入共进会，后赴南京、苏州等地活动。1911年4月返鄂，在武昌黄土坡开设同兴酒楼，继而在巡道岭建同兴学社，运动士兵，发展组织，对促进文学社和共进会的联合贡献较大，在两团体的联合会议上，被举为常驻军事筹备员。武昌起义爆发后，率炮八标入城，轰击总督署。湖北军政府成立后，任军务部参议，参加了汉阳保卫战。1912年后，曾任总统府高级顾问、广州军政府参军、北伐军左翼军第一路军司令、第一届“国大”代表。邓玉麟于1950年底在镇反运动中被捕，次年春以“组织反革命暴动”的罪名被处决。1982年6月恢复了名誉。故居建于1940年，共两栋11间，坐南朝北，为砖木结构平房，东西长29.6米，南北宽25.5米。墓位于故居东南方20米处，2005年12月，巴东县人民政府进行了修缮，四棱锥形，大理石质，长5.2米，宽5.2米，高2.7米。2008年，湖北省人民政府公布其为第五批湖北省文物保护单位。

图13 邓玉麟故居

图14 邓玉麟墓

图15 张振武故居

图16 张振武墓

16. 张振武故居及墓

位于湖北省十堰市竹山县双台乡三台村。张振武（1870—1912年），原名尧鑫，更名竹山，字春三。祖籍湖北罗田。早年入湖北省立师范学堂。1905年赴日本在早稻田大学学习法律、政治。1907年加入中国同盟会。1909年加入共进会，司理财部。武昌起义军政府成立后，被革命党人推为军务部副部长，并代理部长主持军事部工作。1912年8月，被黎元洪暗中罗织罪状勾结袁世凯杀害于北京。后为安抚国人，将其灵柩从北京运回家乡举行国葬。

故居始建于清咸丰年间，坐北朝南，砖、木、石结构，四合院式布局，现存房屋7间。2002年，湖北省人民政府公布为第四批湖北省文物保护单位。

墓位于木鱼山上，1982年修缮，坟冢圆形，砖混结构，直径3米。前立水泥墓碑，高1.7米，宽1米，上书“辛亥首义先烈张振武先生之墓”。

17. 辛亥首义烈士公墓

辛亥首义烈士公墓位于湖北省武汉市硚口区和汉阳区。阳夏保卫战中，阵亡的起义军将士由红十字会分29处就地集中掩埋。1949年后，仅存汉口球场路、单洞门、利济北路和汉阳六角亭4处，后合并为3处：一为球场路烈士公墓，俗称“六大堆”，有6个墓冢，坐东朝西，冢前后壁上均刻有“铁血精神辛亥首义烈士之墓”和红“十”字图案，前立程潜题“国殇”碑。整个公墓由砖墙围成长方形院落，1985年在院中建纪念碑，高10米，刻“辛亥首义烈士纪念碑”，碑座刻辛亥老人喻育之撰写的碑文。二为利济北路烈士公墓，方形陵园，坐东朝西，中央为水泥浇筑的大墓冢，前立石碑，刻“辛亥首义烈士公墓”，1985年修葺。三为汉阳扁担山烈士墓，原位于汉阳六角亭，1957年因修建长江大桥迁现址。墓前立碑，上刻“铁血精神民军起义阵亡诸烈士之墓”。1985年修葺。1956年，三处烈士墓中前两者以辛亥首义烈士公墓、后者以辛亥铁血将士公墓之名分别由湖北省人民委员会公布其为第一批湖北省文物保护单位。

图17 辛亥首义烈士纪念碑

18、伏虎山辛亥烈士墓

伏虎山辛亥烈士墓位于湖北省武汉市武昌伏虎山北麓，刘静庵、蔡济民、刘公、蓝天蔚、孙武和吴兆麟等民主革命者埋葬于此。其中前四座作为武昌辛亥首义烈士公墓组成部分，于1956年由湖北省人民委员会公布为第一批文物保护单位。后两座由湖北省人民政府于2002

年公布其为第四批湖北省文物保护单位。墓区范围内分布着中共一大代表李汉俊、抗战牺牲的第一个将领郝梦龄、北伐名将张森等人的墓。

由于这些墓基本为同一时期复建，因此，形制、布局和用材基本相同，均采用砖石混凝土砌筑，冢为长方形椭圆顶，前立圆弧顶墓碑，阴刻楷书墓名，周围以高约1米的矮墙。

刘静庵墓：位于伏虎山顶部，1981年重修。刘静庵（1875—1911年），湖北潜江人。湖北最早革命团体科学补习所成员。科学补习所被封闭后，又参加并组织了另一革命团体日知会，积极从事革命活动。1907年1月13日，因叛徒告密，日知会遭破坏而被捕。1911年5月16日被折磨致死于监狱中，时年37岁。1928年，湖北省政府公葬于伏虎山，其墓志铭由张难先撰写。

图18 首义烈士墓——刘静庵墓

蔡济民墓：位于伏虎山北坡，1981年重修。蔡济民(1886—1919年)，湖北黄陂人。日知会成员之一。日知会遭破坏后，他组织将校研究团，坚持在军队中开展活动。后又参加文学社和共进会，并为这两个团体的联合做了很多工作。武昌起义前，被推为起义总指挥部军事筹备员，是武昌起义的积极参加者和重要领导人之一。湖北军政府成立后，主持谋略处。阳夏保卫战中，亲自率部转战汉口、汉阳。后曾积极参加反袁护法斗争。1919在湖北利川遇害。1927年，湖北省政府公葬于伏虎山。章太炎赞其“军中能者以黄陂蔡君为枭，虏帅辟易，江汉以清”。

图19 首义烈士墓——蔡济民墓

刘公墓：位于伏虎山北坡东端，1981年重修。刘公(1881—1920年)，字仲文，湖北襄阳人，同盟会员。1907年8月在日本东京发起组建中国共进会，为第三任会长。回国后积极从事革命活动，曾以重金资助湖北共进会。武昌起义前曾被革命党人推为湖北军政府都督。文学社和共进会联合组成起义总指挥部时，被推为政治筹备处总理。武昌起义后，就任湖北军政府总监察。军政府组织北伐，刘公任左冀军总司令。袁世凯称帝，他通电反对，并在汉口组织反袁武装力量。护法之役，他回襄阳组织护法军，转战于鄂西山区。1920年12月病逝于上海。1928年湖北省政府将其灵柩运回武汉，公葬于伏虎山。

图20 首义烈士墓——刘公墓

蓝天蔚墓：位于伏虎山北坡，与刘公墓相邻， 1981年重修。蓝天蔚(1878—1921年)，字秀豪，湖北黄陂人。早年在日本参加发行革命刊物《湖北学生界》，回国后在武汉加入日知会，后任清军第二混成协协统，驻防奉天（沈阳）。武昌起义后，他准备以本部据关外独立，响应起义。因被总督赵尔巽获悉而逃出奉天，出走上海。不久复回奉天，被举为关东革命大都督，孙中山亦任其为北伐军第二军总司令。袁世凯称帝后不与同流。后参加反对北洋军阀的斗争，任鄂西联军总司令。1921年在四川被害。 1926春其灵柩运回武汉，先厝长春观内，随后公葬于伏虎山。

图21 首义烈士墓——蓝天蔚墓

孙武墓：位于伏虎山西坡，与吴兆麟墓相邻。孙武（1880—1939年），名葆仁，字尧卿（摇清），号梦飞，湖北汉阳人。先后加入日知会、湖北共进会。1907年后在汉口、广州从事反清革命活动，并在香港加入同盟会。1911年9月湖北共进会与文学社联合共谋武装起义时，任起义总指挥部参谋长。武昌起义后，任湖北军政府军务部长。后受黎元洪拉拢，排斥革命党人。南京临时政府时，另组民社与同盟会对抗，并曾协助袁世凯称帝。1922年任汉口地亩清查督办。1925年后利用权势办企业，置房产，买田地成为巨富。抗战初期任北京法政大学校长，信佛教，对日本侵略军的拉拢予以拒绝，表现了民族气节。1939年春病故。灵柩先厝北京嘉兴寺，1941年浅葬于北京拈花寺菜园，1957年在董必武协助下迁于北京东郊人民公墓。1981年迁葬于现址。

图22 首义烈士墓——孙武墓

图23 首义烈士墓——吴兆麟墓

吴兆麟墓：位于伏虎山西坡。吴兆麟（1882—1941年），字畏三，湖北鄂城人。16岁入湖北清军之湖北新军工程第八营，后升任工程营左队队官。1905年参加日知会。1911年10月10日武昌起义时被推举为临时总指挥，率众进攻清湖广总督署。武昌起义后任湖北军政府参谋部副部长、第一协统领，并赴汉口督战，抵御清军的反扑。清军攻陷汉口、汉阳后，他率众坚守武昌。后曾参与南北议和活动。1912年赴北京任参谋总长兼第五师师长，授陆军上将衔。旋即解甲回鄂，倡设武昌首义公园，投资实业。1925年督办堤工，建成鄂城樊口大坝和沿江大堤，开凿月河，并兴建两个河闸，也从此而成为富豪。1938年10月武汉沦陷后，因拒绝日军诱逼而遭软禁。1941年逝世。吴兆麟墓原位于桂子山南坡，1981年迁现址。

19. 庚子革命烈士墓

庚子革命烈士墓位于湖北省武汉市武昌洪山东北麓。清光绪二十六年（1900年）8月21日，长江中下游自立军武装起义在汉口被清政府镇压，唐才常、付慈祥、林圭等20余人就义，安葬于此。1935年建立陵园。“文革”中，局部被毁。1991年，恢复了墓冢，对墓园建筑进行了维修。

遗址现存墓道牌坊、纪念亭和墓冢等遗存。牌坊为钢筋混凝土砌筑而成，中西合璧式风格，四柱三间三门，额枋阳刻“庚子革命先烈墓道”。纪念亭为钢筋水泥现浇而成，仿欧式风格，平面呈六边形，亭身由六个罗马式圆柱支撑，方亭檐，穹庐形顶。墓冢位于纪念亭后，依山而建，垒土而成，立大理石质圆首墓碑。冢前设方形祭台，内置“铁血精神庚子革命烈士纪念碑”。1956年，湖北省人民委员会

图24 牌坊

图25 祭台

图26 墓碑

公布其为第一批湖北省文物保护单位。

20. 黎元洪墓

黎元洪墓位于湖北省武汉市洪山区湖北省林业勘察设计院内土公山。黎元洪(1864—1928年)，字宋卿，湖北黄陂人。1883年入天津北洋水师学堂。1898年至1901年三次赴日本考察军务，后历任护军督带、湖北常备军第二镇第三协统领、暂编第二十一混成协统领、陆军讲武堂会办等职。1911年武昌起义爆发后，因革命党领袖均不在武汉，革命党人缺乏经验和自信，强迫他出任湖北军政府都督。南京临时政府成立后，当选为副总统。袁世凯死后，继任大总统，与国务总理段祺瑞发生“府院之争”。1922年，他在直系军阀曹锟、吴佩孚扶持下复任总统职，并召集旧国会，搞所谓“法统重光”的政治骗局。1923年6月，被曹锟等逼迫让位。

图27 黎元洪墓

1928年6月黎元洪病逝于天津。1932年其子护其灵柩回武昌，1935年11月举行国葬。墓于1981年重修，坐南朝北，由牌坊、墓道、墓冢等部分组成。牌坊建于2011年，为四柱三门式。墓冢椭圆形，前立花岗石碑，阴刻楷书“大总统黎元洪之墓”，周设砖混结构八角形围院，正中刻有章太炎所撰“大总统黎公碑”文。2008年，湖北省人民政府公布其为第五批湖北省文物保护单位。

21. 熊秉坤墓

熊秉坤墓位于湖北省九峰山革命烈士公墓园。熊秉坤(1885—1969年)，字载乾，原名祥元，又名忠炳。湖北江夏(今武昌)人。曾任新军第八镇工程第八营正目、总代表等职务，1911年10月10日夜在该营率部起义，占领楚望台军械库，攻入湖广总督署。后统领民军第五协，转战汉口、汉阳，失败后退守武昌。二次革命时，在南京参加反袁运动，失败后逃往日本，加入中华革命党。1917年护法运动期间，任广州大元帅府参军。1929年至1931年任湖北省政府委员，一度兼武昌市长。后长期任国民政府参军。1946年退职。1969年5月31日病逝，6月初葬于此。

图28 熊秉坤墓

墓南向，原为土堆，无墓碑。1981年整修，以水泥、红砖浇筑，椭圆形。墓前立碑，镌 “辛亥革命第一枪 熊秉坤”。第三次全国文物普查时被发现，并被纳入文物保护范畴。

22. 田桐墓

田桐墓位于湖北省武汉市武昌洪山南坡，广州军区武汉总医院院内。田桐（1879—1930年），字梓琴，湖北蕲春人。1911年武昌起义时任战时总司令部秘书长。1915年，被孙中山任命为中华革命军湖北总司令，参与发动武装讨袁。1926年，任湖北省政府委员兼江汉宣抚使。“四一二”政变后，因反对蒋介石避走五台山。后赴上海专事著述。1930年病逝于上海。

图29 田桐墓

墓建于1932年，坐北朝南，由墓冢和纪念亭两部分组成。墓冢用花岗石砌筑，圆形穹隆顶，高2.8米，直径约3米，周围有高1.2米的红砂石砌筑围墙。冢前立花岗碑，上刻“田梓琴先生之墓”。亭为钢筋混凝土质，六角攒尖灰筒瓦顶，内立纪念碑。2008年，湖北省人民政府公布其为第五批湖北省文物保护单位。

23. 杨洪胜墓

杨洪胜墓位于湖北省襄樊市谷城县城关镇茶庵村。杨洪胜（1875—1911年），湖北谷城人，农民出身。1903年投武昌防营当兵，后编入湖北新军。1911年春加入文学社。武昌起义前夕，负责运送军火。10月9日往工程营转运军火时被捕，10月10日凌晨与彭楚藩、刘复基同时就义，并称辛亥首义三烈士。

1912年，其灵柩送回原藉公祭一月后安葬于此。墓坐北朝南，封土高3米，直径5.3米，外砌围墙。1981年，当地政府对墓地进行了修缮，并在墓前立碑。1992年，由湖北省人民政府公布为第三批湖北省文物保护单位。

图30 杨洪胜墓

24. 詹大悲墓

詹大悲墓位于湖北省黄冈市蕲春县蕲州镇街口村。詹大悲（1887—1927年），原名培瀚，字质存，湖北蕲春人。1909年任《商务报》主笔，不久参加湖北新军革命团体群治学社。1911年发起组织革命团体文学社，任文书部长，同时创办《大江报》。武昌首义胜利后，任汉口军政分府主任。1913年“二次革命”时，在武汉策划反袁。1914年加入中华革命党。第一次国共合作时期，任国民党候补中央执委、国民党中央政治会议武汉分会委员、湖北省财政厅厅长等职，与共产党人亲密合作。1927年被桂系军阀胡宗铎部秘密杀害。

图31 詹大悲墓

墓封土高1.4米，长3.5米，宽2米。墓前立碑。1992年，湖北省人民政府公布其为第三批湖北省文物保护单位。

25. 彭楚藩烈士祠、墓

彭楚藩（1884—1911年），字青云。湖北鄂城人。1902年参加新军。1906年加入日知会，被推为评议员。日知会遭破坏后，更名楚藩。1910年考入宪兵学校，毕业后当宪兵，秘密从事革命活动。1911年，先后参加文学社与共进会，任宪兵营革命代表。9月，文学社与共进会联合成立湖北革命军总指挥部，准备武装起义，被推为军事筹备员之一。10月9日，汉口机关遭破坏，起义计划暴露，在武昌总部被捕就义，与刘复基、杨洪胜并称辛

图32 1957年6月13日，辛亥革命烈士彭楚藩先生的夫人和女儿在重建后的墓前合影

图33 彭楚藩烈士祠

亥革命首义“三烈士”。

彭楚藩烈士祠位于湖北省鄂州市华容区华容镇凉亭村凉亭湾，是纪念彭楚藩烈士的重要场所。1912年，由南京临时政府拨款建造。抗日战争时期被毁。1972年迁址重建，1981年府修复。祠坐北朝南，占地面积约750平方米，砖木结构，主体建筑共两层，中间为活动厅，两侧为陈列室。正门上书“彭烈士祠”。2008年，湖北省人民政府公布其为第五批湖北省文物保护单位。

彭楚藩烈士墓位于湖北省鄂州市西山灵泉寺后山坡。建于1912年12月，1933年10月重修,1957年整修。墓冢为土丘形，高约1.3米，直径约3.6米，前立麻石质墓碑和石牌坊，墓后设大理石纪念碑。牌坊为“双十字”形，刻有楹联一副，上联“浩气贯长江黄帝子孙原有种”，下联“红旗光大陆人民事业正无疆”，横批“永垂不朽”。1956年，湖北省人民委员会公布其为第一批湖北省文物保护单位。

26. 庚子革命烈士祠

庚子革命烈士祠位于湖北省武汉市武昌区武汉大学校园内，又名庚子革命烈士纪念馆。据1937年《私立武昌东湖中学一览》记载，建校之初，“建筑庚子烈士墓委员会”以修墓之余款，捐建校舍一栋，以作永久纪念建筑。这栋建筑设“礼堂一大间，图书标本室一大间，办公室四间，教室六间，足供学校办公及三百学生阅书受课之用”。祠为砖木结构二层楼房，平面呈“T”形，白墙红瓦，硬山红瓦顶。面阔38米，中部进深23米。现为武汉大学附属小学校舍。第三次全国文物普查时被发现，并被纳入文物保护范畴。

图34 庚子革命烈士祠（陈鹤摄）

27. 辛亥首义烈士祠

辛亥首义烈士祠位于湖北省武汉市武昌紫阳路127号，原是明楚王朱桢岁祭时建的皇殿。1911年11月9日，即武昌首义三烈士彭楚藩、刘复基、杨洪胜就义一个月后，湖北军政府特派孙武、蒋翊武、张振武等为代表，致祭三烈士，在皇殿供三烈士遗像和诸烈士的灵位。民国初年，这里一度作为辛亥革命烈士遗孤教养所。1932年，中华民国建国二十周年，湖北省政府委托辛亥首义志士喻育之主持修缮，改皇殿为辛亥首义烈士祠。整个建筑于1936年竣工，由飨堂、牌坊和附属设施组成，坐北朝南。现仅存牌坊，钢筋水泥结构，四柱三门式，绿琉璃瓦顶，额书“辛亥首义烈士祠”。

图35 民国元年国庆时的烈士祠

28. 阅马场孙中山铜像

阅马场孙中山铜像位于湖北省武汉市武昌阅马场，由上海雕塑艺术家江小鹣设计塑造，1931年8月建成并立于武昌起义军政府旧址前。孙中山身着中国传统服装长袍马褂，左手执杖，右手持帽，面南而立，凝视远方，仪表庄严肃穆。像通高6.4米，像高约2.4米，像座占地约20平方米。像底座为铜质，基座系麻石砌成，四周嵌有长方形的汉白玉石。正面原镌“精神不死”四字，其他三面刻有“像赞”铭文，50年代后期，皆被磨平。20世纪80年代初，在正面镌“孙中山先生之像”七字。2008年，由湖北省人民政府公布其为第五批湖北省文物保护单位。

29. 孙中山铜像

孙中山铜像位于湖北省武汉市江汉区三民路、民族路、民权路交会处的广场中心。1927年3月在武汉召开的国民党二届三中全会上，宋庆龄、何香凝、毛泽东、董必武、吴玉章等人提出在武汉树立孙中山先生铜像。汉口特别市政府于1929年开始筹建，1933年4月竣工， 6月1日举行揭幕典礼，由江小鹣设计塑造。像面南而立，筑于方形麻石台基之上，基高4米，每面嵌有长0.91米、宽0.33米的汉白玉石面，正面镌“孙中山先生之像”，其他三面曾刻有吴国桢撰写的276字“像赞”。像高2.15米，中山先生身着中山装，右手执杖，左手微垂，右腿直立，左腿向前，目光炯炯正视前方。1992年，由湖北省人民政府公布其为第三批湖北省文物保护单位。

30. 黄兴拜将台遗址

黄兴拜将台遗址位于湖北省武汉市武昌阅马场。是黎元洪设台拜黄兴为“战时总司令”的地方。

图36 孙中山先生之像

图37 阅马场孙中山铜像

武昌起义爆发后，清军大肆反扑，为了振奋士气， 11月3日，中华民国湖北军政府效仿刘邦拜韩信为将的故事，在此用木料搭台举行拜将仪式，黎元洪向黄兴授民军战时总司令印、旗和剑。黄兴任职后，在敌我力量悬殊的情况下，领导革命军坚守汉阳40余天，牵制了清军的主力，为其他各省革命形势的迅速发展赢得了时间。1928年，为纪念黄兴在阳夏战争中的功勋，在旧址上修八角木亭，亭中立方柱形的石质纪念碑，1948年亭毁碑存。1955年，武昌区人民政府对纪念碑进行了改建。2007年，首义广场建设中，将纪念碑整体南移。碑占地面积21平方米，紫红色水磨石质方尖碑，由碑座和碑身两部分组成，碑高5.2米。碑正面刻“‘拜将台’辛亥首义鄂军都督黎任黄兴为总司令在此授印”， “中华民国三十七年十月十日辛亥首义同志会敬立”款。1956年，湖北省人民委员会公布其为第一批湖北省文物保护单位。

图38 黄兴拜将台（陈鹤摄）

31. 黄兴铜像

黄兴铜像位于湖北省武汉市汉阳龟山东麓。为纪念黄兴指挥阳夏保卫战的伟大壮举，1933年铸立铜像，初立于武昌蛇山奥略楼后，1955年建武汉长江大桥时迁武昌桥头南侧，1985年10月迁现址。铜像由我国雕塑艺术家江小鹣设计塑造，立于高3.4米的麻石基座上，座呈“十”字形，分上下层，上层四面镶以椭圆形大理石面，正面原刻“革命先烈黄公克强之像”，现刻“黄兴先生之像”，由辛亥名人陶述手书。两侧及背面竖刻蒋介石领衔署名的《黄克强先生像赞并叙》。像高2米，黄兴面江而立，衣着西装，手撩大衣襟，气宇轩昂。1992年，湖北省人民政府公布其为第三批湖北省文物保护单位。

图39 1955年建武汉长江大桥时迁武昌桥头的黄兴铜像

32. 三烈士亭

三烈士亭位于湖北省武汉市武昌区解放路紫阳路2号武昌造船厂内，为彭楚藩、刘复基、杨洪胜三烈士的就义处。

清宣统1911年10月9日，汉口宝善里炸弹事发，武昌起义机密泄露，彭楚藩、刘复基、杨洪胜先后被捕，10日凌晨英勇就义于湖广总

图40 三烈士亭

图41 胜利亭

图42 首义公园历史照片

图43 抱冰堂历史照片

图44 总理孙中山先生纪念碑

图45 辛亥首义人物群雕

督署门前广场。武昌起义胜利后曾在此建纪念碑。1931年，在三烈士就义处修建纪念亭、竖立纪念碑，石碑正面镌刻着“彭刘杨三烈士就义处”，背面刻写“创建武昌首义三烈士亭记”。1956年进行过维修，后亭子倒塌。1981年在距原址约20米处按原貌重修，石碑迁入亭内。亭系木结构，八柱八角攒尖顶，碑周与亭外分别有八边形石栏和铁栏。亭额题“三烈士亭”。1956年，湖北省人民委员会公布其为第一批湖北省文物保护单位。

33. 胜利亭

胜利亭位于湖北省武汉市武昌紫阳湖畔，与辛亥首义烈士祠隔紫阳路（今张之洞路）相望。1912年10月10日，在烈士祠举行了武昌首义周年庆典。为纪念此次盛典及武昌民军起义殊勋，在此建亭。木结构，六角攒尖黄琉璃瓦顶。额横书“胜利亭”。亭中央立汉白玉石碑，刻“民军起义国庆碑”。

34. 首义公园

首义公园位于湖北省武汉市武昌区蛇山南麓，为纪念辛亥革命及兼顾首义伤残军人生活而修建。

1921年由首义人士夏道南等人倡议，1923年开始筹建。初建于武昌蛇山西端南麓，东起文庙(今第十中学)，西至臬水巷，北止陈友谅墓，南临大成路乃园遗址附近。1928年，由湖北省建设厅厅长石瑛、民政厅厅长严重提案和呈文省政府，将首义公园扩充为蛇山公园。1932年，湖北省政府将包括首义公园在内的蛇山全部辟为武昌公园。1935年，武昌公园又改称首义公园，抗日战争时改称蛇山公园。1938年武汉沦陷后，公园一度荒芜。抗战胜利后，1946年6月经湖北省参议会提议，将蛇山公园再度改称首义公园，沿用至今。20世纪50年代因建设武汉长江大桥的需要，该园转移到武昌路以东的“抱冰堂”一带，并对园内遗迹进行了搬迁。现园内保存抱冰堂、孙中山先生纪念碑、辛亥革命武昌首义纪念碑、辛亥首义人物群雕等辛亥革命纪念建筑。

抱冰堂：是清末洋务派人物张之洞在武汉活动的历史见证之一。武昌起义前夕，湖北新军经常以此为据点，开展革命活动。1912年4

月，孙中山访问武汉期间，湖北军界曾在此举行欢迎会。

张之洞曾任湖北学政4年，湖广总督18年，光绪三十三年（1907年）离鄂后，其在湖北门生故吏为表达思念之情，“聚金建造屋宇，安设塑像”，张晚号 “抱冰”，取《吴越春秋》“冬常抱冰，夏还握火”语意，以刻苦自励，因以堂名，并由张亲书匾额。1909年，张之洞逝世后，改为祠堂。抱冰堂背倚蛇山，坐北面南，砖木结构，单檐歇山顶，周设回廊。面阔五间26米，进深三间17米。廊顶横梁，撑拱刻有人物花鸟浮雕、透雕。台基为红条石，踏步台阶和回廊路面均用麻石铺设。梁檩门窗、檐脊栏楯结构精巧，做工细腻。整个建筑造型别致典雅，具有鲜明的地方特色。1971年维修后改黑布瓦为红色机制瓦，门窗格扇改为现代建筑形式。2008年，湖北省人民政府公布其为第五批湖北省文物保护单位。

孙中山先生纪念碑：原位于湖北省武汉市长江大桥武昌桥头蛇山南麓，建于1928年，由当时辛亥首义公园的经理夏道南和首义伤兵代表何正方监造。1994年迁现址。碑坐北面南，占地100平方米。碑体用石材砌成，高7米，属中国传统的建筑样式，又具有近代风格，气势恢弘，庄重典雅。碑座四周的护柱上环以铁链，碑体正面镌刻“总理孙中山先生纪念碑　中华民国十七年国庆日落成”，碑背刻有建碑纪记文：

中华民国十四年三月十二日，我国民党先总理薨于燕，讣至鄂，无男女少长皆聚哭，且谋伐石以永其思祀也，会凶逆抗命，跖跷踵变，迄今日工始竟，时会之不常如此，然则开济大业，蒙犯百难，而不流转于时会，夫岂倖而致耶，后之贤者可以兴矣。辛亥首义同人敬撰，江陵张知本谨书。

2008年，湖北省人民政府公布其为第五批湖北省文物保护单位。

辛亥革命武昌首义纪念碑：1981年，为筹备纪念辛亥革命70周年，由武汉市建筑设计院设计，湖北省暨武汉市辛亥革命武昌首义七十周年纪念大会筹备领导主持修建，同年10月落成。碑矗立在红色水磨石的平台中央，坐北朝南，仿人民英雄纪念碑式，高11米。正面刻有原全国人大常委会委员长叶剑英题写的“辛亥革命武昌首义纪念碑”。两侧饰稻穗、彩带等浮雕图案。碑座刻章开沅撰、张昕若书赞颂孙中山与辛亥革命的碑文。2008年，湖北省人民政府公布其为第五批湖北省文物保护单位。

辛亥首义人物群雕：1993年始建，1995年建成。由武昌区园林局首义公园规划小组组织实施。红砂石雕塑，宽20米，像座背景通高5米，像高3米。雕塑辛亥首义人物15位，共分4组：第一组是3位全国性的革命领袖，分别为孙中山、黄兴、宋教仁，居于群像中央；第二组是5位湖北革命团体的创立者或主要领导人，分别为吴禄贞、刘静庵、蒋翊武、孙武，刘公，居于群像左侧；第三组是5位武昌首义的直接发动者、参与者或指挥者，分别为刘复基，熊秉坤，吴兆麟、蔡济民，詹大悲，居于群像右侧；第四组是2位起义胜利后成立的军政府的重要长官，居于第一组和第二组人物之间，分别为黎元洪、汤化龙。群像的背景是武昌城墙，可见隶书的“武昌”二字。群像之间点缀衙门石狮、街垒战斗沙包、火炮等。群雕前两侧为条石踏步，正中间为半圆斜坡花坛，花坛正中置红砂石雕刻的4米见方的十八星旗图案，从右至左竖刻署武汉市人民政府的《辛亥首义人物群雕记》以及彭捷撰、张乃光书《群雕人物简介》。

35. 中山舰

中山舰原名“永丰舰”，是孙中山先生民主革命生涯的历史见证，是北伐战争和抗日战争两次国共合作的历史见证。1913年由日本三菱造船所建造，曾参与“护国运动”、“护法运动”、“东征平叛”、“孙中山广州蒙难”、“中山舰事件”等重大历史事件。1925年4月16日，广州革命政府为了纪念孙中山，将其改为现名。1997年打捞成功并在原址附近整修。建立博物馆。

1937年7月7日，抗日战争全面爆发，中山舰等49艘军舰被国民党政府调入江阴前线，重新布置防务。1938年秋，中山舰奉命参加武汉保卫战，担负从嘉鱼、新堤至武昌县金口镇江面的警戒及运输任务。10月24日，当中山舰巡航在金口江面时，遭遇六架敌机的轮番轰炸而沉没，舰长萨师俊等20余人牺牲。

36. 武昌起义军政府旧址

即原湖北咨议局。（详后）

图46 中山舰历史照片

图47 中山舰

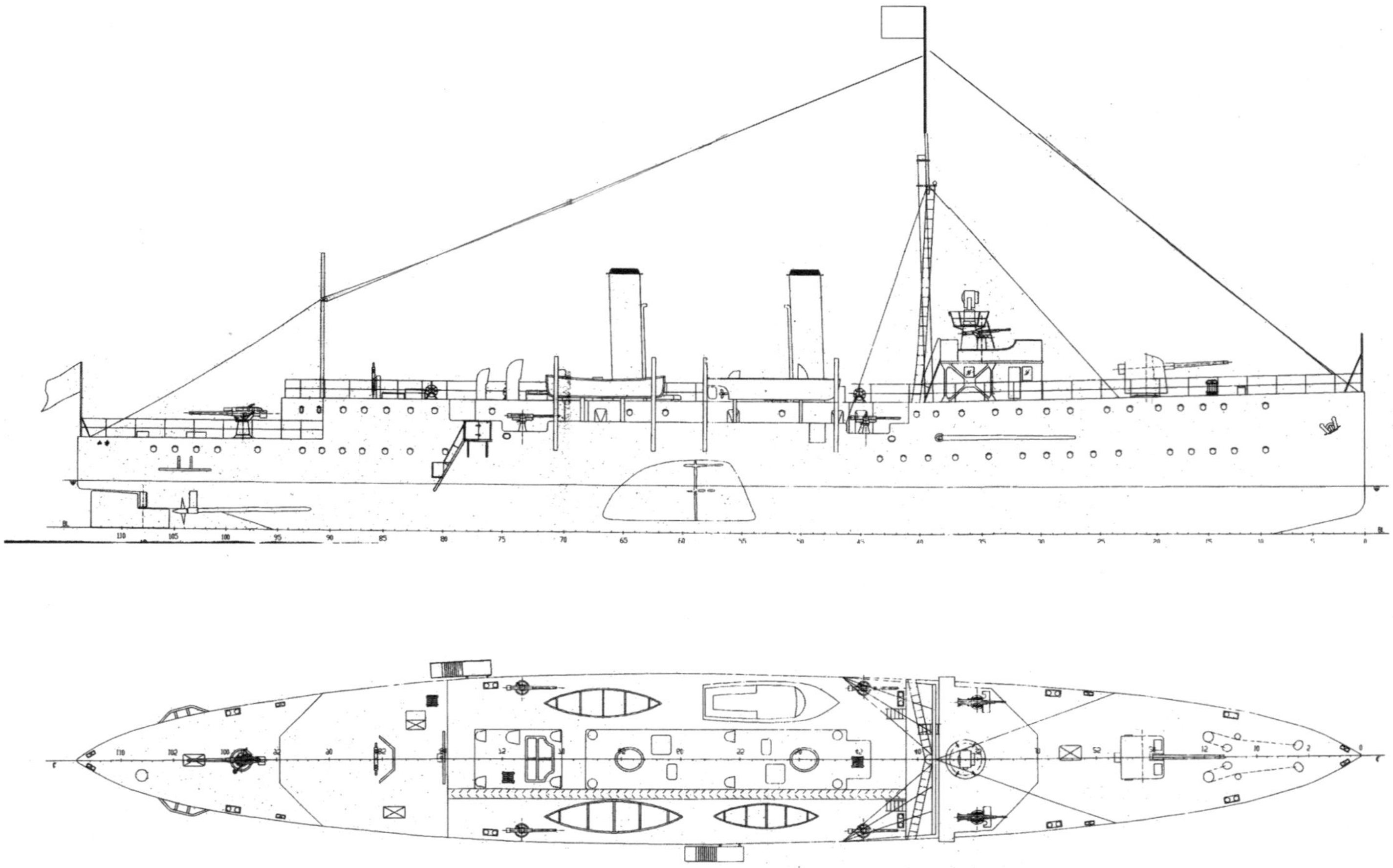

图48 中山舰主体立面、平面图

36. 徐源泉旧居

徐源泉旧居共两处，分别位于湖北省武汉市新洲区仓埠镇南下街，武昌区昙华林。

徐源泉（1885—1960年），字克成，又作客麈。湖北黄冈仓子埠（今属新洲）人。曾入南京陆军讲武学堂，毕业后派充南京陆军第四中学第一队助教，并加入同盟会。1911年武昌起义爆发，率300余名学生返鄂，组成学生军，自任大队长，先后参加琴断口、蔡甸等役，所向有功，被黄兴誉为“奇才”。1912年任南京临时政府陆军部参谋。不久赴上海，相继任光复军参谋、骑兵团团副及步兵第一团团长。后任新疆都督府参谋，助都督杨增新整军经武。后南归，与江苏陆军第三师师长张宗昌共谋讨袁。抵宁后，任江苏陆军第七十四混成旅二团团副兼军官补助教育团主任参谋。1924年后历任直隶（今河北）军务会办、国民革命军第六集团军总指挥、川鄂湘黔绥靖公署主任、军事参议院参议等职。晚年致力工商文教事业。

仓埠旧居建于1931年，坐东朝西，占地面积575平方米。由花园和宅邸两部分组成，宅邸为二进二层串楼建筑，砖木结构，硬山顶，穿斗式木构架。栏杆、隔扇均精工浮雕、镂雕花卉人物故事图案。

昙华林旧居建于1930年前后，共三栋，均为砖木结构，但风格各不相同，一栋为西式，一栋为中式，一栋为中西合璧式。

37. 石瑛旧居

石瑛旧居位于湖北武汉市武昌区昙华林。石瑛(1878—1943年)，字蘅青，湖北阳新人，中国同盟会会员，曾任孙中山的机要秘书、众议院议员、北京大学教授、国民党一大中央委员、南京市市长等。被誉为“民国第一清官”。旧居建于20世纪30年代末，欧洲19世纪别墅式建筑，坐北朝南，二层砖木结构，占地面积908平方米，建筑面积326平方米。2008年，湖北省人民政府公布其为第五批湖北省文物保护单位。

38. 李四光故居

李四光故居位于湖北省团风县回龙山镇香炉山村，1889年，著名科学家李四光在此出生，并度过了他的少年时代。李四光（1889—1971年），湖北黄冈人，著名地质学家，提出地质力学和第四纪冰川理论，并为中国石油工业发展提供理论基础。曾任中华人民共和国地质部部长、中国科学院副院长等职。主要著作有《中国第四纪冰川》、《中国地质学》、《地质力学概论》以及文集《天文·地质·古生物》等。1905年8月，李四光加入中国同盟会。武昌起义后，先任鄂军都督府理财部参事，后被选为实业部部长。南京临时政府成立后，湖北实业部改为实业司，李四光任司长，为调整恢复工商业支援革命战争做了大量工作。故居始建于清末，20世纪70年代重建，原为一进三重，现仅存一栋，坐北朝南，土木结构，悬山式青灰布瓦顶，面阔三间，进深两间。2008年，湖北省人民政府公布其为第五批湖北省文物保护单位。

39. 黄侃墓

黄侃墓位于湖北省蕲春县青石镇大樟树村。黄侃（1886—1935年），字季刚，湖北蕲春人，中国音韵训诂学家、文学家。历任北京大学、东南大学、武昌高等师范学校、金陵大学等校教授。著有《音韵》等。1906年，在日本入中国同盟会，随后在《民报》上发表《哀贫民》、《哀太平天国》等一系列文章，宣扬革命。1910年，应湖北革命党人的邀请回国，在鄂东南及安徽宿松、太湖等地从事革命活动。武昌起义后，参加了汉口军政府的工作。墓封土底径约7米，残高1米左右。墓前有碑，通高1.4米，宽0.5米。1992年，湖北省人民政府公布其为第三批湖北省文物保护单位。

二、湖北咨议局的建立

（一）成立背景

鸦片战争以后，中华民族危机重重，尤其是经过中日甲午战争和八国联军侵华战争，帝国主义进一步加快了对中国的侵略步伐。但是，1900年的义和团运动粉碎了他们企图瓜分中国的迷梦，迫使他们转而采取“保全”、扶植清朝傀儡政权，实行“以华治华”，从而维护其殖民利益的政策。从自身利益出发，他们要求清政府披上“民主宪政”的外衣。 此间随着中国民族资本主义经济的发展，中国的经济结构和阶级结构发生了明显变化，产生了一批民族资产阶级。封建专制主义制度与发展资本主义生产关系的矛盾、与不断高涨的民主思潮的矛盾，都已十分尖锐。以孙中山为首的资产阶级革命派领导的反清民主革命蓬勃发展，使得不愿接受任何变革的清朝统治集团深刻意识到坚持守旧必然灭亡，挽救王朝命运需要除旧布新，改弦易调。但怎么个改法，朝野上下一时还拿不定主意。

1904年，在中国东北境内爆发了日俄战争，最终以老牌帝国主义国家俄国的失败和新兴帝国主义国家日本的获胜而结束。这场战争在令中国蒙受耻辱、并遭受了巨大损失的同时，对中国政局产生了极其重大的影响。朝野上下一致认为，沙皇俄国败就败在实行专制制度上，日本胜则胜在实行立宪制度上，小国战胜大国的实质是立宪制度战胜了专制制度。很多有识之士意识到，中国应该引以为鉴，尽快实行立宪制度。一时间，立宪之议遍于全国，就连王公大臣也纷纷奏请朝廷“变更政体，实行立宪”。驻法公使孙宝琦、两江总督周馥、湖广总督张之洞等先后奏请当时中国实际执政者慈禧太后，要求实行立宪。在内外压力之下，为了对付革命、应付舆论、缓解矛盾，清廷被迫作出了立宪姿态。遂仿效日本于明治十五年（1882年）派员赴欧洲考察宪政的做法，在1905年清政府派以镇国公载泽为首的五大臣分赴东西洋各国考察宪政；同时，又命政务处王大臣等筹定立宪大纲，设立“考察宪政馆”。次年，五大臣先后回国，上书指出立宪有三大利，“一曰皇位永固，二曰外患渐轻，三曰内乱可弭”，建议进行“立宪”。但是，他们指出：“今日宣布立宪，不过明示宗旨为立宪预备，至于实行之期，原可宽立年限。日本于明治十四年宣布宪政，二十二年始开国会，已然之效，可仿而行也。”清廷很赏识这种“预备”建议，慈禧太后七次召见出洋大臣，并经御前会议反复筹划，于光绪三十二年七月十三日（1906年9月1日），颁发了《宣示预备立宪谕》，准备“仿行宪政”，宗旨是“大权统于朝廷，庶政公诸舆论，以立国家万年有道之基”[1]。1907年9月20日，清廷在京师设立资政院，以议院为基础；10月17日，命各省督抚速即在省会筹设咨议局，作为“资政院预备议员之阶”和“采取舆论之所”，规定由符合一定条件的绅民选举所谓贤能者为咨议局议

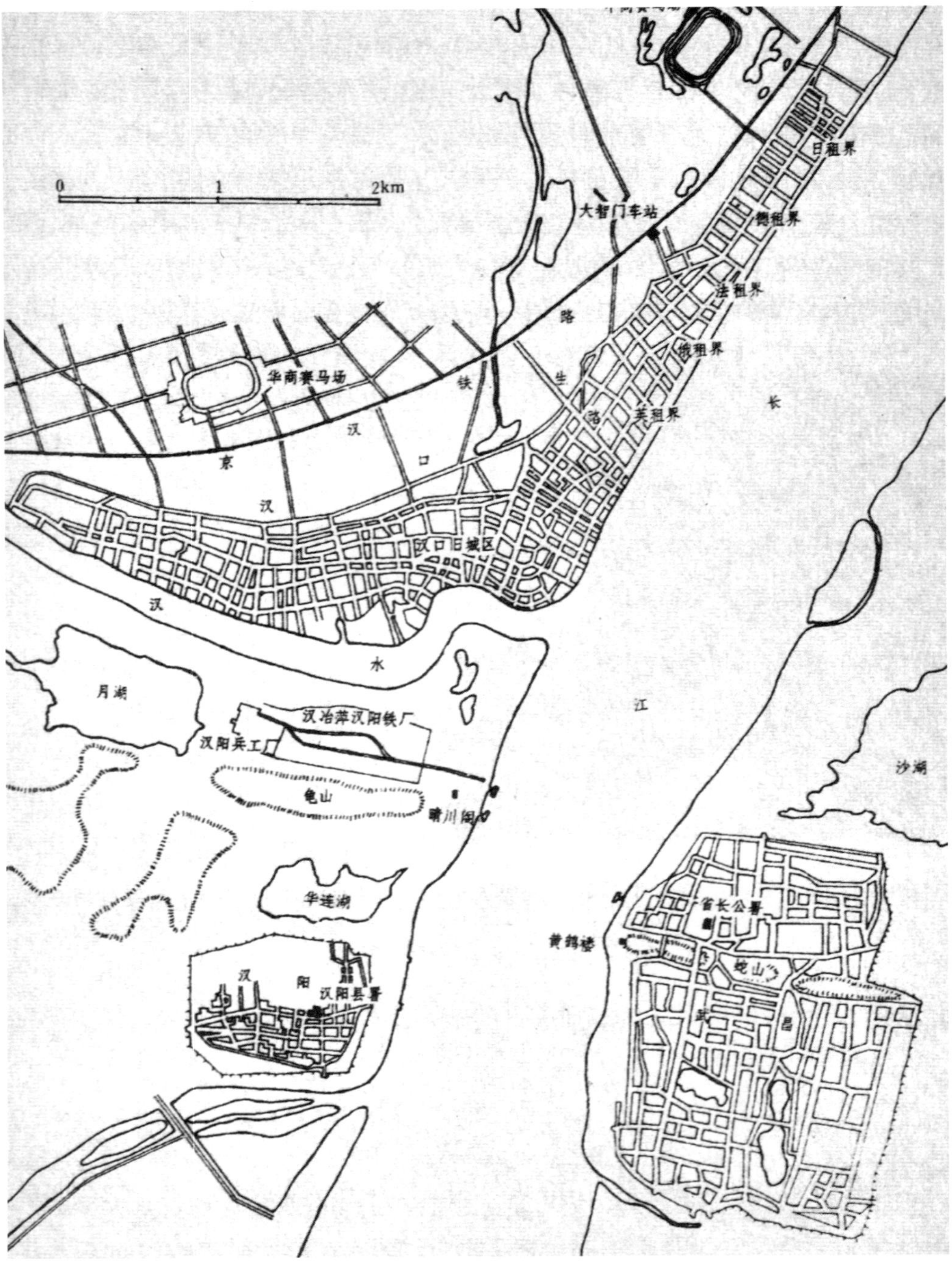

图49 辛亥革命前后的武汉三镇略图

图50 1911年武汉三镇旧影

[1] 马洪林、郭绪印：《中国近现代史大事记》，北京，知识出版社，1982年。

员。1908年7月，清廷颁布《资政院章程》、《咨议局章程》和《咨议局议员选举章程》，对资政院及咨议局的性质地位、职权、职责，及其与中央和地方政府的关系、选举区划、名额分配、选举人与被选举人资格、选举组织、选举方法等都作出了详细规定，开始了所谓的"预备立宪"。

（二）咨议局的作用

"预备立宪"谕旨颁布后，立宪运动也由宣传推动阶段进入了发展阶段。各地纷纷建立立宪团体，其中以上海的预备立宪公会、湖北的宪政筹备会、湖南的宪政协会等最具影响力。海外的立宪派也积极响应，1907年2月，康有为将保皇会改组为国民宪政会。1908年农历八月初一，清廷颁布《钦定宪法大纲》和《逐年筹备事宜清单》，根据负责推动宪政的实施机关宪政编查馆所拟定的施政纲领，预备立宪共九年，自1908年始，具体进程如下。

第一年，筹办咨议局，颁布城镇地方自治章程，编辑国民必读课本；

第二年，举行咨议局选举，各省一律开办咨议局，颁布资政院章程，筹备城镇地方自治，颁布国民必读课本；

第三年，召集资政院议员，举行开院以及推广厅州县简易识字学塾；

第四年，创设乡镇简易识字学塾；

第五年，推广乡镇简易识字学塾；

第六年，城镇乡地方自治一律成立；

第七年，民众识字义者须达到百分之一；

第八年，民众识字义者须达到五十分之一；

第九年，宣布宪法，颁布议院法，颁布上下议院议员选举法，举行上下议院议员选举，民众识字义者须达到二十分之一。[2]

由此，可以看出举办各省咨议局是清廷预备立宪的首要任务，其举办与运作的成败是决定议会制度最终能否在中华大地实施的关键。

（三）湖北咨议局的建立

湖北地处长江中游，是中国封建社会后期的经济发达区，明清时期有"湖广熟、天下足"之誉。1861年后，随着汉口、宜昌和沙市的相继开埠以及洋务运动在湖北的广泛开展，特别是张之洞督鄂十七年间"一方面发扬固有之声教，一方面追逐欧美之文明，合治中西学说，其势突飞猛进。两湖人士在张氏领导之下，新旧知识皆极充足。尤其铁政、枪炮、钢药、钱币等局厂，张氏以全力赴之。物质进步，全国无两"（张难先：《武昌首义与张之洞都鄂去鄂及其死》，载严昌洪等编《张难先文集》，华中师范大学出版社，2005年），使得湖北在经济发展、新思想传播、民智开启等方面都处在全国领先地位，这就为宪政在湖北的实施和湖北咨议局的筹办打下良好的经济和智力方面的基础。因此，湖北在咨议局的创办过程中，官员的积极性和社会各界参与度相对比较高。

按照清廷预备立宪的部署，1906年，湖广总督赵尔巽在武昌设立"湖北咨议局创办所"，奏派布政使为总办，挑选学过法政的人员充任坐办和参事；并划分了选举区域，着手筹备工作。1908年5月，陈夔龙接替赵尔巽继任湖广总督，随后按照8月底宪政编查馆的要求，将"湖北咨议局创办所"改为"湖北咨议局筹办处"，具体负责咨议局筹办事宜。其基本工作如下。

① 通饬设立自治讲习所、宣讲所为初选举预备；

② 发各属调查选举人名表示、调查须知、调查手续，使调查有所依据；

③ 拟定告示草式，分发各属，使斟酌变通，广行张贴；

[2] 夏新华，胡须晟，刘鄂，等：《近代中国宪政历程：史料荟萃》，北京，中国政法大学出版社，2004年。

④ 拟定期限清单，分发各属使归一律，并籍以见办理之勤懒；

⑤ 拟定投票开票规则，投票纸、投票匦得数清单，初选当选人执照之定式；

⑥ 电询关于选举资格解释之疑义，得复电，即刷印多张，分发各属，并将各省询电复之件一并摘录；

⑦ 划清选举区域；

⑧ 筹拨经费。[3]

湖北咨议局筹办处初以道员喜源为总办，知府黄以霖等为会办。喜源为旧绅，筹办事宜不让绅、商、学界知道，立宪党人深为不满。10月18日，部分士绅在武昌蛇山奥略楼集会，柬请筹办处总办以下诸员出席咨询。会上，众人指问何以排斥士绅参与筹办，"问难至一小时"，喜源无言以对，竟"不终会而去"，大失众望。[4]事后，陈夔龙改派湖北布政使李岷琛、提学使高凌蔚、按察使杨文鼎为总办，在籍法部主事姚晋圻、试用道周云为坐办，翰林院编修夏寿康，奏调翰林院编修张国溶、法部主事汤化龙、候补知府陈树屏等为参事，并设提调科长、科员等职，统筹咨议局成立事宜。陈夔龙还将湖北预备宪政事宜区分为"全体预备"和"分期预备"。前者指确定期限（即拟定本省变通的初选期和复选期）和统一规划（即由筹办处分项拟定调查、选举细则，经总督复核，通饬一体遵行）。后者包括调查前培训司选员、襄理员和调查员，选举时广泛宣传选民权利、选举意义、办理选举的程式以及和议员确定后设议员讲习所等事宜。

1909年6月至9月间，在各府、厅、州、县逐级初选和复选的基础上，全省选出议员30名，专额议员3名。同年10月初，由议员选举产生了咨议局领导层：吴庆焘为议长（后为汤化龙），汤化龙、夏寿康为副议长，刘赓藻、张国溶（后增选为副议长）、吕逵先等17人为常驻议员，刘耕余等为候补常驻议员。

按照清廷规定的全国统一时间，1909年10月14日至12月2日，湖北咨议局在武昌举行了第一次常务会，总督陈夔龙、统制张彪等地方大员作为特级代表出席了开局典礼。至此，湖北咨议局正式成立，湖北咨议局筹备处同时裁撤。

湖北咨议局筹备的过程是严格按照立宪政治的程序和清廷部署进行的，没有受偶然因素的左右。议员大都有一定的社会地位，受过较高层次的教育，接受了近代思想，对君主立宪政体比较熟悉，有能力进行宪政活动。如汤化龙沿科举之路进入仕途后，见"世变益亟"，便誓求新知，赴日本法政大学留学；回鄂后为君主立宪奔走呼号，时称"宪迷"。运行机制也体现了立宪政体的基本精神，咨议局的主要任务是审议督抚交议、议员提议和人民陈请建议的议案，第一次常务会上就议决了70多项议案，涉及全省的各个方面。因此，在当时的条件下，湖北咨议局的设立基本体现了立宪政体中权力制衡的原则。

三、湖北咨议局的建造

"议院之建筑，实为议会成立以前所不可少之准备。东西立宪各国，议院之制皆闳敞精丽，经营数年而后成。现设资政院既为上下议院之基础，则其规则自应按照各国议院定式先事筹备，以免临时竭撅之虞。"资政院、咨议局是清廷推行预备立宪的重要组成部分，作为中央和省级的常设机构和舆论场所，是清廷粉饰民主的一种门面，不能没有一处像样的固定活动场所。资政院设立后即定位于北京内城东隅观象台西北的贡院旧址，与资政院建筑相对应，在湖北咨议局的筹备过程中，营建房屋就已经提上了议事日程。

（一）建造过程

从当时湖广总督的奏折分析，湖北咨议局的建筑过程基本可以概况为三个阶段。

观望阶段：为1907年10月至1908年底。在封建专制体制的大背景下，民选的代议机构咨议局无疑是一个相对难以接受的新事物，当

[3] 佚名：《官长调查·山西》（续），载《申报》，宣统元年正月十二日。
[4] 佚名：《大事记》，载《东方杂志》，1908（10）。

1907年10月19日《着各省速设咨议局谕》颁布后，"各督抚因不知从何着手，便索性相应不理，七月间宪政编查馆的咨文带来，各省督抚还是寂然不动。及中央再三催促，知道不能不虚应故事，敷衍一番，才开始打听着手之道"[5]。因此，在此阶段湖北咨议局建筑的建造还显得模糊，建筑选址、工程前期筹备情况基本不明。直至1908底，才有了"至建筑咨议局房屋，现方饬令详细绘图，合适估计，一俟妥晰议定，再当专折奏明"[6]的说法，似乎已经进入建设设计阶段，但从后期的两次选址变化情况分析，实则不然，这也反映了清廷地方大员对预备立宪的一种观望态度。

筹备阶段：为1908年底至1909年初。这时对于确定咨议局建筑有了具体的意向，思路是利用已有建筑，只是形式的改建，而非新建。"至该局建筑地址，拟用原有贡院改建，以阖属贡选之场，为全省咨议之地，名实尚属相符。近正饬工绘具图式，核实估计，筹款兴办，届时当专折奏明。"[7]这种措施的选用，从当时的实际分析，应有几个方面的原因：一是建立咨议局需要经费额较大，当时"鄂省度支困竭，供不逮求，每岁计短银二百余万两，而历年之积亏新增之用款尚不在内"[8]，经济空虚无力应付；二是立宪制度实施仓促，为应对实际工作需要；三是模仿先期清廷定贡院旧址为资政院的做法。

建设阶段：为1909年底至1911年10月。在此期间，在建筑选址、图样设计、施工队伍选择等前期工作完成的基础上，湖北咨议局建设全面进行。"其开办经费当以建筑为大宗，前选定阅马场绿营地址作为该局建筑地段，现正估工兴筑，俟经费核定后再行专折奏明。至本届该局会场系借用教育总会，办事处系借用劝业公所。"[9]为确保工程按期竣工，不影响第二次常务会的召开，陈夔龙的继任者瑞澂专门勒令加快实施进度。[10]

（二）工程基本情况

湖北咨议局在筹办过程中，其经费便纳入了地方财政预算，由"督抚筹指专款拨用"，主要支出分为常年和开办两项。常年经费为公费、薪资、差旅费等维持咨议局运行的常设费用。开办经费主要包括咨议局建筑建造费用，另包括临时办公场所和会场的修葺费用。后者开销较小，总费核定白银四千多两。

湖北咨议局建筑建造费用由议场、议员公所两部分组成。其中议场建造经费于1909年9月（农历八月）估定，总预算白银八万两，分10期交付；议员公所建造于同年十一月序行估定，总预算白银两万六千余两。工程以包工包料的形式，承包给"包修工匠"，工程进度和质量主要由时任武昌盐法道的监修委员黄祖徽负责[11]。工程被限定于1910年9月（农历七月）完竣，经监修委员们验收后，正式移交。在黄道祖的督促催赶之下，经过施工人员近一年的艰苦施工，两项工程终于在1910年9月初如期竣工。[12]

（三）设计者

根据梁华平先生考证：湖北咨议局的"建筑图纸是照搬江苏咨议局的图纸，江苏的图纸则是张謇为在南京鼓楼东北处修建江苏咨议局议场，特派人参观日本议院建筑，采访多种建筑图案后，仿造设计的。所以，湖北咨议局议场同江苏咨议局议场的建筑形式基本一致，同为日本议院建筑风格"[13]。经多方查证，目前还无明确文献记载这两座公共行政建筑咨议局之间的必然联系。根据《湖北近代建筑》等资料记载，特别是日本学者李江的研究成果，湖北咨议局的设计者应为日本建筑师福井房一。

[5] 张朋园：《立宪派与辛亥革命》，载《中央研究院近代史研究所专刊》（24），1983年。
[6] 《湖广总督陈夔龙奏遵设咨议局筹办处及办理情形折》，载《湖北咨议局文献资料汇编》，武汉，武汉大学出版社，1991年。该折上奏于光绪三十四年十二月十九日。
[7] 《湖广总督陈夔龙奏湖北第一年筹办宪政情形及第二年预备事项折》，载《湖北咨议局文献资料汇编》，武汉，武汉大学出版社，1991年。该折上奏于宣统元年闰二月十四日。
[8] 《湖广总督瑞澂奏湖北第四届筹办宪政情形折》，载《湖北咨议局文献资料汇编》，武汉，武汉大学出版社，1991年。该折上奏于宣统二年八月二十八日。
[9] 《湖广总督陈夔龙奏报咨议局成立并议定该局经费折》，载《湖北咨议局文献资料汇编》，武汉，武汉大学出版社，1991年。该折上奏于宣统元年闰九月二十九日。
[10] 《京津时报》庚戌（1910年）农历七月十三日。
[11] 黄祖徽，曾入张之洞幕，为湖北农务学堂监督，创办武昌红十字会；辛亥革命时任湖北盐法道，二次革命时曾被黎元洪派至南昌与李烈钧会谈。
[12] 《湖北通志》卷五十三，经政志十一，新政三，1249~1230页。
[13] 梁华平：《红楼的兴建与湖北咨议局》，载《武汉文史资料》，1990（2）。

福井房一（1861—1937年），日本福冈县人，是日本早期在华的重要建筑师。1888年9月他进入以培养初等技术人员为目的的东京工手学校（现在的工学院大学）学习，一年半后毕业于造家学科；1891年10月赴美留学，后在纽约乔治·波士特设计事务所从事制图、设计工作，前后10年；归国后在帝国海军总部建设部门任建筑师。1906年底，他来中国旅游时从上海沿长江逆流到汉口，受到两地日本领事的接待，并邀请他来华工作。福井回日本后即辞去军职，随后到上海与平野勇造一起开办了一家设计事务所，但是两人的合作关系只维持了3个月。1908年初，福井离开上海，只身到汉口创业，是汉口日租界建设初期唯一的日籍建筑师。1911年9月离汉回日本。在汉口四年半的时间里，除湖北省咨议局外，福井还设计了日本总领事馆、汉口日本人俱乐部、汉口日本人小学校等公共建筑以及一批日货公司的厂房和仓库等工业建筑。上海也有其作品，如上海日本人俱乐部，三菱合资公司上海支店等。[14]

其中汉口日本总领事馆，在形制、用材、工艺手法、色调上与湖北咨议局议场有很高的相似性和一致性，建筑年代也基本相同，当同属福井的代表作，反映了作者的建筑水平和理念。该项目由大仓土木组施工，包括领事馆办公室和领事公馆。两栋建筑之间有走廊相联，立面突出主入口和连续的券廊。建筑毁于抗日战争时期，但存有图纸和照片资料。

根据已知资料，目前福井在中国的作品，除湖北咨议局外，尚有上海三菱洋行大楼。该建筑位于广东路94~102号，建成于1912年，为当时日商三菱公司的办公楼。建筑主体四层，转角处五层，为建筑的构图中心，下设主入口，二至四层转角嵌入半圆形塔楼，在底层入口处形成平面形，五层顶部成圆柱状。勒角及窗台采用花岗岩制作，外墙面采用青石饰面，窗下墙处有石垂花饰，立面竖向作三段式划分处理。底层有半圆拱券木窗，二、三层连在一起处理成贯通两层的仿科林斯式方形壁柱及半圆形拱券木窗。外貌呈新古典主义特征，略带巴洛克装饰。该建筑现为上海市优秀建筑保护单位。

图51 湖北咨议局大楼外观局部

四、湖北咨议局建筑的历史沿革

湖北咨议局建筑作为近代中国建筑史的一座丰碑，从其诞生就开始与重大历史事件和人物相联系，突出地展现了一部中国近现代社会发展史。新中国成立后，为做好文物的有效保护和合理工作，在各级政府的关心和支持下，在相关部门的积极努力下，这座建筑再次以完整、健康的姿态出现在世人面前，成为连接海峡两岸的文化桥梁和情感纽带，展示着中华民族为走向共和所建立的不朽伟业，同时也从侧面反映了新中国文物事业的发展历程。

1910年9月1日，经过各相关方的关心和支持，历时一年，湖北咨议局建筑正式落成。

1910年10月3日，湖北咨议局第二届常务会议在此按期举行。会议由议长汤化龙主持，会期50余天。会议讨论了“兴办教育”案，议定了普及教育和发展实业教育的途径和措施。议决了整顿湖北吏治案，其中《纠举荆州知府斌守俊案》得以落实，使克扣堤工费的斌守

[14] 李江：《汉口的日本租界》，载《中国近代建筑研究与保护——2000年中国近代建筑史国际讨论会论文集》，北京，清华大学出版社，2006年。关于福井房一的基本情况，作者主要依据：福井房一履历书、1909年日本外交史料馆藏和福井房一发表在1926年10月《建筑世界》上的文章《对南中国建筑的感想》。

俊受到了应有的惩罚。会议还就“兴办实业”问题进行了广泛的讨论，提出了“兴矿业以辟利源”的方针、“推广农林以兴实业”的方案、整顿关税制度等措施。会上还拟订了《整顿统捐办法》等条例。另外，会议还议决了湖北地方行政经费预算案。

图52 竣工不久的湖北省咨议局

1911年10月11日，辛亥革命武昌起义第二天，因湖广总督署受战火破坏，一时无法修复，于是革命党人在此组建了中国历史上第一个资产阶级性质的革命政权“中华民国军政府鄂军都督府”。在南京临时政府成立前，这里曾一度代行中央军政府的职权，对促进全国革命形势的高涨，结束清王朝封建帝制建立了不可磨灭的伟大历史功勋，因此被誉为“民国之门”。

图53 武昌起义后成为都督府的咨议局大楼

1911年11月3日，效法历史上刘邦拜韩信为大将的故事，湖北军政府在门前阅马场搭台举行拜将仪式，黎元洪向黄兴授战时总司令印、旗和剑。1928年辛亥革命首义同志会在拜将台旧址上修复八角形木亭。1948年亭毁，重建方尖纪念碑。2007年，在首义广场建设过程中将纪念碑与孙中山铜像、武昌起义军政府旧址迁于同一轴线。

1911年11月初，宋教仁在此起草了《鄂州约法》。该法共七章六十条，是中国资产阶级拟定的第一个带有宪法性质的文件，在南京临时政府成立前，具有国家约法的功用，成为其他省份制定约法和《中华民国临时约法》的蓝本。

图54 黎元洪与红十字会人员合影

图55 遭到清军炮火损毁的都督府

1911年12月1日，清军炮击武昌，旧址中弹起火，议场局部垮塌。黎元洪带领部属逃亡葛店。南北议和后，地方政府对其进行了维修，并增修了望楼。

1912年，中华民国南京临时政府成立后，临时副总统兼鄂军都督黎元洪仍以此为办公场所。4月，孙中山先生莅临湖北军政府，在会堂发表了演说，对武昌起义的历史功勋给予了充分肯定，并在二楼会议室会见了湖北军政府领导成员和武昌起义志士的代表，会见后，与全体人员在后花园合影留念。黎元洪在议员公所设宴招待孙中山一行。

1912年初，湖北省临时议会在此成立，刘心源为议长。1913年1月至2月，通过正式议会议员的初选和复选，选出议员106名，3月先后选举共和党人覃寿堃为议长，共和党人王信征、屈佩兰为副议长。

图56 孙中山铜像与成为辛亥革命纪念馆的原湖北省咨议局

1926年10月，北伐军攻克武昌城，国民党湖北省党部由汉口迁此，议员公所作为工作人员的生活区，并于1927年1月1日至12日，召开了全省第四次代表大会。大会通过了政治报告、党务报告、省民会议、农民运动、青年运动等决议案，选举出了新的省执行委员会和省监察委员会。

1927年3月4日至3月22日，湖北全省农民第一次代表大会在此召开，毛泽东等为大会名誉主席。会议通过了乡政、武装、工农商学兵联合、扩大反英斗争、声援上海工人反英斗争、没收逆产等35个决议案。大会选举陆沉、邓演达等17人为省农协正式执行委员，郭述申等9人为候补执行委员。陆沉为委员长。至此湖北省农协正式宣告成立。开幕当天，各界30万人在阅马场举行了庆祝大会。

1927年4月10日，湖北省政府在此召开成立大会。

"四一二"政变后，湖北革命群众和军事政治学校学生于4月23日在这里举行大会，声讨蒋介石；5月1日，湖北革命群众怀着对蒋介石的满腔怒火，举行声势浩大的纪念"五一"集会和游行示威活动，显示了湖北人民不屈不挠、勇于斗争的英雄气概。

1931年8月，为纪念孙中山先生伟大功绩，武汉人民在旧址大门前树立了孙中山铜像。

抗战期间，议场大厅及议员公所被炸毁。1946年，湖北省政府将这里定为省参议会会址，决定通过招标翻修，将议场中央礼堂全部拆除重建。施工由阮顺兴营造厂承担，1947年11月竣工。同时，修复两侧附楼，作为储藏室和仓库。

20世纪50年代初期，在议员公所南面的基础上修建了一排平房，在西南角的原基础上建成了一座两层楼房。"文化大革命"期间，又在北边的原基础上建成了三层和四层的居民楼各一栋。中共湖北省委、湖北省社会主义学院曾先后在西南角的两层楼内办公，后者成为省委统战部和湖北省政协的宿舍楼。

1961年3月，武昌起义军政府旧址由国务院公布为第一批全国重点文物保护单位，是湖北最早被列入全国重点文物保护单位的近现代重要史迹。

1981年10月10日，纪念辛亥革命70周年之际，按照国家名誉主席宋庆龄的生前夙愿，依托旧址建立了辛亥革命武昌起义纪念馆。这里成为收集、整理、研究、陈列、宣传辛亥革命历史的专门机构和人民群众接受爱国主义教育的"圣地"。

1983年，国家文物局批准对旧址主楼实施第一期抢救维修工程。

1984年6月29日，省财政拨款30万元，将旧址内的省政协、省统战部干部家属全部迁出。

1990年，对旧址进行了一次全面修缮，工程内容包括：主楼内外墙粉刷、油漆，改建两侧东西配房，翻修主楼外下水道，安装主楼内报警设备等。

1991年，在蛇山南麓、旧址北院墙外54米处，发现"咨议局界碑"；2007年，在旧址西南角50米又发现了一块，并在原址重新树立。两碑形制相同，均为麻石质，方尖柱体，由基座和碑体两部分组成，基座为0.8米×0.72米，碑高2.53米，横截面为0.40米×0.36米。2000年，在议场地下室发现"湖北省议会租界"碑，亦为麻石质，高1.6米，宽0.37米，厚0.12米。

1993年，根据国家文物局批复，完成旧址东西配房的修复工程。

2000年，为迎接辛亥革命90周年，对旧址进行了一次全面的保养维修。

2001年，在湖北省委、省政府及国家文物局的支持下，议员公所南楼东段得以复原；2004年，武汉市政府斥资1 200万元，将议员公所内湖北省社会主义学院及42户宿舍楼全部予以拆除。2005年，议员公所修复方案获得国家文物局审批，目前已动工。

五、湖北咨议局建筑的基本情况

湖北咨议局旧址位于湖北省武汉市武昌武珞路1号，地处蛇山南麓，阅马场北端，东临湖北省图书馆，西靠湖北剧院，武汉长江大桥下穿通道从门前通过，是现存规模最大、保存最好的咨议局旧址，是清末新政在地方实施情况的直接反映。整个建筑组群布局和谐、比例严谨、建筑工艺精湛，体型组合、色彩运用和细部处理上，均表达出庄重、肃穆的氛围，完美地体现出近代公共建筑独特的精神属性。

湖北咨议局建筑平面呈不规则长方形，坐北朝南，依山就势，沿南北轴线左右对称布局，错落有致，排列有序。从南至北依次为门房、广场、两侧附楼、议场、议员公所，周围以铁栅栏式矮墙形成一个闭合的有机整体，是一处典型的中西合璧式庭院建筑。共设3门，南门为议场正门，东西门原为议员公所的出入口。除议员公所外，建筑均为红砖清水墙，红瓦顶，焕发着一种鲜艳而明丽的色彩，因此，俗称为红楼，是武汉作为中国历史文化名城的标志性建筑之一。

门房共两个，东西对称布局，形制、结构完全相同。单体平面呈方形，边长约3米，砖木混合结构，四角攒尖红机瓦屋面，檐口有水平线条装饰，正对主入口方向设正门，背面设角门，其他面设券顶方窗。大门为栅栏式，铸铁式门柱，原设砖砌方形门墩，现已无存。围墙高约2.5米，立面由三部分组成，底部为花岗岩石基座，下部为红墙体，顶部为铁栅栏矮墙。

广场原为花园式，正中设有圆形花坛，2001年维修时改为现状。总体呈“天圆地方”式，中心部位采用花岗岩石板铺墁，两侧植草坪。附楼设在广场两侧，形制完全形同，砖木结构二层楼房，红砖清水墙，两面坡红机瓦硬山顶，正面设有外廊。屋面因地势起伏而呈四段式，从南至北依次抬升，间以山墙相隔。由于后期使用功能的需要，改动较大。加之周边环境的变化，室外地坪增高，导致暴雨时节常常出现雨水倒灌。纪念辛亥革命80周年时，在不改变原有结构和立面外观的前提下，适当地加大了建筑进深，提高了室内标高，同时，为达到较好的采光效果而统一了门窗形制。单栋通面阔七间23.1米，进深6.5米，檐高4.4米。南北两端山墙嵌有象征意义的“十八星旗”通风窗。

议场采用近代资本主义国家行政大楼和会堂的建筑形式，为砖木结构的二层楼房，设有前后廊。建筑分中段和左右两翼，平面呈“山”字形，面阔73.48米，进深34.5米，建筑面积3 125平方米。通高22.98米，一层高4.8米，二层高5米，基高13.18米。

议场砌筑在1.2米的台基之上。台基为砖砌，采用花岗岩石贴面。内设地下室，碎砖三合土地面，间有隔墙，从形制分析无使用功能，主要满足建筑防潮需要。建筑主体部分地下内空高1.7米，会堂及两侧部分地下内空高0.8米。隔墙设有0.5米见方的连通孔，台基四周间隔2.5米设有0.45米见方的铸铁花窗。

整个建筑立面纵向采用三段式构图，横向则为五段式。中部外凸，为四柱三间门廊，欧洲文艺复兴式，四根贯通上下两层高耸的砖立柱夸张地突出了主入口的显赫、高大、威严，是议场权力的最直接表述。门廊长12.3米，深5.3米，正面设6级麻石踏步，两侧设有宽10.65米的弧形回车道，周辅以高1.36米的栏墙，墙帽为麻石质。门廊额书“鄂军都督府”五个楷书阳文大字，顶部上方置三角形大山墙，山墙两侧各设有一尊宝瓶塔形石雕。

整个建筑可分为主楼和翼楼。主楼一层为长方形，中部前段为门厅，后段为会堂，两侧为办公室。门厅略呈方形，每面三个拱券，直通二楼屋顶，形式类似于江汉平原一般民居的“天斗”，较好地解决了建筑内部采光问题。从武昌起义军政府成立当日（1911年10月11日）的照片反映，门厅应为平顶或坡顶，顶部设两个出风口，南北议和后修复为穹隆顶，抗日战争后修为现状。会堂呈方形，南北向布局，北面设主席台，台下坐席呈扇形布置，设软皮椅和弧形长台座位132个，地面由北向南逐渐升高。二楼两厢及南面设有楼座，置木制长椅两排。会堂东西设走廊通办公室。二楼与一楼前半部布局基本相同，均为办公室。楼梯间设在内走廊左右两侧，每个房间均设有两门与内外廊相通。翼楼形制结构与主楼基本相同，置于主楼东西两侧，各有5个房间。廊的使用在中国传统建筑中比较普遍，但议场的外廊结构造型采用半圆券，具有明显的殖民地建筑风格。

屋顶均采用木屋架、木桁条，桁架为“人”字形，关键节点采用双面扒钉和“U”形、“三角”形扁钢固定，设置间距2.16米至2.57米不等，用材均为元杉。主体木基层不用椽子，直接使用大、小瓦条，顶覆红机瓦，属于20世纪初武汉的典型做法，由于建筑维修次数较多，屋瓦有20世纪初及20、30、50年代等不同时期的不同规格。屋面组合形式丰富，大胆使用双坡式和四坡式组成。其中门廊为双坡顶；主楼为双坡屋顶，屋顶上排着四个壁炉烟囱；望楼为圭形紫铜板屋顶；两翼为四坡顶；会堂一、二层为单坡顶，三层为双坡瓦楞铁顶；东西向北突出的翼楼为三坡顶。屋檐四周设有白铁涧沟，两山置截面0.1米×0.07米的排水管六条。相对于建筑体量和武汉降雨量，这样的设施严重影响了屋面排水，因而在一定程度上导致了建筑维修周期的缩短，后期维修时增加了落水管的数量。围绕建筑基脚设有一圈排水沟，平面呈“U”形，麻石砌筑，宽0.3米，深约0.4米。

建筑室内铺墁材料和方式多样，门廊及会堂为水泥地面；一层外廊为水磨石地面；其他部位均铺杉木地板。铺墁工艺较复杂，一层基础为红砖砌筑地垄墙，上架木梁，梁上铺地板；二层楼面为密质木梁，上铺木地板。木梁断面为半圆形，用材合理。木地板宽0.1米，厚0.03米，采用企口缝。地板与壁间安有高0.25米的木踢脚线。地板、踢脚线做工考究、制作精良。

整个建筑室内装修考究：一、二层室内均设吊顶悬臂天棚，皆为石灰掺草筋抹成平顶。天棚及壁间，以复线弦纹，双回纹，四分之一凹圆线脚作简单装饰。室内墙面均用白灰掺草筋粉刷。门共有127档，有镶板门和百叶门。百叶门安装在前檐走廊，其余均为镶板门，按形制可分为带上亮对开镶刻板门、带上亮单开镶刻板门、带上亮带百叶对开玻璃门、对开镶刻板门、单开镶刻板门、两侧屏板对开弹簧镶刻板门等六种，其中最大的宽2.54米，高2.35米，最小的仅宽0.75米，高2.3米。窗共有141档，均为玻璃窗，因使用部位的不同，而导致形制的不同，共有带上亮对开、对开、单开和翻开等四种形式。其中最大的宽3.33米，高1.15米，最小的仅宽0.6米，高1.3米。室内窗下设有窗台板。门、窗有贴脸板、门帘盒和窗帘盒。楼梯木制，为两节式，扶手栏杆制作成精良的瓶状，顶置石榴头望柱，外廊使用铸铁的片状蕉叶纹花栏杆（根据旧有照片，始建时应为木质栏杆），不仅具有功能作用而且具有较强的装饰效果。

建筑外部檐下施飞头，檐上压以女儿墙。墙上饰有半圆形莲花图样，整个墙面饰有壁柱、壁斗、垂禾、束莲等纹样。装饰花纹均采用白色水泥砂浆粉刷而成，红色的墙面呈现出白色的装饰线条，显得色调变化多样，不呆板。

议员公所位于整个建筑群的最北部，距议场约25米，与议场的形制、结构、工艺基本相同，是当时湖北咨议局议员的住宿和生活区。武昌起义军政府成立后，这里是重要的接待场所和各部负责人、公务人员以及部分起义军官的居所。建筑为两层砖木结构，红砂石贴面基础，灰墙灰瓦顶，四合院式布局，通面阔23间110.5米，通进深29.2米。明间面阔5.4米，其他各间均面阔4米，进深8.5米。四角设有角楼。正面分左、中、右共设三个入口。门、窗采用红砖拱券，券上及窗台底部施一层红砖线条，檐口施水平线脚。二层墙面用壁柱分为三间，中为假窗，两边开窗，窗上有灰砖叠涩线脚。抗日战争时，该建筑被毁，仅残留南楼东段及东部的一段残墙及部分基础。为迎接辛亥革命100周年，在湖北省委、省政府的关心下，在国家文物局的大力支持下，辛亥革命武昌起义纪念馆正在组织施工单位按照湖北省文物保护技术中心和中南建筑设计院联合设计的方案实施修复工程。完整的议员公所有望于2012年5月前再现。[15]

六、湖北咨议局建筑特色

建筑作为最基本的人类活动，是当时生产技术成就和艺术水平的直观表现和标志。湖北咨议局建筑作为中国近代中西文化交融的结果，渗透了西方建筑文化的影响，并在此基础上进行变异，融入地域特色，形成独特的地域建筑文化表象，表现出了中国近代行政建筑以西方建筑文化或仿西方建筑文化为主体的发展脉络。

（一）实用性功能特色

1. 内外廊的设置

武汉地处北纬30度，属北亚热带季风性湿润气候，日照充足，夏季长达135天，7~8月平均气温高达28.7 ℃，极端最高气温44.5 ℃。加之地处内陆，距海洋远，地形如盆地，集热容易散热难，受城市热岛效应和伏旱时副高压控制，十分闷热，号称中国三大火炉之一。因

[15] 该部分主要参考了湖北省文化厅古建筑保护中心编制的《武昌起义军政府旧址文物保护工程勘察设计方案》、李德喜先生在《第三次近代建筑研究与保护论文集》发表的《湖北省咨议局建筑》和张维英先生在《辛亥革命研究及其他》发表的《武昌起义军政府旧址的建筑特色》等成果。

此，为了适应这种极端的自然环境，咨议局平面功能为廊式布局，议场、议员公所和附楼均设置有进深约两米的外廊，不但有利于避免阳光照射，而且形成了通风良好的空间环境。同时，针对议场建筑体量庞大的特点，为加强内部空气的流通，建筑中部设置贯通东西的内廊，并在其一楼两端设门，二楼两端设窗，且楼内各房间均设有前后门与内外廊相通，极大地改善了建筑内部通风条件，达到了降低室内温度，改善局部空气小环境的目的。这种内外长廊的布局方式，在近代以外廊为主要特征的殖民地式建筑中非常少见。它从实物的角度表明，外廊式建筑发展至20世纪初，功能布局上已日趋合理，表现形式更加成熟。

图57 清末武昌城

2. 三合土的地基处理

三合土基础技术于汉口开埠后传入武汉，系以石料、煤渣、砖渣、钢渣的一种为骨料，掺入石灰或黄土和沙。因就地取材，施工方便，沿用至今经久不衰。武汉地质属于第四纪全新世冲积、洪积阶地，由于水系繁复，地势起伏不平，湖塘密布，加上低洼沼泽地较多，土质情况普遍较差。阅马场一带原为湖塘水洼地，其表层为松散不均的杂填土，性质较复杂，物理均匀性较差，对于咨议局议场这样采用砖墙承重的大体量建筑来说，地基处理技术相对复杂。因此，咨议局主楼在建设中采用了厚约0.4米的三合土基础，这样不仅较好地解决了基础处理问题，而且容易节约工程成本。

图58 红楼外观局部之一

3. 地下室的设置

武汉地下水位较浅，阅马场一带受蛇山地下水所形成的水头压力作用，水位更浅，仅1.5米，地表含水率较高，容易形成“毛细管”作用，造成建筑基础反碱，并导致室内潮湿。因此，咨议局议场和议员公所均采用了半下室的基础设计，在提升建筑整体高度的同时，解决了建筑墙体基础的保护问题和室内防潮问题。

4. 砖结构的应用

“受中国木构架建筑体系的影响，砖一直不是中国传统建筑中的主材，砖作的重要性远远低于木作——且中国传统建筑中所出现的全为青砖。”[16]武汉地区传统建筑的主体结构以木柱木梁承托屋面荷载，墙体采用空斗砖墙围护，这种方法使用时间较长，新中国成立初期一度还在使用。汉口开埠后，西方建筑技术传入武汉，一改柱子承重为砖墙承重。咨议局建筑即为这种技术背景下的产物，采用砖墙承重，门窗用砖拱，勒脚采用花岗石外贴面，外墙采用清水墙做法，使用“合自”砖厂特制0.23米×0.125米×0.065米优质红砖，模印有 “咨议局”字样。墙体采用一层顺砖一层丁砖的砌法，砖缝之间用石灰勾缝，俗称“灯芯线”。墙体转角处向外加宽

图59 红楼外观局部之二

[16] 沙永杰：《“西化”的历程》，载《中日建筑近代化过程比较研究》，上海，上海科学技术出版社，2001年。

0.12米，以增强建筑结构。

5. 钢筋混凝土梁架的采用

武汉地区对混凝土的使用，始于工业建筑。首例为清光绪十六年（1890年）开工的汉阳铁厂基础工程。汉阳铁厂位于汉口青岛路，建于1905年的英商平和打包场，是最早的一栋混合结构大楼。由于当时水泥全赖进口，租界以外其他建筑鲜有使用。湖北最早的水泥厂为大冶湖北水泥厂，创建于清光绪三十三年（1907年），由福建清华实业公司总经理程祖福集资开办，位于大冶黄石港明家嘴，1909年5月2日建成投产。至于使用钢筋混凝土结构的建筑，那更是“凤毛麟角”，目前已知最早实例首推1914年英商在汉口沿江大道所建的汇丰银行大楼。湖北咨议局议场二层室内大梁普遍采用了钢筋混凝土结构，这应是武汉地区在公共建筑中较早使用近代先进建筑构造技术的实例。

图60 红楼室内局部之一

（二）装饰性功能特色

1. 灵活的立面处理

湖北咨议局，特别是议场整个建筑外立面，从凸出的门道到高耸的望楼，使得整个建筑立面具有明显轴对称感。建筑棱角整齐，外墙装饰性壁柱略突出墙面，贯通两层，立面采用三段式，有明显柱础、柱身和柱头之分；基座、门窗口及檐口加线脚及花饰；花岗石勒角贴面，规整对称的出风口；红瓦屋面双坡和四坡出水，等等。不同手法的立面构图组成，消除了大面墙体的笨重感，这种以构造本身来加强美感的做法，简便而效果甚佳。

2. 整齐的列柱拱券

图61 红楼室内局部之二

湖北咨议局所有建筑无论是外廊、还是门、窗均大量地运用了拱券技术。特别是在建筑的外廊布局方面，更是大胆地运用了砖列柱拱券，这种“券廊式”是一种西方殖民者在印度、东南亚等殖民地为适应热带气候而创造的建筑形式，它具有西方建筑的美学特点，且能就地取材。采用中国传统的建筑材料并由中国工匠加以修改后，逐渐为武汉其他同类建筑所接受，如德国领事馆大楼等。但湖北咨议局的主体建筑议场在外观形式处理上，不同于普通的外廊式建筑，其门廊两侧一、二层安排了七个同样的连续拱券，而两翼却突出砖墙，砖墙的窗口又采用夸张的边框装饰。采用这种手法使各间左右延续，上下叠合，拱券与柱式相结合，既丰富了建筑物的体形，又使得整个建筑更富有韵律感。

湖北咨议局虽由日本人设计，但由中国工匠施工，这些建筑特色的出现，反映了中国建筑在功能设置、空间布局、造型设计、结构技术等多方面的近代化，也反映了20世纪初，中国内地的建筑技术和工艺水平。

图62 红楼室内局部之三

七、湖北咨议局建筑的价值特征

近代时期对西洋内容的选择，暗合了中国内部变革的某些需要。新旧思潮的交织表现了选择过程中的摇摆和思考，至少那个时代的人们尝试着在新旧之间做出某种平衡，体现在建筑上，就是华洋混合，或者说中西合璧。[17]

（一）西方民主政治思想在建筑形式上的表象

政治体制的变革会体现在各个方面，建筑也不例外，甚至以其外显性成为政治变革的标志。[18]清廷预备立宪到中华民国建立的五年多时间里，中国近代社会形态经历了封建专制向资产阶级民主共和的转变，从中央的资政院到国会议场，从地方的咨议局到新政府所在地，伴随着社会形态的变化，这些议会建筑刻上了深深的历史印记，历经了中国社会政治形态最深层次的嬗变。美国学者周锡瑞在《孙中山的时代——从义和团到辛亥革命》中称："我想要指出的是咨议局等西方建筑不仅是形式上的'欧化'，作为新政治的场所，它也表现了内容与形式上的统一。"

鸦片战争后，列强对中国的侵略，不仅反映在政治、经济上，同时也反映在文化上。建筑形式是文化特性的一种重要表现形式，因此，在殖民侵入过程中，异域建筑这种个体文化现象也就自然被动地随着殖民侵略深入中国腹地，开始成为西方文化在中国蔓延、发展的一种物质化载体和展示方式。在早期洋务派"中学为体，西学为用"思想的指导下，中国近代的建筑形式和建筑思潮十分复杂，既有延续下来的旧体系，又有输入和引进的新体系；既有形形色色的西方风格的洋式建筑，又有为新建筑探索"中国固有形式"的"传统复兴"。其中，洋式建筑在中国近代建筑体系中占据着很大的比重，这种建筑在当时国内建筑体系的发展主要有两种途径，一种是殖民侵入的被动式，一种是国人引入的主动式。

"中学为体，西学为用"在实际上是有助于使中国西化的。要学"西"，统治者们办"洋务"、行"新政"，在此过程中，受"学西"思想意识的支配和影响，代表官方的、以抄袭西方建筑形式为主的建筑思想支配着各种主要建筑活动，其中又在以推行"新政"为背景的清朝各行政建筑中最为突出。[19]咨议局建筑属中国近代主动引入的"洋式建筑"，其建筑活动本身带有学习西方资产阶级民主的性质，基本为仿国外行政、会堂建筑常见的西方古典式外貌。在引入之初，清廷就明确要求"其新建者则应仿各国议院建筑，取用圆式，以全厅中人能彼此互见共闻为主，所有议长席、演说台、速记席暨列于上层之旁听席等，皆须预备。若改造者，亦应略仿此意办理。至议员席，须照现在该省议员额数加多，以为将来酌增议员之地步"。当时，这类建筑大多由外国设计机构设计或在中国的洋行设计，其形式

[17] 刘先觉，王昕：《江苏近代建筑》，南京，江苏科学技术出版社，2008年。
[18] 陈晓燕：《中国近代折中主义建筑文化浅探》，载《云南艺术学院学报》，2009(3)。
[19] 刘先觉，王昕：《江苏近代建筑》，南京，江苏科学技术出版社，2008年。

是当时资本主义国家流行的建筑类型。它反映了资本主义的功能性质,平面按功能要求设计,采用近代新材料、新结构、新设备,代表了一种近代水平。

从建筑设计、施工工艺角度来看,湖北咨议局堪称当时同类建筑的代表。然而它的建筑艺术价值也许比不上同期的汉口美国领事馆等建筑。但是,从建筑本身所具有的历史信息角度来看,它反映了中国在经历资产阶级民主革命前后特殊历史时期政治、经济、文化的发展变化,其本体具有历史、文化等诸多意义,整体而又集中地体现出中国社会生产力、时代精神、民族传统以及社会价值的具体体现,是中国近代社会演化的最好例证。列宁在《俄国资本主义的发展》一文中指出:“商业、工厂城市、铁路的发展,提出了对完全不同的建筑的需要,这些建筑无论在建筑样式与规模上,与家长制时代的旧式建筑是不一样的。”显然,咨议局这类公共建筑较之封建时代的建筑类型是个重大的发展,它突破了我国封建社会官式建筑固有程式和风格,是西方民主政治思想在建筑上的表象。

(二)建筑形式所体现的政治体制转变

中国传统文化属于政治伦理型,“本末”理念是其主导,封建政治体制是万世不变的根“本”,“天不变,祖宗之法亦不变”。因此,在中国传统的君主专制政治体制中,并没有议会制度。西方议会制度,是近代中国民族危机日益严重的历史背景下,在有识之士探寻救国之方的过程中,逐步被中国人所认识和接受的。1897年,梁启超在《西政丛书》称西方“议政之权,逮于氓庶,故其所以立国之本末,每合于公理”,断定“今日之世界,实专制、立宪两政体新陈嬗代之时也”,“故地球各国,必一切同归于立宪而后已,此理势所必至也”。1906年,戴鸿慈和端方在上奏朝廷的《请定国是以安大计折》中更是明确指出:东西洋各国之所以日趋强盛,“实以采用立宪政体之故”;中国之所以衰弱不振,“实以仍用专制政体之故”。中国欲救亡图存,富国强兵,“除采用立宪政体之外,盖无他术矣”。

就建筑实际功能本身而言是“末”。随着封建礼教的推行,封建秩序紧紧地附会在建筑之上,不同形式的建筑、不同色调的建筑成为封建等级的象征,在人们的视觉和心理上维护着礼义纲常,这样建筑也就成为封建社会“本”的载体,而作为权力性建筑更是具有代表性。19世纪下半叶,欧美各国正处在折中主义建筑升起期。这种形式的建筑伴随着西方“先进文化”在中国的传播而在中国大肆发展,成为中国许多城市建筑的主流,如上海、天津、武汉等,这正好体现了在近代中国社会变形过程中,文化价值与政治价值相吻合。咨议局建筑外观多采用西方古典主义的式样,以湖北咨议局来表现:平面一般作成“山”字形,单体建筑组合成院落的形式。议场无论在平面还是体积上都占据突出的地位,一般以居中做集会用的大厅为主,并加小会议室、办公室和其他辅助房间构成。

因此,在近代中国以咨议局为表象出现的议会建筑体系的建立和发展,实际上也就是打破封建原有的统治基础,代之以西方政治的过程,从深层次实际反映了民主共和取代封建帝制的一种必然。

(三)建筑所折射不合潮流性

孙中山先生说“世界潮流,浩浩荡荡,顺之则昌,逆之则亡”。在20世纪的国际政治大背景下,民主已成为一种潮流。然而清廷还在以立宪的外衣掩盖其专制的真面目。湖北咨议局在建筑的形制方面虽已引用了近代建筑表象手法,脱离了封建朝堂威严、尊贵之势,但其坐北朝南的“衙门口朝南开”,前为议场,后为议员公所“前朝后寝”式的建筑布局,还是一如既往地继承了封建府衙的本质。

湖北咨议局选址几经变动,最终选在阅马场。该地亦作阅马厂,地处武昌城核心区,背山面水,是难得的“风水宝地”。其所依附的蛇山为武汉最著名的山峰之一,与汉阳的龟山对峙于长江南北,有“龟蛇锁大江”之美誉。蛇山虽体量较小,占地仅70公顷,海拔高度仅约85米,但其历史悠久,古迹众多,为武昌城内胜地。三国吴黄武二年(223年),孙权至江夏(今武昌),依山筑城,并在黄鹄矶头建黄鹤楼。蛇山因此声名远播。明代这里是教场,设有演武厅三间。清初这里是清军练兵演武的校场和举行武科考试的考场,设有演武厅,后成为绿营兵的营房。康熙二十七年（1688年），被裁的绿营兵起事，在此建立总统兵马大元帅府。咸丰三年（1853年），太平军在此筑台宣讲革命道理和举行直捣南京的进军仪式。所以，这块土地在武昌城内具有特殊的政治意义。将咨议局建在此地，暗合了“天子择中而居”的封建思想。

在湖北咨议局的建设过程中，议员们认为，东西洋各国议院的建筑格局严肃庄重，议院内不设议员食宿之处。每届会议期间，议员们不能在议院内留宿聚集，均须散居于外面各个旅馆，以杜绝弊端，避免嫌疑，以示廉正。此种做法意义深远，当资借鉴。但因我国习惯不同，交通不便，若会议期间居住远散，势必影响开会时间和议员出席人数。因此，提议在咨议局议场后面的空地，另建一个专供议员食宿的“议员公所”，“另辟门户，与咨议局议场不同出入”。这样，既体现了森严的规制，又便利了议员，两者兼而有之。总督陈夔龙“参采舆情”，批准了议员们的这一要求。

这一建筑布局的设置虽从情理上可以解释，但如此以来，咨议局建筑无疑从布局上又回到“皇权中轴”、“前朝后寝”的衙署。

建筑形式的外在表现和内涵具有相互协调的一致性，一定的政治思潮必然在建筑形象上有所表现。“设在民主政体之下，而必建造封建式之衙署者，是不合政治也。”[20]虽然在宪政编查馆给各省督抚的通知中要求各省新建咨议局“其工程无须过事华美，亦须备有规模，以求实用而具观瞻”[21]，但各地执行者在实际操作中，却一如既往地使用了传统观念。两江总督端方在奏折中称：“建筑咨议局一事，似须宽筹经费，备其规模。……开议之时，各国官商必有来此旁听者,若过示狭隘,不足以昭体制而壮观瞻”，仍以中国两千多年封建朝廷的核心价值观定义咨议局建筑。

湖北咨议局占地面积约2万平方米，如以界桩所划定范围计算，则规模更大，建筑面积逾6 000平方米。其中，主体建筑议场长73.48米，进深34.5米，建筑面积3 125平方米，顶高超过20米，是宾阳门内最高的建筑，堪与蛇山“试比高”。整个建筑红墙红瓦，在两侧附楼的陪衬下，显得异常宏伟壮观，直接表现为“不壮丽无以壮君威”的君主专制主义思想，与现代政治观念逆流而动。

基于此，湖北咨议局作为一种政治措施的产物，与那些留洋的大清国精英们对外国建筑的品味大相径庭。它是不可避免地引进西方建筑之“用”的明白无误的表达。可以说，咨议局建筑的目的，也在于向外国人、立宪派示以清廷的能力，既能建造现代学院派的建筑，也能保持过去的强权。[22]因此，从湖北咨议局的建筑选址到建筑布局以及建筑体量，说明了封建思想在当时的民主风潮下，还是有很强的迟滞性，充分体现了当时中国的半殖民地半封建社会性质。

八、结语

建造咨议局建筑是设立咨议局的需要，设立咨议局是清廷推行“预备立宪”的需要，推行“预备立宪”则是维护其封建统治的需要（加注：梁华平：《红楼的兴建与湖北咨议局》，载《武汉文史资料》，1990（2））。然而湖北咨议局建成后，却为新式资产阶级绅商提供了建言议政的合法场所，为民族资产阶级进一步争取政治权力提供了有利条件。

通过革命或改良以建立议会制的近代国家，是辛亥时期中国资产阶级左右两翼的共同理想。当左翼革命党人全身心地投入武装反清而无暇顾及未来的政权建设时，右翼立宪党人却利用咨议局这一舞台部分地实践着西方式的议会民主（吴剑杰：《论清末湖北立宪党人的议政实践》，载吴剑杰著《辛亥革命研究》，武汉大学出版社，1991年）。各地国会请愿运动波及湖北后，湖北立宪派于1910年5月以咨议局为中心成立了湖北请愿国会同志会，为发动民众，汤化龙、张国溶等人发起组织汉口宪政同志会，在他们的推动下，“湖北成为国会请愿的急先锋”。更重要的是，他们得以利用这个合法机构，联合相关省份组织了全国性的立宪团体——各省咨议局联合会，并且

[20] 庄俊：《建筑之式样》，载《中国建筑》，第3卷，第5期，1935年。
[21] 邓庆坦，辛同升，赵鹏飞：《中国近代建筑史起始期考辨》，载《天津大学学报(社会科学版)》，第12卷，第2期，2010年。
[22] 彼得·罗，关晟：《承传与交融——探讨中国近代建筑的本质与形式》，北京，中国建筑工业出版社，2004年。

以此为核心，发动了大规模的拒债保路运动、抵制外货运动和请愿立宪运动。同时，为了杜绝君主制的存在，以孙中山为首的革命派则向清王朝不断发起了武装进攻，希望通过暴力手段实现民主共和。这是清廷始料不及而又无法改变的政治发展趋势。正如美国著名学者费正清所评价的那样："为革命铺平道路的主要力量是改革者，而不是革命者。中国人的生活 终于发生了巨大的变革,而与之不相容的清王朝竭力想控制变革的方向，但它无法避免反清势力和离心势力的滋长，而正是这些势力最终摧毁了它的统治。"[23]

武昌起义后，湖北立宪派配合革命党人建立了湖北军政府，并通电全国，号召革命，一时间形成"多米诺骨牌"效应，各省咨议局联合行动，促使孤立的武昌起义和各省分散的武装斗争，迅速转变为全国性的辛亥革命，从根本上改变了中国的政治局势。瞬息间，清王朝两百多年的统治基础土崩瓦解。

综上所述，清末新政在早期中国近代化的道路上虽然迈出了具有开创性的一步，但在错"天时"，丢"地利"，失"人和"的大历史背景下，其结果必然是革命顺理成章地爆发，腐朽没落的王朝在不情愿间退出历史舞台。

[23] 费正清：《中国:传统与变革》，南京，江苏人民出版社，1996年。

孙中山临时大总统办公室、国民革命阵亡将士公墓的建筑特色及启示

周学鹰
鄢增华
苏艳萍

1912年1月1日，孙中山先生在南京前清两江总督署，宣誓就任中华民国临时大总统。

1928年12月29日，以中国国民党为主领导的北伐战争宣告成功，基本上一统全国。

从民国建立到北伐结束的16年间，全体中国人为继承和实现孙中山先生的革命理想和遗志，为消除军阀割据、捍卫共和民主政权持续奋斗，众多革命将士为中华民族摆脱帝国主义的侵略而浴血奋战、壮烈殉国。

为褒扬、缅怀革命英烈，国民政府邀请美国著名建筑师墨菲，设计建造了国民革命阵亡将士公墓这组宏大的纪念性建筑群。

就建筑学科而言，孙中山临时大总统办公室与国民革命阵亡将士公墓有着不一的建筑风格：前者为清末民初学习西方而来的西式建筑，后者则是南京国民政府倡导官方建筑追求我国民族建筑形式——“中国固有式”的典型，可借以窥视我国近代建筑转型期的特征，折射国民政府在政治上的诉求。

为此，我们谨以建筑学科考察，对其建筑文化意义试作初步的探讨和阐释，以求教于方家。

一、孙中山临时大总统办公室

孙中山临时大总统办公室位于原国民政府总统府建筑群内西南隅。总统府位于南京老城长江路292号，历数代风雨，风云人物纷纷在此登场、角逐……其内建筑单体或中、或西；既轴线对称，又迤逦自然，中西合璧。

总统府建筑群可谓近代中国政治漩涡的中心，其中的每幢建筑不仅风格独特、历史文化底蕴丰厚，还有浓重的政治色彩，闻名遐迩。

（一）历史沿革

总统府经六百多年沧桑。其中，1840年鸦片战争至1949年中国人民解放军占领南京的一百多年间，这里多次成为我国政治军事的中枢、重大事件的策源地，一些重要人物都在此登台、谢戏（表1）。

表1 总统府历史沿革表[1]

年代	时间	名称	主要事件	备注
明	1368	汉王府[2]	朱元璋即位，国号明，建号洪武。封陈理为汉王，并在皇城西华门外(今长江路汉府街一带)，为他盖了一座汉王府	这是长江路292号最早的府殿建筑
	1377	黔宁王府	朱元璋为奖赏养子沐英在平定云南、贵州战役中的功劳，封其为西平侯，并将旧汉王府的西半部分扩建为侯第	沐英死后追封为黔宁王，改称为黔宁王府
	1404	新汉王府	朱高煦为明成祖朱棣的次子，因在屡次战争中尤其是靖难之役中屡建战功，被封为汉王，把旧汉王府的东半部分扩建为朱高煦的新汉王府	

[1] 苏文：《南京总统府纪事（一）》，载《文史精华》，1999（10）：19~28页；苏文：《南京总统府纪事（二）》，载《文史精华》，1999（11）：32~41页；苏文：《南京总统府纪事（三）》，载《文史精华》，1999（12）：15~25页。

[2] 有学者认为，此处不应是陈理的汉王府，参见：高丹予：《南京总统府遗址明汉王府质疑》，载《东南文化》，1999（3）：75~78页。

（续表）

年代	时间	名称	主要事件	备注
清	1636—1853	江南织造署、江南总督署和两江总督署	清兵入关，为统治南方，保证赋税收入，先后在此设立了南方数省的政权机构——江南织造署、江南总督署和两江总督署，清康熙、乾隆皇帝下江南时均以此为“行宫”	
	1853	天王府	1853年3月，太平天国军队攻占南京，改称天京，定为国都。洪秀全自封天王，迁入两江总督署，将其扩建为规模宏大的太平天国天朝宫殿——天王宫	这座壮丽的宫殿亲历了太平天国由盛而衰、直至灭亡的全程
	1864	两江总督署	清军攻破南京后，焚毁天王府，除一座石舫外，建筑全无遗存；后清廷重建两江总督署，基本沿袭了太平军进占南京前的规模	重建后的两江总督署，奠定了总统府的大致格局
中华民国	1912.1.1	中华民国临时政府	1911年10月10日，武昌起义爆发，辛亥革命取得胜利。1912年1月1日，孙中山在此宣誓就任中华民国临时大总统，并组建了中国历史上第一个共和制的国家政权——中华民国临时政府，原两江总督署西花厅被辟为临时大总统办公室	孙中山在总统府的时间虽只有91天，但在这里制定并签署了一系列在中国近代史上具有重大意义的法令和文件
	1912.4.1	南京留守府	袁世凯当了民国大总统，总统府遂迁往北京。孙中山任命黄兴留守南京，全权处理南方的一切军政要务，并在原总统府址设立留守府	
	1912	江苏都督府	袁世凯任命程德全为江苏都督，在留守府成立江苏都督府，黄兴被迫离开留守府，革命力量大大削弱	
	1913	讨袁军总司令部	1913年“二次革命”中，成为讨袁军总司令部，黄兴、何海鸣先后任司令	
	1913.9.1	江苏都督府	1913年9月，张勋率领辫子军攻克南京，占领都督府，实行一系列恢复清朝的旧制，后因各方反对，袁世凯遂免去张勋的江苏都督职务，改任长江巡阅使	
	1913.12	江苏都督府	袁世凯任命冯国璋接任江苏都督，江苏都督府开始了由北洋军阀掌管的时期	
	1916.6	江苏都督府	袁世凯“洪宪帝制”美梦破碎，暴病身亡。黎元洪出任总统，冯国璋出任副总统兼江苏督军，江苏都督府遂改为副总统府，后李纯出任江苏督军，之后为孙传芳的督署	
	1927	南京国民政府	随着北伐战争的胜利，为对抗武汉的国民政府，蒋介石在南京另立中央，在原督署建立南京国民政府，主要组织机构均在此办公，成为国民政府最高权力所在地	此时国民政府得到修缮，改建大门，新建子超楼等，总体保持原两江总督署原貌
	1938	伪维新政府	日军攻陷南京三个月后，扶植成立一个以梁鸿志为首的伪政权——维新政府	
	1940	汪伪政府	1938年12月汪精卫公开投降日本；1940年3月30日汪精卫成立伪国民政府，维新政府并入汪伪政权	
	1946	国民政府	抗战胜利后，重庆国民政府还都南京，对原国民政府办公所在地进行了修缮	
	1948	总统府	1948年4月蒋介石决定改国民政府为中华民国政府，改国民政府主席为总统；蒋介石、李宗仁在“行宪国大”分别当选总统和副总统；5月1日，在此举行正副总统就职典礼，国民政府改称总统府	
中华人民共和国	1949	南京市文物管理委员会	1949年4月23日，南京解放；4月24日，人民解放军占领了总统府；1949年秋，南京市文物管理委员会在此成立	
	1953	江苏省人民政府	江苏省人民政府在此成立	
	1960	江苏省政协	以此作会址	
	1980	省政府、省人大、省政协	以此作办公地点	
	1988至今	中国近代史遗址博物馆	1988年，国务院决定将包括天王府遗址和原总统府在内的建筑群辟为中国近代史遗址博物馆，1998年开始筹建，至2003年3月建成正式对外开放。现在的博物馆占地面积为9万平方米，共分东、中、西三区	其中，中区主要是国民政府、总统府及所属机构

图1 孙中山、黄兴等在南京中华民国临时大总统办公室前留影

图2 灵谷寺国民革命军士公墓落成时
国民敬献的纪念铜鼎

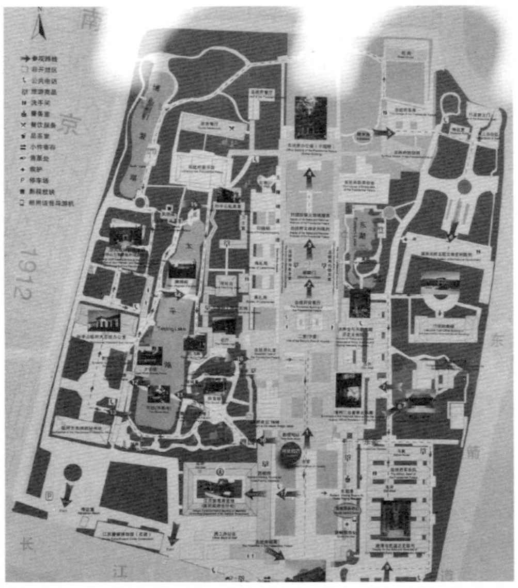

图3 南京中华民国总统府及孙中山临时大总统办公室
示意图

图4 南京总统府正面现状（陈鹤摄）

图5 总统府东部原两江总督署马厩

图6 总统府东部原两江总督署东花园南湖

图7 总统府东部原两江总督署东花园建筑细部

图8 总统府东部原两江总督署内景

图9 总统府东部太平天国纪念馆内景

图10 总统府原两江总督署正贴梁架

（二）主体建筑

历众多变迁及不间断的建设，近些年南京市投入巨资修缮总统府建筑群，使得总统府成为中国古代、西洋传统、中西合璧、现代建筑等多种风格交汇的旅游热地。

整个建筑群坐北朝南，呈略偏东的不规则矩形，占地约51 240平方米，包含各类型建筑82 幢，共520余间，建筑面积27 268.12平方米，使用面积14 414.5平方米 。大院可分东、中、西三部：

东侧依次为马厩、东花园、行政院旧址等；

中部是行政办公区，虽建造时期不一，但基本因循中轴线呈对称布置，层层深入，又基本可分为东、中、西三路。其中路轴线长约185米（表2），依次为照壁（近些年刚拆毁）、大门、大堂、礼堂、二堂、会客厅、政务局、子超楼。

西侧以园林为主，布局自由，有煦园（园内有石舫[3]、漪澜阁、望亭、鸳鸯亭、桐音馆、忘飞阁、夕佳楼、御书碑亭等）、孙中山临时大总统办公室、秘书处及参谋本部。

表2 总统府中部中轴线建筑列表

序号	名称	内容	数据源	备注
1	照壁	1865—1929年，中西合璧，八字式照壁（雁翅照壁）。大照壁长61.07米，最高点11.28米，旧城砖墙体。1865年，原址为太平天国皇天门（凤门）。同治十一年（1871年）重建两江总督府大门时，将照壁作为大门的附属改建，加高加宽，其时照壁为我国传统式样。1930年，为与新建的西式大门协调，在照壁正面加建巴洛克式立柱，柱的上端、顶部和下端的细部、线脚加做了一些巴洛克雕饰，中西合璧	沈琳.总统府“中西合璧”之建筑遗存[J].江苏地方志，2005（2）:54~56	已拆毁
2	大门	清两江总督署遗留下来的大门是在两边灰色的围墙中开了一个矮矮的圆门，门前有一对石狮和两个木岗棚。大门与大堂之间的空场上，还有一道隔墙和二门。当时，外交部长王正廷认为，国民政府为首都之中心，中外观瞻所系，屋宇太差，有失“国体”。于是，他向蒋介石建议重新改建大门，以壮观瞻。蒋介石采纳了他的意见，命参军处负责招工办理。 　　首先将旧大门拆除，重新修建，新大门两边的围墙加高一尺，原大门内的一道隔墙和二门亦同时拆毁，变成了一个宽敞的广场。大约半年时间，新建工程竣工，新建大门即为今天所见之式样。当时，大门两边楼下，东边是传达室，西边是卫兵司令今室，二楼是参军处职员宿舍，楼顶正中有一旗杆直耸高空，青天白日满地红的国旗在空中悠悠飘扬，大门上有行政院长谭延闿（之弟谭泽闿）书写的“国民政府”四字，四字用水泥塑制，字面贴金	江君谟，刘晓宁，侯福同.总统府史话.[M]《江苏文史资料》编辑部出版发行，1992：95~96； 刘晓宁．“总统府”大门的历史变迁[J].江苏政协2003（5）：46~47	建筑师姚彬，南京文达工程建筑公司承建
3	大堂	天朝宫殿的核心所在——“金龙殿”，又称“荣光大殿”，位置是现在的总统府大堂	陈宁骏.十年壮丽天王府化作荒庄野鸽飞——太平天国天朝宫殿探秘[J].东方收藏，2010（12）：24~27	
4	二堂（中堂）	穿过大堂北行，经过一条长廊和一段封闭的玻璃穿堂，就是一座“内中外西”的二堂。其内厅是8根粗壮的红色圆柱。北门为拱形木门，门的上部是空格窗。全部为砖木结构。天棚、四壁，尤其是屋顶，重檐，两角微起，覆青色小瓦等。谁都不会怀疑这是中式的传统式样。但稍加留意就会发现，二堂北面的外部，却是典型的西方建筑形式。五座硕大的拱形门，上部都嵌有拱心石，西式花纹也历历在目	沈琳.总统府“中西合璧”之建筑遗存[J].江苏地方志，2005（2）:54~56.	建筑师卢树森
5	子超楼	林森任国民政府主席时，于1933年在大院内东西两例分别建造了宿舍及图书馆。1935年，大院后面正中北端又增建一幢五层楼。林森字子超，这位大楼亦定名为子超楼。子超楼全用钢筋水泥构造，门窗铁制，长一百尺，宽六十尺。1934年11月14日南京市工务局派曹光祚前来查勘，随后由鲁创营造厂承建。据鲁创营造厂杨文咏称：工程“于12月5日（1935年）竣工，并无偷工减料情事。”1936年元月27日，李亚卿进行了复勘，整个工程耗资106 952元	江君谟，刘晓宁，侯福同.总统府史话[M]. 《江苏文史资料》编辑部出版发行，1992：96； 刘晓宁.南京总统府的“子超楼”[J].档案与建设，2008（9）:41~42	建筑师虞炳烈

[3] 清乾隆十一年（1746年）两江总督尹继善所建，乾隆二十二年（1757年）清高祖弘历第二次南巡时亲笔赐名“不系舟”。

图11 总统府中部正门背面

图12 总统府中部大堂远景

图13 总统府中部大堂近景

图14 总统府中部大堂正贴梁架1

图15 总统府大堂正贴梁架2

图16 总统府大堂正贴梁架3

图17 总统府大堂后连廊

图18 总统府子超楼

中部中路轴线两侧，尚有总统府礼堂、会客室、政务局等。本文主要考察西部孙中山临时大总统办公室。

（三）建筑图案

1912年1月1日清晨，孙中山先生从上海乘火车赴南京，参加中华民国临时大总统就职典礼，仪式在原满清两江总督署的大堂暖阁举行。

孙中山先生临时大总统办公处因地处总督署内西南隅，又称西花厅，由清末两江总督张人骏建于1910年[4]。

花厅为仿法国文艺复兴式，青砖墙体，土黄色粉饰墙身，白色拱券，砖木结构。大总统办公室坐北向南，歇山顶，单层七开间，东、南、西三面外廊。基座高0.875米，下为架空地面。南向走廊有十二座半圆落地拱，拱中央嵌拱心石，下为铸铁空花栏杆。

当心间为穿堂，多作衣帽间。西边一大间，1912年1月21日，孙中山先生曾在此举行中华民国临时政府的第一次内阁会议。东边第一间为小会议室，兼作会客室。第二间是办公室，中山先生曾办公于此。最东侧为休息室，供中山先生小憩[5]。

造型上，当心间前凸抱厦，其东、南、西三面各有相似外廊的半圆形拱门，顶饰山花。

（四）意匠探析

孙中山先生辞去临时政府大总统之后，该建筑先后为南京留守府及北洋军阀时期的江苏都督府、督军署等。国民政府成立后，也曾

图19 总统府西部孙中山临时大总统办公室正面

图20 总统府西部孙中山临时大总统办公室侧面

图21 总统府西部孙中山临时大总统办公室内景——大厅

图22 总统府西部孙中山临时大总统办公室内景——小办公室

[4] 程裕祯：《中国名胜古迹辞典》，147页，北京，中国旅游出版社，2001年。
[5] 杨新华，王宝林：《南京山水城林》，390页，南京，南京大学出版社，2007年。

作为蒋介石办公室、国民政府参谋本部、总统府军务局等。

孙中山临时大总统办公室是模仿法国文艺复兴时的三段式单层建筑，细部适当简化，譬如科林新柱式卷草、柱脚部线脚、门厅上方山花、木质门窗线条等。该建筑地面架空，用于防潮除湿；西侧大空间便于集会；东侧小房间利于私密。

该建筑整体造型朴实、大气，功能合理、比例恰当、繁简有度，确属“实用、经济、美观”之作，联系其出现在20世纪初期的背景，诚不失为优秀的近代建筑设计。俗谚建筑艺术是时代精神的表征，或许从这座建筑，可推想当时求变维新已然深入我国各地、各社会阶层。

有意思的是，有学者认为孙中山先生之所以将临时大总统办公室设于此，与他从小就崇拜洪秀全有关[6]。孙中山从小就听村子里的太平军老战士讲述太平天国反清的革命故事，并立志做洪秀全第二[7]。

若此，孙中山先生选择当年的洪秀全“天王府”旧址，为临时大总统的就职和办公地点，就有着更独特的寓意了。

图23 总统府漪澜阁

图24 总统府西部庭院一角

图25 总统府西部庭院孙中山起居室

图26 总统府内孙中山陈列馆

图27 总统府煦园

图28 总统府煦园2

图29 总统府煦园不系舟

图30 总统府煦园3

[6] 孙中山：《孙中山全集（第1卷）》，217页，上海，中华书局，2006年。
[7] 伊斯雷尔·爱泼斯坦：《宋庆龄：二十世纪的伟大女性》，北京，人民出版社，1992年。

二、国民革命阵亡将士公墓

（一）简介

1. 公墓与灵谷寺

灵谷寺位于紫金山（又名蒋山、钟山）东，六朝“梁天监十三年，以定林寺前冈独龙阜葬志公”[8]。第二年，梁武帝在宝公塔前为神僧宝志建造开善寺。南朝不少帝王曾来此行香、赋诗。历代以降，灵谷寺流风如缕。

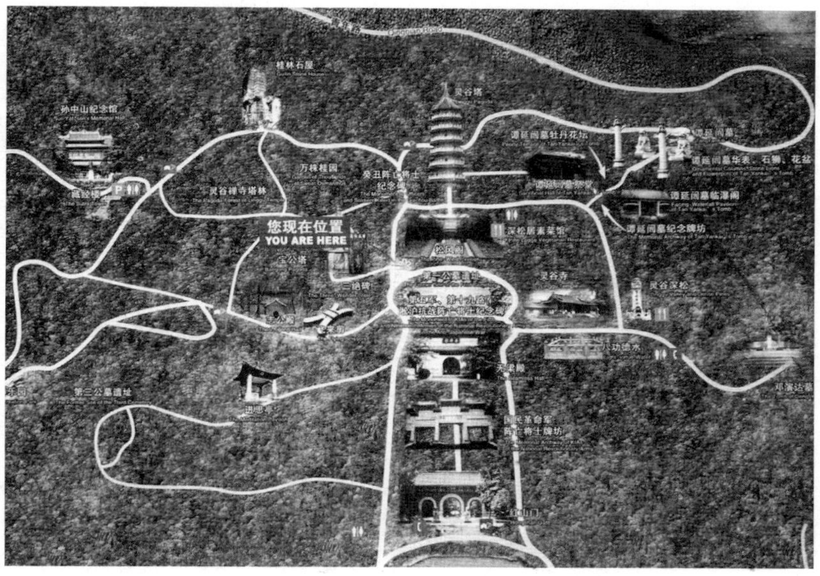

图31 灵谷寺国民革命军将士公墓现状示意图

民国十八(1929) 年九月，公墓筹备委员会召开第五次会议研究决定：“灵谷寺殿址改建阵亡将士墓，原有之佛像迁入龙王堂中，大雄殿基移建于龙王堂之后，无梁殿则改建为阵亡将士祭堂。” [9]

中华人民共和国成立后，国民革命阵亡将士公墓改名灵谷公园，第一公墓改为花坛和草坪，第二公墓改为邓演达墓，第三公墓已废；今日的灵谷公园包括原阵亡将士公墓、谭延闿墓、邓演达墓、灵谷寺等，是一处集寺庙、陵墓、公园为一体的著名风景区（表3）。

表3　灵谷寺历史沿革表

朝代	公元纪年	名称	主要事件	资料出处
六朝	515	开善寺	“梁天监十三年，以钱二十万易定林寺前冈独龙阜以葬志公，上有塔五级，永定公主造焉”；第二年，梁武帝在宝公塔前为神僧宝志建造开善寺，即为今灵谷寺的前身	叶楚伧等编.首都志（上）卷三[M].正中书局,1935:235
唐	874—879	宝公院	唐乾符年间(874—879年)，改名宝公院	叶楚伧等编.首都志（上）卷三[M].正中书局,1935:240
南唐	970	开善道场	南唐李后主于开宝三年(970年)，又改名为开善道场	
北宋	982	太平兴国寺	北宋太平兴国七年（982年），宋太宗封宝志为道林真觉，诏改开善道场为太平兴国寺	王鹏善等编.钟山志[M].南京出版社，2009：205
	1042	十方禅院	北宋庆历二年（1042年）建康知府叶清臣奏准改太平兴国寺为十方禅院	
	1076	太平兴国寺	北宋熙宁九年（1076年），王安石罢相归金陵，因政治上失意转而与寺院的佛教徒往来密切，曾多次以私财资助佛寺，把一些小寺并入太平兴国寺，于是太平兴国寺成为金陵的一所大寺	
南宋	1129—1130	太平兴国寺	南宋建炎三年至四年（1129—1130年），金兀术大军南下建康，岳飞驻兵钟山，在牛首山大败金兵，太平兴国寺在这次战火中遭到破坏，南宋绍兴年间重建。重建后的太平兴国寺比原来的规模大，佛殿之前有毗庐阁，两侧有行道阁，其余的堂庑也都很壮观	
	1189	太平兴国寺	南宋时期，该寺多次遇火，又多次重建	
元	1321—1356	太平兴国寺	元朝时，太平兴国寺香火很盛。元泰定二年(1325年)，太平兴国寺发生火灾，寺宇被烧毁，后重建成了一座规模更大的太平兴国寺；元泰定四年(1327年)，在太平兴国寺侧为宝志建了一座崇禧万寿寺；元末农民起义席卷全国，至正十六年(1356年)，朱元璋攻打集庆路(南京)，与元兵大战于钟山，太平兴国寺再次毁于战火，仅存三门	叶楚伧等编.首都志（上）卷三[M].正中书局,1935:251；王鹏善等编.钟山志.南京出版社，2009：205～206
	明初	蒋山寺	明朝初年，太平兴国寺改称蒋山寺	

[8] 释德铠：《灵谷禅林志》，光绪十二年重刻本，见杜洁祥《中国佛寺史志汇刊（第二辑）》，43页，台北，台北明文书局，1980年。
[9] 傅焕光：《总理陵园小志·陵园名胜》，63页，出版者不详，1933年。

（续表）

年代	时间	名称	主要事件	备注
	1381	灵谷寺	明太祖朱元璋下令修建孝陵，决定迁蒋山寺至钟山东南，洪武十四年（1381年）九月，灵谷寺工程开工，第二年六月完工，朱元璋为新寺起名灵谷寺，明代的灵谷寺规模很大，占地500亩，有和尚1 000人，其范围包括了现在的灵谷公园全部以及南京体育学院等	王鹏善等编.钟山志[M].南京出版社，2009：206
清	清初	灵谷寺	清朝初年，为平定南方，曾在钟山有几次战火，使灵谷寺遭到严重破坏，除无梁殿和宝公塔外，其余殿宇全部被毁，后灵谷寺得到重新修复，又成为金陵名刹，并多次恭迎清朝皇帝驾临，乾隆皇帝六次下江南，都曾到过灵谷寺	王鹏善等编.钟山志[M].南京出版社，2009：207
	清中期	灵谷寺	清朝中叶的灵谷寺，又恢复了昔日的盛貌：明代原有的殿宇，除金刚殿外都已修复，修复后的法堂改称毗卢殿，律堂改称观音殿。寺内浮屠矗立，殿宇如云，并有灵谷八景著称	
	清咸丰年间	灵谷寺	太平天国建都南京，清军与太平军在钟山下进行了长达十年的战争，使灵谷寺遭到空前的破坏。战后，除无梁殿由于是拱券砖石结构，不施寸木，因而得以保存外，其余殿屋全部焚毁，一片废墟	王鹏善等编.钟山志[M].南京出版社，2009：208
	1867	灵谷寺	同治六年（1867年），两江总督曾国藩四次到灵谷寺八功德水处焚香祈雨，后来终于降了雨，灾情有所缓解，事后在无梁殿东、八功德水侧建了一座龙神庙，即为今天的灵谷寺	
	1885—1887	灵谷寺	清光绪十一年（1885年），灵谷寺募资重修了金刚殿、天王殿；光绪十三年（1887年），两江总督曾国荃派人重修宝公塔；到清朝末年，灵谷寺内共有金刚殿、天王殿、无梁殿、宝公塔和新建的龙神庙等建筑	
中华民国	1931—1935	国民革命军阵亡将士公墓	国民政府在奉师北伐、统一告成后，为了安葬历次战争中阵亡的将士，"藉以彰革命之功勋而慰先烈之幽灵……建筑公墓，安慰忠魂"，从1931年3月开始，在原灵谷寺旧址上建设阵亡将士公墓，到1935年11月竣工，包含墓门、牌坊、祭堂、公墓、纪念馆、纪念塔等，成为中国近代规模最大的纪念性公墓建筑群	南京市档案馆、中山陵园管理处编.中山陵档案史料选编[M].江苏古籍出版社，1986：727
中华人民共和国	1949至今	灵谷公园	国民革命阵亡将士公墓改名灵谷公园，第一公墓改为花坛和草坪，第二公墓改为邓演达墓，第三公墓已废；今日的灵谷公园包括原阵亡将士公墓、谭延闿墓、邓演达墓、灵谷寺等，是一个集寺庙、陵墓、公园为一体的风景区	王鹏善等编.钟山志[M].南京出版社，2009：210

2. 主体建筑

国民革命阵亡将士公墓，占地约一平方公里，总平面恰成一十字架形。

主体建筑沿一公里长的中轴线次第展开：正门、牌坊（笔者注：实为五间六柱柱不出头十一楼牌楼，绿色琉璃瓦顶、蓝色琉璃剪边）、祭堂、第一公墓、纪念馆、纪念塔等，轴线两侧对称布置第二公墓（今邓演达烈士墓址）[10]、第三公墓，埋葬着1 029名国民革命北伐、淞沪抗战等牺牲的将士（表4）。整个建筑群充分利用原有地形环境，力求与已有建筑风格相一致而又有自身的特色。建筑群整体依山而上，层次分明，蔚为壮观。

图32 灵谷寺（国民革命烈士之祠）正门

图33 国民革命阵亡将士公墓纪念坊

[10] 参看中国人民政治协商会议南京市栖霞区委员会文史委员会编《栖霞文史》，第1辑，1989年编制。

图34 国民革命阵亡将士公墓祭堂（无梁殿）

图35 国民革命阵亡将士公墓第一公墓区（遗址）

图36 国民革命阵亡将士纪念馆（松风阁）

图37 国民革命阵亡将士纪念塔（灵谷塔）

图38 癸丑阵亡将士纪念碑亭

图39 第三公墓遗址

表4　国民革命阵亡将士公墓主体建筑列表

序号	名称	内容	数据源	备注
1	正门	原灵谷寺山门改建而来（俗称红山门），下为石质须弥式基座、上为红色粉刷墙身，蓝色琉璃瓦歇山顶。门额原镌“国民革命烈士之祠”匾额，现悬挂“灵谷胜境”（著名书法家钱松嵒书）。下辟三道苏州金山石质火焰门（做出火焰尖），明间有青石甬道与牌楼相连	刘维才.灵谷史话[M].南京出版社，2003:4~5	
2	牌楼	原址为灵谷寺天王殿。五间六柱，柱不出头，高10米、通宽16.6米，钢筋混凝土现浇排架结构，座基外镶花岗岩，顶盖绿色琉璃瓦，饰有水泥脊兽，檐下饰三级仿斗栱。 牌楼水平向下枋、中枋表面阴刻出简化的彩画骨架纹样，明间下枋、中枋镶嵌“大仁大义”四字，字两侧各有梅花两朵（背面明间党徽下刻“救国救民”四字，正背面均为国民党元老张静江所题）。屋檐下均琉璃仿木斗栱，双下昂、出两挑及五踩（彩）。正反两面中枋、上枋之间各饰有瓷质国民党党徽五枚。牌楼前左右两侧各有一只石质走虎，由当时陆军第十七军赠送	刘先觉，张复合，村松伸，寺原让治主编 .中国近代建筑总览　南京篇[M].中国建筑工业出版社，1992：31	
3	祭堂	牌楼北为祭堂，由明代无量殿（俗称无梁殿）改建而来。 1931年建造国民革命军阵亡将士公墓时，照原样修葺，改为祭堂大殿。祭堂内有祭坛三座，各嵌石碑一方。中碑高5.3、宽1.59米，镌刻“国民革命军阵亡将士之灵位”，由张静江题写；西碑高3.33米、宽3.17米，镌刻着蒋介石所书北伐誓师词；东碑与西碑高、宽相同，镌刻陈果夫所书中国国民党中央执行委员会祭文。1949年后，原有碑刻均被磨去；1981年修缮并改刻碑文。中碑改为“国民革命烈士之灵位”，西碑刻《中华民国国歌》，东碑刻《国父遗嘱》[11]。 堂内四壁嵌110块黑色大理石碑，共镌刻着33224名阵亡将士姓名、军阶。其中，1至61块石碑刻1926至1930年间阵亡的北伐军将士名单；61至67块石碑刻1932年淞沪会战中阵亡的第十九路军将士名单；67至110块石碑刻1931至1933年华北抗战中阵亡的各部将士名单。 全部碑文共16.5万字，由书法家倪幼耕、郭仰韩、郭伯恭三人书写；石工唐仲芳、尹铁苍、杨文卿、周梅谷等人镌刻，是我国历史上规模最大的阵亡名录碑刻。 1933年4月25日召开的国民革命军阵亡将士公墓筹备委员会第十七次常务会议决议，将祭堂定名为正气堂，改用横额[12]。门外石狮一对，由北平军分会赠送	卢海鸣，杨新华主编.南京民国建筑[M].南京大学出版社， 2001：486	
4	公墓	公墓共三个。第一公墓居中，第二、第三公墓位于无梁殿东西各约300米远的山坡上。三个公墓总造价17万元，由南京李新记营造厂承建。 第一公墓位于无梁殿后原五方殿旧址，面积83 300方尺，共有大、中、小各式墓穴1 752座，每一座墓穴下用红砖砌为长方形，上盖水泥预制板，南北朝向，每墓前立一块约30厘米高的半卧形青石碑，不刻姓名，代以编号。 墓地北侧墓墙东、西两端，各立一纪念碑，分别为国民革命军第十九路军、第五军淞沪抗战阵亡将士纪念碑。1933年6月2日，从上海运来一批淞沪抗战中牺牲的官兵遗体，为表纪念“一·二八”之意，特挑选78名十九路军阵亡将士、50名第五军阵亡将士遗骸，入葬该公墓。 抗战时日伪磨去碑文，仅存碑柱。1995年纪念抗日战争胜利50周年之际，中山陵园管理局将碑上文字恢复。第一公墓现改为花坛和草坪。 第二、第三公墓面积均为59 800方尺。1957年，第二公墓改为邓演达墓。第三公墓原有墓穴2 268个；1946年12月28日，南京国民政府在第三阵亡将士公墓前营造戴墓，“文革”中炸毁	陈植.造园学概论[M].中国建筑工业出版社，2009：216	
5	纪念馆	位于第一公墓正北，原址为古灵谷寺律堂。1929年建立，陈列阵亡将士遗物。我国传统建筑造型，面阔九间、副阶周匝，钢筋混凝土结构，上下两层，外观重檐庑殿，绿色琉璃瓦、蓝色琉璃剪边。 楼下中间为穿堂，楼上下大空间遍设架柜，用以陈列阵亡将士遗物或举办展览。 纪念馆后有仿古二层石质宝鼎，刻“铭鼎垂勋”，是当时安徽省主席刘镇华所赠		1933年完工，名“革命纪念馆”，由蒋介石题写馆名。1949年后，更名“松风阁”
6	纪念塔	位于纪念馆后约100米，1949年后更名为灵谷塔。塔高62米，塔基直径30.4米，三层台基，九级八角、楼阁式塔，现浇钢筋混凝土结构，立面贴花岗石。平坐围以石质单勾栏。正面花岗岩石阶与通道相连，第三层正中嵌一方长5.8米、宽2.8米的“日照山河图”白色花岗石丹陛。图案由刘福泰、陈之佛、李毅士设计，刻工精细。塔内正中有螺旋式楼梯，直通九层，共252级台阶。 除第九层外，塔每层都有碑石4块，内外刻字。第一层正面门额上，是蒋介石题写的“精忠报国”；后门“有志竟成”及东、西两侧门额上的“成功”、“成仁”四个篆字，都是当时的中山陵园园林组组长傅焕光所题。第三层4块碑刻有蒋介石所撰写的《遗阡表》，由叶楚伧书写；第二、第三层碑上分别刻有蒋介石所撰写的黄埔军校第五、第六期同学录序各一篇，分别由周伯年、杨天骥书写；第五、第六层石碑上刻有蒋介石所撰写的黄埔军校第三、第四期同学录序各一篇，分别由钮永健、刘纪文书写；第七、第八层石碑上分别刻有蒋介石所撰写的黄埔军校第一、二、三期同学录序，分别由戴季陶、张静江、钮永健书写（除“精忠报国”四字外，第二层至八层碑文已被凿去）。 塔内壁镶嵌青石碑刻28块。第二至第四层墙壁12块，为《孙总理北上时在黄埔军官学校告别辞》全文，于右任草书。第五至第八层墙壁16块，是《总理孙先生在黄埔军官学校开学训词》，吴稚晖书。碑文均为苏州吴县唐仲芳勒石。 1936年秋，由国民政府指定总理陵园管理委员会负责保管，并继续办理调查营葬事务。 抗战期间，公墓建筑群曾遭破坏，尤以纪念馆为重。抗战胜利后，国府还都，曾简易维修		建筑师墨菲、董大酉共同设计，陶馥记营造厂承建，造价35.5万元，始建于1931年，1933年竣工

[11] 卢海鸣，杨新华：《南京民国建筑》，486页，南京，南京大学出版社，2001年。

[12] 《建筑阵亡将士公墓筹委会会议记录》，第1005宗1目录254卷，南京市档案馆藏。

（二）建设缘起

民国初期北洋军阀把持政局，社会动荡。孙中山先生两次护法运动失败后，积极组织革命武装，拟在统一两广的基础上，出师北伐。

1921年10月8日，中山先生提请非常国会通过了北伐案[13]。后因陈炯明叛变，暂时搁浅。

1926年7月1日，国民政府军事委员会颁布北伐动员令[14]。7月4日，国民党中央在广州召开临时全体会议，通过《国民革命军北伐宣言》，部分内容如下。

统一政府不成立，则外祸益烈，内乱益甚，中国人民之困苦，亦将如水益深，如火益热，中国人民将无噍类矣。

本党从来主张用和平方法，建设统一政府，盖一则中华民国之政府，应由中华人民自起而建设；一则以凋敝之民生，不堪再经内乱之祸。故总理北上之时，即谆谆以开国民会议，解决时局，号召全国。孰知段贼于国民会议，阳诺而阴拒；而帝国主义者复煽动军阀，益肆凶焰。迄于今日，不特本党召集国民会议以谋和平统一之主张未能实现，而且卖国军阀吴佩孚得英帝国主义者之助，死灰复燃，竟欲效袁贼世凯之故智，大举外债，用以摧残国民独立自由之运动。帝国主义者复饵以关税增收之利益，与以金钱军械之接济，直接帮助吴贼压迫中国国民革命；间接即所以谋永久掌握中国关税之权，而使中国经济生命，陷于万劫不复之地。吴贼又见国民革命之势力日益扩张，卖国借款之狡计，势难得逞，乃一面更倾其全力，攻击国民革命根据地，既使匪徒扰乱广东，又纠集党羽侵入湘省本党至此，忍无可忍，乃不能不出于出师之一途矣。

本党为实现中国人民之唯一的需要，统一政府之建设，为巩固国民革命根据地，不能不出师以剿除卖国军阀之势力。本党为民请命，为国除奸，成败利钝，在所不顾，任何牺牲，在所不惜。本党为求遵守总理所昭示之方略，尽本党应尽之天职，宗旨一定，死生以之。愿全国民众平日同情于本党之主义及政纲者，更移其平日同情之心，进而同情于本党出师，赞助本党之出师，参加本党之作战；则军阀势力之推倒，将愈加迅速，统一政府之建设，将愈有保障，而国民革命之成功，亦愈将不远矣。

统一政府建设万岁！国民革命成功万岁！中国人民自由解放万岁！中国国民革命军万岁[15]！

1926年7月9日，蒋介石就职国民革命军总司令并誓师北伐，北伐战争正式开始。直至1928年12月29日，张学良在东北通电易帜，宣布效忠南京中央政府。至此，北伐成功，民国一统[16]。

历时三年的北伐战争，数万将士抛尸疆场。国民政府为“眷念前劳，凯旋者概予登庸，惨逝者追加抚恤，惟兹阵亡将士，杀身成仁，尸骨遍野，忠魂无依，乃拟搜集阵亡将士骸骨，建筑公墓，安慰忠魂”[17]。

（三）建造过程

1. 成立筹备委员会

1928年11月，中国国民党中央执行委员会建议设立建筑阵亡将士公墓筹备委员会[18]（以下简称筹委会），委派蒋介石、陈果夫、刘纪文、何应钦、林焕廷、熊斌、刘朴忱、李宗仁、邱伯衡等着手筹办公墓建设事宜。后又加派傅焕光、黄为材、伍翔、夏光宇为委员。

1931年4月，因迁调关系，经中央执行委员会决议，改派陈果夫、刘纪文、林焕廷、黄为材、赵棣华、蒋介石、何应钦、王柏龄、熊斌、傅焕光、夏光宇为委员，指定陈果夫、刘纪文、林焕廷、傅焕光、夏光宇为常务委员，黄为材为秘书；6月，又加派刘梦锡为筹备委员会委员。林焕廷去世后，1933年10月9日，建筑阵亡将士公墓筹委会第二十一次会议决议推举叶楚伧为常务委员[19]。

[13] 梁国藩：《世界伟人传：二十世纪世界政坛伟人（上、下卷）》，24页，西安，陕西旅游出版社，经济日报出版社，1998年。
[14] 江原：《20世纪的中国·军事战争卷》，18页，兰州，甘肃人民出版社，2000年。
[15] 荣孟源：《中国国民党历次代表大会及中央全会资料（上册）》，252~254页，北京，光明日报出版社，1985年。
[16] 李可亭：《商丘通史（上编）》，204页，郑州，河南大学出版社，2000年。
[17] 南京市档案馆，中山陵园管理处：《中山陵档案史料选编》，727页，南京，江苏古籍出版社，1986年。
[18] 傅焕光：《傅焕光文集》，41页，北京，中国林业出版社，2008年。
[19] 《建筑阵亡将士公墓筹委会会议记录》，第1005宗1目录254卷，南京市档案馆藏。

筹委会最初设在中央党部内，直属中国国民党中央执行委员会领导。公墓地址经筹备委员会第一、二、三、四次会议研究并实地勘察后，于1929年9月召开第五次筹备委员会议时，决定以灵谷寺旧址为墓址。随后，筹委会搬至灵谷寺办公；11月1日，干事邵叔嘉开始工作，担任筹备事务。

1930年1月，筹委会第六次会议，对筹备各办法大致决定，乃加请刘梦锡为监工工程师。4月，又加请梁鼎铭为艺术专员。当时的筹委会，职员纷进，工作繁重，于是制定规则条例，以资遵守。凡遇重大事件均开会解决，先后17次会议才开工。

2. 选择墓址

1929年9月，筹委会第五次会议决议灵谷寺旧址为墓址："灵谷寺在紫金山南麓，创自明初。庙宇崇宏，浮屠矗立，周围数里房舍千百间，固南京之丛林，亦地方之名胜……而地点适在总理墓之左，地势宽坦，但使相度经营兴工建筑，将来可与明孝陵东西对峙，鼎立而三，同为民众所崇拜，岂非陵园界内之一钜观哉！"[20]

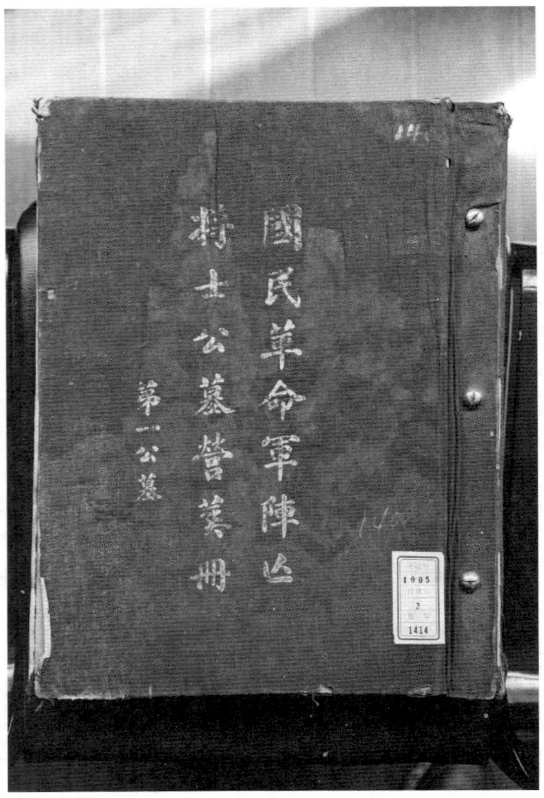

图40 建筑阵亡将士公墓筹备委员会营葬册

3. 确定方案

1929年9月，著名建筑师墨菲被聘为阵亡将士公墓建筑师后，亲自实地勘察，制定出方案。筹委会对他的方案进行了反复研究。

1930年1月，加聘中山陵监工工程师刘梦锡为阵亡将士公墓的监工工程师。筹委会先后开会17次，才在1931年3月定下建筑设计方案。3月25日，蒋介石至灵谷寺听取筹委会汇报公墓方案，审阅墨菲设计的公墓图样，并实地察看。在拟议中的第三公墓墓址，蒋介石认为"第三公墓地势太觉卑洼，主张向西南迁至约距二百尺之高岗上，并因高岗狭窄，主张将东西二穴（即第二、第三公墓）原定直径各四百尺改为各三百尺"[21]。

图41 阵亡将士公墓祭堂内所设灵位

墨菲重新修改方案，公墓随后正式开工。

4. 调查营葬

国民革命阵亡将士公墓在建造时及建成后，陆续葬入阵亡将士，包括北伐、抗战和内战三类，主要是北伐中牺牲的官兵。经各师呈报名册，计60个部队，共有阵亡将士33 224人。因员额太多，不能全部容纳，经筹委会决议，取"代表葬"法，以师为单位，从每一军阶的阵亡将士中，抽签代表一名入葬。

1933年3月18日，由军委会军政部诸代表暨筹委会各常务委员分组抽签，抽定代表603人。"诚恐各代表忠榇间有不能寻着者"，并于各部军阶内抽定副代表522人以备补充。随即编填调查表，由筹委会遣派32名墓地调查专员，分赴抽定各代表墓地所在的17省，请各省政府指示，并请查访。因原墓点散漫，历经三月，查确的忠榇不及全数之半，并拟再酌延调查时间，希望多查实后运京安葬，此外尚有长城抗日及剿匪诸役之阵亡将士忠榇，现正筹划调查办法，实行调查为期不远矣[22]。

抗战阵亡将士中，包括1932年"一·二八"淞沪抗战及此后华北长城抗战的阵亡将士。淞沪抗战阵亡将士代表128名于1933年6月2日入葬，其中十九路军78名、第五军50名，以纪念"一·二八"之意。

[20] 南京市档案馆，中山陵园管理处：《中山陵档案史料选编》，728页，南京，江苏古籍出版社，1986年。
[21] "建筑阵亡将士公墓筹备委员会第十八次会议记录（1931年4月19日）"，《建筑阵亡将士公墓筹委会会议记录》，第1005宗1目录254卷，南京市档案馆藏。
[22] 叶楚伧：《首都志（卷三）》，281~282页，南京，正中书局，1935年。

华北长城抗战阵亡将士代表，经抽签确定后，于1934年底入葬。

1935年1月，又举行北伐第四军阵亡将士抽签。

至1936年止，第一公墓内共有大小墓穴1 624个，第三公墓内共有大小墓穴2 268个。所有墓穴都用砖块及三合土铺底砌墙，上用钢筋水泥板封盖。

期间，制定了《阵亡将士营葬条例》，具体内容如下。

阵亡将士营葬条例

国民革命军阵亡将士公墓营葬条例，经军事委员会转呈中央修正，昨特颁发各省各军事机关一体遵照办理，兹觅志该条例如下。

国民革命军阵亡将士公墓修正条例：

第一条，本公墓营葬阵亡将士，以国民革命为限，采用代表葬办法；

第二条，代表葬代表规定抽签法于每战役每部队每阶级抽定一人；

第三条，本公葬举行抽签时，得于正代表外，另抽补充代表一人，以备正代表忠榇无法迁葬时补充之；

第四条，正代表及补充代表之忠榇，均无法迁葬时，得用正代表姓名刻碑代葬，但各代表之忠榇，或经公葬、或经家族安葬祖茔，不愿迁葬本公墓者将其姓氏刻人题名碑；

第五条，凡国民革命军部队，应将每次战役阵亡将士，依照本公墓规定之调查表格式，详细填注，呈中央最高军事机关核夺，转送本公墓作为抽签根据；

第六条，凡师部队之将校士兵，如有特殊勋绩，经中央最高军事长官特许阵亡例，送葬本公墓者，得照本公墓之规定区域，妥为安葬；

第七条，自民国二十三年七月一日起，每一战役终了时，各师部队除依照本公墓表式，造送阵亡将士名册外，得于每阶级迁葬代表忠榇一具，至本公墓安葬，不再抽签，但每一战役之阵亡将士姓名，已经呈报，并经本公墓抽定代表者，不得再行选送；

第八条，准葬本公墓之将士家属或关系人，拟在墓上建立特别碑石者，须绘具图样及说明书等，送由本公墓核准，方得施工；

第九条，凡各地已经建筑之阵亡将士公墓，应责成当地政府，妥为保管，建立墓碑，但墓碑须遵照本公墓规定式样；

第十条，本条例如有未尽事宜，得临时呈准中央执行委员会修正之；

第十一条，本条例呈奉中央执行委员会核准施行[23]。

5. 建设工程

自1929年筹备以来，国民革命阵亡将士公墓从1931年3月正式动工，至1935年11月完工，历时六载（表5）。所有建筑中，纪念塔耗资最多，造价35.5万元。

表5 国民革命军阵亡将士公墓各项工程承揽[24]

序号/工程类别	承揽者	工程名称
一、公墓工程	李新记	第一公墓大墓圹三百个
	李新记	小墓圹八百个
	李新记	特大墓圹三个
	李新记	特大墓圹三十三个

[23] 《中央日报》1935年8月10日第二张第三版。
[24] “各项工程承揽”，《阵亡将士墓工程》，第1005宗3目录1321卷，南京市档案馆藏。

（续表）

序号/工程类别	承揽者	工程名称
	李新记	小墓圹二百十二个
	李新记	最小墓圹一百十二个
	王雨亭	第一、三公墓内五种墓圹二百六十四个、二千二百二十八个
	骆同和	华北抗日代葬小石碑
	骆同和	小碑石一千块
	李新记	第一公墓大墓圹四个加账
	李新记	第一公墓内小路钢骨水泥路缘
	王雨亭	第三公墓整理土方
	復 华	无梁殿前整理及挖第二、三公墓土方
	李新记	第二、三公墓前车道及水沟
	周梅谷	青石小碑五百块
	李新记	砌第二、三公墓阴沟及花园
二、碑石工程	济南元吉工厂	纪念塔碑石二十八块
	周梅谷、唐仲芳	纪念塔碑石八块
	周梅谷	纪念塔碑石八块
	周梅谷	揭纪念塔碑
	唐仲芳	揭纪念塔碑
	周梅谷	刻纪念塔遗阡表
	周梅谷、唐仲芳	祭堂内三大碑石
	周梅谷	输运及鉴立三大碑石
	王雨亭	做祭堂三大碑石底座及镶砌
	全品记	题名碑石七十八块
	周梅谷	题名碑石八块
	周梅谷	题名碑石十二块
	唐仲芳、周梅谷	刻题名碑字六万个
	尹铁庵	刻题名碑字三万个
	尹铁庵	续刻题名碑字二万个
	唐仲芳	续刻题名碑字二万五千个
	周梅谷	续刻题名碑字三万个
	全品记	竖立及镶砌题名碑七十八块
	王雨亭	镶砌题名碑十六块
三、马路工程	王雨亭	第一公墓起至桂林石屋止人行道
	王雨亭	由纪念塔至谭墓桥头人行道
	王雨亭	志公殿后石片路及路步水沟等
	骆同和	祭堂后及左右新石路
	骆同和	祭堂北首人行道左右铺石条
	骆同和	志公塔原址中间铺石路
	骆同和	祭堂后用归大石墩做整段平铺人行道
	骆同和	纪念馆至第一公墓接第三公墓大路两边铺青石

（续表）

序号/工程类别	承揽者	工程名称
	王雨亭	第一公墓后面至纪念馆前石片马路及停车场
	王雨亭	志公殿前四角方亭弹石人行道
	王雨亭	志公殿前山上弹石路
	骆同和	纪念馆及无梁殿前面青石踏步
四、水沟桥墩工程	王雨亭	志公殿前西边木桥砌墩子
	王雨亭	砌乱石水沟
	王雨亭	环塔路及塔前路西停车场砌水沟
	復　华	志公殿小溪水沟
	王雨亭	灵运路北第三公墓桥北及玉带桥南水坝三道
五、志公殿工程	李新记	建造志公殿
	李新记	拆志公塔
	王雨亭	做志公墓
六、亭子工程	李新记	本会大路口六角亭
	薛森林	志公殿前山上四方亭
	骆同和	进思亭内石凳桌
	骆同和	六角亭内石凳桌
	袁德兴	漆大门前六角亭
七、画室工程	李新记	画室改造
	李新记	改换画室人字大梁及建造看台
	金章桃	画室气楼天花板工程
八、砖墙工程	復　华	整理祭堂西高阜及砌砖墙
	骆同和	纪念塔直路前护墙及踏步
九、挖井工程	顾记营造厂	拆砌及开深牌楼前草坪东西井
	新昌公司	纪念馆东北高坡上开自流井
十、其他工程	益新花石公司	假山石料一百二十吨及堆砌
	上海兴泰水电行	纪念馆铁柜
	振森祥木行	白果树匾料一株
	南京同泰丰瓷号	党徽十六个
	中鑫泰木器号	速检片柜二个

全部建设工程均面向社会公开招投标。1930年12月16日建筑阵亡将士公墓筹备委员会第十四次会议决议，阵亡将士公墓全部工程归馥记营造厂承建，工程分期付款，预付建筑费20万元[24]，包价80万（后改为92万）。

其时，馥记营造厂开列的工程包价表[25]如（表6）所示。

表6 工程包价表

建筑物名	包价（元）	预付（元）	付款期数	完工日期
纪念塔	三五五，〇〇〇·〇〇	八八，七五〇·〇〇	六期	二十一年九月底
纪念馆	二一五，〇〇〇·〇〇	五三，七五〇·〇〇	六期	二十一年六月底

[24]《建筑阵亡将士公墓筹委会会议记录》，第1005宗1目录254卷，南京市档案馆藏。
[25] 总理陵园管理委员会：《总理陵园管理委员会报告（下）》，565页，南京，南京出版社，2008年。文献内容完全参照资料原样，纪年、数据样式等未作修改。

（续表）

建筑物名	包价（元）	预付（元）	付款期数	完工日期
牌楼、围墙、墓门	六〇，〇〇〇·〇〇	一五，〇〇〇·〇〇	五期	二十年十月底
三公墓	一七〇，〇〇〇·〇〇	四二，五〇〇·〇〇	五期	二十年十月底
修复无量殿为祭堂	一二〇，〇〇〇·〇〇	无	六期	二十一年一月底
合计	九二〇，〇〇〇·〇〇	二〇〇，〇〇〇·〇〇		

墓门工程。将原有红山门“改为十尺八寸阔，边门改至八尺阔，其他部分斟酌比例放大”[26]。“公墓大门里面所有马路两旁用一尺半宽石条，一条中铺石片，分段招标兴建”[27]。1933年2月23日，筹委会第十五次常务会议决定“大门围墙改用红色”，复又“择定深红色”[28]。

祭堂工程。1931年1月13日，筹委会第十五次会议决议采取公开登报招标，“登报招标十五日起，登报一星期，一月底截止。一切办法悉照上次招标方法办理投，标保证金定为洋1 000元，押图费10元，请建筑师先行估价”。登报公开招标20天后，有馥记、利源、竞记三家营造厂投标，经2月3日筹委会第十六次会议决议，“由馥记以12万元承修，所有本会已购材料及已做成之木架木壳等概归馥记以抵所减之价3 864元”，并“请林焕廷委员签订合同”[29]。为从速推进建设工程，1933年4月17日筹委会第十六次常务会议决议：“1）题名碑石准由全品记承办。2）刻字由松月轩、尹铁庵及杨文卿试刻。3)法圈三个，中间用国民革命军阵亡将士之神位，左用誓师词请蒋先生写，右准刻祭文。4）整理墙壁请刘工程师与刘福泰商酌后报告委员审定。5）檐前匾额拟用直匾。6）祭堂直达大门之甬道假定中间用新石铺就，两旁用旧石铺砌，请刘工程师计划呈核。”6月16日筹委会第十九次常务会议决议：“祭堂内法圈三个所用石料致函上海姚华孙石商来会接洽后候核。祭文由叶楚伧撰拟。”6月30日筹委会第二十次常务会议又决议：“祭堂内法圈及牌楼上横额柱联嵌石，先定图样函请图案专家刘福泰、陈之佛设计碑位图案。”[30]

1933年10月9日，筹委会第二十一次会议决议：“第一公墓内北伐阵亡将士筑墓圹三百个，其工程由李新记营造厂承揽。”当时，与李新记营造厂订立了《第一公墓墓圹承揽书》，合同内容如下。

第一公墓墓圹承揽书[31]

立承揽南京李新记营造厂今揽到南京国民革命军阵亡将士第一公墓墓圹三百个，订定做品材料及应守条款订列于后。

一、墓圹做品，上项墓圹三百个，每一墓圹先做本山沙、碎砖、石灰三合土一层，打实净厚八英寸。

二、墓圹材料，上项墓圹三百个，每一圹净宽三英尺，高三英尺，长七英尺，用一、三水泥浆及普通二、五、十红色机器砖砌就，上盖用一、二、四钢骨水泥板，长八英尺，宽四英尺，厚四英寸，内用四分钢条直置八根，横置九根，上面粉光。

三、棺柩尺寸，如有较订定墓穴尺寸稍大者均愿照做不另加价，小不减价。

四、上项工程，均听贵会工程师指挥承造，所需厂棚归贵会自办。

五、完工时期，上项墓圹三百个工程自订定承揽之日起，准予六十日内完竣，逾期一天认罚工料洋二十元，自逾期之日起算至完工日止，惟风雨不能工作，经工程师核准其日期得予照除。

六、自订立承揽之日起，尽先做就整个墓圹三十个，其余二百七十个分工遵限做齐。

七、墓圹三百个做竣后，倘忠榇尚未运齐不能全数安葬者，愿于忠榇运到安葬时，即派工人到墓补做砌盖手续。

八、工料价目，墓圹三百个，每一个定工料洋四十三元正，如有个数增减之处，须按每个单价核给之，计三百个总价洋一万二千九百元正。

[26] “建筑阵亡将士公墓筹委会第一次会议常务会议（1931年6月25日）”，《建筑阵亡将士公墓筹委会会议记录》，第1005宗1目录254卷，南京市档案馆藏。
[27] “建筑阵亡将士公墓筹委会第八次会议常务会议（1932年6月17日）”，《建筑阵亡将士公墓筹委会会议记录》，第1005宗1目录254卷，南京市档案馆藏。
[28] “建筑阵亡将士公墓筹委会第十六次会议常务会议（1933年4月17日）”，《建筑阵亡将士公墓筹委会会议记录》，第1005宗1目录254卷，南京市档案馆藏。
[29]《建筑阵亡将士公墓筹委会会议记录》，第1005宗1目录254卷，南京市档案馆藏。
[30]《建筑阵亡将士公墓筹委会会议记录》，第1005宗1目录254卷，南京市档案馆藏。
[31] “建筑墓圹工程”，《阵亡将士墓工程》，第1005宗3目录1321卷，南京市档案馆藏。

九、分期付款办法

第一期，石子、三合土、山砂到齐，付大洋二千五百元。

第二期，三合土地脚做成，各材料到十分之二，付大洋二千五百元。

第三期，柩墙做成十分之二，各材料全数到十分之六，付大洋二千五百元。

第四期，柩墙做成十分之六，各材料全数到工，付大洋二千元。

第五期，全部工程完竣，付大洋一千八百元。

第六期，验收工程三个月后，如查无损坏，领清余价。

欲后有凴立此承揽存照此上

建筑阵亡将士公墓筹备委员会 钧核

承揽人：南京李新记营造厂

住址：青石街二十六号

保人：王奎兴

住址：估衣廊

民国二十二年九月二十五日

在第二、三公墓间原计划建筑桥梁，1932年6月17日建筑阵亡将士公墓筹委会第八次常务会议上，监工工程师刘梦锡建议建筑第二、三公墓桥梁案，经会议讨论决议："第二公墓桥梁照刘工程师图样招标，第三公墓桥梁改用砖砌，涵洞所需水泥黄沙先准支材料费洋500元。"[32]

纪念馆工程。除根据建筑师设计方案进行正常施工外，筹委会对一些细节也给出了具体意见。1933年4月17日，筹委会第十六次常务会议决议，"（纪念馆）外廊宫灯改为贴顶圆灯；内部用小宫灯与贴顶圆灯相间；中间用大宫灯一盏"[33]。除建筑工程外，纪念馆还有一项主要的工作就是征集阵亡将士遗物，布置陈列室，分照片、遗物两部。

1931年6月25日，筹委会第一次常务会议决议"登报征求阵亡将士照片"。

1933年1月14日，筹委会第十四次常务会议又决议："先征集阵亡将士遗像、遗物、遗著，其登报启事稿请傅（焕光）委员撰文"[34]，但来件甚少。6月16日筹委会第十九次常务会议决议："灯式——纪念馆，走廊采用兴泰计划B字二四五号，内部中间采用第十二号（后改为七号），内部二小间及扶梯旁采用四角灯，内部四周采用宫灯式。""柜架——楼上采用兴泰图样，楼下再行计划。"[35] 1933年10月9日筹委会第二十一次会议决议："1）函总司令部及阵亡将士家族各师参战长官、黄埔同学会军官学校、陆军大学学友社征求陈列物品，并对送纪念馆照片及附说明。2）征求物品分公私两种，公有者为旗帜、符号、服装、军械、照片、遗著等件，私有者已登报纸征求。"[36]自经蒋介石通令各军师旅选送，复经筹备委员会发报征求后，送到者已有数千件，以相片居多，衣帽手迹次之，刀枪子弹及日用品较少，至足珍贵，将来悉附挂于钢架陈列，并附详细说明，俾参观者一览而知。

纪念塔工程。1932年9月8日，筹委会第十次常务会议决议："纪念塔回光灯采用西门子回光灯。"1933年4月17日，筹委会第十六次常

[32]《建筑阵亡将士公墓筹委会会议记录》，第1005宗1目录254卷，南京市档案馆藏。
[33]《建筑阵亡将士公墓筹委会会议记录》，第1005宗1目录254卷，南京市档案馆藏。
[34]《建筑阵亡将士公墓筹委会会议记录》，第1005宗1目录254卷，南京市档案馆藏。
[35]《中央日报》1935年10月7日第二张第三版。
[36]《建筑阵亡将士公墓筹委会会议记录》，第1005宗1目录254卷，南京市档案馆藏。

务会议作出决议："1. 镌刻石碑案。追认4月5日本会与北平恒盛石厂张书升订立承揽镌刻及磨光纪念塔上石碑。2. 纪念塔工程案。1）塔上碑文函请吴于戴钮诸先生速写送会刻碑。2）扶梯栏杆照原决议案仍用铁制（圆扶手方柱）由墨非尽本月底务须绘就图样送会核定。3）阶石图样催墨菲赶办同时委托刘福泰代为计划，尽本月底内绘就。4）塔之下层横额刻字。"6月30日筹委会第二十次常务会议又决议："阶石图案函请图案专家刘福泰、陈之佛设计后夺。"[37]后图画专家李毅士，加入设计阶石图案。

在主体工程建设的同时，道路工程也在积极推进。1933年4月17日，筹委会第十六次常务会议，要求"各项工程亟待开工，庶于七月以前完工均请核准以便于建筑案"，并作出决议："1）纪念塔周围人行路宽一丈。2）纪念塔至志公塔人行路宽一丈九尺三寸。3)志公塔至纪念馆石板路宽一丈三尺。4)纪念馆前石级至石级中间石板路宽二丈二尺。5）纪念馆前绕第一公墓西边石片路宽一丈八尺。6）停车场前西半部铺石条及石片路七丈三尺。"[38]1934年2月20日的筹委会第二十六次常务会议又决议："在纪念馆四周建4英尺宽人行水泥路。"11月17日筹委会第三十一次常务会议决议："自纪念塔起至东西马路止，前后左右各水沟约共长450丈，拟用旧砖及乱石分别砌筑，由王雨亭承揽。"

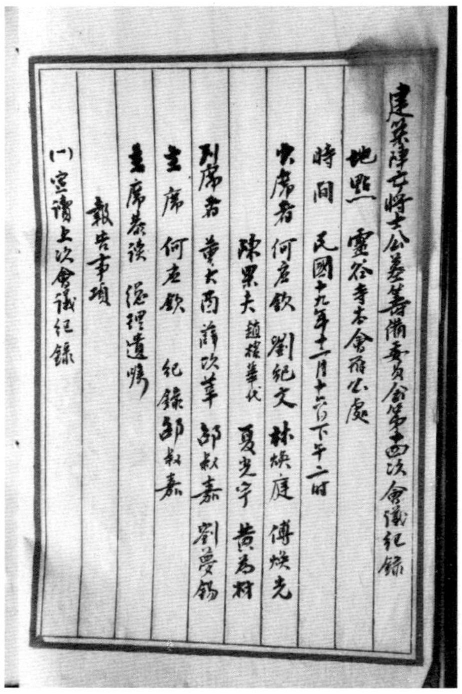
建築陣亡將士公墓籌備委員會第十四次會議紀錄
地點 靈谷寺本會辦公處
時間 民國十九年十一月十六日下午二時
出席者 何應欽 劉紀文 林煥庭 傅煥光
陳果夫（趙棣華代） 夏光宇 黃為材
列席者 黃大西 薛次莘 鄧叔嘉 劉夢錫
主席 何應欽 紀錄 鄧叔嘉
主席恭讀 總理遺囑
報告事項
（一）宣讀上次會議紀錄

图42 建筑阵亡将士公墓筹备委员会工作文件1

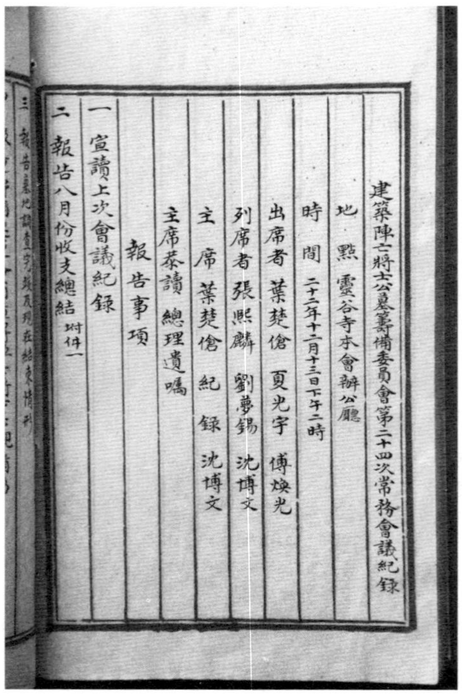
建築陣亡將士公墓籌備委員會第二十四次常務會議紀錄
地點 靈谷寺本會辦公廳
時間 二十二年十二月十三日下午二時
出席者 葉楚傖 夏光宇 傅煥光
列席者 張熙麟 劉夢錫 沈博文
主席 葉楚傖 紀錄 沈博文
主席恭讀 總理遺囑
報告事項
一 宣讀上次會議紀錄
二 報告八月份收支總結 附件一

图43 建筑阵亡将士公墓筹备委员会工作文件2

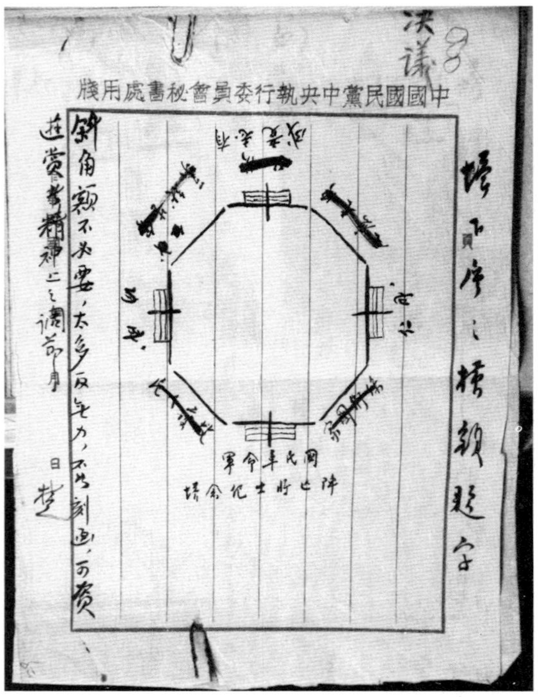

图44 纪念塔平面布置草图

所有建设工程由筹委会全权负责，对施工、用料都有极高的要求。南京市档案馆所藏公墓建设档案《阵亡将士公墓墓圹工程施工细则》如下，其要求可见一斑。

1. 按图样挖土至规定尺寸，将泥土之大部，挑至东西两围墙之外，经由工程师或监工员指定地点，妥为堆置，但不过三百尺外。

2. 碎砖用石灰山砂拌成三合土，平铺于已夯实之圹底至规定松厚，再行夯实，经工程师或监工员验明尺寸后，始得砌圹墙。

3. 砌圹墙前须置砖于水内，使吸适量之水，所以保砂灰之结实，当置砖时，水泥砂应涂压结实，使砖间不得稍有细缝，但水泥砂层不得过二分厚。

4. 墓圹顶盖按照图样规定扎铁，经工程师查验后方得浇捣混凝土，凡搅拌混凝土时在平坦而不漏浆之拌板上须先以定量之水泥及黄沙干拌至少两次，至颜色均匀，再加入碎石，复干拌，混合之然后加以相当水量，混拌至少两次，而须至全部匀纯，石子外面全盖灰沙为止。

[37]《建筑阵亡将士公墓筹委会会议记录》，第1005宗1目录254卷，南京市档案馆藏。
[38]《建筑阵亡将士公墓筹委会会议记录》，第1005宗1目录254卷，南京市档案馆藏。

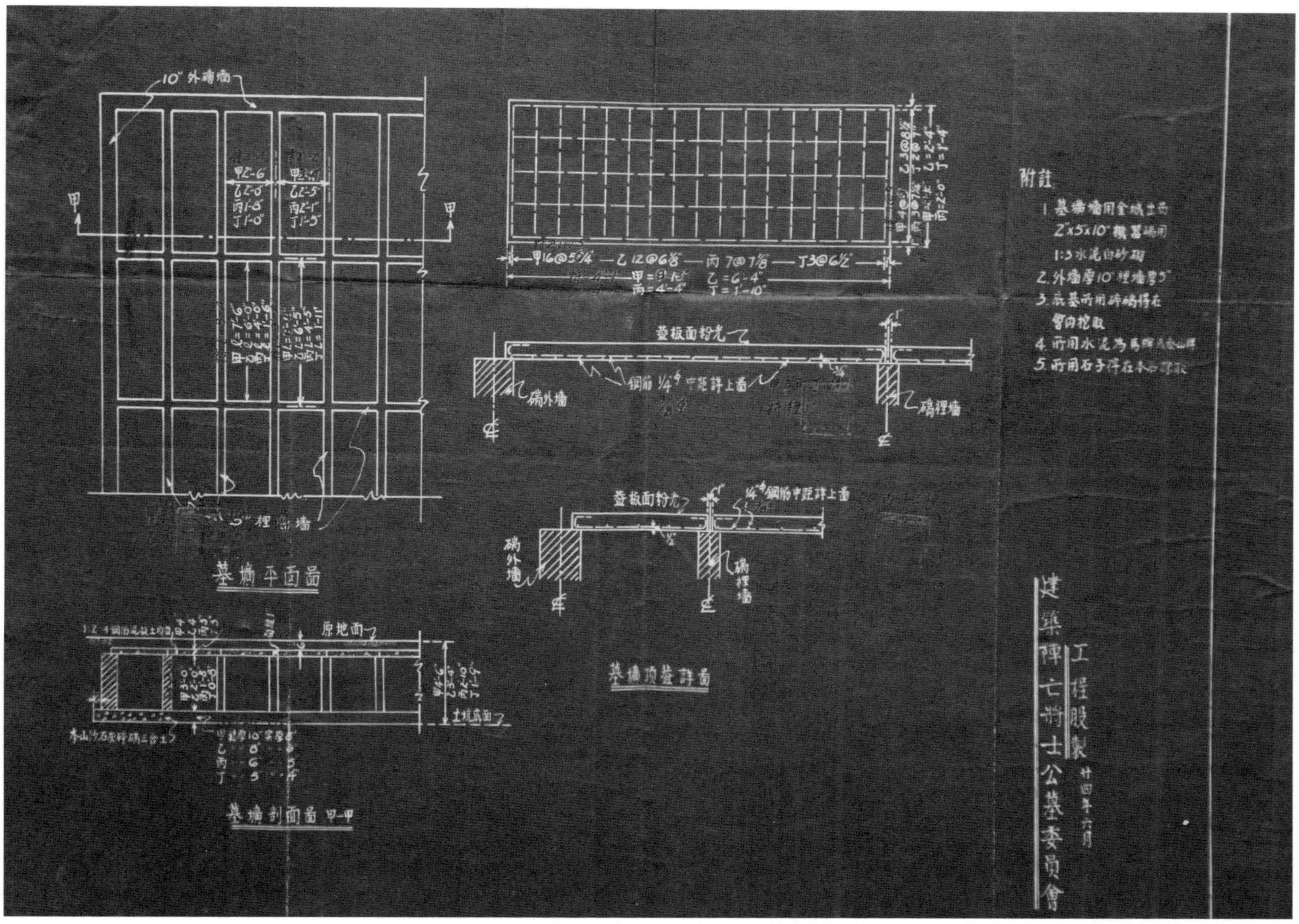

图45 公墓施工图

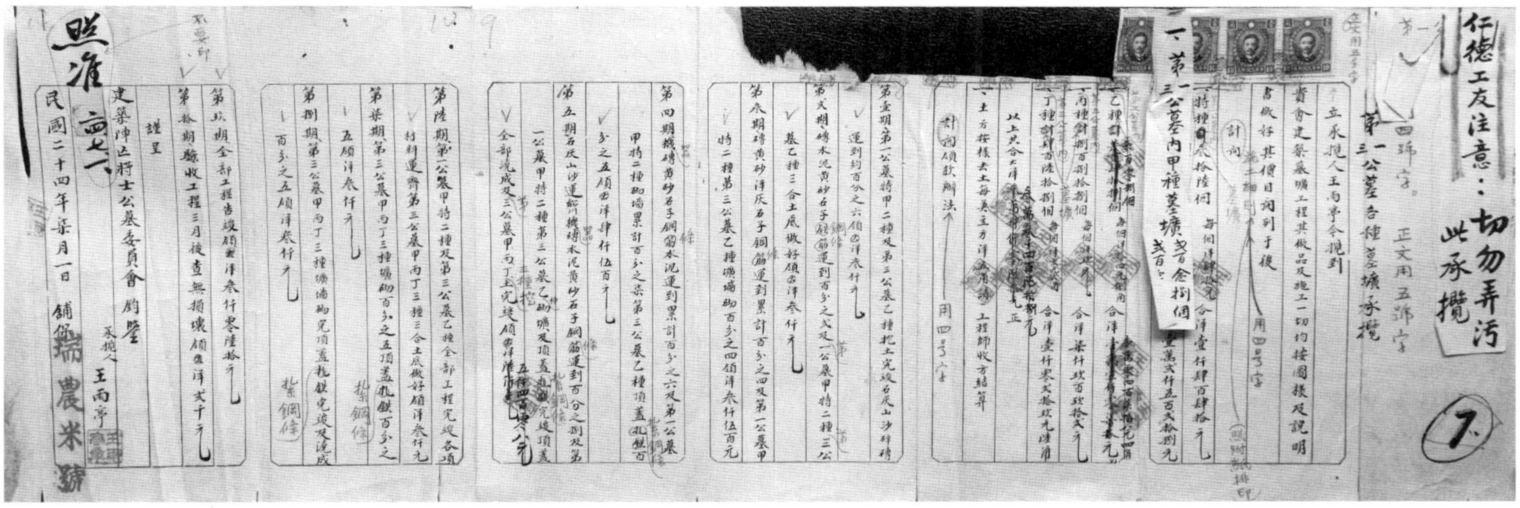

图46 建筑阵亡将士公墓筹备委员会工作文件3

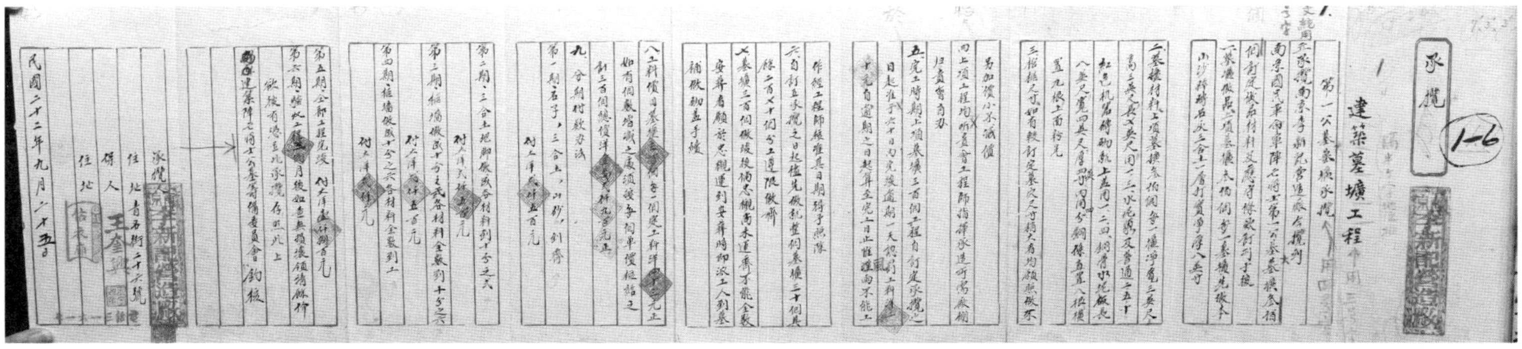

图47 建筑阵亡将士公墓筹备委员会工作文件4

图48 祭堂四壁所镌刻北伐抗日诸役之阵亡将士姓名军阶

图49 纪念塔首层外壁所刻“精忠报国”（拼合图）

又混凝土一经拌和均匀以后，即应速行填注于不漏浆之模板内，如有已经凝结之混凝土（大约在加水拌和后二十五分钟即行凝结）绝对不准使用。混凝土顶盖浇成后须覆草荐或麻袋于其上，每日并须浇水四五次，如遇天气严寒，应即停止浇制工作，以防冰冻。

5. 各项工程进行须绝对服从工程师及监工员之指挥，如有不听指导贻误工程者，工程师得立即停止其工作，呈报委员会处罚之。

6. 墓圹全数工竣后倘忠榇尚未运齐，不能全数安葬时，应于忠榇运到安葬之日即派工人到墓补做砌盖工作。

本期工程即特、甲、乙、丙、丁种墓圹36、432、738、888、468个，自订定承揽之日起限于一百天内完工，逾期一天罚洋20元，自逾限之日起算至完工之日止，惟冰冻雨雪不能工作时经工程师核准其日期，得予照除之。建筑阵亡将士公墓委员会工程股订1935年6月9日[39]。

6. 碑刻绘画

祭堂内原有法圈三个，拟各嵌石碑一方，中碑镌刻国民革命阵亡将士之灵位，左碑刻北伐誓师词，右碑则勒祭文，四壁镌刻北伐抗日诸役之阵亡将士姓名阶级，以志纪念而垂永久。志公塔附近原有三绝碑一方，上镌圣僧宝志遗像，为吴道子手笔，李太白赞，为颜真卿所书及宝公菩萨十二时歌，赵子昂所书，碑名三绝。可惜年久碑碎，特模仿原状，重勒石碑嵌于修复之志公塔后墙内，以存古迹。

纪念塔碑石，每层四块，每块内外刻字，向外第一层刻蒋介石所书“精忠报国”四字，第二层刻蒋介石所撰《遗阡表》全文，第三、第四层刻蒋介石所撰黄埔军校第五、六期同学录序各一篇，第五、六层刻蒋介石所撰黄埔军校第三、四期同学录序各一篇，第七、八层刻蒋介石所撰黄埔军校第一、二、三期同学录序各一篇。向内第二、三、四层刻《孙总理北上时之告别黄埔军校词》，第五、六、七、八层刻《孙总理黄埔军校开学词》，第九层未嵌石碑以便高瞻远瞩[40]。

1929年春，蒋介石为表扬革命先烈牺牲奋斗之事绩，以供后人瞻仰，经筹备委员会决议，仿照欧洲油画院办法，绘制惠州汀泗桥、南昌、济宁、济南、大汶口、归德诸战役壁画数幅。

1930年4月间，由筹委会艺术专员梁鼎铭负责绘制。到“一·二八”淞沪战后，又增加庙行战役一幅，前后共八大幅。1932年底，惠州战役已完全绘成，此画高二丈，宽七丈，为八幅中之最大，其余七幅均高二丈，宽二丈四尺[41]。

[39]《阵亡将士墓工程》，第1005宗3目录1321卷，南京市档案馆藏。
[40] 叶楚伧：《首都志（卷三）》，280~281页，南京，正中书局，1935年。
[41] 叶楚伧：《首都志（卷三）》，280~281页，南京，正中书局，1935年。

7. 公祭典礼

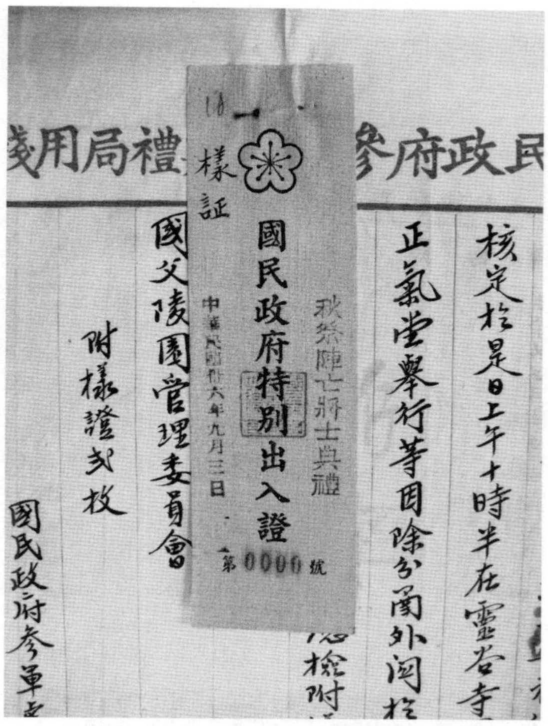

图50 1947年秋祭出席证

1935年11月20日，国民革命阵亡将士公墓举行盛大的落成暨公祭典礼，蒋介石担任主祭，国民党中央和各界人士一万多人参加，全国下半旗志哀。

“典礼当日，公墓路口高搭松柏彩坊一座，入内沿途电灯杆上均交叉悬挂党国旗及国花，上书公墓落成典礼字样。进大门后，经牌楼、正气堂、纪念馆、公墓以至纪念塔，沿途均竖有旗杆悬挂大的党国旗，及密挂小的党国旗，地下遍置盆菊，布置极为庄严整肃。祭坛设在正气堂内，中有阵亡将士灵位，下设主祭及与祭者席次，公墓前亦如是。”

“公祭典礼于上午八时举行，蒋介石亲临主祭，全体中委及五全大会出席代表，亦将一律参加，举行一次。下午则为各级党部、民众团体、各学校等公祭时间，举行四次，筹备处以与祭人数众多，今日凡公墓各处均谢绝参观，自明日起即全部开放。其典礼节目如下：一、主祭就位；二、与祭就位；三、全体肃立；四、奏哀乐；五、主祭行覆土礼；六、鸣炮十七发；七、主祭复位；八、行三鞠躬礼；九、司仪导引主祭与祭人员入祭堂行公祭礼；十、主祭就位；十一、与祭就位；十二、全体肃立；十三、奏哀乐；十四、献花；十五、读祭文；十六、行三鞠躬礼；十七、静默三分钟；十八、静默毕；十九、奏哀乐；二十、礼成。”[42]

根据蒋介石的指令，1936年7月令阵亡将士公墓移交总理陵园管理。

1947年6月21日，国民政府制定了《春秋二季致祭阵亡将士办法》，定每年春祭日期为3月29日，即黄花岗起义纪念日；秋祭日期为9月3日，即抗战胜利纪念日。抗战胜利后，国民党政府每年3月29日都要在阵亡将士公墓举行隆重的公祭仪式，直到1949年3月29日，“代总统”李宗仁还率领一批文武官员，到灵谷寺阵亡将士公墓举行了最后一次春祭。

春秋二季致祭阵亡将士办法

一、春秋二季致祭阵亡将士典礼，除中央在国都所在地举行外，全国各省、市、县应一律就地举行，以表崇敬。

二、兹定春祭日期为每年三月二十九日，秋祭日期为九月三日。

三、春秋二季致祭阵亡将士典礼参加人员，除中央举行时另有规定外，全国各省、市、县应由各地方首长领导，当地各机关、法团、学校一律参加。

四、各省、市、县春秋二季致祭阵亡将士典礼地点，应就各地忠烈祠或其他适当地点举行之。

五、各地致祭阵亡将士典礼时，同时致祭抗战殉难官民。

六、致祭仪式，依照国民政府二十六年六月二十二日公布之公祭礼节规定之。其仪式附后：

（一）祭礼开始

（二）全体肃立

（三）主祭者就位

（四）陪祭者就位

（五）与祭者全体就位

[42]《中央日报》1935年11月20日第一张第三版。

图51 建筑细节——正门拱券

图52 建筑细节——正门内部结构

图53 建筑细节——无梁殿中门及重檐

图54 建筑细节——无梁殿重檐及斗栱

图55 建筑细节——纪念塔中柱及旋梯

图56 建筑细节——纪念塔外檐

（六）奏哀乐

（七）上香

（八）献花

（九）恭读祭文

（十）行祭礼三鞠躬

（十一）主祭报告致祭意义

（十二）演讲

（十三）奏哀乐

（十四）礼成

图57 建筑细节——纪念塔室内天花

图58 癸丑阵亡将士纪念碑亭天花

前项（五）、（九）、（十一）、（十二）各款规定，得因致祭时实在情形酌量改赞或从略[43]。

（四）建筑意匠

1. 建筑图案

墨菲设计的国民革命阵亡将士公墓方案说明、图样等，因种种原因，原件暂未找到。现据总理陵园管理委员会所编《总理陵园管理

[43] 叶楚伧：《首都志（卷三）》，280~281页，南京，正中书局，1935年。

委员会报告》（下）中由阵亡将士公墓筹备委员会供稿的《国民革命阵亡将士公墓之筹建》之“建筑设计”部分，可初略知晓公墓方案。

灵谷寺为首都丛林，原有殿宇除无梁殿尚存肤廓外，其余均为洪杨劫后之新小房屋。今公墓即以旧址建筑，按墨菲计划，公墓有三，其一在无梁殿后之五方殿旧址，第二、第三公墓则在无梁殿东西各约一千尺之山凹中，三墓地点成一极钝之三角形。墓外建筑即以万工池内之原有大门为墓门，不过二旁另辟偏门，以通车马。金刚殿原址峙雄伟之石牌坊，无梁殿恢复原来式样，改为祭堂。其前之大雄宝殿卸去其中佛像，移入东屋之龙王殿中。志公塔前建纪念堂，其后数百步造纪念塔，为公墓建筑之极点。兹将各部建筑分述如次：

祭堂　古代建筑式之无量殿，虽略有坍塌，经五六百载之久，尚岿然如鲁灵光殿之独存。殿凡五楹，广十四丈，高六丈六尺，以砖砌成，故俗名无梁殿。结构独特，自宜保存。今已估修，作为将士公墓之祭堂，四壁嵌石碑，镌刻各师各战役先烈数万人之姓名，并简叙军役始末，以备浏览。

纪念馆　志公塔前建纪念馆九楹，采用走马楼式，上下并不间隔，良以地方宽阔，庶足以陈列先烈之遗物、本身相片、随身佩刀，罔不搜罗，统为陈设，俾后之人追谈战绩，睹物思人。且本馆采光极佳，楼上下均有走廊，兼可高瞻远瞩。

纪念塔　志公塔后建筑纪念塔一座，高一百七十五尺，分九层，每层均置碑石，刻历次重要战役，兼绘革命战图。每层亦有走廊环绕外面，以便游客兼观风景。又塔顶装置电炬，可终夜常明。走廊上更设反光电灯四盏，每夜悬一小时，可使塔见数里以外。塔之中心有钢骨水泥悬梯，可以拾级而上，为我国造塔之新式者。

画馆　至于最有关系之战役，当有精确战史翔实记载，尤恐人人未必注意，则由艺术专家调查详细，择优壁画加以说明。更为蜡人或为铜人或泥塑或石刻，务将当日两军搏击危险状态穷形尽相披露当前，俾观者寓目惊心，恍如亲历其境。但如何布置或独建一画馆或陈列纪念馆中，尚在计划中。

布景　公墓后倚崇山，前临广池。环寺丛林蓊翳，翠竹蒙密。公墓新辟驰道，环回林间，静穆幽深，令人意远。寺左右溪流萦带，泉甘不渴。曾国藩尝祈雨于斯。纪念建筑竣工之后，疏泉蓄水，沿溪作山径，置石座，游人可游息焉。新建筑及公墓四周布置新式庭园，庶天然风景与人工点缀交相辉映，以慰国殇[44]。

2. 意匠探析

国民革命阵亡将士公墓总体构思是以我国传统的中轴线空间为主体，运用灵谷寺原有中轴线，逐步安排祭祀空间，步步抬高、层层递进；并且利用第二、第三公墓形成副轴，总平面形如西式的“十字架”；与此同时，加进西方风格的几何形绿地广场，一起构成耐人寻味、“中西合璧”的总平面格局。不仅如此，中轴线上的单体建筑多有可圈可点之处。譬如：

正门位于灵谷寺原山门处，虽完全采用传统寺院山门造型，但功能、结构加以改造以适应纪念所需，两侧设守卫室各一间，采用钢筋混凝土结构。其后的牌楼采用相同构思，造型传统而结构现代，适当简弱彩画、图案，通体金山石质、绿色琉璃瓦顶，色彩素雅，合于纪念建筑个性。尤其是，立于多级台阶之上的五间六柱的巨大、敦实体量，与空旷的自然环境尺度和谐，纪念氛围浓郁。

公墓图案寓意显明。淞沪抗战阵亡将士纪念碑后有由低到高的墩厚围墙，平面弯曲，象征国民党青天白日旗边；围墙环抱的中间圆圈，以花坛象征太阳，圈中植一大桂花树；圆圈周边砖砌十二根齿轮，正中望柱一对。整体图案寓意国民党的青天白日旗覆盖着公墓。

祭堂更是巧妙借用原有砖构无梁殿，充分利用其砖砌体厚重、稳健的形体，纯净、明确的拱券内部空间，形成独特肃穆、庄重的祭祀、纪念氛围，因地制宜、匠心独具。

纪念馆、纪念塔等均采用现代钢筋混凝土结构，设计成我国传统建筑造型。纪念馆外观类似重檐庑殿顶效果，实为二层楼阁；唯现状红柱、彩画等均真实模拟木构建筑，色彩较鲜艳而失之庄重（是否原设计如此，尚待深究）。

[44] 总理陵园管理委员会：《总理陵园管理委员会报告（下）》，563~564页，南京，南京出版社，2008年。

纪念塔九级八角，金山石贴面，石质仿木构斗栱、腰檐、平坐等，形体简洁、凝重，色彩纯净、统一，与牌楼手法协调一致，合于纪念性格，可谓“中体西用”，取得了相当高的艺术成就。

据此，整个国民革命阵亡将士公墓建筑群，中轴与副轴，第一公墓与第二、第三公墓主次分明，新旧建筑结合巧妙，既对比又融合，依山顺势、层层递进，形成了纵深开合有致、变化丰富的纪念性景观。

（五）建筑师

国民革命阵亡将士公墓建筑群由美国建筑师墨菲与我国建筑师董大酉共同设计，上海陶馥记营造厂承建[45]。

1. 墨菲（或译墨菲、茂飞）[46]

1877年，墨菲出生于美国康涅狄格州。1895年至1899年，就读于耶鲁大学。1900年，他在纽约成立了自己的建筑事务所。此后，他在美国纽约、康涅狄格等地设计过一些住宅、剧院、教会建筑、学校建筑，也为日本东京、韩国等设计过大学校园。

1914年，墨菲到中国，规划设计了长沙雅礼大学（现为中南大学一部），这是墨菲对中国教会大学校舍建筑探索的开始。

1918年，墨菲在上海开设了建筑事务所——“茂丹洋行”。此后，他陆续规划设计了福州的福建协和大学，南京的金陵女子大学（现南京师范大学），北京的燕京大学（现北京大学）、协和医科大学，上海的复旦大学、圣约翰学院、浸会学院、中西女塾、苏州医学院，宁波的浸会学院以及广州的岭南大学等。这些校园建筑大多采用“中国古典复兴式”，少数为西式风格。此外，他还设计了美国花旗银行在汉口、北京、天津、上海、广州、沈阳的六间分行（1917—1923年）、上海Robert Dollar大厦（1920—1922年）等西式商业、办公建筑，均为西方古典主义样式。墨菲在中国的成就使他名声大振，随即被热衷于推行“吾国固有之建筑形式”的南京国民政府聘为建筑顾问。

1928年10月，他被聘请为国民政府南京规划总建筑顾问，与“首都建设委员会”一起，主持制定了1929年的南京首都规划，为期约一年。美国建筑师参与中国新首都规划这一新闻被广泛传播，墨菲一时名声大噪，事业进入高峰[47]。随后，他受聘为国民革命军阵亡将士公墓的建筑师，设计了纪念塔和纪念堂。在此期间，他还设计了岭南大学惺亭（1928年设计）、哲生堂（1930年设计）与陆佑堂（1930年设计）等。这些作品采用钢筋混凝土模仿我国传统建筑，在当时可谓某种创新，就是现在来看也是颇为成功的作品。

1935年春，50多位建筑师同行（其中绝大多数是中国人）出席为墨菲回国荣休而举行的送别宴会。墨菲在会上致词说，自己实现了在中国的两大任务：成为一名负责任的建筑师和对中国建筑进行研究。同年，他回到故乡美国康涅狄格州布兰德福德。

1954年，墨菲在家中逝世，享年87岁。

墨菲的大部分职业生涯是在中国度过的，是西方熟悉中国传统建筑最杰出的建筑师。20世纪20年代以前的中国，尚无独立开业的本国建筑师，西方列强的经济掠夺又刺激了中国建筑业的局部繁荣，给西方建筑师提供了施展才华的舞台。

墨菲所处的时代，恰逢中国近代建筑发展的活跃期。正是复杂的历史背景，为他提供了施展才能的广阔舞台，加上优秀的职业素养，使他脱颖而出，成为“传统复兴式”建筑形式的代表人物[48]。

特别是，墨菲及时将设计重点从西式殖民地风格，转向探索中西方建筑文化的结合，通过对中国传统建筑的潜心研究和不断实践，加深对中国传统建筑文化的理解和认识，设计了一批质量较高的中西合璧式建筑，取得了令人惊叹的卓越成就 。

[45] 叶皓：《南京民国建筑的故事（下）》，493页，南京，南京出版社，2010年。
[46] 《建筑月刊》刊茂飞小传云：国民政府建筑顾问茂飞建筑师（Mr. Herry K.Murphy），美国纽海文籍（New Haven，Connecticut）。1899年毕业于耶鲁大学，得学士位。1900年至纽约，经五年之训练，自1904年起，在业务上即颇活跃。1908年与台那君（Richard Henry Dana，系名诗人Longfellow之孙）合伙组织公司，先后凡十二年。业务范围先仅及于纽约及新英格兰，继及于近东及远东。故在1914年茂氏曾游历东方；今番莅沪，已属第八次矣。1920年，因但氏专攻于纽约附近之业务，故脱离公司，另由马奇与汉伦二氏（Mr. Gill and Hamlin）加入，与茂氏合作。至1923年，马汉二氏退出，乃由茂氏单独经营。茂氏在美，以设计殖民地建筑（Colonial Architecture）著称。……因茂氏在业务上之成功，于1913年由耶鲁大学赠以艺术学士（B.F.A）学位，以示激励。茂氏在国民政府建筑顾问任内，曾将南京作初步之首都设计，安置各院部会，以壮瞻观。并……设计南京紫金山阵亡将士墓。《茂飞建筑师小传》，载《建筑月刊》第二卷第一号，1934：51。
[47] 罗玲：《美国建筑大师墨菲与南京》，载《南京史志》，1998（1）：16~17。
[48] 方雪：《墨菲在近代中国的建筑活动》，清华大学建筑学院硕士学位论文，2010：90。

2. 董大酉(1899—1973年)

董大酉先生是20世纪30年代上海风云一时的著名建筑师。

1922年，毕业于清华学校后赴美留学；1924年，毕业于美国明尼苏达大学，获建筑学士学位；1925年获建筑学硕士学位；1927年，完成哥伦比亚大学研究生院美术考古博士课程 。

1928年，董大酉先生回国。先在庄俊建筑师事务所任职，后又与美国同学菲利普合办建筑师事务所。

1930年自办建筑师事务所，完成上海市市中心计划并承担当年上海市的三个重大项目的设计，即上海市政府新楼、上海市图书馆、上海市博物馆，都采用中国宫殿式造型，并用现代结构、材料。

1947年，担任南京市都市计划委员会委员兼计划处处长。

1949年后，曾在六家设计院担任过总工程师、顾问工程师[49]。

董大酉先生为我国近代杰出建筑师之一，其设计思想对当今社会不无启迪[50]。

(六)负责的建造者

国民革命军阵亡将士公墓是国民政府主导的工程，一开始就受到当局的高度重视。国民政府主席蒋介石亲自担任建筑阵亡将士公墓筹委会委员，决定公墓墓址，审查建筑师墨菲的设计方案、图样，并提出修改意见。

公墓筹备机关——建筑阵亡将士公墓筹备委员会，先后召开20多次会议、30多次常务会议，讨论公墓选址、经费及各项工程事宜，公开登报对工程进行招、投标，对质量严格把关，订定施工细则。

总承造商南京馥记营造厂，严格按照公墓设计方案和期限进行施工。馥记营造厂厂主陶馥，字桂林，江苏南通人，是一位颇具传奇色彩的企业家。12岁到上海，仅是一个木工小学徒，由于好学和天生的资质聪慧，技艺进步很快，二十几岁便升迁美孚建筑公司施工主任，后应邀到洪记营造厂担任施工主任。30岁(1922年)时，独立创建以自己名字命名的馥记营造厂。其时陶馥记营造厂刚完成中山陵第三部工程，就接手承揽阵亡将士公墓，如期完成全部工程，质量得到业内的好评和国民政府的肯定。

优秀的建筑文化遗产，不仅取决于建筑师的奇思妙想，更取决于建设方的慧眼识珠，还有施工方的精工细作，并贯穿立项、建造、使用、维护的全程。

因此，要获得流芳后世的伟大建筑文化遗产，脱不开当局的高度重视，离不了天才建筑师的创造以及负责、守信的监工师和承造商的通力合作，还有后来者的全心呵护。

(七)结语

我国建筑从传统迈向近代，是外部世界的冲击与国内社会环境巨变的联合影响下的结果，建筑的演化历程从属于社会的发展规律。

孙中山临时大总统办公室建于1910年我国革故鼎新的多事之秋，变革专制政体、整肃腐败吏治，振兴积贫积弱、落后挨打的中国，早已成为全社会的共识。由此，全国各地大量出现完全模仿西方形式的建筑，类似于孙中山临时大总统办公室者，也就不足为奇了。

[49] 赖德霖：《近代哲匠录：中国近代重要建筑师、建筑事务所名录》，23~24页，北京，中国水利水电出版社，知识产权出版社，2006年。
[50] 董大酉：《在一次创作讨论会上的发言》，载《建筑学报》,1956(5)：58~59；被引于：杨永生：《1955—1957建筑百家争鸣史料》，37~38页，北京，知识产权出版社，中国水利水电出版社，2003年。
[51] 余杰：《铁与犁：百年中日关系深思录》，41页，武汉，长江文艺出版社，2004年。

国民革命阵亡将士公墓修建于1929年至1935年，正是国民政府大力发展的黄金十年期。其间我国年均工业增长率保持在9%左右，就在我国逐渐治愈内战、外辱之伤，步入现代化正轨之际，日本帝国主义者不给我国以和平发展之机，而侵占中国又是日军长久计划、天皇的基本国策[51]，由是关东军提前行动，1931年9月18日，日寇占我东北，抗战与兹肇始。

1932年1月28日，日寇再起挑衅，上海淞沪战争爆发，中华民族坠入生死存亡的关头。空前的民族危机，使得中华民族迅速团结起来，也使得“民族性”建筑观念更加深入人心，掀起“中国固有式”建筑的高潮，并一度成为国民政府首都南京及全国各地的建设主流。而墨菲的“适应性建筑”[52]构思与此颇为切合，国民革命阵亡将士公墓设计遵循此设想，并由于巧妙利用灵谷寺旧址、无梁殿建筑等而更显突出。

目前，孙中山临时大总统办公室、国民革命阵亡将士公墓两处建筑群，均荣列全国重点文物保护单位，体现出对不同历史时期优秀历史文化遗产的传承。而越深入学习、研究国民政府时期的优秀建筑，越使我们在探究我国建筑历史遗产演进的同时，回味近代以来社会历史文化发展之曲折，心中升起更多感慨的同时，更令人唏嘘不已。

诚愿我们能够真正以民族大业为宗，以史为鉴，免蹈覆辙，早日迎来中华民族的伟大复兴！

[52] Henry Killam Murphy. “The Adaptation of Chinese Architecture”. Journal of Chinese and American Engineers 7, 1926(3): 7.

纪念与继承——辛亥时代广州的纪念物、纪念建筑及空间生产*

彭长歆

* 教育部人文社会科学青年项目成果（批准号：70JC760014）

1911年辛亥革命的成功推翻了清朝统治，结束了中国两千多年的封建帝制，催生了一种新的建筑类型——革命纪念物或纪念建筑的出现。孙中山及其革命同志是这一话题的中心，围绕他们艰苦卓绝的革命事迹和伟大精神，不同于封建旧时代的纪念物或纪念建筑被创造以表达纪念先烈与继承遗志这一永恒的主题。其后，随着历次重大事件的发生和革命志士的牺牲，纪念活动的开展成为团结党人、唤起民众、宣传革命思想的重要手段。因应纪念活动的开展，纪念物和纪念建筑成为这一时代最为重要的建筑类型之一。

作为中国近代资产阶级革命的策源地和民族主义的兴盛地，广东是开展革命人物纪念最密集和最为频繁的地区。在一系列纪念活动中，逐渐形成和发展了仪式完整、种类丰富的纪念形式和空间载体，其中包括纪念坟园（如黄花岗七十二烈士墓、庚戌新军烈士墓、朱执信墓、十九路军淞沪抗日阵亡将士坟园等）、纪念道路（如六二三路、执信路、先烈路等）、空间场所（如汉民公园、中山公园等）、纪念雕塑（如孙中山雕像、程璧光雕像、邓铿雕像、伍廷芳雕像等）、纪念建筑（如执信中学、仲元图书馆、中山图书馆、中山纪念堂等），纪念大学（如中山大学、勷勤大学），等等。这些纪念性建筑物、构筑物或场所空间广泛分布在城市的各个区域，向市民传递着超越物质的价值和意义。

有理由相信，在这些纪念物和纪念建筑背后，隐含着赞助人对革命精神的崇奉和政治理念的构建。为配合该理念的传达，其营建策略涉及选址、方位等空间策略，也涉及形态、造型等形式策略，更涉及意涵表达与政治诉求的思想文化策略。有鉴于此，本文试图以广州为例探讨辛亥时代纪念物、纪念建筑与纪念空间的生产方式及相关策略。笔者认为，在广州的实践中，以孙文为主系的广州国民党人着眼于纪念的公共性和革命性，对封建礼制下的崇祀采取了抵制和对抗的策略，从而发展了以辛亥时代为背景的纪念性物质载体系统。

一

虽然远离朝廷中央，清季广州并不缺乏纪念物的存在，官方和民间通过形式不同、却一脉相承的礼制和祠祀建筑表达基于封建礼制和儒家道德的价值观念。作为封建社会行为规范的象征，礼制建筑属官方祀典的重要组成，并因集中反映礼制秩序，包括天人关系、阶级和等级关系、人伦关系、行为准则等，对维系封建统治发挥着重要作用，是上层建筑的重要组成部分。民间则主要以先人为祭祀对象，通过宗祠，牌坊等维系、纪理、规范和教化乡民。

就广州而言，国家法统的最高象征不外坛庙等祭祀建筑。仇巨川纂《羊城古钞》有录，社稷坛“在城西二十里。康熙二十五年巡抚李士祯檄县查照旧址，在废藩草空地建，复每岁春秋仲月上戊各官致祭”[1]。风云雷雨山川坛“在城南大忠祠西，康熙二十五年巡抚李士祯檄行建复，雍正八年改建东门外校场左。……各岁春秋仲月祭社次日致祭”[2]。厉坛“向在城西北三里，康熙二十五年巡抚李士祯檄县在

[1] 仇巨川：《羊城古钞》，151页，广州，广东人民出版社，1993年。
[2] 仇巨川：《羊城古钞》，160页，广州，广东人民出版社，1993年。

大北门外流花桥左侧建复，每岁清明日、七月望、十月朔请城隍神出主其祭。榜无祀鬼神，分祀之”。除此之外，李士祯在康熙二十五、二十六年还有重修关帝庙、阳明祠、白沙祠、周元公祠之举。[3]

李士祯如此密集地在康熙二十五年前后修建坛庙、先贤祠等，显然与清顺治、康熙年间广东的动乱有关。在明朝覆灭、清朝政府统一疆土的征战中，广州一直是南明政权的重要据点，民间抗清意识强烈。清顺治三年（1646年）南明唐王朱聿鐭据广州自立为帝，年号绍武；康熙十五年（1676年）平南王尚可喜之子尚之信响应吴三桂、耿精忠叛乱，并称“三藩之乱”，因以恢复汉人统治为号召，极大地动摇了清政权在广东的正统性。或因为此，当叛乱平定，一系列与皇权神授、忠义道德、克己复礼有关的象征物被迅速建造。为安抚广东并引导善恶，即使像厉坛这样祭祀无主孤魂的纪念物也由康熙亲颁圣旨建造，以安定社稷民生。[4]

图1 广州万寿宫

图2 陈家祠

通过康熙年间的礼制建筑活动，加之历代续修、重修，清季广州城迅速形成高度系统化的礼制建筑序列。在上述背景下，以空间为载体向皇帝行效忠之礼成为必然。康熙五十二年（1713年）正月，万寿宫开始建设，其址在“文明门外……原广南韶道署址。恭遇万寿圣节、千秋圣节及元旦、冬至、令节，文武官至此望阙行礼”[5]。从西人汤姆逊拍摄的图像来看，这处用于举行皇帝寿辰等纪念仪式的建筑群由多重院落所组成，其中主体建筑采用周匝回廊，面阔七间，前廊金柱绘有云龙图案，屋顶为重檐歇山，正脊、戗脊均有象征皇权的龙形脊饰，同时采用岭南传统以“厌胜”为目的的鳌鱼饰和船形脊等装饰构件。

服务于礼制建设的需要，李士祯等清朝地方官员对民间祠祀建筑采取了相当宽容甚至鼓励的态度。黄海妍的研究显示，清代广东各姓大规模地在广州城中建立合族祠的行动始于康熙年间。康熙二十二年削平藩乱后，李士祯等允许将“新城文武大小各官旧署”估价招人承买，于是“郡之著姓纷纷购买以建祖祠”。各宗族也寻求合法存在的努力包括邀请士大夫主持兴建和管理，通过举行建祠、修谱、供奉祖先牌位、举办春秋祭祀等宗族活动，努力营造自身的正统形象。[6]自此，民间礼制建筑高度发展。至清末，宗祠如陈氏书院、何氏庐江书院等；名宦、先贤祠如南海县学崔清献公祠、粤秀书院五贤祠、广雅书院濂溪祠、岭学祠等；牌坊如忠贤街盛世直臣坊、乙丑进士坊、承恩五代坊、奕世台光坊、戊辰进士坊等各街坊表五十余座。这些祠、坊广泛分布在广州城内城外，在稳定宗族及社会结构、宣礼传道、教化乡民等方面发挥了重要作用。

仍需扩展的是，除各种礼制、祠祀建筑及坊表等纪念物外，坟墓等以私人纪念的形式广泛存在。如果说前者着重于礼制精神的传达和抽象人物的纪念，后者则表现为对逝者个体的纪念。为追宗溯祖、维护血缘亲情，每逢清明、忌日，即有墓前祭奠活动的进行，其规

[3] 仇巨川：《羊城古钞》，169页，170页，176页，广州，广东人民出版社，1993年。
邓光礼：《清同治十年 番禺县志（点注本）》，260页，广州，广东人民出版社，1998年。
[4] 厉坛中有《告城隍文》，乃皇帝之圣旨，其中叙述祭厉坛之旨，在于祭祀意外身亡而无主之孤魂，使其善者获善，恶者受罚，以安定社稷民生。详见仇巨川：《羊城古钞》，153页，广州，广东人民出版社，1993年。
[5] 仇巨川：《羊城古钞》，151页，广州，广东人民出版社，1993年。
[6] 黄海妍：《在城市与乡村之间：清代以来广州合族祠研究》，91~100页，北京，生活读书新知三联书店，2008年。

模有家族祭或合族祭等不同规模，但总体而言，仍属私祭，与他姓无关。千百年来，广州城外山岗如东山一带及东北侧白云山为逝者（坟墓）的集中地，与城内"生人"的空间形成强烈对比。

二

辛亥革命纪念却恰恰借鉴了墓园这一私人的空间，通过改良、发展并最终形成仪式完整、意涵丰富的空间载体。革命志士的牺牲是这一纪念载体产生的根本原因。1894年11月24日，杨衢云、孙中山等在檀香山组建中国第一个资产阶级革命团体兴中会，以期推翻清朝统治。该会以振兴中华，挽救危局为宗旨，1895年在香港成立兴中会总部，明确提出"驱除鞑虏，恢复中华，创立合众政府"的口号，开启了孙中山革命党人用武力推翻清朝政府的历程。1905年夏，孙中山在日本联合兴中会、华兴会与光复会成立中国同盟会，其暴动声势更为壮阔。从1895年至武昌起义前，孙中山及革命党人武装暴动十次，均以失败流血告终， 其中发生在广州者有四：

图3 四牌楼街

1895年10月26日，兴中会广州分会在广州策划首次反清起义——乙未广州起义，事败，七十余人被捕，陆皓东和会党首领朱贵全、丘四被惨杀；

1900年10月，受兴中会委派，史坚如在广州谋炸署理两广总督、广东分巡抚德寿，被捕就义；

1910年2月，倪映典领导庚戌广州新军起义，遭镇压，倪与新军100余人战死；

1911年4月27日（农历三月二十九日），黄兴率兵攻打两广总督署，辛亥广州起义爆发，因寡不敌众，起义失败，86位革命党人牺牲，同盟会员潘达微发动善堂收敛72位烈士遗骸葬于黄花岗，史称黄花岗起义。

辛亥革命成功后，革命纪念随即展开，墓园成为最重要的空间场所。1911年11月9日，广东咨议局宣布独立，成立广东军政府。1911年11月19日，以胡汉民为首的广东军政府即组织广州各界人士公祭，以告慰先烈。公祭的出现改变了坟墓的私祭特征，坟园成为公共空间。1912年5月15日（农历三月二十九日）辛亥广州起义一周年之际，辞去首任中华民国总统的孙中山从南京来到广州，与各界10万余人至黄花岗祭悼。孙中山主祭并致祭文，祭毕亲手栽种松柏四株于墓前。[7]由于孙中山革命领导者的特殊身份，加之密集的公祭活动，黄花岗七十二烈士墓成为广州辛亥革命纪念以及彰显党人贡献、操行的空间符号。

在塑造革命礼仪的前提下，为黄花岗七十二烈士修建正式墓园成为必然。1911年11月20日，在胡汉民率众致祭的第二天，方便医院胡善波在《震旦日报》上发表《致各界同胞书》，建议对已葬诸烈士"务将刑具除去，从优改葬"。文中同时提议修建黄花岗七十二烈士墓园："各志士所以不惜身命，实行革命事业者，岂有他哉？为四万万同胞谋自由幸福耳！今革命胜利，烈士之志已达，理应将黄花岗修建最华丽、最伟大之义冢，供人游览，以为万世纪念。"[8]1912年初，鉴于荒凉惨淡的墓园景象，广东军政府决定拨款12万元，在黄花岗就

[7] 余齐昭：孙中山文史图片考释，40页，广州，广东人民出版社，2009年。
[8] 胡善波：《致各界同胞书》，载《震旦日报》，1911-11-20。

地建造一座宏伟的墓园以资永久纪念。然而时局动荡，建墓计划未能实现。[9]1917年六周年纪念始有地面构筑物的出现，但也仅仅是小小的石碑而已。

黄花岗七十二烈士永久墓园的建设始于1918年。烈士方声洞之兄、滇军师长方声涛见墓园长期“不封不树”，遂募款修建。经半年，一个方形石塚在原烈士安葬处建成。石塚成四坡锥形，四边环以石栏；石塚锥心处立方尖碑形墓碑，上刻“七十二烈士墓”。

图4 黄花岗石冢现状

方尖碑的运用并非中国传统。其原型远溯古埃及时期，因其纪念性、宗教性与装饰性，对西方古典建筑产生重要影响。方尖碑传入中国大约在广州外贸通商时期，来华西人因疾病去世者多集中安葬在黄埔长洲的西洋坟场，其中包括美国第一任驻华专员亚历山大·埃佛里特（Hon. Alexander H. Everett，1792—1847年）。从相关题材的外销画及现存遗址来看，长洲西洋坟场按照西方传统布置，安设有方尖碑、墓碑等纪念物，在性质上已经等同于西方的纪念公园，不时有西方人造访凭吊。

图5 长洲岛外国人墓地

除表达纪念和功垂千古等主题外，方尖碑在黄花岗七十二烈士墓中传递着建造者对未来国家的期许。岭南地区因早开风气，海外华侨众多且心向革命，在孙中山领导的革命斗争中作出了巨大的贡献。在他们看来，方尖碑更多地与美国这样一个自由民主的国家联系在一起，其形象的认知来源于美国华盛顿国家纪念碑——1884年建筑师米尔斯（Robe Mills，1781—1855年）为美国总统华盛顿和美国国家设计的一座高169米的方尖碑式纪念物——它竖立在华盛顿特区国家庭院的西端，自建成始即为美国的象征。辛亥革命以推翻封建统治为宗旨，以建立民主共和为理想，方尖碑之纪念性与象征性在黄花岗七十二烈士墓中得到完整的表述。

图6 美国华盛顿国家纪念碑

1919年，林森募款海外续修黄花岗七十二烈士墓。在方声涛所建方形石塚的基础上，林森增建墓亭、纪功坊、乐台、四方塘等建筑，遂成一定规模。墓亭从功能上类似于中国的碑亭，对墓碑起保护作用。其造型为西式四柱方亭式，屋顶四面有三角形山花，并镌刻了国民党党徽；最为特别的是，在山花的护佑

[9] 陆丹林：《黄花岗凭吊记》，见《逸经》（2），85页，扬州，广陵书社，2010年。

下，钟形穹隆高举在墓亭的顶部。赖德霖经细致的研究认为，有关“钟”的想象同样来自美国。[10]作为美国独立战争胜利的重要纪念物，自由钟形象出现在黄花岗七十二墓园中，既隐含着对烈士们流血牺牲、追求民族独立的褒扬，又有警示国人觉醒奋斗的期盼。

图7 黄花岗

除钟形穹隆墓亭外，林森对墓园的另一重要贡献是纪功坊的建造。与墓园其他建筑全民募款捐建不同，纪功坊的劝募对象为海外国民党分部、机构或党员，国民党为唯一赞助人。林森有意将纪功坊建成为国民党的专有纪念物，此举有着十分现实的需要。自孙中山领导革命党人推翻清朝统治后，革命成果为北洋政府所窃取，先有1915年袁世凯称帝，然后有1916—1917年黎元洪、段祺瑞“府院之争”，更有1917年7月“张勋复辟”以及冯国璋试图废除《中华民国临时约法》之企图。《中华民国临时约法》由孙中山先生亲自主持制定，与据此召集的第一届国会（俗称旧国会）一道被公认为资产阶级共和国的象征。为维护亲手创建的国体，并实现其政治理想，孙中山领导改组后的国民党于1917—1918年发动“护法战争”，这一宏观历史背景成为林森续修黄花岗的重要政治前提，正如林在捐启中写到：

“唯吾民党同志，无论内外，皆素尽力效忠于民国，而对于缔造民国之先烈，尤其掬诚敬仰。惜自袁世凯叛国之时，竟悍然以命令取消国内国民党，且严令地方官吏焚毁吾党证书。是时各省总部暨支分部均迫处于暴力压迫之下，相继分散。今袁逆虽已天诛，而段祺瑞唆使督军团毁法弄兵，尚无宁日。吾党环顾国中，关于革命事迹，除黄花岗一抔净土外，无一纪念标志，足以唤起国民观感。森不揣孤陋，忝列护法之末，妄自倡议，专集海外国民党，各总支分部同志，合力公建缔造中华民国七十二烈士纪功坊于黄花岗，为吾党最光荣之纪念，并泐附海外同志献石坊名于坊上，以催万古。”[11]

有鉴于此，纪功坊成为团结党人、强化革命正统和民国法统认知的重要符号。在建造方式上，或为体现“众擎易举，众志成城”（林森，1919年）的形式用意，林森以七十二块镌刻有海外认捐总部、分部名称的勒石逐级垒砌，形成山形磐石基座造型，上立美洲华侨赠送的仿美国纽约自由女神雕像，雕像左右两侧并立自由鸟雕塑；下有台，前后两端分刻孙中山题书“浩气长存”各一；正面为坊，坊额为章炳麟题写的“缔造民国七十二烈士纪功坊”。由于指向明确且通俗易懂，建造者通过雕塑、文字、乃至图形的运用与组合，对资产阶级革命和未来国家的想象作了直白的、美国式的隐喻：墓亭顶部的自由钟和纪功坊后的自由女神雕像等，清晰地传达了孙中山革命党人对资产阶级共和政体的原初理想。另一方面，作为黄花岗七十二烈士墓的独立赞助人，国民党试图宣示自己对推翻帝制、建立民国的贡

[10] 赖德霖：《探寻一座现代中国式的纪念物——南京中山陵设计》，见《中国近代建筑史研究》，283~286页，北京，清华大学出版社。
[11] 林森：《筹建缔造中华民国黄花岗七十二烈士纪功坊捐启》，见《前国民政府主席林公子超遗集》，1966年前国民政府故主席林森先生百年诞辰纪念筹备委员会编，非正式出版物。

献。因以国民党人捐献的勒石为基座，自由女神所代表的国家政体与国民党建立了直接的联系，传递出国民党为民国唯一创建人这一政治话语。

三

因极具纪念性和象征性，黄花岗七十二烈士墓等对民初时期的革命纪念及相关载体产生了深远的影响。辛亥以后，为捍卫共和、维护《临时约法》，孙中山在1917—1925年间，前后三次南下广州建立革命政权。以此为中心，孙中山领导革命队伍与各军阀及分裂势力进行了艰苦卓绝的斗争，历次重大事件均以流血牺牲为代价。为彰显革命牺牲的崇高与伟大，葬与祭成为城市公共生活的一部分。动辄十万人、甚至数十万人的公葬与公祭既宣泄情感，又鼓舞士气，更团结党众。正如李志毓指出的那样："革命者的丧礼，既是对死者价值的肯定，又是对革命理想的歌颂，同时也是对生命意义的重塑。在此之外，它还以一种呼天抢地、伤痛欲绝的大悲愤，展现出一种毁灭与新生的'革命价值'。在这里，死亡不是人生的底线，反而是生命的开始。"[12]通过公葬、公祭等纪念活动的开展，纪念的对象最终从物质的个体上升为精神的符号，并通过社会成员的记忆得到传播。[13]在此基础上，广州国民党人逐渐累积和发展了一系列与革命纪念和宣传策略有关的仪式与制度，并通过1918年国葬程璧光、1921年公祭朱执信[14]、1922年公祭邓仲元、1925年公祭"沙基惨案"死难烈士等历次重大纪念活动的举行发展成熟，并在1925年开始的孙中山纪念以及1929年6月1日的奉安大典得到最为完整的展现。追溯本源，黄花岗之葬与祭成为中国近代革命纪念及相关仪式的源起。

图8 林森等经营黄花岗七十二烈士墓纪功坊摄影

因应公葬与公祭的需要，墓园成为辛亥以后纪念仪式开展的主要空间载体。每遇革命死难或革命前辈去世，必有党内或党外人士提议追悼纪念，为革命烈士建墓常态化、制度化。从规模上看，既有如黄花岗七十二烈士墓、庚戌新军烈士墓[15]、红花岗四烈士墓[16]、华侨五烈士墓[17]、兴中会坟场、东征阵亡烈士墓园这样的合葬墓、公墓，也有为史坚如（1879—1900年）、冯如（1883—1912年）、伍汉持(1872—1913年)、朱执信（1885—1920年）、伍廷芳（1842—1922年）、邓仲元（1886—1922年）、邓荫南（1846—1923年）、杨逸仙

[12] 李志毓：《沙基惨案：一场革命的"情感动员"》，载《粤海风》，2010（4）。
[13] 陈蕴茜：《崇拜与记忆：孙中山符号的建构与传播》，85页，南京，南京大学出版社，2009年。
[14] 1920年9月21日，朱执信因调解东莞民军与虎门守军矛盾，遇变身亡。1921年1月16日，朱执信灵柩由宝舰运载回广州，安葬于广州沙河驷马岗。1921年1月23日，护法军政府举行公祭大会，"到者不下万人，诚空前未有之大盛会"。
[15] 庚戌新军烈士墓全称"广东陆军庚戌首义诸烈士墓"，为纪念清宣统二年(1910年)广州起义中牺牲的新军烈士而兴建。辛亥革命后在原葬地兴建墓园，位于今先烈中路。
[16] 该墓位于今中山三路广州起义烈士陵园正门内东侧，是辛亥革命前后牺牲的同盟会会员温生才、陈敬岳、林冠慈、钟明光四烈士的合葬墓。1918年，林森募款建设。
[17] 此墓位于今先烈中路广州动物园西侧，是华侨革命党人谢八尧、邓伯曜、郑行果、谭振雄、范运五位烈士的合葬墓，1924年10月10日迁葬现址。五位烈士系因陈炯明叛乱后谋刺陈氏事败遇害。

图9 东征阵亡烈士墓园

图10 广州中国将军墓

图11 东江阵亡烈士墓墓亭现状

图12 东江阵亡烈士墓

(1891—1923年)、张民达(1885—1925年)、潘达微(1880—1929年)、伍朝枢(1886—1934年)等人所建的单体墓。作为死者葬身所在,墓园为生者提供了与死者对话、交流的空间,并通过纪念仪式的举行,完成死者未竟志向和革命精神的传承。

在新建墓园的建设中,黄花岗七十二烈士墓成为效法的典范,并涉及空间规划、墓体形式,以及象征性建设等多个方面。其中尤以东江阵亡烈士墓最为突出。

东江阵亡烈士墓位于广州长洲万松岭东征阵亡烈士墓园内,是为了纪念黄埔军校师生在1924年至1925年参加平定商团叛乱,两次东征讨伐陈炯明叛军,平定滇桂杨希闵、刘震寰军阀叛乱,以及"六二三"沙基反帝示威游行等重大事件中牺牲的516位烈士而兴建。墓的主体由墓塚、碑亭和纪功坊所组成。其中,墓亭立于方形墓塚的几何中心,为四柱穹隆方亭,亭内立方尖碑形墓碑,上刻"东江阵亡烈士墓";墓亭前方的地面上绘制有国民党党徽图案;纪功坊位于墓塚之后,为三开间仿凯旋门造型,坊内中厅两侧石壁镶嵌有国民革命军军官学校东江阵亡将士纪念碑、陆军中将刘君墓碑、国民革命军军官学校东征阵亡将士题名碑。显然,从构筑形式及墓塚、墓碑亭、纪功坊的排列方位来看,东江阵亡烈士墓采用了黄花岗七十二烈士墓相同的做法。

在一张标注为"广州中国将士墓"(Chinese Generals Tomb at Canton)的照片中,我们也看到了相似的构图。该墓同样采用了墓塚与墓亭的结合,图像左侧的穹隆方亭或者替代了纪功坊所在的空间方位。有意思的是,方尖碑形的纪念物也没有出现,取而代之的是纪功柱,柱上立着象征勇猛威武的雄鹰雕塑。虽然,纪念的对象和性质有不同,但以类似于自由女神这样的象征物宣传所要弘扬的精神,已为纪念者所接受。

广州的另一座大型纪念坟园——十九路军淞沪抗战阵亡将士坟园（以下简称十九路军坟园）也与黄花岗七十二烈士墓有着相当程度的关联，其设计者杨锡宗于1930年完成了黄花岗墓园空间规划的调整。杨锡宗1918年毕业于美国康奈尔大学建筑系，回国后任职于广州市工务部门，后自行开业，为广州近代著名建筑师。[18]受西方学院派建筑训练，杨锡宗熟谙古典主义的空间构图，他设计了广州第一公园，并在1925年南京中山陵的设计竞赛中获得第三名。1930年，广东省政府组织成立了修筑黄花岗委员会，其成员包括林直勉、林云陔、胡毅生、杨锡宗、林克明、冯钢伯、邓彦华，并由杨锡宗制订图式。[19]长期以来，黄花岗墓园因就地建造，未有统一规划。园区大门原设于黄花岗西南角，墓道蜿蜒曲折，与墓区主体空间联系较弱。黄花岗前东沙马路的修筑为调整园区规划提供了契机，虽然图纸无存，但1930年5月拟定的《重修黄花岗计划》第二期计划中透露出杨锡宗有关墓园空间结构的设想：

图13 黄花岗浩气长存牌坊(林克明)

图14 黄花岗七十二烈士

“(一)收用坟前月台下之田地筑路，将现有之月台拆去，宜接驳成正面之大路，直通东沙马路……。

(二)正面大路，由东沙路入口处，建筑宏壮古朴之牌坊。嵌孙先生题之‘浩气长存’四字，即为正门。其现有之右门，改为侧门。”

1933年3月，一条新的、由七十二烈士墓发出的墓道建成，并直通改名后的先烈路；1935年，作为墓道的终止，“浩气长存”牌坊建成并直接面向先烈路。通过上述改造，墓园空间的纪念性得以显著加强，并具备了对城市空间的开放性。与此同时，因20世纪30年代民族主义情绪高昂，被视为外来偶像的自由女神雕像碑更换为国民党党徽，雕像两侧的白鸽雕塑同时拆除，并增设了中国风格的莲池、黄花亭等构筑物或建筑物。黄花岗七十二烈士墓碑被赋予新的政治意涵。

与黄花岗七十二烈士墓所要表达的政治意涵不同，十九路军坟园以纪念抗战捐躯烈士、弘扬民族精神为唯一主题。十九路军

[18] 彭长歆：《岭南近代著名建筑师》，89~96页，广州，广东人民出版社，2005年。
[19] 卢杰峰：《黄花岗》，83~84页，广州，广东人民出版社，2006。另，林克明也曾口述黄花岗七十二烈士墓园的后期规划及设计主要由杨锡宗完成，其本人参与审定，见杨秉德：《中国近代城市与建筑》，25页，北京，中国建筑工业出版社，1993年。

前身为国民革命军第十一军，因军中粤籍将士居多，又称广东子弟兵。1932年1月28日凌晨，日本海军陆战队突袭驻守上海闸北的十九路军，十九路军蒋光鼐、蔡廷锴以及前来助战的京沪卫戍长官陈铭枢、淞沪警备司令戴戟等率领部队，奋起抵抗，激战33天，毙伤日军万余人，史称“一·二八淞沪抗战”。为安葬阵亡将士骸骨，十九路军拨款并在海外华侨的捐助下，将正在建造中的十一军公墓改为“十九路军淞沪抗日阵亡将士坟园”，1933年1月28日前建成并举行了周年纪念活动。

图15 十九路军坟场卫星图片

在十九路军坟园的设计中，杨锡宗展现了他对场地处理及纪念物塑造的成熟技巧。为营造英雄史诗般的宏阔场景，杨锡宗在规划中借鉴了中国传统陵园的规划思想和西方古典主义构图。他巧妙地利用广州沙河一带（亦属黄花岗）延绵起伏的丘陵，依山托体，以轴线连接两个山坡面，形成园区墓道，从抗日亭向北依次布设“抗日阵亡烈士题名碑”、甬道，最后至由纪念碑、战士雕像、环形多立克柱廊等组成的坟园主体部分。战士雕像背依纪功柱在环形柱廊的拱卫下设于山坡的顶部，其背景即为远处白云山主峰，在蓝天白云和远山的衬托下，令瞻仰者油然而生崇仰之情。在形式的处理上，杨锡宗则大量借用古典主义建筑形象和元素，包括古罗马凯旋门、纪功柱、坦比哀多，多立克柱廊等，以其形式凝重隽永来表抗日战士之“碧血丹心”。

与黄花岗七十二烈士墓、东征烈士墓等早期墓园不同，十九路军坟园中墓塚在空间构图中的重要性被弱化，从而呈现新的空间指向。从空间方位来看，黄花岗七十二烈士墓、东征烈士墓，乃至南京中山陵均以墓塚为主体，将其置于空间的中心，并通过轴线、地势予以强调。十九路军坟园登录阵亡将士共1 951位，墓地分列抗日阵亡烈士题名碑东、西两侧。[20]西侧设将官墓地，计水泥棺182座整齐排列，后有一大型中国式圆形墓塚，有十九路军军长蔡廷锴写的碑文，记述将士抗日守土浴血奋战经过；西侧为战士墓地，计水泥棺190座，排列方式与东侧墓地相同。因地势低且地貌平，并位于轴线两侧，墓地在空间构图中属于从属地位。实际上，因水泥棺并不具备实际功能，墓地的象征性远大于功能性。很显然，杨锡宗所要强调的空间中心是轴线末端的高地，那里有符号化的战士形象——雕塑和他们的丰功伟绩——纪功柱。其空间话语的建构传递出赞助人和建筑师在考量民族存亡与个体牺牲孰轻孰重时的默契。如果说早期墓园着眼于死者个体的纪念，据此升华价值与意义并唤醒民众；后者则以民族大义为先，轻个体而重精神。正如蔡廷锴手书“十九路军抗日死国将士之碑”所言：“诸夏之不泯，民族之中兴，系此浩气灵光是赖”；又林森题“第十九路军阵亡将士纪念碑”：“其所以发扬民族之精神，扶持人道于将坠者，固可历千万祀而不朽矣！”通过空间资源的调配，十九路军坟园从单纯的墓地升华为弘扬爱国主义和抗战精神的空间场所。

[20] 广州市文物普查汇编编纂委员会，天河区文物普查汇编编纂委员会：《广州市文物普查汇编（天河区卷）》，104~106页，广州，广州出版社，2008年。

四

纪念物与城市空间的结合是辛亥时代革命纪念的另一重要外显。作为城市近代转型的重要标志之一，城市公共空间在公众交流与思想传播等方面扮演了重要角色。以公园为代表，它一方面成为政府进行社会教育和意识渗透的工具；另一方面又是民众生存、生活乃至进行民主活动的场所。

图16 广州十九路军坟场

广州近代城市公共空间的出现始于交通和商业的发展。1887年张之洞长堤计划的实施[21]，使广州出现了第一条具有西方滨水城市特征的线性公共空间。由于长堤的公共性和开放性，辛亥以后几乎历次公共游行均选择长堤作为主要线路，其中包括1925年6月23日“沙基惨案”发生前那次规模浩大的游行示威活动；20世纪初广九铁路和粤汉铁路的建设为广州带来站前广场这一新的公共空间，以大沙头广九火车站和黄沙火车站为中心，站前广场在满足集散功能的同时，第一次与公共建筑结合在一起形成大尺度城市公共空间。辛亥革命成功后，革命党人建立资产阶级民主政体的理想同样辐射至传统城市的革新与改造。拆城筑路、市政改良等成为民初广州城市之新气象。作为中国近代第一个由中国人自办的市政管理机构，广州市政公所及后来的广州市政厅以积极的进取精神，迅速完成城市基础设施和城市公共设施的改造和建设，街道、公园等城市公共空间得以系统化、多样化。

图17 广九车站

辛亥时代广州革命纪念物与城市公共空间的结合源于纪念与宣传的需要。孙中山认为欲达到国民革命胜利的目的，就“必须唤起民众”[22]。“革命成功极快的方法，宣传要用九成，武力只可用一成。”[23]而“宣传之功，胜于武力。”[24]实际上，孙中山在其革命生涯中不乏街头演讲等进行革命动员的历史片段，大元帅府时期更每周固定时间在第一公园发表演讲。显然，相对于墓园，纪念物与纪念建筑在城市公共空间中的植入更能行使社会教育和意识形态渗透的功能。

1918年程璧光被刺案揭开了西式纪念物植入广州近代城市公共空间的历史。程璧光(1861—1918年)，字恒启，号玉堂，广东香山人。

[21] 彭长歆：《“铺廊”与骑楼：从张之洞广州长堤计划看岭南骑楼的官方原型》，载《华南理工大学学报（社会科学版）》，2006，(6)。
[22] 《总理遗嘱》，见《孙中山全集》，第11卷，639~640页，北京，中华书局，1986年。
[23] 《国民党奋斗之法宜注重宣传不宜只注重军事》，见《孙中山全集》，北京，中华书局，1986年。
[24] 《复朱乃斌何汉强嘱寄宣传画片函》，见《孙中山全集》，北京，中华书局，1986年。

早年就读于福建马江船政局水师学堂，毕业后在福建、广东水师任职。1895年受其弟程奎光影响，程璧光加入兴中会，后历任清海军监造军舰专员、海军处船政司司长、巡洋舰队统领、海军部二司司长等职，1916年任海军总长。因不满段祺瑞政府，程璧光于1917年7月率第一舰队南下广州，参加孙中山的护法军政府任海军总长。1918年2月26日，程璧光在广州长堤海珠码头遭暗杀身亡。为纪念程璧光，孙中山以海陆军大元帅名义签署《通告程璧光被刺逝世讣电》，高度评价他首倡大义，率舰南下护法的勋劳。与此同时，国会非常会议一致议决为程举行国葬典礼，以酬殊勋，而慰英灵。[25]但在纪念载体的营造上，却无法采用南方政权熟悉的墓园形式，由于程夫人的坚持，程璧光遗体由军舰运往上海入葬。

灵柩外迁为引入新的纪念物打开了想象的空间。在随即开展的纪念活动中，广州军政界人士以程璧光功施未终，干城先殒，提议撰述程璧光举义事实，并铸铜像纪念，以昭崇德报功之意。该提议得到西南护法各省军政要人的赞同和支持。1918年9月24日，广州军政府经政务会议议决发布《为程璧光铸铜像彰勋绩》的命令："……着于死难地方铸像，用彰勋绩，而垂不朽。"为具体落实措施，筹建程璧光铜像和进行各种纪念活动，军政府邀请各界联合组成程璧光纪念筹备会，以政务总裁伍廷芳为会长，海军次长汤廷光为干事长，负责主持各项工作。1919年1月12日，伍廷芳、汤廷光联名通电护法各省，建议捐资合力，为程公铸像、勒石，以垂久远。政务会议决定，乘广州军政府外交次长伍朝枢因公前往巴黎之便，委托他向法国某工厂订造程公铜像，历时五月始成。[26]

程璧光雕像被安放在广州海珠岛东端。海珠岛本系珠江河上的大礁石，因形状椭圆而得名。因地处险要，清季时曾设要塞于此称海珠炮台，17世纪中期因荷兰人短暂占领而得西名荷兰炮台（Dutch Folly Fort），为十三行外贸时期外销画的重要表现题材。第一舰队护法南下后，程璧光在此设立海军办事处驻节办公，程氏遇难处即在海珠北侧的长堤边。因兼备人文及自然环境、革命史迹、死难见证等多重属性，海珠岛成为雕像理想的安置地点。

1920年2月，程璧光雕像矗立就位，并于1921年2月26日举行了盛大的揭幕典礼。显然，铜像设置无论从方位还是高度均基于珠江和长堤宏阔的空间尺度，并兼顾从岸边和江面观赏的视角。其基座高耸，为三段式纪念碑造型，碑身上镌刻有汪兆铭手书碑文；基座之上为程璧光戎装扶剑铜像，东向而立，面向珠江航道。铜像成为空间中心和视觉的焦点，程璧光护法功勋与革命精神因借着开放的空间感染着每一位旅客和行人。1925年，海珠岛为广州市工务局接收并改建为海珠公园；1931年，海珠经炸石填筑并入新堤，程璧光雕像移往新填地东端，即今沿江西路省总工会（永安堂）前广场上。在历经军事要塞、公园及城市广场等空间载体的变迁后，程璧光完整地"进入"城市公共空间和市民生活中。对市民而言，雕像下

图18 海珠岛程璧光铜像

[25] 汤锐祥：《海军总长程璧光纪念铜像筹建始末》，见《广州文史资料》，第四十三辑，1991(7)。
[26] 汤锐祥：《海军总长程璧光纪念铜像筹建始末》，见《 广州文史资料》，第四十三辑，1991(7)。

朝夕相处的社会生活呈现出“与君同在”的空间体验，市民通过瞻仰雕像、阅读碑文完成空间精神的传达。

图19 “沙基惨案”烈士纪念碑

烈士死难地与纪念物的结合极大地启发了南方政权有关城市空间纪念性和革命宣传的思考。1925年6月23日“沙基惨案”[27]发生后，广州国民政府迅速决定开展公祭和国葬仪式。与此相呼应，1926年1月，广州市政府决定按新式马路样式扩宽沙基路，并改名“六月二十三路”。[28]在此之前，沙基筑路因经费难筹陷于停顿。[29]纪念与革命宣传的需要推动了城市空间的改良。翌年，在惨案纪念日，修筑完工的“六月二十三路”揭幕。国民政府同时于惨案发生地、沙基西桥侧立沙基惨案纪念碑，上题“勿忘此日”四字及立碑时间等。由于碑文采用了鲜见的警醒语气，且以沙面租界为背景、面向六二三路华界一侧，其用意显然是为了提醒每一位经过的中国人，以唤起他们对于惨案的记忆。与此同时，通过六二三路与“勿忘此日”碑在时间与空间的对应，这一记忆的真实感得以显著加强，从而加深人们对革命者的同情和对帝国主义的痛恨。在某种程度上，公共空间的命名与提示成为1925—1926年间广州国民政府进行“革命情感动员”（李志毓，2010年）的重要手段。

除革命宣传外，公共空间中的纪念物也被视作缅怀袍泽、追思感恩、争夺政治资源的重要手段。1931年冬，当辞去杭州艺专教授之职的雕塑家李金发来到广州，即应孙科之请为近代著名外交家伍廷芳塑像，并应广东省主席陈济棠之请作邓铿将军铜像。此时已距伍廷芳去世及邓铿遇刺身亡近十年，除缅怀先烈外，人物塑像的目的更多地是寻求政治认同、或加强政团凝聚力，其与公共空间的结合代表了20世纪30年代城市纪念物更多元化的政治表述。

伍廷芳（1842—1922年）系晚清民初著名外交家和民主志士。辛亥革命期间，伍廷芳宣布赞成共和，被推为南北和谈代表，后任南京临时政府司法总长，北洋政府外交总长兼国务总理。1917年，伍廷芳追随孙中山先生到广州参加护法运动，任护法军政府外交部长并兼任广东省省长，还一度代孙中山摄行大总统之职，是孙中山重要的政治伙伴。1922年6月23日，伍廷芳因陈炯明叛乱，愤懑忧郁而终。1924年，伍廷芳墓园在广州东郊建成，与黄花岗毗邻。墓亭为墓园核心，平面为拉丁十字形，中央立墓碑；四面突出部分以列柱支撑三角形山花屋顶，中部覆以穹隆。1934年，伍廷芳子伍朝枢（1842—1934年）去世后，归葬墓园。伍朝枢同样为民初重要外交家，其墓亭设计相信与伍廷芳墓同出一人。虽然同样采用西方古典风格，伍朝枢墓以对应伍廷芳墓的形式进行了设计，从而在平面形式、山花、柱式等方面呈现出相互呼应、和谐并存等特征。后因城市建设，二伍墓由原址迁往越秀公园现址。

有意思的是，李金发塑造的伍廷芳铜像并未设置在东郊原伍朝枢墓园中，而是安放在越秀山上、镇海楼前的台地上。越秀山位于广

[27] 1925年，广东各界为声援上海人民反帝斗争、声讨帝国主义者在上海制造“五卅惨案”，于6月23日举行大规模示威游行。当游行队伍进至沙基西桥口时，突然遭到沙面租界英国军警的排枪射击，停泊江面的英、法等国舰只也同时开炮，游行队伍猝不及防，当即死亡52人（注：死亡人数有说是59人或61人，内有黄埔军校学员27人），重伤170多人，轻伤的不计其数，史称“沙基惨案”。

[28] 《筹筑六月二十三路》，载《广州市民国日报》，1926-1-8（12）。

[29] 《沙基筑路费之难筹》，载《广州民国日报》，1924-11-22（7）；《限期征收沙基筑路费》，载《广州民国日报》，1925-5-28（8）。

图20 伍廷芳墓侧立面

图21 伍朝枢墓墓碑

图22 越秀山石坊

图23 仲元图书馆

州城北，明洪武七年永嘉侯朱亮祖修镇海楼时将其纳入城内，因风景优美、地势高旷，为广州形胜的重要组成。民国成立后，地方政府屡有改越秀山为公园的设想。[30]1926年，中山纪念堂和中山纪念碑选址越秀山后，社会各界对越秀山的空间承载有了新的期待。次年，广州市政府正式建立越秀山公园。此后，随着中山纪念堂、纪念碑（吕彦直，1926年）、仲元图书馆（杨锡宗，1927年）、海员亭等纪念建筑和纪念物的建设，以及改镇海楼为博物馆（1929年）等举措，越秀山公园从单纯的高地演变为城市的纪念地。更确切地说，通过政治符号的植入，广州国民党人将越秀山这样一个兼备自然与历史的高地改造成充满意识形态的公共空间，并借由高地对城市空间的俯瞰完成意识形态对城市空间的渗透。需要说明的是，其空间的改造绵长而有序。直到抗战结束后，国民政府还试图在越秀山上修建忠烈祠（范志恒，1947年）以强化空间政治对城市的影响力。

伍廷芳雕像塑造的时间恰巧配合了1931年宁粤双方之粤省一方对政治资源的争夺。由于国民党内部派系斗争的加剧，1931年5月中旬以后，反蒋各派，如汪精卫的改组派、孙科的太子派、李宗仁的新桂系以及古应芬、邓泽如、萧佛成等元老派、邹鲁的西山会议派等都

[30] 1923年11月，广州市行政会议议决通过《开辟观音山公园及住宅区办法》，观音山即越秀山，因明永乐年都指挥花英在山顶建造观音阁而得名。

陆续来到广州，于6月初举行国民党中央执监委员会非常会议，并另成立国民政府，与南京的蒋政权对抗，史称“宁粤分裂”。伍廷芳雕像的制作恰逢其时。为壮大政治声势，广州和南京均加紧联络各派势力、构建己方阵营。[31]在争夺政治资源的斗争中，政治法统的继承显得尤为重要。宁粤双方因同时拥有中山纪念建筑和纪念物而具备相互抗衡的基础。1931年11月12日，宁、粤双方均选择在孙中山诞辰日各自召开“国民党第四次全国代表大会”，南京中山陵与刚刚竣工的广州中山纪念堂被分别用以相关仪式的举行，以证明其政治的正统性。[32]

图24 仲元图书馆室内

虽然肉体不存，但伍廷芳是另一形式的政治资源。作为孙中山的忠实信徒和追随者，伍廷芳与众多革命先烈长眠广州，他们的墓园广泛分布在广州东郊以黄花岗为中心的山岗中，构建了一个特殊的空间聚落——正如黄花岗七十二烈士墓所传递的信息那样，在一定时期内，这里是孙中山创建的中华民国政治法统所在。但是，随着中山纪念碑、中山纪念堂的落成，这一象征性空间发生迁移，越秀山成为新的纪念中心和法统承载地。有鉴于此，伍廷芳雕像的植入或可视为1927年以来在粤政治势力系统改造越秀山、并试图整合革命遗产的策略之一。该策略实施的最终结果是以中山纪念建筑为核心形成新的空间聚落，同时在赞助人与革命遗产之间建立“继承”这一象征性联系。伍廷芳雕像被安放在镇海楼前的台地上，其方位在纪念堂的东北侧，与纪念碑大致平行并面向城市。李金发选用了伍廷芳生前常见的中式着装及坐姿形象，该形象曾经出现在许多有关伍的历史影像中。其生活化的场景似乎有意拒绝对革命者符号化的塑造，李金发在还原伍氏音容笑貌的同时，恰当地营造了以中山（纪念建筑）为中心的追随者的形象。

图25 伍廷芳雕像

邓仲元雕像位于广九铁路大沙头火车站前广场上，这是另一个与死难地有关的纪念物。邓仲元（1886—1922年），又名仕元、邓铿，广东惠阳人，早年加入同盟会，追随孙中山开展武装起义。辛亥后作为粤军领导人，邓积极参与讨袁护法、驱逐桂系等斗争，功勋卓著，深受孙中山所器重。1922年3月21日，邓仲元与其师周善培乘火车自香港返抵广州，于大沙头火车站前广场被陈炯明部属刺杀，后重伤不治。邓铿卒后，被追赠为陆军上将，葬于黄花岗七十二烈士墓之侧。

因知人善用，邓为部下所爱戴，除公众的纪念外，邓仲元部属在其后十余年间仍以各种形式举行纪念活动。其中，前粤军将领、广东省府主席李济深（1885—1959年）最早于1927年倡议在越

[31] 肖自力：《陈济棠》，91~119页，广州，广东人民出版社，2002年。
[32] 赖德霖：《城市的功能改造、格局改造、空间意义改造及“城市意志”的表现——20世纪初广州城市和建筑的发展》，见《中国近代建筑史研究》，392页，北京，清华大学出版社，2007年。

秀山修建仲元图书馆，1929年奠基，次年落成，其建筑为杨锡宗早期中国风格设计的典型实例。作为邓仲元、李济深先后提拔重用的部属，陈济棠从1929年开始担任广东最高军政长官。为邓仲元塑像一方面可以缅怀官长，团结军中同僚；另一方面则通过相关仪式的主导，宣示对首长遗志及权力的继承。实际上，自李济深主粤以来，广东军政界好"古"成风、提倡"旧道德"。至陈上任后，除开展"尊孔读经"运动，陈济棠还提倡尊崇历史上的忠烈志士，并于1933年底提出"恢复孔、关、岳祀典"。其用意不外以关、岳为榜样，倡导忠心不二的军人美德。[33]更为重要的是，通过邓仲元雕像的树立，日渐模糊的历史线索和历史关联性，如粤军之于孙中山革命活动的贡献等得以清晰展现，从而有助于陈济棠西南政府的合法性和正统性建设。

图26 邓仲元雕像（周俊荣提供）

五

20世纪20年代初南方革命的浪潮和广州大规模城市建设交织在一起，构成建筑学领域大变革时代的前兆。1920年11月，在成功驱逐桂系军阀后，孙中山委陈炯明为广东省省长兼粤军总司令。1921年2月，在陈炯明的支持下，孙中山之子孙科参照美国市制成立广州市政厅，孙科、程天固等一批从国外留学回来的政治家和工程师们组成了广州城市发展史中前所未有的年轻的专家政府。同一时期，广东革命迅速发展，1921年4月孙中山在广州组织成立国民政府，并就任"非常大总统"。南方革命政府民主文明的政治新象与北洋政府的因陈守旧形成鲜明对比。在市政厅成立后随即开展的市政改良运动中，旧的城墙被清理或拆除，近代化的城市道路、市政管网和公园等城市基础设施和公共设施被迅速地建立起来，许多新的现代化的设施被纳入规划和建设当中。在极短的时间里，广州"从以前的'可怕的臭城市'迅速改观为适合人类居住的理想城市"。[34]

在改良城市的同时，建立市政中枢的计划被提出。1921年6月，为改变市政厅各局属分设市内不同地点办公的窘况，广州市工务局向广州市市长孙科和广东省省长陈炯明提交《工务局提议合建行政公署中枢理由书》。[35]可以肯定的是，1921年工务局提议修建广州"行政公署中枢"的计划交给了美国建筑师墨菲。1922年1月《远东观察》记录了这个事件："规划同时通过售卖所有旧衙门的物业，获取资金以建设一个市政中枢，作为市政府和省政府的办公场所。美国方式再次影响了改革。改造工作委托给了世界闻名的美国建筑师事务所茂旦洋行，他们曾是北京洛克菲勒基金大楼、中国长沙的雅礼大学及其他重要建筑物的设计师。"[36]在孙科的介绍下，工务局局长程天固与墨菲（其文称作"麽霏"）就"全市设计"的问题进行了多次的详谈。[37]

墨菲是一位致力于将中国传统建筑形式与现代材料及功能相结合的建筑师。从1918年长沙雅礼大学开始，墨菲逐渐形成和发展了以中国宫殿建筑为参照的建筑语汇，并在1919年完成了南京金陵女子大学的规划与设计（图36）。正如1923年金陵女子大学正式开放时江苏省工务部的官员们所描述的那样，这是外国人第一次成功地采用中国建筑形式并适应了现代化的需要。[38]而更深入的研究认为，墨菲有意识地借鉴了中国传统官式建筑的做法，避免了其他类似建筑对中国地方传统的直接借用，从而规范了该时期"中国风格"的多

[33] 肖自力：《陈济棠》，366~374页，广州，广东人民出版社，2002年。
[34] "Canton's New Maloos", The Far Eastern Review, 1922, (1): 22.
[35] 广州市政厅：《（附录）工务局提议合建行政公署中枢理由书》，见《广州市市政公报》，1921-6-27(18): 50~56。
[36] "Canton's New Maloos", The Far Eastern Review, 1922, (1): 23.
[37] 程天固：《程天固回忆录》，116页，香港，龙门书店有限公司，1978年。
[38] Jeffrey W. Cody: "Building in China: Henry K. Murphy's 'Adaptive Arcitecture' 1914—1935", Hongkong, The Chinese University of Press; Seattle: University of Washington Press, 2001: 152.

元解释。[39]对民族主义者而言，墨菲的建筑可能产生的后果是，为一个可以表现正统中国和现代民族国家形象的建筑形式提供了方法论。

图27 仲元图书馆(广州指南1934)

图28 南京金陵女子大学(今南京师范大学)

有理由相信，墨菲将金陵女子大学的设计图带到了广州，或向孙科等人介绍过该设计的详细情况。在此之前，该建筑群的全部设计已经完成，虽然进展缓慢，其建造工程已经开始。[40]同一时期，为纪念遇袭身亡的朱执信先生[41]，广州方面开展了一系列的纪念活动，筹建朱执信坟场、图书馆以及纪念学校等成为活动的主要内容。1921年10月，由廖仲恺等人发起创办的执信学校在越秀山南麓应元书院旧址开幕，因不敷使用，由孙科等人另筹新校。1922年1月，经省政府批准，广州市政厅“收用先农坛昆连荒田为执信学校建筑地址”。[42]孙科似乎已经做好了建筑新校的准备，在其签发的《训令》中，对征地规模、位置等均有详细的安排，并不断督促财政局、卫生局、公路局、教育局遵令执行。新校园最终在陈氏叛乱之后，于1923年在先农坛附近的竹丝岗、螺岗、大眼岗一带现址开始兴建，并最终于1925年完成校址迁移。[43]虽然，迄今为止没有任何的史料证明墨菲直接参与了执信新校的设计，但这组建筑对中国传统宫殿建筑的借鉴与墨菲在中国的实践高度吻合，更具体地说，其台基的设计、装饰的运用、屋顶的组合、形体的处理等等，均与墨菲刚刚完成的南京金陵女子大学高度同源。

将执信学校的筹建与1927年3月15《纽约时报》的记录[44]以及1922年1月《远东观察》的记录联系在一起，墨菲在1921年、1923年曾经莅临广州的史实，为考证该时期墨菲在广州的设计活动提供了重要线索。或可推论，在1921年底的某个时间，墨菲通过展示其处理中国建筑形式的才能和技巧，成功地游说了孙科和广州市政厅，在设计执信学校的同时，开始筹划设计一座前所未有的、可以表达南方政权及未来中国国家形象的官署建筑——广州市政中枢。上述计划虽因陈氏叛乱而中断，却在平叛之后的1924年开始了具体的实施，执信学

[39] 赖德霖：《书评：郭伟杰著〈在中国建造：亨利·K. 墨菲的“适应性建筑”(1914—1935)〉》，见《中国近代建筑史研究》，400页，北京，清华大学出版社，2007。

[40] Jeffrey W. Cody: "Building in China: Henry K. Murphy's 'Adaptive Arcitecture' 1914-1935", Hongkong, The Chinese University of Press; Seattle: University of Washington Press, 2001: 146.

[41] 朱执信(1885—1920)，孙中山先生的坚定支持者。1905官费留学日本，同年加入同盟会；1910年和1911年参与发动广州新军起义和黄花岗三·二九之役；1913年参加讨袁；1914年加入中华革命党；1917年参加护法运动；1920年促陈炯明粤军回粤；1920年9月21日，因调停虎门要塞驻军与东莞民军的冲突，不幸中流弹身亡。

[42] 广州市政厅1922年1月5日《训令》。参见：张振金：《名校执信》，21~23页，北京，中国文史出版社，2006年。该文对孙科急于建校、督促财政局、卫生局、公路局、教育局遵令执行的情况也进行了描述。

[43] 余齐昭：《孙中山文史图片考释》，157页，广州，广东省地图出版社，1999年。

[44] 1927年3月15日《纽约时报》称墨菲在四年前(即1923年前后)到广州与市政厅商讨城市规划事宜。

校成为墨菲广州设计的重要组成。而该建筑的母源——南京金陵女子大学是开启南方政权有关现代化中国官署建筑畅想的钥匙。

经广东省政府批准，广州市行政委员会于1922年5月23日公布了《广州市市政中枢建筑议决案》。从时间及逻辑关系来看，墨菲的设计和议决案公布是前后相继、具有因果关系的事件。虽然，在程天固看来，墨菲的规划不近实际、是“仿效美国式的平地做起的设计”。[45]但墨菲有关现代中国官署建筑的设想却为市政厅所接受，并在“议决案”中得到最完整的体现：

“建筑地点拟在第一公园南部，理由如下：

（一）位置

① 此位置在本城之中心，所有河北城市之发达将以此为中心点。

② 此位置不至占据商业繁盛之地，然亦去商业繁盛之地不甚远。

③ 此位置原来是公地，对于人民无所侵害，亦无不便之处，建筑合署可称适宜。

④ 此位置因贴近公园可籍以表明市政与市民的密切关系。

（二）道路

河岸直达合署的大马路及东西旧城角蜿蜒而来决可使将来合署成为庄严地方。现在计划中的推广马路计划将来实现造成时便足以助成此合署的壮丽。

（三）建筑的式样

保存东亚建筑实所以保存东亚文化精华之一部，中国今日正宜设法保存固有的建筑。

东亚最美的建筑在于中国，向来多欲保存之，而终至于失败者，由于东西建筑倒置。应作于始时即用东亚建筑的式样再参用西方建筑的善处（如多开窗牖、分配适宜及近世建筑的方法等）。现在谋建广州市的合署更适宜保存固有的精神令全市人民皆知固有的建筑确有继承的价值。

（四）房舍如何接连法

用要保存中国建筑的原因，现在要建筑的合署如何连接房舍应依照人民的习惯，房舍均围筑于庭院的四周，如广州市的合署只要三间房舍则可建筑，庭院内的址边及左右各一，将来增加房舍时则庭院亦随之增加，建筑上毫不发生阻碍。

（五）建筑之程序

开始时要先建一市民大会堂在庭院之西边，图书馆在庭院之东边，自然能使合署成一壮丽的地方，其所以先建大会堂及图书馆则以有下列二因。

① 需费较少今既建筑在先，将来筹备大宗款项建筑合署时亦较易为力。

② 大会堂、图书馆与市民关系极大，先市民之急，市民方乐趋政府之急。

（六）为急要筹建广州市府合署及为办事上节省手续起见兹将下列数项提请公决

① 市政中枢的位置在第一公园南部推广，南至惠爱路西至大北路。

② 维新路移改偏西由河岸直达公园之南部成一较直的路（升直路线750米达）。

③ 市政中枢照由中国建筑的式样建筑。

④ 市政中枢南开一大庭院，中枢建在北方，大会堂在西，图书馆在东。

大会堂与图书馆要先建。”[46]

[45] 程天固：《程天固回忆录（上册）》，116页，香港，龙门书店有限公司，1978年。

[46] 《[呈文]呈省署委员会议决建筑市政中枢与前案略变更案请察核令遵由，附广州市政中枢议决案》，载《广州市市政公报》，1922-6-12(68)：1~5。

议决案至少从两个方面反映了市政厅对于市政中枢建筑的期盼。一方面，作为城市公共建筑与市政官署的结合，市政中枢在建筑功能与形象等方面应具有的特征；另一方面，作为市政核心，市政中枢建筑对于城市空间应有的影响和贡献。从项目委托的逻辑来看，建筑功能的配置显然由市政厅提出，市民大会堂、图书馆、政府合署成为市政中枢三个最主要的功能部分。议决案着重强调了大会堂和图书馆的重要性，并尤其强调了这两座建筑先期建设的必要性。由于大会堂对于公民社会的重要性以及图书馆对于启迪民智、传播科学的重要性，市政厅的强调在一定程度上体现了南方革命党人改造国民和建设新国家的理念。

墨菲从建筑师的角度迎合了市政厅对于市政中枢的种种需要。他的设计延续了从长沙雅礼大学和南京金陵女子大学中发展起来的“中国古典复兴”手法，并第一次在南方革命阵营中寻找到官方的认同。墨菲显然希望在市政中枢的设计中注入更多的传统元素，不仅包括“中国古典复兴”中已经采用的“用东亚建筑的式样再参用西方建筑的善处（如多开窗牖、分配适宜及近世建筑的方法等）”；而且包括最能体现这种精神的院落特征，墨菲所采用的空间布局的方法明显打消了孙科等人对使用传统建筑形式的疑虑，并以“房屋如何连接法”的专门条文解释传统建筑如何适应合署使用的方法，其中所反映的三合院空间，在墨菲的许多教会大学的设计中都能发现其影子。为营造雄伟的纪念性效果，墨菲作出了以市政中枢为中心的放射式道路规划，包括“由河岸直达公园南部”的维新路，以及“东西旧城角蜿蜒而来”的大马路进一步加强建筑的壮丽与雄伟。

该布局使我们联想到墨菲1926年为广州所作的第二次城市规划，这是1922年墨菲广州规划方案的延续。1927年3月17日《纽约时报》披露了该规划的详情：“以市政中心为焦点有四条放射形大道：一条经过著名的花塔通向西北的果园乡间，一条通向东北方向的白云山，第三条通向滨江的东山，第四条通向沙面对岸的江堤。而正对江堤的就是城市宽阔的中轴线，轴线上有牌坊，还有大桥，通向人物聚集的河南区域。”[47]郭伟杰认为，墨菲的规划是结合了美国“城市美化运动”所流行的中心放射式的巴洛克模式和中国古代城市对中轴线的运用，“将城市美化运动的规划思想和北京紫禁城那样的中轴对称观念结合起来。”[48]《纽约时报》同时描述了未来广州的城市风貌：“墨菲先生的广州蓝图将与其他那些受到西方影响的中国城市形成令人快慰的对比。它将具有一些北京所有的魅力。就象北京，整个城市都将以中心区的建筑为核心。……规划注意保护所有旧的寺庙。机动车要求的宽阔道路固然重要，但是中国的城市的中国特性也是必要的。”[49]比较前后两次规划可以发现，虽然事隔多年，墨菲重整中国城市秩序与风貌的想法从未停止，而这一切显然始于1922年有关广州市政中枢的构想。

六

1925年3月12日孙中山先生的去世引发了追随者们各种形式的纪念活动，除了表达怀念、敬仰之情，对孙中山政治理念的传达成为纪念的主题。早在1911年辛亥革命前后，孙中山先生就已完成了现代中国的构想，即表述为“三民主义”的宏伟蓝图。其中有关民族独立的构想在经历了1911年辛亥革命、二次革命、1917年护法军政府、1919年“五四”运动、1921年广州中华民国政府成立和1923年广州大元帅大本营建立之后逐渐清晰，并成为孙中山新的国家观念的核心，并最终以党章纲领的形式在1923年《中国国民党宣言》和1924年国民党“一大”宣言中得到完整体现。[50]以民族主义为基础的国家观念的形成，促发了南方国民党人一系列有关政治理念的表述方式的产生。从1920年代初开始，在苏俄及中国共产党的帮助下，国民党人开始有意识地运用各种手段进行政治主张的宣示和政治身份的识别。在统一国家以及建设新国家的导向下，文学、艺术以及新闻舆论等开始酝酿一种新的表现形式来服从民族主义及党政的需要。1923年

[47] New York Times, March 13, 1927, 译文引自赖德霖：《中国近代建筑史研究》, 371页，北京，清华大学出版社，2007年。
[48] 郭伟杰 (Jeffrey W. Cody): "Builiding In China——Henry K. Murphy's 'Adaptive Architecture', 1914—1935",HongKong, The Chinese University Press, Seattle: University of Washington Press, 2001: 181.
[49] New York Times, March 13, 1927, 译文引自赖德霖：《中国近代建筑史研究》, 379页，北京：清华大学出版社，2007年。
[50] 曾庆榴：《广州国民政府》, 42~48页，广州，广东人民出版社. 1996年。

《广州民国日报》的诞生成为重要事件，东征北伐、揭露列强阴谋、警世小说等成为报纸的主要内容；而高奇峰等岭南画家也开始自觉地运用绘画的形式来表述基于民族觉醒的主题[51]，漫画、版画等绘画形式由于直白的表达方式和面向对象的普及性等而得到迅速地发展。通过1921—1922年广州市政中枢建筑的设计，美国建筑师墨菲向孙科等人灌输了一种新的建筑美学观念："东亚最美的建筑在于中国。"[52]其强烈的民族主义意味说明，早在1921年市政厅成立初期，建筑作为载体的可能已经纳入民族主义建设的方案中，而墨菲完成了将政治与建筑艺术融合的早期技术路线的设计。

同样源于纪念活动的开展，一种新的、承载着政治理念和法统继承的建筑方案被提交并成为现代中国建筑的源起，其纪念的对象便是后来被尊称为"国民之父"的孙中山先生。为寻找一种具有特定象征性和纪念性的陵墓建筑形式，葬事委员会拟定了《孙中山先生陵墓建筑悬奖征求图案条例》，条例明确规定："祭堂图案须采用中国古式而含有特殊与纪念之性质者。或根据中国建筑精神特创新格亦可。"[53]在这里，中国国民党第一次将"中国古式"与反映孙中山具有特殊纪念性质的革命生平和革命思想结合起来，并试图将其发展为可以表达纪念性的公共建筑形式。因应现代国家想象与孙中山纪念的结合以及"国父"符号塑造的需要，吕彦直被选择完成建筑师之于现代中国建筑的贡献。吕以其谙合传统陵制精神的总图设计营造了大尺度的陵区纪念性空间，以简洁有力的建筑形象结合成熟的西式构图开拓了中国古典建筑形式美学的新领域（图38），为民族主义的中国建筑从技术和美学两方面打开了想象空间。

图29 执信学校（广州指南1934）

在南京中山陵紧急筹建的同时，广东也正进行一系列的纪念活动，其中包括建置孙中山纪念堂及图书馆的设想。"粤人拟募集五十万元，建筑一规模宏大之孙中山纪念堂及图书馆，以纪念元勋。"[54]因为"中山先生为中国之元勋，他的自身，已为一个'国'之象征，为他而建会堂与图书馆，定可把'国'之意义表现无疑。……爱你的国父，如像爱你的祖先一样，崇仰革命之神如像昔日之神一样，努力以昔日建祠庙之热诚来建今日国父之会堂及图书馆"[55]。1925年4月13日，"哀典筹备会"负责人，时任大本营代帅、广东省省长胡汉民发表《致海外同志书》，提出"募捐五十万，于西瓜园建纪念堂。另筹巨款，在越秀山建公园，以伟大之建筑物，作永久之纪念"的计划。[56]

但在纪念堂选址问题上，历史的关联性成为最后的决定因素，越秀山下总统府旧址被确定作为中山纪念堂所在地。"前本定于西瓜园之旧商团总所。嗣因多数人意见，以旧商团总所地点既不适宜，且与孙大元帅又无历史上之关系，主张改建于旧总统府。现经中央党部议决照行，即以总统府为孙大元帅纪念堂地址。"[57]所谓旧总统府，即1921年5月中华民国成立、非常国会选举孙中山为非常大总统

[51] 其方式主要包括绘画题材的选取，如"醒狮"、"雄鸡"等以隐喻唤醒民众的愿望。费约翰（John Fitzgerald）、赖德霖在各自的研究中都详细地描述了这种方式的运用。
[52] 《[呈文]呈省署委员会议决建筑市政中枢与前案略变更案请察核令遵由，附广州市政中枢议决案》，载《广州市市政公报》，1922-6-12(68)：2。
[53] 《孙中山先生陵墓建筑悬奖征求图案条例》，载《申报》，1925-5-27。
[54] 《募建孙中山纪念堂之会议纪要》，载《广州民国日报》，1925-3-31。
[55] 曙风：《国人应以建祠堂庙宇之热诚来建国父会堂》，载《广州民国日报》，1925-3-31。
[56] 《胡汉民勉励海外同志》，载《广州民国日报》，1925-4-25。
[57] 《孙先生纪念堂地点之决定》，载《广州民国日报》，1925-4-25。

时设于越秀山南麓前清省督军衙署和前广东军政府所在地的总统官署遗址，并由于陈炯明部那次臭名昭著的炮轰大总统府事件而夷为平地。在国民党志史中，这段历史通常冠以“广州蒙难”的标题，越秀山大总统府旧址也因此成为孙中山先生献身民族统一事业、历尽艰险磨难的空间符号。需要说明的是，越秀山自明洪武以来为广州城市的地标，其上峙立着五层楼高的镇海楼，封建皇权时期由此向南及左右两侧依此排列着广东省城各军政衙署，是广州城礼制空间秩序的重要组成。选择这里作为未来纪念堂所在地，具备将建筑的纪念性推广至城市、以及空间场地的纪念性与城市空间秩序结合的可能。

对于尚未北迁的国民党中央以及广州国民政府而言，这一布局显然有着更深的政治意味。后孙中山时代，国民党内部乱象纷呈，分裂加剧。党内对国共合作的歧见；胡汉民与汪精卫、廖仲恺、许崇智、蒋介石等实际政治联盟的党权争夺；1925年8月20日廖仲恺被刺案；1925年秋戴季陶主义和同年底邹鲁、林森等“西山会议派”的形成等乱象使国民党内部出现空前的分裂危机。国民党主流派别日益需要对孙中山政治法统的继承来确立和巩固党内权威。1926年1月1日，国民党第二次全国代表大会在广州开幕，会上作出了“接受总理遗嘱”及在越秀山顶建立“接受总理遗嘱纪念碑”的决定，并于1月5日举行奠基礼。由于中国政治语境下“接受”与“继承”的关联，越秀山上纪念碑的选址强化了这一区域在未来城市中的核心地位。

图30 南京中山陵

为建造一座可以兼备“接受”与“继承”的纪念物，委员会颁布了《国民政府悬赏征求中国国民党总理孙先生纪念碑图案》。从悬赏征求的条款来看，纪念碑的仪式性、可阅读性与象征性是图案计划考量的主要因素。文字方面，将由时任国民党中央执委常委的谭延闿书写总理遗嘱及第二次全国代表大会接受遗嘱议决案；并通过“碑顶矗大电灯作党旗青天白日形式，夜间发光照耀远近”的方式，将遗嘱的授予与接受这一政治的隐喻投射至广州这一南方政权中央城市的各个角落，并形成光芒照耀的眩目感。由于灯光与黑夜的配合，该规定使人联想到国民党人有关“国父”形象的塑造和宣传：孙中山如明灯一般照耀着军阀、列强治下的黑暗中国；碑式方面，则延续了南京中山陵对中国古代建筑形象的象征性利用，“暨历史的美术的意味均须顾到……”[58]历史性和美术性成为重要的评价标准。一个月后，在美术家的评判下，杨锡宗成为“总理纪念碑图案之获选者”[59]。

[58]《国民政府悬赏征求》，载《广州民国日报》，1926-1-6。
[59]《总理纪念碑图案件之获选者》，载《广州民国日报》，1926-2-9。

事实上，该次建碑行动没有实施。金曾澄在1929年1月16日纪念堂纪念碑奠基典礼中曾经说明原因称“潮梅高雷军事方兴（指对陈炯明的军事行动，笔者注），未及兴筑”。[60]实际上，停止建碑与广州国民政府对孙中山纪念建筑的最新考虑有关。为此，广州国民政府成立“建筑中山纪念堂委员会”。[61]1926年2月23日，“建筑中山纪念堂委员会”在报载杨锡宗获纪念碑首奖之后正好两个星期公布了《选赏征求建筑孙中山先生纪念堂及纪念碑图案》，这似乎说明金曾澄之“未及兴筑”是站不住脚的，最大的可能是广州国民政府需要一个更雄伟的、包括中山纪念堂和中山纪念碑的建筑计划来表现孙中山的历史功勋并确立广州国民政府及中央党部的权威地位，而1926年3月中山陵奠基礼上发生的、针对中央党部代表的严重冲突更加剧了广州方面的危机感[62]。孙科早年对墨菲中国古典复兴式建筑的欣赏以及常年主导广州城市建设和参与组织中山陵设计竞标及评审的经验，为《选赏征求建筑孙中山先生纪念堂及纪念碑图案》的制定提供了有益的帮助。

图31 广州古城中轴线

《悬赏征求建筑孙中山先生纪念堂及纪念碑图案》计十五条[63]，其中传递的重要信息包括以下内容。

其一，早期募建中山纪念堂的设想和国民党“二大”形成的“接受总理遗嘱纪念碑”的计划结合在一起，形成了“纪念碑在山顶，纪念堂在山脚”的堂、碑结合的总体设想。这一设想在一定程度上佐证了杨锡宗纪念碑获选案被废止的原因：因山借势，以及碑、堂在“精神上之联络”使空间的纪念性显著增强，并在空间及政治话语上形成纪念碑（遗嘱）——纪念堂（继承）的对应关系。

其二，延续南京中山陵图案征求中“可立五万人之空地”的需要，拟建的中山纪念堂必须满足“座位以能容纳五千人为最低限度，计划时须注意堂内声浪之传达及视线之适合以臻美善”的实际使用功能。由于该时期国民党阵营有关总理纪念仪式的设计已经基本定型，而纪念活动的开展趋于制度化[64]，一个宏大的、足以满足“宣讲”需要的内部空间成为中山纪念堂的功能核心。[65]

其三，如何将其与纪念性结合在一起，委员会作出了“不拘采用何种形式，总以庄严固丽而暗合孙总理生平伟大建设之意味者为佳”的决定，说明“中国古式”并没有成为中山纪念堂的既定图式，或者说岭南各界对以何种形式表现陵墓之外的孙中山纪念建筑尚无共识。

同时期梧州中山纪念堂在李济深的主持下于1926年1月奠基，并由上海建筑师杨锡鏐完成设计。[66]杨将西方古典主义的穹顶形象高举在建筑顶部以象征永恒，也正说明该时期西方古典建筑对纪念性的表述仍为业主所认同。

[60]《总理纪念堂纪念碑奠基典礼》，载《广州民国日报》，1929-1-16。
[61]《设立建筑中山纪念堂委员会》，载《广州民国日报》，1926-2-25。
[62] 1926年3月举行的中山陵奠基仪式上，分裂的右派党部代表大打出手，致使多名以广州中央党部为核心的左派代表受伤。详见：中共南京市委党史办公室：《南京人民革命史》，71~74页，南京，南京出版社，1991年。
[63]《悬赏征求建筑孙中山先生纪念堂及纪念碑图案》，载《广州民国日报》，1926-2-23。
[64] 李恭忠：《中山陵：一个现代政治符号的诞生》，304~309页，北京，社会科学文化出版社，2009年。
[65] 赖德霖以中山纪念堂为对象，分析研究了现代宣讲空间在中国的出现，以及与民族国家建设的结合等问题。详见：赖德霖：《中山纪念堂——一个现代中国的宣讲空间》，载《城市空间设计》，2009(6)：42~47。
[66]《时报》，1928-11-10。感谢赖德霖博士提供该史料。

图案评审最终于1926年8月下旬开始。在截止期延长了两个月之后，共计26份中外应征图案由纪念堂筹备委员会陈列于国民政府大客厅内。8月27日，《广州民国日报》公布"中山先生纪念堂图案评判规则"，确定了评判委员的甄选、奖项设置和评审程序等内容，并确定以《征求图案条例》为评判要点。为寻求全社会的支持，评判委员含括了该时期广州城内政治与文化精英，其中包括中国旧派画家温其球、姚礼修，新派画家高剑父、高奇峰，西洋画家冯钢伯、陈丘山，建筑家林逸民（时任广州市工务局局长，笔者注）和陈耀祖等。[67]和南京中山陵一样，竞赛的组织与评审程序严谨而公开，以体现期待世界认可的开放性和世界性。

1926年8月的广东正处于轰轰烈烈的省港大罢工浪潮中[68]，广州国民政府旗帜鲜明地表达了对罢工工人的支持。8月27日，《广州民国日报》与"中山先生纪念堂图案评判规则"刊出的同一版面中，孙科发表了"党及政府对中英谈判的意见"，指出："五卅惨案是中国人民反帝的先声，沙基惨案是中国人民反帝的序幕，省港罢工自然是中国人民反抗帝国主义者最有力的武器。……现在所谈判的就是中国排英的问题。"[69]对孙中山政治法统的继承和高涨的民族主义情绪结合在一起，营造了中山纪念堂应征图案评判前特有的政治及历史氛围。

全部图案在具有广泛代表性的社会精英的参与下、以一种西方民主化的选举程序进入了评判程序。[70]9月1日，张静江、谭延闿、孙科、邓泽如、彭泽民、陈树人等及美术家高剑父、高奇峰、姚礼修、工程家林逸民等共十余人，另军政要人赴会者有李济深、徐季龙、丁惟芬、马文车及省政府各厅长、各行政委员会委员二十余人经过两小时互相评判。最终选出了一、二、三等奖及荣誉奖三名。其中，第一名为十二号之吕彦直，第二名为第六号之杨锡宗、第三名为第二十八号之范文照，名誉奖第一名为十八号之刘福泰、第二名为第五号之陈均佩、第三名为十九号之张光圻。[71]

1929年1月15日中山纪念堂、纪念碑奠基礼上，秘书长金澄光揭示了吕彦直获首奖的原因："盖吕君图案，纯中国建筑式，能保存中国的美术最为特色。"一个没有限定形式的图案应征，最后出现了和南京中山陵几乎完全一样的评判结果。建筑师、政治家及各界精英在选择建筑形式以表现孙中山伟大功绩及政治思想继承等方面取得了共识，"中国古式"或"纯中国建筑式"取得了代言民族主义国民政府建筑艺术形式的重大胜利。该共识因以民主及合法的方式取得，而具有向世界宣示的意味。虽然在政治形态上，它是一个多元的复合体，既渗透了孙中山民族主义的政治主张，又有国民党树立党内正统的形式象征，也有广州国民政府抗拒帝国主义意识形态渗透的文化心态，当然还有中国建筑师关于建筑民族性的自省自觉，等等。南京中山陵、广州中山纪念堂无疑开启了中国建筑师对表现时代精神的建筑艺术形式的探索。

七

与功能单一、体量较小的中山陵祭堂相比较，广州中山纪念堂无疑是体形庞大、功能复杂的综合体。对于这座具有会堂功能的纪念性公共建筑，如何设计至少容纳五千人的大空间及其外部形式，是每一个应征建筑师都无法回避的前提条件。吕彦直通过现代建筑技术、在满足功能要求的前提下，成功地将西方古典主义的构图原则和中国传统建筑形式结合在一起。撇开政治和文化的意义，中山纪念堂是继中国古典复兴以来东西方艺术最完美的结合，是现代中国建筑的重要范本。

研读吕彦直早期求学及工作经历可以发现中山纪念堂在形式上与这种经历有关的"同源"背景。这种"同源"关系一方面是结构性的，吕彦直早年在美国康奈尔大学建筑系所接受的建筑教育提供了赖以执业的专业背景。需要指出的是：近代美国建筑学教育几乎照搬

[67] 《中山先生纪念堂图案定期评判》，载《广州民国日报》，1926-8-27。
[68] 省港大罢工开始于1925年6月，其目的是声援在"五卅惨案"遭受重创的上海罢工工人，并针对英帝国主义者在香港执行的歧视华人政策提出政治抒求。此次罢工由于1925年6月23日广州"沙基惨案"的爆发，演变成广东革命政府与英国殖民者的全面对抗。
[69] 《孙委员报告党及政府对中英谈判的意见》，载《广州民国日报》，1926-8-27。
[70] 《中山先生纪念堂图案定期评判》，载《广州民国日报》，1926-8-27。
[71] 《总理纪念堂图案之结果》，载《广州民国日报》，1926-9-2。

图32 梧州中山纪念堂（合并图）

了法国巴黎美术学院Beaux-Arts体系，这个体系为应对设计问题、分析场地、处理材料和形式，以及组织空间等，提供了一套普适性方法[72]，构图和要素的运用成为这一体系设计方法的基本工具[73]，而在设计中强调古典主义的纪念性和文艺复兴精神成为“Beaux-Arts”建筑的重要特征。为协调空间组织和功能使用，吕彦直在纪念堂设计中采用了西方建筑学所谓希腊十字平面。与拉丁十字相对应，希腊十字平面通常用于需要集中式空间的教堂建筑。意大利文艺复兴时期建筑师帕拉第奥（Andrea Palladio，1508—1580年）以此为基础，发展了该平面型制在空间及形体组织方面的对应性设计，他所设计的圆厅别墅自1567年建成以来，由于构图完美和四面均衡的造型特征对世界各地产生了重要的影响。圆厅别墅作为建筑构成中的一个理论原型能够非常明确地构筑需要秩序的领域，即作为边界的外部是一个单纯的几何形体，门廊的削减和附加并没有破坏其轮廓，其中心则通过中央三段式的高耸大厅得到明确的提示，并使建筑在其领域内成为象征性中心、体量中心和空间中心。事实上，在文化背景各异的不同时代的不同国家，圆厅别墅被反复模仿，并被美术学院派体系用作经典的教学个案。

另一方面是方法论的，即吕彦直早期学习和工作中所经历的将两种异质形式相结合的方法。吕彦直的求学生涯中，被认为可能接触过一些类似相关的真实个案。[74]另一个直观的认识显然来自墨菲，作为吕彦直曾经的雇主，墨菲在1914—1916年间以古典主义手法完成了清华学堂图书馆、大礼堂、科学馆等建筑及总体规划设计。作为中轴线上的重要建筑物，清华大礼堂在圆厅别墅等希腊十字平面建筑典型的集中式构图基础上，完成了大型会堂空间的建构。而稍后墨菲尝试中国传统建筑语汇与现代功能相结合的建筑作品如南京金陵女子大学、燕京大学等，为吕彦直现代中国建筑的设计打开了另一个想象之门。

很显然，吕彦直有关现代中国建筑的技术方案是基于跨地区乃至跨国界的一般性原则。为营造一个永恒的纪念性建筑，吕彦直尝试将西方古典建筑中的经典原型与中国传统建筑元素相结合。由于希腊十字平面、圆厅别墅等对西方古典主义建筑及学院派教育的深刻影响，以及西方人对近代世界建筑话语的主导，吕彦直对该原型的应用在建筑学的专业领域具有世界范围内的可阅读性和识别性，并最终达成有关纪念性的共识。

[72] 李华：《从布扎的知识结构看“新”而“中”的建筑实践》，载《中国建筑60年历史理论研究（1949—2009）》，34页，北京，中国建筑工业出版社，2009年。
[73] 赖德霖：《构图与要素——学院派来源与梁思成“文法—词汇”表述及中国现代建筑》，载《建筑师》，2009，(142)：56~59。
[74] 赖德霖博士认为吕彦直设计中山纪念堂直接或间接地受到建于1893年美国哥仑比亚大学娄氏图书馆于（Low Library）的影响，该建筑曾获1899年全美建筑佳作第五名，是美国近代新古典风格最著名的建筑作品之一。见赖德霖：《城市的功能改造、格局改造、空间意义改造及“城市意志”的表现——二十世纪广州的城市与建筑发展》，见《中国近代建筑史研究》，390页，北京，清华大学出版社，2007年。

在中国传统建筑符号的选用上则延续了中山陵对中国官式建筑的摹写，吕彦直的设计摒弃了人们喜闻乐见的地方传统。封建时代对于广东这样一个远离皇权中央的省份而言，国家法典的最高象征不外万寿宫及学宫等建筑。但是，即便是万寿宫，这座始建于清康熙五十二年（1713年）、用于举行皇帝寿辰纪念等仪式的七开间重檐歇山建筑也充斥着包括船形脊和鳌鱼饰在内的岭南地方建筑装饰。1918年在该建筑被铲除后，所谓官式建筑的正统在岭南几乎不复存在。在一个缺乏传统官式建筑基础的背景下，吕彦直将“中国古式”定位在以明清紫禁城为代表的宫廷建筑之上，即“样式雷”家族长年经营、高度定型且制度化的建筑语汇。为保证语汇的纯正，建筑委员会甚至从北京聘请彩画技工进行内部装修[75]。墨菲在其教会大学的设计中也有着类似的经验，该做法被视为一种规范化的努力，以排除对“中国风格”的多元解释。[76]就广州国民党人而言，该做法对于树立孙中山作为党内正统及中国国民革命的领袖地位是十分必要的。早在1925年孙中山去世后不久，孙氏党人就已经提出口号，尊其为“中国民族革命唯一的领袖”[77]，稍后则更有“国父”之名。作为全体国民之父的继承者，对一切象征性符号或载体进行规范化建设是建立全民共识的重要基础。

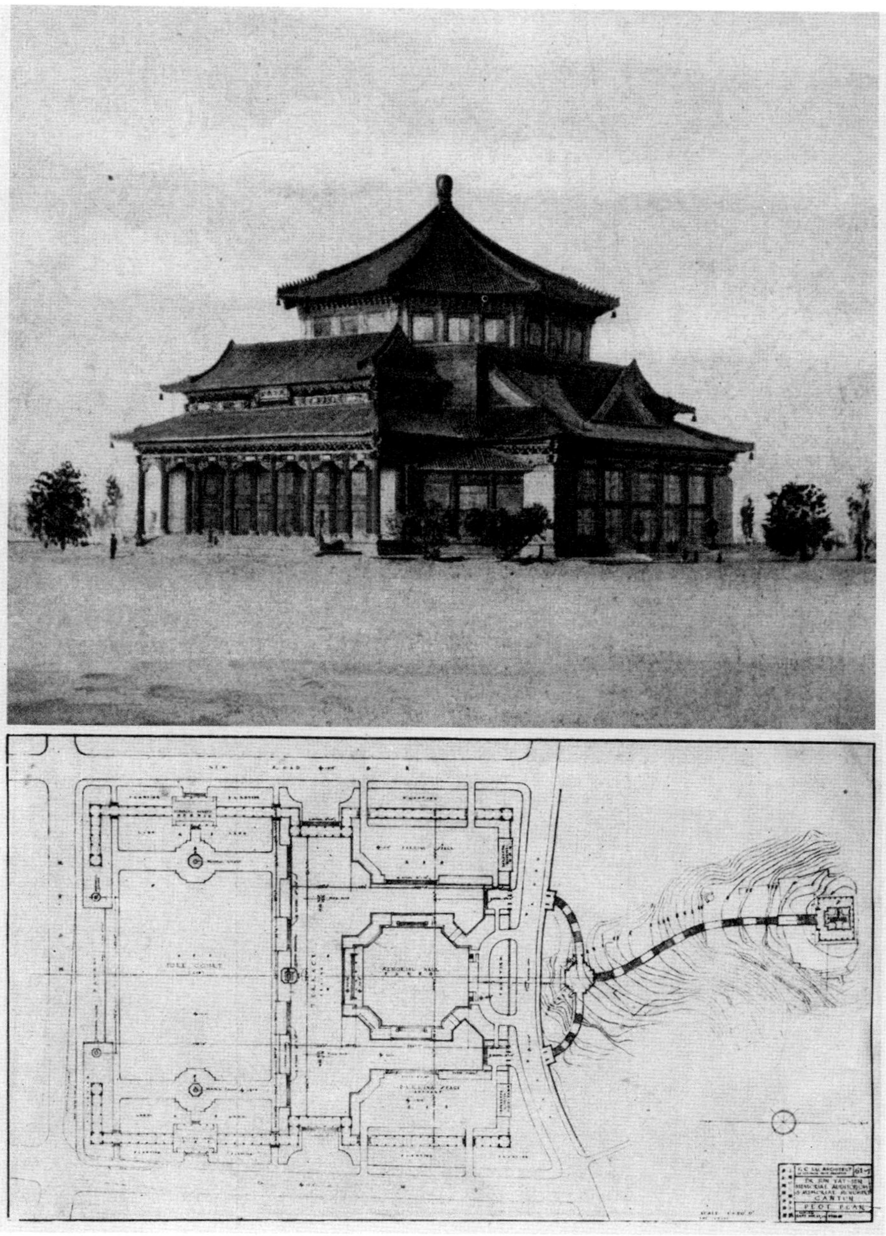

图33 中山纪念堂吕彦直图案

从技术方案及实施的角度来看，吕彦直打消了包括国民党人在内的几乎所有中国人的疑虑。一方面，在西方建筑语境的框架下，中山纪念堂通过西方经典建筑理论和现代建筑技术满足了现代功能的需要，满足了南方政权长期以来对现代中国及其承载物的渴望和追求；另一方面，正如一位无名氏所言：“观于中山陵及中山纪念堂之建筑，足见以近代建筑学原理及方法，适用于中国式之建筑确属可能。”[78]建筑师向国人展示了西方古典建筑理论及现代建筑技术与中国风格结合的可能，同时由于中国风格的演绎是通过正统官式建筑语汇实现，而使这种结合具备推广性和普适性。

作为该时期规模最大、最为重要的城市公共建筑，中山纪念堂的营造为本地建筑师提供了可以参照的范本。为配合工程实施，“建筑纪念堂委员”曾先后函聘卓康成等人为工程管理员。[79]1930年4月，广州工务局建筑师林克明受聘担任顾问工程师，负责审核

[75] 林克明：《广州市政建设几项重点工程忆述——中山图书馆、中山纪念堂、市政府大楼、海珠桥、中山大学及全市交通系统规划》，见《南天岁月——陈济棠主粤时期见闻实录》，第37辑，212页，广州，广东人民出版社，1987年。
[76] 赖德霖：《书评：郭伟杰著〈在中国建造：亨利·K·茂飞的“适应性”建筑（1914—1935）〉》，见《中国近代建筑史研究》，400页，北京，清华大学出版社，2007年。
[77] 《广州民国日报》，1925-4-14（6）。
[78] 《中国建筑的美——广州中山纪念堂吕彦直君之遗制》，载《广州民国日报》，1929-9-12。
[79] 《中山纪念堂函聘卓康成为名誉工程管理员》，载《广州民国日报》，1928-12-13。

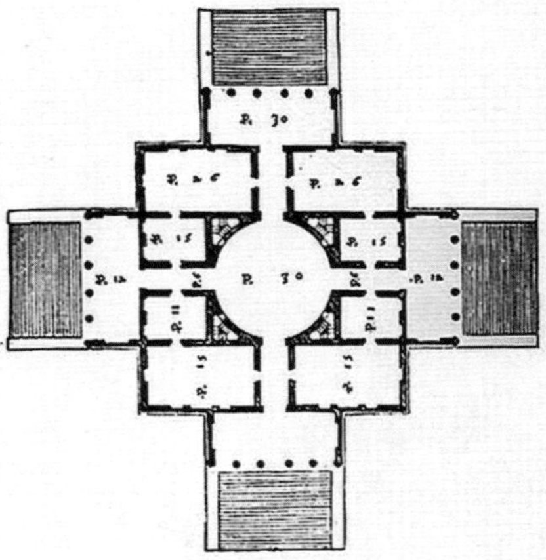
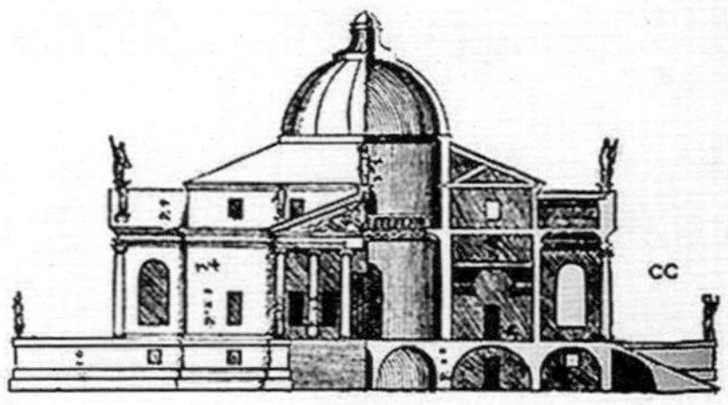

图34 圆厅别墅

设计及监理工程。作为早期留学法国接受建筑教育的中国建筑师，林克明直到1935年暑假才第一次来到北京，参观城市中的古建筑及北京图书馆和燕京大学等。[80]而在此之前，林克明能够直接接触的中国官式建筑做法更多地来自中山纪念堂。在他后来的回忆录中，也毫不隐晦地指出中山纪念堂“这一技术复杂、施工困难的巨大工程，对参与的建筑师和结构工程师都是一次很好的学习和实践机会”。[81]而这位曾经设计了广州中山图书馆（1928年）、广州市府合署（1929年）以及国立中山大学二期工程的建筑师，与杨锡宗一道，被认为是近代岭南最杰出的建筑师之一。吕彦直中山纪念堂通过其示范性设计对岭南乃至中国建筑的现代化产生了重大影响。

图35 国立中山大学法学院，1933年

八

由于选址在城市地理中的特殊性以及建筑特有的政治承载，政治家们对中山纪念堂在城市空间中的定位显然有着更多的思考。1926年，中山纪念堂设计、筹建之际，国民政府在广州成立，广州成为实际意义的首都，并有“穗京”之名。或许由于国都建设的需要，美国建筑师墨菲再度被邀请担任广州城市规划与设计。[82]而作为“国父”载体所在，中山纪念堂系国家象征和法统继承为一体。虽然国民政府不久便迁往武汉继而南京，该建筑对于城市的符号性和政治象征并未有本质的改变。1929年1月15日，中山纪念堂、纪念碑行奠

[80] 林克明：《世纪回顾——林克明回忆录》，13页，内部资料，非正式出版物，1995年。
[81] 林克明：《建筑教育、建筑创作实践六十二年》，载《南方建筑》，1995，(2)：47。
[82] 墨菲第一次广州规划为1921年，正是孙中山国民党人第一次在广州建立政权之际，当时的总统府即越秀山南麓中山纪念堂现址。有关墨菲1926年广州规划的报道见于1927年3月13日美国《纽约时报》。

基礼，冯祝万代李济深宣布典礼事由时称：“今日为纪念堂、纪念碑奠基立石，不特为巩固纪念堂基址，希望国基党基，从此永远巩固。”中山纪念堂之于国家及党权在此时已浑成一体，孙中山之纪念建筑已流变为中华民国及国民党的物化象征。

为营造一个兼具纪念性和开放性的城市空间，吕彦直发展了自南京中山陵以来借鉴东、西方建筑布局模式的空间思想。筹委会为这种空间观念的进一步展开提供了优良的选址，越秀山作为广州形势的屏障，为山脚这块曾经用作清季抚标箭道、督练公所以及民国督军衙署和国民政府旧总统府的场地提供了绝佳的背景，使山脚的纪念堂和山顶的纪念碑很自然地达到了相对独立、而又有精神上联系的设计要求。在吕彦直接受的西方学院派教育中，严谨而富有秩序的总图设计显然是众多训练中的一部分，而中山陵钟形平面被赋予的特殊意义扩展了评判者与旁观者阅读图形的想象力。[83]吕彦直采用了将尺度巨大的纪念堂紧靠山体的做法，场地东、西、南三边采用柱廊围合；纪念堂位于场地的北端，前面留出宏大的广场，广场的中心为孙中山纪念雕像。该布局或者借鉴了古希腊、古罗马的广场形式。在西方古典建筑体系中，该布局一方面使背景环境更为单纯，雕像、纪念堂成为空间的主体，以强化空间的纪念性；另一方面则使外部空间具有公共性和开放性，人们通过集会、瞻仰等活动，使纪念孙中山成为全民精神与生活的需要。为营造纪念堂前开放的空间，筹备委员会不惜拆除大量民房，以致民怨沸腾。[84]

图36 中山纪念碑

图37 中山纪念堂

虽然没有明确说明，中山纪念堂堂区总图同时让我们看到了中国宫殿建筑中主体建筑与室外空间的对应关系。纪念堂主体位于有基座的大平台上，平台与外侧地面保持了一定程度的高差，并与周边回廊组成亚字形平面。其平面形式渗透着传统殿堂的布局精神及型制特征，并通过这种具有宗教性的布局形式营造主体建筑的尊贵性。

吕彦直另一个最重要的贡献在于重新调整了堂与碑及城市空间的对应关系。至少在1928年4月份，吕彦直提出了纪念堂“中线移至偏西二十余丈”的建议，并被筹委会所接受。[85]从建筑学的角度来分析，向西移动纪念堂中线的可能目的是尽可能将纪念碑纳入堂区的空间秩序中，从而加强堂区与碑区的空间联系。新的史料揭示了一个更为宏大的构想。同盟会会员韩锋（即韩芍轩）在回忆这段历史时指出，吕彦直曾向广东省主席李济深条陈，要求将“越秀山中山纪念碑、中山纪念堂、中央公园联成一片”。[86]作为广州政治及公共活动的重要空间场所，中央公园原名第一公园，由吕彦直的同窗杨锡宗设计。在墨菲的建议下，第一公园于1922年作为广州市政中枢选址用地，并逐渐确立在广州城市地理中的市心地位，

[83] 吕彦直在中山陵总体布局中，偶然采用了钟形平面，该图案为评判顾问所激赏，并将其扩展为警钟醒世、民族唤醒之象征。
[84] 卢杰峰：《广州中山纪念堂钩沉》，82~83页，广州，广东人民出版社，2003年。
[85] 卢杰峰：《广州中山纪念堂钩沉》，81~82页，广州，广东人民出版社，2003年。
[86] 韩峰：《吕彦直和杨锡宗》，见《广州文史资料存稿选编（六）》，161页，北京，中国文史出版社，2008年。

图38 开辟为广州市立博物馆的镇海楼

最终于1925年10月改名为中央公园。吕彦直的条陈将中央公园纳入堂区范围，既具备将堂前广场与公园联成一片，形成连续公共空间的可能，也具备了通过中央公园这一市心所在，将纪念堂的建筑象征与艺术感染扩展至整个城市的可能。

扩大空间构图的研究后发现，越秀山顶东翼、始建于明洪武年间的镇海楼可能参与了以中山纪念堂为核心的城市空间及政治隐喻的建构。作为广州城最重要的城市地标和制高点，镇海楼自明以后为广州地理形胜的重要组成。对于一个试图从历史中寻求支持以实现现代中国建筑的方案，镇海楼的利用有利于强化中山纪念堂所表现的国家意识与民族主义话语的建构。1927年，本地知名画家陈树人（1884—1948年）倡修镇海楼[87]，其建议得到市政当局积极响应并迅速实施。原有的木结构被置换成现代钢筋混凝土结构，楼前两侧的建筑被全部清拆，山墙顶部绘上国民党党徽。1929年2月，中山纪念堂、纪念碑奠基后一个月，广州市立博物馆在重修后的镇海楼成立。馆内陈列品包括“自然科学标本”、“历史风俗”、“美术”三部类，其中，“总理遗物”和其他“革命遗物”在“历史风俗”类中被着重强调。[88]经上述有形和无形的改造，同时通过调整中山纪念堂的空间坐标，镇海楼成为中山纪念空间的一部分：承载遗嘱的纪念碑与承载遗物的镇海楼，共同恃佑着纪念堂。这一对称性和象征性构图完整地将城市空间构图与宗教礼仪构图结合在一起，完成了纪念与继承这一空间话语的建构以及中山纪念堂对城市空间秩序的主导。

图39 以中山纪念堂为中心的空间构图

纪念堂对城市空间秩序的控制在1926—1927年广州规划中被认同和强化。经过市政厅内部反复的讨论，美国建筑师墨菲重新确认了广州市政中枢在越秀山南侧、第一公园的选址，其规划以市政中枢为核心发出四条放射形大道，而其中正对江堤的就是城市宽阔的中轴线。[89]吕彦直在条陈中呼应了他曾经的雇主。据韩锋回忆，吕彦直要求“从省府（应为市府，笔者注）门前开两条150英尺的马路，东边直抵广九车站，西边直抵太平南路口，如牛角一样”[90]。所谓“牛角”，即从市府所在位置发出的东南及西南向两条放射型道路，加之已经形成的由中央公园向南直到江边的道路，在

[87] 《陈树人提倡重修五层楼》，载《广州民国日报》，1927-11-15。
[88] 广州市市立博物院筹备委员会：《广州市市立博物院成立概况》，1~4页，广州，天成书局，1929年。
[89] 有关墨菲1926年广州规划的描述见于美国《纽约时报》1927年3月13日报道，感谢赖德霖博士提供该史料。
[90] 韩峰：《吕彦直和杨锡宗》，见《广州文史资料选编（六）》，161页，北京，中国文史出版社，2008年。另，现广东省政府大院系解放后陆续兴建而成，韩文中提到的省府，疑因作者笔误，误将中央公园北侧的市府当作省府。

图40 近代广州城市中轴线

中山纪念堂、纪念碑、第一公园联成一片的前提下，形成以该区域为核心的城市放射型道路格局。与墨菲规划不同的是，由于中山纪念堂的建设，市政中枢被纳入前者的空间秩序中，并以此完成对城市空间的全面控制。

由于中山纪念建筑的存在，“城市美化运动”所固有的对权力的象征因借着城市中轴线将城市空间置于强烈的政治氛围中。从1920年代末开始，中山纪念堂与纪念碑成为广州近代城市的空间坐标，其南北纵轴在历次城市规划中被引申为城市轴线。在中山纪念堂建成后的数十年间，吕彦直的继承者们都自觉地服膺于该建筑对城市空间的支配。由于深刻理解中山纪念堂对于城市空间的支配性，林克明在纪念堂南侧市府合署（1929年）和西侧广东科学馆（1957年）的设计中采取了谦逊调适的态度，并自觉地维护由中山纪念堂发出的近代城市中轴线的权威性。[91]随着1933年广州市府合署的建成、1932年维新路（今起义路）的开通、1933年海珠桥的合龙，城市轴线不断向南拓展，空间的纪念性也得以扩展至整个城市。

九

综上所述，孙中山及其追随者在推翻封建帝制的同时，开启了现代中国纪念性物质载体创建与发展的历史。在这个过程中，孙中山国民党人及其支持者构建了满怀政治想象的共同体，并通过系列化、系统化的纪念物、纪念建筑与空间生产，表达了党团群体及人民对辛亥价值的认同。正因为此，封建礼制下有关纪念性和礼制精神的载体被摒弃以凸显辛亥先烈的价值观。在痛悼死者、激励生者的仪式中，纪念性与象征性为相关技术策略的制订确立了标尺。西方古典主义有关纪念性表达的形式与方法被借用以服务于政治意涵的建构。通过东、西方历史语汇的排列、组合与重构，民族主义与共和思想在不同时期被侧重表达。

城市公共空间为政治意涵的传播提供了媒介。由于纪念物或纪念建筑的植入，城市公共空间被赋予意识形态渗透和教化等功能，其空间生产成为达成纪念及政治目标的的重要手段。纪念物、纪念建筑的环境特征与空间位置决定了城市空间的方向性，在某种程度上，也决定了该空间在城市中的重要性。通过自然资源、历史资源、政治资源和空间资源的调配和改造，中山纪念堂从独立的个体上升为城市的空间中心、纪念中心和象征中心。

[91] 林克明：《世纪回顾——林克明回忆录》，13页，39~40页，99~100页，内部资料，非正式出版物，1995年。

寻访长沙岳麓山辛亥先贤遗迹

『潇湘晨报』湖湘地理工作室

小引

百年辛亥，巍巍湖南。这是湘江两岸辛亥风云未曾褪色的遗迹，是岳麓山上辛亥英烈的耿耿忠魂。100年前，推翻帝制、结束封建、走向共和的伟大革命，由黄兴、宋教仁、蔡锷、蒋翊武举旗的湖南先锋群体，起而振臂发难，乃使我湖湘继武昌首义之地而成首应之区，其贡献之大，牺牲之烈，影响之深，被著名学者杨昌济评价为“各省所难能，古来所未有”。

光阴荏苒，今日湘人尤其青年，对辛亥年间的人与事，对辛亥革命的功与绩，或已知之不深，感之不切，而回顾历史以面向未来之责任，愈发迫切需要有人承担。本次由建筑文化考察组主持编撰之《辛亥革命纪念建筑》，是今年同类主题出版物中独特一种。其中有关湖南辛亥遗迹方面，将《潇湘晨报》湖湘地理工作室近期文稿汇为一编，其以纪实采访与建筑实例考察并举，挖掘、再现了那个时代与这个地方交融一体的革命史与建筑史，让读者重返历史的深巷，认识星城不仅洋溢着歌舞升平的娱乐幸福，更沉淀着让人肃然起敬的历史骄傲——是为湖湘文化的重要章节。

深谢为这份珍稀档案付出努力的各位同人。

蒋祖烜

2011年9月于长沙

《潇湘晨报》湖湘地理工作室由邹容女士主持，她长年从事湖南人文地理、历史建筑遗迹的考察工作。本篇考察随笔，先后有操婷（执笔第1、2、3、5、8、10、14章）、徐长云（执笔第4章）、薛小林（执笔第6、11、12章）、刘见华（执笔第7、9、13章）、刘海波（执笔第13、15章）等执笔，何捷编辑，邹容统稿修订、结语，并由湖南省委宣传部副部长、辛亥先贤蒋翊武之侄孙蒋祖烜先生作序——编者注。

一、黄兴史迹

黄兴墓位于岳麓山顶云麓峰北向小月亮坪上方，占地1 913.6平方米，两旁栽植松柏、香樟，没有樱花。岳麓山的黄兴墓，表面由整块四棱形乳白色岩石琢成，高11米，呈方尖碑形式。

“无公则无民国 有史必有斯人”，章太炎送的这副挽联，如今悬挂在黄兴纪念馆（墓庐旧址）最后面的一间屋子里。此前，他曾是“文似东坡、字工北魏”、“学乌家拳术”的少年黄轸，曾是做演讲、发传单、“院中都知先生为主张革命者”的学生黄兴，也曾是“以勇健开国，而宁静持身，贯彻实行，是能创作一生者”的实干家黄兴。

如今，长沙、上海、武昌皆在城市里立有黄兴铜像，再见时，你可会想起时光里的这些片段？

（一）求学

1. 1874—1893年，在善化凉塘长到19岁的黄兴，日子应该也是安逸闲适

19岁到长沙读书前，在家乡善化凉塘接受父亲私塾教育的少年黄兴，还有些“沉默寡言”。这个形象，与日后在武昌两湖书院演讲、散发革命书籍，被当局悬牌驱逐出境时“犹流连八日……始登江轮回湘”的黄兴，似难以对应。

或许可以在《黄兴传记》中找到答案，同学刘揆一这么描述当时还叫黄轸的少年黄兴：“体貌魁梧，富于胆智，少从浏阳李永球家学乌家拳术，只手能举千钧。”

黄兴，1874年在善化县龙喜乡凉塘（今黄兴镇杨托村凉塘组）出生。136年后的3月26日，当我们在一个春困的下午找到这里时，这儿已是免费开放的黄兴故居纪念馆（前两年收十块钱的门票）：从一个专为停车修的水泥坪，穿小桥，沿青砖檐白粉墙走过去，对着三口池塘的就是。房子建于清同治三年（1864年），两进两横，坐北朝南，有土砖房屋53间，现在作为纪念馆，只剩下其中很小一部分。现在院子里种着橘树，门口一副对联“惠风和畅，化日舒长”。在此长到19岁的黄兴，日子想必同此安逸闲适。

图1 黄兴墓

据邓泽森《黄兴的成长与人文环境》一文考证，黄氏宗族是明朝洪武初年（1368年）从江西迁往湖南长沙的；至明万历年间，“九世祖黄治中策试科举，以进士身份官至知府以后，繁盛兴旺，逐渐成为当地大族”。

黄兴的父亲黄炳昆出身长沙府岁贡生，先后在本乡和省城任塾师，日以馆课授徒。黄兴的母亲罗氏出自名门，贤淑知礼。黄兴在二男四女中排行第六。黄兴12岁时，生母病逝。继母易自如曾是湖南省民立第一女学的副监督兼舍监，这便可以解释日后黄兴为筹措革命经费，卖掉祖屋迁往长沙时，继母态度开明的原因了。

这一家的收入水平在当时的湖南农村算中等偏上。据黄兴长女黄振华回忆，“清光绪二十三年（1897年），家中田土租与邻居种植稻米，一季收成约700~800石，折合70 000~80 000斤”。1901年，黄兴一家迁居长沙后，这里被多次转卖改造。

图2 黄兴墓庐

2. 1893—1898年，从“文似东坡、字工北魏”的少年，到“院中都知先生为主张革命者”

1893年，黄兴离家到长沙城南书院读书。当时，书院已经迁到今天城南路的第一师范（校舍在清末已不复存在）。城南书院被称为昔贤“过化之地”，黄兴在这里打的也还是国学底子。只是家中有“不出仕清朝”的祖训，按他自己的理解，读书是为求“真知识”。

长子黄一欧在《回忆先君克强先生》中，记录过黄兴应县考的事情。“（姑父胡雨田和同村刘石介）凑巧都被分配在同一个字号，当时应试要做八股文，黎明前进场，即日交卷，不许续烛。”黄兴写了一篇觉得不好，被刘介石要去抄了；第二篇仍然不满意，被胡雨田要去抄了。最后发榜时，却只有胡、刘榜上有名。黄兴不服气，拿着三篇文章去找祖父，被祖父首肯了第三篇最好才作罢。可见科举在黄兴的心目中并不高高在上，第二年他再次应考，只是为不违母命而已。

图3 黄兴逝世时上海所设灵堂

根据记载，在城南书院的五年，黄兴可以读到上海《时务报》（当时的院长王先谦主张“兼收”，批示用公款订阅）；第三年，开始和谭嗣同、秦力山等人往来，“议论变革”；谭嗣同被害，对这位湘中青年，应也如史学家李剑农所说，是“一大刺激”。

1898年，黄兴以“诸生”（明清时期经考试录取而进入府、州、县各级学校的生员）身份考入湘水校经堂（位置在湘春门外）。这位入校时就被称为“文似东坡、字工北魏”的少年，之后再次经张之洞面试，入读武昌两湖学院。那时的黄兴，“反满思想浓郁，交往无所顾忌”，在同学印象中，已是“院中都知先生为主张革命者”。

黄兴故居的墙上如今挂着一幅油画，描绘他在武汉两湖书院演讲中散发邹容的《革命军》、陈天华的《猛回头》书籍的情景。当局悬牌驱逐他出境，他“犹流连八日……始登江轮回湘”。此等潇洒，只有后来在“五四”运动中，站在高台扬手散发传单的陈独秀可比。

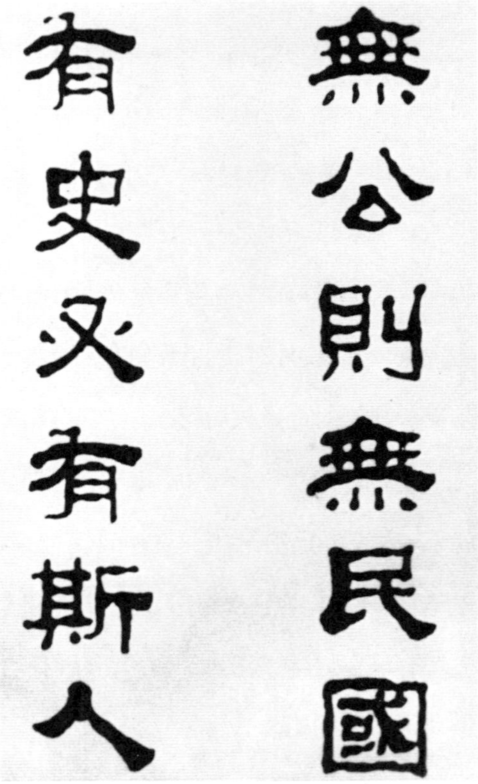

图4 章太炎挽黄兴联

此后，他从长沙到武昌，再去了日本。再次回乡，他已经是一位热情的革命者。

(二)革命之路

长沙西园北里，曾经的紫东园，是黄兴迁居地。

1901年，卖掉祖屋搬到长沙城内一条宽不过三米的小巷时，黄兴已有过帮助“自立军”起事并失败的经历，正准备加入日后堪称“投入辛亥革命人数最多的学校”——明德学堂。当时的黄兴，已是“北四寇”中的一员。与之对应的广东“南四寇”，其中一员正是他日后的同盟者孙中山。

1. 1901—1904年，从紫东园到明德，每天步行几分钟到学校教书、宣传革命的日子

3月31日，在长沙城北紫东园，曾经编辑过《忆黄兴》一书的湖湘历史研究专家梁小进告诉我，“这个地方离明德近，就在今天的北正街、工人文化宫那里，原来的左文襄公祠，向东开的那个门对面”。当我来到这条在长沙城中心难得的旧街道时，总会注意到路两边的街巷名称，用字古朴，像是隐藏着时光秘密。街面上是粉店、小吃店、塑胶制品店，囊括着烟火生活的方方面面。紫东园的名字，就镶

在一个窄小巷道的入口处。巷子狭长，几个小孩子放学刚回，巷子口的超市主人看见我拍照还觉得颇为稀奇。他不知道的是，1901年，在这里，自长沙县迁居来的一户人家，改写了中国的历史。

当时的紫东园是什么样子，《黄兴与紫东园》一文有过考证，“在西园口的斜对面，它的东出口是民主后街。这条小巷宽不过3米，长约200米，只有13个门牌号码。公馆门庐，进去是三开间的两层木结构楼房”。

1901年，黄兴卖掉凉塘近两百亩的祖遗田产，一家人搬到了长沙城北紫东园。此前，他已经联络好了明德学堂（湘春路，今明德中学，离紫东园很近）的校长胡元倓，来学校担任历史博物和体育教员。

图5 黄兴故居1

图6 黄兴故居2

每天步行几分钟到学校教书、宣传革命的日子，直到1904年华兴会要起义的风声被官府察觉，黄兴出走上海，全家迁离此处之时才结束。

明德成为黄兴最大的革命宣传阵地。此前他已经经历了日本留学、拒俄运动、两湖书院演讲等重大事件。这时的黄兴，“已经剪了辫子，在学堂多穿浅紫色长褂或一种对襟短装体操服，夏白，春秋蓝，冬青涩，天气炎热时，光着赤膊坐在周氏花园塘边树荫下，和同事谈天或者独自看书”。他的同事中，有后来成为传奇人物的国文教员苏曼珠，有为起义秘密制造炸弹的理化教员。

后来有统计说，明德师生投身辛亥革命的人数，堪称全国学校之首。

2. 1903—1904年，在长沙成立华兴会；逃亡路上亦是快意之下的生死

1903年11月4日，黄兴的30岁生辰宴在长沙保甲巷的彭渊恂宅举行。这场名义上请客吃饭的聚会，实际上是为了迎接一个新事物的到来——筹划成立华兴会。

1904年的2月15日，华兴会正式成立。刑部侍郎龙璋的居所，也是在这条巷子里。这个地点绝对是当时长沙城的“高尚社区”，其中最显赫的一家就是龙家。

龙宅的具体位置，梁小进猜测是，“在现在黄兴南路步行街西侧，靠北头，原来公安局的那条巷子里”。我在湘春路边，挂着“西园社区”牌子的小巷口问“西园北里”，正炒菜的大师傅说，“在前面”，再向西两个路口，就看得见西园北里的门楼。这是湘春路上最为幽静的一条巷子：曲曲绕绕的路，两边有坐在门口吃饭的人，紧闭的高大木门，从那家坐着一只打盹的大狗的门望进去，里面光线幽闭，有铁制的楼梯，布局似乎格外高和窄。

再往前，走到一个三岔口，可以望见明德中学的高墙，一边通往泰安里，一边写着“西园”。在这个岔路口，当年曾有一座小楼，即是赫赫有名的龙宅。原址是20世纪90年代消失的，这让梁小进很是痛心，“90年代建交通设计院的宿舍，拆了”。

华兴会密谋起义事泄之后，湖南巡抚陆元鼎曾经下令缉拿黄兴。黄兴也避居过西园龙宅，而且躲得心安理得，毫不慌张。“终日读书，每饭辄尽三碗，无疾首蹙额之态”。然而龙宅并不安全，黄兴又得到长沙圣公会会长黄吉亭的帮助，匿藏于圣公会后楼。

这一场营救和掩护，似乎无关宗教，只关乎大义。事实上，黄兴所成之事从来也不是他一己之力。这一次，护送黄兴的是黄吉亭和曹亚伯，从靖港搭船赴上海，继而去东京。纵然是这般凶险，年轻无畏，还是可以苦中作乐。后来同样留学日本，辛亥革命后成为第一届参议院议长的张继曾经听黄兴讲述过这段逃亡，全不见苦涩，“因当时知克强相貌者尚少，下九江，值螃蟹正肥，购数斤令茶役蒸之，大食大饮，无人觉也”。

而在长沙悬心等候消息的人，等到那封署名"兴"的平安电报发回长沙，才算放心。

按照长沙历史文化名城保护专家刘叔华的提示，笔者在北正街一带反复辨认，确认原来的圣公会后楼就是今天我们熟悉的北正街教堂。我曾经去过教堂内部，惊叹于建筑的古朴之美，没有留意到大门顶上黄兴题写的十六字石碑。字是1912年黄兴回乡之后写的，"耶稣圣名，敬拜宜诚，辞尊居卑，为救世人"。

图7 武昌起义期间的传单

(三)归乡——长沙黄兴南路步行街，黄兴铜像

1912年，坡子街西段的小西门码头，从"楚同"号兵舰上下来的黄兴心中想的是"改良街道，修天桥联水陆洲、岳麓山"；1917年，大西门码头，此时的黄兴已经听不到"河中船上的汽笛哀鸣"，也看不到"渡河的以及未能渡河的群众，什么人都忍不住掉泪"的场景了。

1. 1912年，"他脱下礼帽，不断地向前来迎接的乡亲们挥手招呼，笑容满面，陪着大家一直步行到凉塘"

图8 黄兴视察前线

虽然生日宴曾经是黄兴召集革命同人的一个借口，但他本人确实一直不喜欢做寿。1912年的10月25日，黄兴39岁，这一年的生日同样是随随便便过的。但时局已经有了天翻地覆的变化，这是民国元年，作为开国功臣的黄兴在"楚同"兵舰上，没有宴请任何宾客，他正在由沪返湘的途中。唯一作为纪念的是，他写了一首生日感怀诗，头两句即是："卅九年知四十非，大风歌好不如归。"此时他的心里，装的是一个推翻了千年帝制，正在寻找光明之路的国家，他有关建设这个新国家的主张，一定正让他踌躇满志。

10月31日，载着黄兴的"楚同"兵舰在小西门码头（今坡子街西段湘江边）靠岸，此时的家乡已经把他作为最为隆重的归客。从又一村经六堆子到教育会坪，扎起了几座大型松柏牌楼。来迎接他的湖南各界人士站满了码头，包括湘督谭延闿。辛亥革命带来的震动还在，人们十分激动，而黄兴一心想要传达的，是他理想中的新世界。11月5日，他在湖南政界欢迎会上的讲话中提到，"……惟拆毁城垣，改良街道，辟北门为新埠，不容缓耳。又商业与工业相表里，宜于南门外迁去义冢，建造工场。而修天桥联水陆洲、岳麓山为市场，则长沙驾港、沪之上，亦意中事"。而今回头来看，他说的这些，大多都实现了。

当年黄兴居住的大吉祥旅馆，是长沙第一家西式旅社，就开在西起藩城堤，东至黄兴中路的吉祥巷。黄兴选择这里也许是因为回忆——他跟陈天华在这里讨论过国家的前途。

这一次，从10月31日到12月16日，黄兴在湖南待了47天。他去了湘潭考察矿务，也回了凉塘故居小住。刊登在1981年10月3日《湖南日报》的一篇名为《黄兴回故乡》的文章，描述了当时的情形："亲友乡邻成群结队跑到离凉塘15里路远的栗塘来迎接。……他脱下礼帽，不断地向前来迎接的乡亲们挥手招呼，笑容满面，陪着大家一直步行到凉塘。"

之后，他参与发起创办、投资入股实业公司，当时在湘的很多企业，尤其是矿业，几乎都挂着他的名字。直至1916年，他数次谦辞湘省议会邀请的归湘任都督的电请，却再也没有在去世前来过湖南。

今日的吉祥巷已经尽数拆除，只留下一个门楼，紧邻着一家快捷酒店。这个旅馆是文夕大火中长沙仅存的三所建筑之一。巷口附近排开蓝色的围挡，不久之后，这个写着"吉祥巷"三个字的破败门楼，可能也将消失——那时，我们再也没法指着说，看，这是当年他们谈论理想的地方。

2. 1917年，岳麓山黄兴墓四周，最终没有种下樱花

黄兴因病去世时，年仅42岁。决定国葬的礼仪，并没有很大争议，并且说明"与蔡公出殡无大差异"（指1917年4月12日蔡锷的国葬礼）。1917年1月5日，黄兴灵柩在长沙大西门外码头登岸。4月15日，于岳麓山举行国葬，谭延闿主祭，北京政府各部及各省督军、省长都派代表来湘，出殡时送葬群众逾万人。

这是黄兴在家乡所走的最后的路：上午十时，由学院街出发，经南正街、走马楼、南阳街、府正街、福星街、西长街出大西门至中华汽船公司码头，灵柩由南咸轮拖运，上行绕水陆洲后，再进小河下行二里许，在岳麓书院附近码头依次上岸。

当天的《大公报》刊出出殡的布置安排，军乐队、亲友、省外代表、政界、法界、报界、遗像遗物，包括各学校的学生，都列出送葬的分离街段，确保秩序。

黄兴的日本友人宫崎滔天留下了这样的记述："接待的人员都陷入极大的疲劳，然而会场上秩序井然，一丝不乱，令人感服。……大家在狭仄的街道中缓缓行走，拥挤不堪，迟迟不能前进。距河岸不足两华里的行程，费时达两个钟头之久。……灵柩到达时，河中船上的汽笛哀鸣。渡河的以及未能渡河的群众，这时什么人都忍不住掉泪。"

黄兴安葬于岳麓山的季节，正是暮春，满山杜鹃红遍。宫崎滔天在临行前，对黄兴的长子黄一鸥面许两件事：一是来年要送樱花树苗几百株，栽在墓地四周；二是在东京树立黄兴纪念碑。纪念碑后来的确是立在了东京的鹤见总持寺，但是黄兴的墓地四周，至今也没有种上樱花。不知道岳麓山上的先生忠魂，是否对此遗憾。

二、陈天华史迹

5月2日，岳麓山，如今最容易找的是黄兴墓、蔡锷墓，陈天华是与姚宏业（湖南益阳人，曾在上海与秋瑾、于右任创办中国公学，在陈天华灵柩抵达上海的1906年3月7日，于黄浦江投江而殁）合葬的，需于麓山寺左后方寻找。墓地1912年重修，面积66平方米，坐西北朝东南，墓身为花岗石凿成的长方形石棺，置于石砌墓围正中。

图9 陈天华像

陈天华（1875—1905年），原名显宿，又号星台，湖南省新化县人，作《猛回头》、《警世钟》等书；1904年与黄兴、宋教仁在长沙创立华兴会，1905年参加组建中国同盟会，1905年12月8日，在日本东京大森海湾蹈海自杀。

娄底新化县荣华乡是陈天华的出生地。出生时的房子已被水淹，留下一个纪念碑。遗物等被放置在离旧址几百米远高坡上的一间新房里。

28岁初抵东京的官费留日学生，以幼年时热爱的民间弹词形式写成让国人战栗的《猛回头》、《警世钟》，这份"宣传民主革命最锐利的武器"，曾让同乡兼同道宋教仁"歌已，不觉凄然泪下，几失声"。

30岁在日本大森海岸蹈海而死的青年，有感新闻纸所言当时中国学生"特有的卑劣，薄弱的团结"，留下希望"使诸君有所警动"的绝命书，希望以一死唤醒沉睡中的国家、同胞。

他认为救国两条途径——"作书报以警世"，"遇可死之机会而死之"，于30岁短促生命里均一一实践。

他生于湖南新化，归宿于长沙岳麓山，生命定格在1905年12月8日晚的日本海边，距今已经过去105年。

(一)陈天华出生地：新化县荣华乡小鹿村资江水畔

图10 陈天华墓

陈天华出生的地方，叫做新化，今属湖南省娄底市。新化的来历，源于北宋熙宁五年（1072年），“梅山蛮”归化后置县，取“新近归化”之意。从这个名字可以想见，这应该是一个与外界相对隔绝的世界。即使是在今天，我们要找到陈天华出生地，新化县荣华乡小鹿村，也还是费了好一番周折。

从长潭西高速转沪昆高速，在水府庙收费站出，上娄涟公路，过涟源、冷水江，新化和长沙，相距约260公里。顺着指示牌往新化最著名的景点——梅山龙宫的方向走，到达荣华乡已经是下午三点。路上看到一个陈天华故居的牌子，指明还有二十多公里，但实际上，在出发之前笔者已经知道，所谓故居，早在20世纪60年代修水库时，就已被资江水淹没了。

新化县，尤其临近荣华乡一带，很多地方可以见到陈天华这位故乡名人的痕迹——“欢迎来到陈天华故乡”的欢迎牌，天华路、天华幼儿园甚至天华网吧。

乡政府的人带我们找到小鹿村时，骑着摩托车给我们带路的梁支书挺不耐烦，“都来了很多人要看，还不是看了就走了”。问及都是哪里的人，他说，“谁知道。我又没看人家证件的。前年有个浙江老板说要来做，耽误了两个月，陪他做规划，最后什么都没有就走了”。山头上一处高坡就是村委会所在地，挂了一块牌子，赫然写着“陈天华故居”，楼下面却停着农用车，堆着杂物，“用故居的名义修了这个村委会的楼，这样筹的款”，同行的乡政府的人这样解释。

住在旁边的村民陈剑平拿钥匙给我们开二楼的门，那是个简单的陈列室，一面墙上写着陈天华的生平事迹，另一面墙摆着几样农具和床凳——“水淹之前从他家里搬上来的”。1972年出生的陈剑平，家里也是跟陈天华家一样，因为水库淹水搬上来了。她没有见过陈天华家的老房子，但是听奶奶讲过很多他的事，“我现在就只记得他会读书”。

真正的旧址就在坡下，一大片平整的谷地，背靠雪峰山脉，前临资水，视野开阔，不过几百米远。因为不到水位最高的季节，所以还能指点出来。

2011年4月，草地上开满了紫红色的星点小花。陈天华的堂侄，74岁的陈运生给笔者画那个淹掉的家的草图——“大门进去一条直的路，正对堂屋门，里面是一个菱形的院子，四面都是木楼，住了有一百多人。陈天华就在最里面那栋”。20世纪50年代末决定建柘溪水库，据说当时水淹11个乡镇214个村，面积525万亩，五座中心城镇淹没了四座，八大田垅淹掉五个半。

如今，空阔谷地之上的一座水泥石碑格外显眼。两米多高的方碑坐落在台阶上，两边砌了粉白的瓷砖，中间是故居的纪念碑文，“今欣逢盛世贤人修缮故居，嘱余为文以记之”，落款是“曾孙叠刚，2004年孟春”。不远处，离资江更近一些的水边，有两座墓冢，上面插着祭祀的红红绿绿。陈运生的老伴，62岁的魏娇梅说，那是陈天华父亲的墓。在魏娇梅看来，陈天华“命不好”，是因为他家里“风水不好”，具体怎么不好，新化方言很难听懂，同行的乡干部只是笑，并不翻译。

翻开陈运生拿出来的族谱，有族人回忆陈天华一家，说陈天华的父亲是个落魄书生，留着长须，善写诉状，人称“宝胡子”，妻子罗氏就是替人写状子打抱不平得来的。这颇为传奇的故事，让人一时难以和这个平常的村子以及不远处那座墓冢联系起来。

陈天华的家境很一般，资料上写“母早逝，父为塾师，幼从父识读，因家境贫寒，乃营小卖以补济”。《湖南历史资料》记载，其长兄是个生活不能自理的残疾人，二兄早年夭亡，贫寒的父亲“居在乡间，无人理睬”，而陈天华自己又“面广而多麻”。

站在开满野花的开阔地，望见新涨起来润泽的资江水，水位再高一些，这石碑和墓地都会被淹没不见，我们来对了时候。阳光正好，但我心里知道，1875年降生于此的陈天华，他的童年和少年时代并不是一派明亮的。

(二)幼读时期：私塾，资江书院，求实学堂。乡人传说他过目不忘，《猛回头》的写法是幼年时所钟爱的民间弹词

关于陈天华在家乡读书的地方，我几番询问，都没能问到具体地点，乡人们只是笼统地一指，“就这附近读的”。为了他上的是私塾还是公学，有人当场开始争论。在网络上，“陈天华故居”的词条里，有自称“荣华乡刘长伟”的人写下陈天华读私塾的回忆：“很小的时候，就听外公说起陈天华，因为外公的爷爷曾是陈天华的私塾教师，叫陈云寰。陈天华一直在云寰公家中吃住，那时云寰公家境还好，因此很乐意收下陈天华这样的高足。陈天华不拘小节，平时趿拖鞋，不苟言笑，除了放放牛，就是看书。经年累月住恩师家，也不觉难堪，更不言谢，也许就是所谓的大恩不言谢吧。”后来和黄兴组织华兴会起事失败后，陈天华还曾连夜回到恩师家，与老师抵足而眠，“赠与恩师墨镜一副，洋伞一把，银元数枚，天不亮而别，足可见事急矣。谁料想，此一别竟成永诀”。

陈天华有“过目不忘”的本事，这一点有好几位乡人都跟我提起。乡人历来喜欢将名人传奇化，例如陈天华的出生，族谱里就写道“出生当晚，一颗发光的流星从天降下，宝胡子认为其子是星宿下凡，取名显宿，又号星台”，而关于陈天华读书，署名梁吉平的人说，“听爷爷说：他能一目十行，有一次他借别人的书看一页撕一页，别人叫他赔，他却一字不差地给写出来了”。

陈天华家是在一场火灾之后，迁居到小鹿桥茶亭的。当时的小鹿桥茶亭是个农村集镇，小街不过500米，却是店铺齐全。逢赶集，热闹非凡。这里是新化县北乡通往安化、溆浦的必经之地，过路行人在小鹿桥饮茶歇息，也有民间艺人在此说学弹唱。据说陈天华“常向人借阅史籍之类书籍，尤喜读传奇小说，亦爱民间说唱弹词”。说到这里不难想到，日后陈天华成名作《猛回头》，就是以弹词的方式写的，其渊源定是来自于此。

他曾承认自己“自幼生就了一种痴情，好替古人担忧”。

光绪二十一年（1895年），陈天华随父迁居县城，仍以提篮叫卖为生。后经族人周济，入资江书院读书。这个资江学院，是清康熙四年（1665年）知县于肖龙办的义学，地点在城隍庙左，今天的县政府处。之后又几经迁居，到城南梅树村承熙寺，光绪二十八年（1902年）改为小学堂，旧址后来成为县城关第三小学。既是传统书院，当然还是以“忠君、尊孔、尚公、尚武、尚实”为宗旨，不过在研习儒家经籍时，也兼学农田、水利、兵赋、刑律、礼乐等。入院学子为岁试录取生员和地方保送童生。入学年龄一般在15~25岁之间，学制五年。而陈天华入资江学院是20岁。据说他最刻苦研读的，就是二十四史。

图11 陈天华墓碑记

陈天华会读书，这一点几乎是当时四方村邻的共识。当时，新化有个叫陈立模的大财主，有意要结交笼络他，有次特地请客，在席间表示，愿意出资送陈天华到长沙明德中学读书，条件是陈天华一旦仕途腾达，也要让他陈立模一家人大富大贵。陈天华腾地一下站了起来，没好气地说：“晚辈求学读书，是为国家，如果只为你世伯一家的富贵打算，那你还是另请高明吧！”这件事既能看出陈天华读书的志向，也能看到他性格中不妥协的刚硬一面。出生家境不好，又有麻子脸的生理缺陷，后来他自己在《绝命辞》所说，“无在不是悲观，未见有乐观者存”。

他性格里面，也有多愁善感、情绪极不稳定的一面。他曾承认自己“自幼生就了一种痴情，好替古人担忧，讲到兴亡之上，便有数日的不舒快……每每痛苦而返”，甚至“涕泪横流，投书起舞，作愤慨状”。

光绪二十四年（1898年），陈天华考入新化求实学堂。1900年春，考入长沙岳麓书院。当时的湖南巡抚赵尔巽很赏识他，“欲以女妻之，陈效法汉时霍去病‘匈奴未灭，无以家为’，乃婉言谢绝说，‘国不安，吾不娶’”。后来直到他蹈海自杀，果然终身未娶。

1898年9月戊戌政变，新化求实学堂一度停办。辛丑年（1901年），“当事者精神再振，就资东新舍，设‘求实小学堂’。次年壬寅改办‘速成中学堂’”。1909年改称新化公立中学，1911年定名县立中学，也就是今天的新化一中。

2011年4月29日傍晚，我们在临近新化大桥的岔路上找到了新化一中。操场上有不少打球的学生和坐着聊天的学校家属，问及新化学堂，都说不知道，待说到陈天华，就不少人点头，“那是我们学校的”。如今在这里刻苦攻读的学子们，是否也跟当年的陈天华一样，渴望走到更广大的城市，心中也有一腔同样青春的热血呢？

（三）革命时期：湖南师范馆，日本东京弘文学院，东京法政大学，始终还是个学生。宋教仁评价陈天华，说他的爱国热忱“乃是出于天性”

从小乡村走到县城，再到省城，陈天华借助读书，一步步走向更广阔的天地。光绪二十九年（1903年）初，陈天华进入省城师范馆。是年春，获官费留学日本东京弘文学院师范科。之后家乡的父老再得知陈天华的消息，就是惊动四方的“大事”了。

1903年，沙俄企图侵占东北三省，引发拒俄运动。4月，陈天华破手血书，寄示湖南各学堂。早就看好陈天华才华，差点招他为婿的湖南巡抚赵尔巽深为感动，亲临各学堂宣读，并刊登于官报，还饬令各府、州、县开设武备讲习所，使湖南全省拒俄运动士气更加高涨。

也就是在这个时期，陈天华写出了日后让他声名远播的《猛回头》和《警世钟》。因为语言浅显通俗，将慷慨激昂的爱国热情表现得淋漓尽致，这两本书在国内特别是长江流域广为流传。1906年1月4日，一位湖南青年在日记中这样写道：“倒卧于席上，仰天歌陈星台《猛回头》曲，一时百感交集，歌已，不觉凄然泪下，几失声。”这个人就是他的湖南同乡，后来一同创立革命组织的宋教仁。

1904年，陈天华与黄兴、蔡锷等成立了“军国民教育会”。年底回国和黄兴、宋教仁等创立“华兴会”。起义失败后，不得不返回日本，入东京法政大学。在那里，他结识了新的革命伙伴——孙中山。

1905年7月下旬孙中山来到日本，7月28日就约陈天华、宋教仁等在《二十世纪之支那》杂志社会面商谈革命力量的联合问题。对于华兴会和同盟会，黄兴主张形式上联合、精神上保存华兴会。陈天华显然更为热情，在同盟会成立大会上，陈天华跳起来大叫“中山先生是吾四万万人之代表也，是中国英雄中之英雄也”！后来宋教仁评价陈天华，说他的爱国热忱“乃是出于天性”，由此行动大概也可以得到佐证。回想在做黄兴地理考的时候，想象过那些在长沙小吴门正街、在保甲巷的那些秘密集会上，因为兴奋和激动而发亮的年轻面庞里，原来也有陈天华的一张。

（四）蹈海——日本大森海岸，归葬——长沙岳麓山。那个悲伤海滩，已经不知掩埋在哪个小岛的下面

大森海岸，风景迤逦，是美军在日本登陆的地方。1935年，有一位中国的音乐家在这里暂时落了一下脚，准备前往苏联，没想到，在此溺水身亡，如今这里有一块纪念碑，专门纪念他——聂耳。而在他之前的30年，这里是湖南青年陈天华蹈海自杀的地方。如今，这个美丽的东京南部的海滨因为不断填海造地，已经看不到大海。陈天华蹈海自绝的那个悲伤海滩，已经掩埋在不知哪个小岛的下面。

陈天华为何蹈海？其直接原因被普遍认为是：1905年11月，日本政府颁布的有关取缔中国留学生的规则。在该如何应对的方式上，留学生们出现了严重分歧。一派以秋瑾和宋教仁为代表，主张全体同学罢学回国；一派以汪兆铭和胡汉民为代表，主张忍辱负重留在日本继续求学。两派水火不容，以致最后留日学生总会的干事们纷纷辞职不干了。这种情况让日本报纸很是幸灾乐祸，描述中国留学生是“乌合之众”。1905年12月7日的《朝日新闻》甚至说中国留学生是“特有的卑劣，薄弱的团结”。陈天华就是在看了这张报纸后的当夜，连夜手书了一封被后世人称为“绝命书”的信，第二天赴海而死的。

所谓蹈海，即是从海边的浅处一步步走向深海的自杀方式，据说多数自杀者会在濒死的一刹那后悔，而这种随时可以转身放弃的方式，要决绝坚持，需要多大的义无反顾！

陈天华在《绝命书》中说："某者之灭，乃自己欲灭。只是中国之灭亡若最少需时十年的话，则与其死于十年之后，不如死于今日。若如此能促诸君有所警动，去绝非行，共讲爱国，更卧薪尝胆，刻苦求学以养实力，则国家兴隆亦未可知，中国不灭亦未可知。"

与其说陈天华的羞愤是针对日本人或者清政府，不如说是针对"求利禄不居责任"的中国留学生和麻木的祖国同胞。后来有辛亥革命研究学者评价说，"他区别了缘于功名心和责任感的革命运动，要求提高发自责任感的革命家道德"。陈天华说过，他救国只有两条途径，"其一作书报以警世，其二则遇可死之机会而死之"，这一次，他觉得自己遇到了"可死之机会"。

陈天华以死报国，时年三十岁。留日学生在公祭时，黄兴宣读他的绝命书，"听者数千百人，皆泣下不能抑"。随后，不少人愤而回国，我们所熟知的秋瑾，就是那一次回来组织武装起义的。

香港举行陈天华的追悼会，千余人参加。次年闰四月初一，其灵柩经黄兴、禹之谟倡议筹办运回长沙，各界不顾官方阻挠，决定公葬于岳麓山。初七（5月29日）举行葬仪，长沙全城各校师生纷纷参加，送葬队伍达数万人，绵延十余里，凄凄哀歌。送葬队伍由朱张渡、小西门两处渡河，"适值夏日，学生皆着白色制服，自长沙城中望之，全山为之缟素"。军警站立一旁，亦为之感动，不加干涉。后来毛泽东在《湘江评论》第4号上评价，"这是湖南惊天动地可纪的一桩事"。

陈天华有一部未能登载完毕的小说，名叫《狮子吼》，小说中通过一个梦，描绘了他心中的民主共和国："他走到一处，看见'共和国图书馆'的牌子，里面不知有几十万册的书，其中有一巨册金字标题《共和国年鉴》，全国有30多万所大小学堂、6000多万男女学生；陆军、海军，军舰、潜艇、空中战艇等，铁路，邮局，轮船……"这应是陈天华一直在做的，最美丽的民主之梦。

《猛回头》最后说："或排外，或革命，舍死做去；父而子，子而孙，永远不忘；这目的，总有时，自然达到。"

深受陈天华事迹震动的留日学生，不光一个秋瑾，当时有一个沉默，之后弃医从文的，是鲁迅。而12年后，一位即将赴日留学的青年还不忘此事，写下一首诗表达怀念之情，"大江歌罢掉头东，邃密群科济世穷。面壁十年图破壁，难酬蹈海亦英雄"，这个人，叫做周恩来。

三、禹之谟墓

禹之谟墓位于岳麓山麓山寺北侧，与陈天华、姚宏业墓上下毗邻，1912年10月自双峰青树坪迁葬于此。附碑分别刻禹之谟遗作《告同胞书》手迹和朱杞、颜昌尧所撰墓志铭。

禹之谟（1867—1907年），字稽亭，湖南双峰人，1894年随湘军参加中日战争，曾赴日留学，在长沙加入华兴会，后任同盟会湖南分会会长。1906年8月10日在长沙被清政府逮捕，1907年1月5日被绞杀于靖州东门外。

图12 禹之谟像

或许是因为上承"维新派"思想，禹之谟是辛亥人物中少有的走实业救国路线的革命家。做运动，他联合起万余名学生，全城缟素为烈士送葬；做实业，他力求"漂白，印花，熨烫，包装，同进口的货色没有差别"。登高一呼的口号之下，他有一颗踏实做事的工业之心。他死状惨烈，内心却拥有未来的光明。

禹之谟出生的房子，叫做贻泽堂，这个名字是禹之谟的祖父起的，房子也是他盖的。祖屋就位于湖南娄底双峰县（当时属于湘乡县）的青树坪镇。时隔140多年后，当我们站在老屋的门口询问时，现今的住户，60岁的村人禹琪璋还能回忆起当年老屋的名字，"三层的大门，中间一道上就悬着贻泽堂的牌匾，'文革'时毁掉了"。

2010年8月31日，我们沿途寻访，找到这个保留了原名的镇子，但村名已经变为"繁星村"。跟之前几次寻访辛亥革命人物故居的经历相比，禹之谟的名号显得暗淡得多，黄兴故居已辟为展览馆，蔡锷的出生地还有两地在争，陈天华和蒋翊武的家乡也到处可见以其命名的道路、村镇、小学等，而在这里，路牌的指示，导览的词语，更为出名的则是曾国藩与蔡和森。

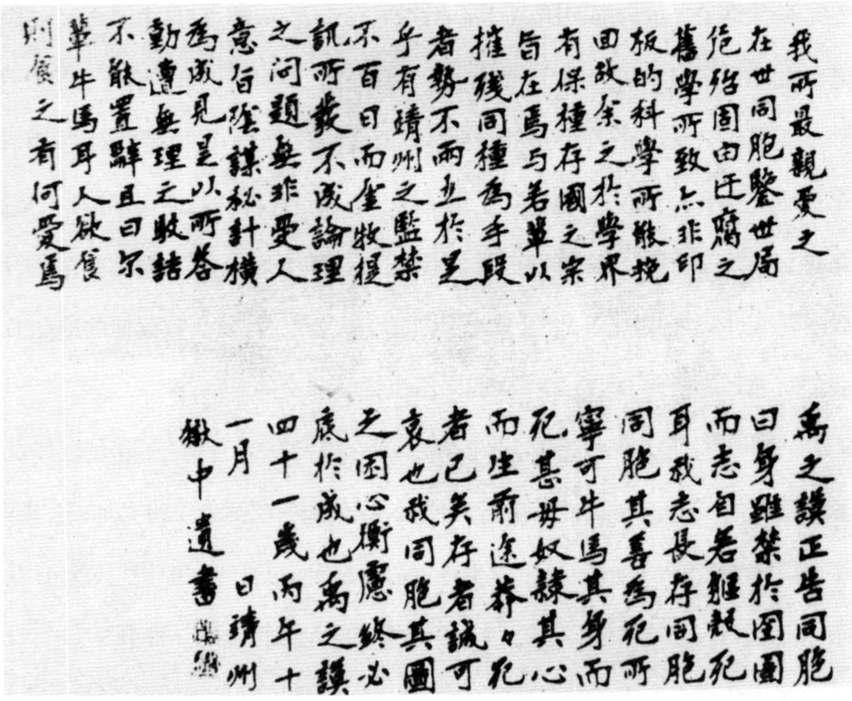
我所最親愛之
在世同胞鑒世局
危殆國由任竊之
舊學所致點非印
板的科學所能挽
回故余之於學界
有保種存國之宗
旨在焉與若輩以
權錢同種為手段
者勢不兩立於是
乎有靖州之監禁
不百日而屢數提
訊所發不成論理
之問題無非受人
意旨陰謀秘計橫
為成見是以所答
勤遺無理之敗語
不能置辭且曰尔
輩牛馬耳人欲食
則食之有何愛焉

禹之謨正告同胞
曰身雖禁於囹圄
而志自若軀殻死
耳我志長存同胞
同胞其善為死所
寧可牛馬其身而
死甚毋奴隸其心
而生前途茫々死
者已矣存者誠可
哀也我同胞其圖
之囹心衡慮終必
底於成也禹之謨
四十一歲丙午十
一月　日靖州
獄中遺書

图13 禹之谟狱中遗书手迹

其实禹之谟在家乡时，对于同为老乡的这位曾国藩大人，却是颇有不屑——“尝谓‘胡（林翼）、曾（国藩）、左（宗棠）、彭（玉麟）好大喜功，误入歧途，皆由不善读书之过’，闻者多目为狂徒。”（姚渔湘《禹之谟传》）禹家祖籍邵阳，迁居湘乡到禹之谟这一辈，已是第七代。建立贻泽堂的祖父在邵阳岩口铺经营小本山货生意，父亲禹春晖继承了十七八亩田产和生意，却有吸鸦片的嗜好，12岁丧母后，禹之谟一直是由三婶和四婶抚养的，这也是他在家族中，最为尊敬的两位长辈。后来他身陷狱中，还写信叩谢两位的抚育之恩。据说少年时代的禹之谟最爱读的书是《史记·游侠列传》，私塾的同学状其气概，说他“提三尺剑，挟一卷书”。

禹之谟虽以辛亥左将军身份身葬岳麓山，但与曾国藩家整修气派的故居相比，老屋的命运却是天壤之别。从双峰县城出发到青树坪，往花门方向走四公里，路过一座“侧石桥”，即是繁星村了。在村口询问，禹之谟和他家的贻泽堂的名号还在，出于这个名号的误会，我们还以为会看到一幢几进的大屋，但当热心的村人将我们领到时，却只看到一排已经拆除一半的土屋，正当中一间最大的，还保留着堂屋的模样，供奉的天地君亲师位，却是都因陋就简地写在了墙上。村人告诉我，堂屋右边的那一片长满杂草的荒地，就是当年禹之谟住的屋子了。剩余的屋子被作了厨房、卧室等，禹琪璋的老婆说，他们一家在这里已经住了35年，“那边房子是九几年拆的，之前省里还有人来拍过照片”。

关于禹之谟故居没能保存下来，双峰县党史办75岁的研究员罗绍志老人叹息了一声，他看了记者拍下的现状照片，说：“我之前还去看过的，这几年一直惦记着再去看看，结果也没实现”。据说，辛亥革命八十周年时（1991年），县里面举办过座谈会，“倒是说过要保护，后面就不了了之”。而后要不是有电视剧用错禹之谟的照片引发后人抗议，禹之谟这个名字，即使在当地，也少被提及了。走在双峰的大街上，估计没有不晓得曾国藩的，但提起禹之谟，“恐怕大部分说不上来”。

（一）经商，进军队，甲午战争之后的荣誉“辞不受”[1881—1896年（清光绪七年至光绪二十二年）]

禹之谟少年时，家底还算丰厚，乡人回忆他们家“墙壁很高”，但父亲嗜好鸦片，又不善经营，家境日趋贫困。15岁，禹之谟已经无法继续念书，就跟着堂叔在宝庆府城（今邵阳市）做学徒。虽然他很反感，仅做了一年就离店回家了，但也可以猜想得出，这一段商贾生涯，对他日后的实业救国是有影响的。

1886年，在家蛰伏四年，跟随叔父去“游幕江淮”的禹之谟已经20岁。彼时他已娶妻，也常在乡间鼓动农民向地主“闹粜”（饥民强迫囤积粮食的粮主平价卖出谷物），甚至还得罪了自己的舅父。这位被禹之谟骂成是“财猪”的舅父，后来在朝廷罗织罪名，将禹之谟逮捕入狱时，还送上过禀帖，可见恨之切。爱恨分明、眼里不容沙子的禹之谟，看来其性格注定他要在矛盾激烈的社会里，走上这条革命之路。

禹之谟在南京的军队里做文书，做军需，前后约有十年。他往来于江苏、上海、浙江、江西、安徽、山东，为的是运输粮饷，也在这样的辗转之中与各地的豪俊、帮会首脑有了接触。直至1894年参加甲午战争，他因运输粮饷军械的劳绩卓著被“叙五品翎顶，候选县主簿”，但他“辞不受”，转而赴上海研习矿学，再次回到湖南时，已是31岁。

图14 禹之谟墓1

(二)织布厂不仅仅是革命的幌子，在湖南工业史上也占了一席之地［1900—1904年(清光绪二十六年至光绪三十年)，日本、安庆、湘潭、长沙］

这一时期的禹之谟最亲密的朋友是谭嗣同、唐才常等人，面对百日维新的失败，禹之谟的结论是“倚赖异族政府改行新法，无异于与虎谋皮”。和当时热血青年一样，半为革命失败的潜逃，半为寻找救国的真理，他选择了东渡日本，“学习纺织工艺和应用化学”。

禹之谟从日本带回的，不仅是织布机械和工艺，还有西方的革命思潮以及与其他留学生的联系。1902年，他在安庆开设了阜湘织布厂，后搬到湘潭西昌宾馆（当时江西商人在湘潭的会所），继而再搬到长沙的小吴门、圣公会（今长沙北正街处）。每一次的搬迁不是为了商业目的，而是革命的宣传和掩护需要。小吴门住所正在曾公祠的斜对门，禹之谟和他并不赞赏的老乡，在长沙又一次聚首到了一起。

图15 禹之谟墓2

邓介松就是在这时认得禹之谟的。当时邓介松的父亲邓添莪（禹之谟的好友）带着他去长沙城戥子桥（今松桂园）看望禹之谟，后者正在那里乘凉。“当时我还拖着小辫子，穿着长衫子，而禹则穿粗布青色对襟短衣，不蓄发，不结辫子，也不盘发于顶，散发长三四寸，垂耳边……目光炯炯，极健谈，声音洪亮，精力特别旺盛。”

虽然暗地里有革命工作，但是织布厂也不仅仅是一个幌子，禹之谟是真的想发展这门技艺，走实业救国的路。当时禹之谟的儿子禹宣三也随父亲和家人来到长沙，并被安排进厂学习操作，他在回忆录中还清楚地记得当时的工序：“先父当时教我继祖母贺氏用纱线学习结纵：织布用两页纵，织毛巾用四页纵，纵结好后，先父用酒精浸黄色舍利克片制成溶液，由我继祖母两手执一边纵，先父左手执一边纵，右手蘸溶液反复涂刷纵线。这样晾干后纵线经久耐用不生毛茸。”事实上，除了革命上的积极作用，织布厂也在湖南的工业史上写下了历史性的一笔。湖南人民出版社2003年出版的《湘潭经济史略》一书记载：“湘潭近代棉纺织工业因近代民主革命斗士、湘乡留日学者禹之谟于光绪二十九年（1903年）在湘潭县城创办湘利黔织布局而开始起步。”《湖南省志》第一卷也记载：“禹之谟在1903年创立湘潭毛巾厂，是为湖南近代机织业的开端。”

1904年，华兴会成立，黄兴起义失败避走上海，而禹之谟，此时则成为湖南革命运动的实际领导者。

(三)“日持革命书报于茶楼酒肆，逢人施给，演说排满，悍然不讳”［1905—1906年（清光绪三十一年至光绪三十二年）］

一边是实业，一边是教育。禹之谟回到青树坪之后，动员了家乡五十余名青年赴长沙进学校。邓介松曾回忆说：“以青树坪为中心的六个乡（旧称六都），青年响应的就有五十多人……禹预先在永丰雇了四个倒扒子（船），亲自送这一批青年进省，一路殷勤照顾，并宣传排满革命。"

当时长沙的学校还不多，为了安置这批学子，禹之谟在湘乡试馆（长沙新安巷，南阳街附近）办起了驻省湘乡中学堂（今湘乡一中前身）和师范学堂，在邵阳试馆办起了邵阳中学堂。而衡州中学堂、永州中学堂，一时间纷纷创立，自然也都是受到了湘乡的鼓舞。

此时的禹之谟，集工、商、学界的领袖地位于一身，任长沙商会会董、湖南教育会会长、学生自治会干事长，一时间，地位举足轻重。在他所创办的学校当中，如今留下最为重要的一个，就是唯一学堂了。这个唯一学堂体系完整，包括小学、中学及游学预备科，后更名为广益中学校，就是如今湖南师大附中的前身。

8月31日黄昏，我们在湖南师大附中的图书馆门口看见了禹之谟的塑像。禹之谟留下的照片不多，雕塑所参照的就是最广为流传的那一张（也是后来被某电视剧错用的照片）。塑像由长沙校友会十几年前捐建，再问附中的学生，这个图书馆，名字就叫做"之谟图书馆"，而每一位学生，都会被教授这位创办人的故事。

作为教育家的禹之谟，在创立学校之余，受黄兴函托，创立同盟会湖南分会并任第一任会长，"日持革命书报于茶楼酒肆，逢人施给，演说排满，悍然不讳"。

四、宋教仁史迹

宋教仁（1882—1913年），湖南桃源人，1904年参与创立华兴会，1905年在日本参加同盟会，辛亥革命后参与筹建临时政府；曾任南京临时政府法制局局长，国民党代理理事长，主张"责任内阁"和政党政治。1913年3月20日，国会召开前夕，宋教仁于上海老北站遇刺，时年31岁。

宋教仁，"国民党之父"，"中国宪政之父"，伟大的民主革命家，极具现代气质的政治家。他才华横溢，一夜草拟宪法草案《中华民国临时政府组织法》，有不世出的组织才能，理想主义，热情，率真，充满梦想。他超前于时代，在今天也犹如一位"新青年"。

(一)故居（湖南省桃源县上坊村湘冲，今八字路乡渔父村）

宋教仁，字得尊，号敦初（也作钝初、遯初、遁初），别号渔父，桃源逸士，笔名犟斋。1882年4月5日出生于湖南省常德市桃源县上坊村湘冲，距离桃花源（相传晋代大诗人陶渊明《桃花源记》所描写的地方）不到10公里。

2010年6月17日，阳光炽热。笔者从长沙出发，走长张高速，转常吉高速，桃源出口下，上319国道往南，沿游立路前往宋教仁"故居"。进村的路，狭窄多石，越野车颠簸厉害。为我们引路的渔父村的会计曹子庆和教仁中学校长李道培一致说："以前更坏，全是泥巴路，遇上拦路的石砾堆，只得步行。"

和韶山冲一样，这"湘冲"是山区平地。在一片竹子、杂树的包围中，见一排木屋，锁着门，边上水缸、柴堆静默。"这原来就是宋教仁的家。土改后，房子拆了，建起这个木屋，住的也是族里的人，他们现在到桃源县里去了。"屋前水泥坪前，一个绿茸茸——生长杂草、低凹的长方形池子，我被告知那曾经是宋教仁家的洗墨池。

住在屋后的87岁老人彭世秀说，这个木屋子用了些原来宋家的木板；他记得"土改"时，从宋教仁家搬出来雕花的床——"雕的是一出戏"；宋家曾是典型大户人家，有两个天井，左右各一四合院，其中有一侧是楼房，铺的地枕板；"我家三代租过宋教仁家的田，每年大年三十佃户们去他家吃年饭。"老人坚持说见过宋教仁，"我喊他外公，我们一起背孔孟的书，我背前面，他背后面，很厉害。"会不会见的是宋的独子振吕（殁于抗战前）呢？老人顿时有些委屈，"我老了，糊涂了。"

李道培校长说起村里人告诉过他的故事：成为革命者后，有一年宋教仁在家躲清兵，清兵来搜人，他担一担水在肩头，喊："老板，屋里来客人了。”清兵以为是挑水夫，便走了。

我观望四周，田园宁静，满眼是绿，绿得那样丰厚、清新，富有生机。而在100余年前，宋教仁生长的时代，村庄里一切宛如桃花源的地方，都染上悲怆阴影。中法战争，中日甲午战争……家国受辱，山河失色。

宋教仁六岁入宋氏家塾读书，读传统典籍。传遍潇湘大地的曾国藩和湘军的传奇，使偏僻山村里的儿童，很是羡慕，有描述他和邻居小朋友们玩军事游戏的文字：“尝嬉戏簿诸邻儿名氏，呼集山阿，树巾为旗帜，自登磐石上指挥部勒之。”也苦心练武，七岁练跳风车，八岁练屋檐抽瓦，还练梅花拳。

在村民宋维新家，我看到两大本被保护得很好的《宋教仁家族志》，里面有这样的记载：桃源宋氏这一支明嘉靖年间由江西迁徙而来，至宋教仁是第15代，教字辈。宋教仁五姊妹，其为次子。1894年，甲午战争中国战败，12岁的宋教仁愤而写下“要当慷慨煮黄海，手挽倭头入汉关”的诗句。还记载，少年宋教仁曾得到一把折骨扇，上面有中国地图，宋教仁爱不释手，即使冬天也拿着它。宋维新轻拍族谱说，“我没事就翻一翻”。我提出想借回去看，立即遭到一旁宋维新大女儿的反对，“丢了怎么办？”

16岁，宋教仁到桃源县漳江书院读书，30里路，“要走两个多小时”。

(二)求学

1. 漳江书院

创立于明末的漳江书院（今桃源县漳江小学），是当时桃源县最高学府，湖南四大书院之一。几经变幻，当年的书院，现在是一所小学——漳江小学，是桃源县人口中“县里最好的小学”。

漳江镇漳江中路55号：进门墙壁有大理石的中国地图和世界地图；校史陈列室见有“民主革命家宋教仁少年时期就读于此”字样。二年级八岁的吴文瑄、李靓两位小朋友，见我问起“宋教仁”，很是疑惑：“是我们隔壁班的同学吗？”“哦，是。你们的同学。”我笑着走开。

学校据说是1903年迁至此地，原址在今天县城横东街县人民医院处，濒临沅江。

出生常德的历史学家吴相湘所作《宋教仁传》记载：宋教仁曾和文骏等同学月夜登院东之漳江阁，纵谈中西政治得失，关塞险厄及古今用兵胜败，尝谓：“中国苦满政已久矣，有英雄起，雄踞武昌，东扼九江，下江南，北出武胜关，断黄河铁桥，西通蜀，南则取粮于湘，击鄂都之头于肘，然后可以得志于天下。”因好论天下事，宋教仁被同学们视为狂生，然，浑不在意。

其时，维新中的长沙办起了时务学堂、南学会，常德府城设立了明达学会，偏僻桃源，也传染了要自强进步的气息。宋教仁在时任书院山长瞿方梅指导下，阅读顾炎武、王夫之、黄宗羲、薛福成、冯桂芬、严复等人著作。其间，宋教仁为自立军秘密会员。

2. 湖北武昌文普通中学堂

1902年宋教仁以优异成绩考取湖北武昌文普通中学堂，这所“教学为士为兵者之道”的新式学校，由兼辖湖南的湖广总督张之洞创办。

2010年6月10日黄昏，笔者来到文普通中学堂所在地——武昌东北部，昙华林。梧桐沉沉，黯旧的街墙上红的蓝的卡通、现代派相混的涂鸦，间中涂出个庄重的孙中山头像，头像斜对面是武汉市第十四中学，其前身便是武昌文普通中学堂。在抵押了记者证后，保安才放我进校。“正寰楼”一楼，一系列校友大照片，排在第七位的是宋教仁（其他有董必武、陈潭秋、赵紫阳、李四光、聂华苓、严文井等），照片下标注“1903级校友”。顺着宋教仁的目光望过去，眼前橙色月季正盛放，各个教室的学生在安静地自习，当年的校园不是这样宁静的。巧遇下班回家的校长汪适中先生，他告诉我：“学校是在武昌文普通中学堂原址建立的，但面积缩小了约40%，当年痕迹已不存。”

20世纪初的武汉，号称“九省通衢”，经济、文化发达。张之洞治下的湖北是新政（新政基本之一是办学堂）模范省。对于1903年的宋教仁，武昌是个新地方，他将在这里接受新思想，结识新朋友。到武昌之初，正值俄国阴谋吞并东三省，消息远播，武汉学界怒潮澎湃，宋教仁自然受到影响。8月，也曾参加自立军的黄兴来到武昌，一边散发陈天华《猛回头》和邹容的《革命军》，一边联络同道。宋教仁与黄兴结交，从此成为至死不渝的挚友。

1903年11月，黄兴、宋教仁、刘揆一、胡瑛等聚集长沙保甲巷，三个月后，成立华兴会，黄兴为会长。作为华兴会骨干的宋教仁和同乡胡瑛负责联络湖北革命党人。1904年7月，二人发起创立科学补习所（宋教仁任文书），科学补习是幌子，实际上是秘密革命组织；它的一项重要工作便是介绍新兵入伍——一旦获知张之洞有招兵计划，科学补习所就会介绍自己人去参军，所以湖北新军中多革命党人。1911年武昌起义，湖北新军成主力，可见科学补习所的功劳。

据武汉市地方志研究员董玉梅介绍，科学补习所成立于多宝寺街私宅，根据清代地图和1962年的武汉市街道名称簿都查不到多宝寺街，据她估计这条街极小，可能民国时已不存，是否在昙华林附近也说不准。

昙华林古街，仁济医院、圣诞堂、瑞典教区、翁守谦故居这些当年的建筑今日仍在，当年那位宋姓青年的单薄身影，曾经穿越过。

华兴会策划1904年慈禧太后十月初十（农历）生辰在湖南发动反清起义，于是这年10月宋教仁回到常德聚集同志，并筹款。因缺少军火和经费，宋想变卖家产，一时无法脱手。11月5日返至长沙，得知起义计划泄露，自己和黄兴、刘揆一等被官府悬赏捉拿。黄、刘已出走，宋便乘坐一条运煤船赴武昌。

洞庭浩淼，舟行缓慢，承受着人生第一次失败，宋教仁悲愤抑郁，仿屈原辞赋口占长歌一篇：“噫吁嘻！联远水流域之一汉人兮，愧手腕之不灵。谋自由独立于湖湘之一兮，事竟败于垂成……展支那图以大索兮，无一寸完全干净汉族自由之土地。披发长啸而四顾兮，怅怅乎如何逝？则欲完我神圣之主义兮，亦惟有重振夫天戈。”终于到达武昌，祸不单行，科学补习所被封，自己被开除了学籍（尽管张之洞极赏识他），不得已要离汉去沪，行前，先后十余同学来送行并赠盘缠，日记中他把同学的姓名一一记下。

3. 日本（日本法政大学、早稻田大学）——用功过度，善感多愁，一度患严重的神经衰弱入院治疗

居上海半月，宋教仁东渡日本，从此是六年亡命生涯。经历明治维新的日本，堪比西方强国，国势昌盛，流行各种社会思潮，西方译介书籍也特别多。中国学生在这里，既了解着日本，也了解着西方。

才安顿下来，宋教仁就决定筹办一打破省界、面向全国的革命杂志《二十世纪之支那》。颇经困难，中途陈天华也辞去总编辑职务，但他意志坚定，杂志终于1905年6月出版。创刊号129页，宋教仁撰写七篇，占了大约四分之一篇幅，其中四篇便是揭露抨击列强侵略的。待中国同盟会8月在东京正式成立（孙中山为总理，黄兴为执行部庶务，宋为司法部检事长），该杂志便成为同盟会机关报，更名《民报》。

办杂志之外，宋教仁学日语，学徒手操、兵操，骑马，“能文也要能武”。后他至日本法政大学学法政，又至早稻田大学留学生预科班就读，“很是狂热，每天学习约15小时”。其间，24岁的宋教仁还翻译了《日本宪法》、《英国制度要览》、《德国官制》、《美国制度概要》等十多部有关国家制度和法律的著作（译书有稿费，仍拮据得很，“还了友人秋衣，又借夏衣”）。

作为一个早慧的天才，他此时的心境可谓抑郁，“四壁虫声急，孤灯夜雨寒。此身愁里过，故国梦中看”，可见他的忧郁愁思。1905年12月8日陈天华的蹈海殉国，也是深深影响到他的。当时宋教仁到警署认领遗体，面对遗体他泪如雨下，此后每每想起陈的死，他都痛苦异常，一次醉酒之后，“倒卧于席上，仰天歌陈星台《猛回头》曲，一时百感交集，歌已，不觉凄然泪下，几失声”。有妻室，却爱上一位叫做西村千代子的日本女孩，心意难平——友人李和生写信来劝诫，他在日记中写道：“读之再三，懔然惶然，一时心中不可名状，遂急蒙被而寝。”凡此种种，宋一度患严重的神经衰弱，于1906年8月入院治疗。住院期间，他每天看《红楼梦》，希望有朝一日能够写一部“有关中国社会现状、对未来充满希望的小说”（片仓芳和《在日本逗留期间的宋教仁》）。病愈后，“易激动，爱伤感，不善于与人相处”的他，变成熟了。

(三)宋教仁纪念室

渔父路，桃源县一条主要道路，贯穿南北。县委大院，县人民武装部在这条路上。桃源县文联罗永常说："我1985年从部队复员回来，就有这条渔父路了。"曾有渔父祠，如今县人民武装部大院内正对大门的办公楼便是当年渔父祠的所在。罗永常介绍说："渔父祠建于1932年，两层木制楼房，是当年县城最高规格建筑，(20世纪)50年代县领导在二楼上办过公。" 50多岁的保安杨国清记得，"当年祠堂前是稻田，附近还有个池塘，三四个篮球场那样大，叫渔父池。"县武装部大院斜对面一所建校于1983年的小学，被命名为渔父小学，只为纪念。而在沅水大桥桥东有块圈出来的地，"要建渔父公园的，还计划在公园里复建渔父祠。我们盼望着"。

图16 湖南桃源教仁中学宋教仁纪念室所在地

桃师一中，矗立的宋教仁汉白玉塑像，是该校高108班校友和某单位捐建的。

为了纪念，漳江镇八字路中学，在2001年改名教仁中学，看起来就是典型的乡村中学，校舍简陋，但特意辟出了一间"宋教仁纪念室"，一面墙是宋生平事迹及模糊的复印图片，尽管如此，这可能是中国罕见的独立的"宋教仁纪念室"了。

图17 宋教仁纪念室内景

由湖南桃源，到湖北武昌、日本，宋教仁被壮大、充实，他热情饱满，深邃张扬。1911年初他来到大上海，并在有限生命的最后两年，于民初之宪政，做了勇敢而智慧的探索……直到1913年一个春夜在上海老北站，被罪恶的子弹暗杀。

(四)长沙、武汉、上海、杭州、南京……一路演说

时年29岁，由日本回抵上海的宋教仁，任《民立报》(于右任创办)主笔，以"渔父"之名针砭时弊，才名远播。

图18 教仁中学及宋教仁纪念像

相关资料显示，1912年10月中旬至12月27日，志得意满的宋教仁曾归家桃源。流亡数载，终见亲人，他似乎悠闲，"为母亲祝过寿"。而国民党员们电报飞至，革命者只好再上征途。只是他万没料到，这是自己最后一次回家。

长沙、武汉、上海、杭州、南京……宋教仁一路行走，发表演说，言辞激烈。在上海，他说，"现在的政府是'不良政府'"；在南京，他说，"现在政府之内政、外交，果能如民意乎？"他甚至赤裸裸批评袁世凯政府"自掘坟墓，自取灭亡"。他放言无忌。在他看来，发表政见，评论当局得失，正是现代政治的当然现象。他不怕，不收藏锋芒，他绝不认为自己妄语，绝不认为自己无谓愤怒，他诚恳，率真，阳光到透明("存诚自不妄语始，定性惟治怒字难"。2010年6月11日，在武昌首义纪念馆，我见到这幅宋教仁遗墨)。

"遁初想做总理"的传言，在此时更加剧烈。宋教仁在《民立报》撰文坦承："世人诬吾运动总理，由来已久。吾虽无其事，实不欲辨(辩)……夫人立志为总理，岂恶事哉？……国家既为共和政治，则国民人人皆应负责任……"

然而，那个时代不够新，那个时代的旧人太旧。被他骂着的袁世凯，残暴狭隘，狠狠暗藏了杀机。其实袁世凯待宋教仁不薄，为了笼络，送过名贵西服，还想送貌美女子；送钱，一次要送50万元，宋婉拒；还送过一本空白支票簿，宋只是略支少许示谢。“不能重用之，就除之，这是古典的方法”（语出历史学家唐德刚）。

1913年初春，在宋旅行讲演锋头正健之时，袁世凯电召宋教仁北上共商国是。

(五)被刺杀地，上海老北站，今上海铁路博物馆

1913年3月20日晚，上海老北站，宋教仁即将启程，送行者很多——国民党已在国会选举中初胜，正式国会召开在即，均认为宋此行可能“入阁拜相”。22时45分，宋教仁和黄兴、陈其美、廖仲恺、于右任等走到月台入口处，“不意一个刺客忽然在背后出现，向宋腰际开了一枪……宋应声倒地，车站上一时秩序大乱，刺客乃乘机逃走，无影无踪”。宋教仁随即被送往附近沪宁铁路医院（今上海市第十人民医院，医院北门开在共和新路上），因子弹带毒，二日后不治而亡，终年31岁。

2010年5月2日下午，笔者在上海老北站原址，今是上海铁路博物馆（闸北天目东路200号）。摆放的黑色机头绿皮机身、1924年美国制SN26机车冲入眼帘，世博吉祥物海宝前有情侣在拍照。博物馆按老北站原比例80%重建，于六年前对外开放，古典式红色建筑模仿了20世纪初老北站样貌。楼前时钟显示15:35。岁月走马，97年前那个暗夜的鲜血与恐怖，已被掩埋，被遗忘。

过路的79岁上海居民苏书（音）先生告诉我：“北边走轻轨的方向，是老北站的进口，目前小火车处是当年的月台，而当年月台有好几个。听说宋教仁是在这被刺杀的，这里没有设置过被刺纪念碑。”

(六)墓园，上海闸北公园

1913年3月23日，宋教仁灵柩移往上海湖南会馆，送殡者长达十几里，6月26日葬于闸北宋公园。公园是在谭人凤等人申请下建立的，当初辟地百余亩（用于墓园43亩），1914年落成，又名教仁公园。1959年，公园扩建为闸北公园。

2010年5月2日上午10点，上海共和新路1555号闸北公园（对面是高架桥、沪北电影院）里，穿越晨练的市民，在公园西角见到宋教仁先生墓。郁树苍苍，墓为半圆形，墓顶有一展翅雄鹰，它的爪子被蛇缠住，前立“宋教仁先生之墓”石碑。我来到墓碑前，献上一支玫瑰花，鞠躬。

挨着墓碑的有限空地，一群青少年在翻滚腾挪，耍枪舞剑……“精武总会辅导中心少儿队”在这训练。13岁的章涛，五六年来每个周末上午都在这练武，“宋教仁是伟大的革命者嘛”。小章涛说起，“去年清明，下雨，我一早来就见到墓前排开了六个花篮，有一封信贴在墓碑上，开头是写‘亲爱的宋教仁先生’，还记得‘我来自您的家乡……’”，他看到信纸被雨水打湿。

武术队20来岁姓封的青年，在这训练了10年，说：“墓地平时没人管，下雪也无人打扫，是我们自己打扫的。”这时一位中年男子借了武术队的木棍，把球形墓顶上的杂草蹭掉。他叫张建平，广东梅县人，美国某高校教授，回国探亲特意来“看望”宋先生。

一旁休憩、57岁的沈先生说，住附近10多年了，每天都到这坐坐，“以前墓地不是毛的大理石而是水泥地，马路对面是一片稻田”。他是绍兴人，秋瑾家离他家就20多里。

距墓碑约10米，是先生坐像——左手持书，右手托腮，凝思端坐在一方石碑上。他是一位瘦弱的先生，他的面容年轻，并将永远年轻。坐像底座正面“渔父”二字，是挚友章炳麟的手迹。

底座背面乃于右任所书铭文，其中“勒之空山”四个字令我呆立许久。

在公园值班室，我见到有今年清明同济大学、闸北革命史料陈列馆、上海文物管理委员会三处敬献花篮的记录，“湖南也有人来了的”。在公园工作了31年的黄雷宝回忆说：“刚来公园时，宋墓在公园中部，是光滑的大理石墓地，长方形大理石的基座。都是草，没人管，碑也被敲掉了。”

闸北革命史料陈列馆所陈列照片显示：新中国成立前这里是国民党杀害革命志士的刑场。立在闸北公园门口的木牌简介说"'文革'期间宋墓遭殃"，闸北革命史料陈列馆的张辉主任则告诉我：曾见资料说——"文革"时，宋教仁的尸骸的确被"扒出来"过。多么希望，这只是传闻。

(七)解析——法式内阁制，美式总统制，哪个更适合1912年的中国？

宋教仁主张内阁制，避免"于革命有功的军人"施独裁统治。

武昌首义之后，宋教仁主持鄂军都督府所有公文的制定、颁布，还起草了《鄂州约法》——仅用了半个月。世人感叹其才气。《鄂州约法》体现了近代西方民主精神——规定了人民自由民主权利，规定了立法、行政、司法三权权限和关系；被誉为中国历史上第一部共和制宪法性文件。

待1912年临时政府成立，宋教仁又于一夜之间草就宪法草案《中华民国临时政府组织法草案》！这种出众才华为人赞佩，同时也遭人嫉妒。而近代中国第一部宪法《中华民国临时约法》，便是以《鄂州约法》和该宪法草案为蓝本的。

孙中山尚未就任临时政府大总统之时，关于临时政府的政治体制，孙、宋有争论，孙主张美式总统制，宋主张法式内阁制。

当时世界上建立了共和国且对世界影响较大的主要是美国、法国。宋教仁担心，一旦于革命有功的军人取得政权成为元首，可能施独裁统治；施内阁制，意味着国家元首比如总统会成为虚君，实权在内阁总理手上，"盖内阁不善可以更迭之，总统不善则无术变易之。如欲变易之，必支援国本……"而孙中山觉得，民国既建，没必要架空国家元首。

孙中山1912年当选临时大总统时，狂士章炳麟不以为然："论功应属黄兴，论才应属宋教仁，论德应属汪精卫。"此乃一家之言，也证实宋教仁才气非同凡响。两位伟大的革命者，对于共和国家的政治模式有着不同理解和看法而已。一切都是在探索中。

待中山先生要让位于袁世凯，他意识到确需内阁制加以约束。随之制定的《中华民国临时约法》，其中最瞩目一条便是，临时政府模式由原来的总统制，改为内阁制。

孙中山"悲观，置身事外"，唯宋教仁热情昂扬，另组国民党。袁世凯做总统后，唐绍仪内阁，继之陆徵祥内阁，均短命，宋教仁均目睹了袁世凯随意破坏约法，推行专制独裁之所为，而坚决力主内阁制。要建立内阁，掌握政权，便要取得议会（国会）的多数，由此便需建立一个大党。

1912年8月25日国民党在北京湖广会馆召开成立大会。孙中山为理事长，宋教仁为代理理事长，30岁，即成为当时中国第一大政党的实际党魁，"锋头之健，气势之高，一时无二"。

尽管以此未必能约束那大猿猴，今天的我们，评说其"天真"，但那种富有理想和勇气的努力，百年之下，犹令人追念！

五、蒋翊武史迹

4月9日，长沙岳麓山麓山寺正门下约20米处的蒋翊武墓，1916年9月自桂林迁葬于此。花岗石碑塔高4.15米，墓区前方有珍贵树木构棘，墓下方有一座单檐攒尖顶小青瓦的六方亭，叫"蒋公亭"，被今日爬山者当做"半山亭"。

蒋翊武（1884—1913年），湖南澧县人，1911年在湖北新军中组织革命团体文学社，任社长。武昌起义爆发后，他任湖北军政府军事顾问，嗣继黄兴任战时总司令。1913年"二次革命"爆发，蒋翊武回湖南策动反袁，失败后在广西全州被捕，10月就义于桂林丽泽门外。

1912年10月，蒋翊武回乡省亲。澧县人将他要经过的路改成翊武路，桥改成翊武桥。结果蒋翊武在当晚绕道进城，第二天对乡人申明，自己"无功可纪，不得享此殊荣，将通衢要道冠以己名尤属不妥"。这一次省亲，蒋翊武还做了一件事，他去了岳麓山，祭扫陈天华、姚宏业、禹之谟、焦达峰、陈作新墓。

他“不事科举”，却以第一名考进省西路师范学堂，学习近代新学；他不曾留洋，却与东渡的救国求索者保持着思想的一致先进性；他是辛亥革命的两位总司令之一，另一位也是湘人，黄兴。

(一)祖居：澧县车溪乡蒋家庙

蒋翊武出生在湖南澧水流域的澧州府城（今常德澧县），但他的祖辈一直生活在澧县的蒋家庙，持续十多代。湖南文理学院的副教授周星林在他的论著《蒋翊武家世考》中这样分析这一家世和蒋翊武性格的关系，“澧水流域的蒋家本支自清朝乾嘉以来，富甲一方，逸官贵人层出不穷，为当地望族，这使得蒋翊武所在的蒋家庙分支相形见绌。正是在这种家族背景的影响下，蒋翊武形成了埋头苦干却又勇于抗争的性格”。

图19 蒋翊武像

蒋家庙位于澧阳平原腹地，现属澧县车溪乡群力村10组，据漫征老人说，“距离现在的澧县县城二三十公里，现在还有不少蒋家的族人住在那里”。2006年清明节，周星林教授特地前往之时，看见了当地居民集资修建的、原蒋家庙中用于宗族祭祀的“广富宫”。作为家族里光耀门楣，甚至影响到澧州（澧县的古称）联宗的大人物，蒋翊武的名字自然名列其中。而家族本支中富甲一方的临澧蒋家，20世纪40年代后逐渐衰落，也要“供奉蒋翊武的灵位，建立翊武公祭祠堂”，“以显家威”。

(二)故居：澧县老二街25号

所谓故居，其实已经消失52年了。在澧县的老二街25号，如今挂着“澧县第一建筑工程有限责任公司”牌子的地方，正是当年蒋翊武在澧县的居住地。五层的水泥小楼，寂寥空落。原来的房子是1958年“大跃进”时期拆掉的，“木楼，两边都是，还有两根石柱”。后来蒋翊武的几次回乡，也都是住在此地。

图20 岳麓山蒋翊武墓

这并不是蒋翊武出生的地方，在蒋翊武的父亲自已置房产之前，从乡下出来跟堂兄学做腐竹时，租住的是人家的地方，就在“澧县街上，南街吕家的白家巷崔氏祠堂”，蒋翊武就是在那里出生的。当年蒋翊武的父亲学做豆油皮，后来自己开店的小油坊所在地，如今是光灿灿的“翊武电影院”。漫征老人说，“门口的两个狮子做得不错”。蒋翊武父亲开办的这家小商号名为“蒋兴发豆笋店”，“蒋兴发”这个名字，后来出现在蒋翊武在上海创办的第一份报纸《竞业旬报》的湖南“代派所”名单当中，证明蒋翊武“不仅参与了报纸的编撰，还将发行触角引伸到湘西北地区的沅澧大地”。

因为丁公桥街和蒋家住的崔氏祠仅隔百米，翊武每天到店里，帮父母干活儿。他的启蒙教育是从“澧兰书屋”开始的，当时城里有名的态度严谨的学者、塾师晏开甲、周宣生等，都是这个书屋的。不知道是不是真如传闻所说，算命先生告诉做父亲的“令郎必成大器”，所以虽然家道艰难，蒋翊武还是成为家中五男一女六个孩子中，唯一一个被送去读书的。

(三)澧州高等小学：今澧县一中

图21 武昌起义时蒋翊武任起义军临时总指挥

我们在澧县一中的操场边上看到了一溜名人的塑像，从贝多芬到马克思，"都是外国人"，摄影记者远远看一眼那些面部线条说。在学校的校史馆有关于蒋翊武的生平，只是不知道，有没有学生真的对这个校友产生过兴趣。当时在学校里的蒋翊武，书自然读得不错，他写古体词赋、文章，尤为出名的是一手好字，"字迹俊逸，遒劲有力，深受乡党器重"。

当时维新运动正在湖南兴起，一些"新学"书刊广泛流传，也发行到了澧州一带。蒋翊武"搜求披阅，胸襟为开"，深感"惟年幼应时，尚希深造"。

1897年，蒋翊武听到湖南时务学堂在长沙开办的消息，即"欲考该校"，后来因"戊戌政变发生……时务学堂被封，凡论政治学术革新者搜索逮捕，网罗殆尽"，而蒋翊武也因为"言论维新，颇遭世忌"。在师友规劝下，他"避世幽居，岁余未出门户，诗酒为乐，意效金人三缄其口矣"。那段时间里，他帮着家里的店子挑水推磨，同时也在自学。

1902年，蒋翊武18岁。澧州创办官立高等小学堂，蒋翊武被破例录取，编入第一班就读。在校中，他是唯一的穷学生，也是唯一的苦读生。无论寒暑，都是"履露足趾"。学校学制四年，蒋翊武仅用了三个学期，通读了全部课程，"试辄优等"，1903年即提前毕业。

毕业那一年，正值各府、州、县生员会试，会试关系着次年举荐人才的乡试，所以读书人纷纷应试，考场就设在澧州的棚厂街。蒋翊武不去，遭父亲责怪，他抗辩说："奴隶功名，要他何用？"19岁的他，已经选定了一条不以科举进阶的前行之路。

(四)湖南西路公立师范学堂：今常德市一中

虽然没有参加会试，但是蒋翊武读书的本事很快在另一场考试中显露了出来。

1903年，设在常德的西路师范讲习所扩充为湖南西路公立师范学堂，面向西北四府二直隶州五厅共三十县招生。蒋翊武考入该校的成绩，是第一名。当时西师的课程有十几门，入学者"多为湘西俊秀"，内容"集传统经学和近代新学兼而有之，任教者皆海内博学之士"。这也是湖南省第一所师范教育学校。

清末的常德是湖南第二大城，西师作为沅澧流域最高学府，位于武陵北门城内的玛瑙巷中，算得上是闹中取静之地。蒋翊武在这里结识了有识之士，其中就有同班同学、后来同样大名鼎鼎的林伯渠。那时他们最常流连在西师附近的"启智书局"。这家书店专门出售香港、上海或留日学生在东京出版的进步书刊，经理唐承隋和林伯渠的父亲是武昌博文书院的学友，欢迎学生们来翻书，不买也没关系。就是在这一家小小的书局，蒋翊武读到了《猛回头》、《警世钟》、《革命军》、《新湖南》……为了交流读书心得，推广知识，蒋翊武和伙伴们还发起了一个"新知书社"，成员发展到四五十人。

(五)常德祇园寺——华兴会起义；常德津市——翊武中学

参加华兴会起义是蒋翊武初涉革命活动的第一步。在那之前他已经是个出了名的"革命派"学生，他在西师写文章直言"革命排满"，在清朝官员面前疾呼"洪、杨（洪秀全、杨秀清）民族功臣，曾、左（曾国藩、左宗棠）民族罪人"，使得清吏"瞠目而视良久，亦不敢对外声张，从此再未来校说教"。他剪去长发，着学生装，走在澧县被人当做"外国人"。

1904年，这一年，黄兴30岁，正在准备借西太后生辰举办“皇会”，在长沙起义；宋教仁22岁，正从湖北回到常德，在武陵县衙门对面的五省客栈，设下西路联络总站，为起义做准备；而20岁的蒋翊武，就是在这里认识了宋教仁，加入了华兴会。

那还是科举尚未完全废除的日子，读书人还做着埋首书卷的梦，殊不知日俄战争早已爆发。革命尚未成潮流，蒋翊武以联络学界为己任，在泮池街附近的祇园寺建立了华兴矿业有限公司湘西联络分站，以备在起义之时策应省城。之后华兴会起义失败，常德知府问罪，学校当局恐被波及，以“文艺不慎”为借口开除蒋翊武学籍。

这一段低落时期，别人只看到蒋翊武“居家岁余，杜门不出，日以诗酒自遣，时或仗剑高吟，旁若无人”，却不知道他依然与流亡东京的宋教仁书信联系，了解党人在海外的情况。

他从常德出发，经沦港，由汉寿围堤湖、西港取道南州之茅草街入湖，至沅江，又从临资口入湘江而到长沙，奔走于沅湘两岸的数县——这是蒋翊武读书生涯的尾声，也是他职业革命家道路的开始。

蒋翊武在西师求学时，最为相知的好友是黄贞元和夏国瑞。一次他与黄贞元结伴回乡，途经鳌山脚下的渡口，对黄说，这地方风景这么好，将来革命胜利了，要在这里办个学校。后来黄贞元果然承其遗愿，办起一所中学，就是今天在常德津市渡口的翊武中学。

我们在5月6日中午到达翊武中学时，雨正下得细密，师生都在午休。校门口有一座蒋翊武塑像，与别处不同，似乎有点稚气地骑在马上。透过围栏可以看见一座小亭，随行的漫征老人说，这也是“蒋公亭”。没有看见一名学生，满是绿树的校园中，整齐的红色小楼，看得出管理整肃的气氛。

60年前，这学校的名头不小，董事长覃振，副董事长程潜、辛树帜，名誉校长黄贞元，校长许和钧。如今，学校只有初中部，除了纪念一个伟人，这里同样也记录了一段“恰同学少年”的同窗之谊。

(六)岳阳楼——复国运动中的鄂豫招抚使；岳麓山——蒋公亭

1912年10月，蒋翊武回乡省亲，这距离他发出第一道作战命令的武昌起义已经一年多，他特意注明“白布系左膀为标志”的那道命令以来，作为战时总司令的蒋翊武，已经以一个最热烈的姿态经历过这一场伟大的变革，这同样也是他个人生命中最辉煌的时期，但是回乡的安定日子过后不过几个月，形势就发生了巨大的变化。国民党发动二次革命，反对袁世凯的独裁统治，这时蒋翊武正在澧县探视父母，接到友人催他去长沙发动湖南独立的电报，他向父母说，“儿誓志杀贼，保障共和，否则不生还也”。

7月25日，湖南宣布独立，他被任命为鄂豫招抚使，派往岳阳布置军队。指挥地点，就在岳阳的地标——岳阳楼上。

蒋翊武对父母说的话是经过考量的，当时的形势是，湖南都督谭延闿虽然也加入了国民党，但并不真正反袁，虽然宣布独立，却没有在军事上积极准备。果然，一个月不到，江苏、江西等地的讨袁军遭受失败后，湖南于8月12日宣布取消独立。蒋翊武回到长沙，事情已无可挽回。

别人都经汉口乘舟沿长江东下，蒋翊武觉得汉口太危险，那里认识他的人太多，决定改道广西去香港。可是刚走到广西全州所属兴安县唐家冲，就被驻军统领秦步衢的部下所捕，由全州押解到了桂林。

当时有人向桂军师长陈炳焜求情，陈炳焜却坚持蒋翊武是要犯，不能徇私。不久，袁世凯电令广西方面把蒋翊武就地枪决。蒋翊武看了电报，仍与看管他的刘家正谈论武装讨袁，又索纸要笔，书写遗嘱，并为遗腹子取名。第二天，天气酷热，蒋翊武对刘家正说：“治斋（刘家正字），天气太热，可否改在傍晚执行，以免暴尸当午。”刘家正表示同意。下午4时，刘家正备饭，佐以白兰地酒款待，蒋翊武丝毫不把即将到来的死亡放在心上，他痛快地吃饭喝酒，以至微有醉意。

饭后，即押赴桂林丽泽门外行刑。刑场监视员是营部副官黄沛然，监斩员是营部副官陆云高，士兵环立，围观者无数。蒋翊武这时穿着丝绸衫裤，端坐于大红毡上，向观众讲革命真理，听众动容，有些为之痛哭。执刑士兵凝神静听，迟迟不肯开枪。领头的排长见状，担心事情有变，突然拿出手枪，从背后向蒋翊武开枪。友人为蒋翊武装殓，时间是1913年9月9日。

"斩断尘根感晚秋，中原无主倍增愁！是谁支得江山住？只余有哀逐水流。"蒋翊武就义时，年仅28岁。1921年孙中山在桂林督师北伐，下令为蒋翊武立纪念碑，亲笔题写了"开国元勋蒋翊武先生就义处"，并命胡汉民先生撰写了碑文，其中写到"公之死……而其成仁取义之志则一也"。漫征老人曾经亲去桂林看过这块碑，"原来在路边的，有点麻烦，设法把它往后退了一些，好保护些"。

蒋翊武去世三年后，1916年护国战争胜利，遗骸归葬长沙。如今，蒋翊武墓静静地位于麓山寺正门下约20米处。一块小小的空旷平地，墓冢居中，花岗石砌平台四级，上建方形顶碑塔。很多人认为墓地的过于朴素，与蒋翊武的本身功绩并不相衬。省内对辛亥革命研究颇深的专家，湖南师大饶怀民教授就说，"连孙文的评价都没有，这可是辛亥革命里唯一一位被称为'开国元勋'的将领啊"。

而更让人费解的一件事是，墓下方本来建有的一座"蒋公亭"，不论形制还是材质都是墓碑的配套建筑，却被莫名改名为"半山亭"。

六、谭人凤史迹

谭人凤（1860—1920年），字石屏，号符善，人称谭胡子，自称雪髯、髯翁、梅城叟等。辛亥革命元勋之一。策划起义失败后逃往日本，加入同盟会，为同盟会领导人中最长者。民国成立后，任粤汉铁路督办、长江巡阅使，授上将军衔。

图22 娄底新化文田镇谭人凤墓

谭人凤出生的隆回县鸭田镇南湾村，属于传统意义上的"梅山地区"，位于湘中西北部、雪峰山东麓，这一带居民普遍信奉"梅山神"。

谭人凤，35岁前只是个眼界狭小的乡村教师，一次偶然的机会让他认识了外面的世界。他组织会党起义，遭通缉流亡海外时，已年过半百，仍参与多次起义。他参与调整了同盟会的华南战略，把起义重心转移到长江流域。他临危受命保卫武昌，立下功劳。

（一）"我不但要做乡间的讼痞，我还要做国家的讼痞"

谭人凤出生的地方位于湘中西北部、雪峰山东麓的地区，当时属于新化县八都塘湾、石鼓，现在属于隆回县鸭田镇南湾村，翻过一个山坳就到了新化。这里往东北通新化，西南通隆回县小沙江、虎形山，属于传统意义上的梅山地区，这一带的居民普遍信奉的"梅山神"，是一种夹杂着道教和巫术的神秘宗教。

图23 谭人凤故居所在村落

理解这一点，我们就可以理解《石叟牌词》里为什么会有那么神奇的八卦图解；武昌首义时，谭人凤为了树立黎元洪的权威，为什么用"迷信"的手法给黎授旗授剑，搞了一场祭天告地的仪式；他给湖南援鄂军队写的军歌里"手执钢刀九十九"这句，他为什么解释为算命先生的逻辑；在日本时，他为什么给宋教仁去算命，算出他有宰相的命相了。

谭人凤的很多神秘之处，都可以在这里得到解释。也就是说，尽管后来跻身革命党高层，谭人凤是真心相信算命的，孙中山信仰基督教，他信仰新化本土的梅山教，这一点被普遍地忽略。

谭人凤的家乡水陆交通都不发达，非常闭塞，当地人过着一种近乎于荒山野人的生活。梅山地区遍布瑶族，谭的祖先是从外迁入的汉人，在明末清初，家族中曾经出现过几个追随明朝皇帝遗族的武官，最后逃亡失败，被清朝统治者惨杀。因此在谭氏家族的观念中，有汉族民族主义的传统，几乎每代人都有思想反清的武人。

谭人凤还在小时候，玩的游戏中就有“杀鞑子（满清统治者）”，谭从小就喜读《船山遗书》，据谭的孙女谭德顺、女婿康乐天撰文记述，谭小时候就读的学校附近是太平天国领导人石达开残部被射杀之地，谭的孙女相信这对祖父幼时有一定影响。

现在可以确定的信息是，谭人凤有六兄弟，他最小。谭17岁那年父亲就去世了，家里只留下少许田地，为了让几兄弟早日独立谋生，母亲坚持在谭23岁那年分了家。分家的书面材料是谭人凤写的，现在收集在他的文集中。

谭家贫，但母亲和兄长还是设法送他读书，他的成绩也不错，有文才，但由于清末科场黑暗，贿赂舞弊盛行，谭人凤凭着自己的真才实学，到30岁那年也没有考上秀才。

他那时留有胡须，个性突出，加上他在自己的履历里写有帮人打官司的经历，被考官指责。而谭满不在乎，还习惯性地捋捋胡须，遭考官骂为“乡间讼痞”，谭血气上涌，回应说“我不但要做乡间的讼痞，我还要做国家的讼痞”，并随口占了一首诗，愤然退出考场，从此告别科举。

(二)“谭胡子”在长江流域会党中广为人知，人称“托塔天王”

1895年，适逢甲午战争，当地名士邹价人来到谭人凤创办的福田义学，两人一见如故。邹价人何许人也？当时新化著名的舆地世家邹汉勋家族的后人。邹汉勋和魏源齐名，时人流传“记不全，问魏源；记不清，问汉勋”。

出身书香门第的邹价人跟谭人凤讲了许多当时发生的大事，后者闻所未闻，眼界大开。谭也是好学上进之人，第二年就创办了新式学校福田小学堂，聘思想新锐的邹价人为老师，这所学校是现在的隆回县鸭田镇中学的前身，只是校舍已重修。

因为邹价人，谭人凤接触了《时务报》、《清议报》和梁启超的思想，受益良多。1903年，谭在新化县城开办了新式学校“群治小学堂”，他又读到了邹价人的学生陈天华邮寄回来的《猛回头》、《警世钟》。据说他的学校招收学生的标准是“俊悍”，他会向学生灌输种族革命的思想，这在当时已非常时髦。

谭人凤参加民间秘密会党的时间已不可考。有人说他16岁就加入“洪门”，这是一个以“反清复明”为宗旨的秘密组织，但这种说法没找到证据。

当地流传他组织会党的缘起是，他先是去拜访了当地的哥老会头目谭恒山，提出要看看该会的章程，对方以“我是邪你是正”为由拒绝，人凤说“正可以邪，邪可以正”，双方相视大笑，于是对方给人凤看了哥老会的组织文件。

此后，谭又去拜访100多公里外的会党首领周叔川，这是新化县当时最有名的会党首领。两人在一字山聚会，参加者包括《大公报》主笔李抱一的父亲李植人，李抱一曾撰文记述。

同样可以找到证据的是，谭的群治小学堂成了联络会党的机关，周边地区的会党首领都曾前来拜会，这与谭的有意奔走有关，也显示他在这方面的才能。

但在1904年，谭人凤觉得通过教育培养反清人才的方式见效太慢，于是停止了办学，从此告别教书生涯。有迹可循的是，1905年春节过后，谭人凤和周叔川翻过雪峰山到达溆浦、沅陵，过桃源、下常德，同时派人南下郴州等地，进行过一次广泛的联络，触角甚至遍及西南各省，“谭胡子”的大名因此在长江流域会党中广为人知，人称“托塔天王”。

周叔川因引起官方注意，遭到追捕，逃往日本，不久后病逝；谭人凤潜回家乡继续活动。当年，他和邵阳的李洞天、安化的李燮和、隆回的刘纲领、武冈的唐镜三等会党首领策划了起义计划。

不久接到广西随营学堂总办蔡锷的电报，要他去桂林协助办学，他就带着三个学生一起去了，在广西得到李燮和和唐镜三要起义的消息。他知道当时两江总督魏光焘刚好开缺回邵阳，怕起义被魏镇压，就坚持要回湖南，蔡锷挽留未果，只好派人送他回去。

他在路上遇到唐镜三，才知道原来是李燮和、唐镜三求成心切，贸然带兵进入隆回，逼得刘纲领不得不起义，刘寡不敌众，起义被镇压。

遭通缉的会党人士纷纷躲到谭人凤的老家，谭也逐渐被人怀疑是起义背后的主谋，经常有官兵进村搜查。谭只好逃往长沙躲避，在草潮门同学罗永绍办的新化中学谋职。

谭本以为风声一过就可以回去，没想到有便衣侦探从他的侄儿口中获得了几名会党成员的消息，并找上门去将两人和房东杀害。

这样一来，谭人凤就觉得自己在家乡实在呆不下去了，多年来新化有很多人出国留学，本来谭觉得自己年纪大了不想出国，出了这件事后，他只得要自己的两个儿子卖掉田产，一起流亡日本。

这彻底改变了谭人凤的命运。

(三)黄花岗起义前擦枪走火，枪被黄兴夺回，他深以为耻

1906年，谭人凤和大儿子谭一鸿、二儿子谭二式经武汉、南京，在上海逗留了一段时间，于当年11月到达日本东京。

到达东京刚好一个星期，他就由同乡介绍参加了《民报》周年庆典，据说当时参加者有上万人，会上场面热烈，大谈理想，喊各种口号。

谭人凤对这种在异国他乡的做法不太接受，想离开，经先期到达日本的唐镜三热心引荐，认识了同盟会领导人黄兴。两人谈了两个多小时，父子三人由黄兴介绍加入同盟会，一时传为美谈。

多年后谭谈到对黄兴的印象，正是对黄兴为人的好感，才加入了同盟会。从此同盟会的领导层多了一个谭胡子。此时谭已经46岁，比黄兴大14岁，比孙中山大6岁，虽然很长一段时间内谭在同盟会内没担任什么实际职务，但由于他年长，识大体，深孚众望，很受领导层倚重，一般都不直呼其名，而是尊称他为老兄或先生。

谭人凤加入同盟会的第二天，湘赣边境爆发了萍浏醴起义。谭和宁调元等人受黄兴派遣回国声援，但回来后起义已经结束，只好又回到日本。

此后，谭人凤参加了同盟会在国内发动的多次起义。谭虽然是个文人，但他非常勇敢，不怕死。

1907年，同盟会在广西和越南边境发动了镇南关起义，孙中山、黄兴亲临现场指挥，谭人凤把儿子谭一鸿的留学官费折算后前往参战，但到那里时起义已经结束。

此后的钦防廉起义，黄兴派他去策动旧相识、广西巡防营首领郭人璋反正，郭表面上答应，但最后却通缉谭，谭只好逃往香港。他在那里的报刊上看到云南爆发了河口起义，又赶去，赶到时起义又已经结束了。

这几次迟到的起义都以失败告终。直到1909年的广州新军起义失败后，革命党人对孙中山在西南边境地区发动起义的战略普遍心灰意冷，要求调整战略的呼声很高。早在1907年，就从同盟会内部分裂出以策动长江流域起义的共进会。也是这一年之后，由于清政府方面的干涉，孙中山被日本驱逐出境，长期漂游在海外筹款，同盟会组织涣散，几近瘫痪。

1910年6月，孙中山短暂潜回日本，谭人凤去见孙中山，提出要他改良党务，孙中山答应以后召集各省负责人再商议，不久后就悄悄离开了。

这一年，他和宋教仁召集11省同盟会的负责人，提出要把起义的重点调整到长江流域，并成立中部同盟会总部来执行，但是缺乏活动经费。于是谭人凤第二天就去了香港，向黄兴报告了成立中部同盟会机关，以策动长江流域起义的想法，并要求拨款支持。

黄兴对其想法表示支持，但同盟会的钱由南方支部负责人胡汉民管，胡汉民表示担心中部同盟会会导致同盟会分裂，激怒了谭人

凤，几乎要出手打胡汉民，在一旁的赵声连忙阻止。

临走前谭人凤请赵声、胡汉民喝酒，对胡汉民说“劝君放开眼界，天下事断非珠江流域所能为，我为党务，往返香港三四次，从此别矣”，表示要和胡汉民决裂。谭人凤在当晚就离开了香港。

第二年2月应黄兴邀请来参加黄兴、赵声领导的黄花岗起义，同盟会在西南边境的起义多次失败后，决定孤注一掷。黄兴在香港设立机关指挥起义，计划起义成功后分头进攻广西、湖南、江西三省，并派谭人凤去湖南联络革命党人，要他们准备在起义成功后响应。

图24 谭人凤故居

谭人凤又提出了他的策动长江流域起义的想法，并提出能否拨款先到长江一带联络，设立机关，先做发动起义的准备工作。黄兴答应了他的要求，拨款5 000元，谭带着这些钱先后来到上海、南京、武汉等地，分给当地的同盟会负责人，要他们加紧筹备起义计划。

在武汉，谭了解到武汉的两个革命团体共进会和文学社之间有芥蒂，无法联系，谭就劝他们“和衷共济，相辅而行”，促进了他们联合到一起策动起义。这被认为是武昌首义发生的关键因素之一。

谭人凤在黄花岗起义前几天到达广州。谭本来认为起义准备不足，应该调整一下战略，但黄兴认为已箭在弦上，不得不发。

谭人凤要求参战，黄兴因为谭人凤年纪太大，劝他不要参加，谭执意坚持。于是黄兴发给谭人凤两支手枪，谭拨弄时擦枪走火，被黄兴把枪夺回，安排他躲在陈炯明家里。谭对此事深以为耻，但他不怕死的精神也为人称道。

黄花岗起义最终以失败告终，深深打击了革命党人的士气，谭人凤也感到前途渺茫，甚至准备归隐家乡，但他去武汉看望儿子谭二式时，蒋翊武、焦达峰等人还是劝谭振作，并告诉他，上次他带来钱后，武汉的革命党人设立了机关，共进会、文学社两个革命团体也开始联合，起义的准备有很大进展，于是谭人凤受到很大鼓励，重新振作。

1911年7月31日，谭人凤和宋教仁在上海发起成立了中部同盟会总会，作为领导长江流域革命的机关。谭人凤被选为总务会议议长兼交通干事。武昌首义前，湖北的革命党人派居正等人到上海请黄兴、宋教仁、谭人凤来武汉指挥起义。

居正到上海后，此时黄兴在香港，谭人凤在医院养病，同盟会中部总会决定派宋教仁前往武汉。但宋教仁接到狱中的革命党人胡瑛一封密信，因此犹豫不决，迟迟没有动身。于是谭人凤很着急，带着药物出院和居正去了武汉。

到武汉时，武汉光复已经三天了，武汉的革命党人在找不到有威望的领导人的情况下，强行逼迫清军旅长黎元洪做了湖北军政府的都督。黎元洪本是反对革命的清朝官僚，谭人凤到达后，非常责怪宋教仁贻误了时机，影响了此后局势的发展。

但是木已成舟，为了树立黎元洪的威望，谭为黎元洪举行了一场“祭告天地”仪式，代表同盟会向黎元洪授旗授剑，并催迫黎向清军出击。

10月22日，焦达峰带领革命党人响应起义，宣布湖南独立。由于战事紧迫，10月24日，谭人凤赶回湖南，督促湘军援鄂。10月26日，援鄂的湘军部队准备出发，谭人凤为鼓舞士气，编了一首军歌，谭解释其中一句“手执钢刀九十九”是算命先生的逻辑，现在用到了革命上。

谭回湖南后，发现湖南省军政府的权力实际掌握在乡绅把持的参议院手上，都督焦达峰盖个章都要经过参议院批准，谭人凤觉得这种情况不利于革命，他劝焦达峰解散参议院，但焦达峰认为湖南立宪派的实力很大，非常犹豫。

在10月30日，革命党人召集的会议上，谭人凤提出的解散参议院的提议获得通过。但第二天早上，副都督陈作新、都督焦达峰先后遭人杀害，谭延闿继任都督。

谭人凤并没有证据表明焦、陈是谭延闿所杀，但谭说“焦达峰死于参议会取消之时，谭延闿即未与杀焦谋，焦实因谭延闿而死”。

谭人凤虽然对谭延闿夺取了权力不满，但在当时情况下，只有默认，并且黄兴来电说“局面不能再乱，如果再乱，湖北也将支持不住，其他各省响应，恐生观望”。

焦、陈死后，谭人凤感到非常悲伤，此时岳阳乡绅李锜邀请谭去担任岳州镇守使。谭觉得岳阳战略地位重要，于是前往。他在岳阳也发布了宣言，但谭延闿迟迟不给拨发武器。

此时武汉由各省代表召开的中华民国临时议会要谭人凤作为湖南代表去开会，谭于是去了武汉，并由临时议会推选为临时议长。

黄兴已于10月底来武汉，担任战时总司令，经过20多天战斗，汉口失守，汉阳告急。在汉阳失守当天，黄兴准备离开武汉，谭人凤前去劝阻，黄不听，于当天去了上海。12月1日，黎元洪也离开都督府逃到了葛店。

武昌群龙无首，居民全都逃走了，晚上街上一片漆黑，清军的大炮不断从对岸打来，都督府都遭到轰炸，武昌一旦失守，将影响全局。

文学社推举的战时总司令蒋翊武不能服众，于是湖北的革命党找到在英租界主持临时议会的谭人凤，称谭“革命巨子，素孚众望”，要他出任战时总司令或副都督。

谭人凤为避嫌，提出出任武昌防御使兼北面招讨使，这个职务也相当于战时总司令，但有实无名。谭上任后，贴出安民告示，并开始指挥作战，渡过了武昌最危难的时刻。

1911年12月11日，武昌大局平定后，出逃葛店的湖北军政府都督黎元洪返回，随后撤销了谭人凤武昌防御使一职。

谭只统领守卫了五天武昌，但正如诸多史家所说，对辛亥革命胜利至关重要。

此后，黎要谭去南京参加各省代表召开的临时议会。黎给出的理由是谭熟识各方面人物，便于协调关系。谭觉得已遭黎猜忌，对方怕自己威胁其都督职位，无意相争，就去了南京。

到南京时，已是选举临时政府总统前两天。出人意料的是，谭人凤公开游说要选黎元洪当总统，投票开始前，还对坐在旁边的居正（辛亥革命元勋，南京临时政府成立后任内政部次长）说，要选黎元洪当总统，黄兴当副总统，居正后来在回忆录中透露了这件事。

选举结果公布，17个省每省一票共17票，孙中山得16票，黄兴得1票，黎元洪没有得票。事后大家都猜测黄兴得票是湖南代表谭人凤所投。

谭人凤后来在《石叟牌词》中说了他主张选黎元洪当临时总统的想法，称黎凭首义之功，可暂当90天临时总统，而后选孙中山当正式总统，不能为了“挂名九十日之大总统而牺牲之”。谭选举结束即离开南京去了上海，没有在南京临时政府中担任任何职务。

民国成立，全国都沉浸在一片狂喜之中，谭人凤却为民国的前途忧心忡忡。他到上海后即以北面招讨使的名义设立北伐机关，但实际上只有他儿子谭二式的两营兵力。

民间有一种说法，谭人凤在临时政府中没获安排任何职务，是因为他没投孙中山的票。但也有学者认为，这与谭人凤坚决的武力北伐立场有关，谭人凤说自己“若问我名和姓，南北议和反对人”，武昌起义后，革命党人对与袁世凯控制的北洋军阀势力是战是和争执不休，南京临时政府成立后，随着立宪派势力渐涨，南北议和声音占了主导，谭的主张显得不合时宜。

图25 故居内悬挂的谭人凤遗像

包括后来宋教仁把同盟会改造成国民党，欲通过国会选举组成责任内阁，谭人凤也是持反对态度。他指责国民党为了赢得选举，把一些政见完全相左的人强行拉入，“且以狐群狗党目之”，谭因此没有加入国民党。他拍桌子大骂副总统黎元洪，忘记革命党人推举的恩德，成为袁世凯的帮凶。

南京临时政府成立后，谭人凤反对保留清帝尊号，称这种做法“貌袭文明，实伏乱源”，也反对孙中山、黄兴辞职。他在孙中山表示愿意辞去临时大总统，让位袁世凯后，直言相劝，称孙此举是“欲谋统一，反启纷争，希望和平，激成战祸”，劝其“为中国苍生计”。黄兴辞去南京留守，谭亦认为失去了保障共和政体实施的资本，加以劝阻，还发电报给袁世凯替黄兴解释。

孙、黄二人辞职后，他非常失望，称“吾人经营革命十余年，流无量颈血，博换共和，孙、黄放弃责任，一让总统，一让留守，博功成身退之虚名，致令政变频乘，扰攘至今，而不能底定，不得谓非一大恨事也”。

1912年6月，袁世凯任命谭人凤为粤汉铁路督办，11月，又改任他为长江巡阅使。次年，补授谭人凤上将军衔，但被谭拒绝。10天后，宋教仁在上海火车站被暗杀，孙中山主张武力讨袁，黄兴主张法律解决，谭人凤主张策动几省独立来施压。在革命党人尚未准备好，袁世凯要向各省的革命党领导人动手后，他又跑到北京见袁世凯，从中调停，并跑去武汉见副总统黎元洪，见黎态度强硬，他拍桌子大骂黎，忘记革命党人推举的恩德，成为袁世凯的帮凶。

1913年7月12日，江西都督李烈钧宣布独立，“二次革命”爆发，谭人凤受黄兴派遣策动湖南独立。

当时的湖南都督谭延闿持徘徊观望状态，谭人凤派人去澧县找蒋翊武，准备立蒋翊武为都督取代谭延闿，并四处招兵买马。谭延闿在不得已的情况下宣布湖南独立，但在8月13日又宣布取消独立，并对外宣称谭人凤、蒋翊武已畏罪潜逃。谭人凤非常气愤，突然出现在谭延闿面前，质问谭延闿，让谭延闿非常尴尬。

此后谭人凤被迫离开长沙，回到老家，本想从此归隐家乡终老，但袁世凯下令通缉孙中山、黄兴、谭人凤等九人，并把谭列为湖南独立的罪魁祸首。谭人凤的好友、亲家邹价人得到消息后赶回通知谭人凤，谭在袁世凯任命的湖南都督汤芗铭派人前来捉拿前两天，离开家乡，再次逃亡日本。

“人心已尽死，辜负尔几多志士，捐躯殒命。”

谭人凤到日本后，为了躲避袁世凯的间谍和日本记者，隐居在九州福冈县筑紫郡太宰府町，化名林泉逸。

这一时期，他写了自传式回忆录《石叟牌词》，用易经八卦推演的形式，回忆了自己从1895年结识邹价人思想发生转变开始，到二次革命失败流亡日本止的个人经历。

因谭人凤参加了同盟会组织的历次起义，该书也被史家看做一部辛亥革命的信史，也是谭留下的政治遗言。谭为革命奔波半生，历尽世事沧桑、历史变迁，书中记述了一些事件的内情，如同盟会中部总会的来龙去脉，对当时的革命人物进行臧否，对孙中山、黄兴的评价，被后世认为公允。

1914年，孙中山在日本成立中华革命党，随后黄兴的支持者也成立了欧事研究会，孙、黄因为政见不同发生分裂，黄兴出走美国。谭人凤既没有加入中华革命党，也没有加入欧事研究会，而是从中调解，促使孙、黄弥合，被黄兴赞为“正大稳健之至”。章炳麟在为谭撰写的墓志铭中，也称其调停孙、黄矛盾，“无所向背，故孙公不甚恶君”。

后来他为了反对袁世凯复辟，又去新加坡等地筹款。孙中山成立护法军政府后，他还前往广州表示支持。

(四)三块无字碑被用来围猪栏，后以每块两百元卖掉

谭人凤晚年定居在上海，平时教孙儿读书。他和章炳麟是邻居，两人关系要好，来往频繁，章炳麟为人耿直，爱骂人，被称为“天下最难打交道的三个人之一”，但和谭人凤成为莫逆之交。民国成立初，章炳麟曾鼓动谭人凤当大总统，谭予以驳斥。

谭死前，章也患病，谭对章开玩笑说：“你不要死在我前面啊，我平生的事迹，还要等着你来写呢。”章说：“按年龄来算，老兄你应

该死在我前面，但我的精力还远不如你旺盛，现在病倒了，却还没死啊。”

1920年4月24日凌晨1时，谭人凤在上海法租界浦石路昌余里50号寓所病逝。同年冬，由长子谭一鸿护送灵柩返乡，葬在新化县文田镇茅田村，其结发妻子罗氏的家乡。墓地是谭生前选定买下来的，谭崇信风水，看中了这块地方。

1923年，长子一鸿病逝。五子谭德揖、孙子谭易生（谭一鸿之子）1952年“三反五反”时被枪毙。当时谭易生的儿子谭济匡才两岁，后来母亲改嫁。谭济匡小时候生病导致右眼失明，现在生活非常困难，靠低保生活，他希望得到政府更多照顾。

谭人凤墓“文革”时遭到一定破坏，但由于采用特殊葬法，从下方凿洞后将棺木放入，然后在上方相应处起坟堆，墓地没受根本破坏。20世纪60年代，谭人凤墓前的三块无字碑，先是被人用来围猪栏，后被神秘人士买走，“两百元一块”，不知下落。1999年前后，曾有盗墓贼试图盗墓，但被人发现，未成。2007年，谭氏后人出资修复了墓地，同年谭人凤墓被公布为县级文物保护单位，现正和故居捆绑申报国家级文物保护单位。

谭人凤墓地前原立三块无字碑，民间传言是中华民国临时政府成立后没给谭安排职务，后人仿照葬武则天的做法，立了三块无字碑。

但谭的孙子谭萃（谭一鸿的儿子）否认了这一说法。他认为是谭一鸿死后，家中无管事的男丁（长孙谭克义才17岁），所以谭的墓地并没修完，碑上也没刻字，甚至连传言中的60级台阶（谭人凤逝世时60岁）也没来得及砌。

七、覃振史迹

覃振墓位于岳麓山青枫峡上方，1947年初夏自上海归葬于此。无墓围，墓坪占地约100平方米。墓冢呈半圆形，以片石砌成，墓后正中竖花岗石墓碑，遵其遗愿，仅刻楷书“覃公理鸣之墓”，未署任何官衔。

图26 桃园县漳江阁

覃振（1885—1947年），字理鸣，原名道让，湖南桃源人，曾任同盟会总部评议员、武昌首义湘桂联军督战官，“二次革命”至北伐期间成为湖南共和革命的主要领导者，后长期担任国民政府司法院副院长。

覃振是与宋教仁、胡瑛并列的“桃源三杰”，自称“十五离家仗剑游”，参加了辛亥前后的一系列革命活动，是1914—1925年间湖南革命运动的主要领导者，不过在其女覃铭的印象中，最主要的事迹还是他在司法院副院长任上废除了不平等的领事裁判权。

覃振于清光绪十一年（1885年）生于湖南桃源，据称为土家族人（《覃振传》）。据《桃源县志》载，覃振性格豪迈，“偶遇不平事，辄挺身为弱者助”，“喜接纳江湖异侠之士”。

1899年，14岁的覃振入读漳江书院。书院位于桃源县城东的沅水边，紧挨着始建于明朝洪武年间（1368—1398年）的漳江阁。2011年7月，记者抵达桃源寻找时，只有年代更久的漳江阁矗立江边，那是一座三层的雕梁画栋的阁楼，据说还是桃源外八景之一，但漳江书院早已不存。

112年前，覃振入读时，漳江书院的学习环境较好，县教谕黄彝寿、山长瞿方梅具有进步思想，覃振与同学宋教仁、胡瑛议论时局，志同情合，后被誉为“桃源三杰”。

1900年，八国联军侵犯北京，覃振为此悲愤不已，他在县城广场发表演说，历数清廷丧权辱国和八国联军蹂躏北京的种种罪行，声泪俱下。

1903年，覃振从桃源高等小学堂（漳江书院此前合并入高等小学堂）肄业，考入常德府中学堂。一次，在官府召开的千名学生代表会上，覃振当场驳斥官绅"忠君爱国"论，宣传救国就必须革清王朝的命，县令廖某"以其为不良学生，欲逮捕之"。常德知府朱其懿同情覃振，从轻发落，仅以开除学籍了事。但覃振于离校前夕又撰写《死里求生》一文，阐述革命理论，由同学分抄遍贴常德城街巷，一时轰动全城，"于是覃道让三字几于妇孺皆知"。湖南巡抚闻报，命令逮捕覃振。朱其懿又连夜找到覃振，助他逃离，并为他改名振，从此以"覃振"名世。

图27 桃园县谭振故居

常德府中学堂就是现在常德一中的前身，2011年7月，记者前往寻找，正值暑假，校园里行人稀少，办公室的值班人员让我们到学校的文化长廊看看。那里有一些出自常德一中的名人如宋教仁、林伯渠、粟裕、翦伯赞等人的塑像，但唯独缺少覃振。

(一)1903—1914年的覃振

1903年，覃振逃离家乡，东渡日本，入东京宏文学院。翌年归国，经宋教仁介绍，加入华兴会。黄兴、宋教仁等密谋十月初十在长沙起义，不幸失败，宋出走日本，覃振暂匿乡间。1904年冬，他与未婚妻宋之昭在乡下别人家借居结婚。但因官府追捕，结婚后无法安身，覃振又逃亡日本。

1906年初，覃振返回湖南，与禹之谟等在长沙发动学生和各界人士三万余众，护送在日本蹈海自杀的陈天华灵柩公葬于岳麓山。事后，覃振与禹之谟因势利导，宣传革命，激励人民。清廷缉捕他二人，禹之谟被绞杀于靖州，覃振则第三次逃亡日本。

图28 覃振故居内覃振及辛亥故友纪念像

覃振在日本时入读早稻田大学法律系，这为他后来长期担任国民政府司法院副院长打下了基础。1906年，他又加入同盟会，为评议部评议员，成为骨干，时年21岁。

1908年，覃振受同盟会东京本部派遣，回国策动革命，刚到长沙就被捕。学务处提调张鹤龄同情覃振，力为斡旋，判处监禁终身，关押在长沙监狱。

1911年10月10日武昌起义爆发，10月22日长沙光复，成立湖南军政府。首任都督焦达峰急电桃源县令，让他送覃振入省城商议大事。覃自桃源出狱，但不久，焦达峰、陈作新就被叛乱军人刺杀。据《覃振传》所述，覃振异常悲愤，但"深知武昌起义的成果来之不易，必须以大局为重"，且必须派兵援鄂，协助武汉革命军抵挡清军。覃振极力劝说湖南革命军以大局为重，据《革命人物志》载，"幸新军上级将领多先生知友，经先生（覃振）痛哭陈辞，大局始平"。

谭延闿派出第二批援鄂军（第一批在焦达峰当都督时即已派出），覃振任湘桂联军督战队队长，随援军开赴武汉。但援鄂的湘军甘兴典部多是未经训练的乌合之众，遭遇清军的机关枪扫射即向后退却，甘兴典也随后奔逃，使革命军其他阵地更为吃紧。据谭人凤的《石叟碑词》所述，他和覃振曾到第一批援鄂军的阵地前演说，鼓舞士气。但革命军终不敌清军，不久全线溃败，汉阳失守，援鄂湘军也退回湖南。在前线阵亡的湘军将士后来合葬在岳麓山，就是"辛亥援鄂汉阳阵亡将士墓"。

不久，南方革命党与袁世凯达成协议，袁逼清帝退位。1913年，正式国会成立，覃振当选为众议院议员。宋教仁力主议会选举，将同盟会改组为国民党，并使其成为国会第一大党，这引起了袁世凯的恐慌。3月，宋教仁被袁世凯所派的刺客杀害，覃悲愤欲绝，参与孙中山、黄兴发动的讨袁"二次革命"，但不久即失败。孙中山、黄兴先后潜往日本，覃振也于1914年第四次亡命日本。

图29 岳麓山覃振墓

(二)1914—1925年，谭振成为这一阶段湖南革命运动实际上的主要领导者

孙中山在"二次革命"失败后，改造国民党，成立中华革命党，要求党员入党时，宣誓效忠领袖，并加盖手指模印。黄兴及湖南的一大批追随者，包括覃振在内，起初反对这种做法。但不久覃振开始认同孙中山的主张，加入中华革命党，并任湘支部长。

1915年8月，袁世凯授意杨度等发起"筹安会"，为其称帝作舆论准备。与宋教仁、覃振并称"桃源三杰"的胡瑛，也加入"筹安会"，成为"筹安六君子"之一。袁世凯派密探蒋士立携带巨金收买东京的革命党人及学生中意志薄弱者，被其诱惑者颇多。由覃振策划，留学生吴先梅闯入蒋寓所行刺，连击三枪，蒋虽未毙命，但再也不敢公开活动。覃振也因此被日本警察缉捕，关押两月后，因证据不足释放。

1915年10月，袁世凯窃国称帝，同月，蔡锷在云南组织护国军讨袁，覃振受孙中山指派回国主持湖南党务。覃振与护国军联合，驱逐了袁世凯的爪牙——湖南都督汤芗铭。

1924年，孙中山在广州召开了国民党全国代表大会。覃振当选为中央执行委员，并主持汉口执行部，办理湘鄂陕甘党务。

饶怀民在《覃振传论》一文中说，湖南是辛亥革命时期领袖人物荟萃之区，但二次革命失败后，一部分才华出众的革命精英或为反对派杀害，或相继早逝，湖南的革命运动几乎陷入无人领导的窘境。覃振临危受命，从二次革命失败到孙中山逝世前的一段时期内（1914—1925年），业已成为湖南革命运动的主要领导者。

(三)1925—1937年，谭振在司法院副院长任上提出废除"领事裁判权"

1925年，孙中山逝世后，国民党内部分裂，形成以汪精卫、廖仲恺为首的左派和以胡汉民为首的右派，覃振站在右派方面，拥护胡汉民，"每惟胡之马首是瞻"。

1930 年，被蒋介石击败的各个派别组成了反蒋的大联合，冯玉祥、阎锡山组织军队与蒋介石展开中原大战。在这个联合中，覃振是奔走各方的联络人，还曾至北京与张学良会晤，拉拢他反蒋。但张学良最终站在了蒋介石一边，率东北军入关进攻冯玉祥、阎锡山，形势对反蒋阵线急转直下，反蒋各派或下野，或出国，覃振也躲到了天津日租界。

后来各派又与蒋介石和解，重组了国民党的领导机构，1932年，覃振出任立法院副院长，不久改任司法院副院长，此后长期担任该职。在任上，他提出废除列强在中国的"领事裁判权"（一国通过驻外领事等对处于另一国领土内的本国国民根据其本国法律行使的司法管辖权），并与各国谈判，直到1943年，包括领事裁判权在内的一系列外国特权和不平等条约全部废除。

(四)1937—1947年，谭振晚年的生活

1937年7月，抗日战争爆发，国共第二次合作。12月，南京失守，国民政府迁往重庆，覃振也举家西迁。在此之前，覃振于上海结识了

他的第三任妻子——比他小30岁的全汝真。

覃振于1937年的国民党中央会议上正式提出废除列强在中国的“领事裁判权”，并与各国谈判。直到1943年，包括领事裁判权在内的一系列外国特权和不平等条约，全部废除。覃振之女覃铭说，这一外交活动的成功主要是机会抓得好，在二战的紧要关头，美国希望借助中国抗击日本，与英国首先表态放弃在中国的特权。这成为覃振在司法院副院长任上最大的贡献。1947年初夏，国民政府在上海为覃振举行了隆重的追悼仪式，覃振原配宋之昭也从长沙赶往上海治丧，灵柩运回长沙安葬在岳麓山青枫峡上方，国民政府并将其“生平事迹，宣付国史馆，用示政府笃念勋贤之至”。

饶怀民在《覃振传论》中评价覃振：综观他的全部历史，盖棺定论，他仍不失为中国近代史上一位杰出的爱国主义者。

覃振长眠于岳麓山，层峦叠翠、流水潺潺，周围有老友黄兴、焦达峰、陈天华、禹之谟等，当不会寂寞。

八、辛亥两兄弟刘道一、刘揆一史迹

被黄兴称为“将来外交绝好人才”的刘道一，在革命初有雏形之时，便将生命在1906年的萍浏醴起义中定格成永远的22岁，最终和节烈的夫人共眠于岳麓山爱晚亭畔。被誉为辛亥革命后孙中山三驾马车之一的刘揆一（黄兴主军事，宋教仁主宣传，刘揆一主内务），在袁世凯内阁中的卧薪尝胆，使他屡遭误解，成为“痛苦的革命家”，最终守候在纪念弟弟的烈士祠，并长眠于此。 这对相差六岁的兄弟，各自命运犹如两道铁轨，从不同的起点，驶向不同的终点，但其间互相照应影响，其中的交叉，曾经盛放出巨大的光芒。谁又能说，他们各自的命运走向，不是因为对方的轨迹而有过变更呢？

(一)求学——最亲近的革命启蒙者，是父亲

1878年出生的刘揆一，六岁走进湘潭县白石铺八斗冲的私塾（今湘潭县中路铺区白石乡广桥村杨梅塘居民组八斗冲屋场），接受启蒙教育时，弟弟刘道一刚刚出生。

图30 刘道一像

在湘军中能“只手擎大旗”的父亲，因为同情太平军起义而放走俘虏，最后不得不从祖籍衡山逃亡到湘潭县白石铺八斗冲定居。父亲之后跟马福益等会党人士的结交，更是让刘揆一在日后获得极大的帮助。毫无疑问，父亲是最亲近他们、也是最早启蒙他们革命思想的人。

白石铺的老屋，距离湘潭市区有四五十公里远。湖南师范大学历史文化学院的饶怀民教授曾经去过，他回忆“老房子都没有了，距离不远是齐白石故居，他们是同一个乡的”。

2010年10月13日，我们找到位于湘潭县雨湖区城正街的刘烈士祠，也在看守祠堂的刘家侄孙刘成亮导引之下，找到了附近的那条柳丝巷，如今这里已经改名叫“红兴巷”，但向年纪稍大的当地人打听一下，都知道旧称。这条不过两百米长的弯曲小巷，在不齐整的房屋中间，还保留着几间看上去颇为沧桑的建筑，因为紧邻着拆迁工地而显得朝不保夕。其实问起来，也不过几十年。当年的旧屋自然是没有痕迹，连精确一点的地点也无从考证了。我们徘徊在曲折的小巷道，可想象当年刘家少年每日上下学的情景。刘揆一和刘道一在这里接受的是传统经学教育，但外面的声音，到底渐渐传了进来。

刘揆一只能去日本上八个月的速成班，刘道一是洪门天地会的“草鞋”。

后来刘揆一的儿子刘安瀞记录过父亲对这一段读书时期的回忆，“那时湖南开风气之先，常有名人来长沙讲学，我们也不怕路远，跑到省里去听讲。我喜欢看梁启超的文章，但他的演讲却不高明，我是领教过的”。那是1898年，长沙的实业学堂刚刚开办，常常一走就

是45公里去旁听的刘揆一，终于在两年后进入岳麓书院（当时时务学堂所在地）求学。当时正值维新新政之时，清廷"谕令各省督府、宗人府、八旗都推举留学生出洋"，而且鼓励自费留学。在当时的青年人心目中，明治维新带来国力强盛的日本，是最好的学习榜样，"一时间，父遣其子，兄勉其弟，航东负笈，络绎不绝"，而湖南是其中派出留学生较早的省份之一，1903年，刘揆一也成为自费留日的学生之一。3月3日那一天上午，全家赶到湘江码头来给他送行，眼含热泪送别一行中的弟弟刘道一恐怕不曾想到，仅仅相隔一年之后，他也会遵循同样的路线，去往同一个异国，为了，也是同一个救国的理想。

根据与刘揆一同船的湘潭人朱德裳的记忆，这一趟从长沙港到日本横滨的旅途，一共经历了21天（3月3日到3月24日）。这群人中，还有一个鼎鼎大名的，就是后来蹈海宣志震动众多留日学生的陈天华。关于学生的经济状况，50名学生中的31位公费生是比较充裕的，学费每年300到500圆不等，按照当时日本的物价水平，足以过上比较丰足优厚的学生生活；而刘揆一只有家里拼凑出来的260圆，除去旅费，仅够留学一年。在这种情况下，刘揆一只能选择最快速的课程——弘文学院速成师范班，八个月就可以毕业回国。最初因为身矮体胖，常常掉队，但只要坚持下去就逐渐跟上来。他在同学中最交好的一位也是湖南人，叫做黄克强（即黄兴）。

相较而言，刘道一的求学之路似乎看来平顺很多。先入县城益智学堂，后入长沙修业学校，获得公费留日机会之后，他进入东京清华学校，他的同学中则有一位嫁给湘潭人的著名女子——秋瑾。据同学回忆，当时的刘道一"风度翩翩，口舌敏辩"，他的特长在于学习语言的天赋，章炳麟形容他是每到一地，住数月，"辄能效其方俗语言，至湖北即为湖北语，至上海则为上海语，声气密合，莫审其何所人"。懂英语，会日语，甚至连会党的行话，他也熟练。在日本和秋瑾等人参加过的"洪门天地会"中，他被封为"草鞋"（将军的代称，刘复权被封为"洪棍"，即首领；秋瑾被封为"白扇"，即军师）。那时候行的是会党规矩，要有固定的仪式。比如牵一幅六七尺长的白布，上书斗大的"反清复明"四字，命各人俯身鱼贯从布下穿过，以示忠于主义；又在室内烧一堆火，命各人从火上跳过去，表示赴汤蹈火，在所不辞；最后还要分别刺血，杀一只大公鸡，共饮雄鸡血酒。

(二)刘道一："彼若刑讯，吾则自承为刘揆一，以死代兄"

刘道一崭露头角的时刻，当然是在萍浏醴起义中。当时做哥哥的尚在犹疑是否加入同盟会，弟弟已经是同盟会的重要骨干了。因为他能跟会党徒众混到一起去，便于接近和联络会党的力量，再者，他不像黄兴、刘揆一、宋教仁等人一样出名，便于从事秘密活动，加上当时父亲年迈，哥哥揆一被通缉在案，只能滞留日本，刘道一成了回湘联络起义最合适的人选，他也自请回湘，得到批准。

图31 刘道一墓

1906年，刘道一在长沙约集了蒋翊武等人在长沙水陆洲附近的一只船上秘密聚会，会后刘道一负责留在长沙运动军队，掌握全局，并负责与东京同盟会本部联络。起义提前爆发，初期声势浩大，屡败清军。之后清廷调集了湘赣数省的军队进行镇压，相持月余，起义失败。在由衡山返长沙途中，刘道一被捕。因为尚未出名，清吏还以为抓住的人是刘揆一，他本人也在狱中与友人书写道："彼若刑讯，吾则自承为刘揆一，以死代兄，吾志决矣。"之后被发现不是，遭到酷刑。清吏将搜得他刻有"锄非"二字的印章作为罪证，判处死刑。1906年的最后一天，清吏将刘道一诱骗到长沙东南的浏阳门外（今劳动广场处），"仓卒未及反缚，魁侩举刀斫之，四击乃断其头"。

12月31日刘道一牺牲之后，一直到1月22日，刘揆一在东京才得到亲人去世的消息。黄兴"击桌愧愤，寝食俱废……与揆一相抱痛哭曰，吾每计议革命，惟伊独能周详，且精通英语，辩才无碍，又为将来外交绝好人物，奈何即死是役耶！"在黄兴关于未来那个美好国家的设想里，为年轻的刘道一留出来的外交人才一席，至此只能永远缺席了，那个翩翩外交家刘道一的风采，只能是一个空泛的想象了。

刘道一去世之后，正在长沙周氏家塾（即周南女校的前身）读书的刘道一夫人曹庄选择了服毒自杀（之前有一说法是自缢）。刘揆一的父亲也受到刺激，中风离世。在湘潭刘烈士祠的纪念堂里，我在墙上悬挂的相框中看到了一幅曹庄的照片，日式女子打扮，容貌端庄，很难想象她会勇于做出如此激烈的举动。刘道一是同盟会成立后，为革命流血牺牲第一人。一同留日的友人们纷纷请缨回国，之后秋瑾和徐锡麟发动刺杀安徽巡抚恩铭事件，双双牺牲。

图32 刘揆一墓

刘道一的遗体之后运回了白石铺老家。民国元年（1912年），中华民国临时大总统孙文发布《命黄兴优抚刘道一令》："烈士尽瘁革命，屡蹶愈奋。联络会党，彰励民气，厥功甚伟。自应准予列入大汉忠烈祠，同享祭典，并将事宜宣付国史馆立传。"葬于长沙岳麓山。湘潭县议事会决议以城区宣化街（今城正街）的原守备衙门作为刘烈士祠。

(三)刘揆一：1944年，曾嘱夫人做一套袈裟，拟遁迹深山

刘道一在萍浏醴起义中光芒乍现便陨落了，刘揆一则加入了孙中山的同盟会，并且日渐成长起来。1907年，他代理东京本部执行部庶务干事。同年，孙中山与黄兴先后到安南（今越南）组织中国南方的武装起义，刘揆一又代行总理职务，直到武昌起义。当时的地位，刘揆一绝对是与孙、黄并称的人物。

在我看来，在同盟会内部，刘揆一的最伟大之处是做了一个不偏不倚的公正角色，孙中山和黄兴发生争执，他能顾全大局，力排众议，反对分裂。1909年8月，因经费问题，同盟会内部有人发表"七省同盟会员意见书"，列举罪名攻击孙中山，也是刘道一出面调解和压制，甚至还挨了张继的一记耳光。饶怀民教授说，"刘揆一是一个让所有人都很敬佩的人，孙中山，黄兴，毛泽东，蒋介石，都对他十分欣赏"。

但是令刘揆一一直耿耿于怀的是他在袁世凯内阁中任职的那一段公案。

1912年8月，刘揆一接受袁世凯的任命，任陆征祥内阁的工商总长。同盟会改名国民党后，9月，国民党推举袁世凯的亲信赵秉钧组阁，以全体阁员加入国民党为条件，力图组成国民党的"政党内阁"，刘揆一继续留任工商部总长。这一段历史，使他备受诟病，甚至连自己的女儿，都在很多年中误解他。女儿刘孝媛在《追念我的父亲刘揆一》一文中曾经写道："我上初中一年级的时候，一位教史地的老师对我说，你父亲不应该在袁世凯当大总统时出任第一届工商总长。当时我就愣住了，从此对父亲的不信任渐渐加深，乃至根深蒂固。无论他对我怎么信任、怎么帮助，我都无动于衷，甚至没留下他的字迹，他的照片。"对刘家家事十分熟悉的饶怀民教授告诉我："刘揆一没有在子女面前解释过这些事情，他从来都不说这些。"在抗战时期他避居各地的记录中，我也看到一条，"1944年，嘱夫人做一套袈裟拟遁迹深山"。这其中固然有不为日本人收买威逼做事的考虑，另一方面，也能看出他始终心怀芥蒂，为此闷闷。

事实上的情况是，当时刘揆一是听从了黄兴的意见，一是避免双方兵刃相见，缓和矛盾，一是为了解袁世凯动向，为革命积蓄力量。章士钊说得很清楚，"时则霖生先生体大业之艰难，哀民生之涂炭，恃与孙黄二公之密交，不妨掩其迹而师其意，以期他日之殊途同归"。刘揆一的立场，其实从之后他在天津创办《公民日报》，以号外披露《二十一条》，促进反袁运动发展，导致报馆被查封的事实，就可以清楚看出了。

(四)刘揆一：待一切平定之后，他守着纪念弟弟的烈士祠，直至终老

图33 湘潭刘烈士祠

五四运动期间的刘揆一闭门课子，与政治漩涡渐行渐远。因为时局的战乱和妻子的病情，他从天津到北京，返回故乡湘潭，隐居洪江，著书立说，生活也曾一度达到极端困窘的地步。而在一切平定下来之后，他选择留守在湘潭县为纪念弟弟刘道一而设的刘烈士祠，直至1950年去世。

2006年，饶怀民教授在刘道一逝世100周年的时候曾经去过刘烈士祠，他还记得“巷子深深，进去破破烂烂的”。2010年10月13日，我们再度来访之时，巷落并没有太大的变化，老城的城正街已然显出不久就会消逝的仓促，从不小心就错过的巷口进去，穿过几排不甚整齐的平房，就可见刘烈士祠已被改造成二层小楼。前后种植的柚子树，我们去时正值寒意正盛的秋雨，若是有阳光洒落，小小的院落应当有些味道。资料上写原烈士祠“前后四进，共有房间40余间……解放后仅剩最后一进7间，其他房间为居民所住。1981年政府进行复原维修”，而曾经来参观的人也留下过感慨，“到底有些简陋，理应更恢弘庄肃些”。如今，陈列室里突兀地放着一张乒乓球台，后院是刘揆一的墓，跟他风云际会的历程相比，显得过于平淡了些。看守烈士祠的是刘揆一的侄孙刘成亮，“用水，用电，卫生，都是我们自己在搞，我也搞不动了”。“现在烈士祠还有人来看吗？”“有啊，从台湾来的，还有从北京来的骑自行车旅游的，也有专家和学生。”

1948年，刘揆一七十岁生日时，好友章士钊曾经撰写寿序，从上海送到湘潭。他如此概括刘揆一一生：“先生性长厚，寡言笑，实心任事，不计劳怨。弱冠即好与会党中游，马福益其至友也。吾识先生在甲辰、乙巳间，时黄克强先生创立华兴会，首事者十二人，先生与吾皆在其列。领其事者，虽为克强，而会中一切之计，则先生独尸之。”

在同盟会的历史上，这是一位能力德行都很优秀的管家人，选择以这样平淡和偏安的形式安居于此，直至离开。据拜访过他的街坊刘泽后回忆，他也曾大谈“辛亥革命的具体事实，孙黄的意见出入和一些日常琐事”，在结了清香柚子的树下，他回想的，定是这一生中最好的时光。

九、林修梅史迹

图34 林修梅遗像

林修梅（1880—1921年），名祖堃，字修梅，号浴凡，临澧县修梅镇凉水井村人。孙中山总统府代理参军长，民国前期的一位骁将。如果说蔡锷是以公开反袁护国成名，林修梅则是以护法闻名，他是第一个公开反对北洋军阀段祺瑞政府的名将。

林修梅的墓在湖南大学、湖南师范大学交界处知新村的后面，穿过一些低矮的房屋，由一条小路右行数米，就可到达。由于这一带比较偏，少有人来，很多人都不知道林修梅墓，也不知道林修梅是谁。

但回溯大约一个世纪，林修梅却很有名。林修梅的墓是岳麓山上继蔡锷、黄兴之后的第三个国葬，林修梅是民国前期一位英勇善战、影响深远的骁将，他第一个宣布起义护法、反对北洋军阀的故事那时在湖南家喻户晓，后来湖南的军事家人才辈出，包括毛泽东，都受过林修梅的影响。如果说蔡锷是第一个公开反袁护国成名的英雄，那么林修梅就是第一个公开反对北洋军

阀段祺瑞政府，护法闻名遐迩的英雄。可惜英雄命短，“出师未捷身先死”，1921年，41岁的林修梅因患牙病被误诊致死，逝世在广州中法韬美医院（今广州医学院第一附属医院前身）。

林生前担任孙中山总统府代理参军长，是孙在军事上的得力助手，林死后，孙中山非常痛心，当即向国会申请国葬，并追认为陆军上将。1928年11月，林修梅的灵柩经上海运抵长沙，葬在岳麓山屈子祠后，墓碑上刻“奉令国葬，林公浴凡之墓”。

(一)从小尚武，民国湖南地方政府的军事政策多出自他之手

清光绪六年（1880年）3月1日，林修梅出生在湖南省安福县（今临澧县）城北十多公里外的凉水井村。

他的曾祖父、祖父做过知县，父亲为教师。林从小跟着父亲读书，16岁时，叔父林鸿仪当上县城道水书院山长，他便随同叔父前往就读。林鸿仪是当地一位颇为开明的名士，是中共建党时期最早的党员之一林伯渠（即林祖涵）的父亲，林修梅比林伯渠长六岁，两人是堂兄弟。这个小小的地方，日后走出了两位叱咤风云的人物。

在道水书院期间，林修梅不仅学了传统的经、史、子、集等经典古籍，还读了黄宗羲的《原君论》，萌发了对清朝统治不满的思考，他还常读《申报》、《万国公报》，知晓国内外大事。

修梅天资聪慧，21岁参加州试“中第一入补博士弟子员（第一名秀才）”，但他觉得做官报国无门，于是选择了练武救国之路。

修梅1903年考入湖南武备学堂，该校是湖南巡抚俞廉等创办的新式军校，林修梅是第一期学生。两年后，林以优异成绩毕业，先后出任湖南陆军速成学堂区队长、主讲人、湖南新军炮兵营长等职，并于1906年公费留学日本陆军士官学校，结识孙中山、黄兴等人，加入同盟会。

1908年，林毕业回国，被派往四川新军任职，次年受命入西藏训练藏兵。

和林修梅一起入藏的还有后来成为“湘西王”的陈渠珍，林任三营管带，陈任督队官，为林的副手。当时时局吊诡，由仇英转为亲英的西藏地方当局派了近万名藏兵阻川军入藏。

辛亥革命前夕，林修梅回到湖南，跟随焦达峰等同盟会同人光复长沙，后在湖南都督府参谋部任职。据林修梅在湖南武备学堂时的同学、曾任都督府参谋长的程潜回忆，民国湖南地方政府初创时期，军事政策及架构多出自林修梅之手。

(二)主要事迹——职业军人，领导阻击北军的护法战争近一年

1913年，在反对袁世凯当政的“二次革命”中，林修梅因站在武力讨袁最前线，任岳州要塞司令，战争失败后，遭通缉，随孙中山、黄兴等逃亡日本。

林修梅是受过正规现代军事教育的职业军人，善于研究和学习，形成了一套系统的军事思想和战术，性格刚烈，也有着长远的理想和抱负。

当时流亡日本的有数千革命党人，由于事业受挫，前途渺茫，弥漫着彷徨失落情绪，林修梅却没有消极，而是在东京郊外租住的房屋里，发奋学习、著书。他入读政法学校，写有《中国交通政策管见》一书，并对西方经济学很感兴趣，译有《欧洲财政经济》一书。

林在日本期间，参加了孙中山改组国民党后成立的中华革命党，党章规定，党员必须按手印宣誓效忠孙中山本人。包括黄兴在内的很多国民党元老表示反对，林修梅却以革命大局为重，选择妥协。林这种性格刚烈之人，能够做到这一点，说明他是有着长远的想法的。

1916年，反对袁世凯称帝的护国战争爆发后，林修梅随程潜回国，担任湖南护国军参谋长，赶走了袁的亲信、湖南都督汤芗铭。

林修梅的主要功绩和名声还是在护法战争中建立起来的。1917年，段祺瑞在挫败张勋复辟后，却解散国会，废除中华民国约法，孙中山等国民党人反对，在广州成立护法军政府，形成南北对峙局面。林修梅在这时起义，响应孙中山的号召，成为护法英雄。

在这场较量中，湖南处于南北争夺的要冲，段祺瑞宣布解除湖南都督谭延闿职务，派傅良佐取而代之。在谭延闿离职前的一次会议上，有人表示欢迎傅良佐，全场一片沉默，唯独林修梅起身公开反对，并在当天把军队开往衡阳，准备迎战傅良佐的“北军”（北洋军阀的军队，也是北边来的军队）。

林当时是湘军第一师第二旅旅长，傅良佐来湖南后，就宣布解除林修梅的旅长职务，同时调零陵镇守使刘建藩回长沙，另派人上任。

林修梅就联合刘建藩在湘南宣布起义，这是护法战争的开始。林以数千之众，和刘建藩的军队加起来也不过五六千人，准备和三万北军决一死战。

尽管首战告捷，北军第一师李佑文的部属在林“湘军不打湘军”的宣传下纷纷倒戈，但这场仗还是打得非常艰难。

出师不利的傅良佐派北军第八师、二十师三万余兵力压境，与林修梅、刘建藩的军队在衡阳贺家山一带激战。林、刘寡不敌众，在刘建藩的参谋长黄岱阵亡后，衡阳失守，接着，邵阳失守。

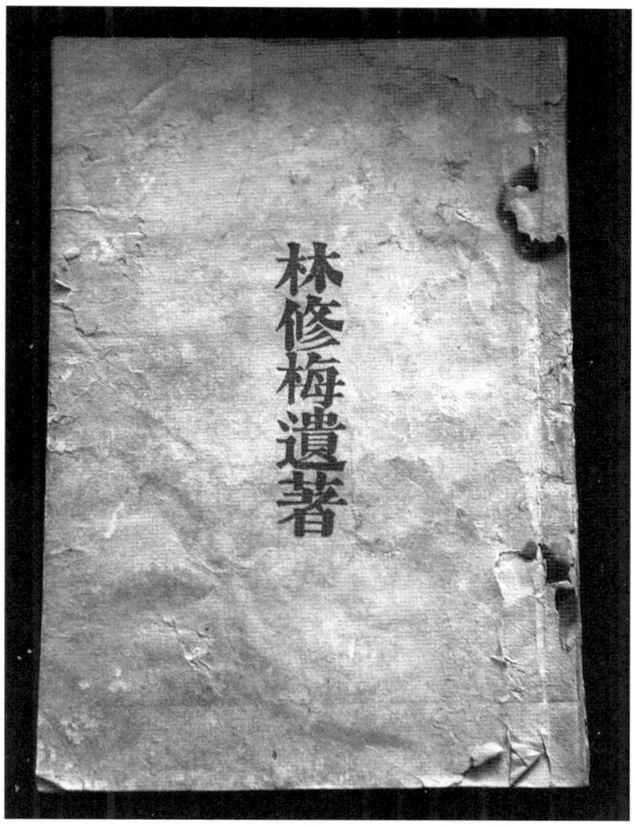

图35 林修梅遗著

林修梅率军从北军左翼后侧奇袭，转败为胜，在湘乡永丰镇（今双峰县城），林左腿负伤仍亲自督战，大大鼓舞了士气。林采用游击战，声东击西、攻其不备，先后收复邵阳、衡阳，北军甚至派出飞机参战，都无力挽回败局，只得请求停战。

傅良佐等北军长官先后出逃，当年11月19日护法军攻占长沙。尽管后来由于湖南省长兼护法军总司令程潜和湘粤桂联军总司令谭浩明为争夺权力不和，加上北军派重兵攻打湖南，导致护法军溃退至湘南一带，但林修梅的英勇善战仍然令对方却步，战争持续近一年后，1918年6月5日，双方在耒阳签订了停战协议。

林修梅英勇护法，阻击北军的事迹在湖南民间广为流传。浏阳籍上将、曾担任国家副主席的王震回忆，小时候就听说过林修梅和北洋军阀打仗的故事。

当时民间曾流传一首歌谣，称“北军作乱乱湖南，闹得鸡飞狗不安。百姓遭殃真可怜，年年给他出捐款。拉了夫，挑了担，几十百里不给钱。压断腰脊杆，杀人不眨眼。林祖堃（林修梅，名祖堃），真好汉，赶走北军万万千，拨开云雾见青天”。

林修梅名气之盛可见一斑。

（三）死亡——患牙病被庸医误诊而死，被孙中山追赠陆军上将

因为战功卓著，1918年冬，林修梅被广州军政府授予陆军中将军衔。

1918年到1919年，林修梅的兵在酃县（今炎陵县）驻扎了一年多。期间，林对旧式军队易成为助长恶行工具的状况进行了思考，写成《精神讲话》一书，提出要改造军队，不为私人所用。他从战争根源出发，分析了军队的作用，“倘使战争发生为侵略的，为政府少数人的，这是不正当的战争，就不应该去奋斗。为自卫、为人民的，这是正当的战争，就不应该恐怖（惧怕）”。有研究者认为，林修梅的这些军事思想，“在近代中国军事史上有着划时代的作用”。林在酃县驻军期间，严明军纪，一士兵敲诈了当地民众数千钱财，被发现后，就地正法，震慑全军。

1920年后，林修梅因积劳成疾患肺炎赴广州治病，谭延闿为削其兵权，改派他任湘军驻广州军政府代表，林多次请求回湘均遭拒绝。此时，原澧州镇守使王正雅之子王育寅在父遇害后起兵反对谭延闿，向孙中山求援，孙中山派林修梅前往，林被推为湘西靖国军总

司令，贺龙时任湘西靖国军三团团长，为林的下属。从此，林修梅在湘西带兵，为打通“援粤讨桂”（孙中山认为桂系军阀攻打粤军，破坏护法运动）通道，和谭延闿打了半年仗。最后无果而终，离开湘西。

1921年，林到广州军政府担任顾问，后出任孙中山总统府代理参军长。这时他的堂弟林伯渠也在总统府任参议，林氏兄弟自留学日本就同舟共济，一起走过了一段很长的路。伯渠尊长他六岁的修梅既是兄长，又是师友，他们同住在广州六榕古寺附近的牛巷，一起探讨中国未来之路。

图36 岳麓山林修梅墓

林修梅是国民党高层最早信奉马克思主义的人之一，1918年起就在一系列文章里宣扬社会主义，并提出“军队农工化”的思想，这是日后工农军队的雏形。林伯渠更是早年就与李大钊相识，后来成为中共建党时期最早的党员之一，在孙中山改组国民党过程中发挥了重要作用。林修梅曾计划资助林伯渠前往苏联游历。

1921年10月15日，林修梅因患牙病，被庸医误诊，感染骨膜炎，在广州中法韬美医院（广州医学院第一附属医院前身）去世。

孙中山在桂林得知其逝世消息后，非常痛心，立即向国会提议为林修梅举行国葬，随后追赠林修梅为陆军上将。孙在祭文中称林“护法讨贼，转战千里。三度衡阳，屡仆屡起”。

当年12月18日，广州军政府在广东省议会举行追悼大会，上万人前往哀悼。

林病逝后，上海《民国时报》在一篇报道中评价：“至于才能的高超、性情的淡泊，在近时军人中尤谓绝无仅有。值新机正待发展之时，失掉了这样一位深有觉悟的有力人物，真堪为民国前途痛惜。”该报另一篇报道则说：“近代吾国军人中奋斗有为，而抱建设的新思想者，林实首屈一指。近人评吾国新军人，南有林修梅、北有冯玉祥之言。”

（四）身后——是能“上马杀贼，下马赋诗”的人，也是国葬于岳麓山的第三人

1928年11月，林修梅的灵柩经上海运抵长沙岳麓山，安葬在屈子祠后，今湖南大学和湖南师范大学交界处知新村后面的山上。

林修梅是继蔡锷、黄兴后，国葬于岳麓山的第三人。

林修梅墓呈半圆形，茔地片石铺砌，坟冢花岗石盖顶，墓碑刻“奉令国葬，林公浴凡之墓”。原有百余级石梯拜台等设施及墓庐，1967年随墓同时毁坏，今不存。墓地于1987年修复，1993年公布为市级文物保护单位。

林修梅的家乡为了纪念这位“政治革命巨子”，1941年，将其出生地所在乡镇更名为修梅乡（今修梅镇）。

如今林修梅的家乡，遍地是以“修梅”命名的事物，只是知道林修梅的人已不多。2011年1月16日，我们循着“林伯渠同志故居”的指示牌，来到林修梅的家乡——临澧县修梅镇凉水井村，林修梅的故居在林伯渠故居隔壁，“准备修复”，现为一处民房，只剩下北面一堵大约一米高的风火墙是以前留下来的。

逝世90年后，关于林修梅的公开史料很少，我们在临澧县档案馆找到档案三册，其中包括林伯渠1921年编的《林修梅遗著》，还有孙中山的两件嘉奖令（只见外封，不见原件），1988年湖南人民出版社出版有《林修梅将军》一书。

十、焦达峰史迹

在湖南籍的辛亥革命风云人物中，焦达峰的一生是跟湖南联系最紧密的。与黄兴、蔡锷等人最辉煌的革命历程都是在省外不同，焦达峰始终钉在湖南这片土地上，牺牲于此，葬于此。他的一生很快速，很短暂。1912年，当他被南京临时政府追赠为大将军的时候，一位未留名的“浏阳宿儒”给了他一副挽联：“与周郎同年，昔日都督，今日都督；继关公扶汉，前破长沙，后破长沙。” 从他当上湖南省都督到被杀害，只有10天；他牺牲时，离25岁生日还差16天。

图37 焦达峰墓园

从长沙出发，走机场高速，沿长永高速依次路过永安、北盛、沙市等镇子，在到达浏阳龙伏镇上之前，到达一个叫做焦家桥的地方。这是焦达峰家所在的村子，现在被称为“达峰村”。这趟路程74.4公里。

我们在焦家桥首先见到的不是焦达峰的故居，而是他夫人沈菁莪的墓。墓是新近迁到村子附近的，墓碑被重新刷得簇新，落款上清楚写着几位后人的名字——子 传统；女 初华。跟我们一同站在墓前的是焦达峰的两位孙子——焦遏洪和焦复楚，如今都还住在焦家桥一农村常见的自建房里，距离原来焦家大屋不远。

图38 焦达峰墓

从地图上看，这一带冠有姓氏的大屋很多，其中保留下来且名气较大的有沈家大屋。沈菁莪，就是从沈家大屋出来的大家闺秀。

真正的焦家大屋，连绵的屋宇已被陆续拆掉了，只留下焦达峰居住过的部分，被周围新建的房屋包围着——坐东朝西，土砖瓦房。“原来是前后两进院落，现在只剩下前栋。”前栋，现在也多半是废墟了。“原本木质结构的房子，里面的大木头被人取走了，换了泥土的撑在那里，老房子禁不起折腾，快要垮掉了。”

图39 焦达峰墓近景

房子是焦达峰的高祖父修筑的，在倒塌的土墙和荒芜蔓草中依稀还可看见当年的齐整。大门处保留的石门，建于清嘉庆年间。石条筑的石阶和门楼上的花纹，有点物是人非感。曾经的木质二层小楼，原本是私塾，后来沈菁莪用孙中山给的恤银布置成“达峰纪念堂”。据1944年出生的焦复楚回忆，这幢小楼，“土改的时候没被没收，还是焦家的人自己住的，到大跃进的时候被乡政府进驻，再后来，被卖给了支部书记，就成了私产了”。如今，小楼木栏杆上残留着红绿油漆，门上贴着“遵纪守法户”的牌子，挂着农具，仿佛仍有人烟。

另一侧，“龙伏镇达峰村353号”的低矮房子，“之前的猪栏，仓库”，倒是还住着人，据说是“很久前就搬来的”。对于这个衰败的大屋是焦达峰家这个事实，问起，表示知道，不过面上也流露出“跟我没什么关系”的表情。

1887年1月16日，焦达峰生于这栋房子的“槽门北侧厢房”，据说是个“喜欢到处走，很调皮”的孩子。湖南人说起调皮这个词，四声，有种特别的活泼感。焦达峰出生时的这个家庭，是个开明的大家庭，据周学舜所著《焦达峰》一书考证，“祖父焦添龄在焦家桥开设水烟店，家境日益小康……父亲焦舜卿壮年在家塾教书，反对八股，无心于科举功名，倾向于维新”，而焦达峰后来娶的“舅父女儿”，16岁的沈菁莪，据说是“当地第一个天足新娘”，就是因为焦达峰说，不要菁莪包小脚。从流传的二人吟诗作对的轶事，可看出这对年轻伉俪的家庭生活，是颇有《浮生六记》风格的。后来焦达峰在外革命，沈菁莪拿出首饰资助，焦达峰不到二十五岁去世，沈菁莪便建起纪念堂，在家终生纪念他，可见情深。

(一)1902—1904年，浏阳南台小学堂

跟很多同时代的辛亥人物的成长史相似，焦达峰“天资聪颖，少年成才”，而且还会一点武术。据说他“行远路健步如飞，善游泳，打鸟弹无虚发，只身夜行山路数十里，无所畏惧”。旧式学堂未能改习格致诸学，“高小”生焦达峰却被革命演讲感染。焦达峰在私塾里待到15岁，就去浏阳县城读书了，读的是县治横街上的县立南台高等小学堂。

学堂建立于元朝，曾为义学；清康熙三十一年（1692年）迁建西关内；乾隆十年（1745年）重修，改为近圣书院；二十四年迁建南台岭今武装部处，改名“清浏”；四十一年始称“南台”。清嘉庆、咸丰、同治间均有修葺。光绪二十一年(1895年)，著名的“戊戌六君子”之一的谭嗣同和自立军志士唐才常想将其改为算学馆，并“拟将县中书院改习格致诸学”，未果。戊戌政变后，一度复旧学。光绪二十八年（1902年）改为小学堂，正是焦达峰来此上学的时间。

这个没有转轨为新式教学的小学堂没有流传下来就消失了，但当年谭嗣同他们想改未果的算学馆却一直保留下来，成为现在浏阳一中的前身。谭嗣同和唐才常曾在南台小学堂发表演讲，成立南学会，“保湖南保南方保中国”。他们是读书时期焦达峰的偶像。焦达峰慨然宣称：“吾惟有从谭嗣同、唐才常之后耳。”同学中有人干脆称他为“谭唐”，他亦默许。

在前往长沙之前，焦达峰已经加入了“以推倒清廷，另创朝代为目的”的洪福会，在浏阳黄公桥设馆，由黎尚姜讲学授徒，开展接纳会党的活动。入会者除了农村寒士，还有贫苦农民和破产的手工工人，据说其中不少“山泽豪帅，手臂技击之士”。这些人后来在焦达峰的革命道路上，起过很大的作用。

1904年，焦达峰到长沙时17岁，念长沙高等普通学堂预备科（现长沙潮宗街）。

当年，沙俄企图霸占中国东北，各地学生上书表志，全国都处于革命的风雷激荡中。这其中，有一个人在各地宣传民主共和，在湖南成立华兴会，并且办起了东文讲习所（现长沙小吴门）；焦达峰当时已经在做留学日本的准备，本来就与各会党领袖过从甚密，且“挥金如土，人多目为豪士”，自然认识了这个人——华兴会会长黄兴。

可以想象当时焦达峰的年轻气盛，会读书，多金，在革命人士中长袖善舞，但对黄兴却总有些隔阂，觉得“未见重于黄兴”。相比之下，他更亲近于做什么秘密筹划都把他带在身边的禹之谟。

1904年农历十月初十（慈禧寿辰），华兴会起义，焦达峰对禹之谟大张旗鼓的行为不甚认同，决定东渡日本，寻找革命道路。那时，父亲焦舜卿已经由倾向维新转为暗地里支持革命，这当然有出于安全的考虑，但他对于儿子的支持，后来所有的乡亲都很清楚，并觉得这种伪装是明智的——“焦家有田300亩，焦舜卿表面上骂他，暗地里很支持他，把田几乎都卖了，甚至包括田里的青苗（称为‘卖青’）”。

当他踏上赴日之路时，华兴会起义已经失败，东文讲习所被迫停办，黄兴也亡命日本去了。同志星散，急于探索一条革命道路的焦达峰，出行之心，该是怀着悲愤和急切的吧。

(二)1905—1906年，日本东亚铁道学校

焦达峰想在东京学习军事，但因为是自费留学，惯例不能进军校，便转去了学习铁道爆破技术，没想到这个无心插柳之举，却给后来的革命工作，提供了大大的方便。

1905年8月20日，孙中山成立同盟会，焦达峰任联络部部长。1906年他回到长沙，正是奉了同盟会的旨意。这一年正赶上一件大事——陈天华、姚宏业两位留学生投水自尽。焦达峰跟着禹之谟一起，完成了长沙公葬两位烈士的活动。当时湖南民气之盛，前所未有，"军警鹄立两旁，呆若木鸡，不敢干涉"。

我们无法确知，队伍当中的焦达峰是从朱张渡还是小西门横渡湘江去往岳麓山的，但可以想见，对于革命该走怎样的道路，他应该有了更确实的判断。这一点，从他再次去日本，成立四正社（心正、身正、名正、旗正）就可以看出。之前在黄兴眼中"少不经事，未可与闻大计"的少年，这时已经渐渐成熟。

(三)1906—1911年，长沙太平街马家巷、孚嘉巷、贾谊故居

出于对革命道路和办法的自我理解，焦达峰在同盟会外组织起共进会。然而黄兴对于共进会的成立是不赞成的，他曾责问焦达峰"革命有二统，将谁为正"？焦达峰毫不示弱："兵未起，何急也？异日公功盛，我则附公；我功盛，公亦当附我。"

其时焦达峰的底气来自于他在各地的会党联络。共进会有湖北、四川、湖南、江西、浙江、广西、云南、安徽等省留日学生100多人。不光是学生，之前焦达峰在各地已经参加过诸如洪福会的组织，回国之后，他按照会党的方式，将长江流域的各会党联合起来，按照传统，开堂、烧香、结盟、入伙。焦达峰被推举为"穿靴子上山一步登山"的龙头大哥，此前，湖南会党的领袖是哥老会的马福益（黄兴曾与之雪夜长谈，后为革命牺牲）。

共进会在长沙的总机关设在太平街的马家巷17号同福公栈，今日走在被改造成酒吧商铺林立的太平街，找得到马家巷，但是同福公栈却没有影子。问周围的老住户，居然没有一人听说过。其中一位小卖部店主很肯定地说："我在这里住了50年，从来没听说。"

关于四正社旧址，文史资料中有明确记载，在"天心区太平街孚嘉巷42号（新44号），今为居民住宅。建筑面积480平方米。原建筑建于清末，1938年文夕大火中损毁，1946年在旧址上重建，保留了原有建筑风格，当地居民称为'兰庄'。晚清秘密会党组织洪江会四正社曾设在这里，入住客人多为湘乡行商。四米高的石库门嵌在大拱形门檐内，外有四级花岗石台阶。内庭狭长，双层六套厢房，燕子瓦顶，木制门窗、栏杆保存完好"。建筑在2004年被公布为太平街历史文化街区"不可移动文物"。

太平街上第三处与辛亥革命有关的故址是贾谊故居，现在可免费参观。门口的工作人员说："辛亥革命好像是有，焦达峰有没有来，没有资料。"故居内跟近代革命唯一有关的介绍是关于毛泽东的。文献记录中，焦达峰曾在贾太傅祠办了一个体育学堂，操枪打靶，进行军事训练，也将此地作为联络据点。现在，太傅故居和太平街的商业气息用一道高墙隔绝开来，小小的展厅、回廊、院落，甚为僻静，谁能想到，这里曾是焦达峰训练队伍的地方呢？

共进会有很多故事，其中最现实也是最无奈的一个是筹措经费，我们今日再来看这些"革命义士"们的所作所为，不觉目瞪口呆——集体去偷蕲春达城庙金菩萨，有人出主意去湖北三角山挖绿毛龟来卖钱，有人强取同盟者家中汇票，甚至有人配制蒙汗药打算迷晕孀居藏有金首饰的家嫂。焦达峰行事中的江湖特色，由此可见一斑。

(四)长沙光复时，"全城爆竹声，见面互道恭喜，热烈动人"

1911年10月10日，武昌首义。

在此之前各地的保路运动已经开展得轰轰烈烈，各团体的传单热烈，学校罢课，游行示威者众，回到长沙的焦达峰住在玉皇坪（今潮宗街和通泰街中间），在长沙城内的各处联络会面，密商大计。这其中包括落星田的定忠客栈（今北起五一大道，南止东庆街处，旧时

长沙善化交界处），又一村的马伏波堂（今中山路上）以及贾太傅祠。

焦达峰此时已经意识到会党“既可载舟，又可覆舟”的局限性，便以四正社的名义号召会党群众。据说，“三日之间，自由招兵达六万余人”，他们装备用的铁器，也是四正社的铁匠们制作的。

如今，站在体育场的大草坪上，想象一下1911年“旺盛的民气”，仿若听到焦达峰的大声疾呼：“中国存亡在此一举，再不动手，更待何时？”仿佛看见汹涌的起义军人流，从协操坪（今省人民体育场）开始，兵分两路——东路由小吴门攻城，占领环城各要寨，然后分别去荷花池军装局取军械，去咨议局（今民主东街）与北路军会合；北路则攻打北门，两路会合后去往抚台衙门（今中山路青少年宫）。及至抚台衙门前坪旗杆的龙旗变成了“汉”字旗，长沙起义成功！据说当时“全城爆竹声，见面互道恭喜，其景热烈动人”。

10月22日，长沙光复。中华民国政府湖南共和政府成立，第一任都督就是焦达峰。此时的焦达峰朝气蓬勃，雷厉风行地处理政务，接见民众，“无间晨昏”。完全没有警惕到的是，以谭延闿为首的湖南立宪派正穷凶极恶地向革命派发动进攻。即使谭人凤提醒他，他仍然一派天真。31日，有谭延闿支持的清巡防营管带梅馨，发动兵变，先杀副都督陈作新，继而冲进都督府，前有人劝焦达峰暂避，他慷慨说：“避将焉往。悔不用谭石屏之言，将若辈先除，竟为若辈所算。余惟有一身受之，毋令残害我湘民。且余信革命终当成功，若辈反覆，自有天谴。”

最终，当了十天的湖南都督，在生命最后一刻，从容地向高悬在都督府前坪的旗帜行一个礼，之后被乱刀砍死。

（五）“浏水堕泪”，岳麓山最为自由的一块碑文（1911年，岳麓山）

岳麓山这三个字，对于湖南辛亥的历史来说，几乎是一个归宿。对黄兴如是，蔡锷如是，陈天华如是，对焦达峰亦如是。在他身后，战友周海文愤恨悲痛到以吃斋念佛以终也好，两面派谭延闿的惺惺作态，称“以都督礼敬谨殡殓”也好，包括孙中山追赠他大将军也好，其实都与他无关了。

1911年10月31日，焦达峰牺牲时还不到25岁。五年后，同为浏阳人的督湘刘人熙，在焦达峰墓前竖了一块碑，“浏水堕泪之碑”，碑是仿晋羊祜的“堕泪碑”起名的（荆州地方官羊祜，勤政亲民，死后，邑人在岘山建碑纪念,见者无不堕泪）。这是埋葬岳麓山上的辛亥人物中，所有平铺直叙碑文之外，最为自由的一块。对于生性散淡，带着江湖气的焦达峰来说，这应该是他欢喜的吧。

十一、黎建候史迹

黎萼原名定豫，字谱周，号建候，1884年4月19日生于今长沙市雨花区黎托乡川河村（旧称黎家托）。父亲黎志洛做过清朝总兵，在当地为一名门望族，黎萼有四兄弟，排名第三。 冯自由所著《革命逸史》记载，黎萼年少时与陈天华、禹之谟、谭人凤等有交情。

图40 黎萼肖像

据黎萼自己填写的履历显示，他曾参加过辛亥革命历史上的萍浏醴、镇南关、钦廉防等数次重要起义。可以得到印证的是，1906年冬萍浏醴起义失败后，他和湖南同乡、湘乡人谭馥去了广州，用假名参加新军，并参加了此后胎死腹中的保亚会起义。辛亥革命时，黎萼仍被关在广东南海监狱中，但他保持与狱内外的会党首领秘密联络，谭馥死后，黎萼继承其衣钵，成为同盟会中联络会党的首领。他的这一特长在辛亥广州光复中发挥了关键作用。

程璟光《补述光复广州真象》一文记载，1911年11月8日，广州革命党人邹鲁、朱执信等集中开会，决定两件大事，一是鼓动两广总督张鸣岐和“济军”统帅龙济光宣布独立，另一件事就是救出黎萼，策动会党起义。

第二天黎萼在革命党人帮助下，越狱而出，了解当时局势后，召集绅士和商人开会，决定迎接在香港的胡汉民为广东都督。黎萼又于当天深夜召集保亚、自强、中华等会党首领在广州桂香街三益栈密谋起义计划，决定第二天中午起义。

图41 黎萼墓地指示牌

派去打探龙济光的人回来说，龙心神不定，还约黎萼当天中午单身赴宴。黎萼见势不妙，派人密切监视“济军”动向，并对各会党首领说：“欲光复山河，须以头颅换取，今日大事之成，全在同志肯死。本人既承各同志推戴，忝为首领，盼望切实接受本人命令，以一事权，而收如臂使指之效。”

在广州光复中，黎萼成为最重要的民军首领，并树起了第一面义旗。黎最为人称道的行动，是保卫广州国库，保存了一千多万元银票。

当时清军正处在混乱之中，士兵和地痞流氓趁机打劫，已将国库的外库洗劫一空，黎萼派人把守内库，赶走了数十拨劫掠者。中途有人劝他小心兵乱被害，他说：“此等乱兵，食人之禄，既不能为人卫国，复不知附义反正，可见毫无胆识，但去无妨。”

到晚上，全城被占领，包括两广总督张鸣岐在内，纷纷潜逃。黎萼以民军统领名义布告安民。据说，辛亥革命秩序最安定的是广州，黎萼功不可没，被人形容为“智虑忠纯”。

(一)“能披肝沥胆，不至泄露嫁祸者，只得黎萼一人而已”

广州光复后，黎萼被推为“建字军”统领，后改任北伐军陆军第三混成协协统。民国成立后，任广东陆军第五混成旅旅长，兼潮梅绥靖会办。《汕头文史》中《辛亥澄城心影录》一文记载“黎萼来汕，为帮办绥靖事宜”，绥靖即维持地方秩序的意思。

这一时期，黎萼还因其为人正直可靠，成为援越军总司令人选。辛亥期间，曾协助越南民族解放运动领袖潘佩珠等策动越南独立的《平民日报》记者邓警亚曾记述：“环顾各高级将领，能披肝沥胆，推心置腹，不至泄露嫁祸者，只得黎萼一人而已。”但黎随后被陈炯明免职，此事搁置。

此后黎萼在广东军阀各派系夹缝中生存，曾参加过“二次革命”反对袁世凯，后流亡香港加入中华革命党，随后发动潮梅起义，起义失败，被杀者30余人，黎萼幸免于难，赴日本向孙中山报告经过。

1916年，黎与陈其美策动肇和舰起义失败，孙中山在广州成立护法军政府后，被任命为大元帅府参军兼“建字军”司令官。

1918年，跟随孙中山护法的海军将领程璧光遇刺身亡，黎萼曾撰写挽联：“为国捐躯，是吾党健将；盖棺论定，真当代完人。”落款为“弟黎萼”。

(二)将军为谋生开煤矿，胡汉民曾为谋职

辛亥革命后，黎萼一直追随孙中山。孙死后，国民党内派系林立，黎萼和胡汉民关系较好。1931年，国民党内各派因不满蒋介石软禁胡汉民，效仿孙中山成立护法军政府的做法，成立广东国民政府，黎萼和曾传范同任参军。

九一八事变后广东国民政府取消，身在广东的黎萼，因不满该省新军阀统治，1935年与朱少穆、李天德发起庆祝尤列（兴中会成立前和孙中山等四人并称“四大寇”）71岁寿辰。结果当年3月7日几名发起者被捕，朱少穆遭惨杀。经胡汉民等多方营救，黎萼不久获释，但被免除所有公职。

该事件后，有多种史料描述，黎萼“生活潦倒，不知所终”，“卒年不详”。据《湖湘地理》记者查询的档案和史料，关于黎萼的信息

零星散见于多份文字材料中。

《胡汉民未刊往来函电稿》，显示胡曾写信给林云陔，为黎尊谋职，有“（黎尊）年来失所凭依，生活极感艰困”等语，可见黎尊在被免职后，处境极为艰难。胡汉民的信未写明日期，从林云陔1931年到1936年任广东省政府主席这一信息来看，当在事发一年左右。

在遭受排挤打压，生活极为艰困的日子里，黎尊甚至和人合伙去郴州开过矿，但最后因证照被人骗走失败。在一份写给时任湖南省建设厅厅长的报告末尾，连署人签名有“股东黎尊，继承人黎承纲”的字样，可见事情在黎承纲出生后。

图42 长沙市雨花区黎托乡川河村黎尊之墓

据1936年1月23日出生的黎承纲讲述，他出生后不久，就举家离开广东回湖南。此后他的生母麦素兰因为长期在湖南生活，再回广东时带一口湖南音，被人叫做“湖南婆”。

黎尊虽然在广东生活多年，但说话仍带湖南腔。黎承纲回忆，父亲对子女管教极严，兄弟姐妹打架，会先打大的。

(三)1947年在长沙杨家山一座平房里病逝，身后凄凉

回长沙后，黎尊在多处地方住过。在一份封套署名“湖南省政府顾问黎尊”的公函中，通信地址写明为“文星桥老二号”，在今长沙市开福区文星桥巷。

黎尊填写的中国同盟会纪念会湖南通讯处地址为“张家巷一号”，在天心阁附近，他为该会常务理事兼湖南省通讯处主任。黎尊有时也会住在老家。

在黎承纲的记忆中，从小父亲很少在身边，偶尔和父亲去公园玩，吃过的云片糕令他印象深刻。

黎承纲小时候曾在长沙城郊，今长沙县黄兴镇杜家河对面的一所学校寄宿，当时家里有一条黄狗，过河上学时不跟着一起上船，而是游水过河，放学时又游回来。

抗战期间，父亲曾把几个孩子送往湘乡、湘阴等地教养院，战事紧张时，承纲坐着父亲推着的独轮车回家。

《湘阴县志》记载，1940年10月19日，湖南各县“双十节慰劳团”一行十余人，由团长黎尊率领，对湘阴驻军进行慰劳。1940年湖南省动员委员会年度报告书记载：当年慰劳团分为四个团，三团团长为黎尊，赴湘北慰劳。此事至少表明，黎尊当年是积极抗日的一员。

相关档案显示，黎尊从1940年开始担任湖南省政府顾问，每月领薪。1946年6月，同时兼任湖南省烈士祠经理。

逝世前，黎尊和家人住在长沙杨家山一栋平房里，配有一名秘书和一名勤务兵。

1947年2月11日，黎尊在杨家山居所中去世。

十二、葛谦、谭馥史迹

葛谦，1885年10月5日生，湖南湘乡人，同盟会骨干，广州保亚票事件中的保亚会领导人之一。有记载，葛谦“禀赋醇厚，聪颖绝伦，及长，倜傥有大志”，为人忠厚朴讷而聪慧过人，被视为“狂人”。

谭馥，1878年生，湖南湘乡人，同盟会骨干，广州保亚票事件中的保亚会领导人之一。有记载，谭馥“短小精悍，两目炯炯有光”。

(一)保亚票事件

所谓“保亚票”，是谭馥用来联络巡防营中哥老会员的一张小小的长纸条，仿照湖南、湖北哥老会的章程，删繁就简，会中所有阶级隐语一概删掉，四角绘有山、堂、香、水及内外口号诗句等。保亚票发给哥老会员，接收的哥老会员即视为加入同盟会。保亚票作为一种凭证，就像现在的党员证一样，接到通知后，按指令行动。

发生在1908年的保亚票事件，与两个湘乡人有关。他们的名字一个叫葛谦，一个叫谭馥。葛谦能文能武、一身正气，谭馥机智勇猛、胸怀大志。这两个曾经在历史上掀起不小波澜的年轻人，人称“湘乡二杰”。他们的很多事迹相互交集，很难分开，《湘乡县志》都将他们两人合起来写。葛谦和谭馥老家相距只有四五华里，翻过一座山即到，是志同道合的老乡。

那年冬天，他们准备发动广东巡防营里的哥老会员进行反清武装起义。

1908年前，革命党人起义比较注重发动会党，此后，开始重视发动新军。巡防营是地方政府的警备部队，是新军中最为顽固的势力，特别被倚重，用来镇压革命。

此前一年左右，谭馥在广东巡防营里联络哥老会员，组织保亚会，发放保亚票，作为入会凭证。在起义前，保亚会受同盟会领导，作为策动巡防营起义的骨干力量。保亚会组织严密，除葛谦、谭馥等领导成员外，一律不许跟其他同盟会员结识，都是通过葛、谭等跟上级联络，以避免在起义失败时，引发更大范围的损失。

在1908年12月7日起义失败前，保亚会已经发展了五六百成员，其中水师提督亲军营十分之七八的人加入。这次胎死腹中的起义，史称保亚票事件，又称“戊申广州之役”，被认为是一种革命形式的新探索。民国元老邹鲁论及辛亥革命时称，辛亥革命由黄花岗起义推动，黄花岗起义则由广州新军起义推动，而广州新军起义又由保亚票事件推动。

一次次起义的失败，推动了后面的起义，最终革命成功，民国创立。

葛谦，原名藩宣，后改名潘宣，字树安，号诞麟。《葛氏族谱》记载，葛谦1885年10月5日生，家乡在今湘乡市昆仑桥街道办事处新坳村。很少有史料记载葛谦家世，《湘乡英烈》一书记载，葛谦的父亲葛立生是清朝贡生，候选直隶州同知（知府的副职），诰封奉直大夫。葛谦兄弟八人，他排行第七。

葛谦七岁丧父，家道中落，在贫寒中长大，为人忠厚朴讷而聪慧过人。因为从小读王夫之遗著，他逐渐形成民族主义思想，平时跟别人说话，经常骂胡（林翼）、左（宗棠）、彭（玉麟）为汉族罪人，被视为“狂人”。

读完私塾，葛谦考入长沙农业学校，没毕业，又入湖南牟目学堂学军事。1903年，葛谦留学日本，由于经济困难，半工半读，入读百科学校，同时进入大森体育会习武。留日期间，和覃振等人组织了新华会。

第二年，葛谦听说黄兴准备在长沙起义，随即回国。但刚到上海，就得到起义失败的消息，葛谦深感惋惜，并对黄兴为人非常佩服。

此时恰逢广西巡抚王之春到上海，王倡言把东三省割让给俄国，舆论哗然。万福华刺杀王之春前，葛谦也曾参与谋划，万失败被捕后，葛侥幸逃脱，去了武汉。

1905年，户部侍郎铁良南下武汉，葛谦准备刺杀，被湖广总督张之洞察觉，派兵连夜包围葛在武昌的住所，葛当晚睡在汉口，随后逃回湘乡。

因被通缉，不敢久留，于是去桂林投奔湘籍将官、新任广西巡防营统领郭人漳，在随营学堂谋职。1906年，黄兴来桂林策反郭人漳未果，在其下级将官中发展同盟会员，组织同盟会分会，葛由黄兴介绍入会。

1906年冬，葛返湘参加萍浏醴起义。在参与多次暗杀后，葛名声大振，结识了孙中山派回国响应起义的同盟会员宁调元等人。

谭馥，字文炳，又名绍基，1878年生于今湘乡市梅桥镇井峰村铜坑井。据熟悉谭的邹鲁描述，谭“短小精悍、两目炯炯有光”。

在谭馥的履历中，也有参加萍浏醴起义的记载。谭早年就是哥老会会员，和家乡的哥老会首领熟识，从军后，想在军队中联络哥老会员壮大势力。但因湖南军队中的哥老会员纪律涣散，他在起义失败后同黎萼一起去了广东巡防营，军中多湘籍士兵，谭馥联络其中的哥老会员，组织了保亚会。

葛谦、谭馥都参加过萍浏醴起义，去广州前两人是否相识，已不可知，但去广东后两人相识相知。葛、谭老家相距只有四五华里路，翻过一座山即到，两人虽年龄相差较大，但都有一番壮志未酬，可以想象，在异地他乡，见到如此志同道合的老乡，多么亲切、令人兴奋。

萍浏醴起义失败后，葛谦、谭馥都去了广州。1907年春，郭人漳被两广总督岑春煊调回广东，随营学堂的曾传范等革命党人也一同调回。曾传范想在虎门陆军速成学堂发展会员，但收效甚微。葛谦来后，组织成立广州、虎门等地的同盟会通信联络机关，和姚雨平一起负责广州的联络事宜。葛还去香港和同盟会分会长冯自由商议联络会员及处置盟书办法，议定盟书由冯自由统一保管。入会人数渐增。

这一年春夏之交，郭人漳被派去钦州镇压起义，黄兴策反郭人漳倒戈失败，出于对黄兴的景仰，葛谦、谭馥去钦州策反郭的部下，以接应黄兴的起义军，结果被郭察觉，杀了两个部属，葛、谭逃回广州。

此时同盟会广州主盟人是邹鲁，葛介绍还不是同盟会员的老乡、军中会党首领谭馥去见邹，申请加入同盟会。邹鲁在《谭馥传》中回忆，1908年暑假（此时邹鲁是广东政法学堂学生），谭馥突然有一天来要求加入同盟会，邹得知谭在巡防营中组织保亚会，对谭很器重。

1908年11月14日、15日，光绪皇帝、慈禧太后先后死去，广州同盟会领导层邹鲁、赵声、朱执信等人开会，认为这是发动起义的好时机。但前新军标统赵声已被怀疑，免去职务，无法调动新军，朱执信联络的会党组织非常分散，一时难以召集，于是决定由邹鲁策动巡防营中的保亚会起义，在20天内发难。

邹鲁正好要找谭馥商议，谭找上门来，非常焦急地说，光绪和慈禧都死了，应该马上起义，他愿意担任先锋。邹鲁把计划告诉谭馥，派他负责发动巡防营起义，并安排葛谦协助。

谭馥问是否可以发放“保亚票”联络哥老会员，邹鲁担心发票容易引起事情泄露，谭说如果多给他点时间，可以不发票。邹鲁觉得清廷主脑刚死，人心不稳，要抓紧时间，不可错过时机，于是同意了谭馥发票的建议。短短数日，保亚票在广州巡防营中顺利发放，谭馥通知领到保亚票的士兵，休息时间从桂香街师古巷古家祠大同旅馆同盟会机关前走过，解开军衣第二颗纽扣，以便清点人数。

葛谦也在11月上旬，去香港请冯自由向孙中山报告情况，并邀黄兴、谭人凤来督战。由于广东各地的巡防营策反还没展开，谭馥准备在12月8日去北江流域散发保亚票，完成剩下的工作。

正当一切有条不紊进行时，一个偶然事件改变了事情的方向。12月7日，谭馥派到广东水师提督李准亲军营发放“保亚票”的湖北襄阳人严国丰，在生火时不小心掉落了一张“保亚票”，被李准的卫兵捡到。严国丰本是广东高州军队中的教练员，因对清政府不满，屈身李准的先锋营卫队当伙夫，没想到“一失足成千古恨”。

严当晚被抓，遭严刑拷打，供出了谭馥。严从谭处得到50张保亚票，发出35张。亲军营警卫森严，谭馥难以进入，都是通过严国丰和会党成员联络。李准的属下还从严国丰的住所搜到日记本一本，上面有葛谦、谭馥、曾传范、罗澍苍、钱占荣等人的名字。

李准连夜派人到古家祠大同旅馆抓谭馥，葛谦和谭馥住在一个屋子里，葛睡外屋，谭睡里屋。幸好带头抓人的温带雄也是同盟会员，他对士兵说，革命党人非常难对付，不能像抓一般罪犯一样前后包抄，必须从一处合力进攻。

士兵从前门蜂拥而入，抓住了葛谦，谭馥惊醒后从后门逃脱，但临行前准备带的包被抢走，包里有保亚票的机密。于是李准按图索骥，将曾传范、罗澍苍、钱占荣、黎萼先后抓走。

当晚谭馥跑到清源巷的同盟会总机关邹鲁处报信，追兵尾随而至，但不知道谭躲进了哪间屋里。

情急之下，在总机关的邹鲁、张煊给谭乔装打扮，准备出逃。当时总机关里只剩下20元现钱，邹鲁给了谭10元，邹、张各拿5元。临行前，谭馥握着邹鲁的手说，“这次失败的责任在我，如果都能脱险就好。如果我逃走了你被抓，千万别承认，没有人会供出你；如果你逃走了我被抓，所有的事由我一个人担当；如果都被捕了，你一定要留着有用之身，千万不要和我争着先死。”

35年后，邹鲁为谭馥写纪念碑文时，仍对谭的这段话记忆犹新。那是一个雨夜，三人从窗口看到追兵走向流水井方向，他们跑到藏龙街，又碰上追兵，于是三人分开逃跑。

葛谦被抓后，李准亲自审讯，葛的口供长达千言，但没一句涉及起义的机密。他慷慨陈词：“我之宗旨，只是如此。我的同党，我断不能供出。已拼一死，愿快死为乐，我一人流血，留他们做大事业。历观欧美各国之大革命，断无不流血而成者，近来因革命流血者，亦不止我一人。我之宗旨，虽死亦不能变其方针，言尽于此，请速杀为愈！”

李准看葛谦年纪轻轻，文才了得，想放他一条活路，问：如果我不杀你你会怎么办？葛谦答：继续革命。

1908年12月16日凌晨，葛谦、严国丰在珠江天字码头被枪毙。闻讯，广东、香港同盟会分会都开会追悼，并募捐抚恤其家人。

保亚票事件发生在安徽安庆马炮营起义十多天后，令清廷非常恐慌。起义事败，李准本来想追查到底，发现水师亲军营中竟有八成持有保亚票。李感到非常震惊，生怕军营不稳，自身受牵连，最后决定，交出保亚票销毁者既往不咎，低调了结此事。

谭馥当晚逃走后，在一艘小船上躲了一夜，逃到湖南郴州，但由于遭通缉，四处布满罗网，最后被抓，押回广东。

谭馥在狱中认识了湘乡籍反清革命志士、和唐才常一起组织自立会起义的龚超，化名苏子山，谭馥觉得相见恨晚，在狱中仍与黎萼等和巡防营保持秘密联络。

第二年，广州新军起义前，清当局因恐夜长梦多，秘密将他杀害。被害前，谭馥被严刑逼供80余次，体无完肤，也没招供。

当时在广东的革命党人都不知谭馥遇害的日期，《湘乡县志》记载，谭馥遇害于1909年7月15日。

谭遇害后，初葬广州城郊。葛谦葬红花岗（后改为黄花岗）。民国成立后，湖南都督谭延闿将两人的墓迁葬岳麓山。

1943年，正当抗战期间，薛岳修复了他们的墓地，并请邹鲁为两人各写了一篇碑文，在墓旁立碑。

(二)考释

葛谦和谭馥可能早就认识。由于年代久远，加上对葛谦、谭馥的研究很少，关于二人的很多经历都有不同说法。

1. 葛谦是什么时候去的日本？

冯自由在《革命逸史》中称，葛谦是1906年在黄兴策反广西巡防营统领郭人漳未果，离开桂林后，才去日本，肄业于东斌学校。但是邹鲁在关于葛谦的多篇文章中明确写到，葛谦从湖南牟目学堂毕业后，1903年就去了日本。因为邹鲁和葛谦交往更为密切，所以我们采信了邹鲁的说法。

2. 葛谦组织过光复会吗？

在葛谦的简介里，通常可以看到，葛谦在日本组织光复会，后改名光华会。可光复会是在上海成立的，且后来没有改名光华会，创始成员中也不见葛谦的名字。

记者通过查证史料，葛谦在日本组织的应是新华会（见吴雁南《关于新华会虚无党》一文），会员中还有覃振等人。该会成立于1904年，以暗杀清朝官员为主要手段，恰恰葛谦在回国后，参与了几起暗杀，这与新华会的宗旨吻合。

3. 葛谦和谭馥是在什么时候认识的？

从葛谦、谭馥两人的经历来看，他们都参加了1906年的萍浏醴起义。起义失败后，1907年，谭馥和黎萼去了广州的巡防营，葛谦也去了广州。

而在黎萼的经历里，黎是在1906年认识宁调元、葛谦、谭馥的。葛谦、谭馥同时参加萍浏醴起义，是老乡，又都认识黎萼，他们岂有不认识的道理？

图43 昔日的葛谦的墓地已毁，今为菜地

图44 谭馥墓

(三)声音

谭馥墓如今完好存于岳麓山，但未列入任何一级文物保护单位。葛谦墓被毁，成了一片菜地，并且菜地上还挖了一个粪池。

2010年5月30日，笔者在散步时无意中发现了葛谦的墓碑，邀湖南师范大学历史文化学院博士生导师、湖南辛亥革命史研究会会长饶怀民教授鉴定，确认为残存的葛谦墓碑，横躺在一座空房背后的水沟边。附近有一块疑为墓地构件的石碑，上镌"三民主义"字样，被当成石阶任路人踩踏。

据饶怀民教授称，他20世纪90年代还曾见过葛谦墓，但后来就发现墓被毁了。饶介绍，葛谦墓位于林修梅墓东南方约30米处。记者和饶教授去寻找葛谦墓原址，在墓地原址附近发现一对拴马桩和一些墓地石构件，疑为葛墓所有。包括饶怀民、湖南省文史馆馆员陈先枢等多位学者都曾呼吁重修葛谦墓。

十三、湘军援鄂阵亡将士公墓

(一) 建筑遗迹考释

在援鄂战争中，约有千余名湘军官佐、士兵牺牲。他们主要葬于扁担山的"辛亥铁血将士公墓"，那是反攻汉口和汉阳保卫战中阵亡的革命军烈士墓，这正是援鄂湘军参加的两次战斗。说"可能"，是因为当时填埋阵亡将士遗体时，并未分湘军、鄂军，已让今天的我们无法辨别。据公墓的碑文介绍，1913年民国政府将反攻汉口和保卫汉阳牺牲的革命军将士遗体葬于汉阳龟山脚下。分成四个大冢，上有黎元洪题写的"铁血精神鄂军起义阵亡诸烈士墓"（1956年，因建设长江大桥，将其改葬于汉阳扁担山。1949年后长期处于无人管理的状态，现仅存34块石碑为当年实物）。另有少数烈士遗骸运回长沙安葬，此即长沙辛亥援鄂墓的来由。

最初在武汉埋葬阵亡将士遗体的，是当时的中国红十字会万国董事会，一个有外国董事参与的民间机构。它秉承的是国际红十字会的绝对中立原则，"救人宗旨不分革军（革命军）、官军"。据《中国红十字会历史资料选编》记录，这个董事会仅在武汉三镇就医治伤员（包括平民）3 200余人，收葬改葬尸体2 200余具。在汉阳牺牲的革命军，包括援鄂湘军的阵亡将士遗体，也多由他们掩埋，后来又经民国政府改葬。也有并非"中立"的民间红十字会团体，如由女医生张竹君建立并开往武汉的"中国赤十字会"救护团中，有四名伪装的"男女医生"，通过了清军的封锁到达武汉，他们是黄兴、宋教仁、陈果夫和黄兴的妻子徐宗汉。

岳麓山辛亥援鄂墓：据饶怀民先生所说，当年的每一次湘籍烈士的葬礼都是盛典，因为湘江还没有修大桥，要用木船摆渡，"当时是千船并发，规模相当宏大。当队伍到达岳麓山的时候，从长沙城望岳麓山是一片洁白"。

据岳麓山风景管理处胡滔滔提供的档案资料，长沙援鄂墓分为两处：一为辛亥援鄂汉阳阵亡将士公墓，位于岳麓山公园管理处办公楼后方山坡上。1912年修建，1944年重修，现残存22冢。另一处为辛亥援鄂民五护国阵亡将士公墓，为辛亥（1911年）援鄂战争和民国五年（1916年）护国战争两个时期阵亡将士公墓的集中处，位于岳麓山进山门楼前百余米处。民国初始建，1943年重修，今残存16冢。

图45 援鄂烈士公墓全景

两墓在1949年后长期处于无人管理的状态。岳麓山风景管理处曾在（20世纪）60年代进行了一次岳麓山墓统计，当时两公墓各有墓冢20座左右。湖南文史爱好者任大猛推断，80年代初，岳麓山开辟消防通道，有可能掩埋了一些墓冢。在这个时期，岳麓山管理处对两座墓进行了简单的整修，2005年列为市级文物后才得到保护。援鄂牺牲的千余人中，姓名可考的仅有292人，其余均为无名烈士，且多数葬在湖北。在异乡伴随他们的，是满园的寂静和园外的悠悠江水。

武昌起义的领导人之一蔡济民（后来）感叹："在我们最困难的时候，是王隆中他们抛妻别子，舍弃升迁来武汉和我们并肩作战。半个多月前他们到武昌时人强马壮，而现在多少湖湘子弟捐躯湖北，活着的人没有不身披创伤血洒武汉的。滴水之恩当涌泉相报，何况是血肉之躯，青春年代，生死相许。我们湖北人应该世世代代记住他们，感谢他们！"

湘军援鄂的阳夏保卫战，没能保住武汉，却催生了民国。

(二)历史场景

1911年武昌首义后，革命军为保卫武汉与清军激战两个月，即"阳夏保卫战"，"阳"指汉阳，"夏"为夏口，汉口的旧称。与湖北革命军并肩战斗的，还有来自湖南的湘军八千子弟和广西的桂军、江西的赣军等。湘军协统刘玉堂和千余名将士战死于汉江两岸。他们的遗体，集中埋在汉阳"辛亥铁血将士公墓"、岳麓山"辛亥援鄂阵亡将士公墓"和"辛亥援鄂民五护国阵亡将士公墓"里。也正因为湖南革命军精锐北上援鄂，失去实力支撑的湖南军政府都督焦达峰、副都督陈作新被叛乱新军杀害。焦达峰遇害时距他25岁生日还差16天。

武昌鄂军都督府，现在是辛亥革命武昌起义纪念馆。红砖砌墙、红瓦覆顶的两层楼房，又称"红楼"。门前广场立孙中山铜像，大门挂着都督府的两面铁血十八星旗。1911年10月10日，武昌首义发动，成立中华民国军政府鄂军都督府；10月12日，武汉三镇光复。

早在这年春，焦达峰与湖北共进会的孙武、居正等商议两湖起义时，就已订下"长沙先发难，武汉立即响应；武汉先发难，长沙立即响应"的盟约。武昌首义后的10月22日，焦达峰在长沙举事。如今太平街口的贾太傅祠，是起义密谋的地方，起义时革命党人曾杰在此放火，以此为行动信号，除杀了几个清朝官员外，革命军几乎是兵不血刃，占领全城。

此时，武汉的革命军正在汉口节节抵抗清军，于城内展开巷战。湖北军政府急盼光复后的湖南派军支援，求援电报"日必数至"。湖南局势稍定后，焦达峰和陈作新开始积极运作援鄂。

湖南军政府招募新兵，三日之间，即"招兵达六万人"。这些应招者绝大多数是会党，还有很多青年学生，抱着一腔热血投效革命。焦达峰、陈作新当即将原有及新招募的军队进行整编。以新军第（49标）为基础，组成第一批援鄂军，命王隆中统率援鄂。

今天的长沙市湘江大道与五一大道交汇处，原是老城的大西门，门外渡口为清代长沙第一大渡（大西门义码头）。1911年10月28日，王隆中率领第一批援鄂军，从此登船出发，誓师出征。焦达峰、陈作新亲至江岸，并发表檄文，表示要"灭此朝食，与诸君同为黄龙之饮；建兹民国，俾万邦共睹赤日之光”。此后，湖南军政府又先后派出刘玉堂、甘兴典、刘耀武三批援鄂湘军，前后四批计8 000余人。

王隆中部经湘江，到达岳州（岳阳）。湖北方面派轮船接运，援鄂军经过洞庭湖，转长江，入武昌。当时为四十九标副兵目的余韶后来回忆，湖北军政府犒赏援鄂湘军每队猪肉一百斤。第二天黎元洪训话，大意是自从满鞑子占了中原，汉人做了两百年的奴隶，现在是我们复兴的时候了。黄兴也在场，但没有讲话。

驻防时湖北军政府还发了很多饼干、蜜桔，让他们吃了好几天。四十九标进出武昌城步伐整齐，武昌人称赞“好队伍”、“这才是来打仗的队伍”。余韶回忆自称“惭愧的很”，因为后来两次仗都没打好。

由于汉江相对长江要小得多，武汉人把它称为“小河”，而不像外地人那样叫“江”。琴断河是比这条“小河”更微不足道的涓涓细流，它由南向北流去，注入汉江，大体与长江平行。琴断河在汉江的入口一带，就是琴断口。相比对岸的繁华，靠近汉阳的这一侧，还是一副“城中村”的景观，道路上尘土飞扬。岸边是附近的居民，在浑浊的水里钓鱼。“琴断口”地名的传说源于俞伯牙摔琴的“知音”典故，附近还有纪念他们而修建的琴台。

图46 援鄂烈士公墓全碑刻

1911年11月9日，援鄂湘军甘兴典部（徒手）到达武昌，领取武器后驻防汉阳。加上此前到来的湘军王隆中部，使黄兴认为有实力反攻汉口，命令湘军与鄂军熊秉坤部在汉江琴断口搭浮桥，渡江夺回汉口。渡河后，黄兴忽然找不到甘兴典部的踪迹，后来发现那些士兵都躲在民房内避雨，背上负着一捆稻草当做雨衣，状似一群难民。黄兴派一群参谋“持令箭分途晓谕，不集合者格杀勿论”。但聚集完毕时已经拂晓，大大延误了战机。

反攻时，王隆中没有区分各营队任务，也没指定攻击目标，就喊“冲过去”！各级军官指挥不力，士兵各自为战。相持到下午三时，革命军方才开饭，群往争食。甘兴典部新兵为多，一时无法控制，致使队伍紊乱。清军的机枪和大炮刚好在这时运到，清军乘机进攻，以机关枪猛扫，甘兴典策马先逃，导致整个部队大溃败。黄兴率领督战队阻拦，还砍伤了几个退却的士兵，但溃兵蜂拥而至，竟要向阻拦的人开枪。无奈之下，黄兴只好让他们后退。

那是一个慌乱而悲惨的时刻，成百上千的士兵在后方清军机枪的扫射下，漫山遍野溃逃，往一河之隔的汉阳跑去。其间，清军又有几发炮弹打在撤退人群里，造成极大恐慌，士兵们纷纷抢渡浮桥。这种用木板和渡船搭建的简易桥梁，经不起拥挤践踏，人多桥断，几百人就这样溺死于江中。所幸王隆中部有一个营在阵地上坚守至日暮，才撤回汉阳，避免了革命军的全线崩溃。王隆中头部受伤，退回后也“莫知所措，惟有哭泣”。

第二天，黄兴才得知甘兴典部并未撤回原防，而是“乘时于汉河内掠民舟，载其部队，携所领饷十万元不辞而别，遣返岳州”。黄兴电请湖南都督谭延闿将其处决，据称谭延闿先设宴迎接甘兴典于都督府，宴毕才将其正法于都督府前厅。

2011年9月，武汉扁担山。一个位于汉阳区西部的小山包，南靠龙阳湖，北面远处，汉江悠悠而下，注入长江。汉口在对岸，因汉江入长江口而得名。东边的汉阳市区，在老城墙未拆之前，是汉阳城。与扁担山排列成串的米粮山、仙女山、锅顶山、磨子山等，像一条链子，锁住了汉阳城的西面。各地似乎都习惯于流传类似的神话传说，这几处小山也被传说是所谓仙女下凡挑的米粮、磨子、锅顶。

反攻汉口失败，革命军退保汉阳。王隆中部守卫琴断口时表现平平，相持不过一小时，就率部退出。有湖南兵对一个前往观战的日本人说，已经一天多没吃饭，肚子里空空如也，实难支持。湘军和鄂军之间也存在矛盾，湖北士兵每人发饷十元，湖南发七元。又曾悬赏四万元让湘军夺取米粮山，但他们夺取不久又丢失，没有领到赏金，闷气未消，“于是湖南兵尽速撤回武昌”。王隆中自己则说，兵败如山倒，不能再用。当时黄兴的参谋长李书诚回忆，黎元洪答应给王所部五十万元赏金，让他们开回前线，但王隆中执意不肯，竟向李书诚下跪。四十九标副兵目余韶回忆，11月26日晚上，王隆中部下的士兵溃散，而王本人坐在标部哭泣。散兵游勇几十人一伙，零零落落退回长沙。

清军进占了汉阳西边的美娘山、扁担山等屏障。在这几处小山包上，杀伐日夜不断，“弹如雨下，白刃相搏，血流成河。岗泊之间，田野草丛，尸横遍地”。11月24日夜，革命军组织敢死队，以湘军将领刘玉堂为指挥，进攻扁担山。清军的机关枪架在山顶，控制着山下。在“据战良久，前进攻击数次”后，湘军将士终于前进到了山腰，将刺刀上在了枪上。漆黑的夜里，一排排泛着寒光的刺刀冲向了山顶。刘玉堂“立杀十余人，夺炮三尊，遂克扁担山”。但他在随后清军的反击中因身中数弹，流血过多，而捐躯疆场。他也是湘军在援鄂战争中阵亡的最高级别将领。其后部队指挥无人，阵地又为清军所占。

扁担山等屏障失守后，汉阳城已无险可守，11月27日晚，黄兴撤到武昌，在随后的会上，指明“两湖军有岐见，湖南新旧军亦不一致”，提出放弃武昌，夺取南京。但其他将领当场哗然，纷纷责难，甚至有“出手枪以相向者”。黎元洪见势，请黄兴退出会场，第二天黄兴前往上海。

在保卫武汉的前后两个月内，已有湖南、江西、云南、贵州等十余省宣布独立，清廷大势已去。阳夏保卫战结束五天后，南京也告光复，它的地位比武汉更为重要，也成为中华民国的临时都城。

援鄂的四批湘军，只有第一批是焦达峰派出的。在王隆中部北上武昌不久，长沙发生兵变，焦达峰、陈作新遇害，立宪派的谭延闿当了都督。

王隆中的第一批援鄂军是以原新军第四十九标改编而成，四十九标是革命党人最多、革命力量最雄厚的军队。这支部队的开走，虽然为保卫武汉立下战功，却使湖南革命党人顿时处于实力大减的状态。

1911年10月31日，王隆中部出发三天后，焦、陈被害事件发生了。直接发动事变的是原新军管带梅馨。他的军队分成两路，一队至都督府杀了焦达峰，一队趋（北门）截杀了陈作新。

中华民国军政府湖南都督府，也就是清末的湖南巡抚衙门，在今长沙青少年宫内。这里见证了最后一任巡抚余诚格在革命军到来时的张皇失措，也见证了“十日都督”焦达峰的大义凛然和一腔热血。只是已没有了辛亥革命的相关遗迹，只有三座建于清代的亭子，介绍碑文表明这里曾是巡抚衙门的大院。

叛军拥立谭延闿为都督，在岳州的王隆中部，观望不前。长沙附近会党“声言将毁都督府，四城竖红旗”，为焦、陈报仇。当此牵一发而动全身之时，黄兴给湖南的同盟会领导人谭人凤等来了一封长信，大意是说，湖南如果再乱，其他各省响应恐怕出现反复，再不能失去两湖光复的机会，权且维护谭延闿的威信，共同安定湖南，首要任务则是迅速出兵援鄂。

11月3日，也就是焦、陈被害的第三天，同盟会领导人周震鳞召集新、旧两军在金盆岭广场开会，要求大家顾全大局，准备援鄂北伐。

后来的三批援鄂湘军，就是谭延闿派出的。他接受了革命党的一些主张，同湖北军政府保持了合作的关系，湘军援鄂因而得以继续。已开往岳州的湖南新军，“闻变皆泣不成声，徒以汉上战事方急”，“惟有沫血泣饮，与清军拼生死而已”。

十四、蔡锷史迹

蔡锷（1882—1916年），民国初年军事家，原名艮寅，字松坡，生于湖南邵阳，1898年考入长沙时务学堂，之后在上海、日本等地求学，中间参加自立军起义，失败后改名“锷”。他先后在湖南、广西、云南等省教练新军。武昌起义时，蔡锷领导新军响应起义，后被推为临时革命总司令。袁世凯称帝后，他组织护国军，发动护国战争，迫袁取消帝制。1916年蔡锷病逝于日本福冈，遗体国葬于岳麓山。

如果说黄兴是“创造共和”之人，蔡锷则是“再造共和”第一人。很多时候“破”比“立”更艰难。对这位少年得志的将军，袁世凯曾评价他，“精悍远在黄兴及诸民党之上，即宋教仁或亦非所能匹”。我记住的，则是他骑马时“用皮鞭向马身一扬，当马跑出十数步时，始从马后飞步追上，一纵而上”的轻狂气概。

从邵阳的小山村走出来的神童，反对内战却不得不战的讨袁将军，在被后人以一曲《知音》传诵成红粉英雄故事背后，应该重读那句让袁世凯至死不能理解的话——蔡锷反对他称帝，竟然不是为了一己的野心，而是“为四万万国民争人格”。

岳麓山绿意正嫩，93年前的国葬也是在这样的春光中，这个4月，我们祭奠他终止在34岁的生命。

(一)出生地之谜：邵阳蔡锷村，或是洞口县山门镇

蔡锷是十一岁离开山门的，到宝庆府（今邵阳）参加科举，之后上长沙的学堂，直至最后病逝，他再也没有回来过。

关于蔡锷的出生地，出发之前我已经看到报纸上激烈的笔仗。在湖南，被列为蔡锷故居纪念地的有两处：一为邵阳大祥区蔡锷乡蔡锷村的“蔡锷故居”；另一处则是邵阳洞口县的水洞乡。

图47 湖南洞口县蔡锷故居

2010年4月8日，我们从长沙出发，上长潭西转京珠高速，两小时到达邵阳市区。有大祥区委宣传部人员带路，我们绕过正在修路的大道，辗转来到挂着启功题写的“蔡锷故居”牌匾的屋子。故居周围有大片水田，煤渣路两边栽种着小而精神的松柏，随行宣传部的人员在讨论预备动工的扩建工程，“这个故居太小了，不行。我们这边都要建成休闲山庄，投资一百多万”。路边的故居指示碑，据说是去年立起来的，“花了一万块”。土砖平房，正房面阔三间，加上一个厨房偏间，虽然旧，也看得出是后来建的。按照资料记载，原故居1950年倒塌，当地1991年修复的。在旁边的 “蔡锷生平事迹陈列馆” 值班的杨加贵说，他是帮外甥女代班的，这栋陈列馆二层小楼是外甥女的爹爹——当年的大队书记修建起来的。看守这里每月工资才三四百块，外甥女出去打工，这里就丢给他看着。“常常有领导来看的，前两天清明，蔡锷的侄孙还从广州来了，整个不到两个钟头就走了，就合个影象。”

站在土屋门口的碎石路上，可以看见周围农家安静和徐缓的生活，这里真的走出过那个神童蔡锷吗？想象着倘若这里真的变成休闲山庄，这一条整洁干净的煤渣小路和旁边欢快的水渠就没了，就算没有传奇人物的出生地这个名头，这样安静生活的改变，也算是挺可惜的吧。

(二)会馆：当年以缝纫蒸酒磨豆腐为生的蔡家所在，至今仍是手工艺和小生意人聚集的地方

尽管故居里明确写着“蔡锷父母的房间，蔡锷出生地”，但是一个小时车程之外，洞口县的宣传干部显然不同意这个说法。“那些蔡锷家里的用具，都是从我们洞口运过去的，他们是市里嘛，我们争不过的。”在洞口县山门镇的蔡锷公馆，看起来比那个小小的故居气派得多。“蔡锷是我们这里叫做‘大坝上’的地方出生的嘛，这个有分路碑证明的。那边（蔡锷村）是蔡锷的祖籍，他爸爸以前是住那里的，我们这边才是蔡锷出生和长大的地方。”

蔡锷会馆位于洞口县山门镇回龙街，在我们到来之前，蔡锷公馆的门是紧闭的。门口有人在倒垃圾，被干涉之后倒有点无奈：一直是倒这里的嘛。县里和镇里的宣传干部带着我们从巷子里走过，“这里本来都是老房子，很有古镇意蕴的，现在都拆掉了”，从尚存的一墙残垣，的确能看出当年的古意来，可惜这点诗意都被之后新砌的房子遮蔽了。不过和当年蔡锷父母经营的环境差不多，这里至今仍

然是手工艺和小生意人聚集的地方。当年被称为“洞天宫”的会馆，正是这类人来往落脚的地方。蔡锷的家里，也是托人找关系，好容易找到这个地方住下来的。

图48 洞口县山门镇蔡锷公馆

如今的会馆因为空旷显得更大，坐东北朝西南，砖木结构，前后三进，各面阔五间，进深二间，占地面积1 300平方米。第一进牌楼与戏楼合建一起，正面砖筑牌门，石灰抹面，叠氏檐口，饰工笔彩绘。牌楼分上下二层，左边楼是当年蔡锷的卧室兼书房，底层是蔡锷父母的寝室，右边二间则是当年蔡家蒸酒打豆腐的作坊。原二进为礼堂，后修为木质结构走马廊二层楼房。第三进为神主堂，祀有蔡公塑像。砖木结构，前后三进，各面阔五间，进深二间。如今木楼已经完全空置，在1945年大火中烧毁的戏台经过复原，显得宽敞和严整。当年年幼的蔡锷，也该是跟生活在这里的其他农家少年一样，以探寻的眼光看这个会馆里往来喧嚣的人群，听戏台上咿咿呀呀的戏文。

那块算得上他出生地最有力证据的分路碑，是2001年洞口县水洞乡杨湾村村民在挖地的时候发现的。碑上刻着“长命富贵”的祝愿，写着“弓开弦断，箭来碑挡”的避邪消灾的话。按照当地习俗，小孩出生之后八字先生算命，命犯“将军箭”者，就要在行人较多的交叉路口立“挡箭碑”，一方面为立碑者避邪消灾，另一方面，为过往行人导行，是修心行善，可得到神灵的保佑，以利成长。这种风俗在当地一直沿袭至今。碑上的时间——“光绪九年二月立”，正是蔡锷二三个月大的时候。可以想见，尽管出身在贫寒农家，以缝纫、蒸酒和磨豆腐为生的蔡家应该也是分外疼爱这个孩子的。因为梦见虎啸松林，父亲蔡正陵将这个孩子取字“松坡”。

如今在老家山门镇上住着的县国税局陈新平，对蔡锷的历史很感兴趣，常在公馆这一带逛。他小时候家里的老屋，就在蔡锷当年读过书的松坡街，他会饶有兴趣地讲起老人们口中流传过的蔡锷小时候的故事——像众多的名人轶事一样，故事里必有种种预兆，昭示这个小孩不是凡人，必成大器。而端着碗在松坡街上做生意的彭园洪老人则会说，“这里房子是改了三次了，我们住的还都是蔡锷的墙脚呢”。问起有否关于蔡锷家人的记忆，“这里太小了，他们不得住这里了，都在大城市”。

（三）赶考，宝庆府（邵阳市）；求学，长沙三贵街29号

蔡锷的父亲定住山门到老，而做儿子的则越走越远，从宝庆府到长沙城，从日本到北京，辗转云南，病逝他乡，这条没有回归路线的路，起点，蔡锷是骑在父亲的肩膀上走出来的。 山门到宝庆的200多里山路，是坐在父亲的肩上出来的。

图49 岳麓山蔡锷墓庐

如今的邵阳市在清代叫做宝庆府，可是个热闹的地方，下辖今新宁、冷水江、新化、邵阳、武冈等诸多县市，是商业、手工业城镇，又是湘西南农林副土特产、手工艺品集散地。古云：纸糊的长沙，铁打的宝庆。宝庆府三面环水一面靠山，地势险要，民风素有“论霸蛮，国人畏湖南人，湖南人

艮宝庆人”之说。如今站在邵阳的街面上，倒是已经看不出当年的剽悍。在洞口的蔡锷广场树立的塑像身着将军服、手握指挥剑，十分英武，而在家乡人民的口中，蔡锷还是那个天资聪慧，吟诗作对的“神童”少年。

关于儿时蔡锷对对子的民间故事有不少，其中最有名的是父亲带他到宝庆府考秀才时的那句“儿将父作马，父愿子成龙”。是不是杜撰如今已经不得而知，而山门到宝庆的200多里山路是父亲背着走出来，以神童补县学生员（俗称秀才）的轰动热闹只是一时虚名，之后更远的路，就是13岁的蔡锷自己来走了。

蔡锷从山门到邵阳，投到邵阳民主进步人士樊锥门下，在接受樊锥文化教育的同时，也接受其民主思想的熏陶。1898年3月，蔡锷16岁，得到督学徐仁铸的推荐，入资产阶级改良派倡办的长沙时务学堂学习。直到1899年东渡日本开始“军事救国”生涯前，蔡锷仍然叫做蔡艮寅。

(四)梁启超睹物思人题写的时务学堂碑，如今放在当年反“时务”最力的岳麓书院

长沙时务学堂是在中国近代史上赫赫有名的维新阵地，戊戌变法运动期间，维新派运动的中心在北京，湖南是唯一的“实验省”。这个学校的兴起，比北大的前身京师大学堂早一年，比北洋大学堂晚两年，但北洋只设理工科，这里却以“时务”为名。

这个新式的学堂什么样子，梁启超曾有过回忆：“……除上堂讲授外，最主要者为令诸生作札记，师长则批答而指导之。发还札记时，师生相与坐论。时吾侪方醉心民权革命论，日夕以此相鼓吹……”

以第三名被录取的蔡锷，是第一班40名学生中年龄最小的。他立志“当学万人敌，不应于毛锥中讨生活”。当时对他最为器重的，是学堂的中文总教习梁启超，对他“勤加扶掖点拨”。1922年8月22日，当时蔡锷已经逝世六年，梁启超应邀来湘讲学时，专程寻找当年时务学堂旧址，走到蔡锷当年的寝室前，梁启超伫立良久，泪水纵横。

时务学堂如今在长沙的旧址，就在中山西路的三贵街上。4月9日，我们从黄兴中路的中山亭位置拐到西边的中山路，进去不久就是三贵街。循迹找到三贵街29号，红色的木门紧闭，隐约看见里面的楼顶。敲门进去才发觉：这大概是全长沙最叫人羡慕的一个院子了。外面喧嚣的市声被大门挡在外面，院子里游鱼小池，爬山虎在红墙上铺陈出道道绿色的波澜。幽静的小楼里，日子过得自成一统。这里如今是私宅，但主人显然习惯了被媒体惊扰，听任我们自己好奇地探头探脑。院子里跟时务学堂有关的，也只剩下一面壁了。其实时务学堂仅历时不到一年，只招考过三次。录取学生总数只有两百名左右，却培养出了一批杰出的人才。中国著名的语言文字学家，同为时务学堂学生的杨树达曾评价：“一千九百年庚子反清之役，民四倒袁之役，皆时务师生合力为之，以一短命之学堂而能有如此事业者，古今罕见也。”这合力为之的师生中，最有名的一位，就是蔡锷。

时务学堂所在的这个故址，也是几经变迁。这里最早是清朝嘉庆皇帝的宰相(大学士)刘权之的住所，后来房子被益阳一周姓翰林买下。这位翰林与熊希龄是同榜进士，1897年，熊希龄等人租下这所房子办起了时务学堂。次年由于戊戌政变的发生，时务学堂被迫停办。1923年梁启超故地重游，睹物思人时，这里已经是“泰豫旅馆”，梁启超留下的“时务学堂”题字，后来被一姓言的老板收藏，并带回湘潭，躲掉了文夕大火的劫难。

现在，住在这屋里的是曾任长沙市工业联合会理事长，后来任湖南省文史研究馆名誉馆长的陈云章的家人。陈先生抗战胜利后买下“泰豫”这片地产，建楼成立了“中原公司”，并在三贵街一侧为自己盖了这栋私宅，并以40担米购得了那件梁启超的手迹。手迹如今展示在岳麓书院。讽刺的是，岳麓书院，恰恰是戊戌时反对“时务”最力的。

老人已经故去，将此地重修成“长沙近代史展览馆”的提议似乎也没人再提及。从小楼出门去，三贵街熙熙攘攘热闹非凡，拐个弯就是长沙市中心，周围的邻居都是地道的老长沙，问起来，模糊知道这里“原来是有名的地方，但是不知道跟蔡锷还有关系”。

从红门之上隐约望见小楼的爬山虎墙，我不知道，是该感慨它离市井远了，还是庆幸它在市井包围之中，保留了这份顽强的清静呢。

(五)长眠之地：岳麓山 麓山寺后山坡

“他骑马时，不一定自马的侧面攀鞍而上。他常喜欢用皮鞭向马身一扬，当马跑出十数步时，蔡氏始从马后飞步追上，两脚在地上一蹬，两手向前按着马臀，一纵而上。这匹昂首大马，看来已够威风，而蔡氏纵身而上的轻松矫捷，尤足惊人。” ——李宗仁回忆蔡锷

图50 岳麓山蔡锷墓

蔡锷一生在很多地方留下过足迹——长沙、武昌、上海、东京、仙台、南昌、南宁、昆明、北京、天津、台北、香港、越南、成都、重庆、福冈等中外各地，然而他在故乡湖南的痕迹并不多。

李宗仁记述他在广西陆军小学读书的日子时，这样回忆总办蔡锷将军：“……蔡氏那时不过30岁左右，可称文武双全。……我们当时仰看马上的蔡将军，真有‘人中吕布，马中赤兔’之感。”可是，如此飞扬的青春，却戛然而止在34岁。

蔡锷并不算是一个激进的革命派，在光绪和宣统年间，他是一个绝对“奉公守法”的听话的军官，剪掉了辫子，却决不曾挑动下属造反；民国建立后，他紧跟总统袁世凯，怎么说这都算是一个“体制内官员”；然而袁世凯复辟帝制时，他又决然犯险发难，誓与帝制不共戴天。如蔡锷的后人袁泉先生说：“蔡锷不愿投靠任何一个派别，因为过早地陷入政争将有可能影响他的前途，所以他要循一条中间道路稳健前行，这条道路的指归便是国家和民族。”

让人替他抱憾的是，作为一名职业军人，他自认的最佳归宿是有一天战死于抵抗外侮的沙场，结果却让一场内耗过早地消耗了生命。蔡公病中有言：不死于对外作战，不死于疆场马革裹尸，而死于病室，不能为国家做更大的贡献，自觉死有余憾。他口授遗嘱最后一句：“锷以短命，未克尽力民国，应为薄葬。”

然而蔡锷最终成为民国国葬第一人。如今岳麓山上最有名的墓，一是黄兴，一是蔡锷，当年国葬的排场，被详细记录下来。

2006年有新闻爆料这里被辟成瑜伽馆遭到众人谴责，如今这里还有一个低调的小茶馆，未见营业。

2010年4月9日，顺着游道造访蔡锷墓庐。拾级上到院子后上方的墓地，悬于周围山地的一块开阔高地，因为有古木森森，高大庇荫，俯瞰岳麓山，别有气象。几位女学生走到墓地前很自然地鞠完躬，继续上山春游。那场国葬的日子是1917年4月12日，距离我写下这些文字，整整93年。

十五、五轮塔——北伐阵亡将士纪念塔

大陆唯一一座五轮塔，建成80多年后，仍有佛教日本东密信徒在此举行宗教法会。它是如此特别，本是佛教“密教”塔，与位于其西南方向的佛教“显教”塔隋舍利塔相呼应，代表佛教的两支。同时又是北伐阵亡将士纪念塔，与岳麓山上辛亥革命、新民主主义革命、抗日烈士墓庐、遗迹合在一起，构成一部中国近现代史。

建塔时间之谜：应是1924年建塔，1927年在塔前公祭北伐阵亡将士。

五轮塔位于岳麓山南，斜对着公园南门，“在刘昆涛墓下马路侧之坡上”。从小路拾级而上，可逐渐看到宝珠形、半月、三角、圆、方等堆叠而成的五级，麻石上分别用金书梵文标识出不同形状所对应的：空、风、火、水、地。走近，可看到塔身正面刻的“先烈光明”四字，在修建之初，这个位置刻的应该是“五轮塔”三个字。做此修改的，很有可能是已在北伐中到达权力高峰的唐生智。

但关于五轮塔何时由何人所建，说法不一。

一说该塔建于1927年，由时任国民革命军第八军军长的唐生智为纪念北伐战争中的阵亡将士所修。1927年2月12日，湖南《大公报》记载了当时这场纪念北伐阵亡将士的公祭：

图51 五轮塔

赴祭各机关、团体、民众由灵官渡过河，在河西牌楼（今湖南大学牌楼路口）上岸，在岳麓山自卑亭处集合上山，“两旁军队站满约众六七千人，塔之周围为民众各团体”，“礼毕，顾掌法（顾净缘）与僧众绕塔三匝，高宣佛号而出。继总指挥与主陪祭人士，绕塔三匝高呼‘先烈精神不死’，‘大慈大悲救人救世’……”公祭从上午五时开始，到下午“直至五时方毕”。

图52 重修五轮塔碑记

唐生智给参与公祭的文武官员每人发了一枚“先烈光明”的纪念章，行礼后齐唱“先烈光明歌”，以示永远不要忘却为革命而献身的将士。而位于岳麓山南门五轮塔牌坊旁的景点介绍牌上，亦有“五轮塔建于1927年”字样。

第二种说法则把修建时间提前了三年。在长沙文史研究者任大猛提供的资料中，1932年成嘉森所编《岳麓小志》记载，五轮塔“民国十三年，为赵恒惕主省政府时所建”。1924年9月出版的吴晦华的《长沙一览》中提及该塔，称“民国十三年，为省政府所建造”。民国十三年，即1924年。这个说法也在1934年、1936年不同版本的《长沙市指南》中得到印证。

翻阅史料，1920—1926年，赵恒惕为湖南军政首领，他意图“联省自治”，于1921年7月发动的“援鄂战争”失败，耗资甚巨，死伤士兵两万多人。因为赵恒惕是一名密宗信徒，任大猛据此分析，赵恒惕很可能是因为这样才在岳麓山筑五轮塔来招魂和超度。

至于动手修建五轮塔的人，比较一致的指向是1922年开始在湖南弘法的江苏人顾净缘。湖南大学设计研究院退休建筑师何锦秋回忆，曾听中国佛教文化研究所原所长吴立民（1926—2009年）提起，“此塔为恩师顾净缘1924年所建”。在顾净缘所著《宝箧印经释》中，提到有一份《五轮塔缘起》，但这份最好的证明，早已散佚不可寻。

1999年开始修复，给石头编号；在岳麓书院池塘边，找到了87年前的塔顶圆球。

1967年初，五轮塔在红卫兵们的吆喝、拖拉机的隆隆声中轰然倒塌，“塔身四分五裂，栏杆、牌坊均被捣毁”。原因是人们从东方红广场瞻仰毛主席塑像时，发现五轮塔的圆顶刚好越过主席头顶，以为大不敬。

20世纪80年代末，任大猛经常到荒废的五轮塔旁玩，有次竟看到“百数条小蛇盘在草堆中的细沙地上，仰着头吐着信子”的惊人场面。

这片荒废的土地，在1999年被人唤醒。这年秋天，由岳麓山南门登山时，细心的人发现，五轮塔的废墟处，许多残缺不全的石头上用油漆编上了号码。

五轮塔作为“北伐阵亡将士纪念塔”，就是在这一年由吴立民写信给时任湖南省副省长潘贵玉时首次提出来的，“自辛亥革命至解放，唯有五轮塔——北伐阵亡将士纪念塔代表北伐历史阶段，缺之不可”。

有吴立民的呼吁，上海的鸿仪投资发展有限公司的100多万元资助，副省长的批复，岳麓山风景管理处开始着手修复五轮塔。

湖南大学设计研究院的女建筑师何锦秋负责设计。她查找《大公报》、《长沙一览》，还找到了几张20世纪30年代的旧照，用反透视法作出了整体复原图，得出塔高应为11.18米。

修复要求“原址原基，整旧如旧”，然而五轮塔的许多部件已经损毁、遗失，为此，不得不在找旧石料的同时，赶制了一批纯麻石石料预备。其间有人在岳麓书院旁的池塘边发现了一个直径68厘米的石球，与何锦秋图纸上计算的一致，她断定为五轮塔塔顶原物无疑。物归原处之后，新做的圆球无处可放，最后刻上了吴立民撰写的《岳麓山北伐阵亡将士纪念塔碑记》，并连同原来的一块碎石作为基座，一起立在了五轮塔旁边。

图53 兼作佛教场所的五轮塔

在清理五轮塔废墟时，何锦秋还意外发现了半块石碑与半截佛像，求证后得知是刻有《光明真言》的石碑和大日如来像，后来她请了长沙丁字湾的石匠来雕塑佛像。这次修复，除了五轮塔本身，包括四周的护栏，位于塔旁一左一右的杨卓林（1876—1907年，“孙文之副将军”）、阎松年（？—1911年，曾任湖南都督府护卫队副队长）二烈士墓，都得到了修缮。唯一不同的是原立于塔前的石牌坊被移到塔东南下方100米处，斜对岳麓山风景区南门。还修了一条石阶路，将五轮塔与辛亥援鄂民五护国阵亡将士公墓和长沙会战时遗留的战壕串联起来。

2001年5月4日，五轮塔修复工作结束，岳麓山上举行了开光仪式。

今游人若绕五轮塔一周，会发现塔身石料的颜色差异。据何锦秋介绍，旧的石料黄而斑驳，与新石料拼接处有迹可寻。在塔的内部，使用了钢筋混凝土，是为了增加塔的稳固性。

原来的五轮塔内有24个石磴，镶嵌于塔身内，排列六圈。塔内垂有一根铁链，人若要上去，则需要脚交替蹬着石磴，手扯着铁链往上。何锦秋年轻时曾爬上塔顶，塔顶四面有四个小窗，可以探出脑袋张望。那是20世纪60年代初，她在湖南大学读建筑系。

修复后的五轮塔内是一个中空立柱，用钢筋混凝土筑扎了24个水泥磴，建筑术语叫做“牛腿”，一根铁链顺着立柱垂在大日如来塑像旁。不过，现在塔身洞口铁门紧锁，一般人进不去，“有两把钥匙，风景管理处的那把估计找不到了，我这儿还有一把”，何锦秋笑道。

7月16日，我们走进岳麓山风景管理处停车坪旁的一栋两排砖瓦房，“我是1978年搬到这儿，当时这房子就有人住着”，管理处退休职工彭金辉说。

五轮塔建立初，曾有展览馆存放密宗经文、装藏，也曾有负责洒扫的护法。而这栋房子就是当时的展馆。“文化大革命”中房子遭破坏后，改作居民房。现在房子在旧有格局上扩建，又重新粉刷，几乎寻不到往昔的痕迹。唯有后院那棵两人合围的枫木将墙体蹭掉一块，裸露出红色的砖头。

五轮塔年表

1922年 湖南佛学道场“二学园”成立，顾净缘任掌法。

1924年 五轮塔最可能的建成时间，主持修建者可能是军中的赵恒惕、顾净缘。

1927年2月12日 唐生智率湖南官员在五轮塔公祭北伐阵亡将士。

1935年夏 佛学家陈建民在五轮塔闭关，修习藏传佛教秘法。

1967年初 五轮塔被“红卫兵”以拖拉机拽倒，从此荒废。

1999年 岳麓山风景名胜区管理处启动了五轮塔的重建修复工作。

2001年5月4日 五轮塔修复完成。至今，每年都有教徒在此举行宗教活动。

结语

辛亥100年。100年已是地理的时空概念。

说辛亥人事，如今多做符号定义论，对于更细微、复杂的实际，比如当时那个年代那些人、事、思潮的出现，渊源是什么，过程是什么，他们革命来革命去以至流血牺牲，其最终的目标诉求是什么，很多人并不甚了了。而搞清这些来龙去脉，辛亥才不会仅仅是一个符号，而是一种可供承续，具有独立思考意义的情怀和自强精神。

感谢仍留存在时间里的这些沉默建筑，它们终成一种审慎而客观的视角，它以它的方式无声切入、梳理着100年前辛亥史的基础轮廓，局部片段，尽可能有序而清晰地呈现了这些实地遗址中可考订的部分历史细节，历史的某一瞬间及某一瞬间的气息，由此浮显。如此我们也才可能深切地意识到，"革命"这样一个符号、概念，其实始终是个体生命悲喜忧戚汇流而成，有热血，有杂念，有错失错误和无穷尽的希望，更有永远鲜明鲜活的意义。

谨以此献给：

一切时代里，

那些火热、自由的梦想家和先驱者；

更多无名的，被淡忘的生命；

所有被侮辱被损害的沉默人民；

岁月从未回头，

他们永逝，亦永恒。

大地之上，还有永无止境的未来。

鸣谢：岳麓山风景管理处、辛亥革命武昌起义纪念馆、张之洞与汉阳铁厂博物馆

参考文献

[1] 埃得温·丁格尔. 辛亥革命目击记 [M].刘丰祥，邱以强、杨绍滨，等，译. 北京：中国青年出版社，2002.

[2] 金冲及，胡绳武. 辛亥革命史稿 [M]. 上海：上海人民出版社，1991.

[3] 中国政治协商会议湖北省委员. 辛亥首义回忆录第二辑 [M]. 武汉：湖北人民出版社，1957.

[4] 贺觉非，冯天瑜 . 辛亥武昌首义史 [M]. 武汉：武汉大学出版社，2006.

[5] 冯自由. 革命逸史 [M]. 北京：新星出版社，2009.

[6] 张国淦. 辛亥革命史料 [M]. 上海：龙门联合书局，1958.

[7] 中国史学会. 辛亥革命资料丛刊（全8册）[M]. 上海：上海人民出版社，1957.

[8] 李时岳. 辛亥革命时期两湖地区的革命运动 [M]. 香港：大东图书公司，1980.

[9] 曹亚伯. 武昌革命真史 [M]. 上海：上海书店出版社，1982.

[10] 政协湖南省委员会. 湖南文史资料选辑（第1、2辑）[M]. 长沙：湖南人民出版社，1978.

两湖摭英——近代黄兴纪念性构筑解读*

张天洁
李　泽

* 国家自然科学青年基金资助（51108307）

一、导言

图1 黄兴与孙中山合影

在推翻清王朝的辛亥革命中，孙中山和黄兴是两个最有影响的革命领袖，世以“孙黄”并称。1905年，孙、黄的会晤促成了重要革命组织同盟会的成立。孙中山作为革命运动的理论家和革命经费的募集者，黄兴作为军事领袖和多次武装起义的直接领导人，紧密合作，手创共和。民国初立，有关国民党政策的大部分公开声明，也以孙黄两人联名发表。但由于种种原因，在这两位领袖中，孙中山曾被广泛宣传并神化为“国父”，而黄兴却很少被谈到。[1]

较之民国时期举国上下多种类型的中山纪念建筑，关于黄兴的纪念建筑则相对黯然。1916年10月31日黄兴病逝于上海，次年4月15日受民国元老尊以国葬于湖南长沙岳麓山云麓峰下黄兴墓。1918年10月，日本横滨市鹤见区著名寺院“总持寺”内立起“黄君克强之碑”，纪念黄兴逝世两周年。20世纪20年代末30年代初，上海市政府据《大上海计划》规划建设江湾新区，将中心区的一条新建道路命名为黄兴路以示纪念。1933年，地处武汉的首义公园内落成黄兴铜像，并于1934年10月举行了隆重的揭幕仪式，以纪念黄兴逝世18周年。1948年，武昌阅马场黄兴拜将遗址建成拜将台纪念碑，缅怀追忆黄兴对辛亥革命武昌首义的巨大贡献。虽然数量有限，且所设立的地理范围主要集中于两湖地区，但这些建筑以碑、亭、雕像、道路等多种形式纪念民国开国元勋黄兴，物化了民国政府在不同历史时期对黄兴、对辛亥革命的纪念诉求。

二、黄兴简短生平

图2 黄兴像

黄兴（1874—1916年），原名轸，字廑午，号杞园，又字克强，湖南善化（今长沙）人；近代民主革命家，中华民国开国元勋；1893年（光绪十九年）入长沙城南书院，1898年选调武昌两湖书院深造，自此接触西方资产阶级政治学说，日益关心国家民族前途；1902年被选派日本留学，入弘文学院速成师范科学习，并任中国留日学生会馆评议员；与杨毓麟等创办《游学译编》，组织“湖南编译社”，从事译述，宣传民族革命和民主思想；次年与同学共组“拒俄义勇队”，不久改名“军国民教育会”，自充归国运动员，回湘策动革命；7月主持长沙明德学堂速成师范班；9月与刘揆一、宋教仁等筹组华兴会，1904年2月正式成立，被举为会长。又建同仇会、黄汉会联络会党，运动军队，议定于11月慈禧太后七十生辰时在长沙起义。事泄，逃往日本。1905年与孙中山共同发起在东京创立中国同盟会，任执行部庶务，居协理地位。提议将宋教仁等所办《二十世纪之支那》移交同盟会，改为该会机关报。1906年奉孙中山命赴广西、南洋各地从事革命活动。1907年孙中山被迫离日后，代理同盟会总理职务。1907—1908年与孙中山共谋南方起义，亲自参加或指挥钦廉防城、镇南关、钦廉上思及云南河口诸役。1909年（宣统元年）章炳麟、陶成章等反对孙中山时，居间调停，为孙申辩，坚决维护孙的领导地位。1910年初曾到香

[1] Hsueh Chun-tu: “Huang Hsing and the Chinese Revolution”, Stanford, Calif., Stanford University Press, 1961.

港策划广州新军起义。11月赴南洋槟榔屿，参与孙中山召集的秘密会议，商定在粤再次大举义事。翌年春在香港成立统筹部，自任部长。4月27日发动黄花岗之役，亲率敢死队攻总督署，伤右手。起义失败后返香港，支持中部同盟会活动，主张将革命重心转向长江流域。[2]

图3 民军总司令黄兴检阅出征将士

武昌起义后，黄兴乔装赴汉，指挥阳夏之战。汉口失守后，出任战时总司令，率民军在汉阳前线与清军奋战二十余日。汉阳失陷后黄兴辞职去沪，由光复各省代表推为副元帅代行大元帅职，主持筹建临时政府事宜。1912年元月黄兴出任南京临时政府陆军总长兼参谋总长，南北议和中主张向袁世凯让步。临时政府北迁后，他任南京留守，主持裁撤整理南方各军事宜，至6月解职。8月同盟会改组为国民党，黄兴被举为理事；9月赴京，与袁世凯会晤；12月接受袁委任的汉粤川铁路督办职，旋辞。1913年“宋教仁案”发生后，他一度主张法律解决。“二次革命”爆发后，黄兴在南京任江苏讨袁军总司令，以武力讨袁；失败后再逃日本。1914年孙中山在日重组中华革命党，因意见不合黄兴拒绝加入，旋离日去美。旅美期间他宣传反袁并为云南护国军筹措军饷。1916年袁世凯死后回上海，他与孙中山恢复关系，不久病逝。[3]

图4 孙中山（左五）、黄兴（左四）等中华民国临时政府成员与参议员合影，1912年1月28日

三、黄兴与辛亥革命

黄兴生于湖南善化，后在湖北武昌两湖书院接受新式教育转向革命，与湖湘两地的革命力量联系紧密。20世纪初，他一直重视中部的同盟会活动，在广州黄花岗起义失败后力主将革命重心转向长江流域。1911年10月10日武昌起义爆发，清政府为之震惊，迅速派大军南下，向武汉三镇之一的汉口附近集结。当时黄兴正身处香港筹集资金，获悉武昌形势危急后尽全力赶赴，乔装后经上海于10月28日抵达武汉，出任战时总司令，并在当晚即赴汉口前线视察。11月2日，由于敌我力量悬殊，不敌清军反攻，汉口陷落。战役形势对革命军非常

[2] 章开沅：《辛亥革命辞典》，357~358页，武汉，武汉出版社，1991年；刘泱泱：《黄兴集（一）》，1~21页，长沙，湖南人民出版社，2008年。
[3] 章开沅：《辛亥革命辞典》，357~358页，武汉：武汉出版社，1991年。

不利，湖北军政府都督黎元洪于11月3日效仿汉高祖刘邦拜韩信为将的仪式，用木板搭建拜将台，任黄兴为战时总司令。黄即席慷慨陈词，指出“此次革命，是光复汉族，建立共和政府”，并慨然表态：“今日既承黎都督与诸同志举兄弟为战时总司令，为国尽瘁，亦属义不容辞。”军民革命热情为之高涨。当日下午黄兴即渡江赴汉阳督战。之后的十余天里，修筑起出色的防御工事。11月中旬民军准备反攻，16日晚渡过汉水试图夺回汉口，但遭遇清军猛烈抵抗，于17日退回汉阳。20日清军集中强大兵力围剿汉阳，民军经苦战不能匹敌。27日，黄兴撤回武昌，汉阳失陷。在九天的激战中，双方伤亡愈万人。[4]

图5 辛亥革命中的武汉三镇，刊登于《环球》1911年10月28日

革命军从10月18日出战汉口以阻击前来镇压的清军，到11月27日汉阳失陷，前后共苦战41天，史称“阳夏战争”。虽然因敌我力量悬殊而失败，但作为辛亥革命期间爆发的一次最大规模的战役，阳夏保卫战具有重要的历史地位和作用。该战役极大牵制了清军反扑革命军的主力，为各省独立、脱离清廷统治赢得了宝贵时间。在革命军与清军奋战的这一个多月时间里，湖南、陕西、江西、山西、云南、浙江、贵州、江苏、安徽、广西、福建、广东、四川等省先后独立，关内18省中只剩4省效忠清廷。革命军虽损失惨重，但使清王朝的崩溃已成无可挽回的大势。[5]“此役之功，不可淹没。阳夏之役将士及其民军主帅黄兴值得纪念”。在明显的众寡悬殊形势下，黄兴竭智尽力。居正曾评论道：“克强之功，不在守汉阳孤城，而在其大无畏之精神，以未经教练的乌合残卒，含辛茹苦，抵抗冯国璋北洋熟练之雄师，因此稳定起义之武昌，促各省革命党之崛起……”[6]

四、国葬制度下的黄兴墓设计

最早为黄兴修建的纪念性建筑当属黄兴墓，位于湖南省长沙市岳麓山云麓峰左小月亮坪。黄兴于1916年10月31日病逝于上海，次年4月15日受民国元老尊国葬于此。墓石砌，东向。墓前矗立四棱形乳白岩碑柱，通高约10米，上嵌铜板，镌“黄公克强之墓”六字。四周护以铁石栏，巍峨宏伟，肃穆庄严。墓地右下方有黄兴墓庐，陈列介绍黄兴生平事迹的文物与图片，1988年2月经国务院公布为全国重点文物保护单位。[7]

[4] 辛亥武昌起义编辑组：《辛亥武昌起义》，北京，文物出版社，1986年。
[5] 薛君度：《黄兴与中国革命》，杨慎之，译，99~119页，长沙，湖南人民出版社，1980年。
[6] 居正：《辛亥札记》，71页，上海，大东书局，1945。另一方面，回顾历史，当时黄兴的指挥也存在不当之处。时任参谋长的李书城在《辛亥前后黄克强先生的革命活动》中回忆道：阳夏之战中“进攻汉口的失败，不仅暴露了我军的弱点，也使敌人轻视我军，加强了敌军进攻汉阳的企图。这是因为我在战略战术上都犯了极大的错误所致。从战略上说，我军若不进攻汉口，敌人是不敢轻于进攻汉阳的。因为汉阳的防御工事相当坚固，并且作了些夸大的宣传，使敌军望而生畏。且敌我两军隔河对峙，船只都靠在我方河岸，敌若渡河攻坚，地势于我有利，于敌不利。我若坚守汉阳，可争取时间，得到更多省份的响应和所派援军的支援。如果这样，汉阳是尽不可失的……”详见李书城，《辛亥前后黄克强先生的革命活动》，转引自http://baike.baidu.com/view/254247.htm
[7] 章开沅：《辛亥革命辞典》，359页，武汉，武汉出版社，1991年。

图6 黄兴墓正面图

图7 黄兴墓侧面图

黄兴墓的设计建造是在民国《国葬法》颁布之后。在一定程度上，正是黄兴等领袖的辞世促成了这部《国葬法》的制定。1916年10月31日，黄兴病逝于上海，时年仅42岁。同年11月8日，护国战争爆发，再造共和的蔡锷又病逝于日本。一代伟人的相继去世，引起举国一致的悼念。为了表彰黄兴、蔡锷对创建民国以及维护民国的卓越贡献，被袁世凯非法取缔的国会复会后，即决定仿照日本的国葬仪式来安葬黄、蔡二人。国会于1916年12月18日通过了民国第一部《国葬法》，这也是中国有史以来第一部国葬法。时任大总统的黎元洪于12月22日下令国葬黄兴和蔡锷。1917年春，以国葬礼安葬黄、蔡于湖南长沙市岳麓山风景绝佳之处。青山忠骨，永供后人瞻仰凭吊。[8]

国葬是一种葬礼的规格，是以国家名义为逝者举行的葬礼仪式，代表国家对逝者的高度尊崇。它是表彰对国家有特殊贡献者的一种方式，始创于古代罗马，后为许多国家所沿用。中国古代并无这种意义上的国葬。历史上，中国传统的丧葬习俗源于史前的祖先崇拜。经过三代时圣人制礼作乐，形成完整而系统的丧礼、丧服制度，在《仪礼》、《礼记》等书中均有记载。后经历代大儒据社会变迁加以因革损益，著于《司马氏书仪》和《朱子家礼》中，为后世士大夫所遵奉，并渗透到民间丧葬习俗中。传统丧葬礼俗具有明显的封建等级性。上自帝后丧礼，下逮士庶丧礼，均根据死者生前地位等级，制定不同礼仪，以维护封建统治秩序。而且，丧礼慎终追远、事死如生、崇尚厚葬、以礼教孝等精神影响深远。[9]

1916年黄兴、蔡锷相继辞世后国会通过了《国葬法》。其中规定，中华民国的国民只要“有殊勋于国家”，身故后经国会同意或国务会议决定，可举行国葬典礼，国葬经费由国库支出，治丧事宜由政府派员办理，有关机关团体和各界人士分别以下半旗或佩黑纱的方式表示哀悼。国葬墓地可建筑公墓、专墓或由遗族自择茔地安葬。[10]前述规定是对封建帝王享有“国丧”特权的否定，体现了民主共和的精神。[11]而且，国葬将原本个体的葬礼转变成为以民族国家名义进行的瞩目行为。[12]

[8] 张学继：《民国时期的国葬制度》，载《民国春秋》，1998(2)，22~25页。
[9] 严昌洪：《民国时期丧葬礼俗的改革与演变》，载《近代史研究》，1998(5)，169~183页。
[10] 这部《国葬法》共八条，对于享受国葬者的资格、国葬的经费、仪式等都作了具体的规定：一、中华民国人民有殊勋于国家者，身故后经大总统咨请国会同意，或国会之议决，准予举行国葬典礼。已经私葬者，亦得依前项之规定，补行国葬典礼。二、国葬经费伍千元，由国库支出。三、国葬墓地，由国家于首都择定相当地址，建筑公墓，或由死者遗族自行择定茔地安葬，均由国家建立碑铭，以表彰之。四、关于葬仪及修墓一切事宜，由内务部派员办理。五、予国葬典礼者，由大总统亲自或派员致祭。六、举行国葬之日，所在地之官吏均往与祭，同时全国官署及公共团体均下半旗，设位遥祭。七、殡葬时，所在地及经过地方之官署及公共团体均下半旗，并由国家派遣军队军乐护送。
[11] 严昌洪：《民国时期丧葬礼俗的改革与演变》，载《近代史研究》，1998(5)，169~183页。
[12] 依据这部《国葬法》，由民国政府批准的享受国葬典礼者仅三人，分别是黄兴、蔡锷和孙中山。1917年国葬黄、蔡后，曾有国民党籍众议员在国会提议国葬陈其美，但因遭到研究系议员的强烈反对而没能通过。1919年12月民国政府前代理大总统、直系领袖冯国璋病逝后，当时的大总统徐世昌允准国葬，但交国务会议讨论时受安福系议员反对，冯家因此主动辞谢。

《国葬法》颁布之后设计修建的黄兴墓体现出与前清陵墓的不同。它摒弃了传统陵墓沿中轴线布置牌楼、神道、飨堂、墓台和宝顶等的惯常做法，而是在有限的范围内采用了坟茔结合的模式，并借鉴西式方尖碑的形式来强化视觉冲击力与革命象征性。

方尖碑源自古埃及，其外形呈尖顶方柱状，由下而上逐渐缩小，顶端形似金字塔尖。其四面均刻有象形文字，表明三种不同目的：宗教性（常用以祭祀太阳神阿蒙）、纪念性（常用以纪念法老在位若干年）和装饰性。方尖碑后传入欧洲，被视为胜利和权力的象征。[13]19世纪，美国依据古埃及的比例设计建造了方尖碑形式的华盛顿纪念碑（Washington Monument），以纪念美国首任总统乔治·华盛顿。该石碑以白色大理石建成方尖形，高度是169.3米，成为美国首都华盛顿哥伦比亚特区的地标以及世界最高的石制建筑。[14]

20世纪初，中国正经历现代政治转型，西方宏伟的纪念建筑引发了中国民族主义者的极大热情。作为民族国家自我表达的想象与象征，有形的纪念建筑在中国城市的公共领域迅速普及。[15]伴随中国革命党人对美国共和政体的认同和向往，华盛顿纪念碑所采用的方尖碑形式开始被当时中国新的革命纪念建筑所采纳。在黄兴墓建造之前，引用方尖碑形式的突出例子当属1913年建于四川成都的“辛亥秋保路死事纪念碑”，旨在纪念对于武昌起义和清朝崩溃都具有促进意义的保路运动及其死难者。该建筑由留日的中国建筑师王楠设计，主体的方尖碑高达32米，以前所未有的高度成为传统城市空间里最为引人注目的革命纪念建筑。[16]与黄兴墓同时期落成的蔡锷墓、20世纪20年代建成的广州黄花岗烈士墓、1948年武昌阅马场黄兴拜将台纪念碑等也都采用了方尖碑形式。

审视长沙岳麓山的黄兴墓，其方尖形墓碑如宝剑刺穹，高高耸立。这一形式从外观上讲迥异于中国旧有的牌坊、石碑、塔等形式，在19世纪曾被美国国父乔治·华盛顿的纪念碑所采纳，似能寓意黄兴推翻清朝旧政权、手创共和新政体的革命经历。而且，黄兴晚年旅美，考察其政治制度及实业，留下深刻的印象并在思想上有所转变。1916年回国后，他不愿卷入北京的政治漩涡中，因为这将影响他关于发展中国实业的长远计划。黄兴的兴趣似乎以教育、市政规划和发展工商业为主，而这些兴趣的增长大概是他旅美两年所受影响的结果。[17]尽管缺少设计意图的记录，黄兴墓选取华盛顿纪念碑所采用的方尖碑形式，似乎也暗合了黄兴对于美国政府和社会的认可。这一新的形式还适合从四面观看，符合民国时期新的纪念物教育观者的要求。此外，方尖碑造型简洁，便于经济迅速地建造，能够将造价控制在由民国政府特给的有限的丧葬费2万元之内。

图8 日本横滨总持寺内黄君克强之碑

五、日本横滨的黄君克强之碑

1918年10月，在日本横滨市鹤见区著名寺院“总持寺”内的“手枕坂”边的山岗上，立起一座黄兴纪念碑。碑体采用中日传统石碑形式，正面题有“黄君克强之碑”，背面镌刻由日本前首相犬养毅手书的碑文。

总持寺是日本镰仓时代曹洞宗的寺院，1331年在现在的石川县创立，1898年一场大火烧毁了本山。因明治新政府颁布神佛分离令

[13] http://zh.wikipedia.org/wiki/%E6%96%B9%E5%B0%96%E7%A2%91.
[14] http://zh.wikipedia.org/zh-cn/%E8%8F%AF%E7%9B%9B%E9%A0%93%E7%B4%80%E5%BF%B5%E7%A2%91.
[15] Lai Delin, “Searching for a Modern Chinese Monument: The Design of the Sun Yat-sen Mausoleum in Nanjing,” Journal of the Society of Architectural Historians 61, no.1 (2005): 22~55.
[16] 在引入西方方尖形的同时，设计师还借鉴了中国传统建筑样式，在纪念碑碑顶布置了5座小宝塔。
赖德霖：《中国近代建筑史研究》，250页，北京，清华大学，2007年。
徐苏斌：《 清末四川与日本的交往之研究——留日的铁路学生、雇用日本技术者与成都“辛亥秋保路死事纪念碑”》，见张复合主编《建筑史论文集》，第13辑，46~61页，北京，清华大学出版社，2000年。
[17] 薛君度：《黄兴与中国革命》，杨慎之，译，181页，长沙，湖南人民出版社，1980年。

（1868年），迁往横滨正鹤。1907年，获得了政府许可，次年动工，1911年举行正式迁入仪式。关于总持寺选址横滨正鹤的原因，没有发现详细的记录，或许与其总本山在中国浙江省天童寺有一定的渊源。新落成的总持寺的主持石川素堂很可能与黄兴等中国革命人士有着私人的交往。总持寺内与中国革命或中国有关的纪念建筑有多处，如"黄君克强之碑"（1918年）、"日本同志援助中国革命追念碑"（1931年）、"板东中村君碑"（推测是孙中山在日本的化名之一）等，另挂有孙中山手书的匾额"大观"。1916年，在上海被暗杀的陈其美的追悼会也在总持寺举行。此外，上海东亚同文学院首任院长根津伍市一以及该学院毕业的佛徒水野梅晓的墓也设在总持寺。[18]

图9 犬养毅（中）与头山满（左）、蒋介石（右）在一起，1929年

总持寺与中国的密切联系很可能与其地理位置有一定的关系，该寺位于横滨与东京之间，而横滨是中国至日本海路联系的重要港口。或许因为便利的交通条件，总持寺吸引了当时求学或逃亡日本的中国革命志士。此外，横滨与当时的中国革命也有着密切的联系。近代中国的第一个革命团体"兴中会"创立于檀香山，1895年（光绪二十一年）由孙中山主持在横滨市中区山下町五十三番地文经印刷店成立横滨分会。孙中山也曾在横滨居住，并多次由横滨登陆前往东京。1897年，兴中会还在横滨创设了华侨子弟学校——大同学校。1911年12月，留日中华民国统一联合会发起成立了"横滨敢死团"，并由该会代表率敢死团八十余人回上海，准备赴鄂助战。[19]

题写"黄君克强之碑"碑文的犬养毅（1855—1932年）是日本政治家，第29任日本首相。他的书法与汉诗均很优秀，与当时的中国有着一定的联系。1907年，犬养毅与头山满一起到中国旅游。1911年，为援助孙中山掀起的辛亥革命再次来到中国。他还曾协助藏匿过逃亡中的孙中山、蒋介石等人。1931年九一八事变后，犬养毅有意通过与中国谈判解决九一八事变问题，于77岁高龄出任首相。他拒绝了日本军部要求承认满洲国的指示，利用自己的渠道与国民政府进行交涉。1932年5月，被日本军部刺杀身亡。犬养毅的死是日本政治史的一个重要分水岭，之后日本军部逐步控制了日本的政局，走上了全面侵略和对外扩张的法西斯道路。[20]

六、孙中山崇拜下的黄兴纪念建筑

1925年3月12日，中国国民党总理孙中山在北京逝世，之后掀起全国范围的孙中山崇拜热潮。作为中国社会从传统向近代转型的政治和文化产物，它既是中国传统文化中权威崇拜的遗存和延续，又是国民党政权在构建现代民族国家过程中刻意制作政治象征符号，借以整合社会、巩固其权威统治的一大创制，也是国民党利用国人对孙中山的爱戴、崇敬与祭奠的社会心理，有意引导和设计的个人崇拜的精神产物。[21]孙中山崇拜也反映在物质空间层面，全国各地纷纷以纪念孙中山名义开展了各项纪念性建设活动，包括街道、公园、纪念堂、纪念碑、纪念学校、图书馆，等等。

首义之地的武汉也不例外。1928年10月10日辛亥革命17周年，武昌首义公园内建成总理纪念碑、总理纪念堂。与此同时，汉口中山公园建成并正式免费开放，配备了多样的纪念、教育、健身及娱乐设施。中山公园是汉口城市改造的示范工程，也是当时长江流域

[18] 鈴木晶：《横浜とアジアの反帝国主義》，フェリス女学院大学大学院国際交流研究科，第4号：45~53页。
[19] 章开沅：《辛亥革命辞典》，426页，武汉，武汉出版社，1991年。
[20] http://zh.wikipedia.org/wiki/%E7%8A%AC%E9%A4%8A%E6%AF%85.
[21] 陈蕴茜：《崇拜与记忆：孙中山符号的建构与传播》，1页，南京，南京大学出版社，2009年。

最大的城市公园。[22]1931年10月10日，即武昌首义20周年之际，孙中山铜像在湖北省国民党党部前落成。1933年6月1日总理奉安4周年，又一尊孙中山铜像在汉口新铺设的民族、民权、三民路交口揭幕。此外，武昌、汉口新建的道路、民众教育馆等，也相继以“中山”命名，以示纪念。

图10 武昌总理孙中山先生纪念碑，2005年

（一）黄兴铜像

在武汉三镇大规模地建筑各种中山纪念物的同时，湖北省政府也有感于黄兴“奔走革命艰苦卓绝百折不挠，转战阳夏，厥功尤伟，允宜纪念，以资观感”，决议为其塑立雕像并建立纪念碑和纪念堂。1932年前后，成立革命先烈黄公克强铜像及纪念碑堂筹备委员会，拨武昌公园（原名首义公园）奥略楼前地立案，通过募捐筹措资金。[23]

图11 武昌孙中山像，20世纪30年代

图12 武昌孙中山像，2004年

黄兴铜像于1933年完成。1934年10月31日，中华民国和国民党创始人之一黄兴的铜像在武昌公园蛇山顶揭幕，纪念黄逝世18周年以及他对辛亥革命和民国创立的不朽功绩。[24]时任湖北省主席的张群亲自致词，黄兴夫人廖淡如、徐宗汉和子女黄一欧、黄一中、黄振华等均应邀出席。该像高约2.5米，立于3.4米高的“十”字形双层石质基座之上。[25]黄身着敞开的西式长款风衣，右手撩起衣襟插入裤袋，练达坦荡，气宇轩昂，并巧妙地隐藏了黄兴右手的伤残。1911年4月黄兴指挥广州黄花岗起义时，浴血奋战，右手断两指。黄兴像形神由平淡而传本真，借平常面目见历尽艰险、置生死于度外的境界。

图13 汉口孙中山像揭幕，1933年

图14 汉口孙中山像，2006年

黄兴铜像是近代武汉继武昌、汉口孙中山像之后的第三尊城市雕像，亦是当时中国城市早期的纪念雕塑尝试之一。历史上，中国传统雕塑大多是宗教制品或陵墓雕刻。19世纪末由于社会

[22] 张天洁，李泽：《从传统私家园林到近代城市公园：汉口中山公园，1928年—1938年》，载《华中建筑》，2006(10)：177~181页。
[23] 湖北省档案馆藏，卷宗号LS31-15-881。
[24] 朱保平：《黄兴的纪念》，载《湖北文史资料》，1996（1）：280~284页。
[25] 章开沅：《辛亥革命辞典》，362页，武汉，武汉出版社，1991年。

变革，宗教雕塑随宗教的衰落而日渐式微，传统坟墓石窟和寺庙雕塑的数量也持续下降。20世纪之交在中西文化碰撞下，保存公共记忆和民族记忆的西方纪念雕塑传入中国。当时的湖北省政府以及汉口、武昌市政府官员，相当比例曾留学欧美及日本，亲身体验并认识到公共雕像带给社会的自豪感和爱国主义意识，因此将建造公共雕塑纳入了建设计划。继1931年武昌孙中山铜像、1933年汉口孙中山铜像之后，黄兴铜像落成于武昌蛇山顶奥略楼前。[26]1955年，因修建第一长江大桥，黄兴像被移到大桥武昌桥头引桥南侧的山坡处，1983年被列为武汉市重点文物保护单位，1992年被列为湖北省文物保护单位。[27]1985年，经过多方调查研究并征求武汉各界人士和黄兴先生海内外亲属的意见后，铜像迁移至汉阳龟山公园，保留至今。[28]

图15 黄兴逝世18周年纪念会暨揭幕礼，湖北省省长张群致辞，1934年10月31日

图16 黄兴夫人及子女参加典礼

在黄兴铜像的像座上镌刻着由蒋中正领衔共72名民国军政要人署名的《黄克强先生像赞并叙》，记述了黄兴的历史功绩和在武汉建立铜像的原因和经过：

秦灭六国，楚南公以为楚虽三户，亡秦必楚。其后陈涉发难，至楚怀王卒以灭秦。当明之亡，衡阳王先生与宁人、南雷并称三处士，而王先生之节独苦。奋乎百世之下，闻风兴起者，浏阳谭氏、唐氏其尤也。谭氏殉戊戌之难，唐氏举事不就。至长沙黄先生出，乃以衡阳为宗，唐氏之志为志。至于辛亥首义武昌，武昌又楚地也，其艰难之迹，比之三户亡秦，岂有异哉！先生初读书两湖书院，东渡日本，与中山孙先生创立同盟会，以革命大义揭橥天下。海内外云起飙发，而留学习军旅者，以先生为倡尤。发扬蹈厉，靡然从风。盖革命之基，于是斯立。黄花冈之役，事虽未成，而精诚勇烈之气，足以震撼天地。迨武昌事起，群推先生为元帅。部署既定，孙先生幡然反国，先生立楚众议，倾诚翊戴，以建共和。癸丑之役，袁势方炽，知必不可胜。然得已而不已者，田恒弑其君，孔子朝服告哀公而请讨之，是岂鲁之力所能胜哉？及洪宪僭号，天下之人乃始嚣然，出兵讨之，乌呼晚矣！综公生平，以不世出之材，兼容并包之量，忍辱负重，推己及人，不务近名，不居成功，其磊磊落落，不激不挠之概，信乎国人之先觉，吾党所依归也。今距先生之殁，十有七年，流风余烈，使人低徊歆慕而不能自已。中正等感怀畴昔，以兹土为先生讲业视师之地，建立遗像，以昭芳烈，以垂无穷。乃作赞曰：

图17 黄兴铜像，后为奥略楼，约1934年

[26] 张天洁，李泽：《纪念、空间与权力：解读武汉的近代城市雕塑》，建筑学报(学术专刊)，2010(S2)：154~158页。
[27] 武汉地方志编纂委员会：《武汉市志：文物志》，137~142页，武汉，武汉大学出版社，1990年。
[28] 刘通骞，吕志清：《记黄兴铜像迁建》，武汉文史资料，2009(9)：94~95页。

觥觥黄公，志行濯磨。力摧专制，手创共和。绩着旂常，名垂宇宙。天步犹艰，大星忽堕。国丧元良，人怀遗爱。模蠡如生，铸颜不改。衡湘间气，褒鄂英姿。霜寒肝胆，月朗须眉。黄鹤遐骞，琴台低俯。江汉炳灵，千秋万古。

——《黄克强先生像赞并叙》[29]

据像赞所述，武汉是黄兴的“讲业视师”之地。首先，武昌两湖书院是黄兴接受新式教育的地方。正是在这里，他从一个传统儒生转变为一名具有新知的激进革命者。[30]1898年，黄兴受时任湖广总督的张之洞推荐，入武昌两湖书院读书，其间开始同情维新运动、认同变法主张。1902年，被张之洞选派赴日本留学。1905年7月，他在日本结识孙中山，并力主孙筹组中国同盟会。同年8月20日，中国同盟会在东京正式成立。黄兴任同盟会庶务，成为同盟会中仅次于孙中山的领袖，主要负责发展革命分子、组织武装起义。

图18 黄兴铜像1981年

图19 黄兴铜像——武汉雕塑

图20 黄兴铜像说明

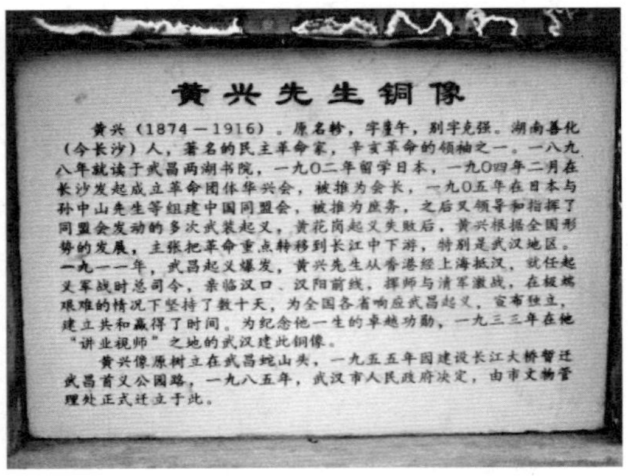

图21 龟山铜像简介

其次，黄兴在1911年辛亥革命以及中华民国建立中发挥了关键作用。1911年10月10日，武昌起义爆发。10月28日，黄兴由上海到达武昌，受命中华民国军政府战时总司令，指挥民军同清军战斗，在汉口、汉阳苦战20余日。虽然当时清政府的兵力远远优于武汉的革命军队，但黄兴在两场主要战斗中表现的领导才能受到充分的肯定。在极端不利的状况下，黄兴为防御汉口和汉阳立下汗马功劳。而且正是因为黄兴在汉口汉阳抵抗清军，才为其他省份的革命者赢得时间来组织起义。

再者，20世纪20年代末至30年代初，湖北省政府的官员中有不少曾与黄兴同学、共事或相识。例如1930年至1932年间担任湖北省主席的何成濬(1882—1961年)，是黄兴在武昌两湖书院的学弟及挚友。1904年何被选派赴日本留学，入东京振武学堂，翌年加入同盟会。何毕业后接黄兴嘱咐，望其于军事上更求深造，故而于1907年考入日本陆军士官学校第五期步兵科，为其之后的政治仕途发展奠定基础。回国后，何成濬在辛亥革命、临时政府、二次革命中均与黄兴并肩作战，私交甚笃。[31]此外，何成濬之前任湖北省省长张知本亦曾先

[29] 辽宁省中共党史人物研究会：《中华英烈碑文选》，74~75页，沈阳，辽宁人民出版社，1998年。
[30] Joseph Esherick: “Reform and Revolution in China: The 1911 Revolution in Hunan and Hubei.” Berkeley, University of California Press, 1976: 44~45.
[31] http://baike.baidu.com/view/2118092.htm.

后在两湖书院和日本宏文书院求学，与黄兴熟识。何成濬之后继任的省长夏斗寅，1906年入同盟会并加入湖北新军，1911年亲身率部参与武汉的辛亥革命，曾在黄兴的领导下作战。因此，在武昌首义公园1928年建造了孙中山总理纪念碑、纪念堂以及省党部前1931年竖立了孙中山铜像后，湖北军政界人士纷纷提议为黄兴建造铜像及纪念碑堂。

黄兴铜像选址于武昌蛇山顶。这里于1924年10月10日被辟为武昌首义公园，纪念辛亥革命武昌首义，是当时武汉三镇由中国政府自建的首座城市公园，其内陆续建成了武昌首义纪念坊、陈友谅墓、中山纪念堂、中山纪念碑等纪念性建筑。1928年，湖北省建设厅决定对公园进行整修，计划将首义公园与蛇山中部及东段南麓的抱冰堂和蛇山林场连成一体构成蛇山公园，为市民提供更多的休憩场所。1932年，湖北省建设厅将蛇山全部辟为“武昌公园”，1935年复名为首义公园，以明纪念主旨。[32]根据公园局部平面图，黄兴铜像立于蛇山顶奥略楼前。蛇山高85米，绵亘蜿蜒形如巨蟒，位于武昌老城墙内，与汉阳龟山隔江相望，也是老武昌城的制高点，因此成为俯瞰长江与武汉三城的最佳场所。其顶部临长江侧的奥略楼建于1908年，是武昌军学两界为纪念湖广总督张之洞督鄂而建。从经历上讲，黄兴的成长离不开张之洞的栽培，但却背离了张的初衷。黄兴像位于奥略楼前，却背对奥略楼，在一定程度上隐喻了张黄矛盾的师生关系。

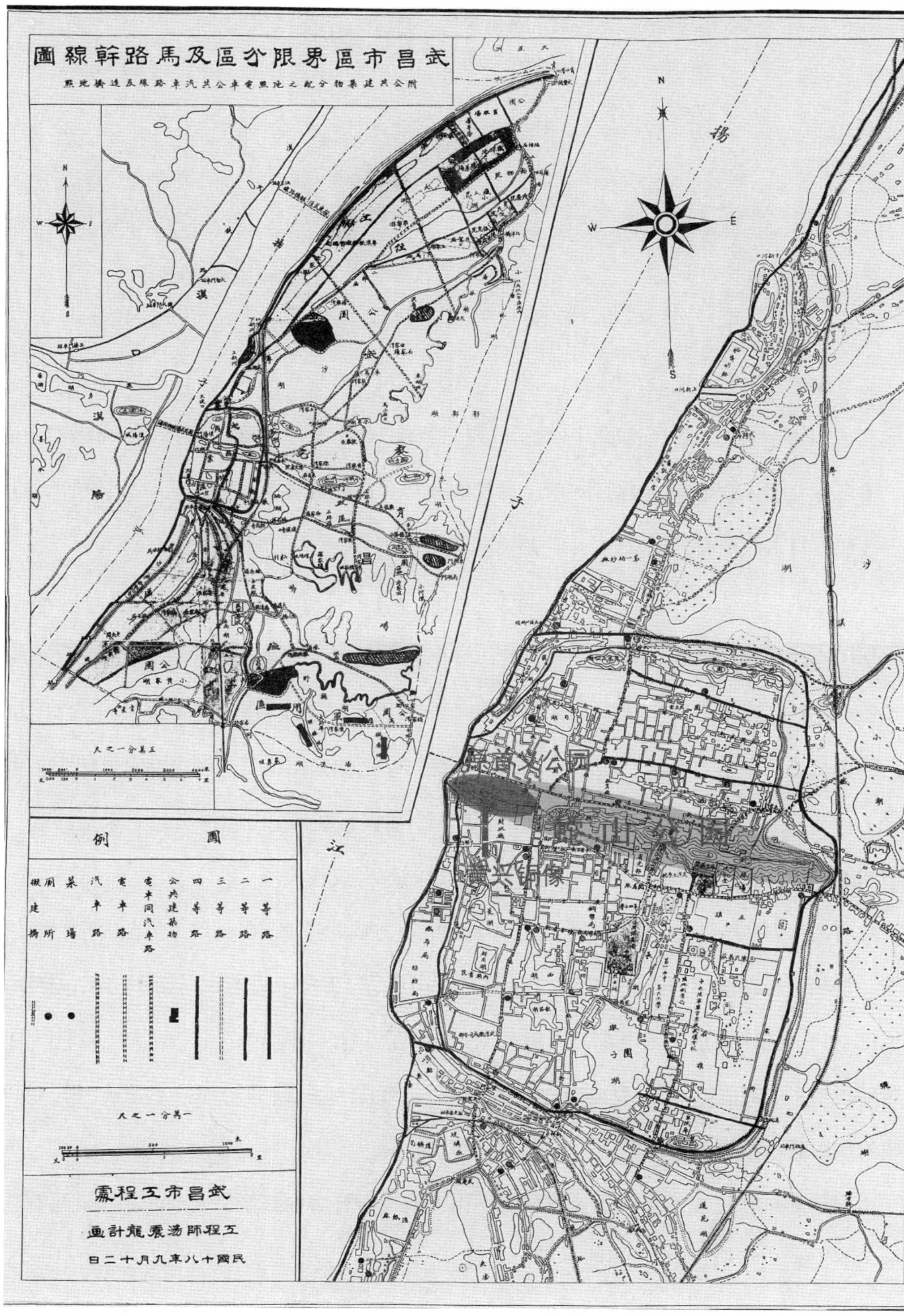

图22 武昌市区界限分区及马路干线图，1929年

这座黄兴铜像由江新（字小鹣，1894—1939年）创作完成。江是清末维新名士湖南督学江标之子，自幼年喜好文学，又及经史，科举废除后攻习书画篆刻。1906年赴日留学，就读于东京美术学校（现为东京国立艺术与音乐大学）。1911年前往法国巴黎高等美术学院求学，主修雕塑。1915年学成归国后，受刘海粟聘请，担任上海图画美术院（1921年更名为上海美术专门学校，简称上海美专）的教务长。1920年在美专创立雕塑系，开中国现代雕塑教育之先河。[33]

[32] 张天洁，李泽：《纪念语境、共和话语与公共记忆——民国武昌首义公园刍议》，载《新建筑》，2011(5)。
[33] 陆建初：《人去梦觉时：雕塑大师江小鹣传》，上海，上海画报出版社，2005年。

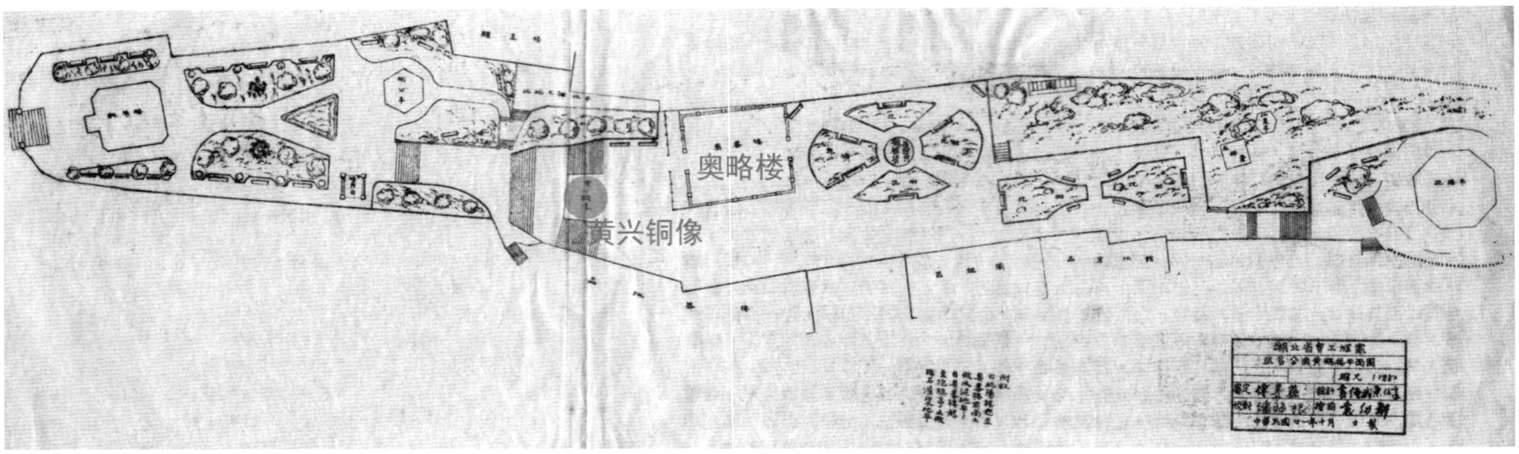

图23 武昌公园黄鹤楼平面图

图24 江小鹣像

从专业技艺角度来说，江小鹣是武昌黄兴雕塑项目非常理想的人选。1929年，江小鹣创作的陈其美像完成，像高约2米，戎装铁骑，陈列于杭州西湖畔，令江声名大噪。之后十余年间，江小鹣陆续完成了20多尊大型纪念雕塑，包括孙中山、谭延闿和蒋介石等著名国民党领导人，四川的刘湘和云南的龙云等地方权贵以及商界巨贾如哈同、胡文虎等，被誉为现代中国城市雕塑之父。

除了精湛的技艺，江小鹣获得武昌雕塑项目的委任还部分缘于他与谭延闿等南京国民政府高层的密切关系。谭延闿作为辛亥革命的老功臣，任南京政府行政院第一任主席，是深受尊重的元老。谭早年曾正式拜江小鹣的父亲江标为师。谭一直十分敬重他的老师，在江标死后很关照江的家人，慷慨资助江小鹣赴法国学习雕塑。江学成归国后，谭延闿又把他介绍给其他国民党官员。例如1929年孙中山之子孙科赠送给南京中山陵的青铜鼎，乃请江小鹣设计铸成。因此在高超的雕塑技艺之外，江小鹣与国民党高层的密切关系，令他获得了相当数量的政府委托项目。

再者，武汉的雕塑项目选择江小鹣也有实际财政方面的考虑。在黄兴像之前，湖北省政府最初曾打算花费10万元聘请德国或日本雕塑家铸造孙中山像，[34]但由于成本太高而不得不选择国内雕塑家来代替。当时，铸造一个比真人大的铜像对许多国内铸造厂来说都是新鲜事。江小鹣在巴黎学习时曾在一家铸像厂兼职以供学费，因而熟练掌握了铸铜技术。他在上海虹桥路设立了小鹣造像所，亲自铸造他的早期作品。而且，他所铸造的雕像完成于上海，可以通过低廉的长江水路便利地运到武汉，本地政府的财政负担也大大减轻。

由江小鹣创作完成的黄兴铜像被放置在由当地政府开辟的新型公共空间——武昌首义公园，让市民在日常生活中可以瞻仰国民党领袖黄兴，缅怀他所代表的国民党的革命功绩。在形式上，铜像作为中国传统之外的纪念结构，汲取西方学院派写实主义传统，塑造得栩栩如生，让人追忆黄兴的所言所行。在服饰上，黄着西式长风衣而非军装，与他在日本的求学经历分不开，同时也呼应其晚年着力发展实业的半隐退状态。在材料上，铜像由耐久的材料铸就，永久化黄兴的存在。

同时，铜像也延续了中国惯有的文字纪念性传统。其基座上镌刻着详尽的像赞并叙，更直观地连接观者的视觉认知。由蒋中正领衔署名的像赞并叙中明确指出黄兴对孙中山“立楚众议，倾诚翊戴，以建共和”，并颂扬黄“兼容并包之量，忍辱负重，推己及人，不务近名，不居成功”，凸显了拥戴领袖、克己奉献等精神，呼应了蒋在1932年提出的“亲爱精诚、礼义廉耻”等主张。

[34] 湖北省档案馆藏，卷宗号LS1-6-5641。

（二）拜将台纪念碑

在首义之地武汉，还兴建了另一座黄兴的纪念性建筑——拜将台纪念碑。1911年（宣统三年）11月3日，湖北军政府都督黎元洪在武昌阅马场广场南端“登台拜将”，任命黄兴为民军战时总司令。原台系用木板临时搭建，1928年于旧址附近建筑了一座八角形木亭。1948年因亭毁，辛亥首义同志会正式建亭立碑。1955年武昌区人民政府改建时仅存碑。碑北向，占地21平方米。碑身为紫红色水磨石方尖锥体，高4.1米，如剑直刺苍穹，在外形上与1917年建成的黄兴墓纪念碑相似。碑体正面上方竖刻“拜将台”三个大字，下方以小字分两行竖刻“辛亥首义鄂军都督黎任黄兴为总司令在此授印”。碑座为水泥砌方台，高1米。1956年被列为湖北省文物保护单位。[35]

图25 陈其美铜像，1929年

阳夏保卫战时的黄兴拜将鼓舞了士气，但它从本质上讲属一种封建仪式。胡鄂公在《武昌首义三十五日记》中曾详细记载了登坛拜将的情形，“11月3日上午，雨霁风清，朝阳光辉”，拜将台“高可一丈，纵横约四丈余，坛上置一案，战时总司令之印信、令旗、令箭咸在其上，坛后立二柱，扩张长方白布一方，上书战时总司令五字，坛之四角，树立军旗，威严整肃，得未曾有。”[36]武昌起义期间采用登坛拜将这种封建仪式共有两次。在黄兴拜将之前的10月17日举行了誓师典礼，由革命军都督黎元洪祭天，“造成了上下一心，黎公之心益定”。但另一方面却突出地把武昌首义的功劳记在原本与革命无关的黎元洪一人身上，助长了黎元洪和立宪党人进一步篡夺掌控湖北实权。黎元洪原为清新军协统，并未参加武昌首义，在起义成功之初实为革命党人的政治俘虏，他拒绝以湖北军政府都督的名义签署任何官方文件和公告。[37]高举反封建大旗的武昌起义，两次选择借助于封建仪礼来鼓舞士气稳定民心，在一定程度上体现出革命的不彻底性。而且，详查史料，黄兴拜将仪式实质是当时黎元洪掌控下的湖北军政府“明尊暗逐”黄兴所采取的策略，暗含了立宪派、旧官僚对黄兴的排斥。[38]

图26 武昌黄兴拜将台纪念碑，2009年

1928年选取黄兴拜将之所建立纪念亭，除了体现对拜将仪礼的认同、对黄兴指挥阳夏保卫战功绩的肯定之外，同时也是在孙中山崇拜运动下对辛亥革命历史进行地方书写的一种尝试。1927年国民革命军北伐攻克武汉三镇，国民政府从广州迁往武汉。[39]作为新的首都，派系斗争不断，武汉需要纪念物来追忆国民党的功绩，缅怀国父孙中山，团结不同群体，并鼓励他们完成孙未尽的民族主义革命

[35] 武汉地方志编纂委员会：《武汉市志：文物志》，武汉，武汉大学出版社，1990。但在《辛亥革命辞典》一书中记录为1948年首建，详见章开沅：《辛亥革命辞典》，305页，武汉，武汉出版社，1991年。

[36] 胡鄂公：《武昌首义三十五日记》， 见朱传誉主编《黄兴传记资料(七)》，台湾，天一出版社，1985年。

[37] 1911年10月11日午前，革命党人拿下了武昌，但此时却“群龙无首”，孙武炸伤，刘公远离。起义者需要找一个人来领导刚刚宣布成立的湖北革命军政府。在后在无可奈何的情况下，兵士们抓住黎元洪，强迫他担任军政府都督。

[38] 苏全有，买文兰：《阳夏战役期间黄兴登坛拜将问题》，载《江汉大学学报(人文科学版)》，2004(1)：89~92页。

[39] 20世纪20年代末武汉正经历着政治风云变幻。1927年，国民革命军北伐攻克武汉三镇，国民政府从广州迁都武汉。继1911年辛亥首义之后，武汉再次成为中国的政治中心。但这一时期，国共之间、国民党内部派系斗争不断，1927年8月“宁汉合流”，武汉国民政府迁往南京，并入南京国民政府。之后，武汉三镇处于新桂系军阀和南京国民政府的争夺之下，直至1929年3月蒋桂战争新桂系战败退回广西。

图27 武昌首义红楼，1911年

事业。尽管孙中山与武汉并没有直接的联系，他也未曾参与辛亥革命武昌首义的一连串事件，[40]但当时国民党正全力将孙中山神化为中国民族主义的化身，以获取国民党政府历史和象征的合法性。孙被广泛宣传为独立引导和鼓舞了革命运动，点燃1911年辛亥革命，推翻清王朝并成立了新的共和国。因此，在首义之地的武汉，纪念孙中山自然成为当时建造纪念建筑的首要任务。1928年，在受辖于南京国民政府的湖北省政府的直接领导下，建立了总理纪念碑、总理纪念堂，成为当时武昌首义公园内最为醒目的纪念性建筑。此外，还聘请了雕塑家江小鹣设计铸造孙中山铜像。

黄兴拜将台纪念亭正是建于此背景之下。耐人寻味的是，该纪念亭竖立于阅马场中轴线南端，但拜将台原址实际是在今阅马场喷水池处，而并非立亭所在地。[41]选取中轴线的位置，在一定程度上表明了湖北军政界肯定黄兴的功绩，试图还原辛亥首义的历史，并凸显黄兴与国民党的联系。阅马场是当时武昌乃至湖北的政治中心。在阅马场中轴线的北端，坐落着湖北省国民党党部，其前身是湖北省咨议局，建于1909年。1911年武昌起义中被革命军占领，在此组建湖北军政府，并发布第一号布告宣布废除清朝帝制，建立中华民国。后改为湖北省国民党党部。它由清水红砖砌筑，并孕育了进步革命，因此得名红楼。[42]在红楼前竖立黄兴拜将亭，无疑从视觉上加强了黄兴和国民党的联系。之后1931年，孙中山铜像揭幕于红楼主入口前，亦位于阅马场中轴线上。在由红楼界定的阅马场中轴线上布置孙、黄纪念物，不仅彰显孙、黄对辛亥革命和民国创立的不朽功绩，无疑也提醒着观者孙、黄作为国民党领袖的身份。

（三）黄兴路

除纪念雕像、纪念碑之外，部分道路也以黄兴命名表达纪念之意。1931年左右，据《大上海计划》，在江湾新区修筑了黄兴路连接租界。1929年，国民党上海市政府为与横亘市内的公共租界、法租界相抗衡，连结闸北、南市等华界，改变局处枫林桥一隅之困境，提出了《大上海计划》的方案，选址引翔、殷行、江湾三区的交界处(今五角场)作为市中心区。该计划由行政区、交通设施、外围工业住宅区和道路系统四大建设项目组成。在中心区划地一千亩建设行政区，包括市府大楼、各局办公楼以及运动场、图书馆、博物馆、医院、公园等项目。以市府大楼为中心，东、南两块呈棋盘形，北、西两块呈蛛网形建设路网。接着修筑中山北路，中山西路通往南市；修筑其美

[40] 当得知武昌起义爆发时，孙中山身处美国科罗拉多州的丹佛。他并没有急于回到中国，而是转赴欧洲。在他看来，自己对革命的合适贡献不是在战场上，而是在外交界。考虑到英国政府的态度是当时中国外交的关键，孙从纽约乘船赶去英国，后又到法国。他最重要的计划之一是通过谈判获得联合银行贷款，但却没有成功，只得空手返回上海。
[41] 杨霆垣：《记鄂军政府的初期外交活动》，载《辛亥革命回忆录（七）》，53页，北京，中华书局，1963年。
[42] 甘骏：《辛亥首义红楼》，107页，武汉，武汉出版社，2001年。

路、黄兴路通往租界。[43]黄兴路南起长阳路，北至翔殷路，长3 860米，宽18～40米，车行道宽12～30米。1940年改名合作路，抗日战争胜利后仍名黄兴路。1964年改名宁国北路，1985年复名黄兴路。[44]

1945年抗战胜利后，汉口市政府将原法租界内的巴黎街改名为“黄兴路”，以纪念辛亥革命领导人黄兴。此路形成于清末民初，沥青路面，可道行各种车辆，在此建房者多为官绅富商。此路西段原非租界区，1906年法国强行扩界，将此路纳入，命名为巴黎街，并在西北端直径约50米圆形空地俗称“磨盘”处加筑铁栅，限制华人自由进出。1918年租界投入资金拓宽道路。1943年曾改名天隆街，1945年为纪念辛亥革命领导人黄兴，改名黄兴路。东南起胜利街，穿中山大道，西北抵友益街，长390米，宽10米。1967年曾改称保卫路，1972年复现名。[45]

1947年，湖南长沙将1933年竣工的“南正路”向北延建至先锋厅，并改名为“黄兴路”，以纪念辛亥革命领袖黄兴。该工程在1948年8月开工，10月10日双十节举行通车典礼，全部工程于年底竣工。[46]

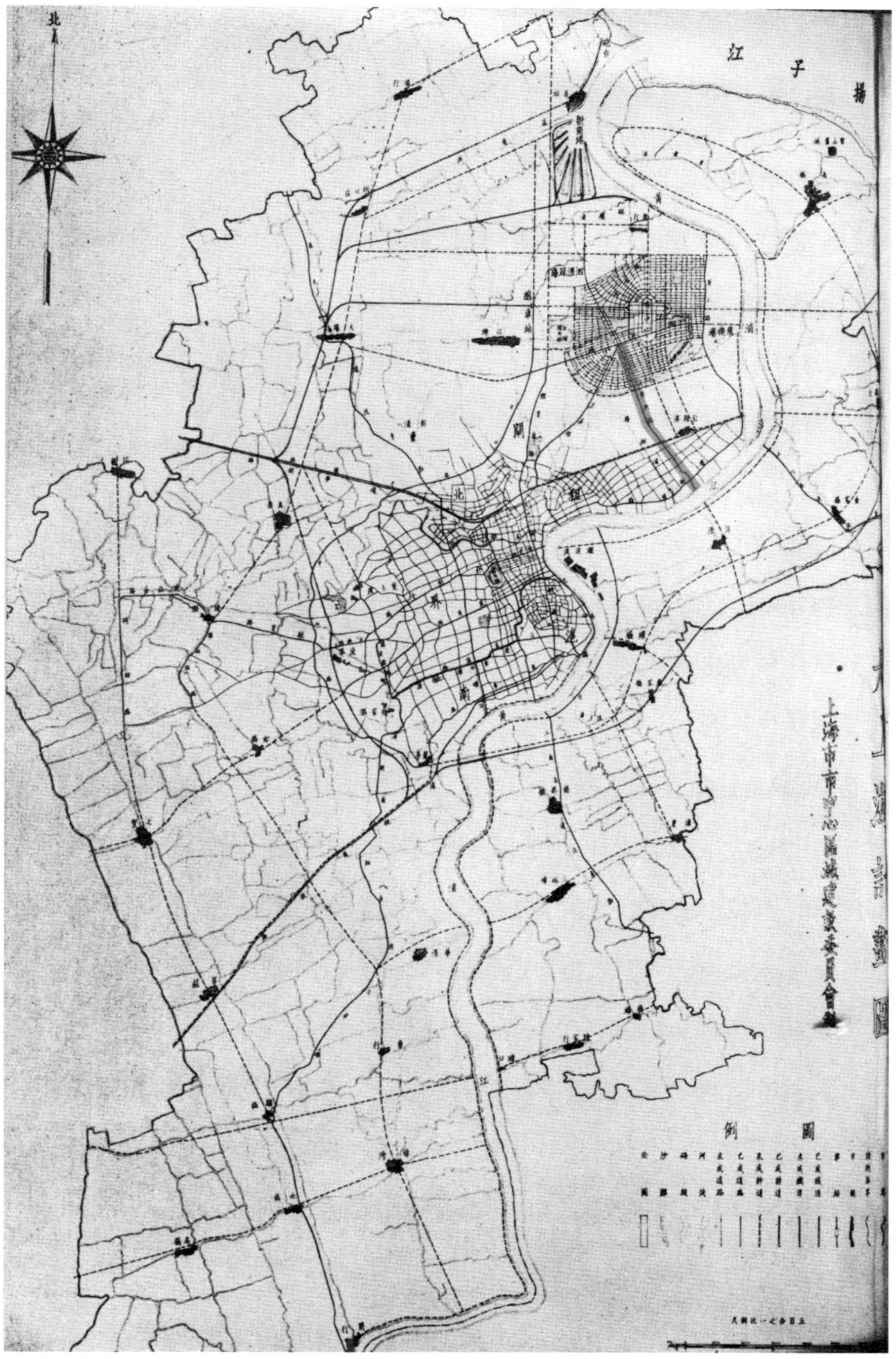

图28 上海黄兴路

道路是人们日常生活必须具备的基础设施，而路名是社会记忆的一种空间载体，其政治文化内涵影响人们对空间的感受及思想认同。民国时期特别是国民党执政后，城市化进程加快，修建道路成为各地市政工程的重要组成部分。而且，政府权力强力介入道路建设，并控制了道路的命名，这亦是建构中的现代国家对社会实行日常控制的重要组成部分。[47]出于推广孙中山崇拜的政治考虑，官方直接推动路名孙中山化的热潮，以“中山”命名的道路迅速成为遍及全国各地的重要空间纪念形式。在中山路之外，政府也开始以其他著名国民党领导人来命名道路。作为中华民国开国元勋、孙中山的忠实革命伙伴的黄兴也位列其间。在其出生地长沙、讲业视师之地武汉、病逝地上海，相继建设命名了黄兴路，让人们在日常生活中缅怀纪念黄兴及其所引领的由同盟会改组的国民党对辛亥革命、民国创立的伟大功绩。

[43] 1929年8月12日成立市中心区域建设委员会后，即开始实施。建设项目有四大方面：1.在中心区划地一千亩建设行政区，包括市府大楼、各局办公楼以及运动场、图书馆、博物馆、医院、公园等项目；2.交通设施，包括铁路和港口；3.在中心区的外围规划工业区和住宅区；4.道路系统。第一批以市府大楼为中心，东、南两块呈棋盘形，北、西两块呈蛛网形。第二批，修筑中山北路，中山西路通往南市；修筑其美路、黄兴路通往租界。第三批道路23条，通往浦东和江桥等地。

详见上海市杨浦区五角场镇人民政府：《五角场镇志》，159页，北京：科学技术文献出版社，1988年。

[44] 上海地名志编纂委员会：《上海地名志》，403页，上海，上海社会科学院出版社，1998年。

[45] 汉口租界志编纂委员会：《汉口租界志》，355页，武汉，武汉出版社，2003年。

[46] 1949年后，1952年向南延建至劳动路；2001年黄兴路南段司门口至南门口路段改建为步行商业街（黄兴南路步行商业街）。之后，五一路至司门口道路拓宽为6车道，五一路至银盘路全部进行拓宽改造，整个工程于2003年改造完工。

[47] 陈蕴茜：《崇拜与记忆：孙中山符号的建构与传播》，411～413页，南京，南京大学出版社，2009年。

结语

纵览前述的黄兴纪念建筑，方尖碑式的纪念碑、铜像等西方范型的应用揭示了民国政府试图超越传统去寻求新的纪念语言。这些纪念结构采用耐久的材料，永久化纪念黄兴的主题，有效延长了公共记忆。纪念建筑上镌刻着碑文、像赞等说明性文字，更直观地连接观者的视觉认知，指引民众对黄兴、辛亥革命、新民国政府、国民党的想象。这些纪念物大多布置于新辟设的开放公共空间，能够让普通民众参与其中，与社会生活密切相连，从而使共识性集体体验与记忆成为可能。结合这些纪念性结构，政府还精心策划举行了纪念仪式，大多选在民国国庆10月10日、黄兴逝世日10月31日等官方纪念日，创造机会颂扬黄兴、国民党、国民政府的功绩，引导民众的集体记忆，激发爱国主义和民族主义热情。从主题、式样、材料、场景到表演编排，黄兴纪念建筑物化了囊括政党、民族、国家的全面崇拜，蕴涵着新共和政府“唤醒”和“规训”民众的双重目的。

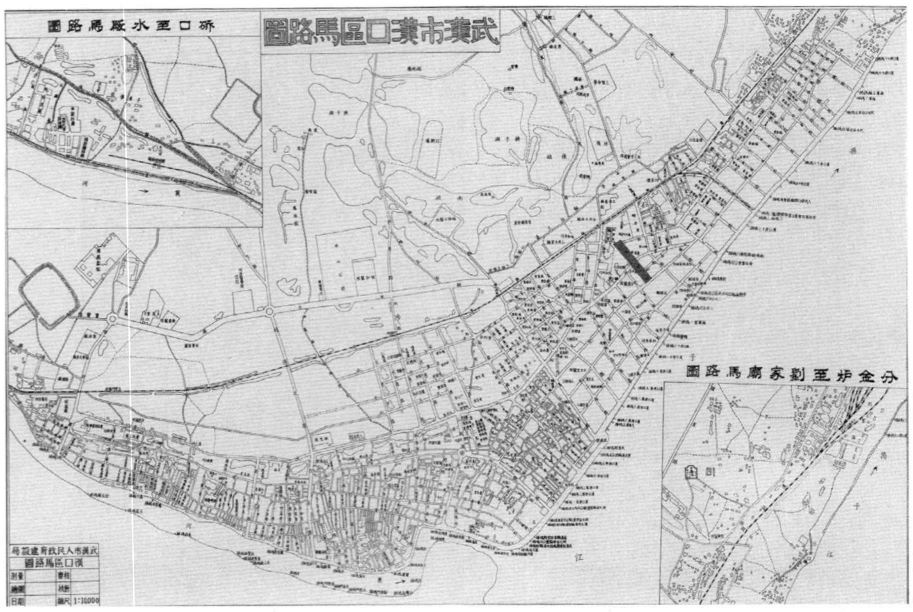

图29 汉口黄兴路示意

1949年后，特别是改革开放以后，伴随对辛亥革命历史的再认识，涌现了更多的黄兴纪念建筑。长沙市政府拨款修复了黄兴故居，1981年将其列为湖南省重点文物保护单位并对外开放，1988年黄兴故居和黄兴墓一起被列为全国重点文物保护单位。2001年，上海黄兴公园建成开园，位于五角场地区黄兴路以东，占地62.5公顷，是新中国成立初期上海市城市总体规划方案中保留的面积最大的楔形绿地，为市民提供了丰富多样的娱乐健身设施。2004年黄兴诞辰130周年，上海黄兴公园举行了黄兴铜像揭幕仪式。像高2.8米，人物双手背后握剑，显示了黄兴这位辛亥革命卓越领导人的军人形象。同时，在黄兴的故乡湖南长沙，湖南省各界人士以及黄兴等革命爱国人士的亲属代表出席了矗立在长沙黄兴南路步行商业街北街口的黄兴铜像揭幕仪式。铜像高7.8米，表现的是黄兴先生一次回到故乡长沙的情景。基座4个立面的浮雕，分别刻画了他组织华兴会、创办中国同盟会、指挥武昌保卫战、与孙中山先生携手合作等重大历史事件。此外，在台湾台北市士林区和高雄市三民区也分别设有克强路。纵观这一系列纪念物，新旧共存，延续历史，融入民众的日常生活，成为地方历史自豪感叙述的一部分。

图30 上海黄兴公园

图31 湖南长沙黄兴南路步行商业街北街口的黄兴铜像

旧新共存和中西交织下的『辛亥时期』礼制建筑及纪念物概论

赖德霖

"国之大事，在祀与戎。"

——《左传·成公十三年》

"圣人遗训，扫地俱尽，制礼作乐，今也其时。"

——《隋书·高祖纪下》

"辛亥革命"是1911年中国推翻帝制的革命。"辛亥时期"则是革命之后，或言从中华民国建立，至抗日战争爆发，中国社会的一段激变历程。如果说这一时期最大的特点可以概括为"旧新共存"和"中西交织"，那么最能体现这一特点的建筑类型就是礼制建筑。礼制是一个国家和民族文化信仰、价值观念和行为规范的综合体现。服务于它的建筑物也是一个社会最重要和最具文化象征意义的物质与空间表现。本文试图探讨辛亥革命之后中国原有的礼制建筑的命运与新的礼制建筑出现的历史。在此，笔者关心的问题是：伴随社会的变革和信仰体系以及传统习俗的改变，影响中国社会长达3 000余年的礼制建筑传统有何变化？新的国家政权下新的礼制建筑是什么？新的礼制如何影响了新的礼制建筑的设计？在这个过程中它们的设计又是如何从中外传统中寻求借鉴的？

在中国历史上，各代王朝都有其礼制体系。它们既是统治者或当权者政权合法性的证明，也是他们维系社会秩序的一种手段。清朝礼分五种，即吉、嘉、军、宾、凶五礼，其中与建筑形制关系最大的是吉、凶之礼。吉礼居首，主要是对天神、地祇、人鬼的祭祀典礼。据《清史稿》，清初定制，祭有大、中、群祀三等："圜丘、方泽、祈谷、太庙、社稷为大祀。天神、地祇、太岁、朝日、夕月、历代帝王、先师、先农为中祀。先医等庙，贤良、昭忠等祀为群祀。乾隆时，改常雩为大祀，先蚕为中祀。咸丰时，改关圣、文昌为中祀。光绪末，改先师孔子为大祀。"[1]凶礼则是上至帝后、亲王，下至品官、士庶的丧仪。吉礼对应的建筑是坛庙和祠，凶礼对应的建筑则是陵和墓。

1912年2月南京临时政府向清政府提出并经隆裕太后代表清廷认可的有关清帝退位优待条件就涉及到礼制建筑，其中包括第四款 "大清皇帝辞位之后，其宗庙陵寝，永远奉祀。由中华民国酌设卫兵，妥慎保护"和第五款"德宗（按：即光绪皇帝）崇陵未完工程，如制妥修。其奉安典礼，仍如旧制。所有实用经费，并由中华民国支出"。民国政府在承认清王室对宗庙和陵寝的保护、修缮与永远奉祀权的同时，也剥夺了它对其他礼制建筑的控制。从此，新的政权将利用或改造这些旧设施，也要不断创造体现新政权意愿的新设施。

一、坛庙

民国从旧王朝继承的旧的礼制建筑包括坛庙和祠。其中最重要的坛庙是天坛、孔庙和关帝庙。新政权借助于对它们的利用，表达了对政权合法性、文化正统性和国家安全的企盼。

[1] 赵尔巽：《清史稿》，卷八十二，志五十七，礼一（吉礼一），2484页，北京，中华书局，1978年。

（一）天坛

民国建立之初，如同其他自然崇拜的礼制建筑所遭的废弃命运一样，天坛旧有的宗教性祭天功能曾被暂时放弃，然而，它在中国历史上作为政权合法性的象征仍使其成为若干重要事件的所在。1912年10月10日为中华民国第一个国庆纪念日，纪念事项包括追祭先烈，北京政府原拟就天坛地址，组织纪念会场。后因地方辽阔，整饬不易，于是仅就坛中祈年殿建设祭坛，为致祭革命诸先烈之所。[2]祈年殿设中华民国为国死事诸君灵位，陈设香花酒果，由内务部礼俗司拟定了排班、奏乐、献花果、读祭文、行三鞠躬礼、奏乐和散班等七条礼节。原拟请大总统亲临致祭，国务员陪祭，其他各团体及诸烈士家属俟大总统追祭后准时入内致祭，[3]但事实上致祭由总理赵秉钧代表，而袁世凯并未亲临。[4]辛亥革命之后，袁在群龙无首的局面下受到拥戴而任大总统，乃是由于他在前清政府中的改革经历以及他在当时中国政坛上所具有的军事实力，而并非由于他对革命的支持。此时他的缺席就显示出他对于革命者的态度。

图1 “会员追祭诸烈士后之摄影”，1912年10月10日。

图2 《天坛宪法草案》起草会会员合影，1913年。图片来源：B. L. Putnam Weale, The Fight for the Republic in China, New York, 1917. 转引自Ernest P. Young, The Presidency of Yuan Shikai: Liberalism and Dictatorship in Early Republican China (Ann Arbor: The University of Michigan Press, 1977)，无页码、图号。

1913年，民国政府曾划天坛外坛为林艺试验场，以后又建传染病院飞防疫处（按：此名称为参考文献原文）、电台于神乐署。[5]不过天坛在中国历史上的重要象征性并未被遗忘。1913年7月祈年殿成为中华民国第一届国会宪法起草委员会的办公会所。因此最初的《中华民国宪法草案》又被称为“天坛宪法草案”。草案在1923年经宪法会议三读通过，同年国庆日公布。中华邮政总局曾发行了以祈年殿为图案的“宪法纪念邮票”作为此事的纪念。[6]

作为其称帝的一个前奏，1914年12月20日，袁世凯下令正式恢复前清的祀天制度。他说：“改革以来，群言聚讼，辄谓尊天为帝制所从出，郊祀非民国所宜存。告朔饩羊，并亡其礼，是泥天下为公之旨，而忘上帝临汝之诫……古之莅民者，称天而治，正以监观之有赫，示临保之无私，尤与民之精神隐相翕合。”根据内务部的呈文，袁世凯命令：“本年十二月二十三日为冬至令节，应举行祀天典礼。”届时“本大总统敬率百官，代表国民亲诣行礼。各地方行政长官，代表地方人民，于其治所致祭”。[7] 1914年12月23日的清晨，袁世凯身着传统祭服与众多官员一起在天坛圜丘举行了祀天典礼。

图3 中华民国宪法纪念邮票，1923年。图片来源：马润生遗著，马任全译纂《马氏国邮图鉴》（上海：Shun Chang & Co.，1947年），图154。

不过，这次祭天是民国历史上的第一次，也是中国历史上的最后一次。随着1916年袁世凯

[2] 高劳：《中华民国第一届国庆纪事》，载《东方杂志》，9卷6号，1912（12），5~10页。又：1912年国庆日前夕，内政部曾通咨各部院衙门将追祭地点由天坛改为琉璃厂共和纪念会所（见《政府公报》，161号，1912-10-8），但结果证明该令并未得到遵行。

[3] 佚名：《国庆日追祭诸烈士礼节》，载《盛京时报》，1912-10-12。

[4] 高劳：《中华民国第一届国庆纪事》，载《东方杂志》，9卷6号，1912（12），5~10页。

[5] 《天坛历史文化》，见艺龙旅行网，http://trip.elong.com/tiantan/lishi/。

[6] 马润生遗著，马任全译纂：《马氏国邮图鉴》，上海，Shun Chang & Co.，1947年，图154。

[7] 经世文社：《民国经世文编》，第39册，48页，北京，北京图书馆出版社，2006年。

图4 袁世凯（中）在天坛圜丘举行祀天典礼，1914年12月23日。图片来源：《教务杂志》（Chinese Recorder），vol. XLVI, no.5, May 1915，无页码。

称帝的失败，伴随中国各代王朝达3 000余年之久的祭天仪式连同祭天场所都变成了历史。1917年7月1日，张勋扶持废帝溥仪复位，部队驻扎天坛，遭到“讨逆军”吴佩孚、冯玉祥部围攻，至同月12日张勋败走，天坛几成战场。战事平息后，内务部将天坛辟为公园，1918年元旦正式开放。天坛于是从中国最神圣的礼制建筑转变为民众游嬉的场所。不过其后军阀混战，天坛各处仍多有驻兵。1929年1月，管理人员报告：“天坛驻军虽遵照命令停止砍伐树木，但为取暖及炊事，驻军竟扒拆墙垣，取墙上垣木烧火，使坛墙损毁多处。驻军还乱占殿堂，所有殿宇亭庙悉为军队占驻，名胜古迹尽成军营，文物雕刻摧残殆尽。”1934年国民政府军事委员会委员长蒋介石到北平，目睹各坛庙现状，曾感概道：“查平市各坛庙，均属具有悠久历史之伟大建筑，足以代表东方文化。此次抵平，就闻见所及，此项建筑多失旧观，长此以往，恐将沦为榛莽，至深惋惜。现各坛庙悉由内政部属北平坛庙管理所保管，考其以往情形，腐败不堪，殊未周妥，而地方政府不负管理之责，诚属非是。”于是他建议“所有平市各坛庙及天然博物院以拨归北平市政府负责管理为妥”。此议经中央政治会议、国民政府及行政院会议通过，1935年，内政部坛庙管理所更名为北平特别市政府坛庙管理事务所，天坛分设管理员驻坛管理。[8]同年，旧都文物整理委员会成立，直隶行政院，下设旧都文物整理实施事务处（简称文整处），由市长和工务局长分别兼任正副处长，负责古建筑保护与修缮工程的设计和施工事宜，并聘请中国营造学社朱启钤及梁思成、刘敦桢等专家为顾问，技术方面还委托了著名建筑师杨廷宝。[9]包括天坛在内的一些北平古建筑终于避免了“沦为榛莽”的厄运。

（二）孔庙

清代重要的祀典还包括历代帝王庙、传心殿（正中祀皇师伏羲、神农、轩辕，帝师尧、舜，王师禹、汤、文、武，南向。东周公，西孔子）、先师孔子、元圣周公、关圣帝君、文昌帝君、此外还有祭纛祀炮、京师群祀、直省祭厉。[10]这些祀典其中大部分在民国时期被废止，但孔子和关帝还继续受到崇奉，同时岳飞也被增祀。

据《清史稿》：“世祖定中原，以京师国子监为大学，立文庙。制方，南向。……大成殿七楹，陛三出，两庑各十九楹。……光绪三十二年（1906年）升为大祀。……三十四年（1908年），定文庙九楹三阶五陛制。”[11]除祀孔子外，文庙还祀颜子、曾子、子思子、孟子等“四

[8] 袁兆晖：《民国时期的‘内坛外园制’》，载《紫禁城》，1999年第1期，19~21页。《天坛作为公园对外开放》，载北京青年旅行社股份有限公司网，http://www.trip8848.com/bjy/tt/4609.php。
[9] 梁思成：《北平文物必须整理与保护》（1948年），见《梁思成全集（四）》，307~313页，北京，中国建筑工业出版社，2001年。
[10] 赵尔巽：《清史稿》，卷八十四，志五十九，礼三（吉礼三），2525~2551页。
[11] 赵尔巽：《清史稿》，卷八十四，志五十九，礼三（吉礼三），2532~2538页。另参见：《文庙修工大臣等会奏文庙工程办法摺》，载《东方杂志》，1909，5（12），153页。

配”，闵损等“十哲”，澹台灭明至周敦颐、二程、邵雍、朱熹等六十九位“先贤”，公羊高、董仲舒、韩愈、司马光、欧阳修、陆九渊、王守仁等二十八位“先儒”。后并祀者及其位次不断有所增加和调整。阙里文庙，“雍正八年（1730年），庙成，黄瓦画栋，悉仿宫殿制”。[12]

民国建立以后，中国社会和政府对于孔子的态度一直处于矛盾之中。一方面社会的发展要求打破传统伦理道德的束缚，另一方面，维系国家的统一和稳定又要求社会具有一个历史久远、基础广泛的信仰和礼乐体系。孔子和儒学于是成为人们关于中国现代国家建设争论的一个焦点。

1912年9月20日，袁世凯下令“尊崇伦常”，他说：“中华立国以孝悌忠信礼义廉耻为人道之大经。政体虽更，民彝无改”，“惟愿全国人民恪守礼法，共济时艰……本大总统痛时局之阽危，怵纪纲之废弛，每念今日大患，尚不在国势，而在人心。苟人心有向善之机，即国本有底安之理。”1913年2月，他又以大总统身份通令全国，称“孔子之道，如日月经天，江河行地，树万世师表，亘百代而常新。……溯二千年历史相沿，率循孔道，奉为至圣；现值新邦肇造，允宜益致尊崇”。1914年2月7日，他再发大总统令：“崇祀孔子乃因袭历代之旧典，议以夏时春秋两丁为祀孔之日，仍从大祀，其礼节服制祭品与祭天一律，京师文庙应由大总统主祭，各地方文庙应由长官主祭。”[13]同月20日，袁又颁布了《崇圣典例》。[14]

袁世凯在1914年5月1日废除了《临时约法》，9月25日发布《亲临祀孔典令》，称“政体虽取革新，而礼俗要保守”[15]，并于9月28日（仲秋上丁），统率文武百官亲至孔庙，身着古祭服，以中华民国大总统的身份对孔圣牌位行三跪九叩之礼。孔子在民国重新升为大祀，全国各省也都在省会文庙举行了隆重的祀孔大典。这是民国以来第一次全国规模的祀孔活动。[16]

在1916年兴起的新文化运动中，孔子在现代中国的意义成为新旧两派争论的一个焦点。该年8月，保皇党魁康有为到徐州与张勋共谋复辟。作为舆论宣传的一部分，9月5日他致电段祺瑞：“汉唐宋初，业经大乱俗败，皆以孔教复而郅治。今国体虽异，人道岂殊？而人心坏极，岂政法所及。治人非天不生，非教不立，故敬上帝，拜教主，文明国之公礼耶。”[17]而新文化运动的主将之一李大钊则在3个月后指出：“孔子者，历代帝王专制之护符也。宪法者，现代国民自由之证券也。专制不能容于自由，即孔子不当存于宪法。”[18]另一位主将陈独秀也强调说：民主共和重在平等精神，孔教重在尊卑等级，“若一方面既然承认共和国体，一方面又要保存孔教，理论上实在是不通，事实上实在是做不到”。[19]

图5 天津文庙祀孔演礼，1914年。图片来源：《东方杂志》，第11卷第4号，1914年10月。

早在1912年2月8日，时任南京临时政府教育总长的蔡元培就在《教育杂志》上发表《对于新教育之意见》，提出“忠君与共和政体不合，尊孔与自由思想相违”。1927年4月，国民党定都南京，标志着南京国民政府的建立。1928年2月18日，蔡元培又以中华民国大学院院长名义发布《废止春秋祀孔旧典》的通令。通令说：“查我国旧制，每届春秋上丁，例有祀孔之举。孔子生于周代，布衣讲学，其人格学问，自为后世所推崇。唯因尊王忠君一点，历代专

[12] 赵尔巽：《清史稿》，卷八十四，志五十九，礼三（吉礼三），2539~2540页。
[13] 中国第二历史档案馆：《中华民国档案资料汇编（第3辑）》，6页，南京，江苏古籍出版社，1991年。
[14] 商务印书馆编译所：《法令大全》，上海，商务印书馆，1924年。
[15] 中国第二历史档案馆：《中华民国档案资料汇编（第3辑）》，11页，南京，江苏古籍出版社，1991年。
[16] 宋淑玉：《民初尊孔读经问题辨析》，载《安徽大学学报（哲学社会科学版）》，2005，29（2），127~132页。
[17] 《公电》，载《政府公报》，246号，1916-9-9。
[18] 《孔子与宪法》，载《甲寅》，1917-1-30。
[19] 陈独秀：《旧思想与国体问题》，《新青年》，3卷3号，1917-5-1。

制帝王，资为师表，祀以太牢，用以牢笼士子，实与现代思想自由原则及本党主义，大相悖谬。若不亟行废止，何以足昭示国民。为此，令仰该厅、校、局长，转饬所属，着将春秋祀孔旧典，一律废止，勿违。”[20]但同年10月6日蔡因其教育行政计划不获支持而辞职，24日，大学院也被裁撤，教育部恢复。此时国民政府已经北伐成功，全国“军政”时期结束，“训政”时期开始，国民党也从政权的争夺者变成为政权的维护者。11月17日，南京国民政府教育部训令各省市教育厅、局：孔子诞辰日为阳历8月27日，定纪念仪式，通告全国各学校一体遵照，并于是日举行纪念时，演述孔子言行事迹，以示不忘。

1932年4月，蒋介石在对中央政治学校学员所作的演说《人格与革命》中，提出除了“亲爱精诚”四字以外，尚要加上春秋时代管子提出的“国之四维”，即礼、义、廉、耻四种品格，方能“挽救堕落的民德和人心”、“改造革命的环境”、“确定我们革命的基础”。1934年初，国民党刚刚敉平主张抗日反蒋的“福建事变”，继而又展开了对于共产党红军的第五次围剿。2月17日，蒋在南昌调查设计会演说《新生活运动发凡》。新生活运动的目的是建立一个有组织、有纪律和有效率的社会，而“四维八德”，即“礼义廉耻”和孙中山所提倡的“忠孝仁爱信义和平”八种中国“固有道德”就是新生活运动所提倡的核心理念。在这个背景下，作为中国传统礼制代表人物的孔子又获得了国民政府的尊崇。

1933年广东省主席陈济棠曾提议恢复对孔子和关、岳的祀典。[21]1934年7月5日，南京国民政府第四届中央执行委员会第128次常务会议通过了蒋介石、戴传贤、汪精卫、叶楚伧所提出的“以8月27日为先师孔子诞辰纪念日”的议案，并于7月18日公布了《先师孔子诞辰纪念办法》。《办法》规定每年8月27日为孔子诞辰纪念日，全国休假一天，全国各界一律悬旗志庆。党政军警机关、各学校、各团体分别集会纪念，并由各地高级机关召开各界纪念大会。宣传要点包括：讲述孔子生平事略，讲述孔子学说，讲述孙中山革命思想与孔子之关系。[22]

议案的发起人之一戴传贤为国民政府考试院院长，素以尊孔并用孔子思想解释孙中山的“三民主义”闻名，他还是民国时期“制礼作乐”的核心人物。[23]1933年他曾在南京考试院明志楼前建问礼亭，翌年1月将两年前得自洛阳的南齐《孔子问礼图》石刻镶于其中。[24]1933年秋作为前校长的戴还曾与广州中山大学师生向南京中山陵捐赠一座“孝经鼎”，外铸“智、仁、勇”三字，即孔子所提倡的三德，内竖刻有戴母黄氏手书《孝经》全文的六角形铜碑。除此之外，他还在1931年对募修孔林发表了意见，并电请捐款重修孔庙，称修复孔庙“诚民国一大要事”，孔孟“两家之存在，实为中国民族莫大之光荣”。[25]

1934年8月23日，国民党中央第135次常委会议决，“本年为第一次举行先师孔子诞辰纪念”。8月27日，曲阜、南京、广州、北平、汉口、天津、上海等许多城市都举行了隆重的祭礼典礼。其中曲阜依古礼在孔庙大成殿中陈设了全羊、全牛、全猪三牲和商周青铜器十供，还有乐舞生64人在月台上表演八佾之舞。南京国民党中央和国民政府的纪念仪式在中央大礼堂举行，孔子像被摆在了孙中山遗像之前。国民政府行政院院长汪精卫发表演说。北京的祭孔盛典则是在孔庙大成殿举行。[26]11月24日，国民党中央执行委员会又明令颁发《孔子纪念歌》，该令称：“《礼记·礼运》篇‘天下为公’一段，最合人类社会思想，其伟大纪念含义，实为三民主义之基础，若采为孔子纪念歌，似属佳制天成。该段文字经于委员右任提议采用，定为‘天下为公’歌，由国立音乐专

图6 南京举行孔子诞辰纪念，汪精卫演说孔道，1934年8月27日。图片来源：良友图书公司编辑《中国现象：九一八以后之中国画史》（上海：良友印刷公司，1935年），183页。

[20] 蔡元培：《废止春秋祀孔旧典的通令》，载《大学院公报》，1928（3）。
[21] 《陈济棠提议恢复对孔子和关、岳的祀典》，载《申报》，1933-12-12。
[22] 孔凡岭；《南京政府首次纪念孔子诞辰纪实》，《春秋》，2000，1，21~24页。
[23] 陆宝千：《戴季陶先生的未竟之业——制礼作乐》，见朱汇森主编《戴传贤与近代中国》，87~100页，台北，国史馆，1989年。
[24] 陈天锡：《戴季陶先生的生平》，536~537页，台北，商务印书馆，1968年。
[25] 《戴刘对募修孔林意见》、《戴传贤等电请捐款重修孔庙》，载《申报》，1931-4-17 ，1931-4-27。
[26] 孔凡岭：《南京政府首次纪念孔子诞辰纪实》，载《春秋》，2000，1，21~24页。良友图书公司：《中国现象：九·一八以后之中国画史》，182~183页，上海，良友印刷公司发行，1935年。（按：该书将此次祭孔时间写作8月23日，当误。）

门学校制印。”[27]

图7 孔子七十七代孙孔德成（即世袭之衍圣公），1934年。图片来源：良友图书公司编辑《中国现象：九一八以后之中国画史》（上海：良友印刷公司，1935年），183页。

孔教受到提倡之时，对孔子圣地曲阜建筑的修葺也受到了更高的重视。孔子故里曾经中国历代王朝不断整修和扩建，但在近代却因战乱和失修而受到破坏。1930年6月，在蒋（介石）冯（玉祥）阎（锡山）中原大战曲阜战役中，“中央军据城以守，晋军藉孔林为遮蔽，炮轰曲阜”，导致颜庙焚毁过半，幸运的是，孔庙本身“受伤无多”，而孔林因建筑不多，“其破毁情形亦不太甚”。不过由于失修而造成的瓦漏椽朽、檐破梁裂却是随处可见。[28]1931年后国民政府曾议决拨款修复曲阜孔庙，[29]孔庙及颜庙也曾经地方当局部分修葺，但全部重修在1935年2月之前并未实现。1934年1月，国民党山东省政府主席韩复榘提议修复孔庙，并在济南设修复孔庙筹备委员会。新生活运动正式发起后的5月，国民党政府再拨款十万元，蒋介石本人也捐款五万元，“以示提倡”。[30]

正是在这一背景下，1935年，中国营造学社梁思成奉教育、内政两部命令，赴曲阜勘察孔庙修葺工程。他于2月18日到达曲阜，先拜访了孔子的第77代后人，当时年仅14岁的“大成至圣先师奉祀官”，也即孔子的嫡派后裔、1935年1月以前被称为“衍圣公”的孔德成（达生），然后“趋诣大成殿，参谒圣容”，之后才开始了视察工作。7月，他拟就“曲阜孔庙之建筑及其修葺计划”，并作工料价预估呈请政府审核。[31]

（三）关岳庙

关羽在清代不仅被视为一个社会的道德典范，还被视作国祚的保护神。他在顺治九年（1652年）被敕封为“忠义神武关圣大帝”。随着19世纪以后中国内忧外患不断加深，清王朝对他的期盼也不断提高。如嘉庆十八年（1813年），林清领导的天理会教徒攻打紫禁城失败，被视为关羽“灵显翊卫”，嘉庆帝遂“命皇子报祀如仪，加封仁勇”。此后，随着鸦片战争、太平天国起义相继爆发，关羽也在“道光（1821—1850年）中，加威显。咸丰二年（1852年），加护国。明年，加保民。于是跻列中祀……如帝王庙仪”[32]。

清朝祭祀关羽始于占领中原之前。及“世祖入关，复建庙地安门外，岁以五月十三日致祭。……（乾隆三十三年，1768年）殿及大门，易绿瓦为黄”。[33]据《钦定大清会典》，关帝庙南向，庙门一间，左右门各一，正门三间，前殿三间，殿外御碑亭二，东西庑各三间。庑北斋堂各三间，后殿五间。正殿覆黄琉璃瓦，余均筒瓦。[34]

关羽祭祀在民国得到延续，同时，象征着抵御外族侵略、精忠报国的民族英雄岳飞也获得官方的崇奉而被增祀，他们成为了新政权的保护神。地安门外的清关帝庙至民国初已不存在，故1914年北洋政府将位于鼓楼西、1899年建成的醇贤亲王庙改为关岳庙。[35]醇贤亲王即道光帝第七子、光绪帝生父、宣统帝之祖父奕譞（1840—1891年）。据《清史稿》，其庙“正殿七楹，东西庑殿，后寝室，各五楹。中三门。……大门三。殿宇正门中覆黄琉璃，殿脊及门四周上覆绿琉璃”[36]。改后的关岳庙殿内正位左奉“关壮穆侯”关羽，右奉“岳忠武王”岳飞，两序奉历代忠武将士。[37]伴随着岳飞的增祀，杭州岳坟在1920年也被修复。[38]1917年3月22日总统黎元洪还曾令派海军总长程

[27] 中国第二历史档案馆：《中华民国史档案资料汇编（第5辑）》，531页，南京，江苏古籍出版社，1994年。
[28] 梁思成：《曲阜孔庙之建筑及其修葺计划》，见《中国营造学社汇刊》，1935，6(1)，另载《梁思成全集（三）》，31~55页，北京，中国建筑工业出版社，2007年。
[29] 《国府议决拨款修复曲阜孔庙》，载《申报》，1931-4-22。
[30] 鲁迅：《算账》，见儒学联合论坛，2008-9-30，http://www.yuandao.com/dispbbs.asp?boardID=9&ID=31793&page=3)
[31] 梁思成：《曲阜孔庙之建筑及其修葺计划》，载《中国营造学社汇刊》，1935，6(1)，另载《梁思成全集（三）》，31~55页，北京，中国建筑工业出版社，2007年。
[32] 赵尔巽：《清史稿》，卷八十四，志五十九，礼三（吉礼三），2541页。
[33] 赵尔巽：《清史稿》，卷八十四，志五十九，礼三（吉礼三），2541页。
[34] 《钦定大清会典》，卷五十八，十六页。
[35] 《京内外各地改建关岳庙有关文书》（1915年3至8月），《政事堂礼制馆拟定关岳庙祭礼附说明书及呈文》（1915年），可参阅中国第二历史档案馆档案：一〇〇三（05487）、（233）。
[36] 赵尔巽：《清史稿》，卷八十六，志六十一，礼五（吉礼五），2588页。
[37] 《关岳合祀典礼乐谱》，1915年3日25日颁布，见商务印书馆编译所：《法令大全》，上海，商务印书馆，1924年。
[38] 《西湖岳坟改建墓道》，《修复岳飞墓已动工》，《重修岳陵事务所修建西湖岳王坟庙工程包揽投标广告》，《杭州举行岳陵落成典礼》，《致祭岳坟之盛况》，分别载于《申报》，1919-7-21，1919-9-21，1920-1-3，1923-4-2，1923-4-5。

图8 杭州西湖岳王庙在1929年的西湖博览会期间被用作展示外国产品的“参考陈列所”。图片来源：西湖博览会编《西湖博览会参观必携》（上海：商务印书馆，1929年），无页码。

璧光在27日春戊合祀关岳之期恭代行礼，[39]直至1923年，报纸上还有关于祭祀关岳的报道。[40]然而，尽管辛亥以来关岳崇奉有所提高，但社会的重视程度依然远不如孔子。杭州西湖岳王庙在1929年的西湖博览会期间被用作展示外国产品的“参考陈列所”。[41]至1935年，北平关岳庙也已名存实亡，庙址被大成中学借用。[42]

二、祠（阵亡将士公墓）

民国政府从前清继承的第二类礼制建筑是祠。如果上述的庙供奉的是神或神化了的人，祠则是为了祭祀那些受到国家和社会褒扬的个人。庙是宗教性的，而祠是纪念性的，它的目的是使在时间上已经成为过去的个人转变为空间性的永久存在。如同庙的祭祀礼仪，祠祭是也祭祀者（或祭祀者代表）与被祭祀对象的一种交流。它强调祭祀者的参与，即通过庄重的仪式和刻意准备的祭物表达对被祭祀对象的虔敬，同时也显示祭祀者与被祭祀对象的特殊关联。所不同的是，坛庙借助宏伟的建筑和隆重的礼仪展现某种崇拜，而祠则不拘规模，强调的是纪念。

（一）忠烈祠

清代吉礼第三等为群祀，其中有昭忠祠、功臣专祠以及贤良祠。据《清史稿》，昭忠祠为雍正二年（1724年）奉谕所建。“谕曰：‘《周礼》有司勋之官，凡有功者，书名太常，祭于大烝。《祭法》，以死勤事则祀之。于以崇德报功，风厉忠节。自太祖创业后，将帅之臣，守土之官，没身捍国，良可嘉悯。允宜立祠京邑，世世血食。其偏裨士卒殉难者，亦附祀左右。褒崇表阐，俾远近观听，勃然可生忠义之心，并为立传垂永久。’于是建祠崇文门内，岁春、秋仲月，诹吉，遣官致祭。……六年（1728年），祠成，命曰‘昭忠’，颁御书额，曰‘表奖忠

[39] 《大总统令》，载《政府公报》，430号，1917-3-23。
[40] 《昨日合祀关岳记》，载《申报》，1923-4-6。
[41] 西湖博览会：《西湖博览会参观必携》，上海，商务印书馆，1929年。
[42] 汤用彬，彭一卣，陈声聪：《旧都文物略》，第2版，53页，北京，书目文献出版社，1986年。原民国关岳庙现在北京市西城区鼓楼西大街149号，1950年用于西藏达赖喇嘛驻京办事处，后被西藏自治区人民政府驻京办事处使用至今，不对参观者开放。民国期间，还有一些前清的礼制建筑被废祀，如据同书48页，太庙在“民国十三年，曾改为和平公园。十七年，仍由故宫博物院收回管理，作为分院，废除园名，但仍开放供游览。”另52页，帝王庙　“今晨设简易师范学校于此，非复旧观矣。”53页载，都城隍庙　“庙前街道宽宏，想见昔日庙市繁盛，今则门前荒落，仅庙内警察分驻所借住。”

勋’。”[43]对于功臣专祠，凡在京师者，同样是在春、秋仲月吉日，遣太常卿分往致祭。其在各省者，则在春、秋由守土官致祭。“兹纪其勋劳最著者”。[44]《清史稿》中所列京师及各地功臣专祠不下数百，其中道光间虎门祀关天培暨陈连升（1775—1841年）父子，宝山祀陈化成（1776—1842年）；咸丰间苏州祀林则徐（1785—1850年），湖广、安庆祀胡林翼（1812—1861年）；同治间江宁（今南京）、湖南、湖北、安徽、直隶祀曾国藩（1811—1872年），后复与曾国荃（1824—1890年）合祀开封；光绪间江宁祀左宗棠（1812—1885年），广西祀岑毓英（1829—1889年），山东祀李鸿章（1823—1901年），江宁祀陶澍（1779—1839年）、林则徐；宣统时武昌祀张之洞（1837—1909年）。[45]此外，清帝还特许在京师为李鸿章建祠，该祠也是有清一代，汉员在京的唯一专祠。[46]

辛亥革命成功后，对有功者稽勋赏恤成为新政府义不容辞的责任，为此成立了“临时稽勋局”专门负责调查、审议国内外革命党人功业，呈请政府褒奖或抚恤，以为崇德报功和养生恤死。如何对待前朝勋臣和如何纪念民国先烈也是新政府需要面对的一个重要问题。政府曾考虑改旧为新。如1912年5月26日《盛京时报》曾报道：“昨闻政界人云，中央政府日前已派专员来奉调查前清忠烈祠宇，以备拆毁，改建为民国诸先烈之专祠，该调查员业已到奉多日，刻正从事调查，一俟将东三省调查完竣，即报由临时稽勋局酌量核办云。”[47]1912年杭州将清万寿宫改为“南京阵亡将士祠”，[48]1914年湖北将武昌张之洞祠“抱冰堂”的祀产移交汉口慈善会。[49]至1930年，国民政府还有将曾国藩、左宗棠、李鸿章三祠收归公有，南京灵谷寺改建烈士祠之举。[50]袁世凯曾试图采取折中的办法，即对前代勋臣和民国烈士分别祭祀。他在1913年11月2日电令各省民政长：“就该省所有各祠切实调查，除由家属捐资建筑及忠裔所置祠产应归私人享有者，悉予给还外，其有为国家及地方公帑所营构者，应仿日本神社之例，酌留两祠，分别前代勋臣、民国烈士为位合祀，余悉拨充公用。”[51]但他“仿日本神社”建祠的想法似乎并未得到遵行，民国初期较为著名的祠堂均为专祠。

民国建立后最早为先烈所建的专祠当是南京的杨卓林（1876—1907年）、郑先声（1865—1901年）等烈士的专祠。1912年3月，南京临时政府陆军部呈请没收南京太平门外玄武湖前清官吏两江总督端方私宅，建专祠祀杨、郑两烈士，并附祀吴樾（1878—1905年）、熊成基（1887—1910年）、陈天华（1875—1905年）、杨守仁（1872—1911年）四烈士。杨、郑因策划革命而牺牲，吴因谋炸端方等五大臣而殉难，熊因谋刺清廷考察海军大臣载洵而被害，陈天华、杨守仁则为革命宣传家，先后蹈海殉志。1912年3月6日，孙中山以临时大总统名义，下批准令云：“按民国缔造之功，匪一手足之烈，睹兹灿烂之国徽，尽系淋漓之血迹。以上诸烈士，或谋未遂而身赴西市，或难未发而瘐死囹圄，或奋铁弹之一击，或举义旗于万夫，或声嘶去国之吟，或身继蹈海之烈，死事既属同揆，庙食允宜共飨。”[52]

1912年建立的辛亥烈士专祠还有绍兴的徐公（锡麟）祠。该祠同样是一个改旧为新的实例。徐锡麟（1873—1907年）为光复会成员，任安徽陆军小学监督、巡警学堂监督。1907年7月6日刺杀安徽巡抚恩铭后被俘惨死。1912年，浙江同乡将其遗骸归葬西湖。随后，其原籍绍兴的弟子们在当地成立徐社并建专祠以为纪念，附祀与徐同时赴难的弟子陈复汉、马宗汉。徐公祠在绍城下大路至大寺前，祠旧为清咸丰年间死于太平天国之役的知府廖宗元的专祠，祠产田67亩同时归入徐社，为祭祀之资。[53]1912年6月10日，徐、陈、马的神主入祠，同时入祠的还有徐锡麟的遗像、其亲手制作的地球仪、编著的教科书、击毙恩铭的手枪和他惨遭杀害时的血衣。时任绍兴军政府知事的俞景朗撰挽联以祭：“烈胆警同胞，二千年皖水捐躯，直比荆卿剑、博浪椎，一样大名垂宇宙；英魂归故里，倘异日蠡城话旧，应与越

[43] 赵尔巽：《清史稿》，卷八十七，志六十二，礼六（吉礼六），2595~2596页。
[44] 赵尔巽：《清史稿》，卷八十七，志六十二，礼六（吉礼六），2605页。
[45] 赵尔巽：《清史稿》，卷八十七，志六十二，礼六（吉礼六），2606~2608页。又：陶澍、林则徐祠即陶林二公祠，原位于南京长江东街4号，占地面积约1 000平方米。1992年被定为南京市级文物保护单位。时外观破旧，唯整体形制保存尚好。2001年南京市决定将其迁至总统府，易地重建。2008年由东南大学张十庆教授主持完成。整体坐北朝南，形制为二进三开间。武昌张之洞祠即抱冰堂，现在珞珈山首义公园内。
[46] 汤用彬，彭一卣，陈声聪：《旧都文物略》，第2版，143页，北京，书目文献出版社，1986年。
[47] 《拆毁前清忠烈祠之先声》，载《盛京时报》，1912-5-26。
[48] 《杭州西湖之“浙江忠烈祠”楹联选》，2009-4-18， http://blog.lnd.com.cn/thread-1547395-1-1.html。
[49] 《湖北武昌抱冰堂的祀产移交汉口慈善会接管有关文书及清册》（1914年3月至1922年7月），可参阅中国第二历史档案馆档案：一〇〇三（04917）。
[50] 《曾国藩、左宗棠、李鸿章三祠将归公有，南京灵谷寺改建烈士祠》，载《申报》，1930（系剪报资料，日期不详）。
[51] 《内政部训令》，第906号，载《政府公报》，567号，1913-12-1。
[52] 《革命巨子郑先声》，载三湘统战网，2011-6-2，http://www.hnswtzb.org/News.aspx?ArticleId=40537。
[53] 蔡元培：《徐烈士祠堂碑记》，载《蔡元培全集》，4卷，198页，上海，中华书局，1984。
另见：裘士雄：《新中国成立前绍兴人民对皖浙起义死难烈士的纪念与研究》，载《辛亥革命网》， 2011-3-19。

王祠、武肃庙，千秋浩气壮河山。”[54]1920年蔡元培还曾为徐祠撰写碑记。他说：“余以为崇乡邦之典型，昭先烈之勋劳，尤宜广采烈士遗墨，及其日用衣服、图书，置诸祠舍，使来展拜者得以反复观览，有足启迪其心志，不徒以神道偶像目之，且不以崇德报功为慰先灵而止。则天下豪杰之士，其钦慕感奋又何如哉！”[55]蔡元培的话代表了一种新的祠堂理念，即它不再仅仅是一个祭祀的场所，而应该是一个博物馆。它使瞻拜者在瞻拜英烈的同时，还可以在情感上和心智上获得熏陶和启迪。这一理念在后来诸多名人故居的保护中得到进一步实现。

图9 建筑师待考：鉴湖女侠祠，地点不详，时间不详。图片来源：中华书局上海编辑所编辑《秋瑾史迹》（北京：中华书局，1958），7页。

民国建立以后，还有许多人士仍依循历史传统，提出过许多为先烈建立专祠的建议。如1913年4月郭宝恕等发起请拨官地为辛亥革命吴禄贞（1880—1911年）、宋教仁（1882—1913年）等建祠纪念，[56]1913年5月南京光复之役江浙联军司令部参谋长陶骏葆之兄、津浦路南段局长陶逊等呈请袁世凯为黄花岗起义的总指挥、后因病逝世于广州的赵声（1881—1911年）建立专祠。[57]1917年云南督军请为辛亥革命过程中为云、贵、川军政府的成立立下大功的黄毓英建立专祠。[58]同年陆军总长段祺瑞也曾呈核议烈士彭家珍（1887—1912年）建立专祠，请照准以资褒扬。该呈在1917年4月3日获大总统黎元洪批准办理。[59]1923年初，蔡锷的专祠也被迁设北京。[60]民国专祠的设立还扩展至清末的改革者。如1913年湖南省代督军兼民政长刘人熙呈请民国政府褒扬谭嗣同，大总统袁世凯和内阁总理唐绍仪随后颁布褒扬令，谭烈士专祠便于同年秋在谭的家乡浏阳落成。[61]

为个人设立专祠的做法约在南京国民政府成立后停止，取而代之的是纪念碑和群祀性质的忠烈祠。如1928年曾有绍兴籍光复会会员王世裕等呈请为秋瑾（1875—1907年）烈士建祠筑亭，请求拨款提倡，此举曾得到同为绍兴籍光复会会员的蔡元培的大力支持。他说：“夫民国肇造，赖诸先烈牺牲之功为多，女侠更为女界之第一人，不有表彰，恶足以示来兹。故为弁数言。所望邦之贤哲慕义之士，解囊输将，早观厥成，庶后之人凭吊流连，足以兴其爱国观念，民国人心，益以巩固，予实馨香祝之。”[62]但经饬内政部核议，复称“建筑风雨亭应准照办，其修筑费拟请转令浙江省政府派员会县估定拨款作正开支，惟建祠一节中央已有不立专祠之决议，似应改建纪念碑”。12月15日行政院批准，称“秋烈士瑾身殉党国，侠烈可风，应准照部议建亭树碑以资表扬，仰即传令该省政府派员会县筹办可也。”[63]

建立合祀性质的忠烈祠的构想始于民国创建之初，并在其后不乏实现者。1912年12月，唐绍仪等先后发起在北京筹设武昌起义先

[54] 劳求：《民元的恭送三烈士入祠活动》，《绍兴文理学院报（网络版）》，2010-3-25，http://www.suhf.cn/xb/news.asp?id=18606。
[55] 蔡元培：《徐烈士祠堂碑记》，载《蔡元培全集》，第4卷，198页，上海，中华书局，1984年。
[56] 《郭宝恕等发起请拨官地为辛亥革命吴禄桢、宋教仁等建祠纪念有关文件》（1913年4—5月），可查阅中国第二历史档案馆档案：一〇〇三（01877）。
[57] 《临时稽勋局批原具呈人陶逊等奉大总统发下陶逊等呈文一件具悉》，载《政府公报》，363号，1913-5-11。原文：赵烈士声经营革命十余年，广州黄花岗之役丰功伟烈，炫耀寰区。今民国成立，自应建设专祠以垂不朽，已由本局咨请江苏都督查照办理矣。此批。
[58] 《内务部咨呈国务院准函交云南督军请为故少将黄毓英建立专祠一案，自可照准，覆请查照文》，1917-2-27，载《政府公报》，415号，1917-3-8。
[59] 《大总统指令第593号》，载《政府公报》，442号，1917-4-4。
[60] 《蔡松坡专祠迁设北京》，1923-1-17（系档案馆资料，报刊不详）。
[61] 王晓利：《浏阳文心》，载《寻根》， 2003(5),79~86页。
[62] 蔡元培：《为秋瑾建祠筑亭募捐弁言》，《蔡元培全集》，第1卷，267页，上海，中华书局，1984年。
[63] 《中华民国国民政府指令第344号》，1928-12-15。

烈纪念祠。[64]民国初陆军部也曾通知昭忠祠改为大汉忠烈祠。[65]1922年4月，海军总长请将中日甲午战役死难海军官兵合祀昭忠祠。[66]1928年北平建筑革命专祠。[67]1929年浙江昭忠祠，即原南京阵亡将士祠，被改建为浙江忠烈祠。[68]1933年冯玉祥发起建造的泰山烈士祠落成。[69]

1937年抗日战争爆发之前，中国最大的“忠烈祠”当属南京灵谷寺国民革命军阵亡将士公墓祭堂。公墓利用原明代灵谷寺旧址，由美国建筑师墨菲规划设计，[70]1935年11月落成。公墓共分三组，分布于灵谷寺附近的紫金山山坡上。每一组公墓均由若干平面如梅花瓣的墓地组成，其中埋葬着1926—1930年国民革命军在北伐统一中国的战争中和1931—1933年华北抗战与淞沪抗战中牺牲的上千名将士。公墓的建筑依南北轴线顺序为大门、“大仁大义”石坊、祭堂（无梁殿）、革命纪念馆和“精忠报国”塔。这一布局引导前来瞻仰的人们先祭悼阵亡将士们的亡灵，然后参观纪念馆中烈士们的遗像和遗物，最后登塔，一边阅读内壁上由国民党元老于右任和吴敬恒抄写的孙中山在黄埔军校的开学词和北上前在同校的告别辞，一边俯瞰公墓的全景。

图10 墨菲（Henry K. Murphy）：南京阵亡将士公墓祭堂，南京，1935年。图片来源：本文作者摄，2002年。

图11 墨菲（Henry K. Murphy）：南京阵亡将士公墓“大仁大义”石坊，南京，1935年。图片来源：本文作者摄，2002年。

阵亡将士公墓的六柱五间十一楼石坊设计明显仿照了清西陵大石牌楼。祭堂名“正气堂”，则由原灵谷寺无梁殿改造而成。因其为砖石拱券结构，故俗称“无梁殿”。大殿为重檐歇山式，东西长50米，南北进深34米。中门正对的墙壁上奉有“国民革命烈士之灵位”，两侧分别是“总理遗嘱”和“民国国歌”碑刻，四周内壁上嵌有110块黑色大理石碑，共刻有33 224位阵亡将士的姓名、所属部队和军阶。其后的纪念馆东西长41.7米，南北宽19.7米，采用开间为十一间的重檐庑殿形式。这一形制在清代建筑中仅见于紫禁城太和殿和太庙，显示出建筑师有意赋予阵亡将士公墓格外崇高的“等级”。墨菲还加大了重檐之间的空间，从而为室内增加了一层展廊。公墓南北轴线的北部尽端为钢筋混凝土结构的“精忠报国”塔。塔高60米，其九层八面的楼阁式造型或来源于广州六榕寺花塔。花塔和普陀山一平面呈梅花瓣形墓地的照片以及上述清西陵石牌楼的测绘图都见于德国建筑家鲍希曼（Ernst Boerschmann）的《中国建筑》（Chinesische Architektur, 1925）一书。墨菲的设计极有可能参考了这部著名的图集。[71]

抗日战争爆发后，各省地又相继建造了许多忠烈祠以纪念为国捐躯的将士们。据1942年民国内政部统计，当时全国已有六百多县市

[64] 《唐绍仪等先后发起在北京筹设武昌起义先烈纪念祠及停建经过有关文件》（1912年12月至1920年9月），可查阅中国第二历史档案馆档案：一〇〇三（04990）（已失）。
[65] 《陆军部通知昭忠祠改为大汉忠烈祠，拟定典礼并改正祭祀日期咨文》，可查阅中国第二历史档案馆档案04991，日期不详，推测当在1915年5月之前。另见《忠烈祠祭礼附说明书印本》，《礼制馆撰拟京师忠烈祠追祭乐谱及有关文书》（1915年5月），可查阅中国第二历史档案馆档案：一〇〇三（05470）、（05471）。
[66] 《海军总长请将甲午中日战役死难海军官兵合祀昭忠祠有关文件》（ 1922年4月），可查阅中国第二历史档案馆档案：一〇〇三（04988）。
[67] 《北平建筑革命专祠》，载《申报》，1928-11-27。
[68] 《改建中之浙江忠烈祠》，载《时报》，1929-4-8。
[69] 《泰山烈士祠定期落成》，载《申报》，1933-11-30。
[70] 《南京阵亡将士公墓图样全套》，载《建筑月刊》，1934，2（2）。
[71] 赖德霖：《鲍希曼对中国近代建筑之影响试论》，载《建筑学报》，2011（5），94~99页。

设立了忠烈祠，多由旧日关帝庙、武侯祠、城隍庙等改建，附加祭祀。[72]其中位于湖南衡阳的南岳忠烈祠是现存最大的纪念抗日战争阵亡将士的烈士陵园。该祠1940年9月10日动工，七七事变六周年纪念日时举行落成典礼。陵园建筑沿东西轴线及山坡由低到高依次为牌楼、广场和广场中央的七七纪念塔、纪念堂、致敬碑亭和顶端的祭堂，全长240米。[73]与南京阵亡将士公墓不同，南岳忠烈祠的这一空间序列强调了广场的重要性以及七七纪念塔在广场上的视觉中心性。如果说南京阵亡将士公墓的设计适于和平时期人们对已故先烈的祭悼，南岳忠烈祠则更适合即将出征的将士们在同袍英灵的俯瞰下誓师。

图12 南岳忠烈祠，湖南衡阳，1940—1943年。图片来源：殷力辛先生摄赠，2011年。

（二）功德祠

表彰和纪念贤良也是清代的一项重要吉礼，为此政府专门制定了贤良祠制度。雍正八年（1730年）诏曰：“古之大烝之祭，凡法施于民，以劳定国者，皆列祀典，受明禋。我朝开国以后，名臣硕辅，先后相望。或勋垂节钺，或节厉冰霜，既树羽仪，宜隆俎豆。俾世世为臣者，观感奋发，知所慕效。庶明良喜起，副予厚期。京师宜择地建祠，命曰‘贤良’，春、秋展祀，永光盛典。”于是，“乃营庙宇在地安门外西偏，正殿、后室各五楹，东、西庑，岁春、秋仲月，诹吉，遣官致祭。……明年祠成，颁御书 额曰‘崇忠念旧’，设位为祭”。[74]对于各省，雍正十年，诏曰：“各省会地建祠宇，凡外任文武大臣，忠勇威爱，公论允翕者，俾膺祀典，用劝在官。”[75]

这一意在使后人“观感奋发、知所慕效”和“用劝在官”的传统在民国初期也被继承。1924年11月4日北洋政府颁布《崇祀条例》[76]。《条例》规定，崇祀分“国祀”和“乡祀”两种。“国祀由临时执政及各地方长官行之，乡祀由各地方长官行之。”合于下列各款之一者列入国祀：“一、著书宏教阐明至道实践躬行者；二、文武忠烈；三、功德被于全国后世者。”《条例》规定三种场所用于国祀：“合于前条第一项第一款之规定者，于孔子庙从祀之。合于前条第一项第二款之规定者，应分别文武于忠烈祠汇祀，或关岳庙从祀之。合于前条第一项第三款之规定者，于功德祠汇祀之。”合于下列各款之一者列入乡祀：“一、御灾捍患及以死勤事者；二、忠孝节义贞烈行谊卓著者；三、名宦乡贤其功德施于地方者；四、凡经准设专祠其功德施于地方者。”大概是为了防止主管官员以公谋私，《条例》还特别规定，“前项第三款所定之名宦乡贤以其人身殁十年，子孙无现任文武特任职者为限”。建筑史学者殷力欣注意到，在建筑师吕彦直的遗著《建设首都市区计划大纲草案》中，曾有在南京中山陵园建立国家先贤祠的设想，但这一设想并未实现。[77]民国功德祠实施的情况也待进一步查考。

三、墓

（一）清德宗崇陵

清德宗光绪皇帝的崇陵是一座处于新旧时代转变过程中代表旧王朝的最重要的礼制建筑。根据1912年的《清室优待条件》，民国政府有责任将当时尚未完工的崇陵“如制妥修”。该年7月20日，大总统袁世凯令国务总理赵秉钧与大总统府都翊卫使、清博多

[72] 参见“忠烈祠”，维基百科，http://zh.wikipedia.org/wiki/%E5%BF%A0%E7%83%88%E7%A5%A0。按：“维基百科”材料并非可靠史料，但限于笔者目前条件，进一步检核不得不留待今后。
[73] 冯玉辉：《南岳忠烈祠》，载《抗日战争研究》，1995（2），229~230页。
[74] 赵尔巽：《清史稿》，卷八十七，志六十二，礼六（吉礼六），2601~2602页。
[75] 赵尔巽：《清史稿》，卷八十七，志六十二，礼六（吉礼六），2603~2604页。
[76] 《崇祀条例》，载《政府公报》，3453号，1924-11-14。
[77] 吕彦直：《建设首都市区计划大纲草案》，载《中山纪念建筑》，349页，天津，天津大学出版社，2009年。
殷力欣：《刍议“中国固有式建筑”的文化意义》，载《中国建筑文化遗产1》，33~41页，天津，天津大学出版社，2011年。

勒噶台亲王僧格林沁的曾孙阿穆尔灵圭负责办理。[78]1913年冬崇陵完工，12月13日德宗帝后奉安。

清朝被推翻以后，崇陵一直是各地遗老拜祭以申对于故君和旧朝眷怀的所在。如前清举人林纾（琴南）曾不远千里，先后“十谒崇陵，肃衣冠望祭于关门之外”[79]。而最著名的“遗老”当属清末曾主讲武昌两湖书院，历任汉阳知府、湖北按察使等职的梁鼎芬（星海）。他在民国成立后效仿明末遗民顾亭林，“时时至陵上叩谒”[80]，并在工程因改朝换代而中辍后为其重新开工而奔走呼号[81]。在德宗葬礼上他还大骂未来参加的清室成员：“奕劻上哪里去了？载振亦不来，像这种东西，天理良心，岂有丝毫没有？前清用此等臣子，恶得不亡？”[82]葬礼之后，他又“拜崇陵种树事宜之命，自是守陵种树，……鹑衣蔬食，履穿踵决不顾也。”他亲自种松109株，又督率工役，直至1916年种树事宜完成。[83]种树将毕之时，他特拍摄了照片“崇陵种树图”以为留念。林纾和梁鼎芬的事迹表明，辛亥革命之后，遗臣们依然通过恪守旧的君臣之礼以表达对于前朝的忠诚与怀念。而崇陵的建造既是礼制的体现，也是他们记忆与情感的寄托。

图13 建筑师待考：清德宗光绪皇帝崇陵，河北易县，1909—1913年。图片来源：本文作者摄，1997年。

图14 梁鼎芬“崇陵种树图”，1916年7月。图片来源：凉耳：“记梁文忠公”，《实报半月刊》，第2期，1935年11月，25页。

图15 建筑师待考：袁世凯墓——袁林鸟瞰，河南安阳，1916—1918年。图片来源：乐炳南编《中国历史图说（十二）·现代》（台北：文海出版有限公司，1984年），图148。

（二）延续传统规制的民国大型墓葬

属于民国的第一座大型墓园无疑是第一任大总统袁世凯的“袁林”。1916年初袁试图恢复帝制，但随即遭到广泛反对而失败，6月6日因众叛亲离、疾病缠身而亡。依其遗愿，归葬河南安阳洹上。同年8月袁林开始兴修，墓圹先期建成，24日下葬。袁林位于洹上村东北隅之太平庄，占地139亩，耗资73万余元。除政府指拨银币50万元外，其余多为袁生前的下属和幕僚的捐款。全部建筑于1918年6月15日竣工。[84]

“袁林”名称由时任河南省省长、后任农商总长的田文烈提议，并经内务部批准。据《袁公林墓工报告》：“该总长等原呈拟将墓地定曰袁林，本部查河南旧俗，凡树木蓊翳之区，辄名为林，其来已久。稽之省志，灼有前规，宋著作郎范纯仁植桑于襄城而有‘著作林’

[78] 《接办崇陵工程处赵秉钧等呈大总统报明启用关防日期文并批》，《政府公报》，412号，1913-6-29。
[79] 钟广生：《书林畏庐先生轶事》，《瑟龛文集（湖滨补读庐丛刻之二）》，卷二，9页。转引自胡平生《民国初期的复辟派》（台北：学生书局，1985年），58页。
[80] 《梁星海之大哭》，载《盛京时报》，1913-12-19。
[81] 凉耳：《记梁文忠公》，载《实报半月刊》，第2期，1935年11月，25~28页。
[82] 《梁星海之大哭》，载《盛京时报》，1913-12-19。
[83] 甘鹏云：《潜庐续稿》，卷十，13页。转引自胡平生《民国初期的复辟派》（台北：学生书局，1985年），58页。
[84] 田文烈：“袁公林墓工报告序述”，《袁公林墓工报告》，3~4页。宝鼎石刻“中华民国五年八月兴修，越二年六月望告成”。

图16 建筑师待考：袁林照壁，河南安阳，1916—1918年。图片来源：本文作者摄，2003年。

图17 建筑师待考：袁林牌楼，河南安阳，1916—1918年。图片来源：本文作者摄，2003年。

图18 朱启钤摄："已故大总统袁公林墓墓道前翁仲石虎石狮石马石柱之大观"，河南安阳，1916—1918年。图片来源：《北洋画报》，28期，1926-10-13。

图19 建筑师待考：袁林华表、翁仲，河南安阳，1916—1918年。图片来源：本文作者摄，2003年。

图20 建筑师待考：袁林碑亭，河南安阳，1916—1918年。图片来源：本文作者摄，2003年。

之称；明祭酒宋讷筑墓于滑县而有'宋家林'之号。矧我袁前总统为一国之元首，万方所景企，允宜循河北（原文）之俗，定佳城之名称为'袁公林'，庶几名从主人。"[85]但该报告没有注意，或有意掩盖了另一个事实，即中国在名称等级上仅次于各代帝陵的重要墓葬就是孔子的"孔林"。

袁林在规模上不及清代诸帝陵雄伟，但又较一般贵族坟茔为大。清代亲王、世子、郡王、公主、福晋等贵族的坟茔制度，文献中并无记载。但孙大章根据已知实例认为，它们的规制应与帝妃园寝相近。一般茔地前有河，跨河为桥，后为左右值房（或无），正中为宫门，内为左右配房，院中央为三楹或五楹飨殿，再后为宝顶封土。若有功于朝，皇帝赐谥名并立碑，则在宫门前（或享殿前）建碑亭。个别亲王墓尚有石牌坊。贵族坟茔的主要建筑为红墙绿琉璃瓦。[86]另据《钦定大清会典》，醇贤亲王园寝，有"琉璃花门一，正中飨殿五间，飨殿前抱厦三间，北面燎炉一座，其南大门三间，门外东西厢各三间。围墙周长七十一丈九尺四寸。其碑亭一座，四面各为三间， 覆以黄琉璃瓦，恭镌御制碑文"[87]。醇贤亲王为光绪帝之父，死于中日甲午战争之前，其园寝规模在诸亲王中当属大者。

袁林建筑沿中轴线由南至北则分别为照壁、一孔券桥、墓道、六柱五间五楼牌楼、神道（望柱二、石马二、石虎二、石狮二、石武人二、石文人二）、单檐歇山顶碑亭（内竖徐世昌所书"大总统袁公世凯之墓"碑）、大门三间附东西值房各三间、单檐歇山顶飨堂七间带月台并附东西配房各五间，石柱铁门以及墓台和宝顶。袁林的建筑采用红墙和绿琉璃瓦，这一点与清王公贵族坟茔

[85]《内务部核议袁公林墓祀典并酌拟保管规则及林墓所占地亩请饬财政部核明数目豁除粮赋呈文》，见《袁公林墓工报告》，14页，北京，财政部印刷局印行，1918年。
[86] 孙大章主编《中国古代建筑史（第五卷）》，北京，中国建筑工业出版社，2002年，280页。
[87]《钦定大清会典》，卷六十一，五页。

图21 建筑师待考：袁林景仁堂，河南安阳，1916—1918年。图片来源：本文作者摄，2003年。

图22 朱启钤摄："已故袁世凯大总统林墓中之飨堂"，河南安阳，1916—1918年。图片来源：《北洋画报》，47期，1926-12-18。

图23 建筑师待考：袁林墓台前的石柱铁门，河南安阳，1916—1918年。图片来源：本文作者摄，2003年。

图24 "The Mausoleum of the late Yuan Shih Kai, President of the Republic of China. This Edifice is at Chang-the Fu in Honan. It is built partly of Stone and partly of Concrete, and lies in well laid out and spacious Grounds." 图片来源：China Journal of Science and Arts, Vol.XIII (July-December, 1930), p.307.

惯例相符，但其主要建筑的规模却超过之。如飨堂"景仁堂"并非一般的三楹或五楹，而是仿清亲王府正殿形制。其面阔七楹带月台，符合《钦定大清会典》亲王府正殿为七间并设前墀（月台）的规定。[88]建筑长30.67米，进深10.67米，计明间一丈六尺，平身科斗栱六攒，次间各一丈四尺，平身科斗栱五攒，两梢间各一丈二尺，平身科斗栱四攒。通进深三丈二尺。此外檐柱高为一丈六尺，圆径一尺五寸。[89]如此则斗口为2.5寸，相当于八等材，较之清代大多官式建筑，包括一些大型庙宇都大，[90]与现存多数王府斗栱一致。而其单翘重昂七踩斗栱在清代王府正殿建筑中也属大型。[91]此外，飨堂院围墙总长八十七丈四尺六寸，甚至超过醇贤亲王园寝。

《清史稿》之凶礼规定："公至二品，用石人、望柱暨虎、羊、马各二，三品无石人，四品无石羊，五品无石虎。其墓门勒碑，公、侯、伯螭首高三尺二寸，碑身高九尺，广三尺六寸，龟趺高三尺八寸。一品螭首，二品麒麟首，三品天禄辟邪首，四品至七品圆首方趺，首视

[88] 《钦定大清会典》，卷五十八，二十页。
[89] 《袁公林墓工报告》，20页。
[90] 据孙大章：清代官式建筑"材制虽分十一等，但实际应用范围甚窄，一、二、三等材未见使用过，文献记载城楼等高大建筑最多用四等材，一般单层建多为七、八等材，如故宫太和殿才用七等材，而大部分建筑多用九等材，如承德外八庙等大型庙宇即用九等材。"孙大章主编《中国古代建筑史（第五卷）》（北京：中国建筑工业出版社，2002年），411页。
[91] 王世仁：《北京清代恭王府正殿原状推测》，恭王府管理中心编《清代王府及王府文化国际学术研讨会论文集》，314~322页，北京，文化艺术出版社，2006年。但袁林三开间大门的门钉数为纵七横七，比《大清会典》所规定的亲王府"纵九横七"少。

图25 建筑师待考：袁林景仁堂斗栱，河南安阳，1916—1918年。
图片来源：本文作者摄，2003年。

图26 徐世昌书："大总统袁公世凯之墓"碑，袁林，河南安阳，1916—1918年。图片来源：本文作者摄，2003年。

图27 建筑师待考：袁林神道照壁上的砖雕"十二章"图案，河南安阳，1916—1918年。图片来源：作者摄，2003年。

公、侯、伯递杀二尺至尺八寸止。"[92]袁林神道不仅增加了一对石人，还增加了一对石狮。且墓碑采用螭首，高5.39米，以清营造尺一尺合公制31厘米计，5.39米，即一丈七尺四寸，也高于公、侯、伯墓碑通高一丈六尺的规定。

袁林墓台共三层。据《袁公林墓工报告》，第一层南北长二十八丈，东西宽二十二丈五尺，虎皮石墙高九尺。第二层南北长十三丈九尺二寸，东西圆径十一丈一尺五寸，虎皮石墙高七尺。拜台东西宽六丈八尺一寸，围以青白石柱铁栏杆。第三层即宝顶的基座，其圆径六丈，高一丈四尺二寸，青白石墙，置石狮十二座。其上宝顶高一丈二尺，墓包圆径五丈二尺。[93]由此可知，袁林茔地周长超过九十一丈，坟高，即第三层墓台和宝顶合计为二丈六尺二寸，显然大大超过《清史稿》中对一品官茔地"（周围）九十步（按：合四十五丈），封（按：即坟高）丈有六尺"的规定。甚至还超过了《明史》中"功臣殁后封王，茔地周围一百步，坟高二丈，四围墙高一丈，石人四，文武各二，石虎、羊、马、石望柱各二"的规定。[94]

袁林设计者还在照壁、神道华表、墓门、墓台铁栏以及彩画等多处采用一种西式勋章图形作为装饰。它的图案与民国当时的"文虎勋章"及"嘉禾勋章"均不相同。其星章（star of order）构图的中心为双层圆环，双环间为24个小圆，内环中图案沿轴线自上而下分别为：星辰、日月、火焰、山、双弓、呈同心圆排列的米点、雉和斧，双弓的左右分别为饰有长尾猴（蜼）、虎图案的双杯和腾飞于藻叶之上的双龙。这些母题即为中国古代的装饰图案"十二章"。这些母题的最早记载见于《尚书·益稷篇》："帝曰：予欲观古人之象，日、月、星辰、山、龙、华虫（雉），作会（绘），宗彝（按：虎彝、蜼彝）、藻、火、粉米、黼（按：斧）、

[92] 赵尔巽：《清史稿》，卷九十三，志六十八，礼十二（凶礼二），2723页。
[93] 《袁公林墓工报告》，20页。另据安阳市博物馆提供的数据：墓台南北长93.33米，东西宽68.33米。宝顶直径17.33米，高4米。
[94] 张廷玉：《明史》，卷六十，志三十六，礼十四（凶礼三），1487页，北京：中华书局，1974年。

黻（按：双弓），絺绣，以五采彰施于五色作服。”东汉经学家郑玄认为，日、月、星辰、山、龙、华虫、宗彝、藻、火、粉米、黼、黻，为“古天子冕服十二章”，即皇帝礼服上的十二种装饰母题。至隋唐“十二章”图案已成为皇帝冕服的定式，一直流行到清代。[95]借助这些图案，袁林设计者表现了墓主人曾经称帝的特殊身份。

图28 建筑师待考：冯国璋墓（遗址），河北河间，1920年（毁于20世纪60年代）。图片来源：本文作者摄，2003年。

1916年12月18日，民国政府公布《国葬法》。其中规定：“第一条：中华民国人民有殊勋于国家者，身故后经大总统咨请国会同意，或国会之议决，准予举行国葬典礼。已经私葬者，亦得依前项之规定补行国葬典礼。第二条：国葬经费五千元由国库支出。第三条：国葬墓地由国家于首都择定相当地址建筑公墓，或于各地方择定相当地址修筑专墓，或由死者遗族自行择定茔地安葬。均由国家建立碑铭以表彰之。第四条：关于葬仪及修墓一切事宜，由内务部派员办理。”[96]1917年2月24日内务部还制定了“举行国葬，修建专墓事宜及致祭礼节”，其中包括“专墓制度”。“专墓制度”规定：“一、墓地四周环以墙垣，前置墓门，立碑于门外之左（碑铭由内务部呈请大总统颁给）。二、坟墓高宽方圆无定式，墓前或后树石碑一标题姓氏。三、相度地势建筑飨堂三楹，中间龛一，安设神位，前设案一，置炉一灯二，另备馔桌祭文案各一，两旁陈列生前衣冠剑带之属，左右余屋各二间，左置祭器什物，及为致祭者休息之所。（说明：凡墓地广狭，石碑高下及建筑飨堂方向，均由监造员因地制宜，以期合度，缘各省山地、平地形势既殊，且又关系财力，均难悬断，是以不为规定。）”[97]《国葬法》在袁林设计后制定，当是以其为契机，为后人制定相应规范。但据《袁公林墓工报告》，至1917年1月，其墓所完工的仅为内圹，亦即宝顶部分。所以“举行国葬，修建专墓事宜及致祭礼节”的制定当有可能是为了控制其墓园的形制和规模，亦有可能是为了限制后人。不过事实证明该法在两方面都没有约束力。

民国副总统、代总统冯国璋于1919年12月12日病故，其墓位于原籍河北省河间县西诗经村东北，不幸已毁于“文化大革命”，现仅存遗址。该墓建造“由民国政府督理其事，一切规模均照项城（按：即袁世凯）前案办理”[98]。《中国历代名人胜迹大辞典》的记述略详：“该墓墓园有门，南向，是一座五楹琉璃瓦歇山顶式建筑。门前有石桥，门内有三间四柱白石坊。石坊后有‘河间冯公之神道’及‘中华民国副总统代理大总统冯公国璋之墓’二碑。碑后神道两侧，分列有华表、石人、石马、石羊、石象等。再后为宫殿式通厦（按：疑即大门）三重（按：疑为间），继为飨殿（按：楹数不详），内置石五供（原文），殿后宝顶。”[99]尽管这一记述仍显示出冯国璋墓与袁林略有不同，但它们都采用了沿中轴线布置石桥、牌坊、神道、陵门、碑亭、祭堂和宝顶的方式，在设计原则明显表现出对于前清陵墓设计传统的继承。

20世纪20年代以后中国的大型墓葬当属国民党总理孙中山（1866—1925年）之陵（吕彦直，南京，1925—1931年），以及国民政府主席谭延闿（1880—1930年）之墓（基泰工程司杨廷宝，南京，1931—1933年）和林森（1868—1943年）之墓（基泰工程司杨廷宝，重庆，1943—1944年，未全部完成）。它们的设计都摒弃了历史上帝陵前带有迷信和封建色彩的阴阳桥和排列着石像生的神道。中山陵甚至淘汰了传统的吻兽等龙形象征母题，并体现了现代公共纪念物所具有的开放性以及“唤醒民众”的象征性。[100]不过与袁林和冯国璋墓相似，它们也都在墓室或宝顶之外附设牌坊、墓道、陵门、碑亭和祭堂，依然显示出前清陵墓形制以及民国国葬专墓制度的影响。这种做

[95] 野崎诚近：《吉祥图案解题》，5页，东京，株式会社平凡社，1928年初版，1940年再版；《中华服饰的起源：2 奴隶社会—夏商西周时期的服饰艺术》，2006-5-14，金诺人文网，http://5fiona.blogbus.com/logs/39044843.html。
[96] 商务印书馆编译所：《国葬法》，见《法令大全》，1527页，上海，商务印书馆，1924年。
[97] 商务印书馆编译所：《内务部呈准举行国葬，修建专墓事宜及致祭礼节》，见《法令大全》，1528页，上海，商务印书馆，1924年。
[98] 《冯河间逝世余闻》，载《申报》，1920-1-3。
[99] 彭卿云：《中国历代名人胜迹大辞典》，香港，三联书店（香港）有限公司，1995年。
[100] 赖德霖：《探寻一座现代中国式的纪念物——南京中山陵设计》，见《美术史与观念史》（IV），159~208页，南京，南京师范大学出版社，2005年。

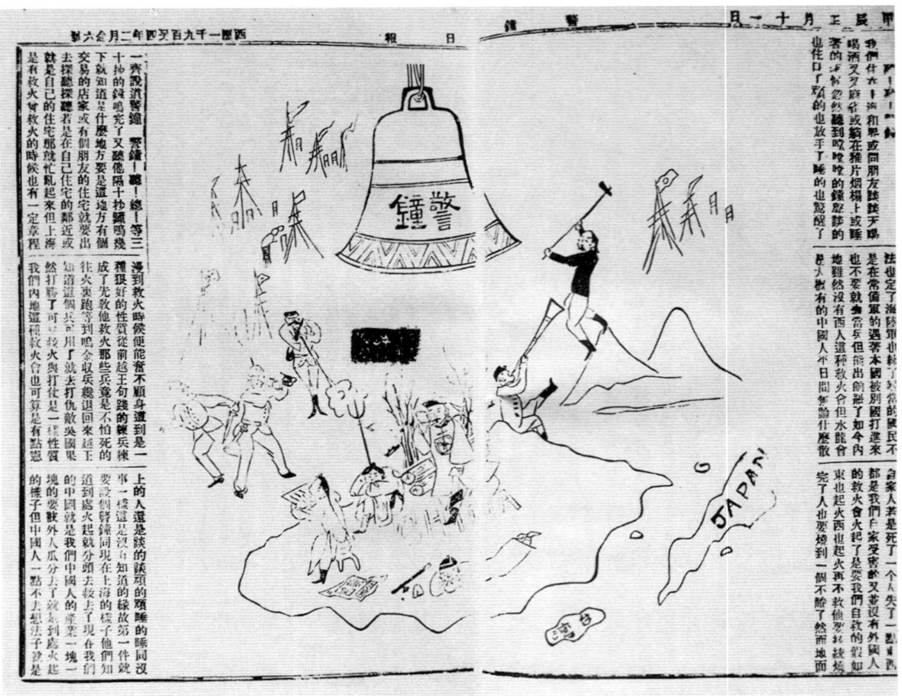

图29 艺术家待考："警钟"漫画，《警钟日报》，1904-2-26。

法还说明，在为其重要领导人举办的葬礼和具有国统代表性的大型墓葬的设计中，国民党人仍然追求一种文化的正统性。

（三）新式纪念碑形墓

与传统陵墓一样，上述墓园的核心建筑是用于祭祀的飨堂。但辛亥革命以后还有许多墓葬，包括享有国葬等级者，在设计上并未延续前清传统，而是采用了坟茔结合纪念碑的造型，并刻意突出坟茔和纪念碑的视觉象征性。

1916年10月31日和11月8日，民国元勋黄兴（1874—1916年）和蔡锷（1882—1916年）先后病故。11月23日内务部咨呈国务总理段祺瑞请将黄、蔡予以国葬。[101]两人的葬礼分别于1917年4月15日和12日在湖南长沙举行，他们的墓均位于岳麓山上。此时"举行国葬，修建专墓事宜及致祭礼节"刚刚颁布，但黄、蔡之墓并未遵循其关于"专墓制度"的规定。相比上述诸大型墓园，两墓没有广阔的占地和为数不寡的附属建筑，无疑颇显简陋。这种规模或许表明了两人并不认同袁世凯下属把持的北洋政府所制定的礼制体系，亦或是因为丧葬费用的限制，——如相比袁世凯墓50万银元的政府拨款，两人所获得的政府"特给"丧葬费各仅2万元。[101]不过在另一方面，设计者却用来自西方的建筑语言强化了两座纪念物的革命象征性。

黄兴墓为竖立在双层基座上的方尖碑形，通高11米，正面（东向）镶嵌紫铜色碑板，上刻"黄公克强之墓"。这一碑形常被观者比作一把直插云天的利剑，也令人联想到黄生前所书的许多充满英雄气概的对联"长剑倚天外，匹马定中原"（赠耿觐文），"既由勋名惊海内，更携书剑客天涯"（赠洪门领袖吴觉民）和"腰间宝剑冲霄起，座上阴符对酒看"（赠邓贤才）。蔡锷墓通高7米，上下分冢和碑两部分。冢为花岗石砌成的覆钵形，上树方尖碑形的花岗石碑，碑高约6米，正面嵌铜板，上刻"蔡公松坡之墓"。两座坟茔墓碑的方尖碑造型来自西方。而蔡锷墓的方尖碑与覆钵体结合构成一个钟形，更具有"唤醒中国"的象征意义。

澳大利亚学者，著名中国近代史家费约翰（John Fitzgerald）认为，"唤醒民众"是20世纪中国现代化以及文化、政治重建过程中的核心问题。[103]"唤醒民众"的思想颇具象征性地体现在近代著名先烈陈天华（1875—1905年）三本遗作的标题之中——《警世钟》、《猛回头》和《狮子吼》。《警世钟》的开篇诗写道："长梦千年何日醒，睡乡谁遣警钟鸣？腥风血雨难为我，好个江山忍送人！万丈风潮大逼人，腥膻满地血如糜；一腔无限同舟痛，献与同胞侧耳听。"

陈天华诗所说的"警钟"曾是中国近代城市中的火灾报警设备，1880年前后出现于上海公共租界。[104]但在民族危亡之际，它被当成了一种唤醒民众的象征。1904年，蔡元培将《俄事警闻》报改名为《警钟日报》。其刊首漫画的说明是："我们住在上海租界，或同朋友谈谈天，喝喝酒，叉叉麻雀（将），或躺在雅片烟榻上，或睡着的，——忽然听到喤喤喤的钟声。谈的也住口了，顽（玩）的也放手了，睡的也警醒了，一齐说道，警钟！现在我们的中国就是我们中国人的产业，一块一块地要被外人瓜分去了，就是到处起火的样子。但中国人一点不去想法子，就是没有知遂火起，所以不立救火会。我们所以设起这个警钟来，一天天地打。东三省是火已燎原了，我们顶说得起劲，

[101] 《内务部咨呈国务总理请将前上将黄兴、前中将蔡锷予以国葬交会公决文》，载《政府公报》，319号，1916-11-23。
[102] 《大总统令》，载《政府公报》，299号，1916-11-3。
[103] Fitzgerald, John: "Awakening China: Politics, Culture, and Class in the Nationalist Revolution". Stanford: University of Stanford Press, 1996.
[104] 薛理勇：《"上海的'水龙会'与'救火会'"》，载《新民晚报》，2005-5-8。

图30 刘士琦：五卅烈士墓，上海，1925—1926年。图片来源：伍联德、梁得所编《中国大观》（上海：良友图书公司，1930年），168页。

山东河南呀，广东广西呀，福建浙江呀，长江一带呀，这都是已经起火的了，我们也一起一起地说，这便是西华德路打一下，洋泾浜打四下的样子了。我们还要把这件事的来因后果详详细细讲，并救他的方法也讲出来，比那上海警钟楼的昼悬旗，夜悬灯更要清楚呢，列位快听呀，不要再装聋子！”[105]1925年3月11日，孙中山在其临终的遗嘱中也说：“余致力国民革命凡四十年，其目的在求中国之自由平等。积四十年之经验，深知欲达此目的，必须唤起民众。”

民国茔墓设计中采用钟形母题最为著名的个案无疑是南京的中山陵。[106]但它并非孤例，除了上述蔡锷墓之外，还有1912年建成、位于杭州西泠桥旁的秋瑾墓（建筑师待考，1912年）以及广州黄花岗七十二烈士墓。秋瑾墓建于三层台阶之上，为平面呈八角形的石砌仿须弥座形。墓上立八角形碑亭，冠以钟铎形顶。秋瑾曾为《警钟日报》的创办写诗祝贺：“此钟何为铸？铸以警睡狮。狮魂快归来，来兮来兮莫再迟！我为同胞贺，更为同胞宣祝词。祝此警钟命悠久，贺我同胞得护持。遂见高撞自由钟，竖起独立旗，革除奴隶性，抖擞英雄姿。伟哉伟哉人与事，万口同声齐称《警钟》所恩施！”[107]用钟形装饰秋瑾的纪念碑亭无疑极好地表达了她的革命理想。

黄花岗七十二烈士墓（杨锡宗，1917—1926年）为1911年4月27日广州起义牺牲烈士的墓地。该墓由国民党美洲各支部资助，并由国民党元老林森主持建造。墓园的主体建筑包括合葬墓与纪功坊两部分。它们采用了美国三个最著名的纪念物的装饰母题来表达共和理想。如刻有孙中山手迹“浩气长存”的纪功坊之上矗立的是自由女神像。坊前方的合葬墓上是一座石亭，其顶部的钟形令人想到象征美国独立的“自由钟”。亭内所竖刻有“七十二烈士之墓”字样的方尖碑形墓碑又可以诠释为美国首都的华盛顿纪念碑（Robert Mills，1848—1884年）。对比传统墓园，黄花岗七十二烈士墓在形制上最突出的特点是取消了祭堂，仅保留一个可以放置供品的小型石祭案，从而凸显了烈士墓本身、墓碑与纪功坊的视觉重要性。这一变化说明，墓地设计中“祭祀”死者的功能正逐渐让位于教育观者的“纪念”功能。

“唤醒”的母题不仅有钟。上海的五卅烈士墓（建筑师刘士琦，1925—1928年）在五卅惨案发生三周年时竣工。[108]该墓位于沪北方家木桥，墓的造型采用半圆体的窣堵坡形，顶部以一具雄鸡雕刻作为装饰，同样象征了对于沉睡着的国人们的唤醒。该墓前方还有一座哥特风格的碑亭，其檐部的四角以石狮为装饰，当是以“醒狮”喻“醒世”。亭内还镶嵌着一块石碑，上刻四个大字：“来者勿忘！”显然，这个墓和碑的设计并非仅仅出于传统意义的祭奉死者，它还有一个现代的功能，就是警示来者。[109]

然而，民国时期纪念碑形墓的造型并非均来自西方，其中同样有中国传统的影响。这种旧与新的交织尤其体现在北平彭家珍纪念碑的初建和改造上。彭是辛亥革命中一位重要的烈士。武昌起义后，以清廷在军事上的主要干将良弼为首的满洲贵族组织宗社党，反对与革命军议和，反对清帝退位。1912年1月25日，身为同盟会京、津、保支部军事部长的彭家珍暗藏炸弹，炸死良弼，自己亦同时牺牲。

[105] 《警钟日报》，1904-2-26。
[106] 赖德霖：《探寻一座现代中国式的纪念物——南京中山陵设计》，见《美术史与观念史》（IV），159~208页，南京，南京师范大学出版社，2005年。
[107] 秋瑾：《读〈警钟〉感赋》，见郭长海，郭君兮：《秋瑾全集笺注》，339页，长春，吉林文史出版社，2003年。
[108] 《五卅烈士公墓摄影/竣工》，《时事新报》，1928-5-30。
[109] 此墓在1932年“一·二八”日军轰炸上海时被毁。

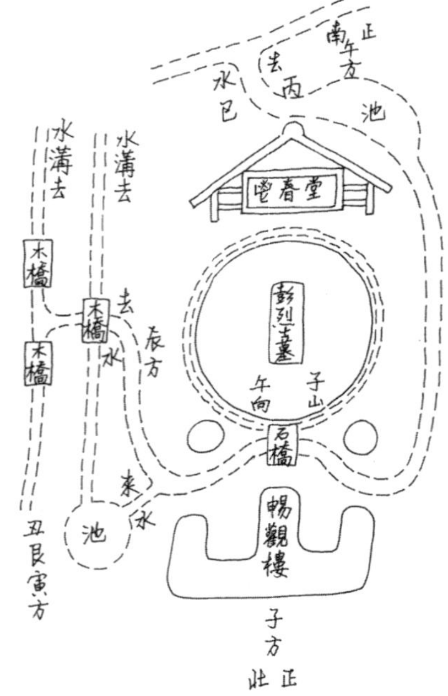

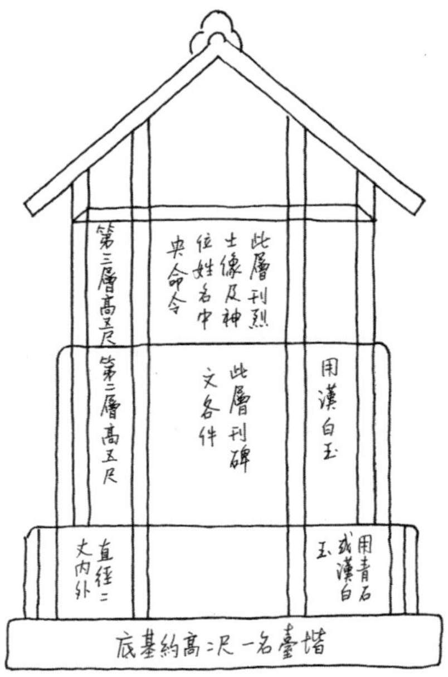

图31、32 建筑师待考：彭家珍墓堪舆及设计图（作者根据档案图描绘），1929年。图片来源：“北平特别市政府关于速将建筑彭家珍烈士专祠地址、勘定估价，连同修理四烈士神室需款具报的训令，及工务局、土地局就有关事项的呈”，1929年9月~1930年3月，北京市档案馆档案：J17-1-352。

图33 刘士琦：五卅烈士墓“来者勿忘”碑，上海，1925—1926年。图片来源：伍联德、梁得所编《中国大观》（上海：良友图书公司，1930年），168页。

彭的壮举震慑了清宗室，此后无人再敢坚持对抗革命政权，清帝最终于2月22日下诏退位。孙中山曾高度评价彭的功绩，称“我老彭收功弹丸”，并追授他为陆军大将军，令崇祀忠烈祠。1927年国民党中央执行委员会委员戴季陶呈：“以四川彭家珍烈士舍身炸贼，视死如归，取义成仁，光辉民族，似应格外从优议恤。且北平历代帝都，民智鄙塞，革命建筑寂焉无闻，拟请令行北平特别市政府筹建彭烈士纪念堂示北方人民以楷模，显革命成功之伟绩，庶足以除封建之余臭，酹烈士之殊勋，昭示来兹，藉资观感，乞察核施行。”该呈经执委会第184次常务会议议决通过，并转令北平特别市市政府遵照办理。为此，市长何其巩于12月21日令工务局长华南圭会同土地局，规划建堂地址，估定用款。[110]

出于保护古迹、吸引观者和节省经费的考虑，二局曾建议将北海万佛楼改造为彭家珍纪念堂，但最终“经约葬师（按：风水师）同堪”，测定在北平农事试验场（今北京动物园）。“彭烈士修墓办法”说明：“一、墓址：在农事试验场内、畅观楼前平原上，其基底直径约二丈，高约一丈八尺，外面走水台阶各方宽四尺、高二尺。二、墓形：仿僧塔形式，用八角形，立八圆柱，除下底上顶不计外，中间实用三层，以上中二层刊碑文，绘烈士像，宜用汉白玉。其下层不刊字，或白玉或青石均可，但顶上宝顶一层须要能蔽下面风雨才好。”[111]这一墓碑今已不存，但“僧塔形”纪念碑的造型尚可见于四川青白江区城厢镇建成的“先烈彭大将军家珍殉国纪念碑”。青白江区城厢镇为彭的家乡。1938年，按照孙中山生前指令，当地政府修建了彭大将军专祠，该碑即在祠内。祠为砖木结构的旧式平房，纪念碑在其西，坐落在一正方形的碑基之上，通高9.8米；碑身为四棱柱体。碑基为台式，刻有蟾蜍花草等纹饰。汪精卫所撰《先烈彭大将军传》即刻于碑基。碑身上还分别刻有前国民政府主席林森、考试院院长戴季陶题写的“先烈彭大将军家珍殉国纪念碑”、“彭大将军家珍烈士纪

[110] “北平特别市工务局、土地局关于报送建筑彭家珍烈士纪念堂和立祠修墓铸像等规则、用款及家属要求的呈以及市政府的指令、训令等”，1928年12月~1929年12月；“北平特别市政府关于速将建筑彭家珍烈士专祠地址、勘定估价，连同修理四烈士神室需款具报的训令，及工务局、土地局就有关事项的呈”，1929年9月~1930年3月，北京市档案馆档案：J17-1-351、352页。
[111] 同注[110]。

图34　建筑师待考：北伐将士纪念塔——五轮塔，湖南长沙，1927年。图片来源：张曦女士摄赠，2011年。

图35　于均祥：彭杨黄张四烈士墓，北京，1934年。图片来源：中国人民政治协商会议全国委员会文史资料研究委员会编《辛亥革命回忆录》，第5集（北京：中华书局，1963年），无页码、图号。

念碑”。[112]塔形造型还令人想到前述南京国民革命军阵亡将士纪念塔、后文提到的成都“辛亥秋保路死事纪念碑”，甚至长沙为纪念北伐阵亡将士于1927年在岳麓山上建造的象征佛教“地、水、火、风、空”五元素的五轮塔（1927年2月13日落成），它们或许反映了民国时期祭祀观念以及纪念碑设计中佛教传统的影响。[113]

1935年北平市政府对彭家珍以及因刺杀袁世凯未遂而遇害的黄之萌（1887—1912年）、张先培（1888—1912年）、杨禹昌（1885—1912年）三位烈士之墓进行重修。新墓仍在农事试验场，但位置有所改变。新设计由1934年毕业于中央大学的女建筑师于均祥完成。[114]墓的平面以一高出地面约1米的八角形石台为中心。石台正中立高约6米的纪念碑。碑分碑座、碑体和碑顶三部分。碑座为须弥座形，碑体为下大上小的八角形棱柱，上刻“彭、杨、黄、张四烈士墓”，碑顶为一扁棱锥。石台的四个直边各有7步台阶。四位烈士的石棺椁下也有须弥座，分别从石台的四个斜边伸出。每座墓前均有碑文，记录烈士事迹，并有中国国民党党徽装饰。[115]八角形的墓碑造型或许来自中国传统的陀罗尼经幢，但它出自于一位受到过现代建筑学教育的年轻建筑师之手，因此或又体现了一种将西方方尖碑造型与中国传统相结合的努力。

四、纪念碑

这些“纪念碑式墓”在区别于中国传统茔墓的同时，也有别于中国传统的“纪念碑”，如石塔、石坊和石碑。

纪念性建筑的本质是将历史性的过去转变为空间性的永久存在。如果说庙、祠、墓都具有地点和祭祀时间的固定性，纪念碑和纪念雕像则代表了另一种纪念方式，即它们可以将被纪念对象展现于公共空间，甚至复制，并置于多处，从而引发经常性的观与念。

[112] 《青白江区城厢镇彭大将军专祠》，载易兰网，2008-10-30，http://blog.eorchid.cn/11476_6692.html

[113] 如民国元年北京共和纪念会追祭过程中还包括请雍和宫喇嘛诵经。见“北京举行共和纪念会情形之一”，《东方杂志》，9卷6号，1912年12月。1930年的“南京市婚丧仪仗暂行办法施行细则”规定：“出殡时得雇用僧道。”见：中国第二历史档案馆：《中华民国史档案资料汇编》，第五辑，第一编，文化（一），438页，南京，江苏古籍出版社，1994年。另据严昌洪，近代以降，丧礼中延僧道礼忏超荐、设坛唪经在全国许多地方一直普遍。20世纪20年代以后伴随科学昌明和破除迷信，这些活动逐渐减杀，但直至20世纪30年代后期和40年代，在一些地方才仅仅是“已渐改革”和“多半废止”。见严昌洪：《民国时期丧葬礼俗的改革与演变》，载《近代史研究》，1998，（5），169~194页。

[114] 《北平市工务局寄送重修彭、黄、张、杨四烈士墓工程图表、工程规范、承修合同和拨付工款等事项与四烈士墓委员会的来往函》，1935年7—11月，北京市档案馆档案：J17-1-1071。

[115] 《北京动物园的旅游景点——四烈士墓》，载就爱我程网，http://beijingdongwuyuan-1.9i5c.com/lvyoujingdian.html。

本雅明（Walter Benjamin）曾说：“不经意和专注（distraction and concentration）截然对立。建筑代表了一种艺术类型，公众对它的接受可以在不经意间实现。”[116]纪念碑和纪念雕像与庙祠祭祀最大的不同就是通过观者与被纪念对象的“不经意”接触而实现对被纪念对象的纪念。正是这种观览方式，使得纪念碑或纪念雕像在设计上和选址上必须易于识别。

图36 建筑师待考：公克林德碑，北京，1901年。图片来源：留伯仙编著《晚清明信片集萃》（北京：东方出版社，2003年），253页。

1933年11月，秋瑾烈士纪念碑在她的“正命之地”——绍兴轩亭口建成。“秋瑾烈士纪念碑”七个大字由时任浙江省政府主席张静江所题，碑身还有于右任所书、蔡元培在1930年3月撰写的《秋先烈纪念碑记》。“……吾乡先烈，自徐先生锡麟与陶先生成章而后，以秋先生瑾为最著。民国之初，徐先生祠于西郭，陶先生祠于东湖，各有瞻仰之所，惟秋先生迄无表章，隆仪阙然。于是邑人王君世裕等，慨念兴起，议建祠、筑亭，永昭功烈，具状政府言其事，并请款。会中央有不立专祠之决议，旋奉国民政府令，依内政部议准，建风雨亭及纪念碑，其经费由省政府会县估定。筹拨令既下，邑人之心大慰，乃遂相度地势，众意咸谓轩亭口为先生正命之地，宜建纪念碑；卧龙山之巅，近西南处，可下瞰当年先生拘系之典史署，宜建风雨亭。鸠工庀材，不日成事。亭取‘秋雨秋风’之句以为名。咏其诗想见其为人，流连凭吊，情不自已。而轩亭口人烟稠密，往来肩摩，睹纪念碑之矗立，尤足以感动群情。廉顽立懦，盖必有后人继起建设，而先烈之勇往牺牲始不虚。然则是碑与亭，固为革命缔造之光，实以群众兴奋之剂，宜与徐、陶纪念，鼎分辉映云。”蔡元培也强调了在公共空间修建纪念碑的作用，并再次指出了这些纪念物对于激励民众所具有的意义。

图37 建筑师待考：敕建太原省耶稣教教士为道捐躯纪念碑（Monument to Christian Martyrs, both Roman Catholics and Protestants），山西太原，1903年。图片来源：The Chinese Recorder, vol.34, no.10, Oct. 1903, 封二。

中国传统公共纪念物中服务于宗教目的的是石塔，而服务于社会目的的是石坊和石碑。它们的识别性在于其特殊的类型特征。这种类型特征通常并不因人或因事而异，所以对人或事更具体的说明就需要借助抽象文字的指示（index）。

辛亥时期中国最著名的石坊当是位于北京中央公园（现中山公园）的“公理战胜坊”（初名第一次协约纪念石坊，又称协约纪念碑、协胜纪念坊，1952年后被改名“保卫和平坊”）。该坊原为四柱三间七楼造型，立于北京西总布胡同西口，是1901年清政府迫于列强的压力为“纪念”在1900年的义和团运动中殒命该处的德国公使克林德（Klemens Freiherr von Ketteler, 1853—1900年）而建。纪念坊的三块坊心石上分别用汉语、德语和拉丁语三种文字镌刻了光绪皇帝对克林德之死致惜和道歉的谕旨。1918年11月13日，就在第一次世界大战结束后的第三天，作为胜利者协约国之一的中国便将这座屈辱的象征拆除。该坊构件又在1919年春于中央公园被重新组装，原来四柱三间七楼的造型因拆毁过程中的构件损坏被改为四柱三间三楼。坊上原有的纪念文字也被铲除，取而代之的是“公理战胜”四个大字。旧貌换新颜的纪念碑在1920年6月10日竣工验收。[117]这个个案同时说明，文字对于中国传统纪念碑意义的表达比造型更重要。

[116] Walter Benjamin: “The Work of Art in the Age of Mechanical Reproduction”, in Illuminations: Essays and Reflections by Walter Benjamin, ed. Hannah Arendt, trans. Harry Zohn , New York, Schocken Books, 1969, p. 217~251.

[117] 《验收北京中央公园第一次协约纪念石坊工程文件》（1920年），可查阅中国第二历史档案馆档案，一〇〇一（4639）。另参见：《协约纪念碑将在京建造》，载《申报》，1919-2-23；《京建筑协胜纪念坊筹备处开幕》，载《申报》，1919-3-15；《北京中央公园内协胜纪念坊竣工》，载《申报》，1920-7-7。

图38 建筑师待考：遇难美国传教士建立的纪念碑（Monument to the Missionaries of American Board Who Lost Their Lives in 1900），山西汾州，1904年。图片来源：The Chinese Recorder, vol.35, no.5, May 1904, 封二。

图39 J. E. March，（英商）马海洋行Messrs. Spence, Robinson & Partners：欧战和平纪念碑，上海，1924年。图片来源：邓明主编《上海百年掠影》（上海：上海人民美术出版社，1992年），52页。

义和团运动被镇压之后，清政府还为遇难传教士建立了一些中国风格的石碑以示纪念，其中如山西太原府的“敕建太原省耶稣教教士为道捐躯纪念碑”（Monument to Christian Martyrs, both Roman Catholics and Protestants）和汾州府为遇难美国传教士建立的纪念碑（Monument to the Missionaries of American Board Who Lost Their Lives in 1900）。但显然两座石碑都缺少视觉上的“纪念性”，因而它们又都被配以造型别致的中式亭阁。如前者是一个骈立的双亭，或是象征遇难的天主教和新教两派教徒，而后者则仿佛是一座神龛。[118]

一种体现新的识别方式的纪念碑最先出现在西方人占据的中国租界里。1898年11月20日，德国伊尔底斯炮舰纪念碑（Shanghai Iltis Denkmal，设计师待考）在上海外滩落成。1896年夏，该舰遇暴风雨沉没于黄海，导致77名船员丧生。纪念碑的设计者将一根取自沉船，长达6米的断桅耸立在大理石基座上，衬以青铜铸造的花环、军旗和迎风的船帆。纪念碑基座的正面是一幅表现炮舰乘风破浪扬帆前进的浮雕，背面是碑文“纪念1896年7月23日在中国黄海风暴中遇难的伊尔底斯号炮舰全体船员”和殉难官兵的姓名。[119]这座纪念碑不仅有指示性的文字，还有炮舰的形象（icon）以及表示海难的断桅的象征（symbol）。另一座采用了象征手法的著名纪念碑是欧战和平纪念碑（英商马海洋行Messrs. Spence, Robinson & Partners的J. E. March负责设计，日本侵华期间被日军拆除）。该碑上立胜利女神铜像，位于外滩延安东路，于1924年2月16日落成。[120]

不过即使在上海租界，最为普遍的仍是以文字作为“指示”方式的纪念碑，其中包括在苏州路、黄浦滩路交叉口为1875年在云南殒命的英国探险家马加里（Augustus Raymond Margary, 1846—1875年）建立的哥特风格纪念碑亭（建筑师待考，1909年），以及为1862年在太平天国战争中阵亡的英国洋枪队统领华尔（Frederick Townsend Ward, 1831—1862年）建立的方尖碑形纪念碑（建筑师

[118] The Chinese Recorder, vol.34, no.10, Oct. 1903; vol.35, no.5, May 1904。
[119] 薛理勇：《外滩的历史和建筑》，240~242页，上海，上海社会科学院出版社，2002年。
[120] 亭子间爷叔：《老上海的纪念建筑和雕塑》，载东方博客网，2010-1-25，http://blog.eastday.com/shsh/art/985938.html。

图40 建筑师待考：马加里（Augustus Raymond Margary）纪念碑亭，上海，1909年。图片来源：邓明主编《上海百年掠影》（上海：上海人民美术出版社，1992年），53页。

图41 建筑师待考：华尔（Frederick Townsend Ward）纪念碑，上海，1923年。图片来源：邓明主编《上海百年掠影》（上海：上海人民美术出版社，1992年），53页。

待考，1923年）。[121]如同中国的石塔、石坊和石碑，哥特风格的碑亭和方尖碑在西方也是纪念碑类型的构筑物。

辛亥革命以后，中国各地采用各种西方建筑造型的纪念碑设计更多，如广州黄花岗烈士墓地就堪称是一个各种外来风格纪念碑的博物馆。但各种碑中似以方尖碑模式最为普遍，其中包括前述的黄兴墓、蔡锷墓，以及1926年6月23日广州市政府为纪念一年前的“沙基惨案”而建的“毋忘此日”碑。这首先是因为作为一种外来的建筑形式，它本身所具有的时代象征性；其次，方尖碑的挺拔形体还可使它比大多数中国传统的石碑更能象征被纪念对象的崇高与伟大；第三，它具有四面相同的形体，适合于公共空间的多角度观看；第四，它在技术上还因造型简洁而具有易于制作的特点。此外，方尖碑在中国较之其他外来纪念碑形式更为流行应该还有文化方面的原因，那就是它所具有的与中国传统碑石相似的垂直和平整表面。这一表面使它可与中国碑刻的书法传统，尤其是竖直书写的方式相结合，用于题写碑名和书写其他文字。而这一特点对于素来强调用文字记录和通过文字阅读历史的中国社会尤其

图42 建筑师待考：“勿忘此日”纪念碑，广州，1926年。

图43 王楠：辛亥秋保路死事纪念碑，四川成都，1913年。图片来源：成都群众艺术馆编《成都风光》（成都：四川人民出版社，1959年），无页码、图号。

[121] 《美国将领华尔墓纪念碑之开幕期》，载《申报》，1923-5-20。

图44 H.R. Searle：一座华盛顿纪念碑设计，约1897年。图片来源：Nikolaus Pevsner: A History of Building Types (Princeton: Princeton University Press, 1976), p.22.

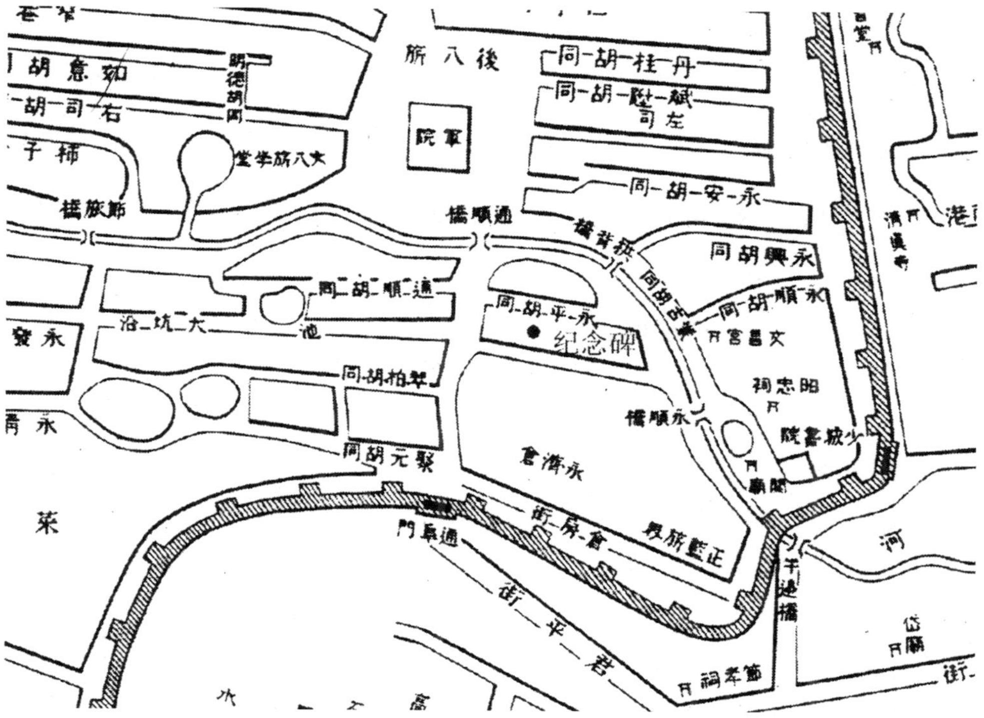

图45 辛亥秋保路死事纪念碑选址。图片来源：徐苏斌："清末四川与日本的交往之研究——留日的铁路学生、雇用日本技术者与成都'辛亥秋保路死事纪念碑'"，张复合主编《建筑史论文集》，第13辑（北京：清华大学出版社，2000年），53页。

重要。在碑体上题写碑铭的展示方式也使中国的方尖碑有别于其西方本源。

成都辛亥秋保路死事纪念碑是民国初期一个重要的纪念碑。据徐苏斌调查，该碑由留日的工程师王楠设计，1913年建成。碑的通高为31.85米，构图上从下至上可分三段，下部为刻有纪念浮雕的三层碑座，中部为方尖碑式的碑身，上部为以五座小宝塔作为装饰的碑顶。[122]方尖碑虽然是18世纪以来西方纪念碑的主要形式之一，但类似保路死事纪念碑的构图在中国和日本都无先例，因此建筑师设计的依据便值得进一步查考。对照美国建筑师H. R. Searle约在1897年所作的一个华盛顿纪念碑设计方案图，似可发现它们之间的高度相似性。潘光哲认为，作为美国独立和自由民主制度的奠基人，华盛顿在近代中国也成为了一个呼唤革命的动力。如1903年同样来自四川，并也曾留学于日本的革命家邹容在其著名的《革命军》一书中就倡言，要"使中国大陆成干净土，黄帝子孙皆华盛顿"。[123]以一座华盛顿纪念碑为参照，便体现了四川保路运动死难者纪念碑的设计者对于该碑的象征意义的认同及其与中国革命的相关性的认知。另外，该碑选址在清代八旗军驻防的"满城"之内，又在文昌阁、少城书院、关庙以及昭忠祠的西侧。初始的设计还包括飨殿和祭坛，后因川政多故而未能实现。[124]中国的传统建筑大多不超过二层，城市的天际线大多也因此而平缓。可以想象，这一纪念碑在建成之初所呈现的视觉震撼力。显然，建筑筹划者有意用这一为民国烈士修建的纪念碑占领满城的空间，并以其高大的体量超越前朝几座重要的礼制建筑。换言之，即是用新的象征符号改变城市空间旧有的意义。

另一个著名的纪念碑是中山陵和中山纪念堂的设计者吕彦直建筑师设计的广州中山纪念碑。1926年1月，国民党第二次全国代表大会在广州举行。为了表达对于已故总理的忠诚，会议决定在广州的制高点观音山（现越秀山）上建立一座表示接受孙中山遗嘱的纪念碑。该碑高达120英尺（1英尺=0.3048米），全部用花岗岩砌筑，由一个高大的平台和平台之上的碑身两部分组成，所以又被称为纪念

[122] 徐苏斌：《清末四川与日本的交往之研究——留日的铁路学生、雇用日本技术者与成都"辛亥秋保路死事纪念碑"》，载张复合主编《建筑史论文集》，第13辑，46~61页，北京，清华大学出版社，2000年。
[123] 潘光哲：《"华盛顿神话"在晚清中国的创造与传衍》，载黄东兰主编《身体心性权力》，43~76页，杭州，浙江人民出版社，2005年。
[124] 《四川省成都全图》（1910年左右），《近代中国城市地图》（柏书房，1986年）。
王泽枋：《保路死事纪念碑设计二、三事》，载成都市建筑志编纂委员会编《成都市建筑志》，325~326页，北京，中国建筑工业出版社，1994年。
另见徐苏斌：《清末四川与日本的交往之研究——留日的铁路学生、雇用日本技术者与成都"辛亥秋保路死事纪念碑"》。

塔。碑身造型似方尖碑形，因四角均有弧线形的扶壁墙，所以外轮廓呈曲线，与中国建筑屋顶的曲线造型有所关联，更显出巴黎艾菲尔铁塔的特点，令人想到建筑师童年在巴黎生活的经历。碑的正面上方为国民党党徽，党徽下为大字镌刻的孙中山遗嘱全文，在遗嘱下端的碑座上刻“中华民国十五年一月四日中国国民党接受总理遗嘱决议案，中国国民党第二次全国代表大会谨以至诚接受总理遗嘱并努力以实行之”。纪念塔在1930年4月竣工。[125]

需要说明的是，直至民国中期，在新形式的纪念碑不断出现的时候，以石碑和石坊为纪念碑的中国传统并未消亡。1929年6月3日，清华大学研究院师生还树立了“海宁王静安先生纪念碑”，纪念两年前沉昆明湖自尽的导师王国维（1877—1927年）。设计者梁思成所采用的形式就是传统石碑。同年美国圣公会创办的上海圣约翰大学为纪念建校50周年建造了一座纪念碑，它的造型是中国式的四柱三间石坊。1932年“一·二八”淞沪战争之后，交战激烈的上海庙行、大场、高境、马桥、嘉定等地区还建立了多座纪念石坊，以纪念阵亡的抗日将士，如大场纪念坊、娄塘纪念坊、高境纪念村牌坊、庙行纪念村牌坊、嘉定纪念村牌坊。[126]

图46 梁思成：海宁王静安先生纪念碑，北京，1929年。图片来源：本文作者摄，2002年。

图47 建筑师待考：上海圣约翰大学建校50周年纪念碑，上海，1929年。图片来源：Deke Erh, Tess Johnston, eds., Hallowed Halls: Protestant Colleges in Old China (Hong Kong: Old China Hand Press, 1998), p. 86.

[125] 赖德霖：《城市的功能改造、格局改造和空间意义改造及‘城市意志’的表现——20世纪初期广州的城市和建筑发展》，载广东与二十世纪中国美术国际学术研讨会组织委员会编《“广东与二十世纪中国美术”国际学术研讨会论文集》，1~28页，长沙，湖南美术出版社，2006年。
有关报道见：《粤秀山纪念碑已竣工》，载《（广州市市政府）市政公报》，349号，1930年4月。
另见：《广州总理纪念塔行将落成》，载《时事新报》，1930-12-15。
[126] 薛理勇：《外滩的历史和建筑》，251~255页，上海，上海社会科学院出版社，2002年。

五、纪念雕像

图48 Charles Guernier：赫德铜像，上海， 1914年。图片来源：邓明主编《上海百年掠影》（上海：上海人民美术出版社，1992年），53页。

图49 Otto Lang：李鸿章铜像，上海，1906年。图片来源：留伯仙编著《晚清明信片集萃》（北京：东方出版社，2003年），106页。

如果说中国传统的纪念物的识别性在于它们的类型特征，现代纪念雕像的识别性则在于像与被纪念者"形"或"神"的相像。观者对前者的接受主要靠阅读，即读碑坊上抽象的文字，而对后者的接受则靠感知，即对形象（icon）的识别。在中国历史上，出现在公共空间的造像多是宗教的神祇和与之陪伴的赞助人，而出于纪念目的塑造的个人形象最初出现于西方列强在华的租界地。如1865年上海的法国侨民首先依西方传统在法租界公馆马路法公董局大楼前为在与太平军的战斗中阵亡的法国水师提督卜罗德（Auguste Léopold Protet, 1808—1862年）树立了铜像（雕塑家待考），之后英美的公共租界也建造了一系列铜像，其中包括位于南京路外滩的第八任英国领事巴夏礼（Sir Harry Smith Parkes, 1828—1885年）的铜像（雕塑家待考， 1890年4月8日立）和在二马路（今九江路）外滩为曾担任中国海关总税务司长达48年之久的赫德（Robert Hart, 1835—1911年）所立的铜像（雕塑家Charles Guernier, 1914年5月25日落成）。[127]

这些纪念雕像对建筑设计的影响或许不大，但却极大地影响了现代中国的城市空间。不同于置于封闭庙祠空间中等待观者前去朝拜、祭祀的抽象神主抑或偶像和画像，这些纪念雕像进入了城市的公共空间，如广场街心和园林公墓，从而成为公众社会生活中的"参与者"。它们表现了被纪念对象的个性形象，继而引发观者追询他们的生平与业绩。这些雕像体现出现代公民社会对于彰显其杰出精英、普及共同价值观念和通过保存集体记忆塑造社群认同的努力。

写实手法的公共雕像从20世纪初开始被中国人接受，最初的实例之一有1906年德国克虏伯兵工厂向上海徐家汇海格路（今华山路）李公祠赠送的李鸿章铜像（雕塑家Otto Lang）。[128]这尊铜像立于祠堂之前。这位中国洋务运动的领导人身着官服，左手抚剑，右手叉腰，正踌躇满志地眺望着远方。李鸿章像因此也当是中国第一个走出祠堂，进入城市公共视野的名人雕像。以雕像或铸像为纪念碑的做法在民国建立之后更为普及。如在上海地区，1917年10月，川沙县浦东中学为该校创办人杨斯盛（1851—1908年）树立铜像（雕塑家

[127] 薛理勇：《外滩的历史和建筑》，255~261页，上海，上海社会科学院出版社，2002。有关赫德雕像，见："Founder of Modern Post of China," http://filatelist.tripod.com/hart.html。关于上海外滩作为公共空间的形成，见：Yingchun LI, " Shaping the Bund: Public Spaces and Planning Process in the Shanghai International Settlement, 1843-1943," 14th IPHS CONFERENCE 12-15 July 2010 Istanbul-TURKEY, http://www.iphs2010.com/abs/ID384.pdf。
[128] 韩栽茂：《李鸿章与克虏伯的历史情缘》，载《中华遗产》， 2005(3)，122~132页。

待考），以纪念他于1907年毁家办学的善举；1926年南洋公学（现上海交通大学）树立了该校创办人盛宣怀（1844—1916年）的铜像（雕塑家待考）；1930年，澄衷中学也为学校的创办者叶澄衷（1840—1899年）树立了铜像（雕塑家待考）。另外，曾首创上海地方自治，并在辛亥革命以后担任过沪军都督府民政总长，兼任江南制造局总理、江苏都督府民政长的李平书（1854—1927年）逝世后，地方人士也曾为他铸像（江小鹣），立于上海老城隍庙九曲桥荷花池中。[129]

1929年为虎门销烟90周年。年初，广东省有议用纪念碑的方式来纪念林则徐这位民族英雄。[130]而此前稍早，1928年12月16日，驻比全权公使并国际联盟顾问会中国委员王景歧建议为林则徐铸像。他说："明岁（民国十八年，1929年）阳历6月3日正届90年纪念之期，既值我政府我国民万众一心，谨遵总理遗训，誓死拒毒之时，又应中原志士'劫运不满百年'之语，以请国民政府及期明令褒扬，俾国人正式纪念，并恳准予社会集资就虎门海边销毁鸦片旧址铸像立碑，以志不朽。国中亦可乘此崇德报功之举，集合民心，景仰哲人，同除外害，道德循轨，精神革新，万国闻声，必生敬警。如何（荷）贵会赞成，着手进行，俾早有成，实为铭激，除电国民政府外交部、禁烟委员会，及福建、广东省政府外，特达敬盼示复。"[131]

不应忽视的是，这项为林则徐铸像立碑建议的提出恰逢中国社会破除迷信、捣毁偶像运动之时。如仅1928年12月21日一天，上海宝山神祠存废协进委员会就捣毁了神祠八所，其神像木偶共百余座，悉数焚毁。[132]而《时报》对1929年1月13日在宁波举行的"破除迷信大会"的报道和1929年4月30日《北平晨报》的"学生打倒龙王"的报道，更生动地记录了当时人们对于传统宗教偶像必欲除之而后快的态度。该大会"在中山公园举行，到各界代表暨各校童子军等千余人。由市指委陈伯昂、鄞县陈宝麟等相继演说，旋即整队出发游行，由市指委姜伯喈临时报告云，我们今天是根据党政军警法联席会议议决案来进行破除迷信运动大会。先打倒东岳宫都神殿、鄞都殿的菩萨，……城隍庙我们也要打倒的，……不但城隍要打倒，不论什么菩萨都要打倒的。打倒偶像是国民政府内政部命令，云云。继由游行总指挥庄天虹等为先导，四中、效实商校、一女小、工整会、商协会、农协会、学生会、市县妇协会、海员工会、对日会，各机关约计千余人，出发游行，直至东岳宫……开始工作，两校童子军均用木棍向二庙偶像用力捣毁，东岳宫大殿有暖阁一座，中有东岳大帝，当时总指挥左天虹，即奋勇至阁，劈下东岳大帝之首，后至都神殿，见偶像均已不翼而飞，故无从捣毁，遂整队至东门街散会"。[133]而北京的报道说，"北平大学农学院学生会，前为增进工益智识，藉资实地实习起见，特组设一土木工程队，并占用农林试验场附近龙王庙为事务所，以资办公，嗣以该庙内尚供奉之龙王塑像，既属有碍观瞻，且妨害办公，当此破除迷信时代，此项偶像，未便再行保存，故于昨日由该校土木工程队学生等一百余名，立将该庙内正殿供奉之神像十余尊，实行捣毁，复将该庙匾额供器等物，俱皆焚毁云"[134]。

在此，为民族英雄建碑立像的诉求与铲除封建偶像的行动形成了鲜明的对比，反映了新的民族国家对于重新建立新的崇拜体系甚至信仰体系的需要。1920年蔡元培在纪念徐锡麟时还曾说："近世科学昌明，破除一切，凡古代所尊神道偶像，皆失所凭借，不足以羁縻人心，而独于伟人烈士，其丰功盛业，震烁一世者，往往铸像立墓，垂传久远，使过者展拜（按：参考文献原文），油然起钦慕之思，徘徊而不忍去。此则仁人志士怀德追远之义，非所谓信神道而迷信偶像者也。"[135]他所说的"使过者瞻拜"和"怀德追远"，恰是现代纪念雕像的功能所在。

随着政权的逐步巩固，国民党人也开始为自己的杰出分子塑像，立于城市的公共空间或重要机构的广场。其中著名者包括上海宋公园（今闸北公园）树立的宋教仁石雕坐像（雕塑家待考，1924年），广州的程璧光（1861—1918年）铜像（雕塑家待考，1920年）、

[129] 亭子间爷叔：《老上海的纪念建筑和雕塑（三）》，载东方博客网，2010-1-25，http://blog.eastday.com/shsh/art/985938.html。感谢卢永毅教授提供这一资料。
[130] 《广东将建林文忠公纪念碑》，载《时事新报》，1929-2-23。
[131] 《为林则徐铸像，王景歧建议国府》，载《时事新报》，1929-1-15。
[132] 《宝山捣毁神像》，载夏东元主编《二十世纪上海大博览》，61页，上海，文汇出版社，1995年。
[133] 《宁波破除迷信大会，东岳庙偶像捣毁》，载《时报》，1929-1-16。
[134] 《学生打倒龙王》，《北平晨报》，1929-4-30。
[135] 蔡元培：《徐烈士祠堂碑记》，载《蔡元培全集》，第4卷，198页，杭州，浙江教育出版社，1997年。

图50 江小鹣：陈英士像，杭州，1929年。

图51 “中央军事学校前面总理铜像开幕礼摄影”，南京，1929年。《良友》，41期，1929年11月，3页。

伍廷芳（1842—1922年）铜像（李金发，1929年）和邓铿（1885—1922年）铜像（李金发，1934年），北平中山公园的王金铭、施从云铜像（雕塑家待考，1928年）[136]、蔡公时雕像，济南惨案烈士纪念碑（雕塑家待考，1928年），[137]镇江赵声铜像（雕塑家待考，1929年），杭州于西湖畔树立的陈英士（1878—1916年）骑马铜像（江小鹣，1929年），以及武汉的黄兴铜像（江小鹣，1934年春）和蒋介石骑马铜像（江小鹣，1935年）。[138]

众所周知，武昌起义由清末一个革命团体共进会与武汉新军中的革命分子文学社成员所发动。黄兴虽然是武昌起义之后指挥武昌保卫战的总司令，但他并未参与首义。他还在1914年二次革命之后不满孙中山归责于他，并抵制孙在成立中华革命党时为加强权威而要求党员发誓、按指模表示效忠，为此与孙分手。此时武昌立像，首先是国民党人对武昌起义历史的重新书写，即强调国民党人对辛亥革命的领导。同时蒋介石还借助于为铜像题写“黄克强先生像赞并叙”，[139]强调了黄对孙的“倾诚翊戴”以及他“兼容并包之量，忍辱负重，推己及人，不务近名，不居成功，其磊磊落落，不激不挠之概”。他称黄兴为“国人之先觉”和“吾党所依归”，反映出“新生活运动”中他对于民众和国民党员拥戴领袖及克己奉献精神的提倡。

毋庸置疑，民国期间中国各地最为普遍的纪念雕像当属新的政治偶像孙中山的像。1925年3月12日孙中山逝世之后，各地便纷纷倡议为他造像。从1929年到1931年，孙中山生前的日本友人梅屋庄吉先后三次来华，捐赠了四尊造型相同的孙中山铜像[140]，分别立于南京中央陆军军官学校（1929年立，1942年移南京新街口广场，现在中山陵藏经楼前）、广州黄埔军校（1930年立）、国立中山大学（1931年立）和中山县孙中山故居（1931年立，1938年移澳门）。这些铜像将一种空间资源转变成为一种政治资源，一方面提高了这

[136] 王、施为辛亥革命滦州起义的大都督和总司令。参见《北平特别市工务局关于将中山公园社稷坛前施、王两烈士铜像移设安水榭和申报移设款项的呈及市政府的指令等》（1928年12月至1929年5月），可查阅北京市档案馆档案：J17-1-328。

[137] 《蔡公时与济案烈士纪念碑》，载《良友》，1928（32），12页。

[138] 张天洁，李泽，王天波：《空间的纪念：江小鹣与近代武汉的城市雕塑》，载《装饰》，2010（7），122~124页。
张天洁，李泽：《纪念、空间与权力：解读武汉近代的城市雕塑》，载《建筑学报》，2010（10），154~158页。相关报道还可见：《陈英士铜像将行奠基礼》，载《申报》，1928-8-28。《汉市民崇德报功，蒋委员长铜像揭幕，吴国桢主席、张学良等致词》，载《申报》，1935-7-2。

[139] 刻于铜像基座。

[140] 《日人梅屋庄吉铸送总理铜像今晨到，王大桢赶来照料摄制电影》，载《时报》，1929-3-4。

图52 梅屋庄吉（赠），筱原金作工场造：国立中山大学孙中山铜像，广州，1931年。图片来源：本文作者摄，2002年。

图53 “法国雕塑家龙图氏在巴黎郊外别墅为中山先生造像”。图片来源：《图画时报》， 1929年8月11日。

图54 高祺（Bohuslav J. Koci）：中山陵孙中山卧像，南京，1930年。图片来源：殷力欣先生惠赠。

些与孙中山生平密切相关的地点的神圣性，另一方面体现了国民党人用他的思想控制军队和占领文化领域的意愿。

紧随南京和广东，武汉和上海这两座民国重要城市也都树立了孙中山铜像。武汉有两尊，分立于武昌国民党总部前和汉口三民路与民族、民权两路的会合处，分别于1931年10月10日（民国成立纪念日）和1933年6月1日（孙中山奉安日纪念日）落成。上海的铜像位于江湾市中心区市府大楼前，1933年11月12日（孙中山诞辰纪念日）落成。这三座铜像均出自著名雕刻家江小鹣之手。另据陈蕴茜之《崇拜与记忆——孙中山符号的建构与传播》，“20世纪30年代，全国各地普遍建造孙中山像”。当时“各地兴起建造中山公园热。纪念公园最显著最经典的布置当属被纪念者的塑像，孙中山铜像或塑像遂成中山公园内最重要的景观”。[141]如果说南京紫金山的中山陵和北平香山的孙中山衣冠冢代表了已故总理在两座城市中留下的“真身”和“圣迹”，其他城市则借助铜像宣示了他的身影在各自空间中的存在。

如同南京中山陵中法国著名雕刻家保罗·朗特斯基（Paul Landowski）雕造的大理石孙中山坐像和旅沪捷克艺术家高祺（Bohuslav J. Koci）雕刻的大理石孙中山卧像，这些雕像都通过服装贡献于孙中山的身份塑造：梅屋庄吉捐赠的孙中山铜像着西装，这当是他对孙中山作为一名“世界之伟人，可供世界人民之崇拜”的想

[141] 陈蕴茜：《崇拜与记忆——孙中山符号的建构与传播》， 341页，南京，南京大学出版社，2009。

象；[142]高祺和江小鹣塑造的孙中山着中山装，当是表现孙中山作为国民党总理的政治家形象；而江和朗特斯基又塑造了身着长袍马褂的孙中山，这一装束则可被视为“国父”孙中山的文化象征。[143]

尤其值得注意的是，与广州、上海、杭州以及北平相比，首都南京的纪念雕像仅限于孙中山而缺少其他城市的多元性。似乎国民党人在此更强调政治象征的一元性，而这种一元性是一个正力图从地方和派系的争斗中走向政治统一的民族国家的需要。[144]

六、纪念堂

在中国近代的纪念建筑中，作为会堂建筑的中山纪念堂当是最有别于传统的一种类型。这是因为，庙、祠、墓、碑和像都是生者对死者的奉献，而用会堂纪念孙中山则是在保持了祭祀空间的庄严气氛的同时，还希望生者继续接受死者的教导。

现代会堂空间具有若干与戏园和会馆等传统集会空间截然不同的特点。首先，它清楚地界定了讲演者和听众各自的空间区域，两者相向而处，形成直接的交流关系；其次，面向讲台平行排列的座椅赋予听众席一种秩序性，它使得讲演者可以感受到自己对听众的控制，同时获得在空间中的权威感；第三，讲演者在空间中的位置由于讲台而得到加强，他（她）面对观众，不仅是空间中的视觉焦点也是空间中的信息来源，而声学方面的设计也强化了讲演者的声音在空间中的传播，因此讲演者对听众的宣讲压制了观众之间的交流，于是空间中的交流变成单向。会堂因此可以被称作为一种大型的宣讲空间，它使得一个大的群体可以被教育，而在这个过程中讲演者与听众、领导者与被领导者的关系被明确界定。会堂建筑体现了一种新认识，这就是利用空间来促进大众教育。以一座会堂建筑纪念孙中山，它体现了一种将对孙中山个人的纪念与对他的思想的宣传相结合的努力。[145]

建造孙中山纪念堂的动议却源自中国为忠烈和先贤建造专祠的传统。1925年3月12日孙中山逝世后，湖北省议会数位议员主张在“各省烈士祠添供中山神主”；[146]3月28日，重庆军政学商工农各界及国民会议促成会、国民党发起孙中山先生追悼大会，“议定建筑专祠”，“永志纪念”[147]。3月31日《广州民国日报》发表的一项倡议更清楚地把为孙中山建造纪念建筑的想法与传统祠庙联系在一起。倡议说：“中山先生为中国之元勋，他的自身，已为一个‘国’之象征，为他而建会堂与图书馆，定可把‘国’之意义表现无遗。家族时代的人建祠祀祖，今日非有国无以生存，然则我们何可不建一纪念国父之祠也；神权时代的人，建庙以拜神，今日非革命不足以图存，然则我(们)何可不建庙以纪此革命之神也；昔日祀祖、拜神，今者爱戴国父，纪念革命之神同是一理；不过今日的热诚用在更有用的一方罢了；爱你的国父，如爱你的祖先一样，崇仰革命之神如昔日之神一样，努力把‘国’之意义在建筑中表征出来，努力以昔日建祠庙之热诚来建今日国父之会堂及图书馆！”[148]

广州将中山纪念建筑定名为“纪念堂”当在1925年4月初，[149]这一词来自英文的memorial。1905年，清政府派戴鸿慈等五名大臣前往欧美九国考察君主立宪及共和制度，戴鸿慈在记述和翻译哈佛大学用于纪念该校牺牲于美国南北战争学生的The Memorial（Ware and Van Brunt, 1878年）时用的就是这个词。[150]但中山纪念堂的定名者或许还参考了1922年刚刚落成的美国华盛顿的Lincoln Memorial（Henry Bacon, 1911—1922年），它在中国的译名是林肯纪念堂。

[142]《日人梅屋庄吉赠运总理铜像抵粤》，载《中央周报》，1930-6-9。
[143] 赖德霖：《中山陵祭堂孙像基座浮雕正名》，载《中国建筑文化遗产1》，天津，天津大学出版社，2011年。
[144] 另请参见 Fitzgerald, John, Awakening China: Politics, Culture, and Class in the Nationalist Revolution (Stanford: University of Stanford Press, 1996).
[145] 赖德霖：《中山纪念堂——一个现代中国的宣讲空间》，见《反思二十世纪中国：文化与艺术——纪念何香凝诞辰130周年国际学术研讨会文集》，153~166页，广州，岭南美术出版社，2009年。
[146]《湖北追悼中山会之筹备》，载《大公报》，1925-3-23。
另见陈蕴茜：《崇拜与记忆——孙中山符号的建构与传播》，350页，南京，南京大学出版社，2009年。
[147]《重庆追悼孙中山大会筹备处陷电》，载《大公报》，1925-4-4。
另见陈蕴茜：《崇拜与记忆——孙中山符号的建构与传播》，350页，南京，南京大学出版社，2009年。
[148] 曙风：《国人应以建祠堂庙宇之热诚来建国父会堂》，载《广州民国日报》，1925-3-31 。
[149]《省署筹集纪念堂专款办法》，载《广州国民日报》，1925-4-2；《纪念堂地点问题之讨论》，载《广州国民日报》，1925-4-11。
[150] 戴鸿慈：《出使九国日记》，100~110页，长沙，湖南人民出版社，1982年。

纪念堂的出现伴随着国民党一种新的礼仪制度的形成。1925年3月31日，国民党在南京的中央执行委员召开全体会议，通过接受“总理遗嘱”的议案，并训令各级党部，“每逢开会，应先由主席恭诵总理遗嘱，恭诵时应全体起立肃听”。1925年4月，建国粤军总部也制定了类似的仪礼，并称之为“总理纪念周”。次年1月，国民党第二次全国代表大会正式认可了这个仪式，要求在全党推广。[151]“纪念周”意在模仿基督教礼拜仪式，每周一上午举行。[152]其程序包括肃立、向孙中山遗像三鞠躬、恭读“总理遗嘱”、背诵孙中山的其他言论、在孙中山遗像前报告党务，等等。“纪念周”并非如祭祀仪式那样单向地向孙中山致敬，还是一种场合，在其中纪念者与被纪念者的不朽灵魂相互沟通并接受其督导。孙中山像和孙中山遗著也成为新的纪念空间中的两个基本要素。[153]

图55 国民党二届五中全会会场，1928年8月。图片来源：《良友》，总第二期，1928年8月，7页。

在加强对孙中山思想宣传的同时，国民党也开始压制其他声音。1926年10月22日的《广州民国日报》曾报道：“联军总司令部开会，本省地属冲要，商业殷繁，诚恐良秀（莠）不齐，亟宜严加警戒，以安良善。……查上海地方杂处，往往有奸宄之徒，假借名义，聚众开会，滋生事端，本督办以防微杜渐起见，特予严申告诫。现在军事期内，无论以何种名义，一律不准开会游行，十月十日国庆纪念，亦只许悬旗庆祝，仍不得有开会演讲等情事。除分饬军警严加防范外，合行布告，仰合埠商民人等一体遵照。如敢故违，严究不贷。”[154]

图56 吕彦直：广州中山纪念堂，广州，1926—1934年。图片来源：本文作者摄，2002年。

图57 建筑师待考：“南通市行政局新近改建之中山堂”，江苏南通，1928年，图片来源：《时报》，1928-10-27。

能够容纳5 000名观众的广州中山纪念堂无疑是中国同类建筑中最大也最著名者。有关其建筑设计上的创新和对于广州城市空间乃至南京首都计划和大上海市中心区域设计方案的影响，笔者已有专文讨论。[155]不过笔者所知最早的中山纪念堂是由传统礼制建筑改造而成的，就是1926年11月湖南醴陵县党部将原议会旧址文庙中的明伦堂改建的中山堂。[156]而笔者所见最早的中山纪念堂图像是1928年10月27日《时报》刊登的“南通市行政局新近改建之中山堂”照片。这是一座五开间的双坡顶平房。作为正入口，当心间加建了一个四柱三间的希腊神庙式抱厦。它的立柱上书有标语，还在山花上装饰了国民党党徽。

[151] 李恭忠：《“总理纪念周”与民国政治文化》，载福建论坛（人文社会科学版），2006（1），56~60页。
[152] 陆宝千：《戴季陶先生的未竟之业——制礼作乐》，见《戴传贤与近代中国》，87~100页，台北，国史馆，1989年。
[153] 赖德霖：《探寻一座现代中国式的纪念物——南京中山陵设计》，见《美术史与观念史》IV，159~208页，南京，南京师范大学出版社，2005年。
[154] 《剑戟森严中之上海双十节，不准集会游行》，《广州民国日报》，1926-10-22。
[155] 赖德霖：《中山纪念堂——一个现代中国的宣讲空间》，见《反思二十世纪中国：文化与艺术——纪念何香凝诞辰130周年国际学术研讨会文集》，153~166页，广州，岭南美术出版社，2009年。
[156] 陈鲲修，刘谦：《醴陵县志》，见《崇拜与记忆——孙中山符号的建构与传播》，353页。

图58 杨锡镠绘："在建筑中之梧州中山纪念堂"，1928年。图片来源：《时报》，1928-11-10。

图59 杨锡镠：中山纪念堂室内，梧州，1928—1930年。图片来源：本文作者摄，2008年。

在中国新建的中山堂中，广西梧州中山纪念堂堪称最早。1925年4月梧州各界开始筹建中山纪念堂，所提理由有三："（一）孙中山先生为创建中华民国元勋，吾人为崇德报功起见，应有纪念堂以垂永久。（二）孙中山先生既有大功劳于国家，应建纪念堂使后人瞻仰，且时常得有感触，知到（道）孙先生创业之艰难。（三）梧市市内向无集会之地方，现拟建筑大规模之纪念堂，俾市民有地方常时得集会之便利。"[157]。由此可见，此时"纪念堂"概念的内涵已经与林肯纪念堂有所不同，即它不再仅仅是一个供民众瞻礼伟人的场所，而是一座会堂，用于集会、演讲和教育民众。

梧州中山纪念堂于1926年1月15日奠基，由国民党主席汪精卫亲自主持。[158]1928年7月10破土动工，1930年10月建成。[159]它位于老城北山山顶之上，由建筑师杨锡镠设计。杨1922年毕业于上海南洋大学土木工程科，1923年至1925年任上海东南建筑公司工程师，[160]后合办上海凯泰建筑公司，改行建筑设计。或许由于其大学时的校长凌鸿勋时任梧州市工务局局长，1927年至1929年杨赴广西任省政府物产展览会筹备处建筑科长、建设厅建筑师。[161]他所设计的中山纪念堂平面呈丁字形，南北长35米，东西宽44米，总面积1 330平方米，其中礼堂观众席长宽约为23米×17.5米，上下楼座可容纳近千名观众。沿南北中轴线为门厅和礼堂，门厅的左右两侧为展厅或办公室，并有楼梯通二楼。这座纪念堂在立面上东西对称，正中入口为三开间的凯旋门形，入口上方为高耸的钟楼，可以俯瞰市区，使建筑更具有地标性。

值得注意的是，1928年，就在杨锡镠设计梧州中山纪念堂之前，他还完成了另一个"宣讲空间"——上海中华基督教会窦乐安路（今多伦路）鸿德堂（Fitch Memorial Church of the Church of Christ in China on Darroch Road）的设计。[162]鸿德堂采用英国教区教堂（Parish Church）的形制，也在入口处设有钟楼。[163]梧州中山纪念堂的礼堂设计采用了与鸿德堂相似的矩形平面和镜框式舞台，但建筑外观和钟塔造型却不同于后者的中国风格，略呈摩西古典风格。 而入口的凯旋门构图和钟塔从方形平面过渡到八角形鼓座，最后以穹隆收束，这样的做法在当时中国非常少见，令人想到美国那布莱斯卡市议会大楼（Bertram Grosvenor Goodhue: Nebraska State Capitol,

[157] "梧州各界筹建中山纪念堂"，《广州民国日报》，1925-4-27。
[158]《梧州举行中山纪念堂奠基礼汪主席之演说词》，载《广州民国日报》，1926-2-2。
[159] 黄裕峰：《梧州中山纪念堂简介》，载《国立国父纪念馆馆刊》， 2006（18），154~157页。
[160] 凌鸿勋任梧州市政府工务局长是从1927年夏天至1929年2月。见沈云龙访问，林龙士、蓝旭男记录《凌鸿勋先生访问纪录》，51~56页，台北，中央研究院近代史研究所，1982。
[161] 许窥豹：《南京饭店建筑师杨锡镠君小史》，载《时事新报》，1932-10-21。
赖德霖：《近代哲匠录》，194~195页，北京，中国水利水电出版社，知识产权出版社，2006年。
[162] The Chinese Recorder, vol.60, no.1, Jan. 1929, 封二。
[163] 赖德霖：《梁思成"建筑可译论"之前的中国实践》，载《建筑师》，2009（1），22~30页。

图60 杨锡镠：中山纪念堂钟塔，梧州，1928—1930年。图片来源：本文作者摄，2008年。

图61 杨锡镠：中华基督教会窦乐安路鸿德堂，上海，1928年。来源：《教务杂志》（The Chinese Recorder），第60卷，第1期，1929年1月。封二。（按：渲染图右下角的题字为"[民国]十七年仲秋杨锡镠作"）

图62 Bertram Grosvenor Goodhue，Nebraska State Capitol， Lincoln， 1920—1932年。图片来源：Mark Gelernter: A History of American Architecture: Buildings in Their Cultural and Technological Context (Hanover and London: University Press of New England, 1999), Fig. 232.

Lincoln， 1920—1932年），该建筑当时虽未完全竣工，但其以古典建筑要素结合哥特建筑构图的设计自其竞赛获奖之时已经受到普遍赞扬。[164]梧州中山纪念堂的现代风格迥异于凌鸿勋担任过竞赛评委的南京中山陵，也不同于当时南京国民政府在南京和上海等地更多政府建筑中所追求的"中国固有式"，甚至还与同属广东省政府辖区的广州的中山纪念堂构成对比。这或许是因为，梧州并非民国政治的中心，且正当现代化建设之初，政府和民众更希望通过中山纪念堂表现其革新愿望，因而促使建筑师从新的范式中寻求借鉴。

据陈蕴茜的不完全统计，民国时期全国中山纪念堂有314座。[165]而内政部营建司还在20世纪40年代设计绘制的《内政部公私建筑制式图案》中包括了甲、乙、丙三种规模不同的中山堂制式图供各地参考。其中甲、乙两种制式在平面格局上都采用与梧州中山纪念堂相仿的丁字形，但未设楼层。[166]不过，各地中山纪念堂并非全部新建，其中也有许多是将旧有的祠庙改建而成。如1926年11月，湖南醴陵县党部将原议会旧址，文庙中的明伦堂改建为中山堂。[167]1929年江苏省江都县将前清万寿宫改建为中山纪念堂。[168]1930年，云南省政府决定将文庙内之崇圣祠、仓圣祠改建为中山纪念堂。[169]这一点与民国早期的许多先烈专祠也是改旧为新一样，体现了新的意识形态对旧的观念的取代。以悬挂在讲台后墙上的孙中山遗像和遗嘱作为空间的焦点，它们与所有新建的中山纪念堂一起，成为20世纪中国新的精神领袖的至圣所和一种新的意识形态甚至信仰的宣讲堂。

[164] 1949年以后，杨在北京市城市规划管理局（后北京市建筑设计研究院）的同事张镈设计的北京民族文化宫（1959 年）也参照了这一建筑。

[165] 陈蕴茜：《崇拜与记忆——孙中山符号的建构与传播》，355~356页。

刘江峰，殷力欣，路伟：《世界各地中山纪念建筑辑略》，载建筑文化考察组编著《中山纪念建筑》，87~98页，天津，天津大学出版社，2009年。

[166] 内政部营建司：《内政部公私建筑制式图案》，油印本，1945年，现存贵阳市档案馆。

[167] 陈鲲修，刘谦：《醴陵县志》，建筑志·公署， 1948年。

转引自陈蕴茜：《崇拜与记忆——孙中山符号的建构与传播》，353页，南京，南京大学出版社，2009年。

[168] 陈肇燊，陈懋森：《江都县志》，卷二·建设，1937年。

转引自陈蕴茜：《崇拜与记忆——孙中山符号的建构与传播》，354页，南京，南京大学出版社，2009年。

[169] 《云南筹建中山纪念堂》，载《中央周报》，1930-12-15。

转引自陈蕴茜：《崇拜与记忆——孙中山符号的建构与传播》，353页，南京，南京大学出版社，2009年。

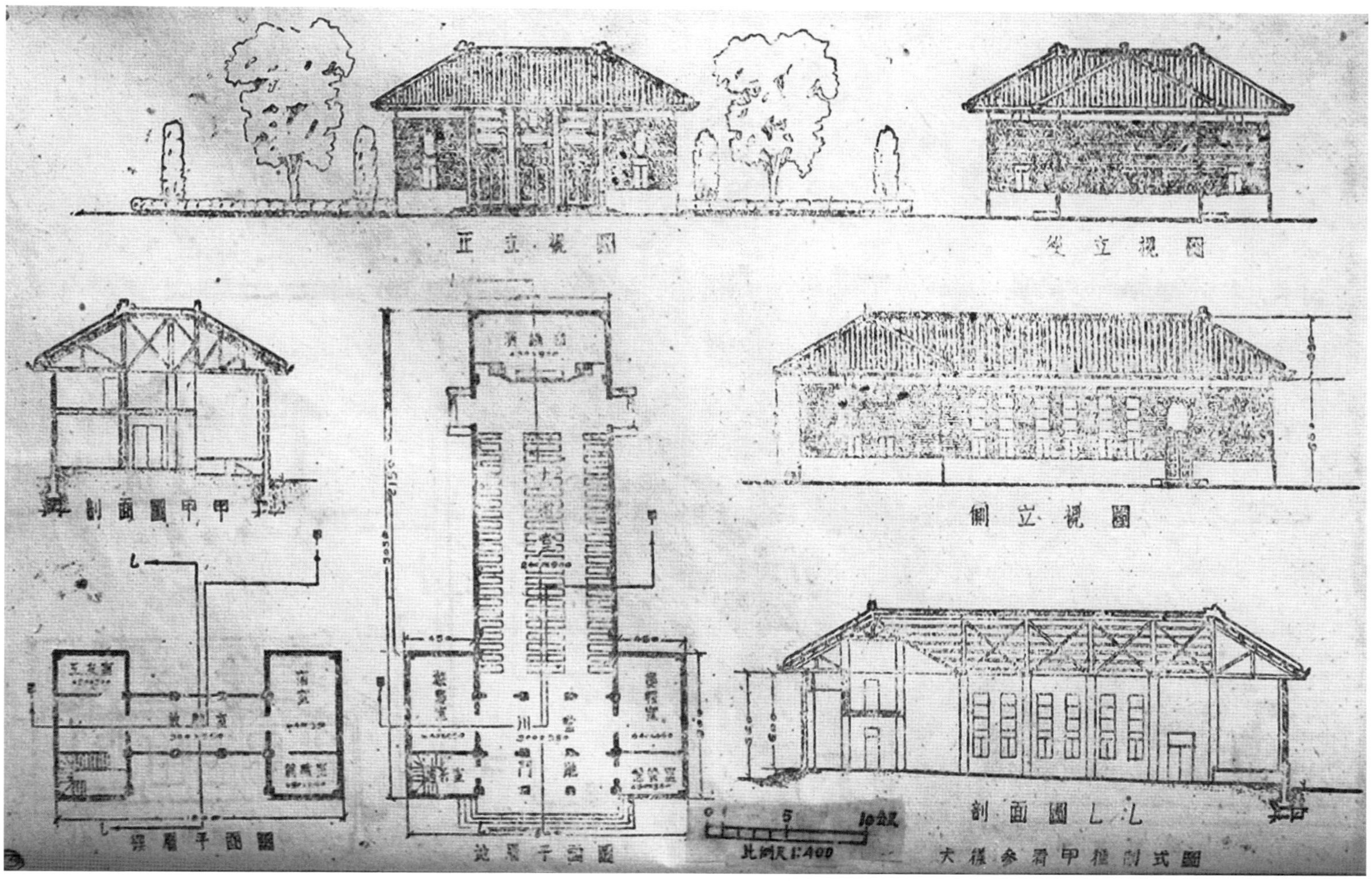

图63 民国时期内政部营建司还在20世纪40年代设计绘制的《内政部公私建筑制式图案》甲种规模中山堂制式图

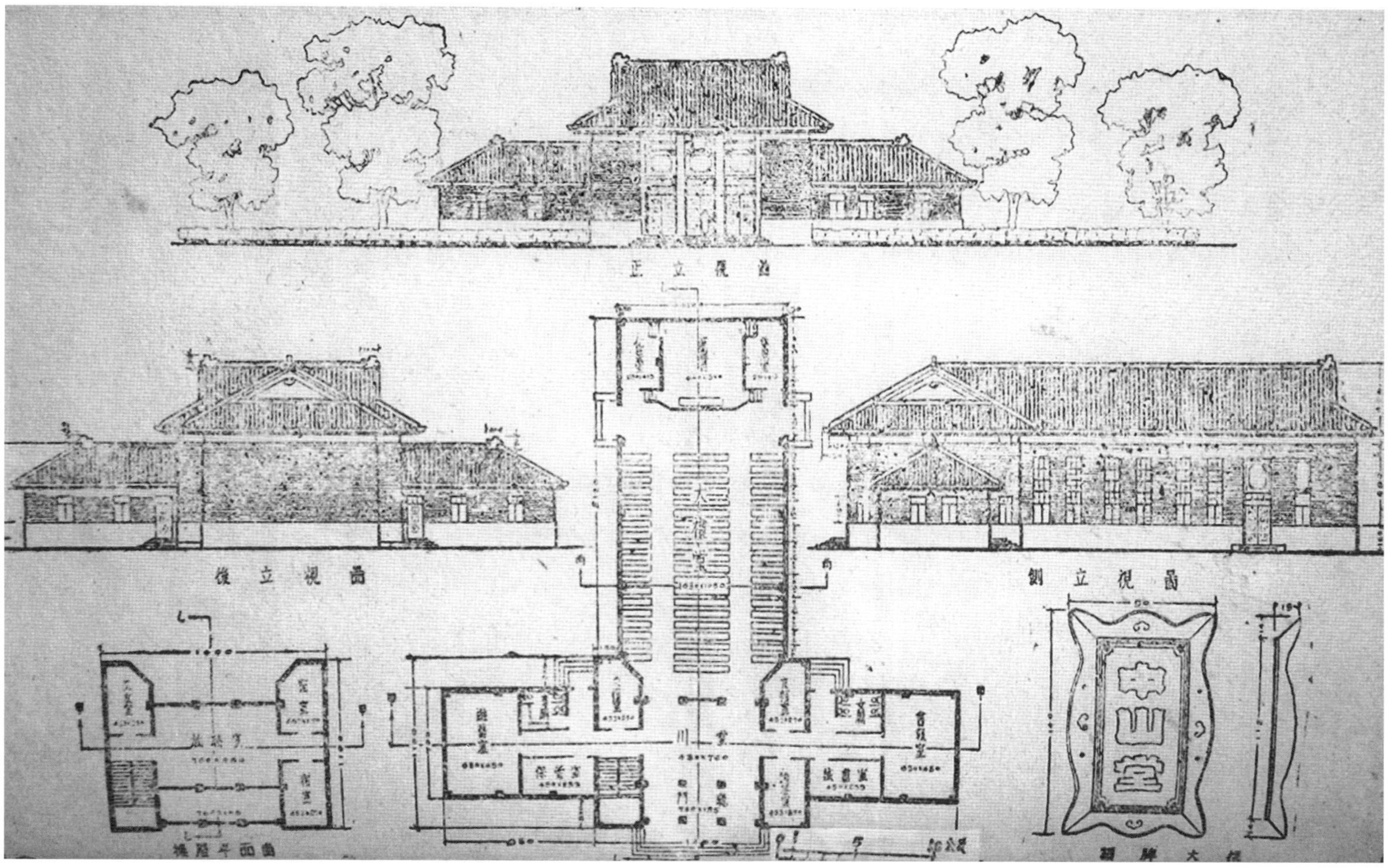

图64 民国时期内政部营建司还在20世纪40年代设计绘制的《内政部公私建筑制式图案》乙种规模中山堂制式图

小　结

建筑是石头的史书。较之其他类型的建筑，礼制建筑更体现了历史的书写。它首先反映了信仰与崇拜在一个新时代的转变，正如辛亥时期所见证的政府对郊天传统的冷热之变，对于孔教的兴废之争，对于关岳的存祀与增祀以及对于民国英烈和伟人的崇奉和纪念。英烈中有的被记忆，也有的被遗忘，还有的被再记忆；新的被纪念对象中有主也有次，有先也有后。这个情形本身就体现了历史叙述中的主导与被主导。

在信仰与崇拜的转变过程中，虽然还有一些传统礼制建筑被继续使用以服务于现实的政治和文化的需要，但其大部分都失去了原有功能，许多被改造甚至被摧毁。取而代之的是服务于新的社会的新礼制建筑和纪念物，其中包括英烈祠、英烈墓、伟人墓、纪念碑、纪念像以及纪念堂。文化遗物是时间上的历史过去在今天的空间存在，而纪念物就是对一种历史过去的自觉选择、记录、阐释以及人为再现。如果说一个民族国家即本尼迪克特·安德森（Benidict Anderson）所认为的一种“想象的共同体”，那么纪念物也就是维系这个共同体想象的一种物质纽带。

但是，新的礼制建筑和纪念物的出现并非仅仅是一种类型上的增加。它们还体现了崇奉方式和对纪念物识别性要求的改变，即从封闭空间转向公共空间；从碑刻文字的指示，到纪念碑造型的象征和纪念像的形象表现；从地点与时间都是固定的祭祀转向公共空间中“非专注”的接受；从祭祀者对被祭祀对象的奉献到纪念者接受被纪念者的激励或教导。“纪念建筑”和服务于纪念目的的艺术也因此成为20世纪中国建筑史和艺术史中新的重要类型和内容。

新的礼制建筑和纪念物也并非凭空产生。为了表达政治、文化上的正统性，一些业主或设计者会自觉向传统礼制建筑寻找依据。当旧的传统已经不能满足新的需要，或为了挑战旧的制度，表达时代性新的政治理念，另一些业主或设计者又会从外国传统中寻求借鉴。传统的礼制的祭祀空间或令被纪念对象更显神圣，而新式纪念碑、写实风格的纪念像以及宣讲空间纪念堂的出现则丰富了中国传统的礼制建筑和纪念物语言，为纪念性的表达提供了更多的可能。旧新共存、中西交织，辛亥时期的礼制建筑和纪念物也因此呈现出比任何其他类型的建筑更为丰富的多样性以及一个新的国家政权在建立其新的礼制系统时的多元探索。

谨以此文纪念辛亥革命100周年

致谢

本文得到了侯幼彬教授、殷力欣教授、卢永毅教授、彭长歆博士、丁垚博士、张天洁博士、刘畅博士， 闵晶女士、我的同学施纯琳（Catherine Stuer）女士以及湖南省博物馆聂菲研究员、贵州省博物馆张兰斌书记和梧州孙中山纪念堂黄裕峰主任的热情支持和帮助，对此笔者深表感谢。

图纸及照片资料

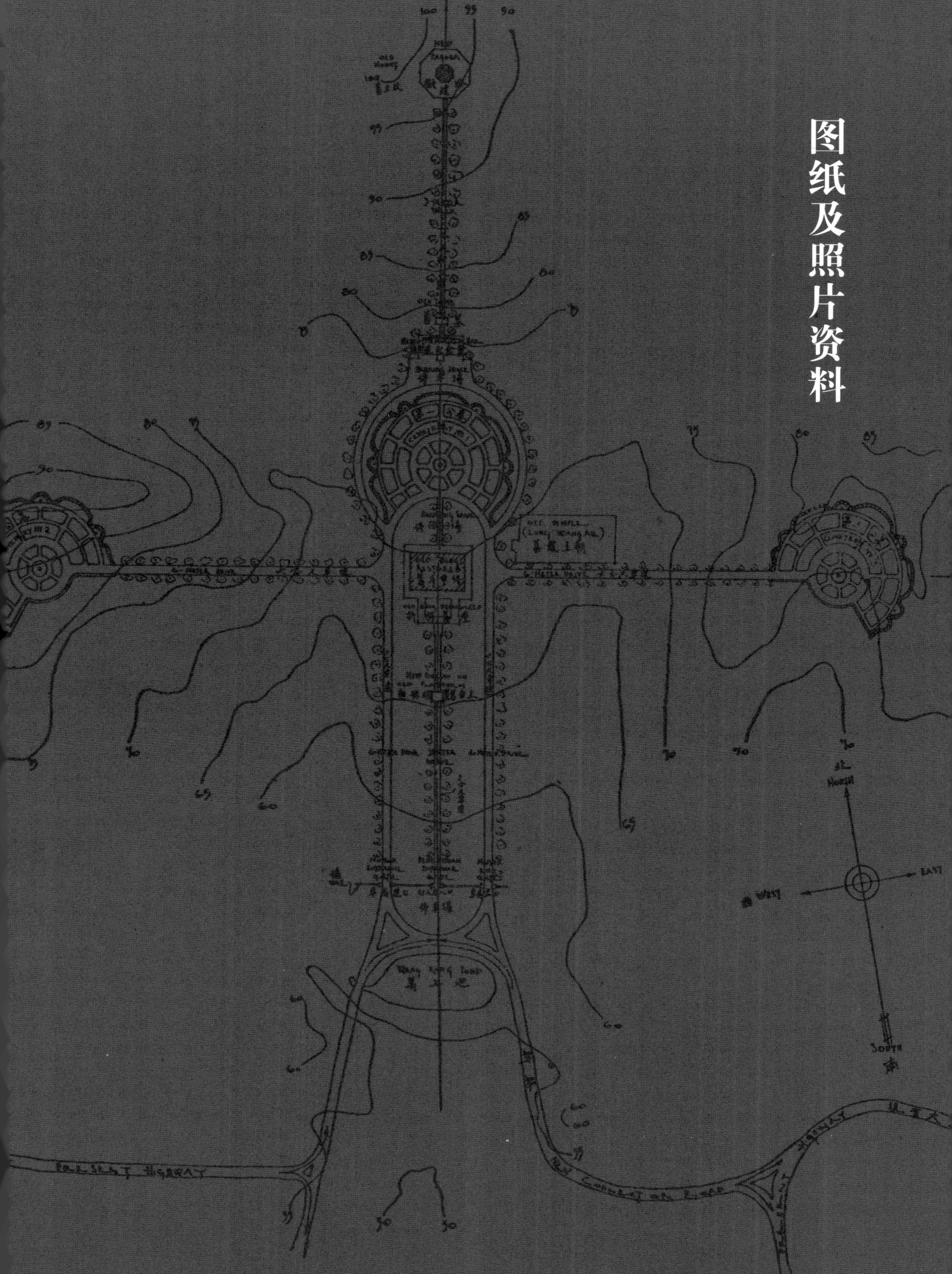

辛亥时代（1894—1937年）重要建筑图纸资料辑略

囿于编撰时间局限，关于这一时期重要建筑的原设计图纸资料整理和建筑现状重新测绘方面，目前只能向读者提供武汉、南京、广州、梧州四市的11处建筑组群：武昌起义军政府旧址（原清末湖北咨议局，今武昌首义纪念馆）、武昌起义门（原武昌城中和门）、武昌辛亥首义烈士公墓、南京中华民国总统府及孙中山临时大总统办公室（清两江总督署旧址）、南京国民革命阵亡将士公墓（明灵谷寺原址，今灵谷寺公园）、金陵女子学院（今南京师范大学）、清末广东咨议局旧址（今广州近代史博物馆）、孙中山大元帅府（原广东士敏土厂办公楼）、广州中山图书馆、广州市政府合署、广西梧州中山堂等。项目虽少，但可据此初步了解这一时代的建筑风格和设计、建造水平。

此时期另有南京中山陵、广州中山纪念堂等重要建筑遗存，请参阅《中山纪念建筑》[1]。

一、武汉市三处辛亥革命建筑遗存

武昌起义军政府旧址（原清末湖北咨议局，今武昌首义纪念馆），位于武汉市武昌区，日本建筑师福井房一设计，1910年9月1日正式落成，1911年10月11日成为“中华民国军政府鄂军都督府”所在地；起义门(清代建筑)，位于湖北省武汉市武昌区首义路起义街，原为武昌城中和门，1911年10月10日晚，湖北革命党人占领该门，象征着辛亥革命的胜利，故于1912年被命名为起义门；辛亥首义烈士公墓，位于武汉市硚口区和汉阳区，20世纪30年代曾有完整的规划设计，1957年因修建长江大桥迁至现址。

此部分图纸由湖北省文物局提供，由陈飞遴选、审核。

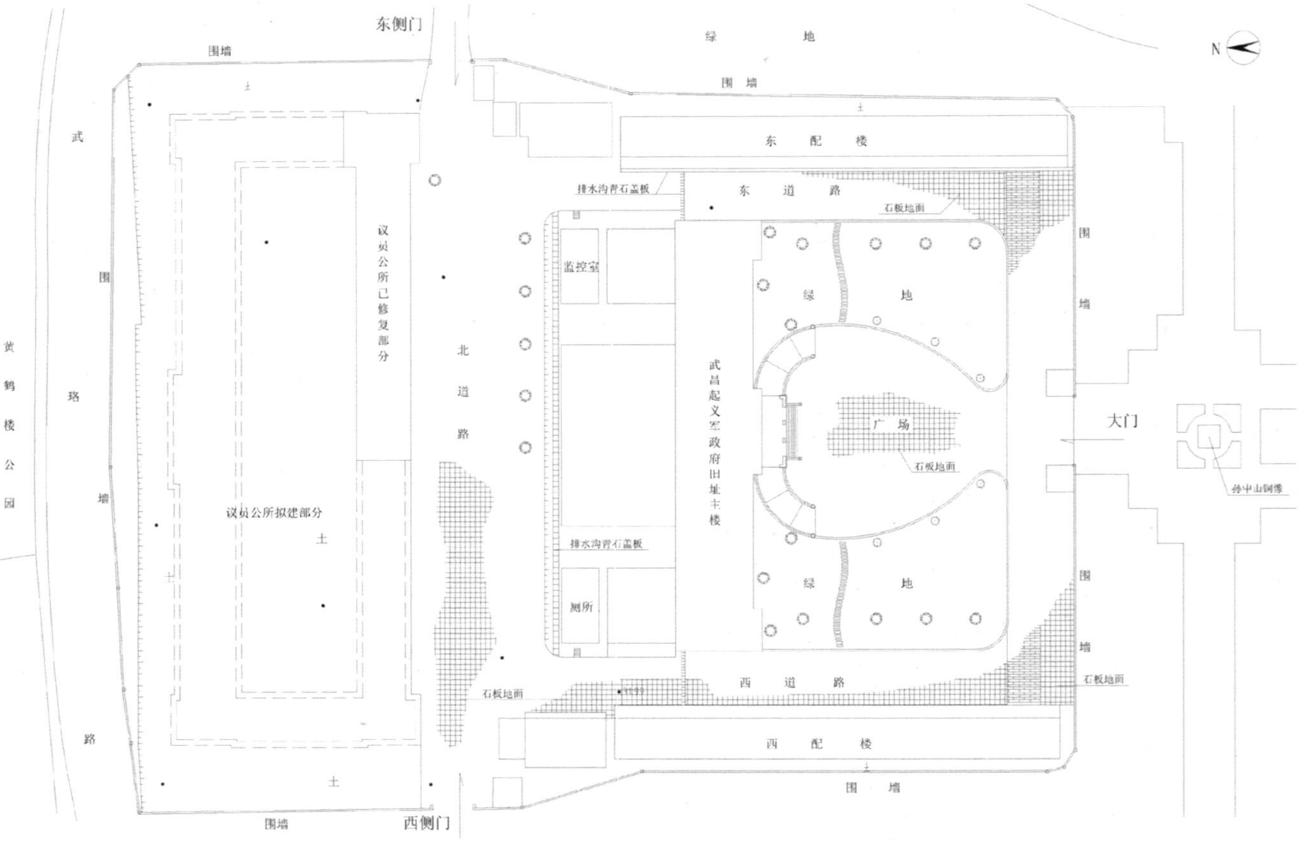

图1 武昌起义军政府旧址(辛亥革命纪念馆)总平面图

[1] 建筑文化考察组：《中山纪念建筑》，天津，天津大学出版社，2009年。

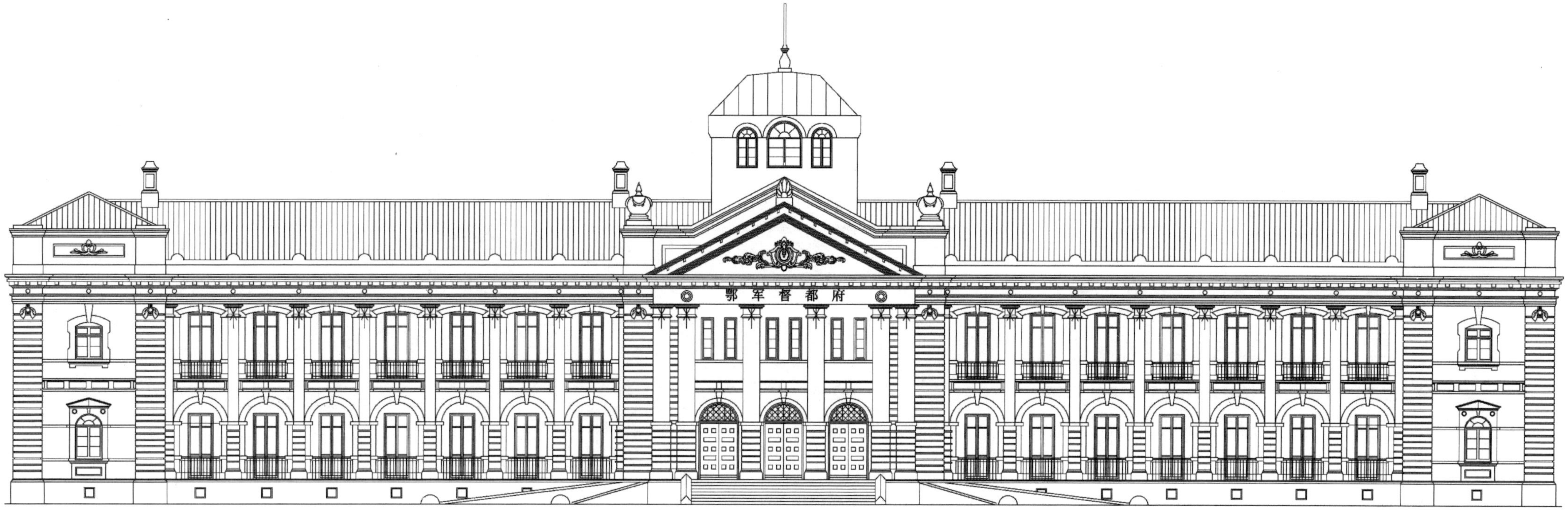

图2 武昌起义军政府(辛亥革命纪念馆)主楼正立面图 1-12立面图

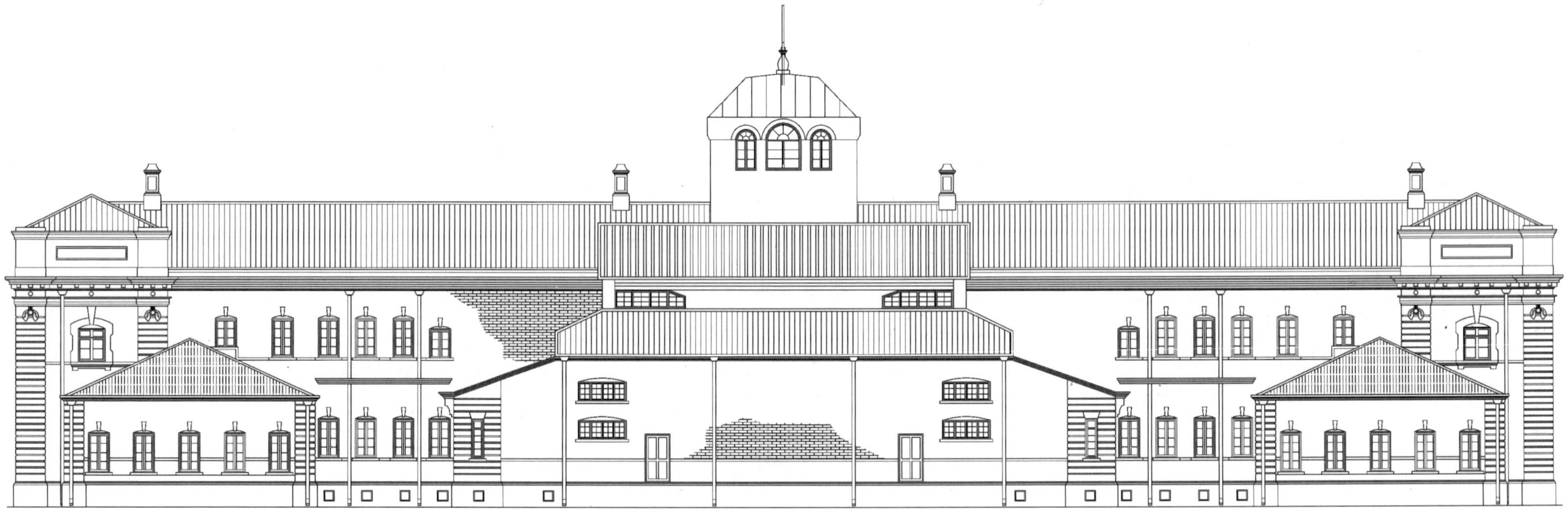

图3 主楼背立面图 12-1立面图

图4 主楼侧立面-主楼A-J立面图

图5 主楼侧立面-主楼J-A立面图

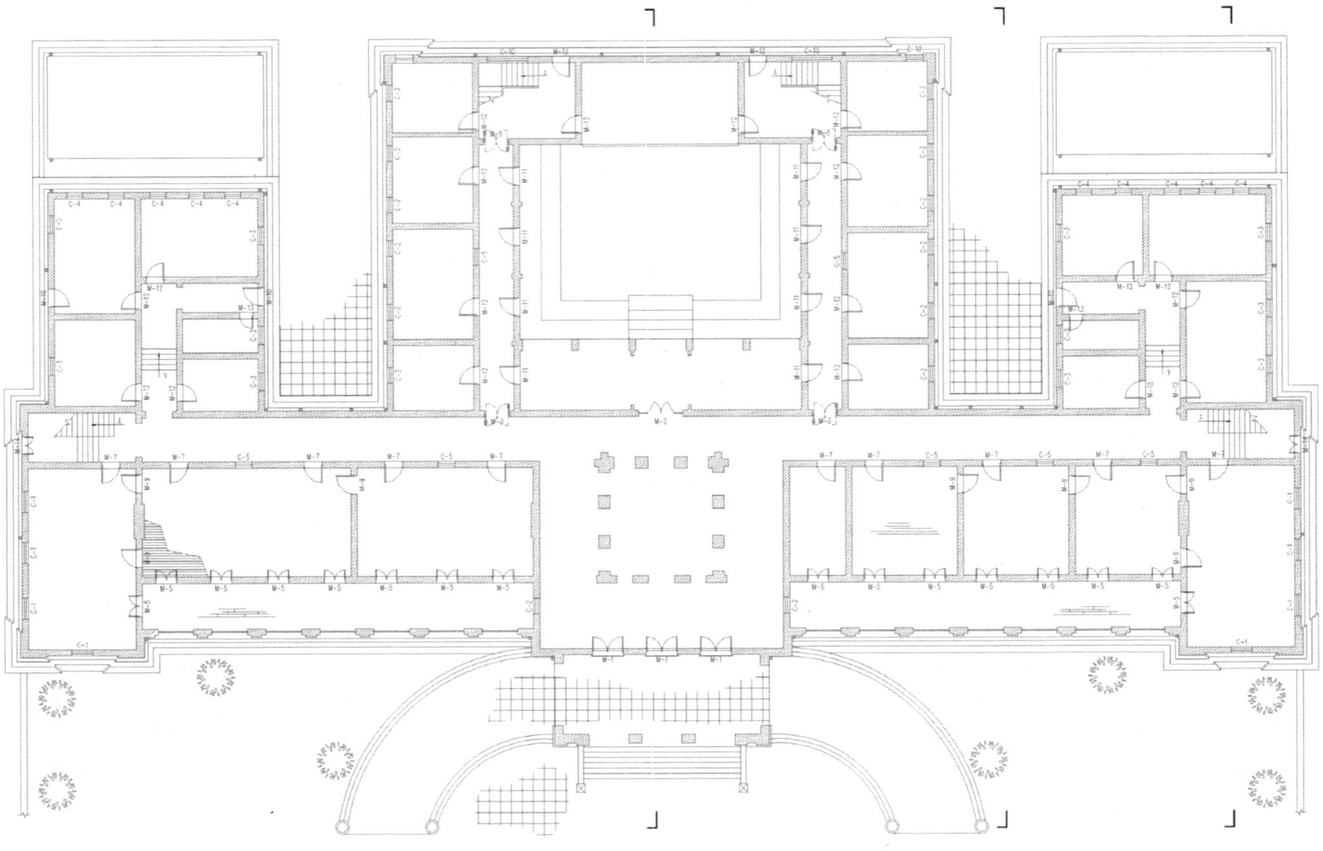

图6 主楼一层平面图

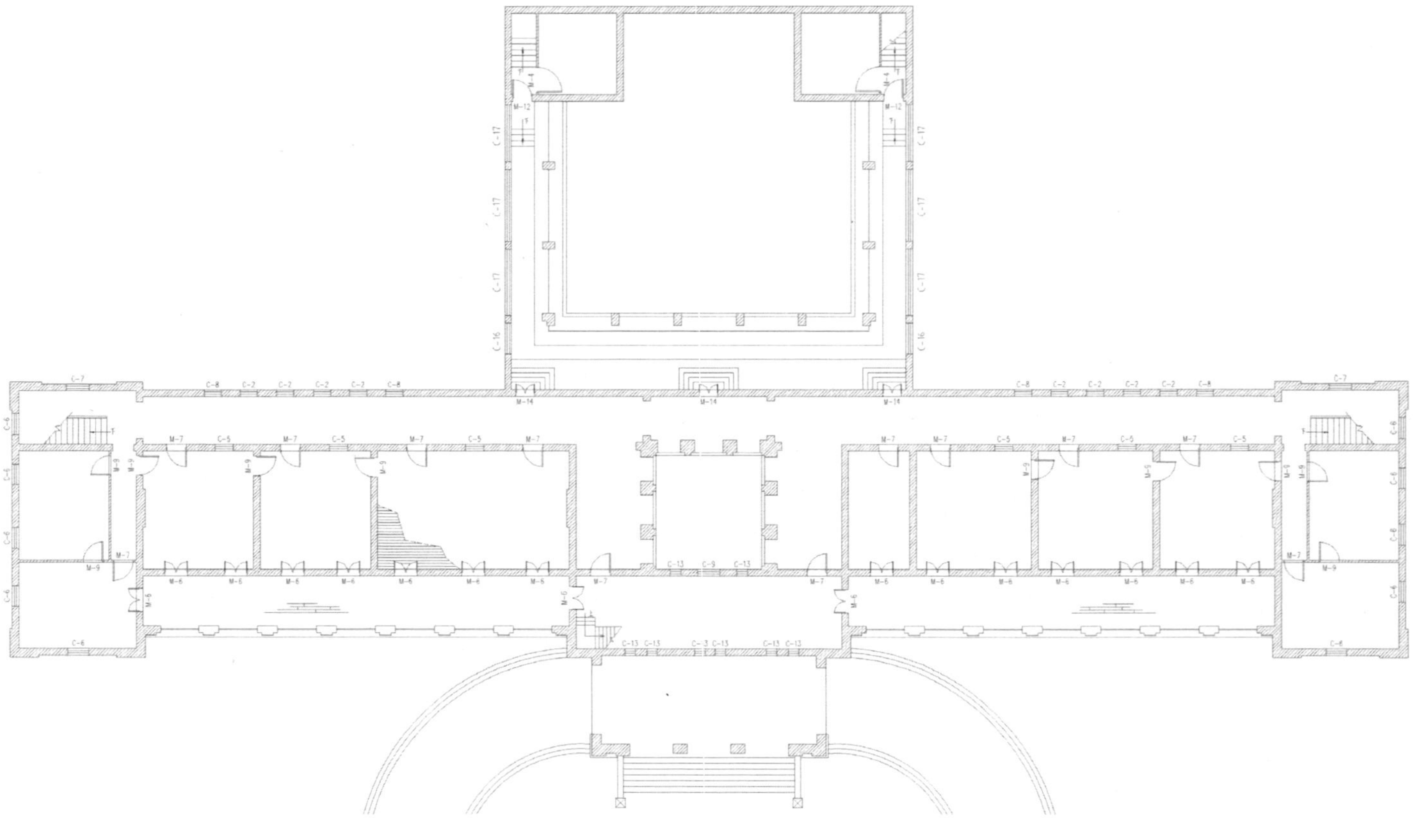

图7 主楼二层平面图

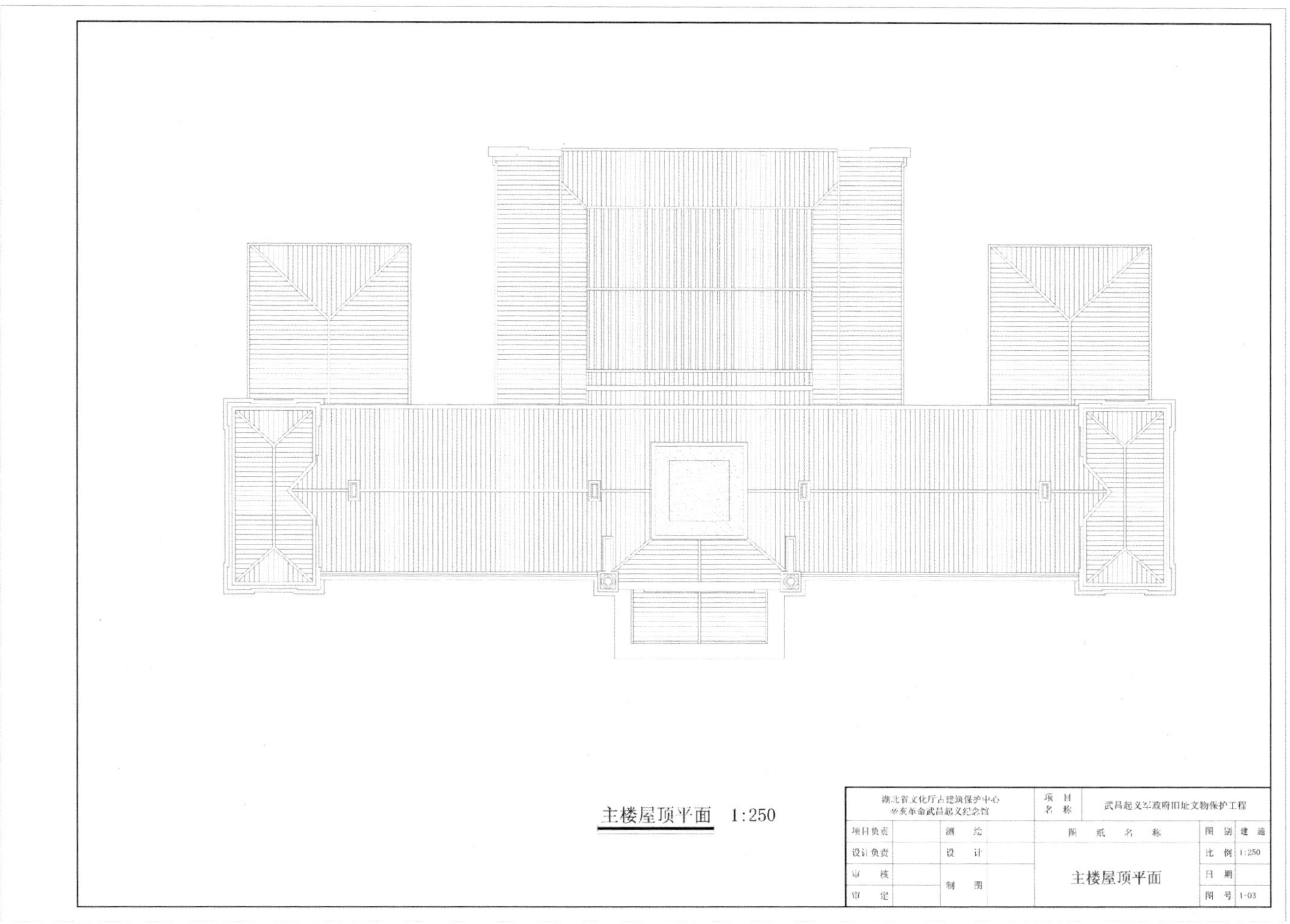

图8 主楼屋顶平面图

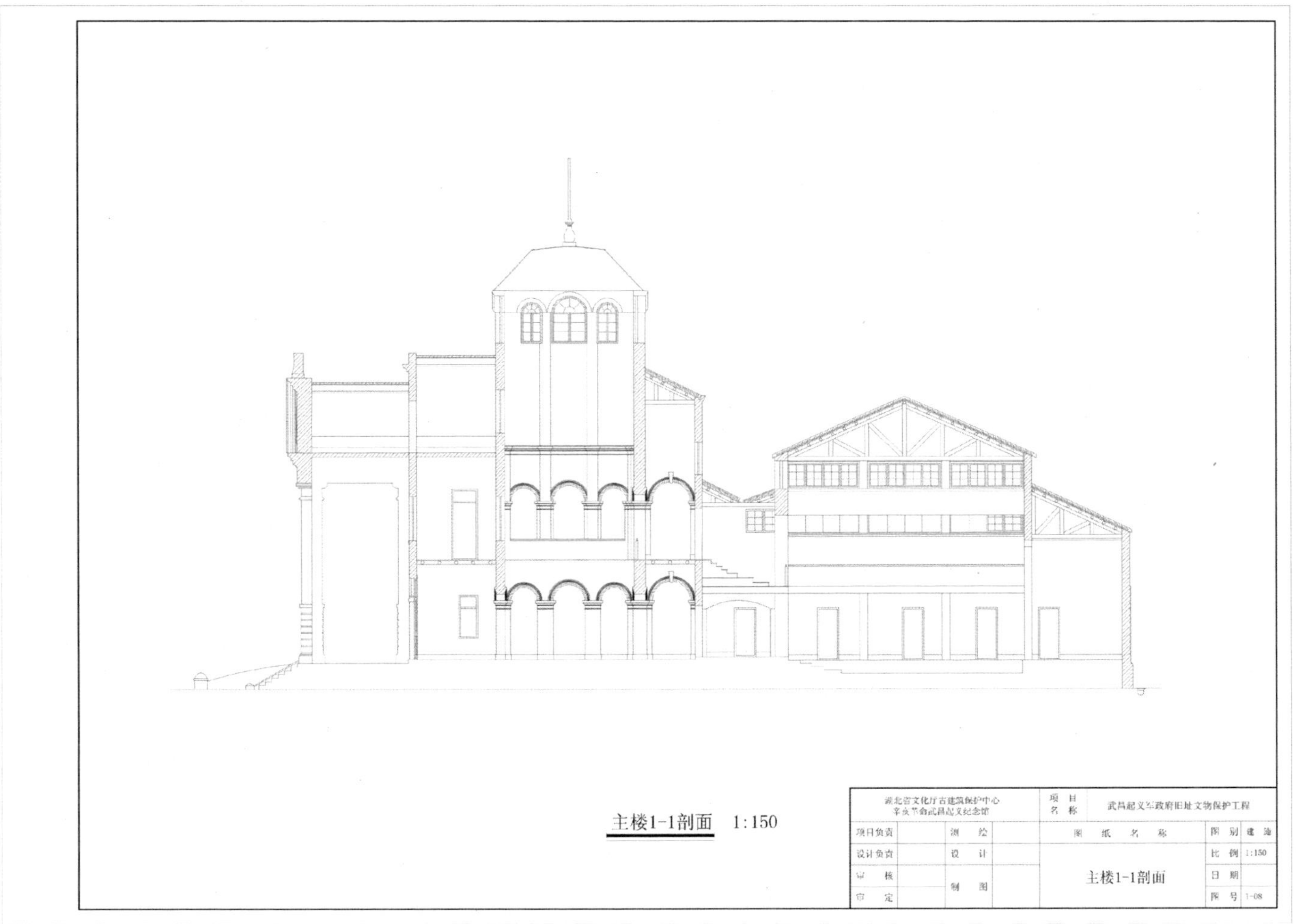

图9 主楼1-1剖面图

图10 主楼2-2立面图

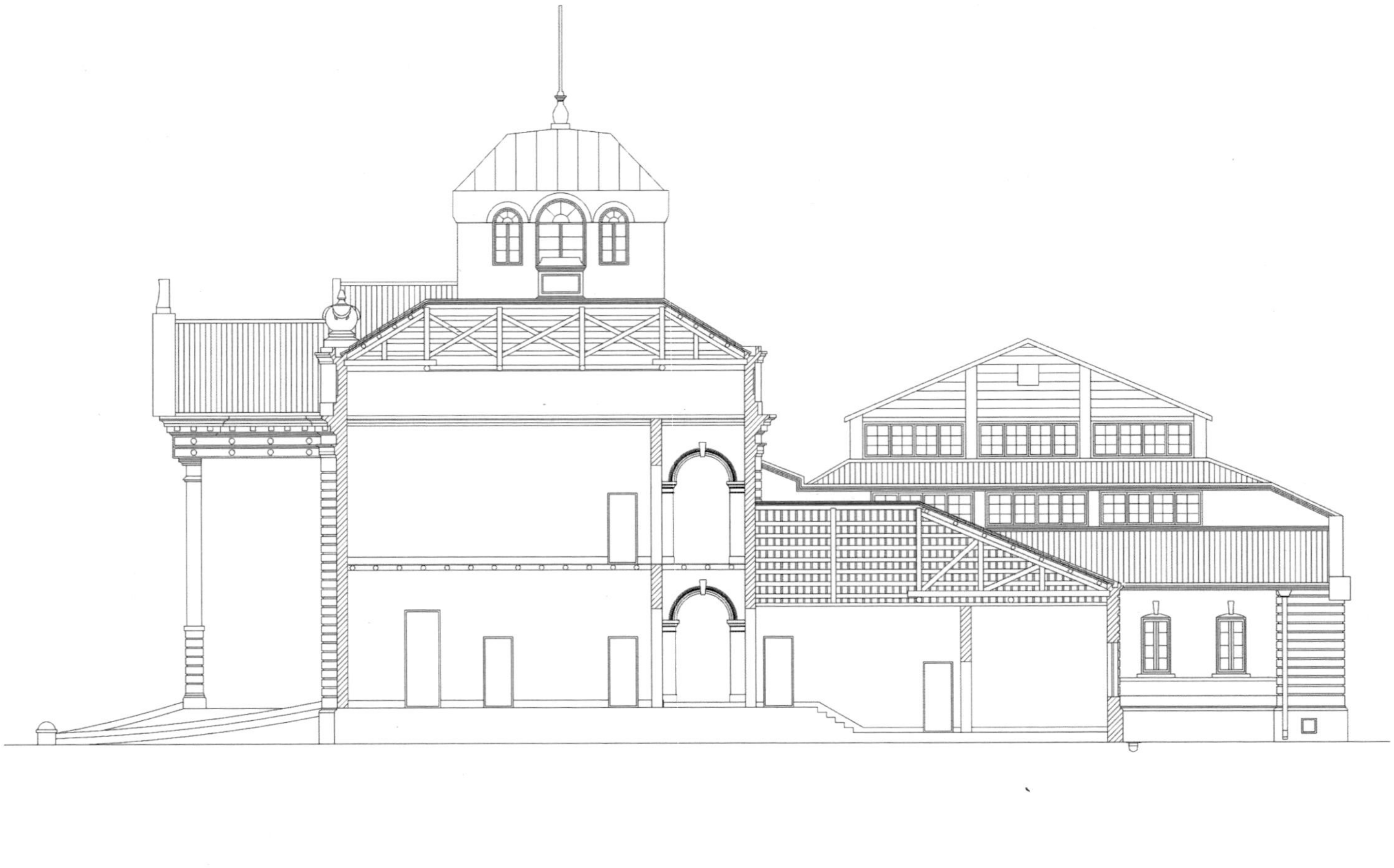

图11 主楼3-3剖面图

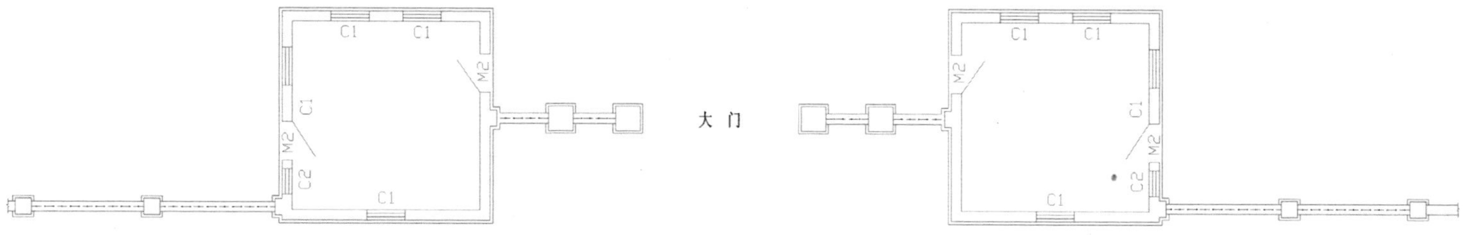

图12 武昌起义军政府(辛亥革命纪念馆)门房围墙平面图

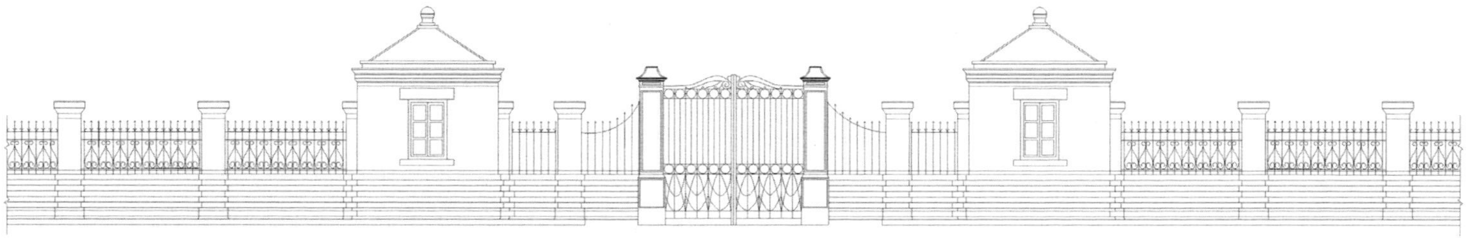

图13 门房围墙立面图

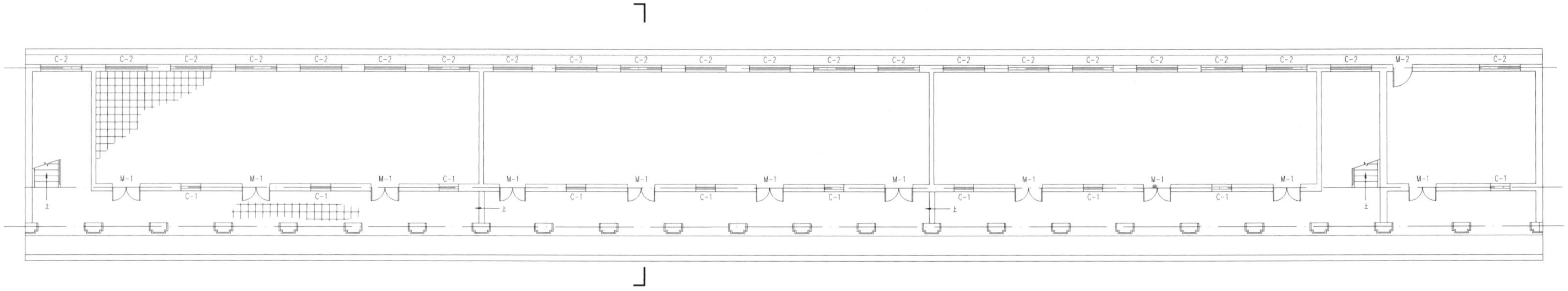

图14 武昌起义军政府(辛亥革命纪念馆)东配楼一层平面图

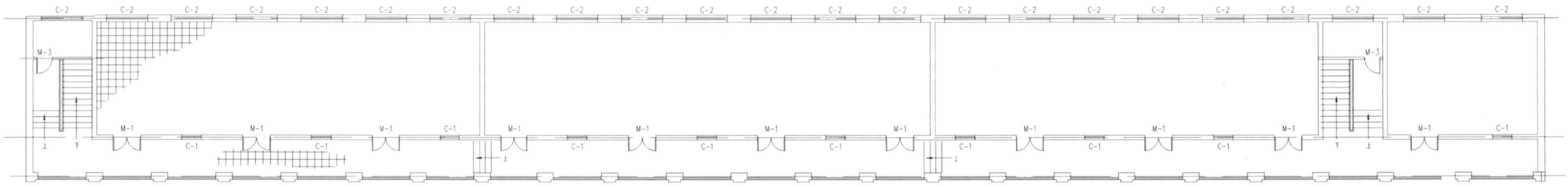

图15 武昌起义军政府(辛亥革命纪念馆)东配楼二层平面图

图16 东配楼正立面图

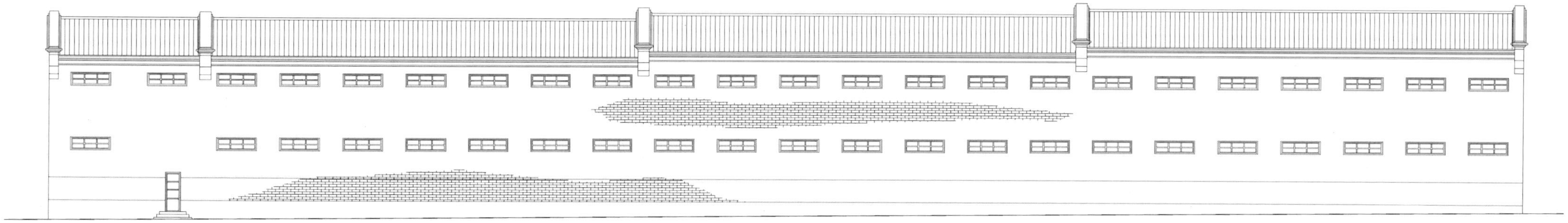

图17 东配楼背立面图

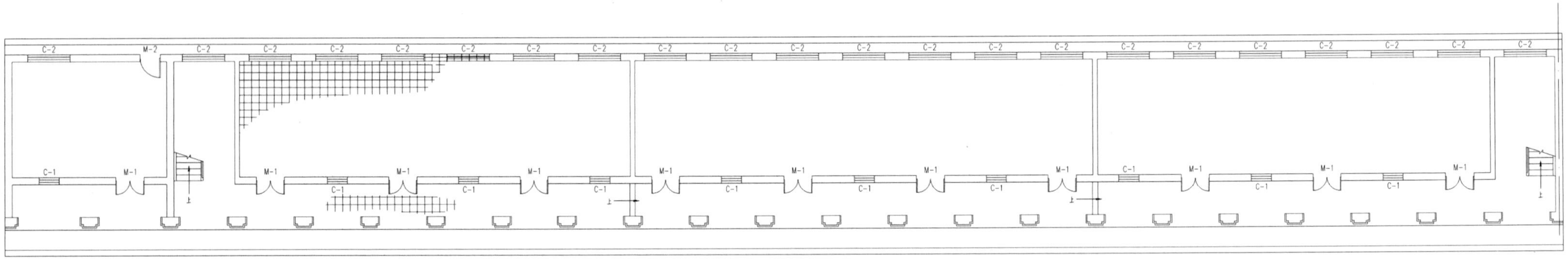

图18 武昌起义军政府(辛亥革命纪念馆)西配楼一层平面图

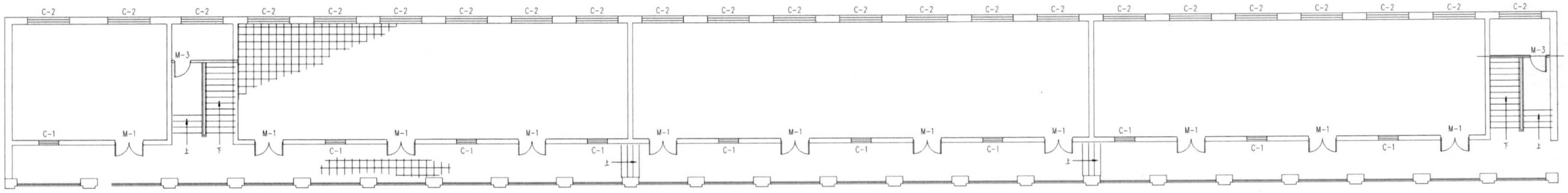

图19 武昌起义军政府(辛亥革命纪念馆)西配楼二层平面图

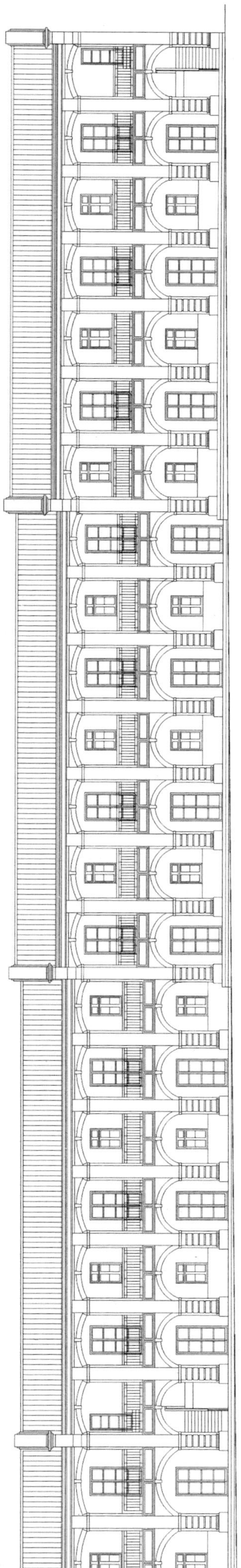

图20 配楼正立面图

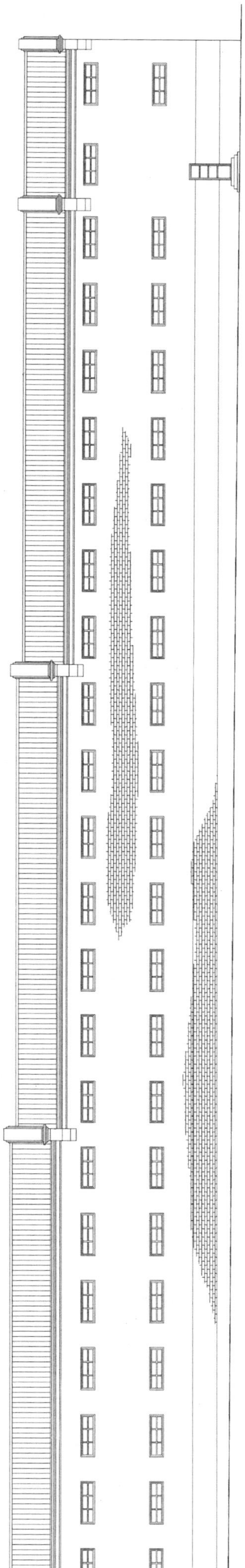

图21 配楼背立面图

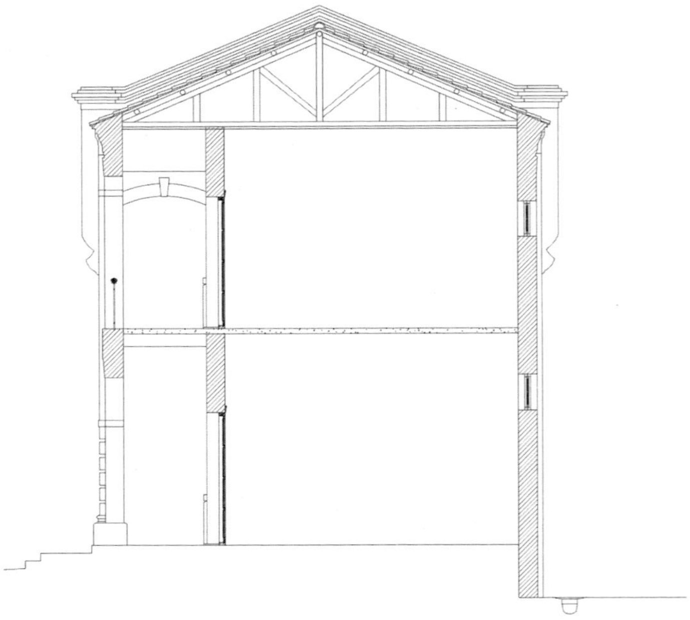

图22 东配楼剖面图

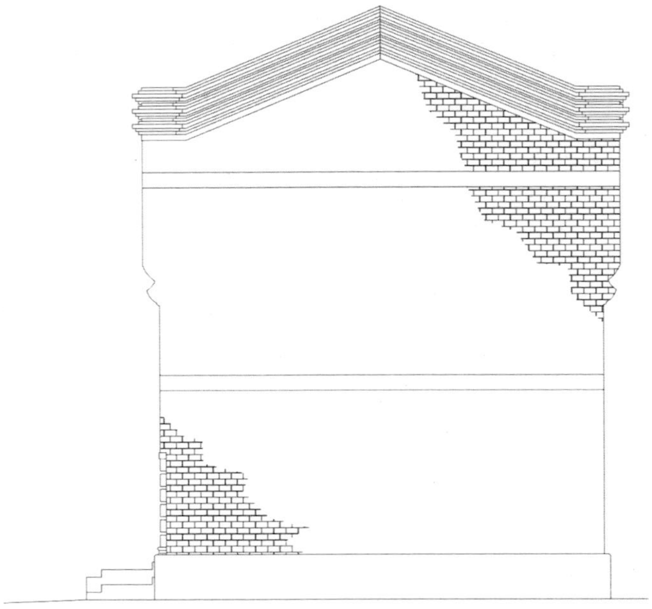

图23 东配楼侧立面图

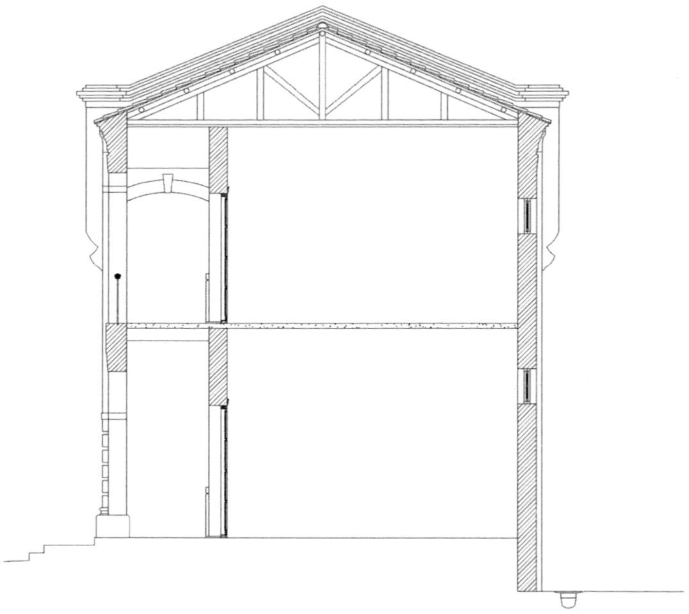

图24 西配楼剖面图

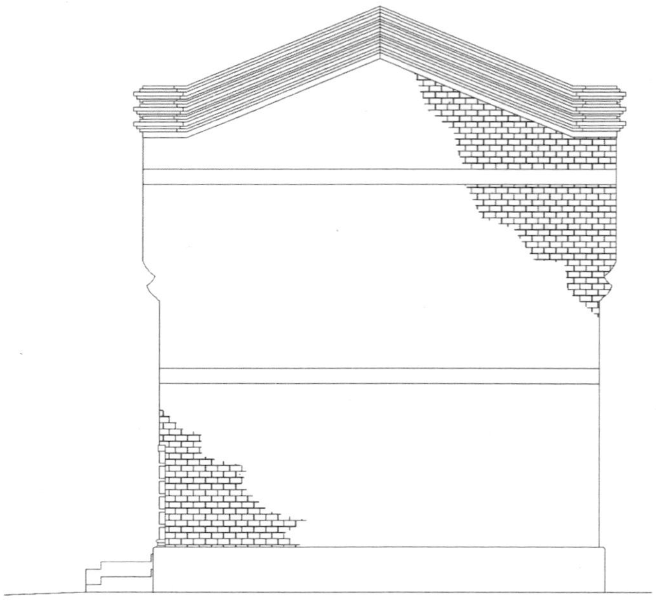

图25 西配楼侧立面图

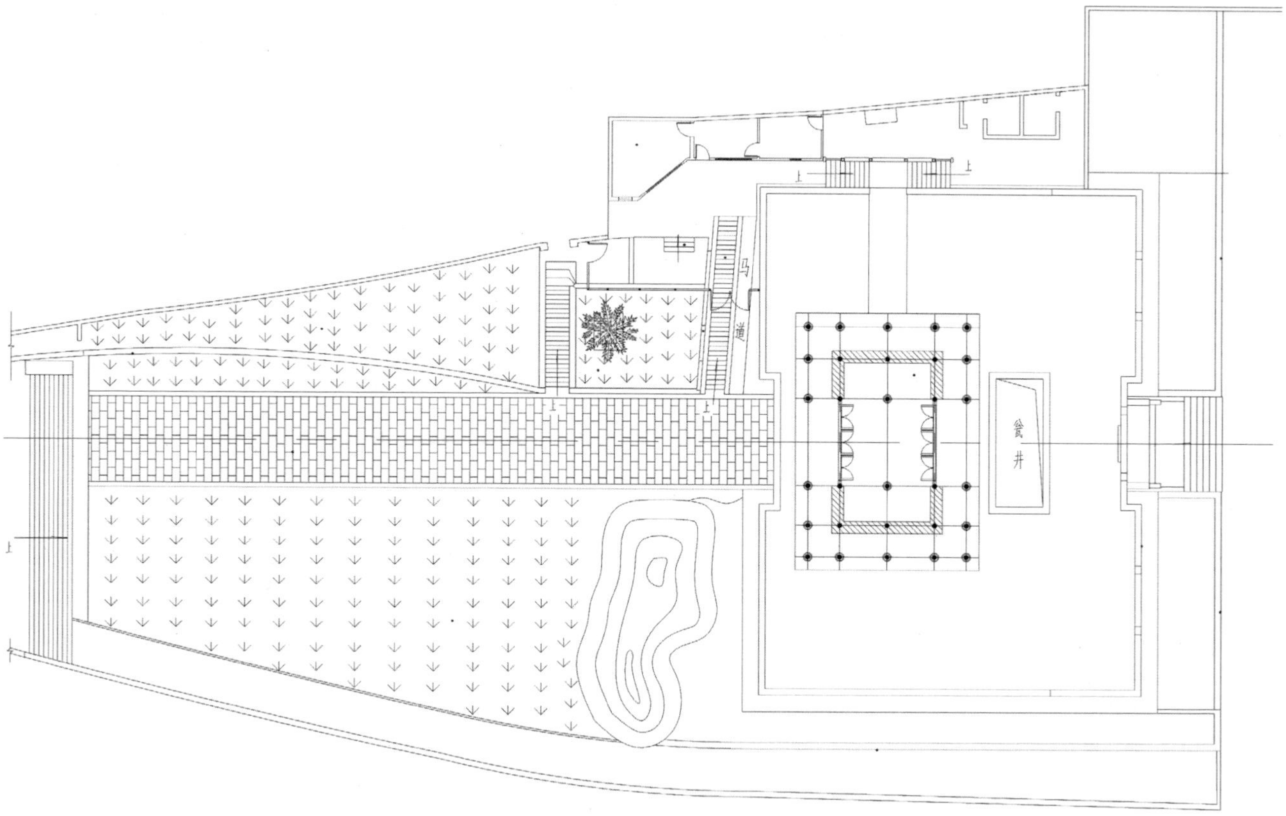

图26 武昌起义门(清代武昌城中和门)平面图

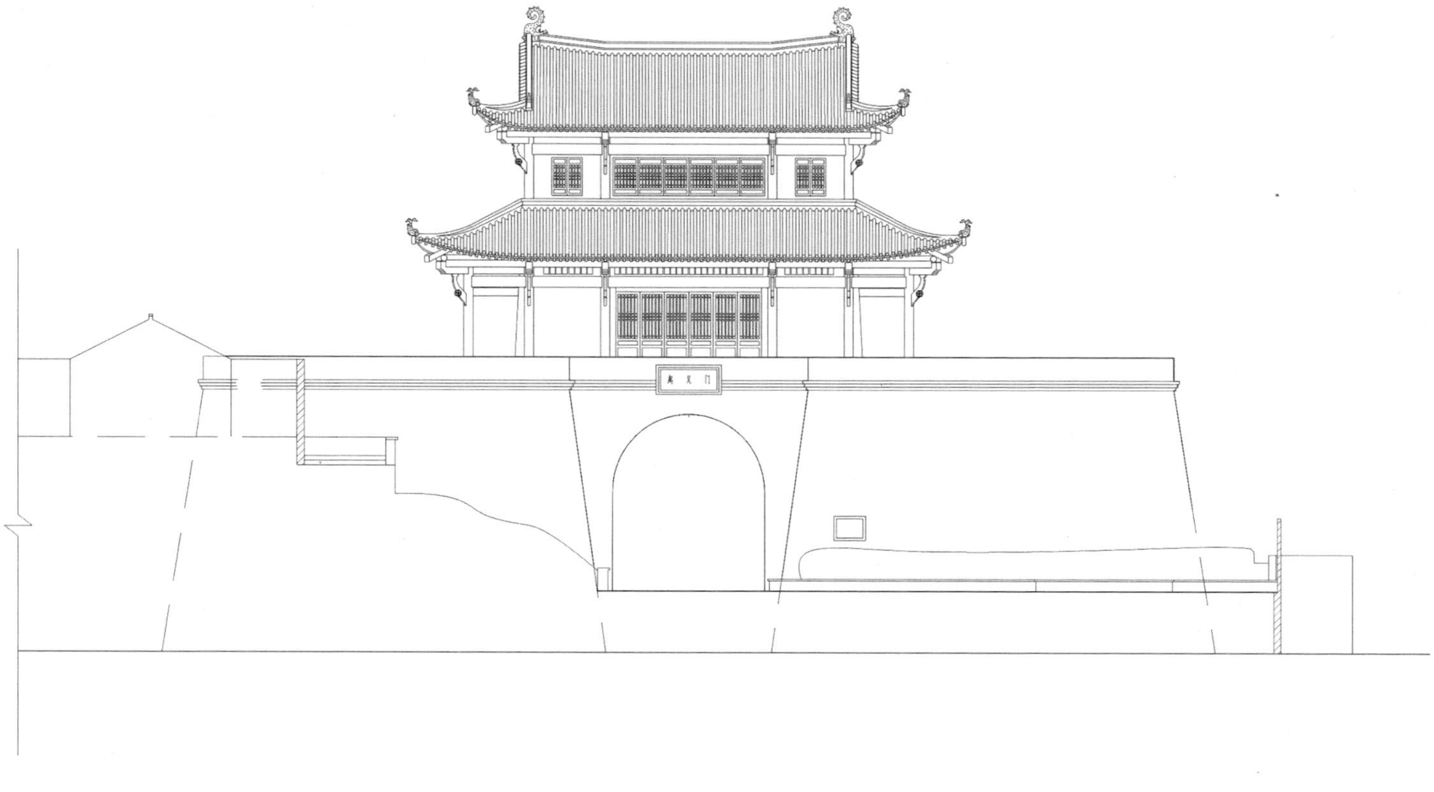

图27 起义门2-2剖面图

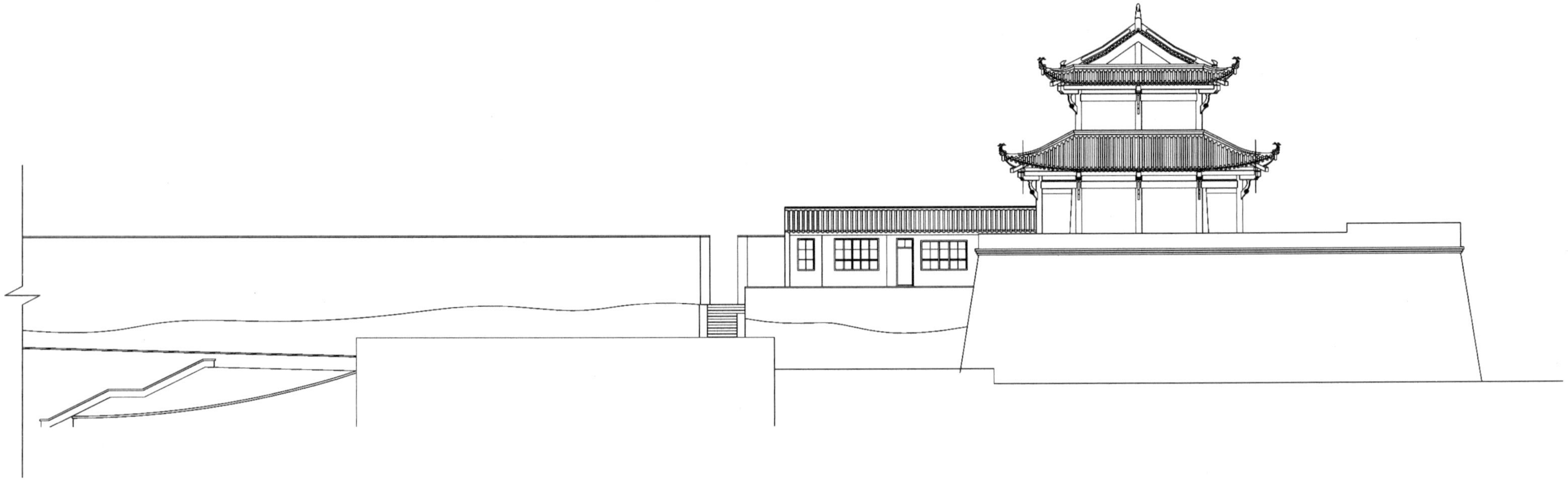

图28 起义门侧立面图

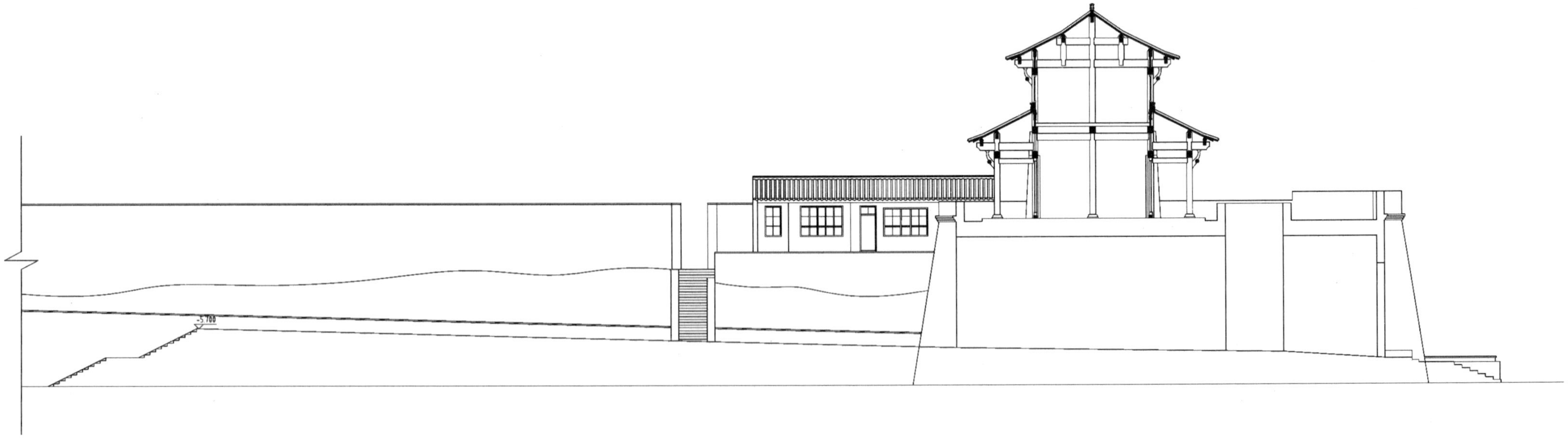

图29 起义门剖面图

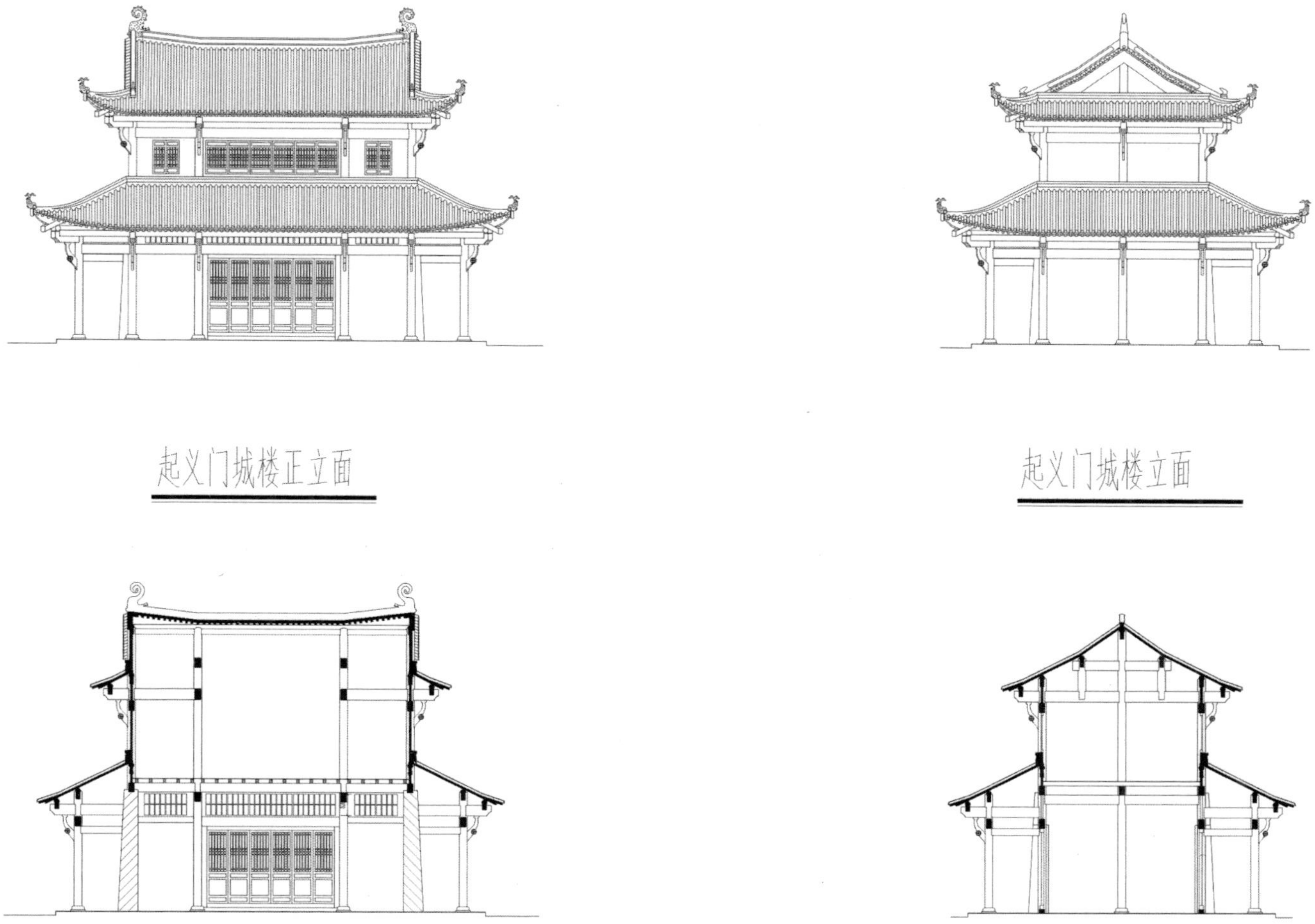

图30 起义门城楼正立面及剖面图

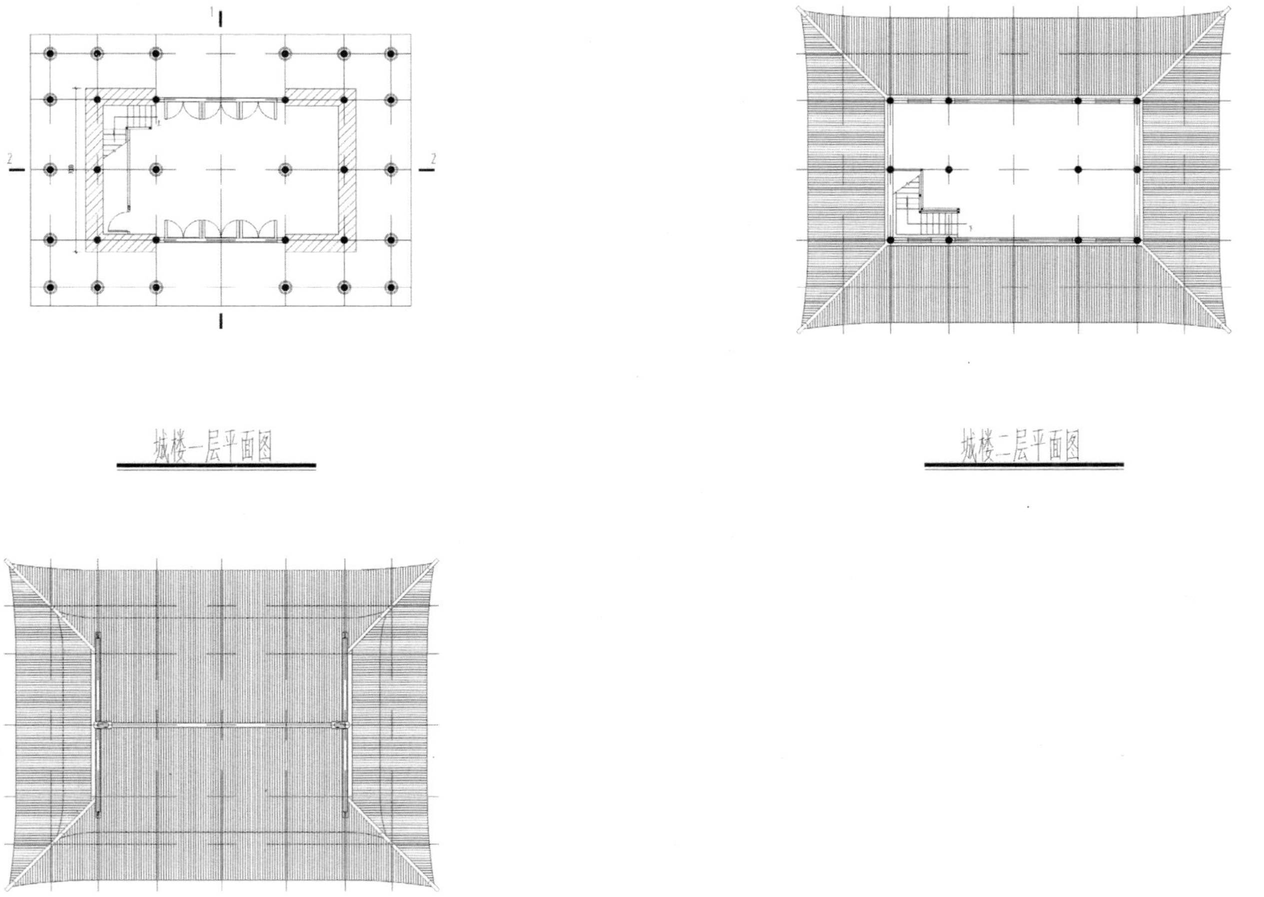

图31 起义门城楼一层、二层及屋顶平面图

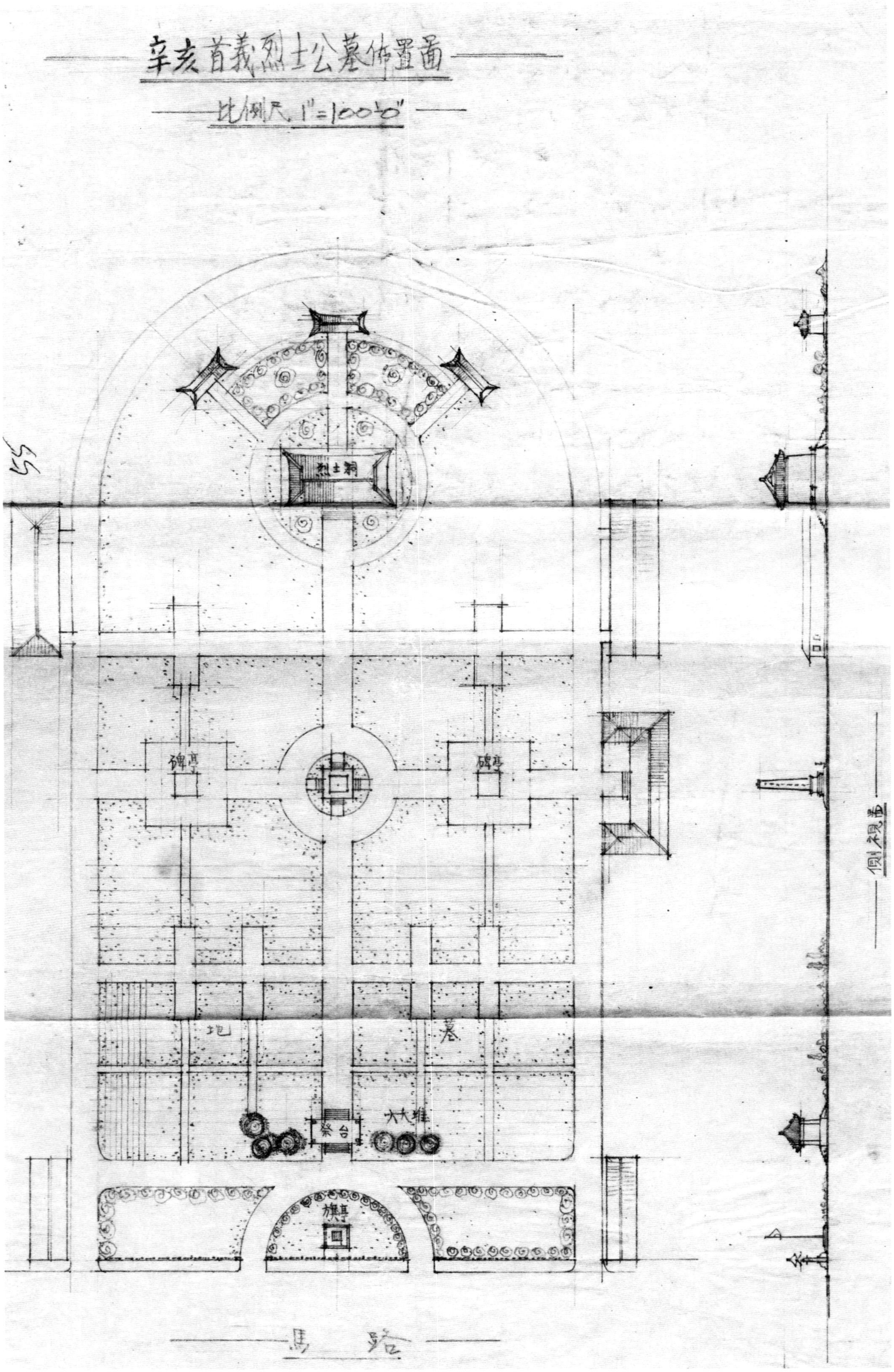

图32 20世纪30年代辛亥首义烈士墓规划图

二、南京市三处辛亥革命建筑遗存

南京原国民政府总统府（含中华民国临时政府孙中山临时大总统办公室），原址为清代两江总督署，是一处集官衙、民居、园林为一体的建筑群，1912年1月1日将署内西部辟为中华民国临时政府办公地，1928年后，将中部加以改造，成为南京国民政府总统府；南京国民革命军士公墓，原址明代灵谷寺，1928年定都南京后，经美籍建筑师墨菲主持，中国建筑师刘福泰等襄赞其事，将其改造为民国时代与中山陵同样重要的辛亥忠烈先贤纪念圣地；金陵女子学院，美国建筑师墨菲于1918—1923年主持设计建造，中国建筑师吕彦直助理设计，此建筑群对中国固有式建筑建筑流派的产生，具有启示性的影响。

此部分所有图纸由南京大学马晓副教授负责测绘、改制；江苏省文物局提供本书中的总统府、国民革命阵亡将士公墓部分图纸复印件。其中，总统府部分图纸由原东南大学丁宏伟教授及其学生测绘；美国路易维尔大学艺术系赖德霖教授帮助收集了国民革命阵亡将士公墓部分历史资料）；江苏省文物局龚良局长、李明昌先生、徐森先生等给予了大力支持。一并致谢！

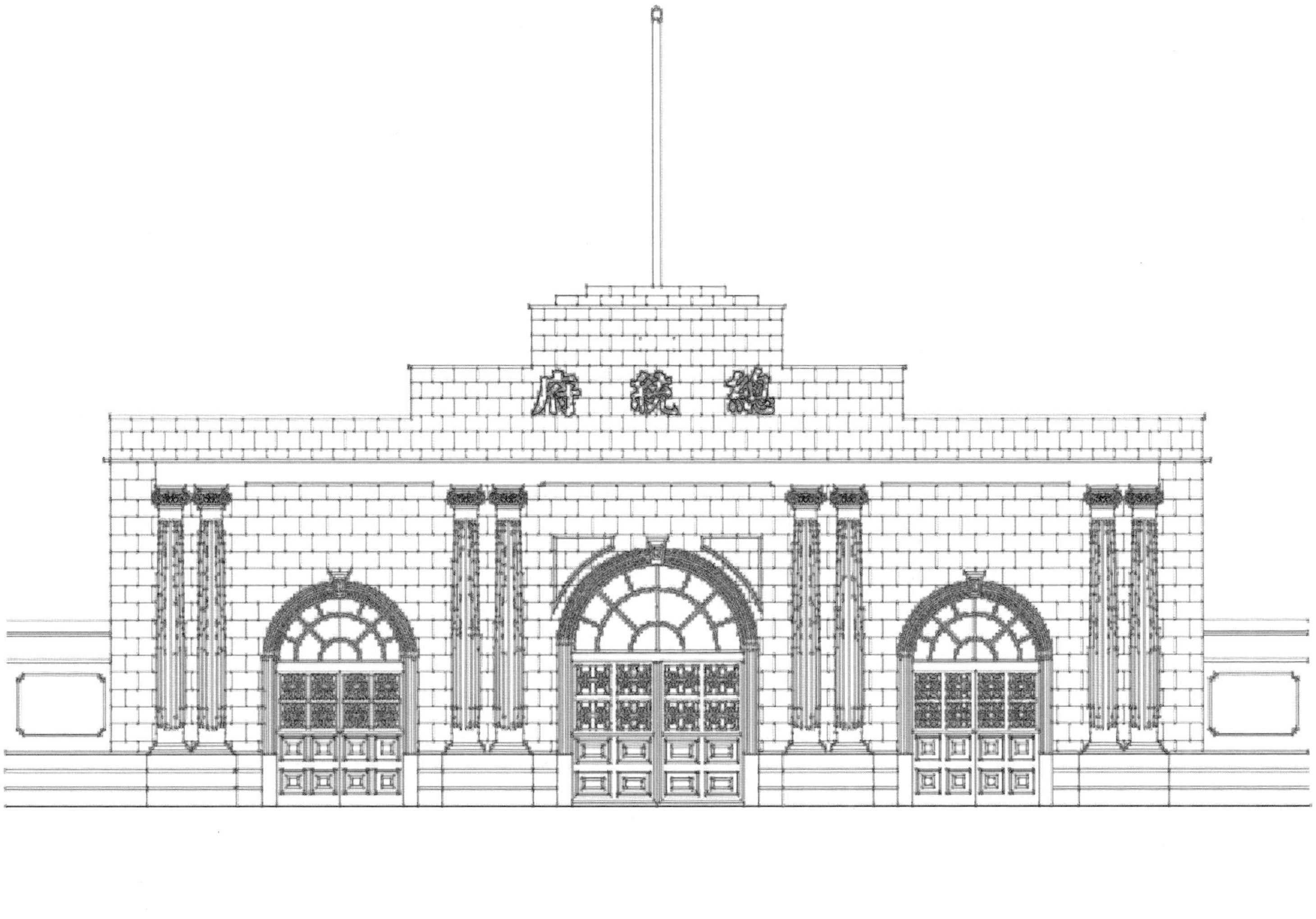

图33 总统府大门正立面图

1. 孙中山临时大总统办公室
2. 国民政府参谋本部
（孙中山与南京临时政府展览）
3. 博爱湖
4. 游客餐厅
5. 总统府图书馆
6. 漪澜阁
7. 太平湖
8. 忘飞阁
9. 夕佳楼
10. 不系舟（石舫）
11. 总统府餐厅
12. 孙中山起居室
13. 卫士室
14. 观戏台
15. 花厅
16. 临时大总统府秘书处
17. 国民政府主计处
（江苏禁毒展览馆）
18. 员工办公室
19. 江苏警察博物馆（在建）
20. 照壁（2002年9月3日被拆毁）
21. 总统府大门
22. 西朝房
23. 东朝房
24. 大堂
25. 大礼堂
26. 两江总督署史料展
27. 二堂（中堂）
28. 洪秀全与天朝宫殿历史文物陈列
29. 典礼局
30. 总统府会客厅
31. 麒麟门
32. 复园
33. 印铸局
34. 总统府政务局
（民国政要文物捐赠展）
（总统府文物史料陈列）
35. 总统府职员宿舍
36. 总统府办公楼（子超楼）
37. 喷水池
38. 总统府车库
39. 总统府花房
40. 行政院大门
41. 传达室
42. 员工办公区
43. 国民政府五院文物史料陈列
44. 行政院南楼
45. 陶、林二公祠
46. 马厩（总统府军乐队）
47. 晚清与民国历史陈列
48. 南湖

图34 南京原国民政府总统府总平面图

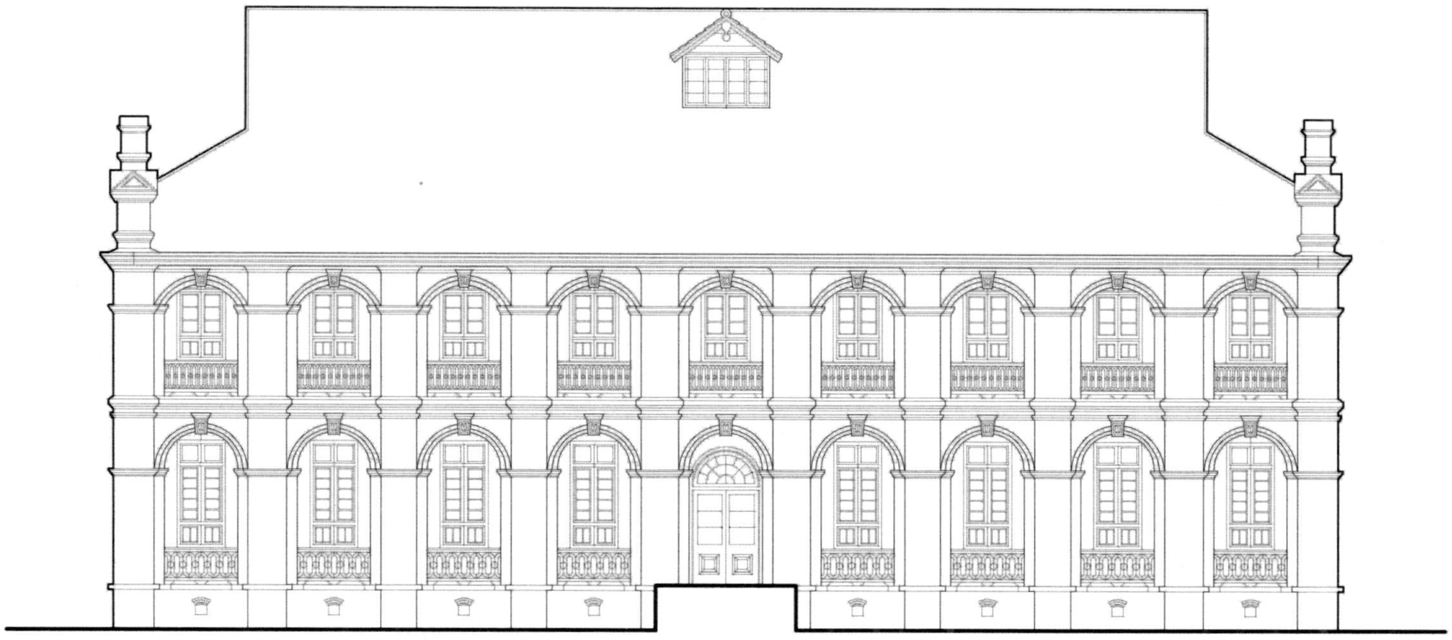

图35 总统府政务大楼立面图

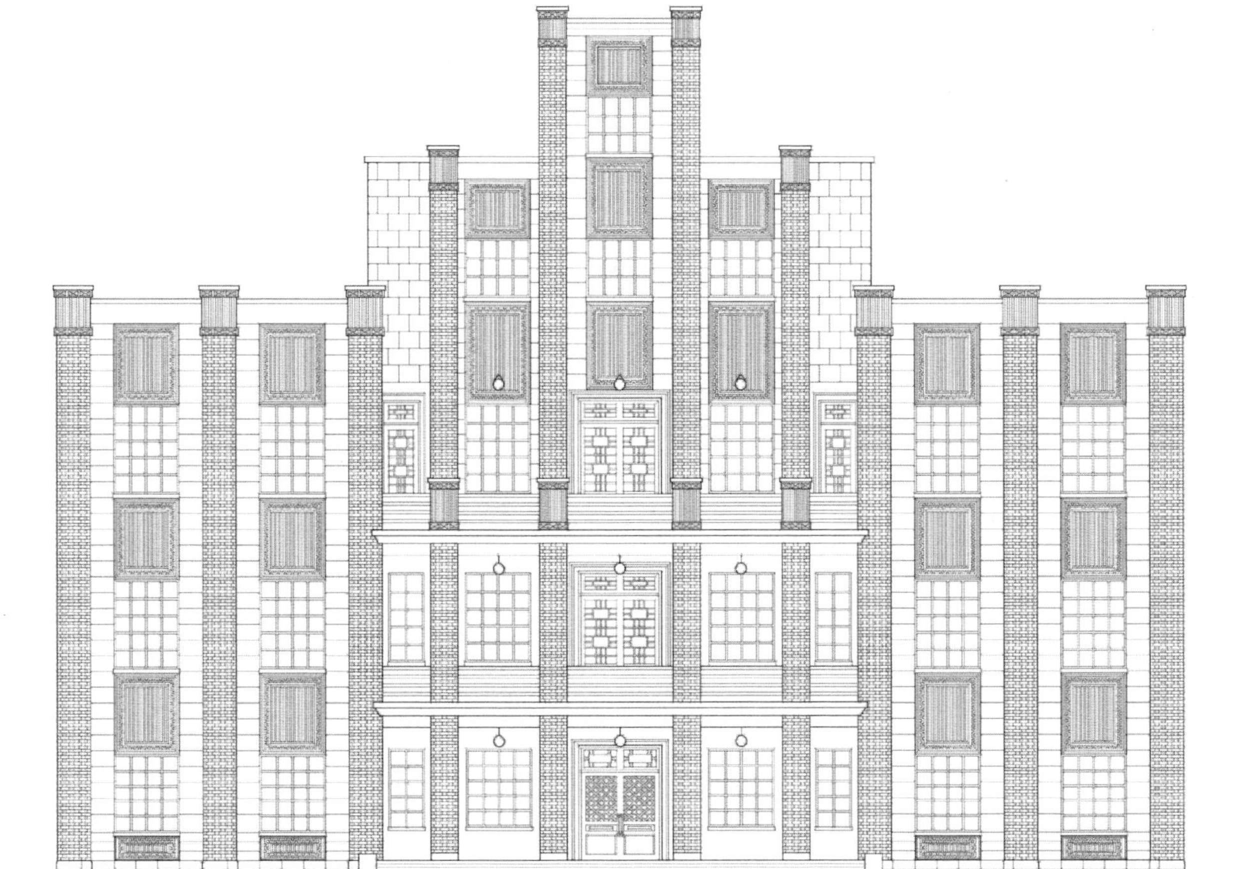

图36 总统府子超楼正立面图

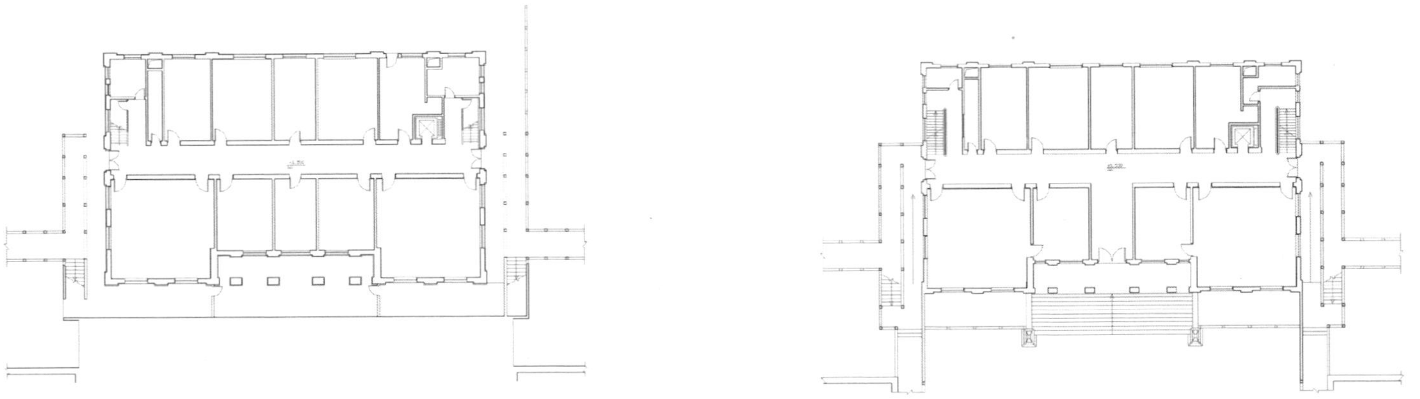

图37 总统府子超楼地下及一层平面图

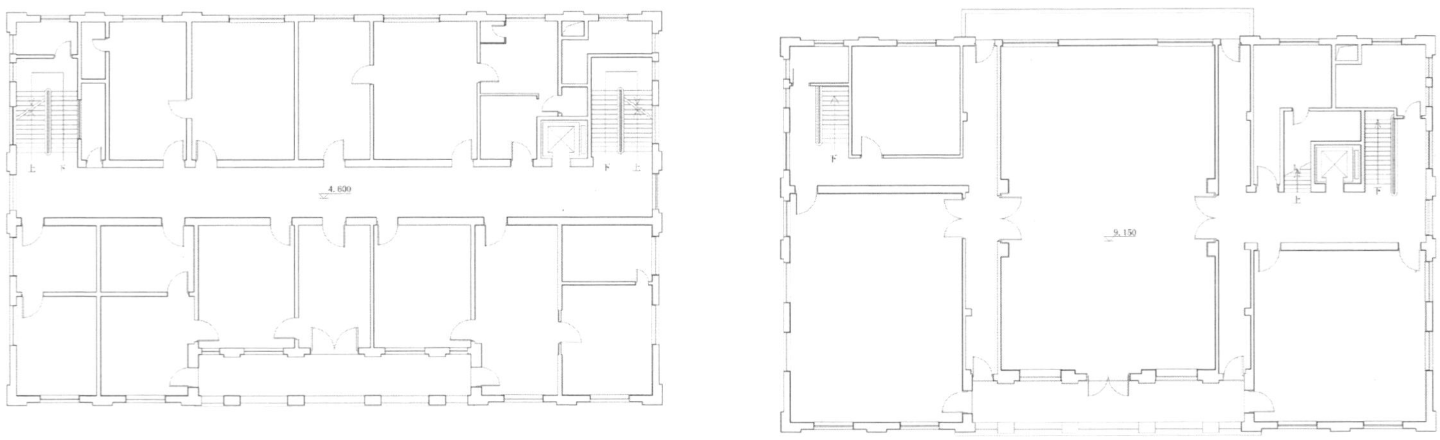

图38 总统府子超楼二及三层平面图

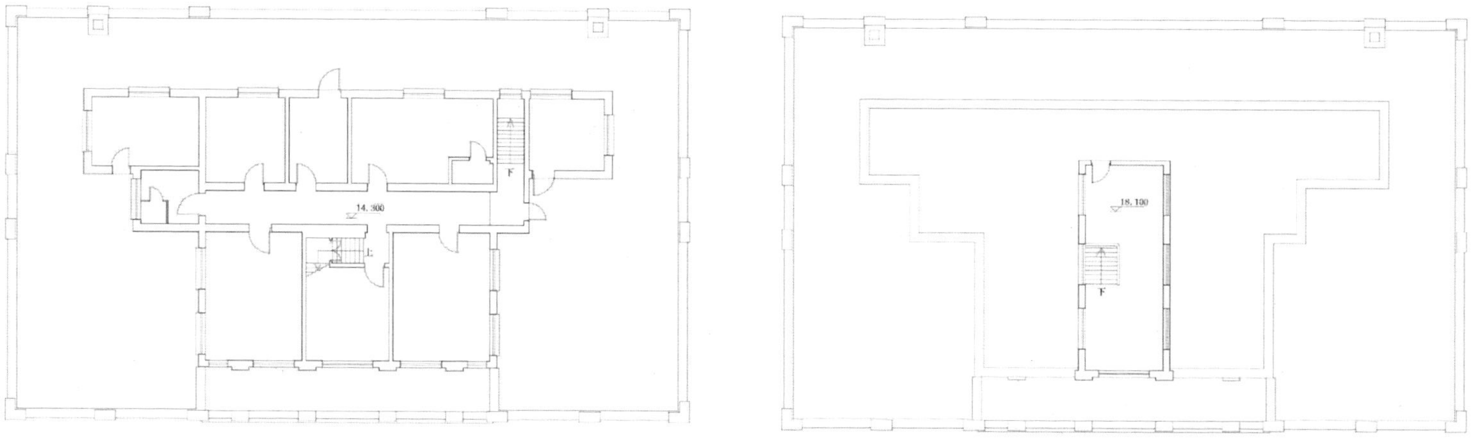

图39 总统府子超楼四及五层平面图

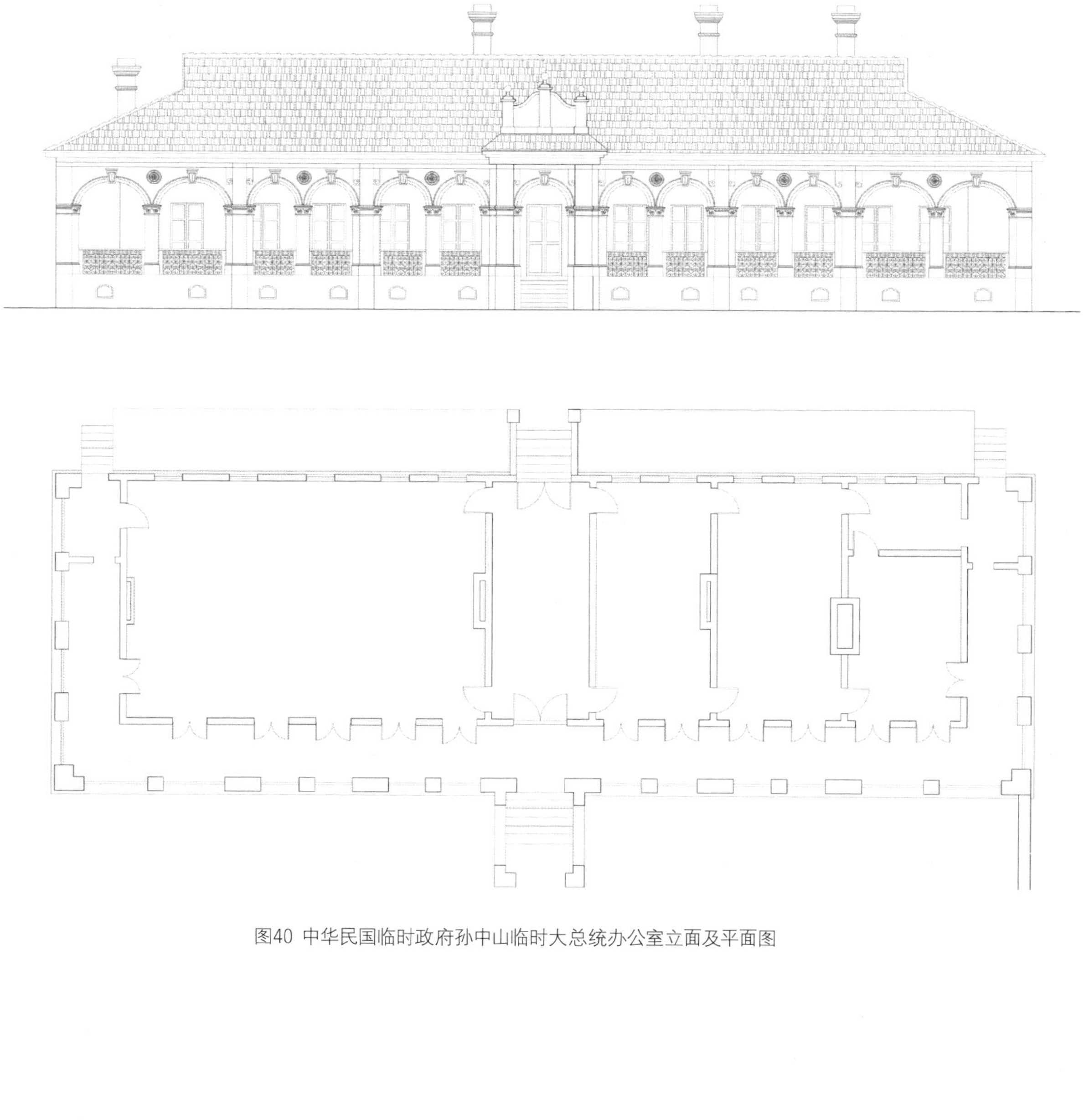

图40 中华民国临时政府孙中山临时大总统办公室立面及平面图

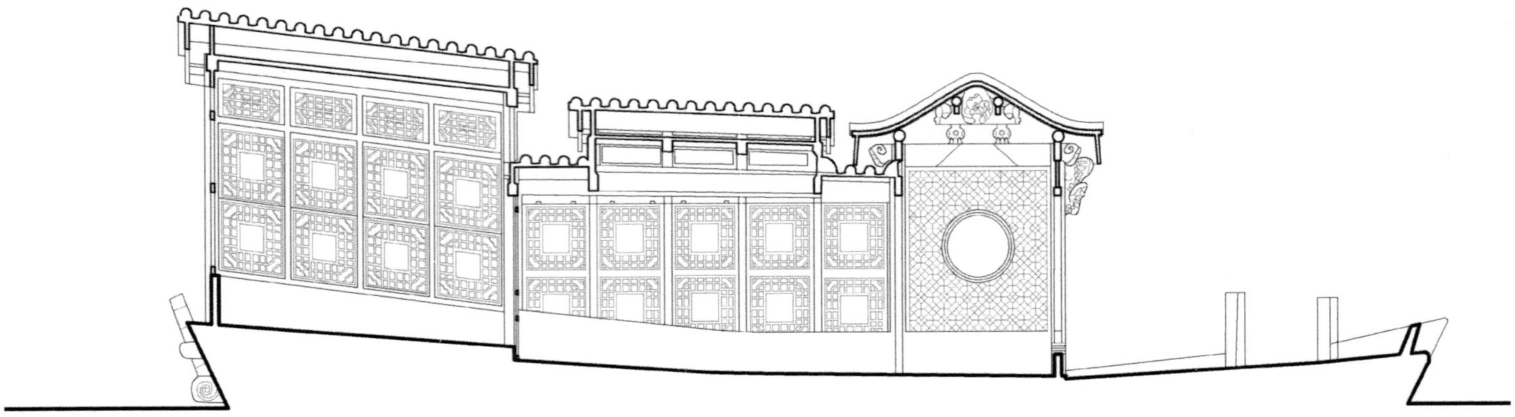

图41 总统府煦园不系舟剖面图

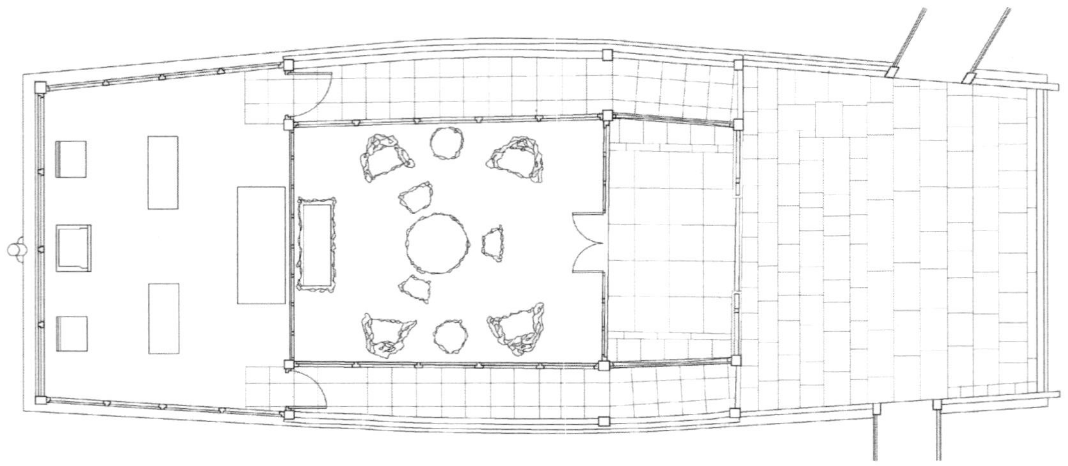

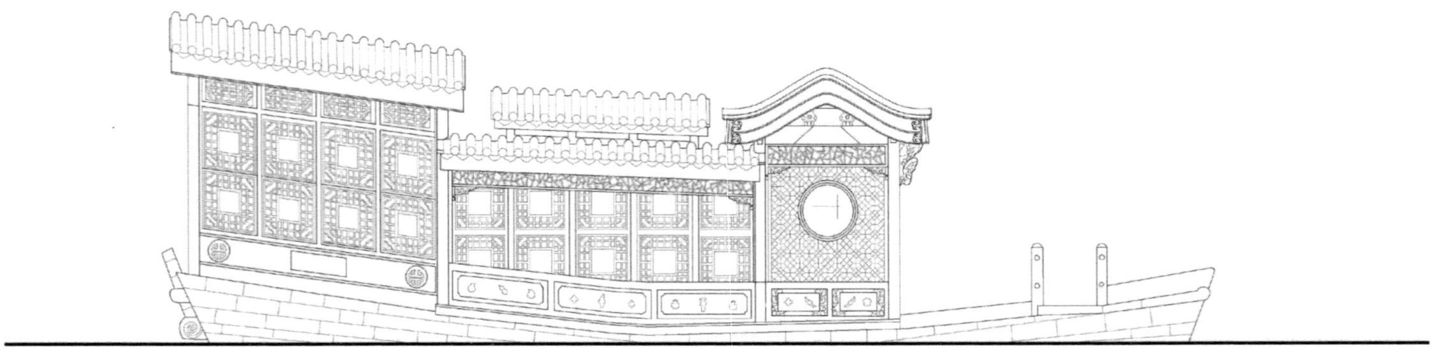

图42 总统府煦园不系舟平面及立面图

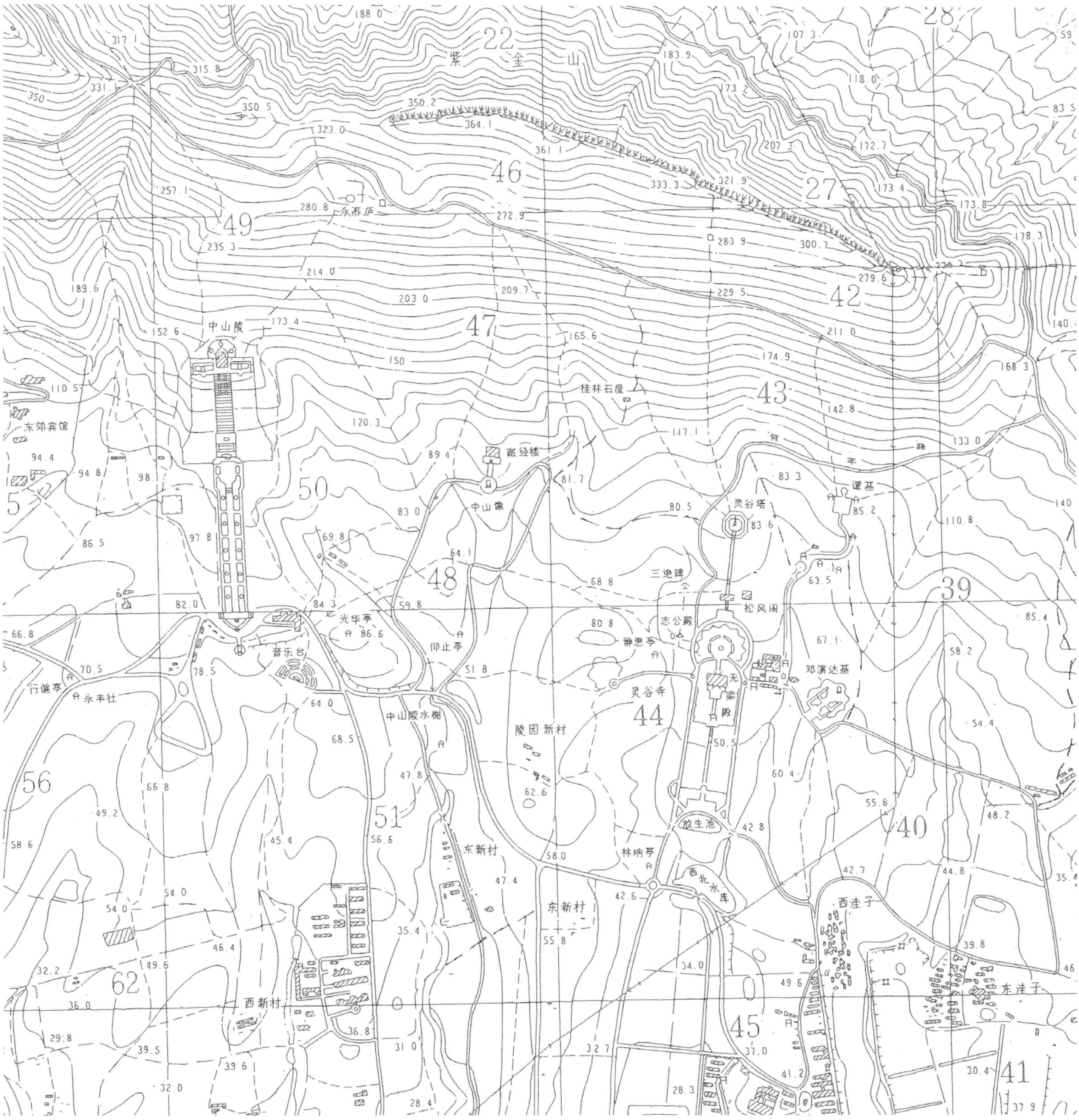

图43 中山陵与灵谷寺关系图

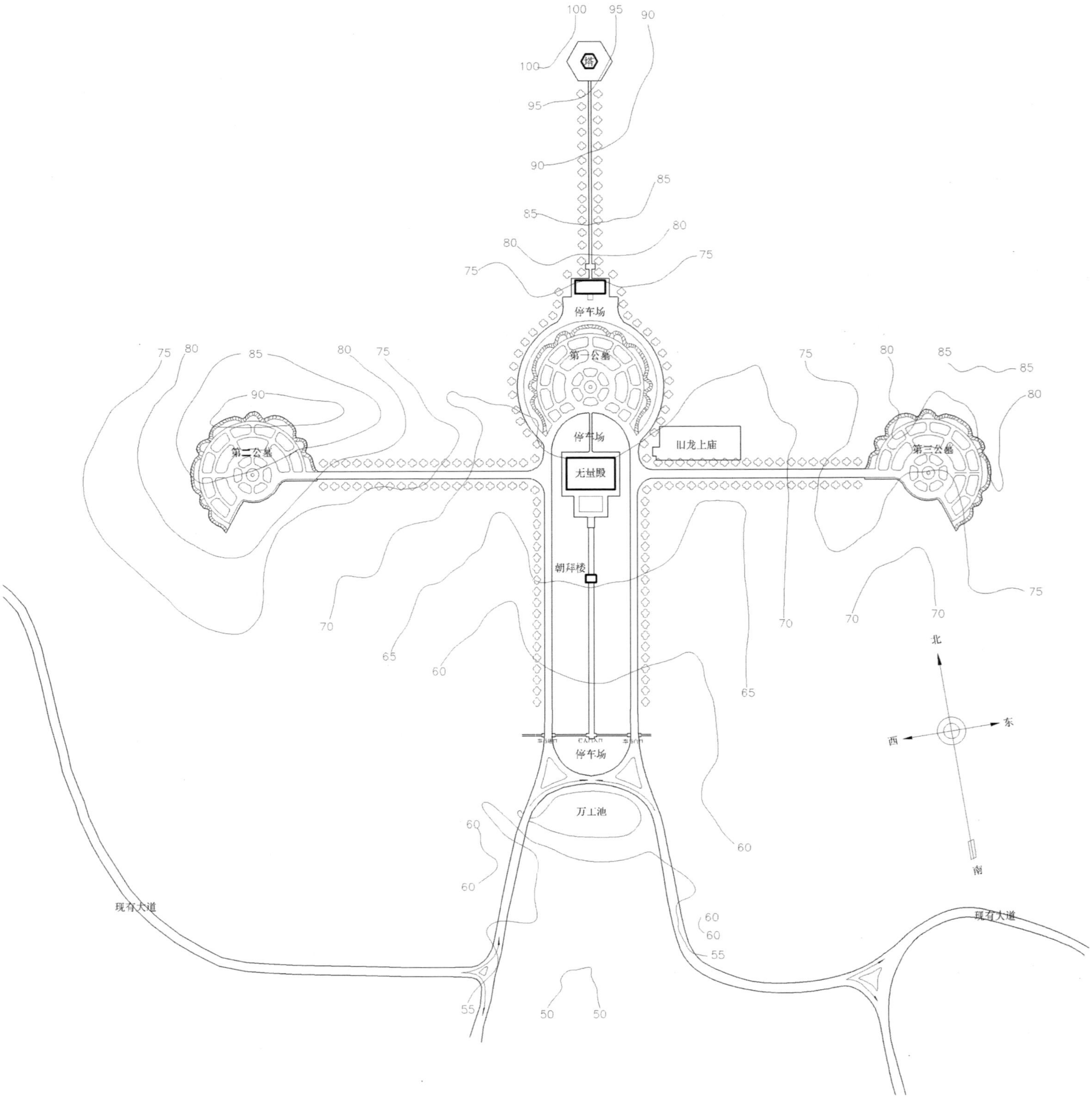

图44 国民革命阵亡将士公墓（灵谷寺原址）原设计总平面图

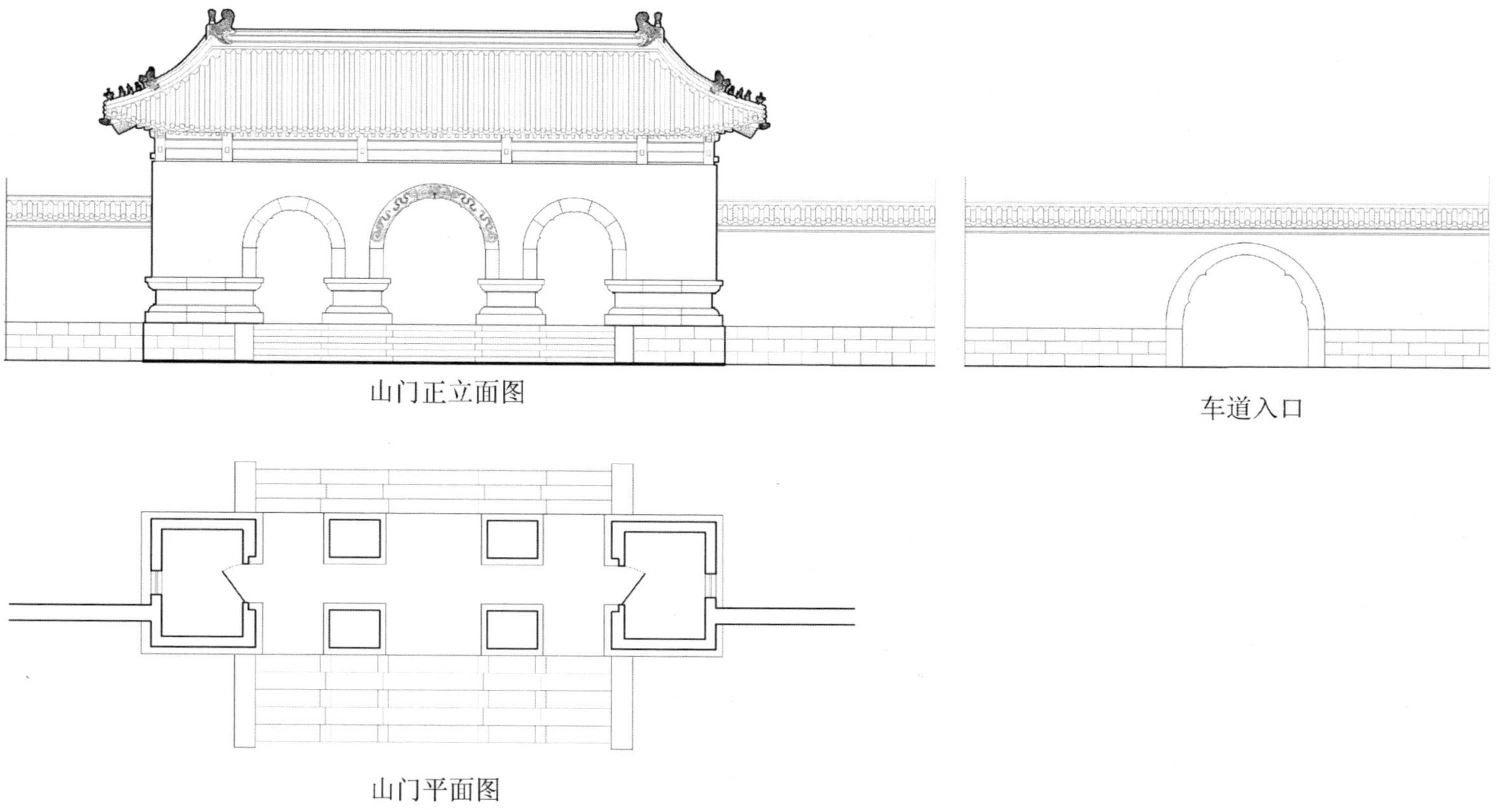

图45 国民革命阵亡将士公墓正门（灵谷寺山门）正立面图及平面图

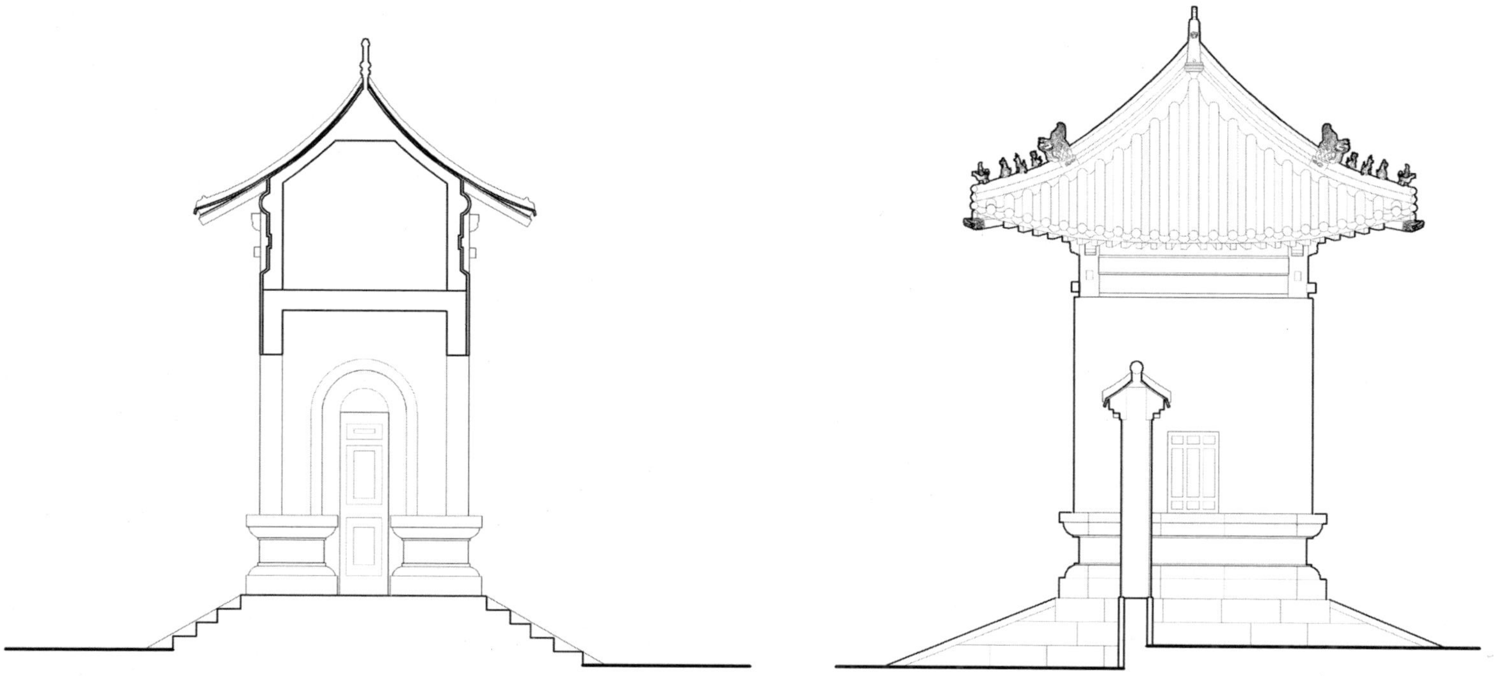

图46 山门剖面图及侧立面图

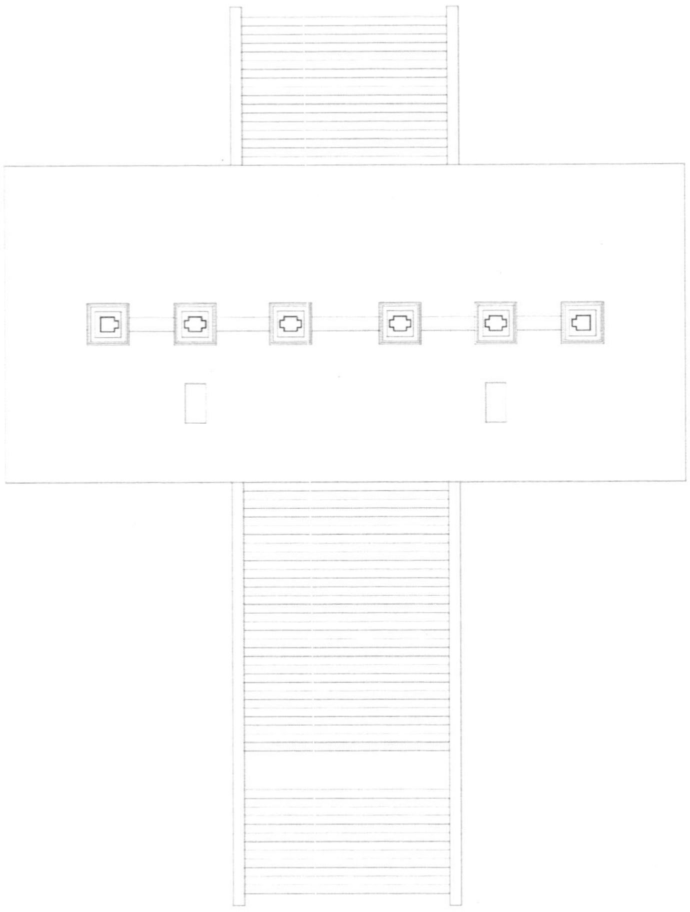

图47 国民革命阵亡将士公墓牌楼平面图

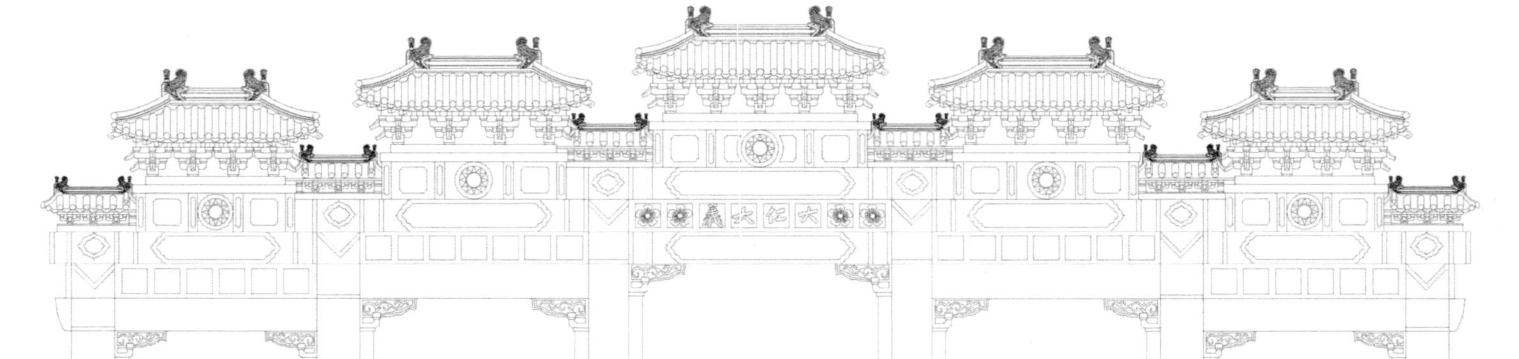

图48 国民革命阵亡将士公墓牌楼正立面图

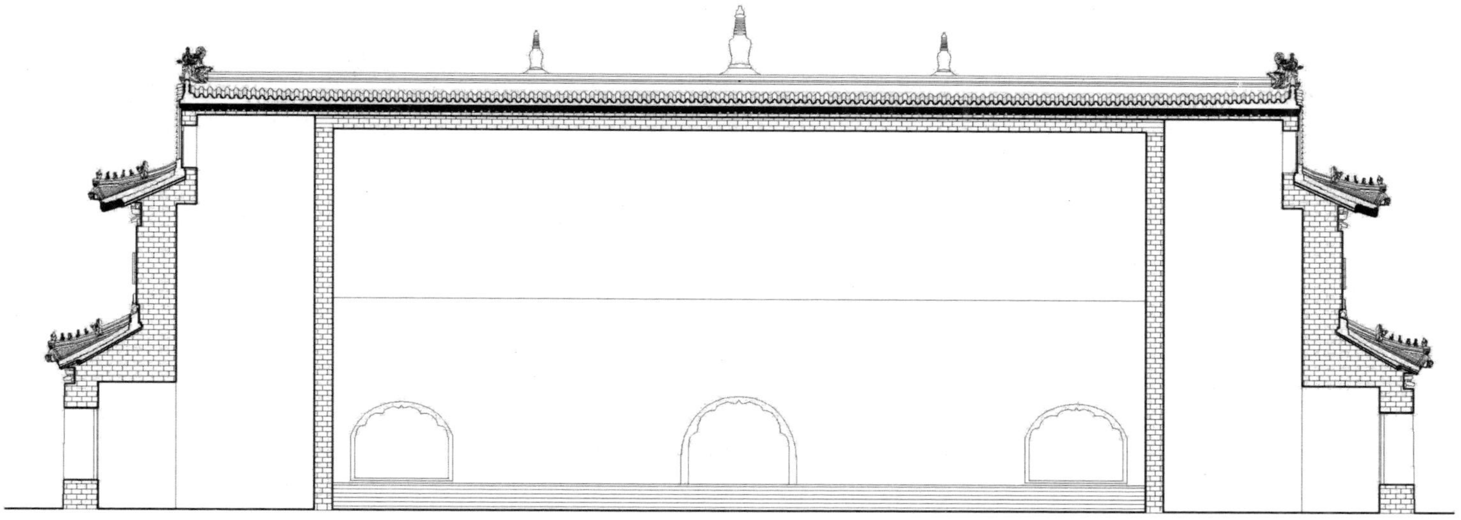

图49 国民革命军士公墓祭堂（原灵谷寺无梁殿）剖面图

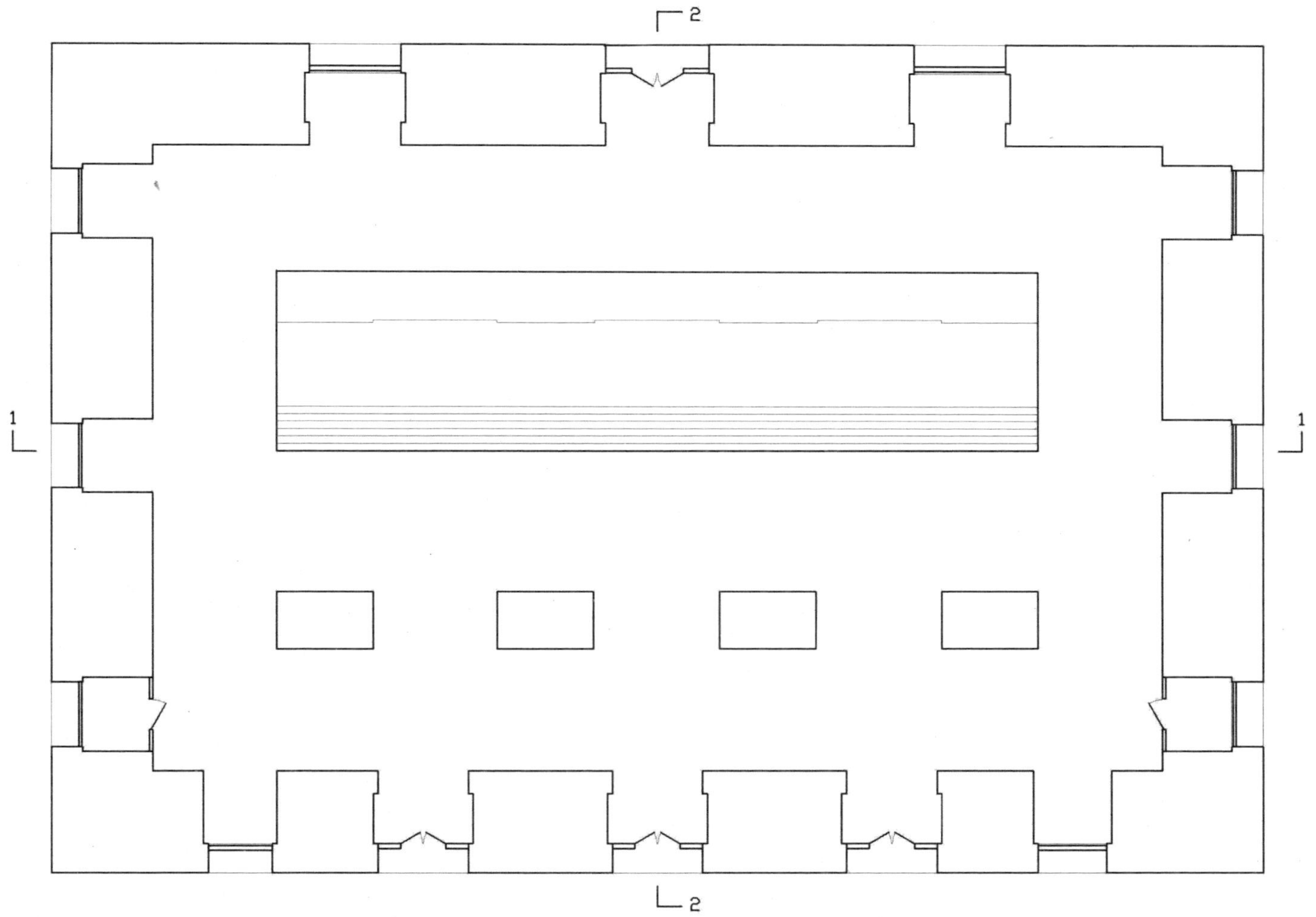

图50 国民革命军士公墓祭堂（原灵谷寺无梁殿）平面图

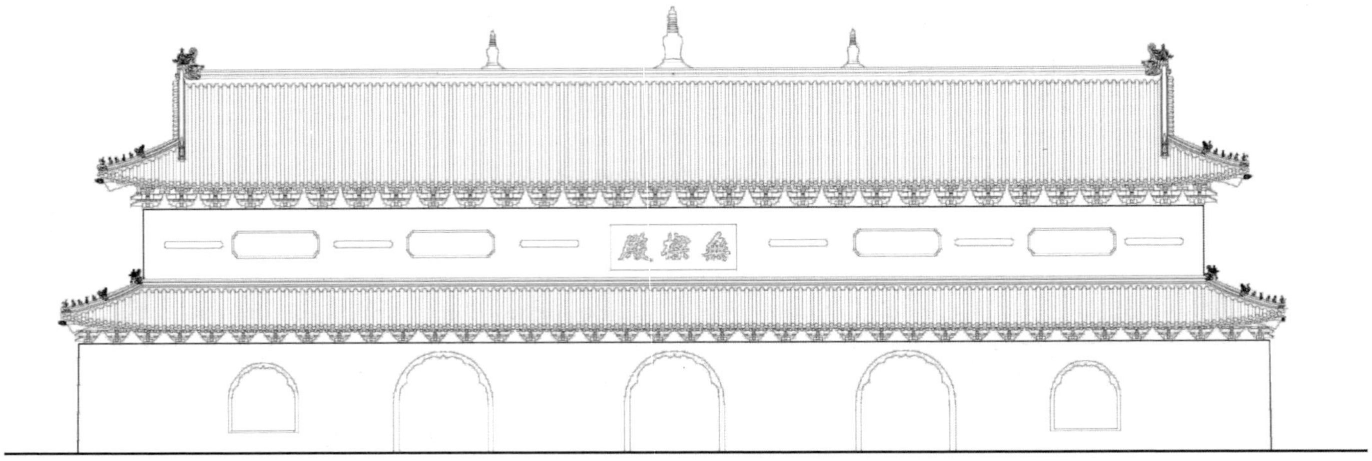

图51 无梁殿正立面图

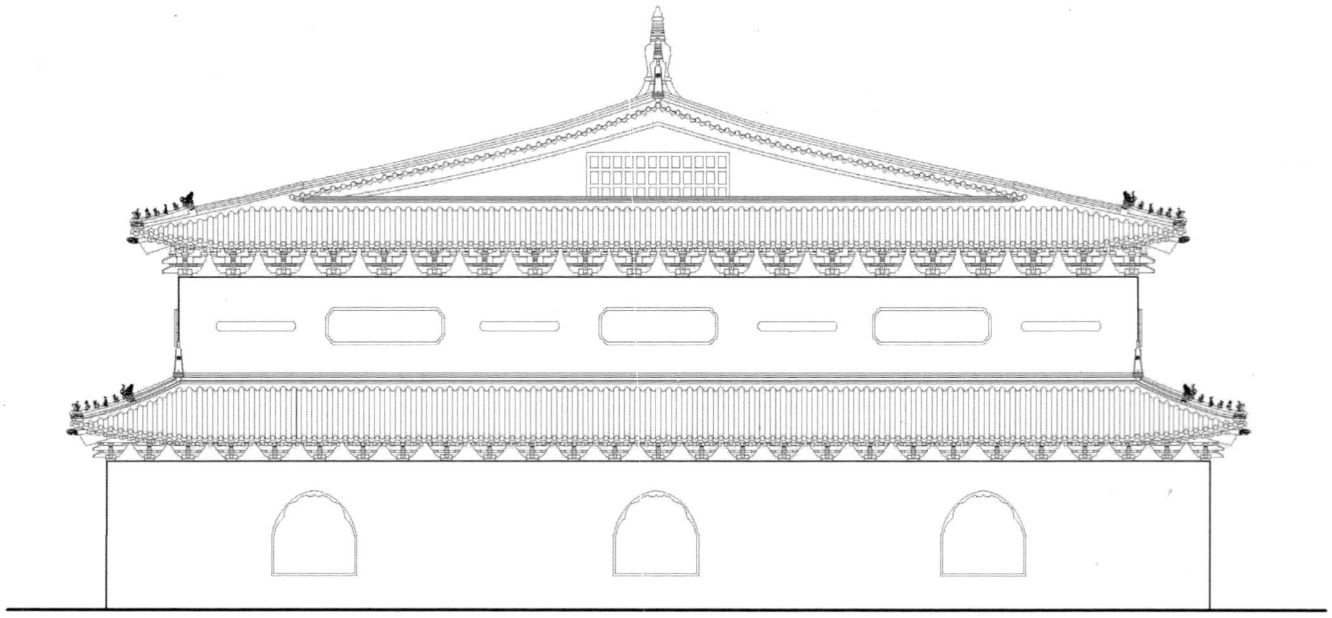

无梁殿立面图

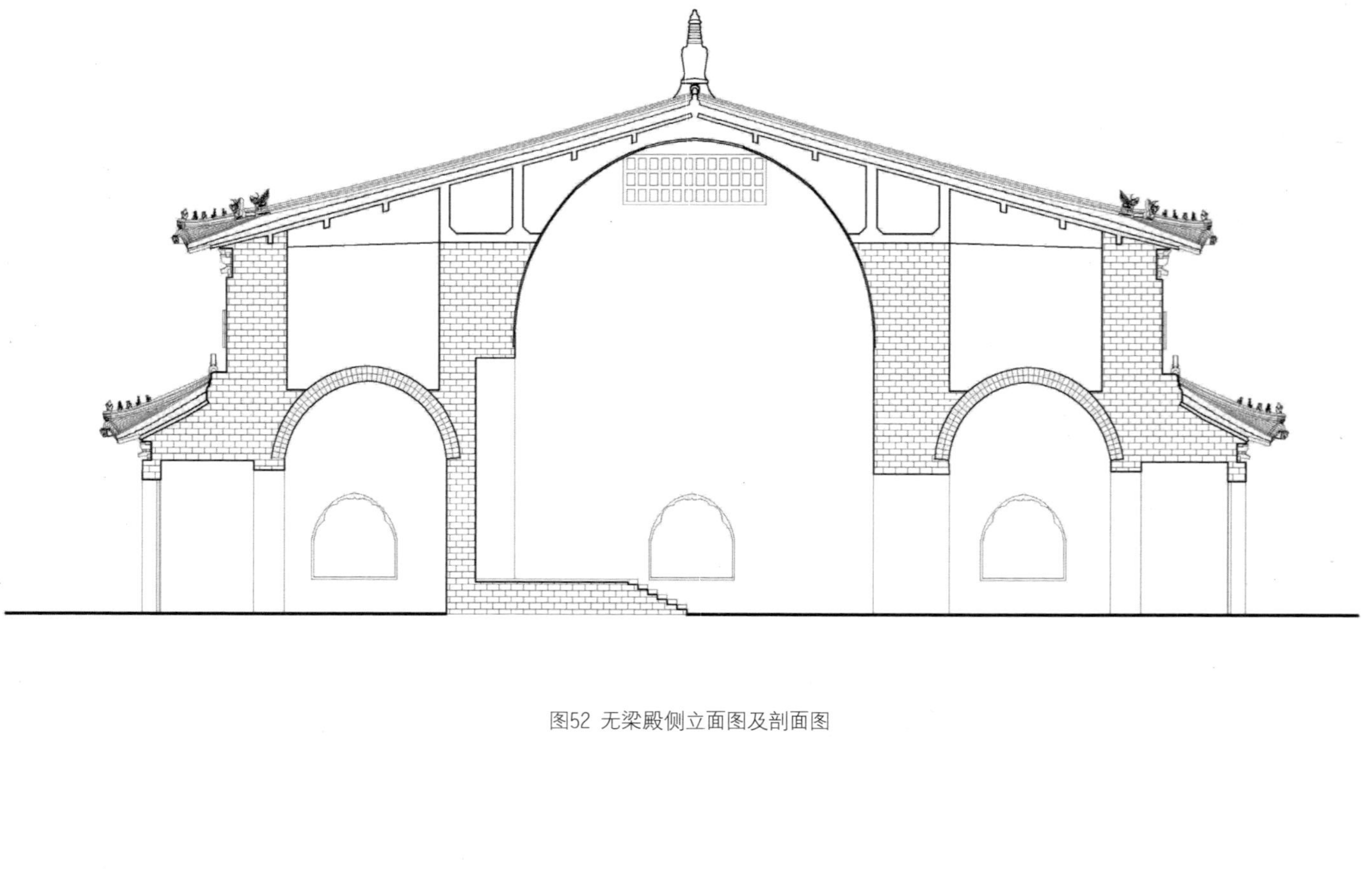

图52 无梁殿侧立面图及剖面图

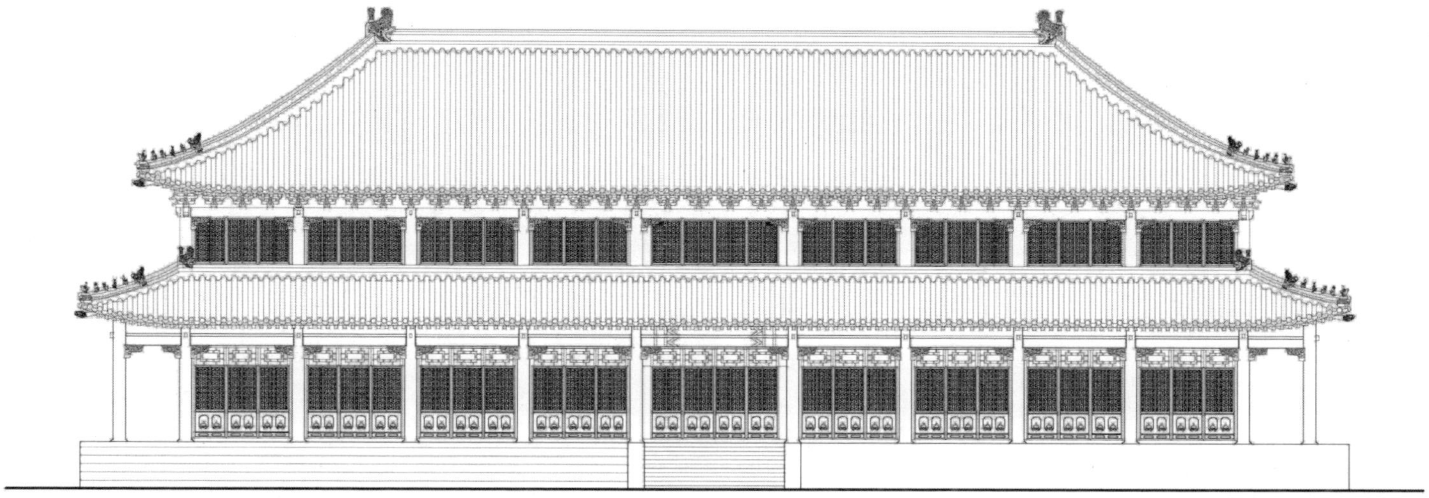

图53 国民革命阵亡将士纪念馆(松风阁)正立面图

图54 松风阁侧立面图

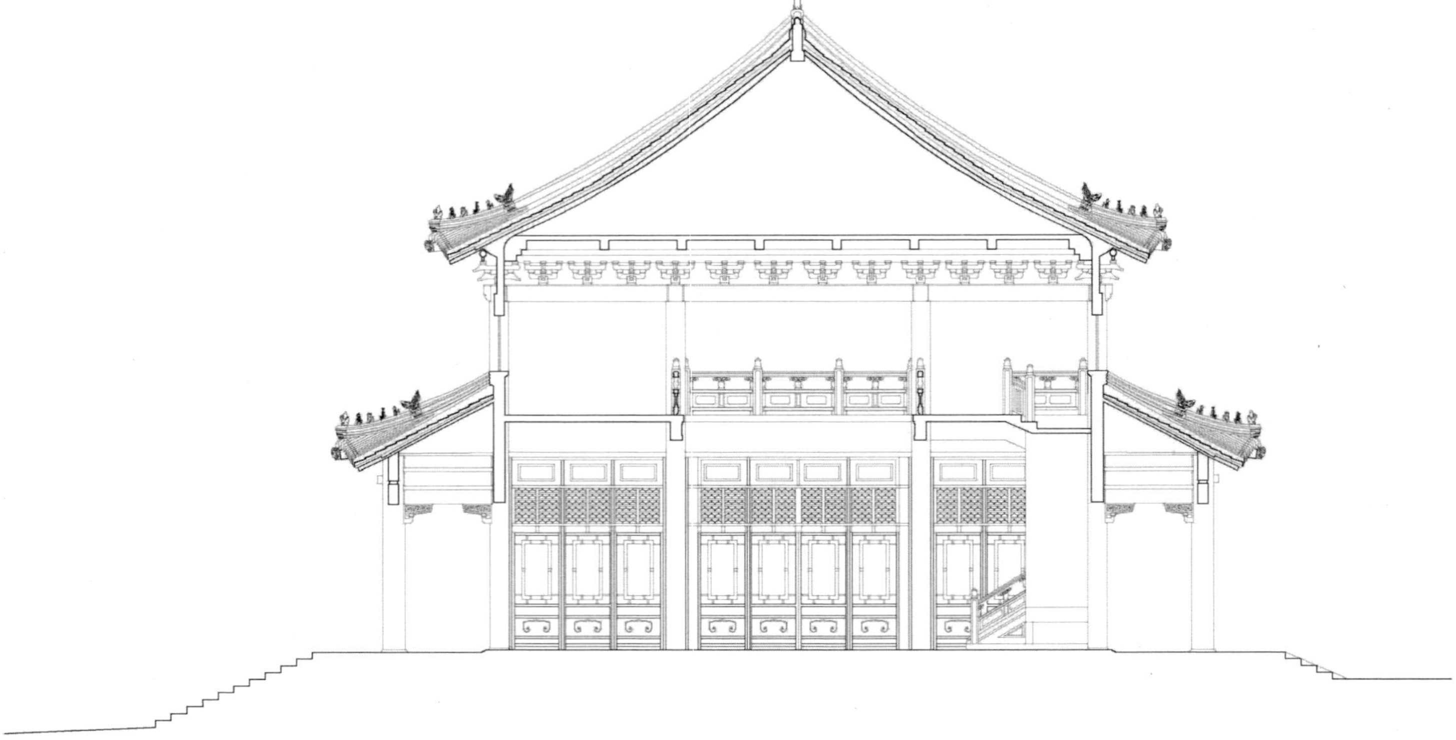

图55 松风阁剖面图

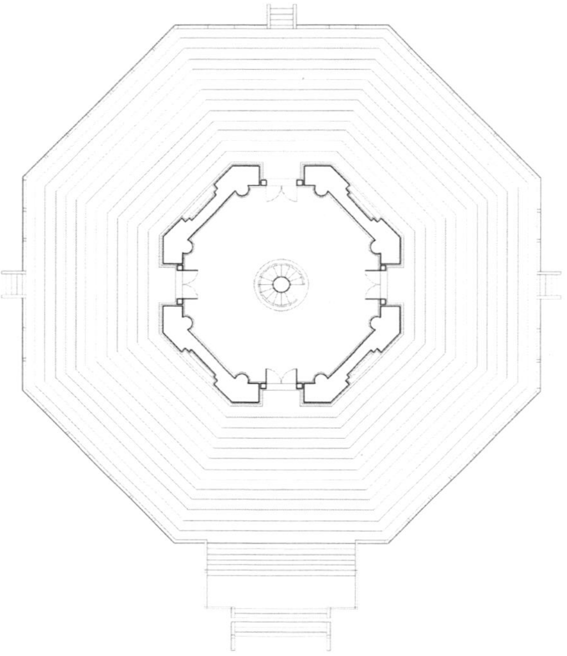

阵亡将士纪念塔（灵谷塔）底层平面

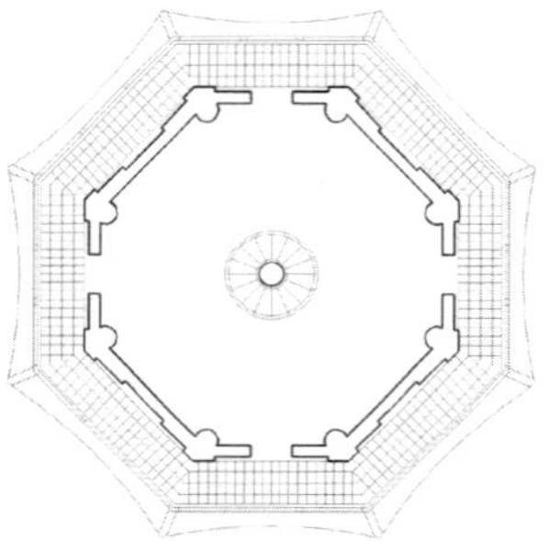

五层平面

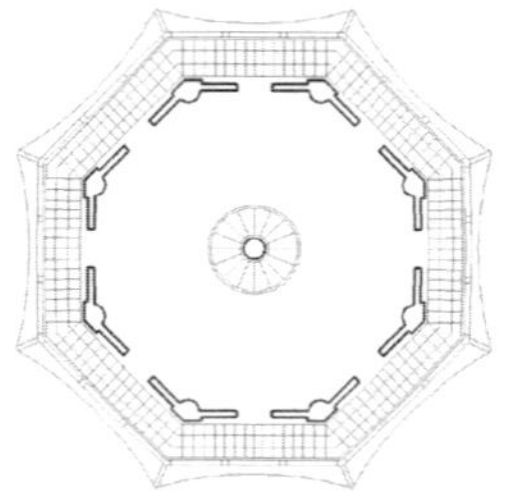

顶层平面

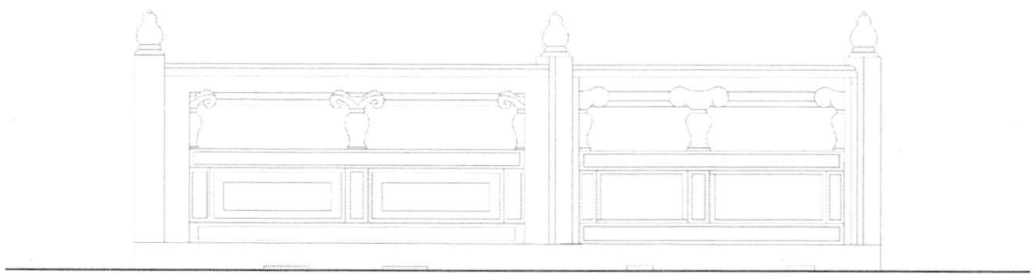

阵亡将士纪念塔（灵谷塔）栏杆大样

图56 阵亡将士纪念塔（灵谷塔）平面及大样图

图57 阵亡将士纪念塔（灵谷塔）剖面及立面图

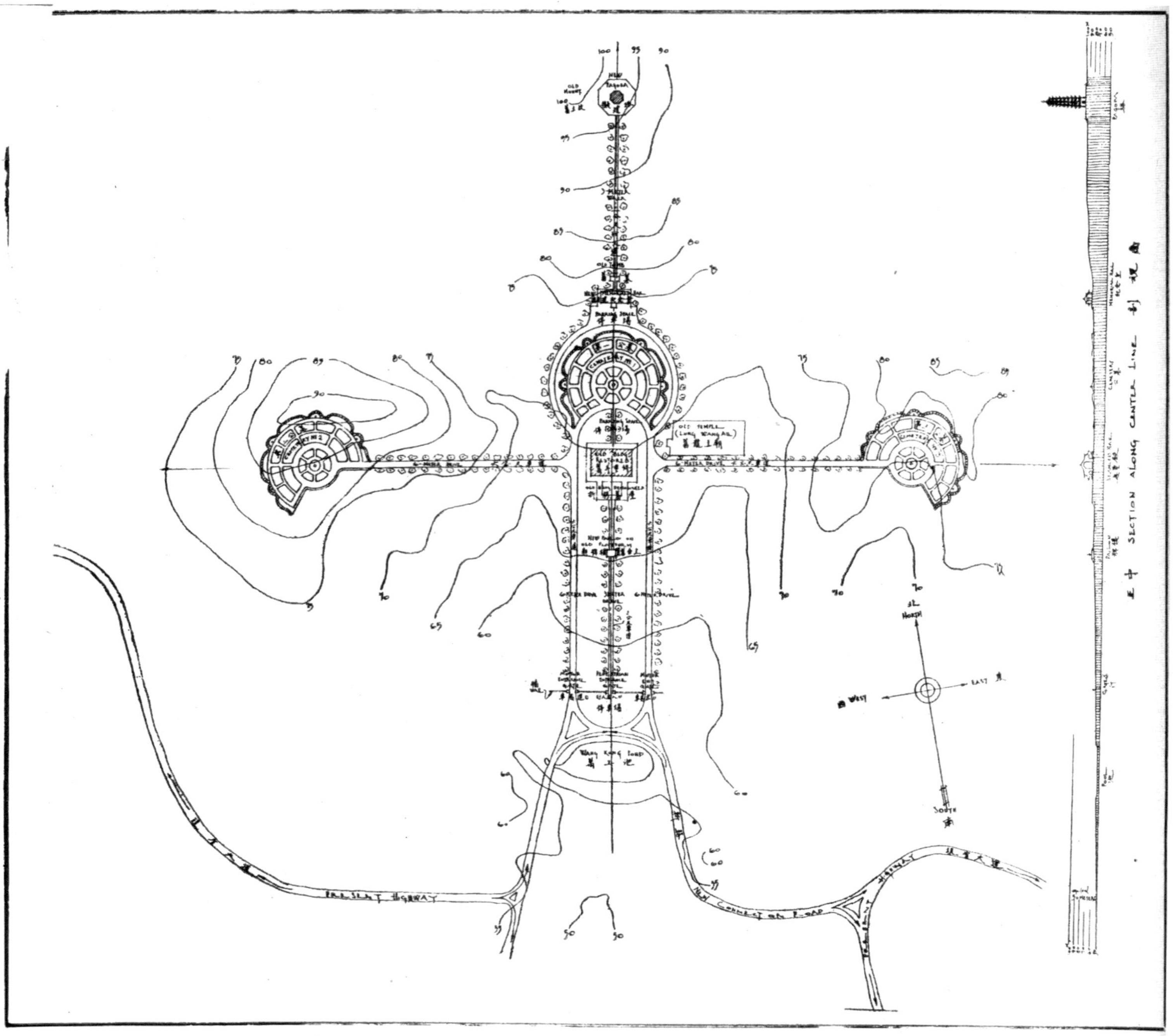

Block Plan of the Memorial Cemetery for Heroes of the Revolution, Purple Mountain, Nanking.

Mr. H. K. Murphy, Architect
Voh Kee Construction Co., Contractors

图58 《建筑月刊》载：灵谷寺阵亡将士公墓总平面图(Jianzhu Yuekai V-2 N-2 1934-2)

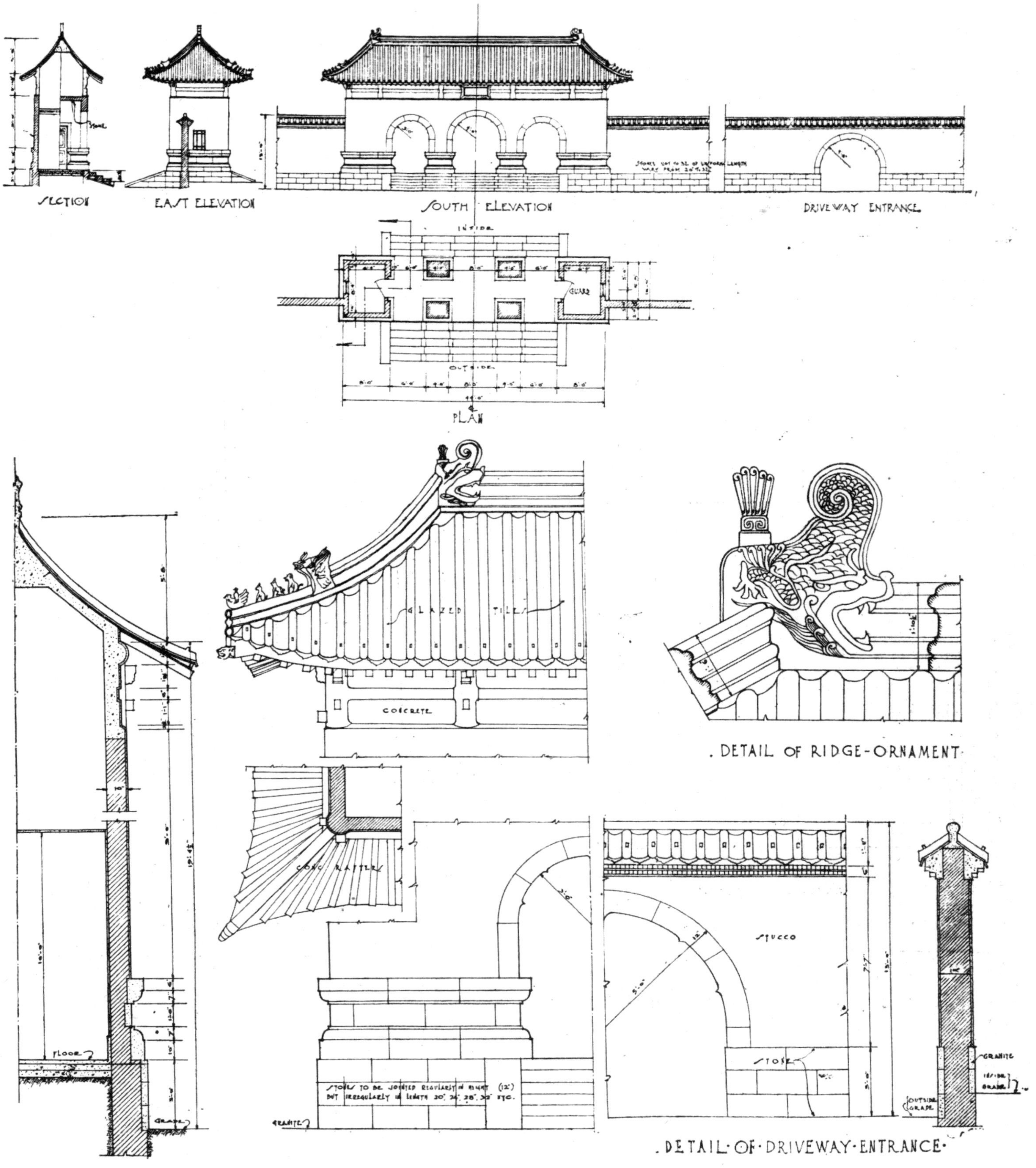

图59 《建筑月刊》载：灵谷寺阵亡将士公墓正门（9006）

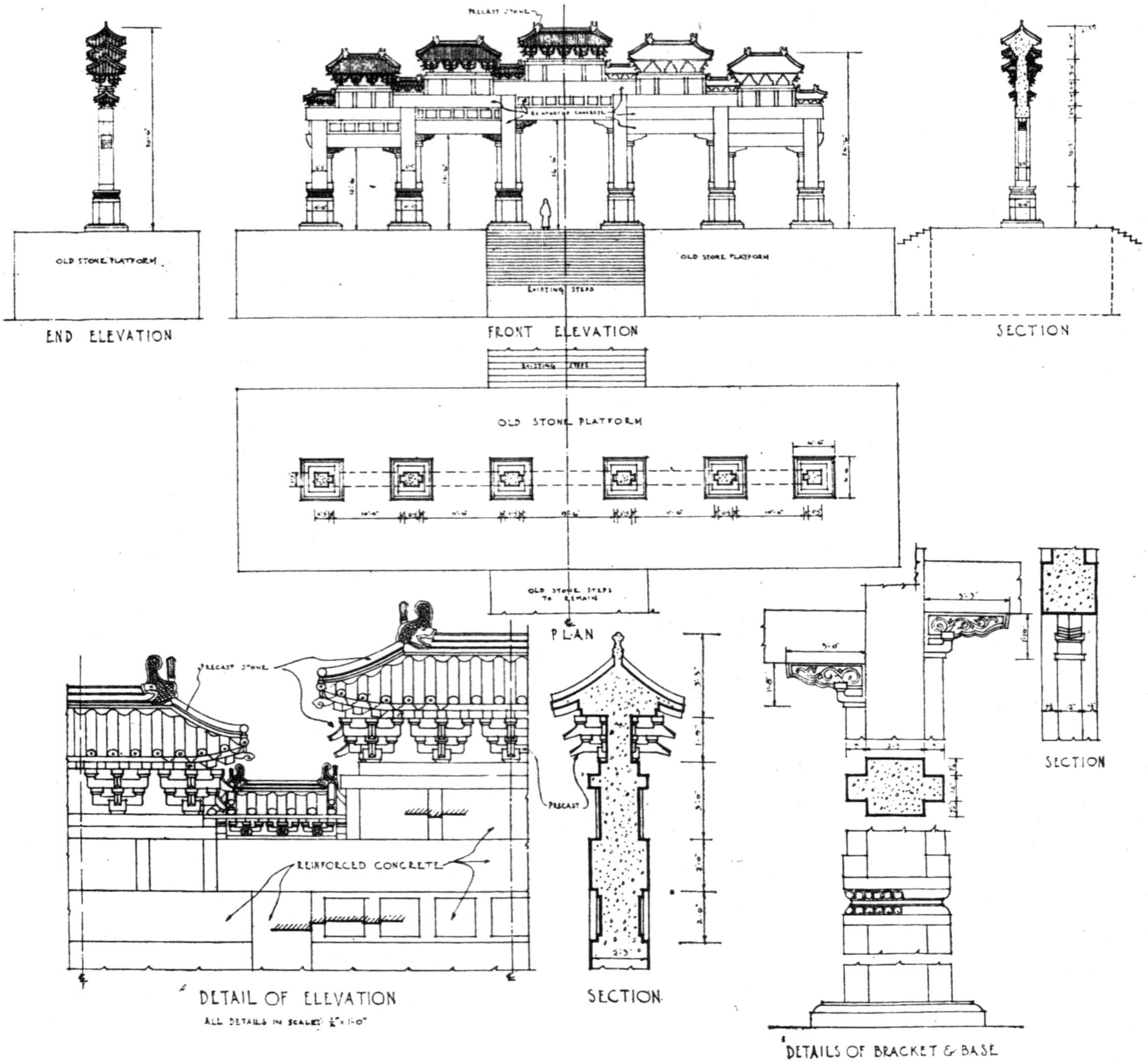

图60 《建筑月刊》载：灵谷寺阵亡将士公墓纪念坊（9005）

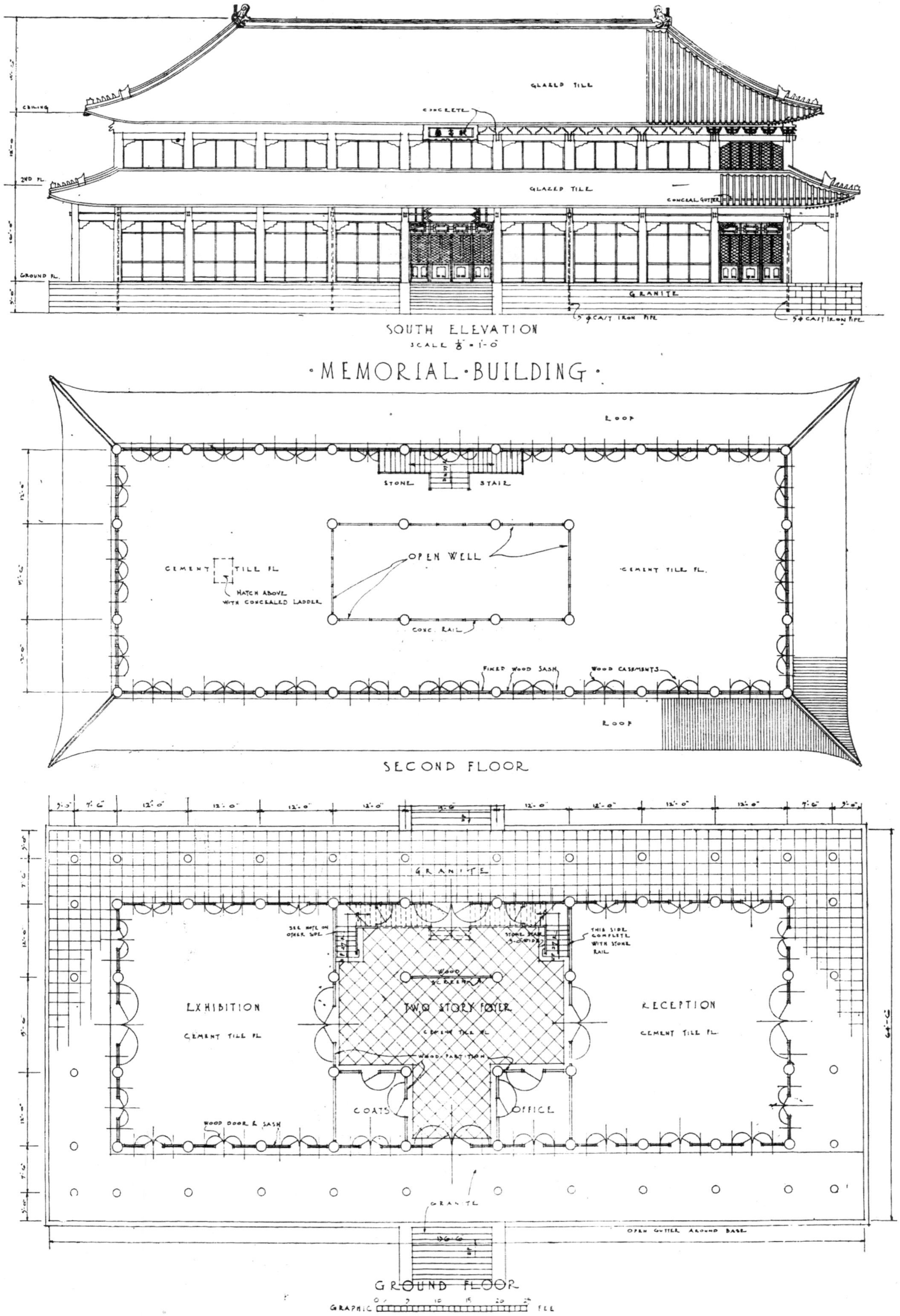

图61 《建筑月刊》载：灵谷寺阵亡将士公墓纪念馆1

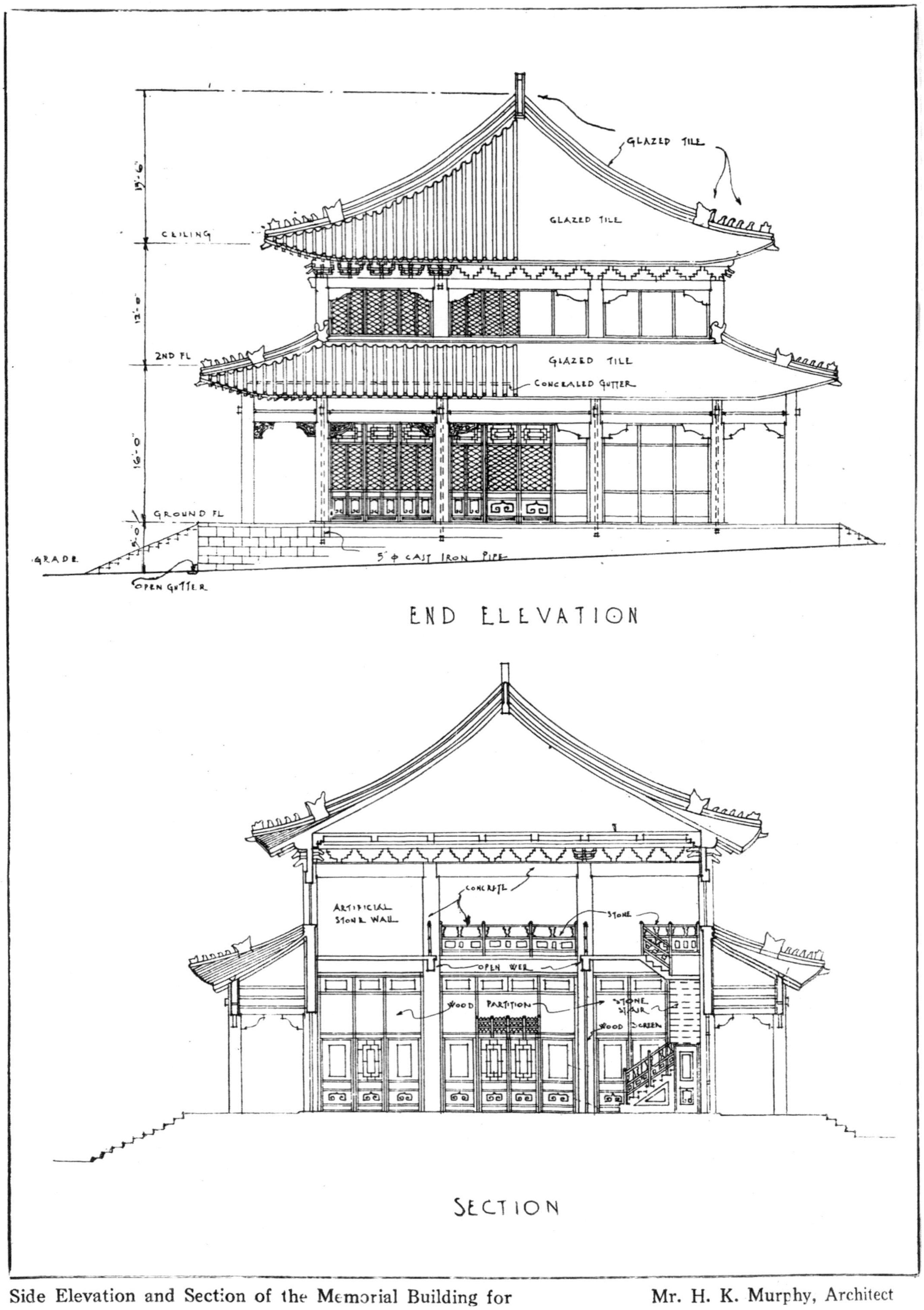

Side Elevation and Section of the Memorial Building for Heroes of the Revolution, Purple Mountain, Nanking.

Mr. H. K. Murphy, Architect
Voh Kee Construction Co., Contractors

图62 《建筑月刊》载: 灵谷寺阵亡将士公墓纪念馆2(9003)

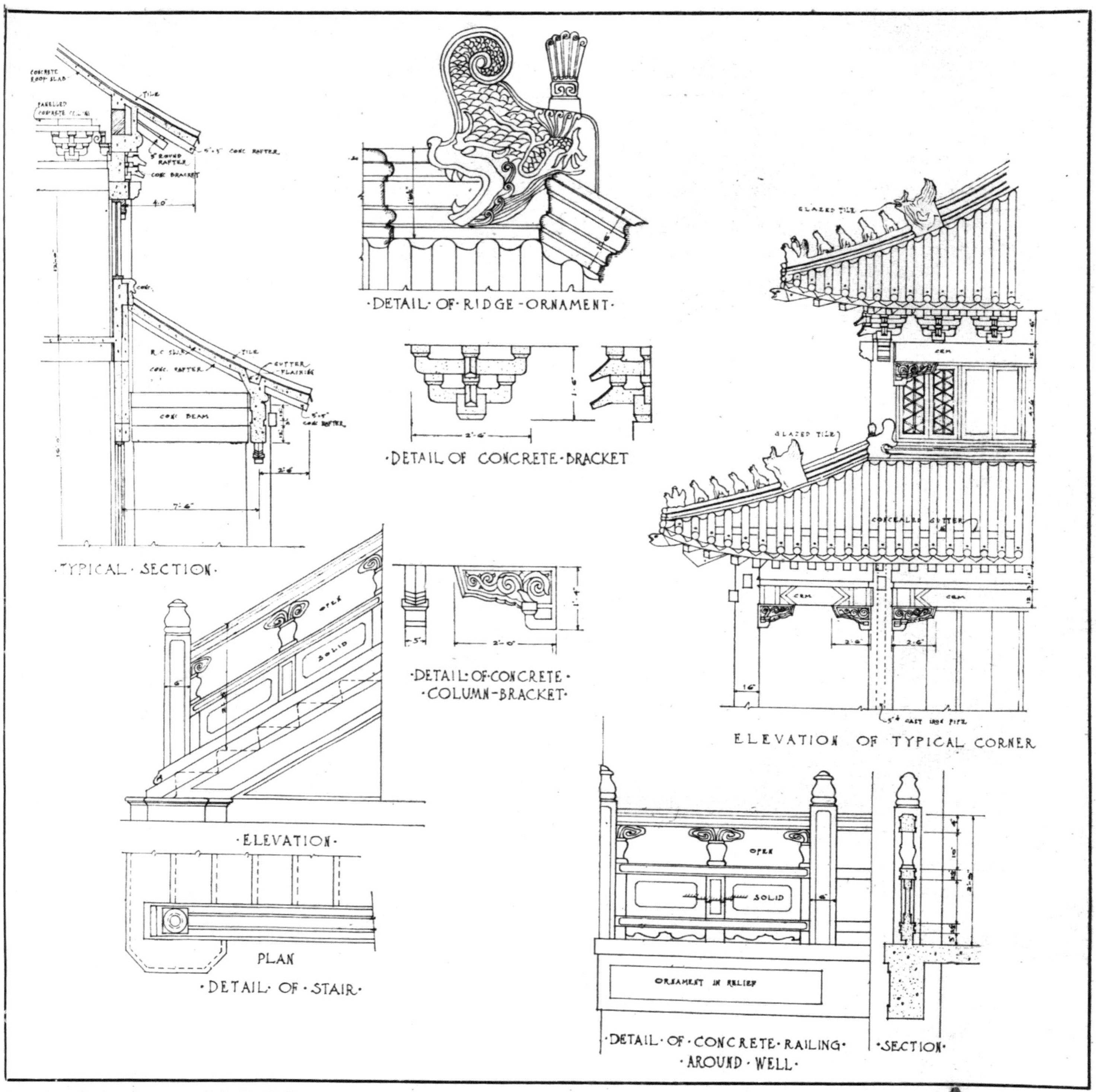

Details of the Memorial Building for Heroes of the Revolution, Purple Mountain, Nanking.

Mr. H. K. Murphy, Architect
Voh Kee Construction Co., Contractors

图63 《建筑月刊》载：灵谷寺阵亡将士公墓纪念馆3（9004）

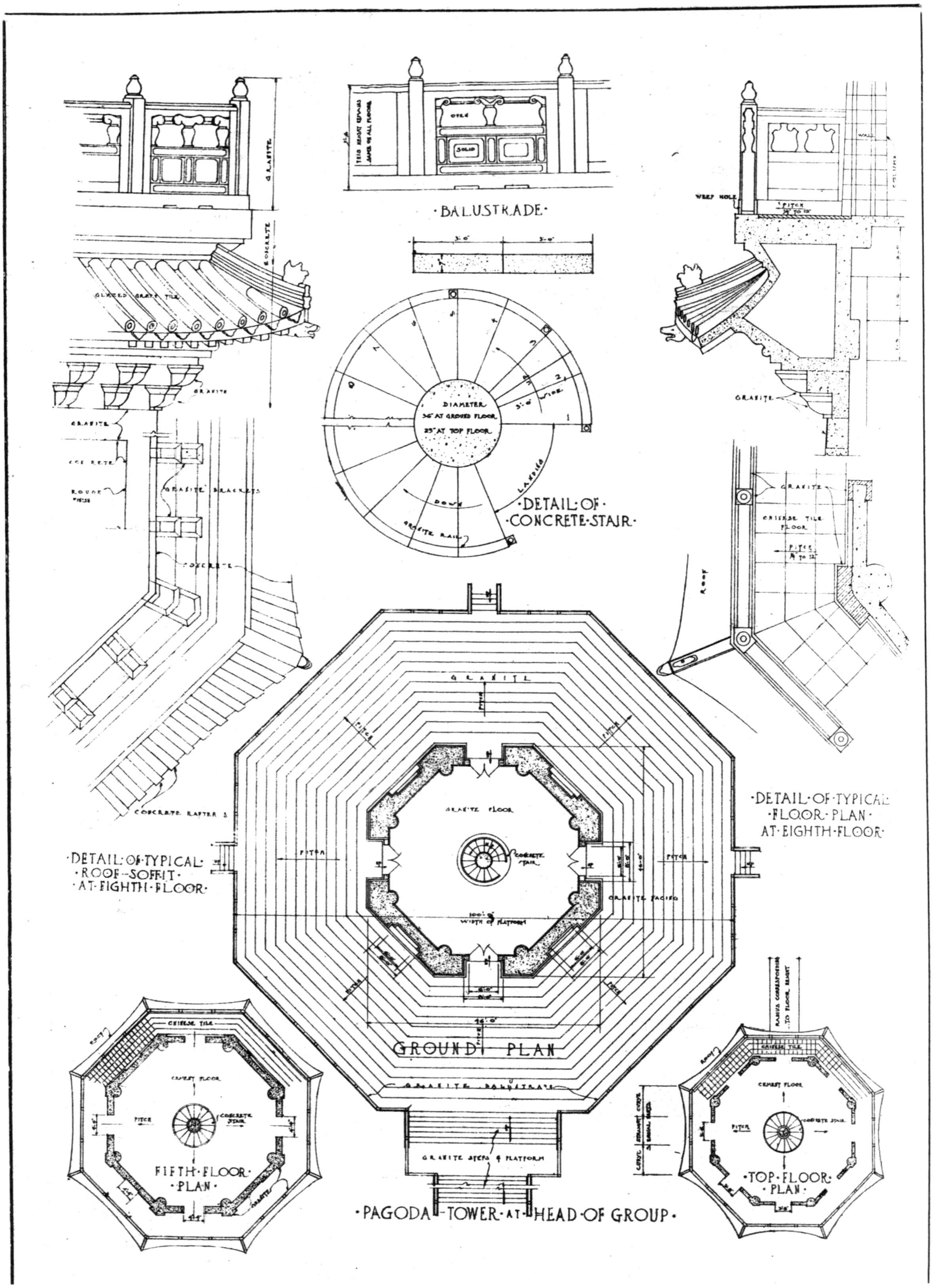

图64 《建筑月刊》载：灵谷寺阵亡将士纪念塔1（9001）

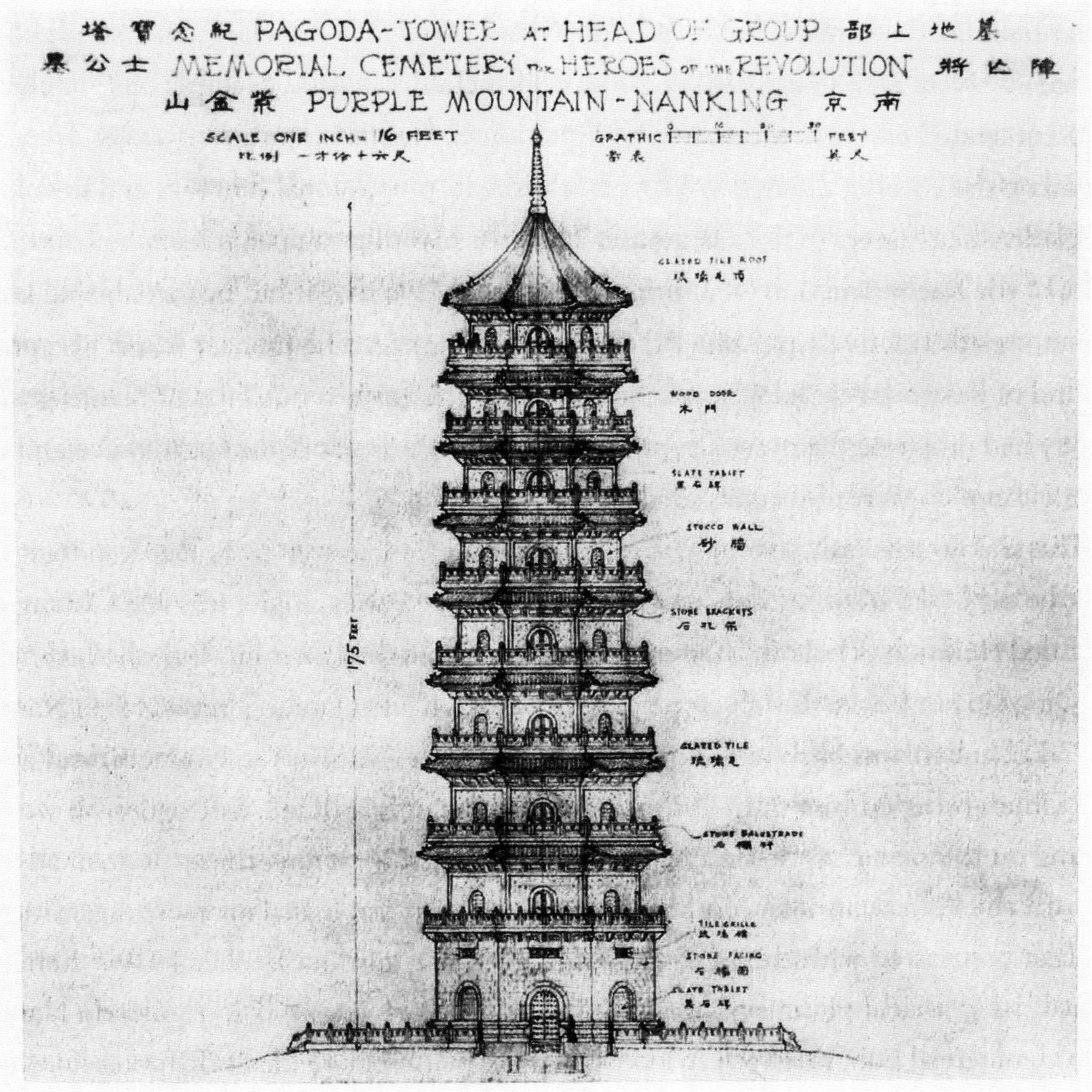

图65 《建筑月刊》载：灵谷寺阵亡将士纪念塔正立面（Murphy Pagoda-1）

Figure 24 Bird's-eye view of the Ginling College for Girls (Shifan daxue), Nanjing, ca. 1921.

图66 赖德霖提供：南京金陵女子学院设计渲染图（墨菲设计、吕彦直绘制）（Ginling）

三、广州、梧州二市五处辛亥革命建筑遗存

清末广东咨议局，始建于1909年，1917年8月孙中山在此倡导成立国会非常会议，就任中华民国军政府海陆军为大元帅。1921年4—5月，国会非常会议选举孙中山为非常大总统，并通过了中华民国政府组织大纲；孙中山大元帅府，原广东士敏土厂办公楼，治平洋行（Purnell & Paget, Architects & Engineers)设计，1906年奠基，1917—1925年间，两度被征用为孙中山大元帅府；广州中山图书馆，林克明1928年设计，1933年建成；广州市政府合署，林克明设计，1935年建成；梧州中山堂，杨锡镠设计，1926年奠基，最早的中山纪念建筑之一。

此部分图纸由广州大学岭南建筑研究所汤国华教授、华南理工大学建筑学院郑力鹏副教授等提供，彭长歆副教授具体负责遴选、审核。

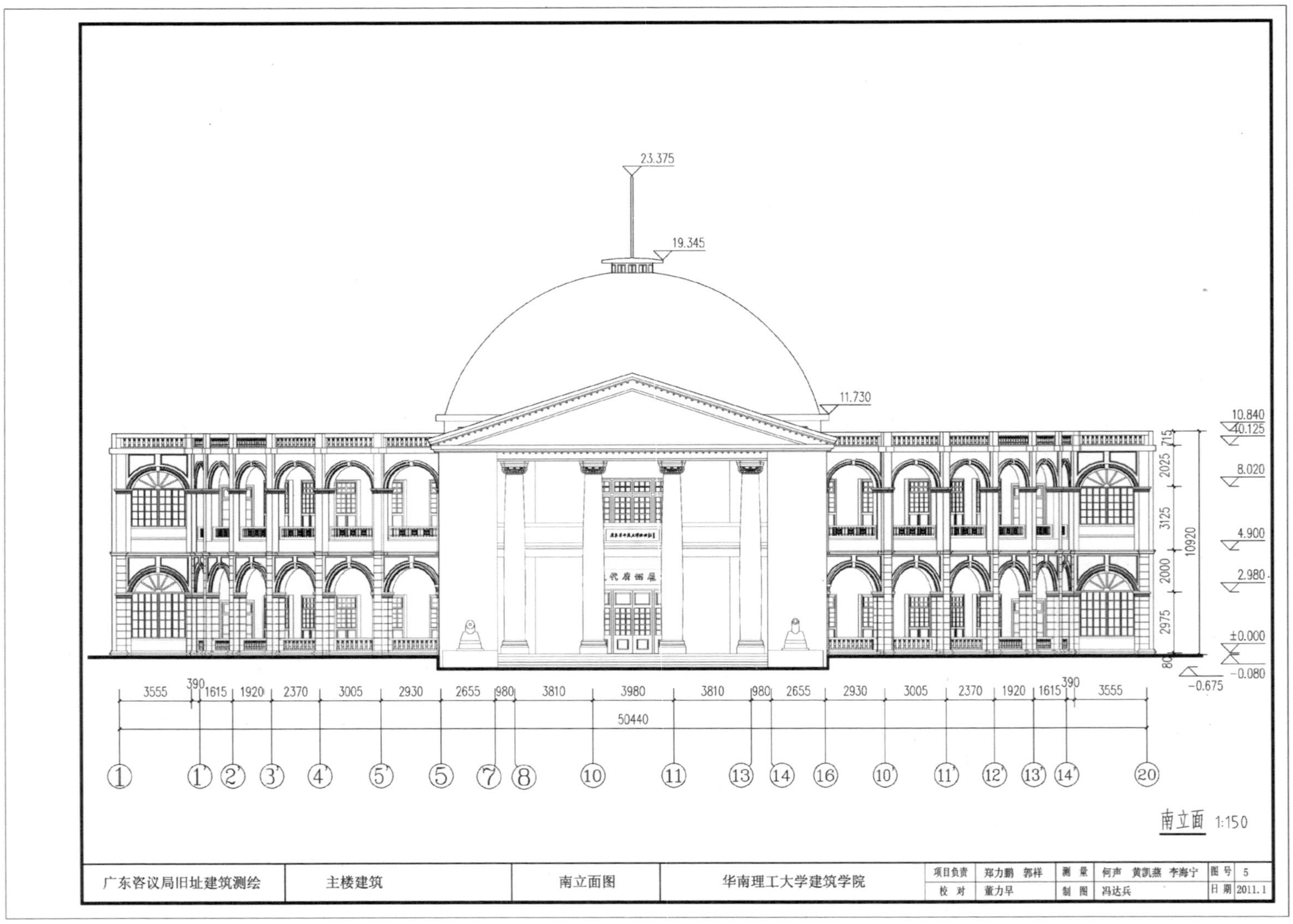

图67 广东咨议局旧址南立面图

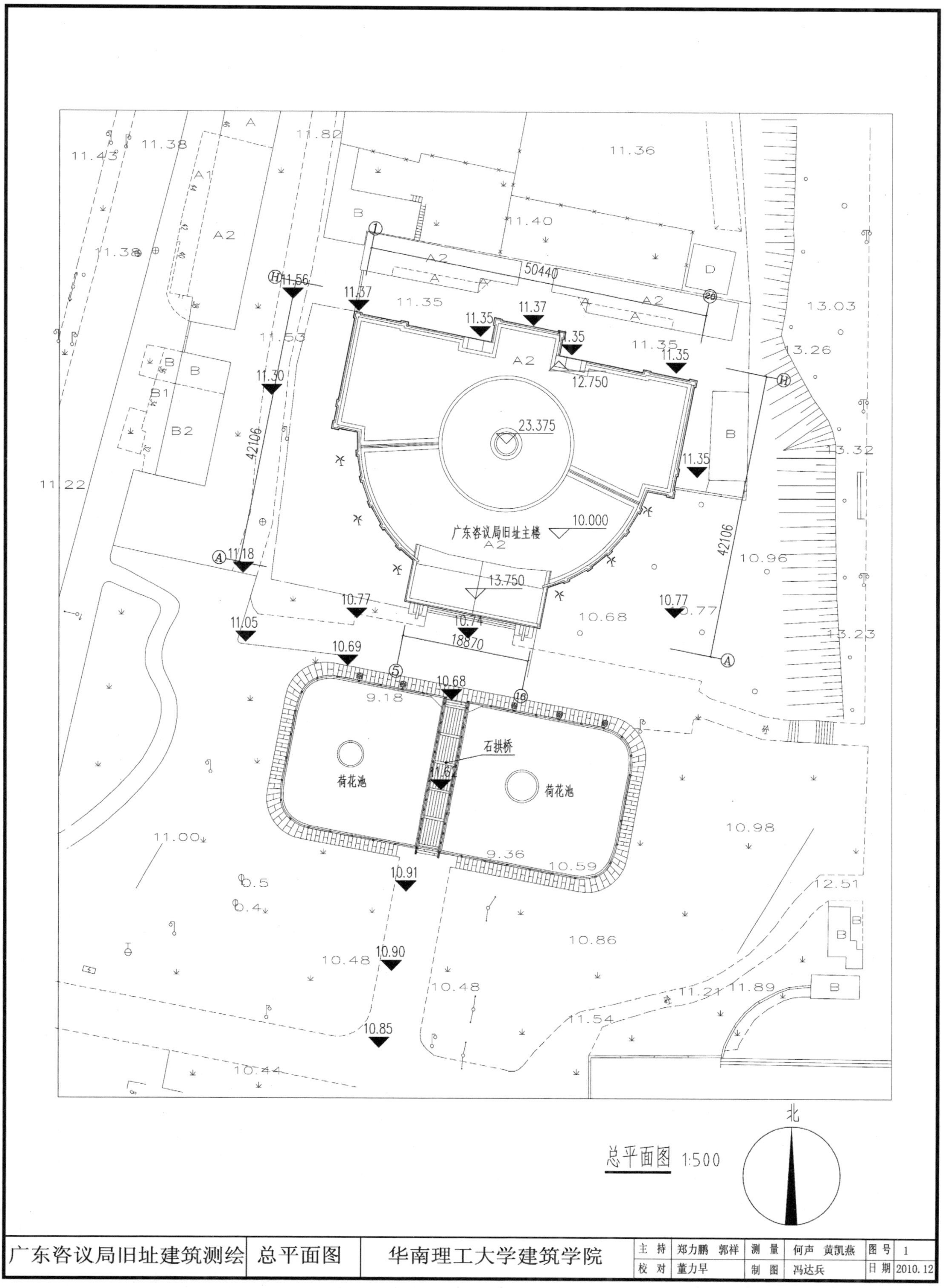

图68 广东咨议局旧址总平面图（华南理工大学建筑学院测绘，郑力鹏、郭祥主持）

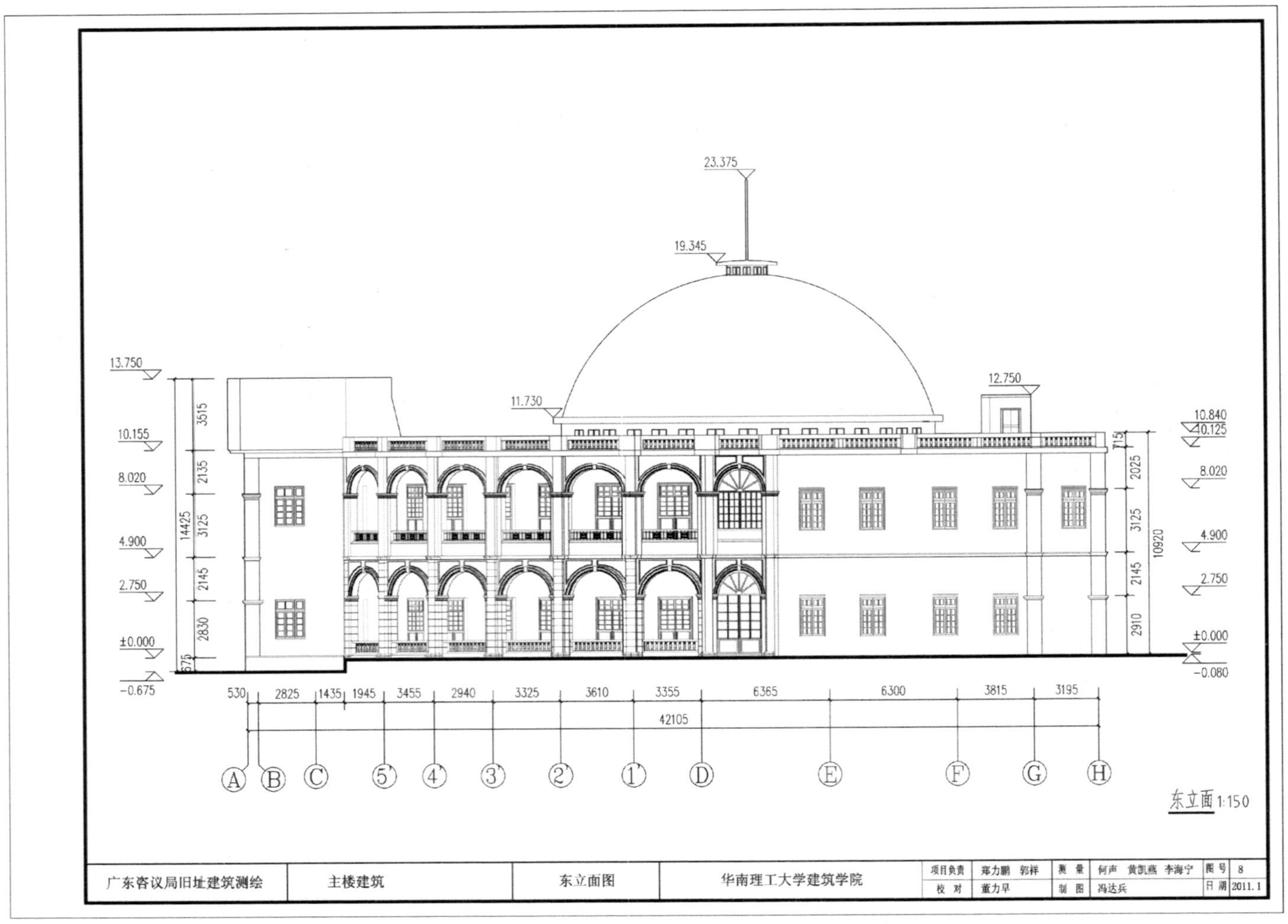

图69 广东咨议局旧址东立面图

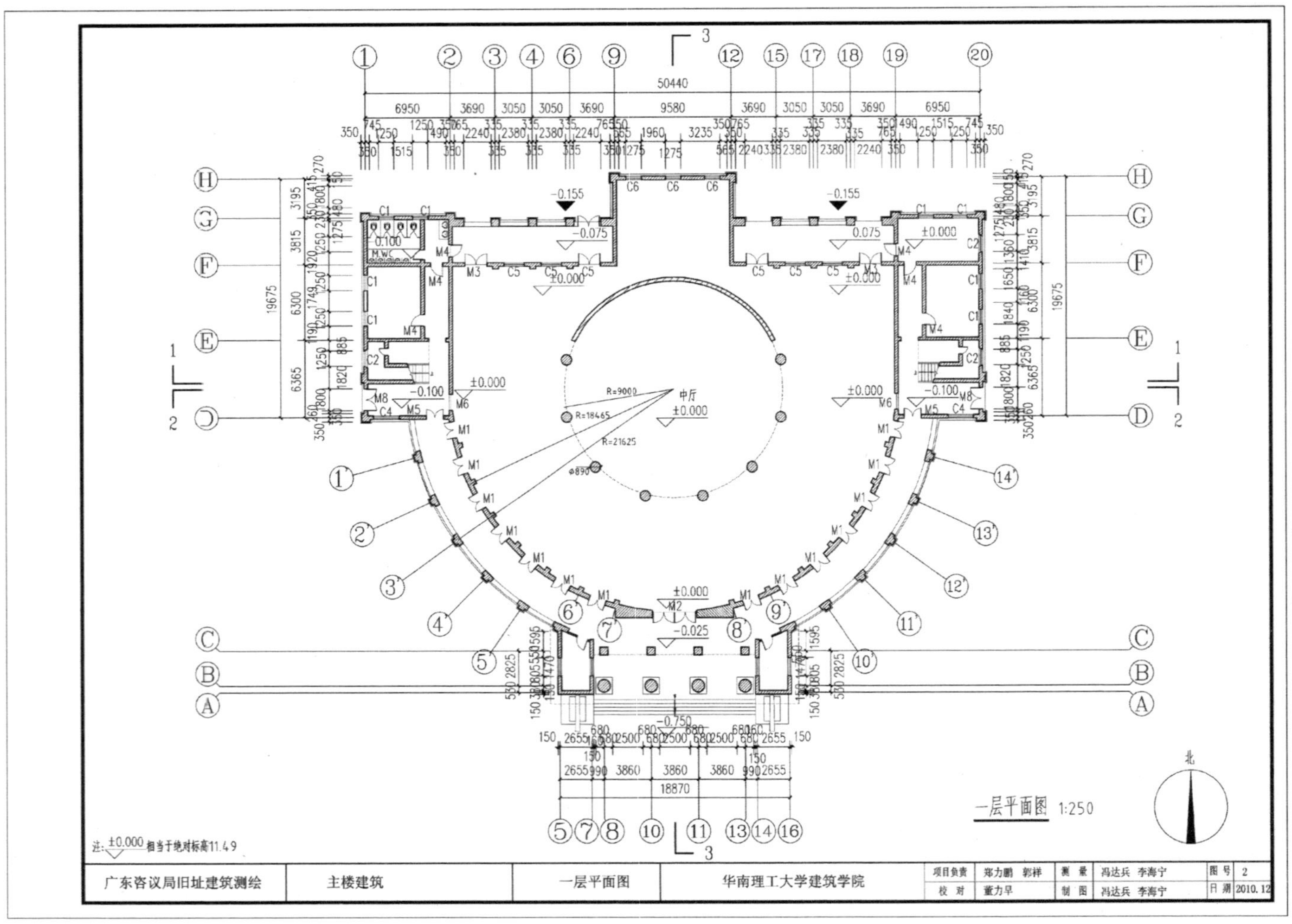

图70 广东咨议局旧址一层平面图

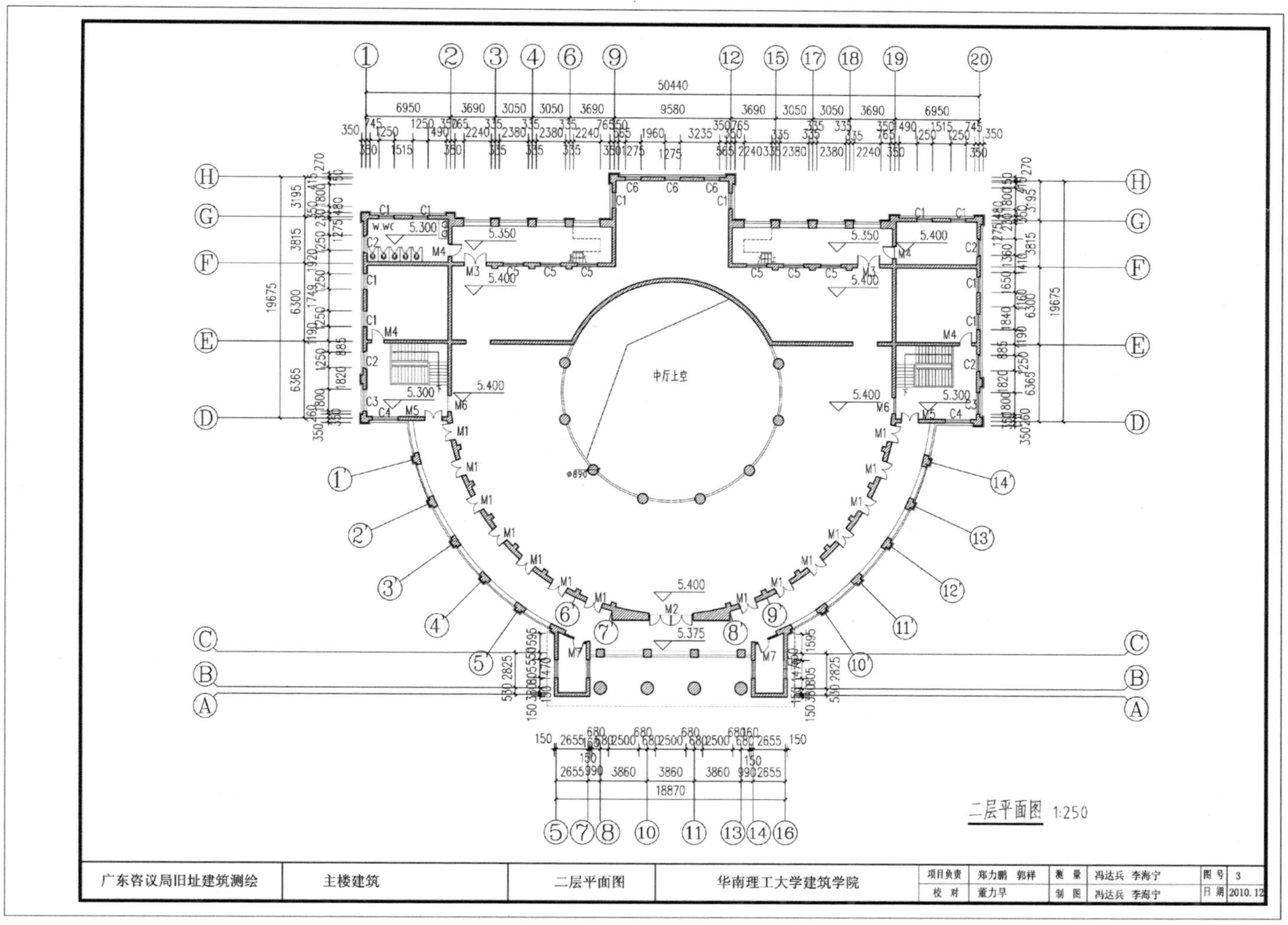

图71 广东咨议局旧址二层平面图

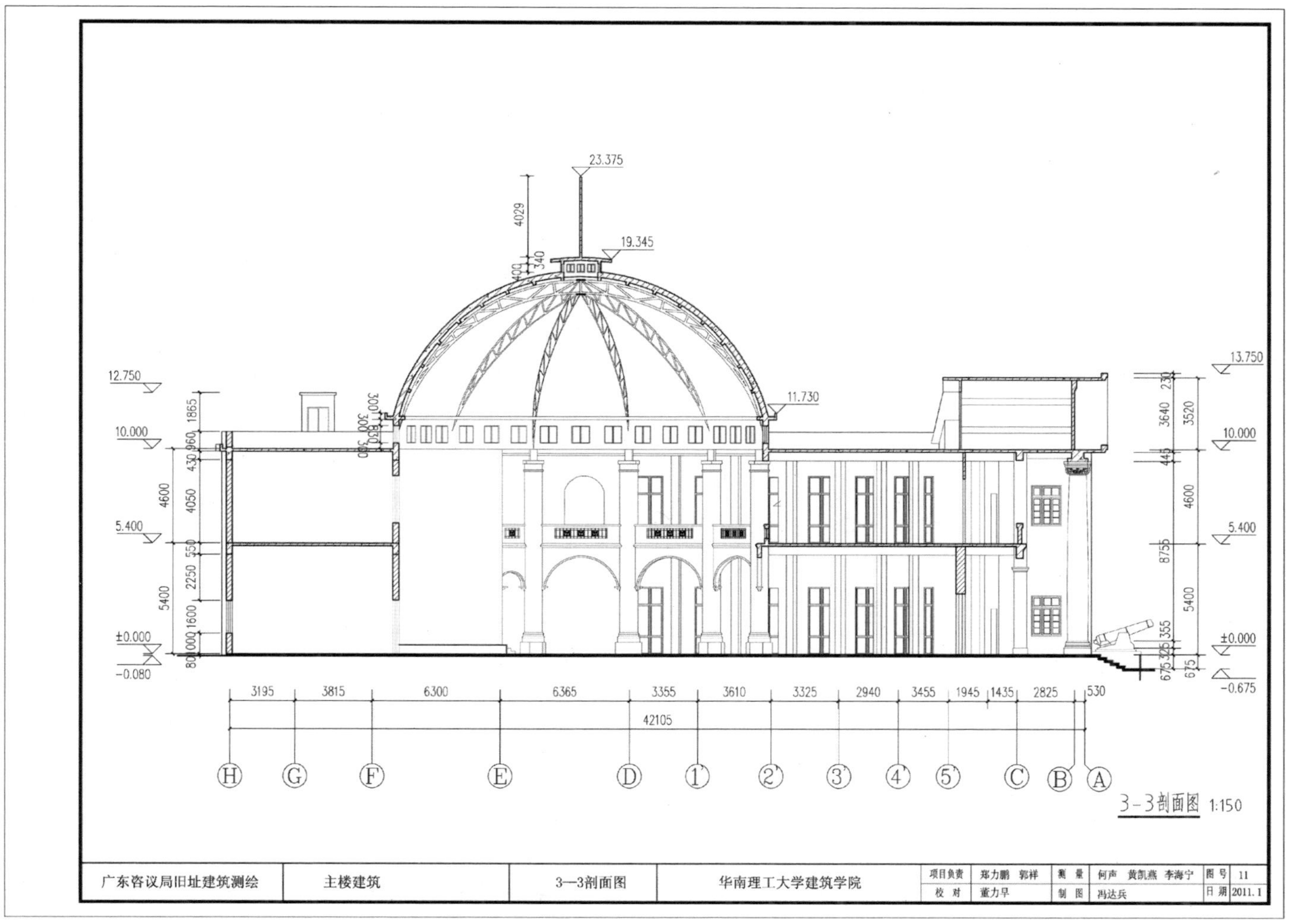

图72 广东咨议局旧址3-3剖面图

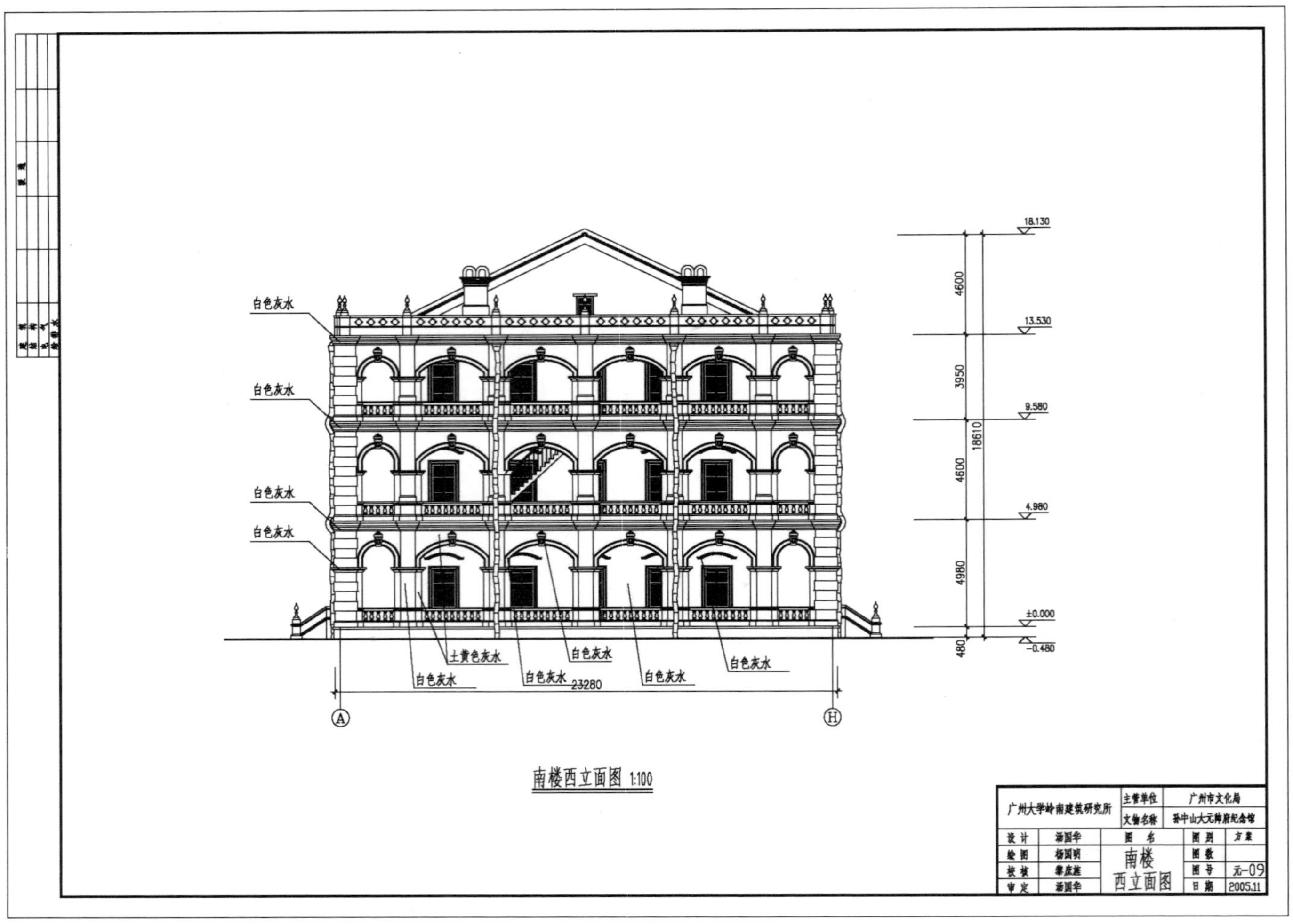

图73 广州孙中山大元帅府南楼西立面图（广州大学岭南建筑研究所测绘，汤国华设计）

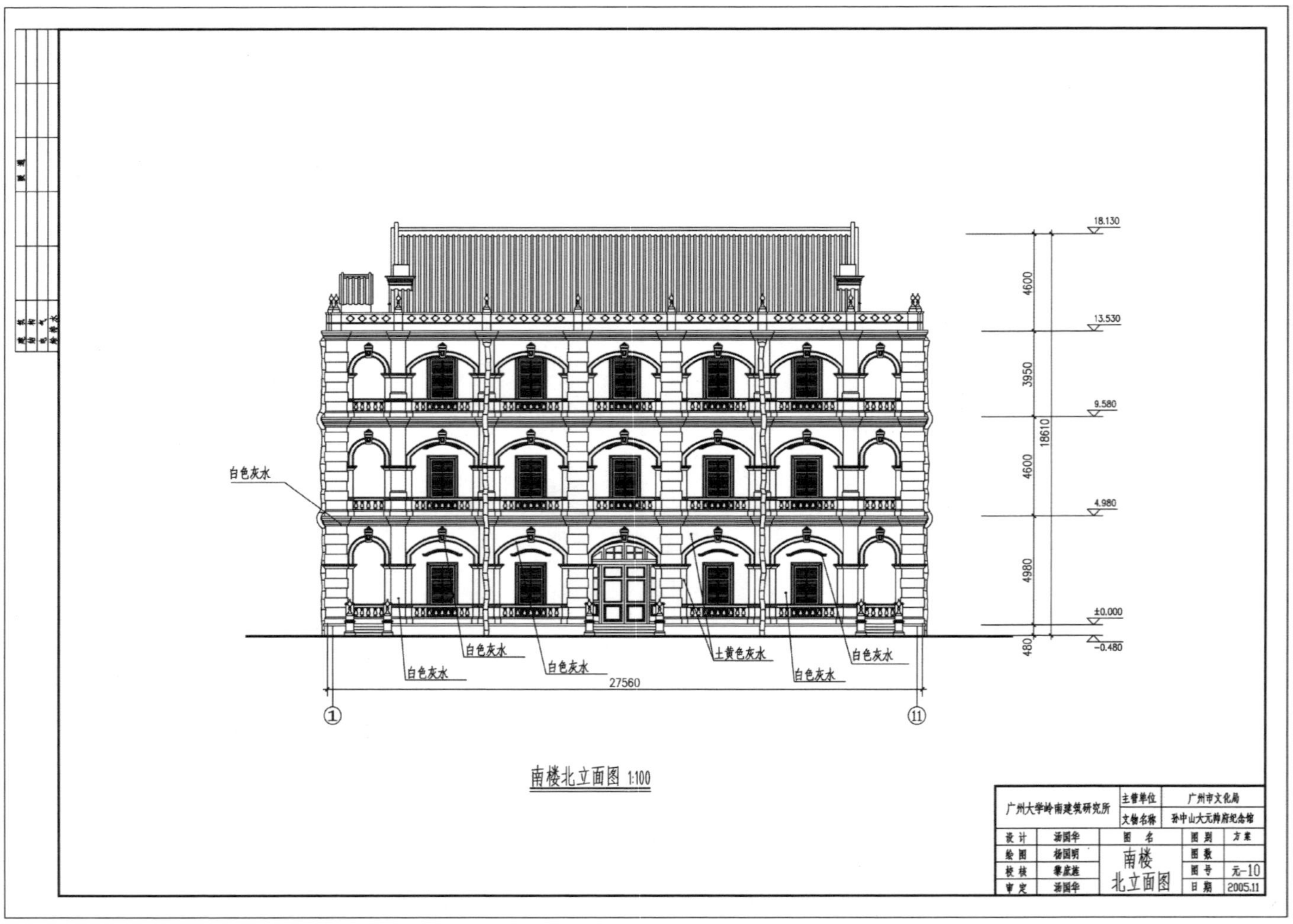

图74 广州孙中山大元帅府南楼北立面图

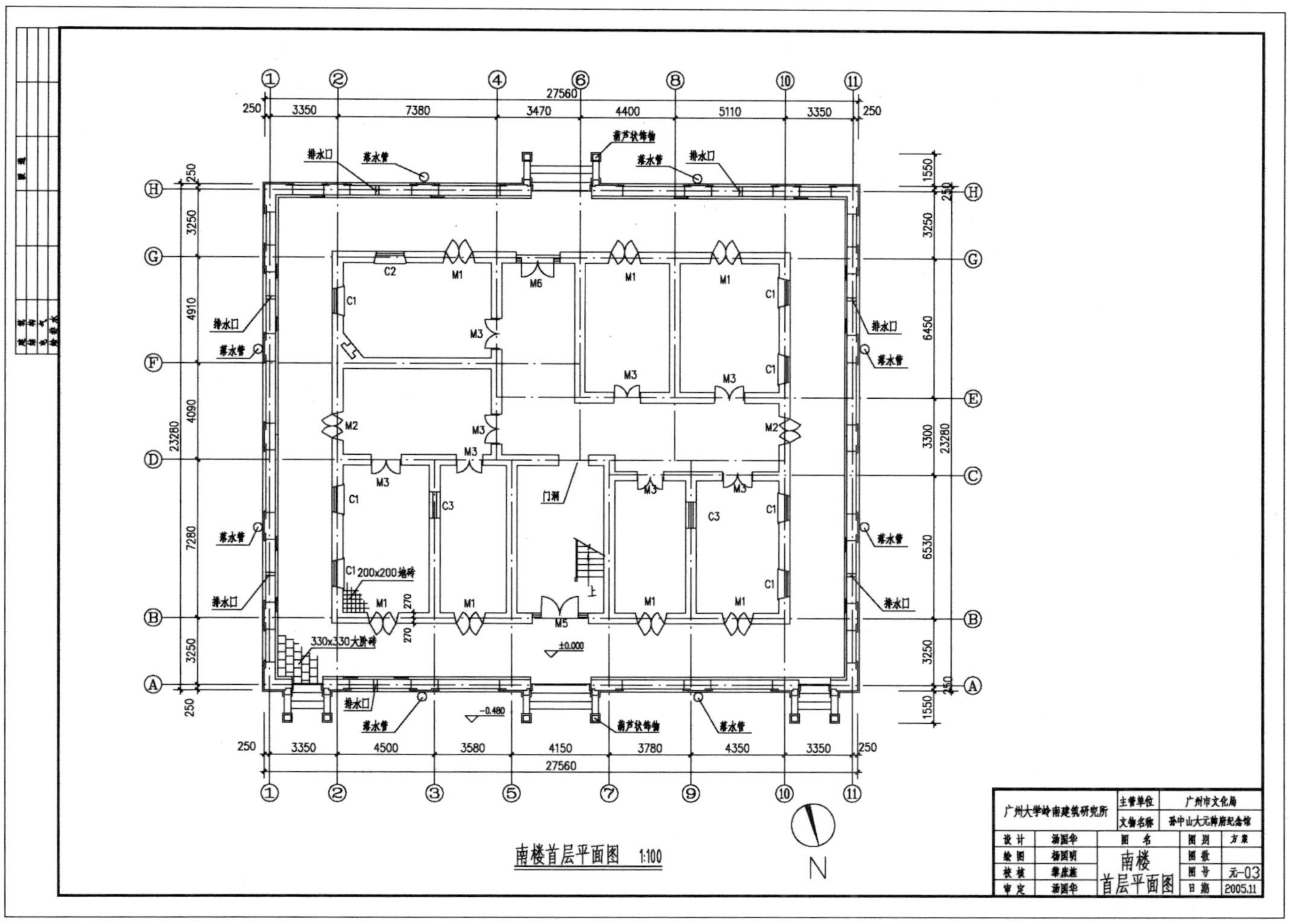

图75 广州孙中山大元帅府南楼首层平面图

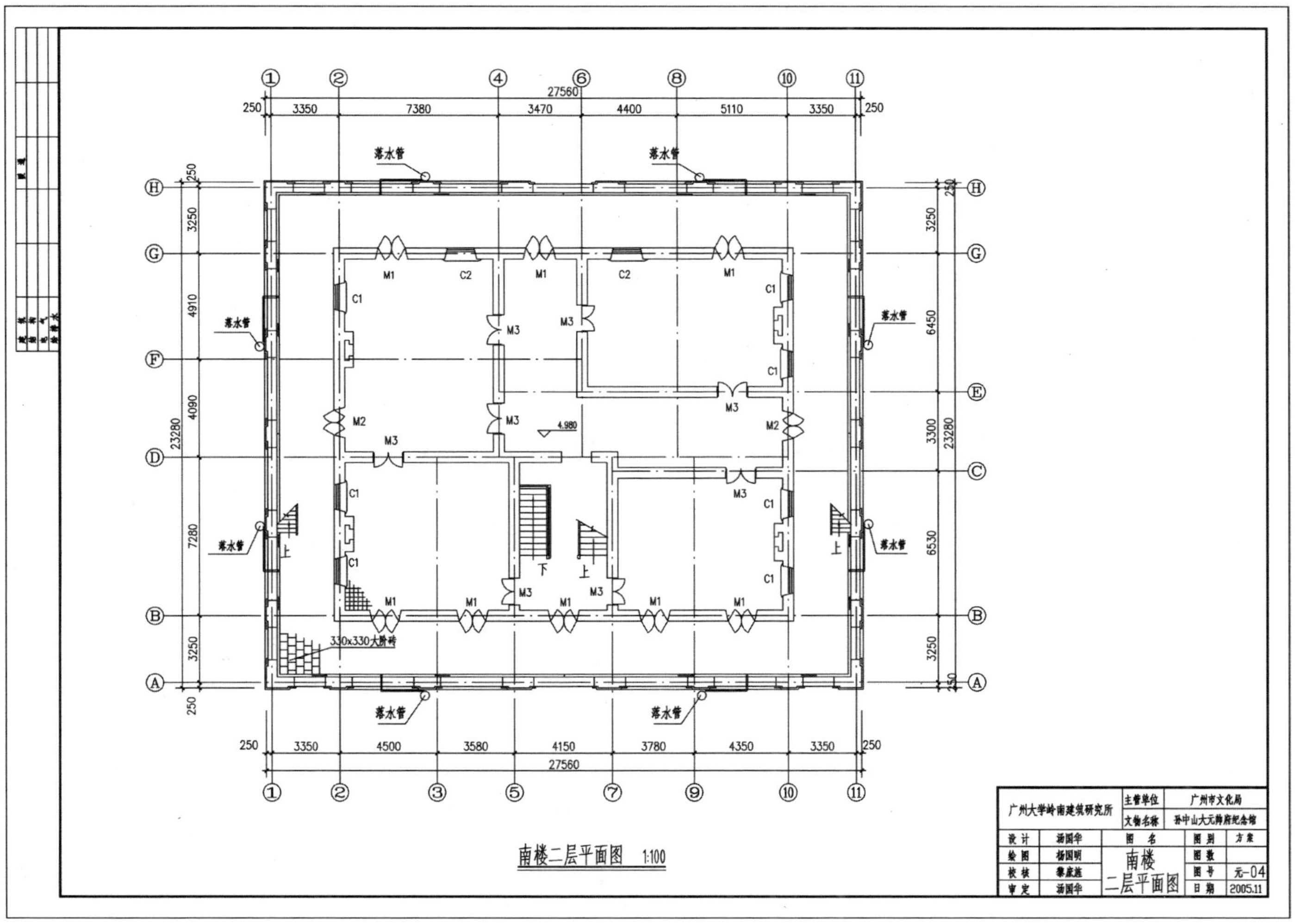

图76 广州孙中山大元帅府南楼二层平面图

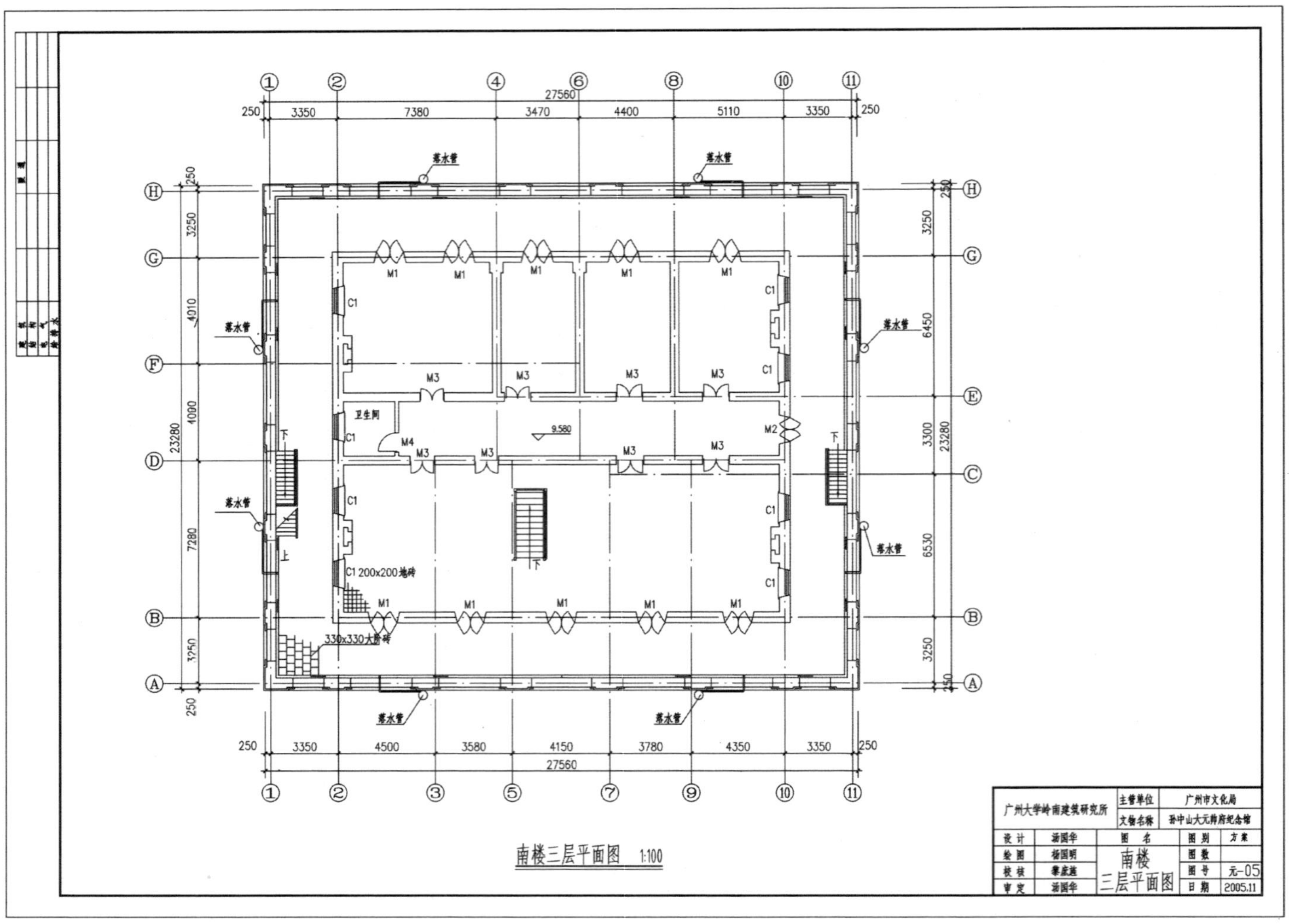

图77 广州孙中山大元帅府南楼三层平面图

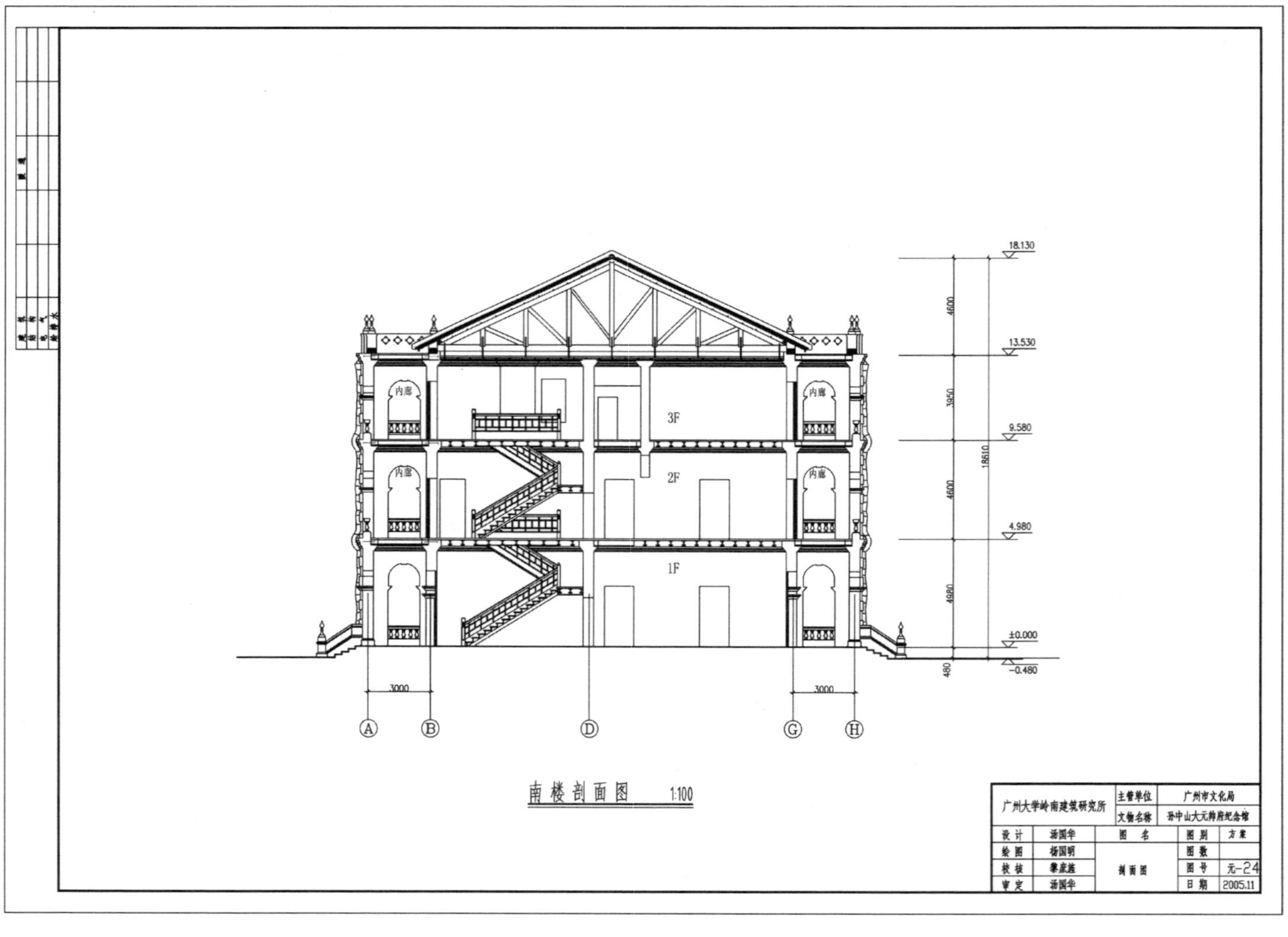

图78 广州孙中山大元帅府南楼剖面图

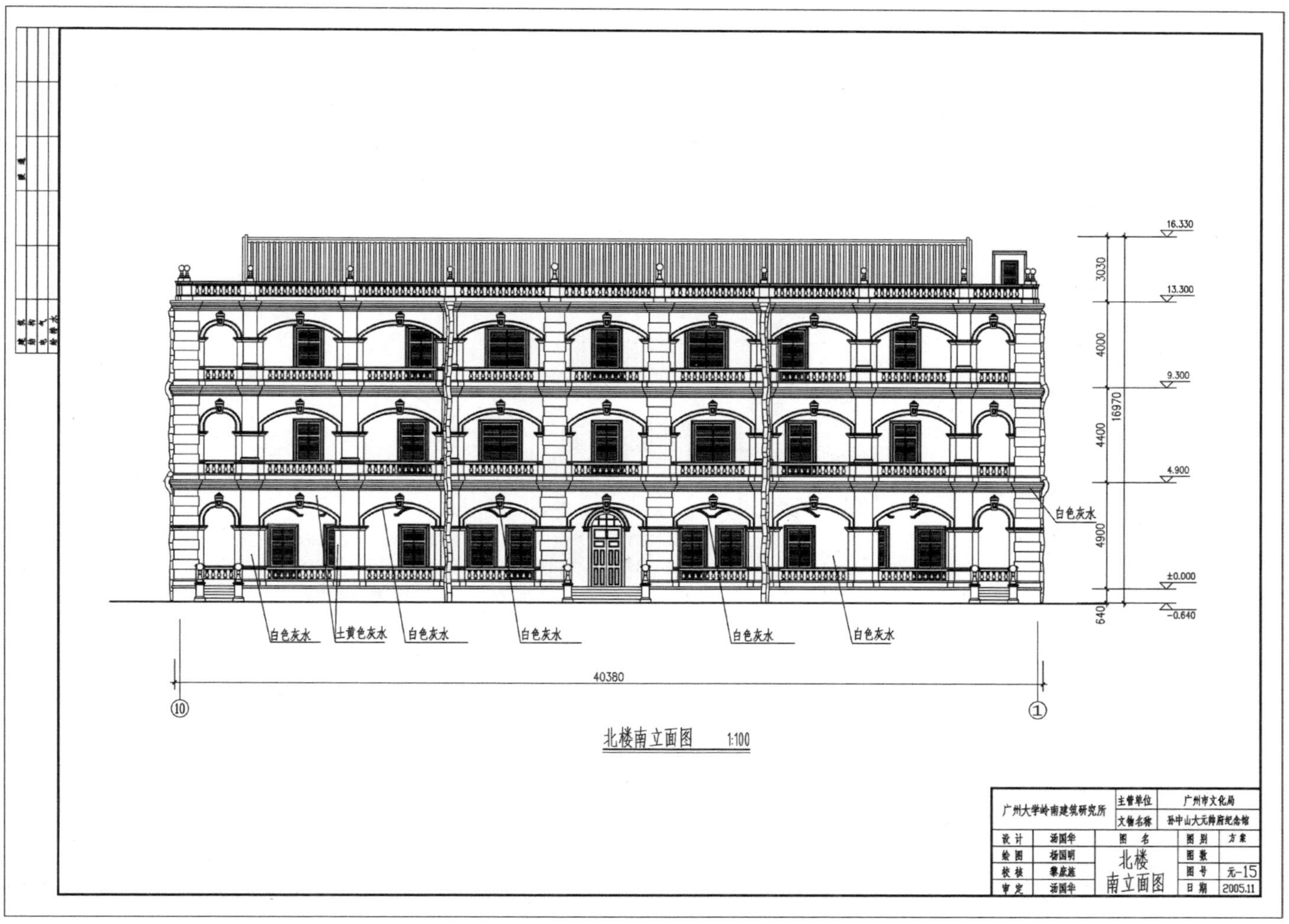

图79 广州孙中山大元帅府北楼南立面（广州大学岭南建筑研究所测绘，汤国华主持）

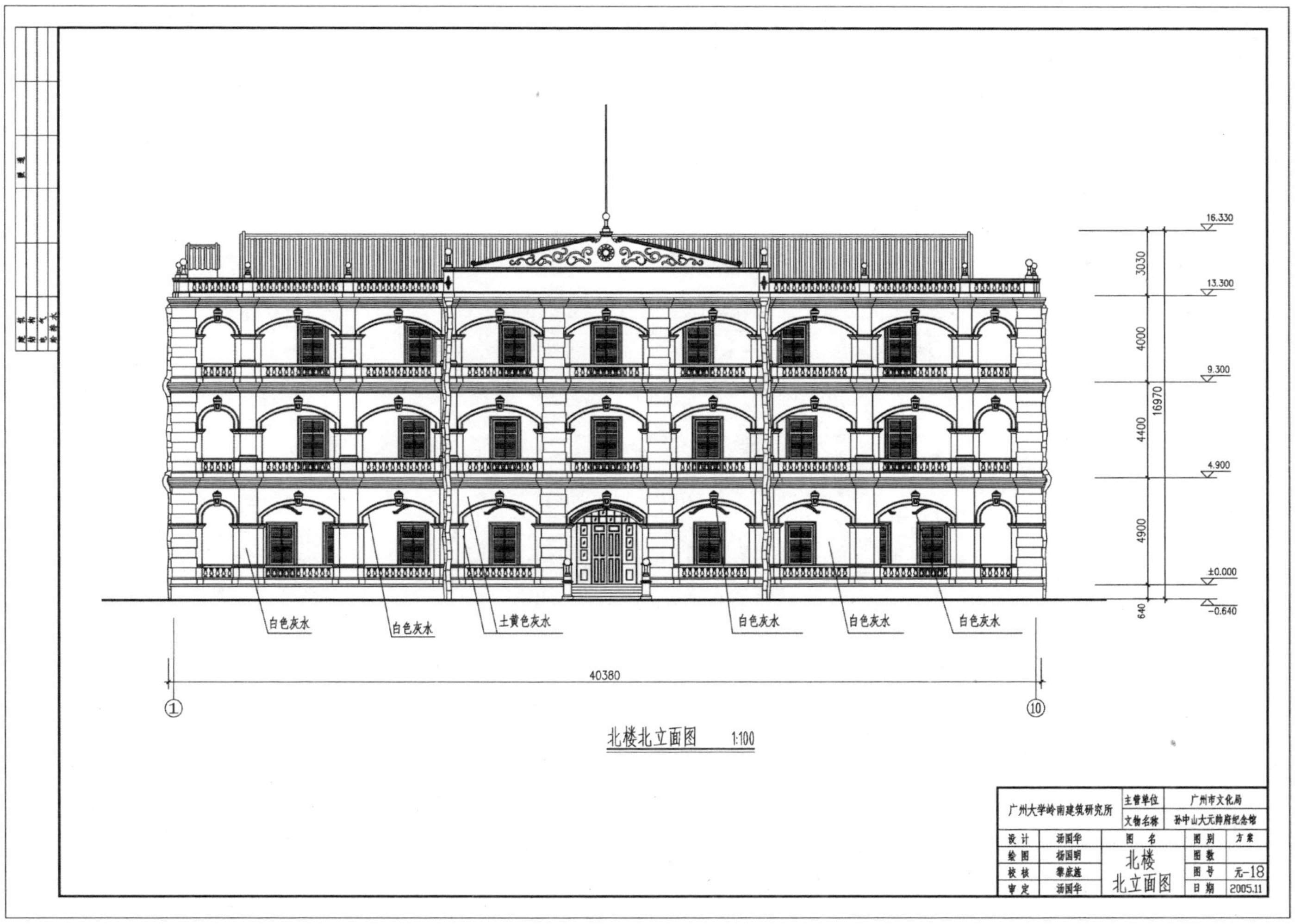

图80 广州孙中山大元帅府北楼北立面图

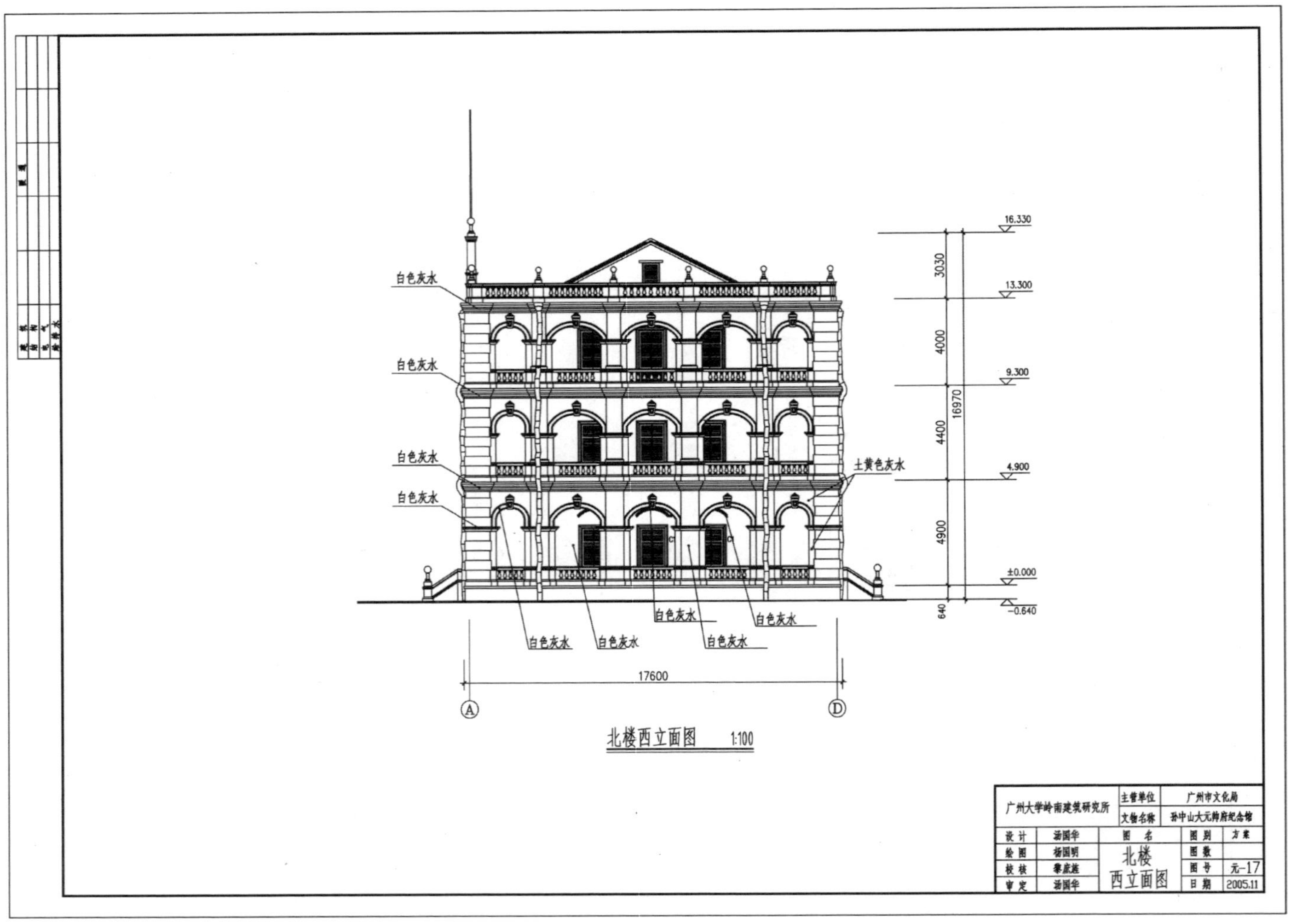

图81 广州孙中山大元帅府北楼西立面图

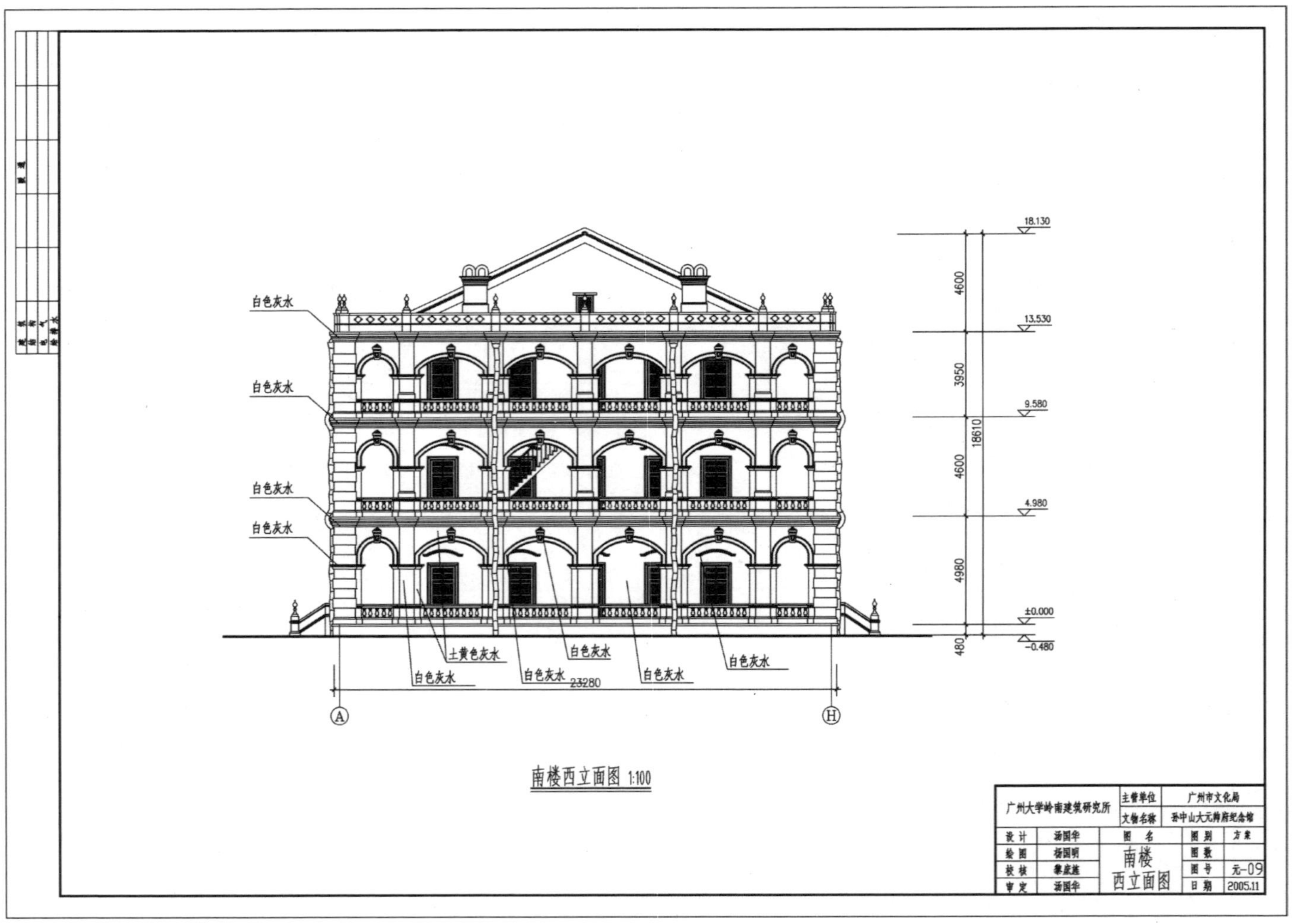

图82 广州孙中山大元帅府南楼西立面图

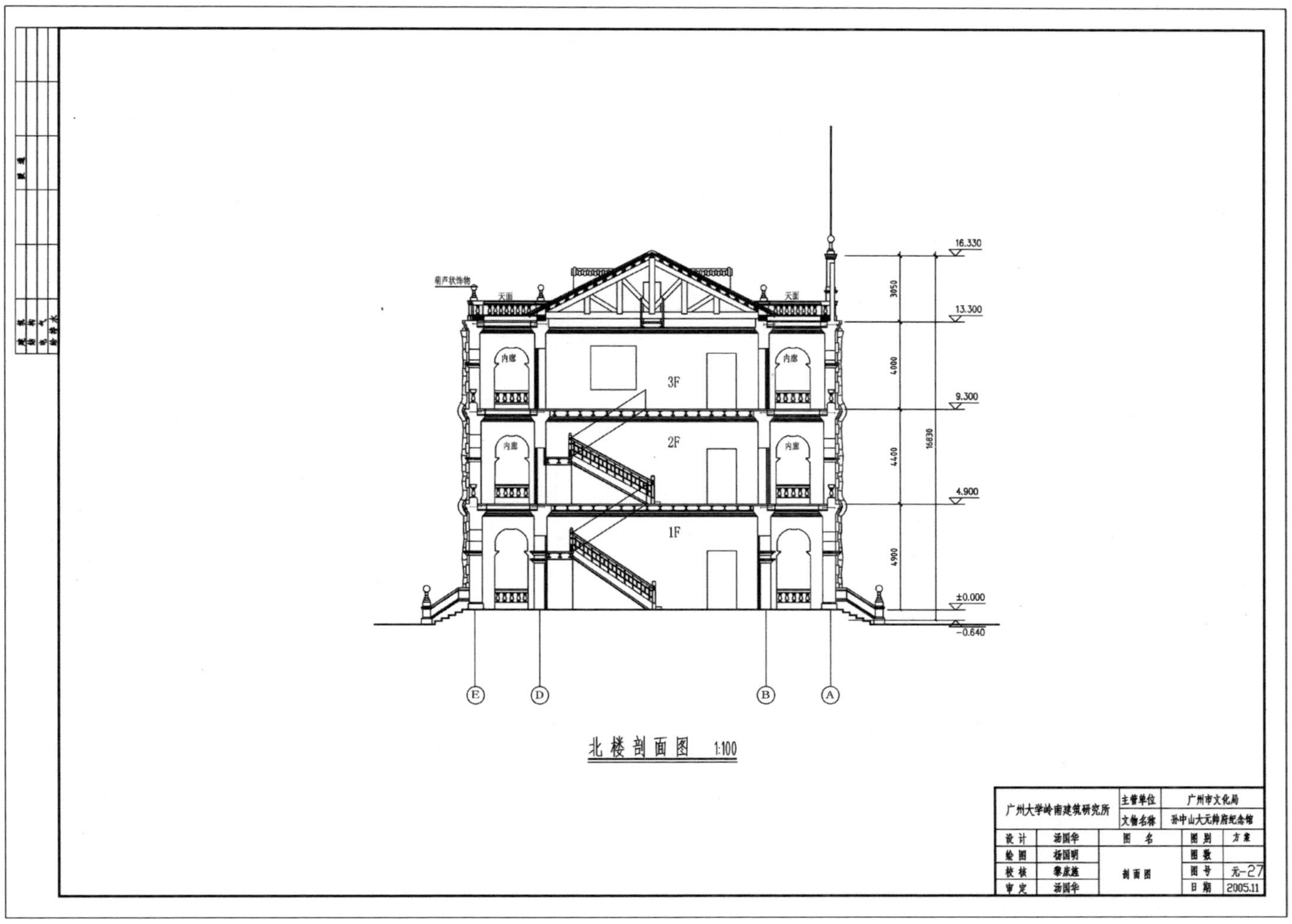

图83 广州孙中山大元帅府北楼剖面图

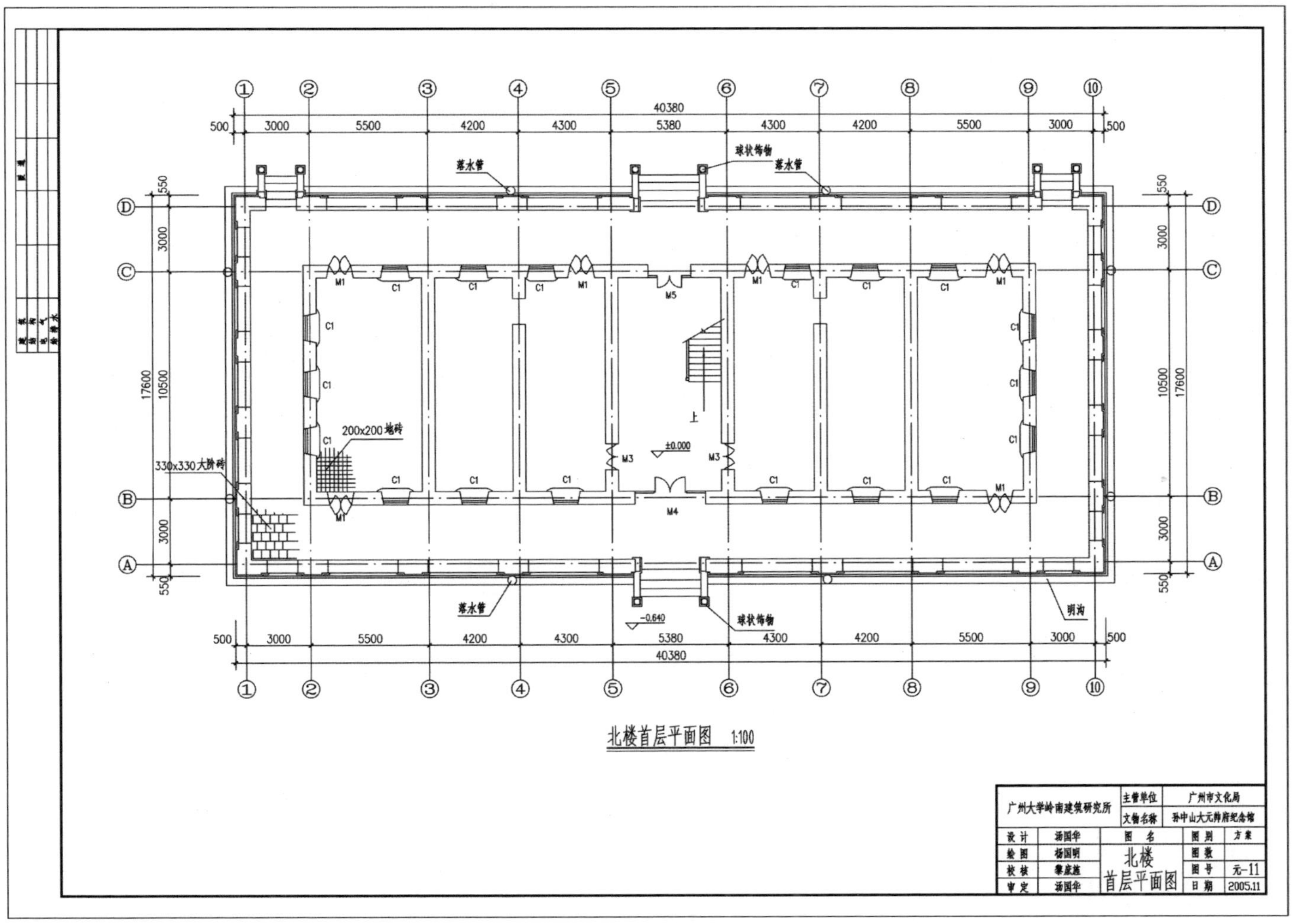

图84 广州孙中山大元帅府北楼首层平面图

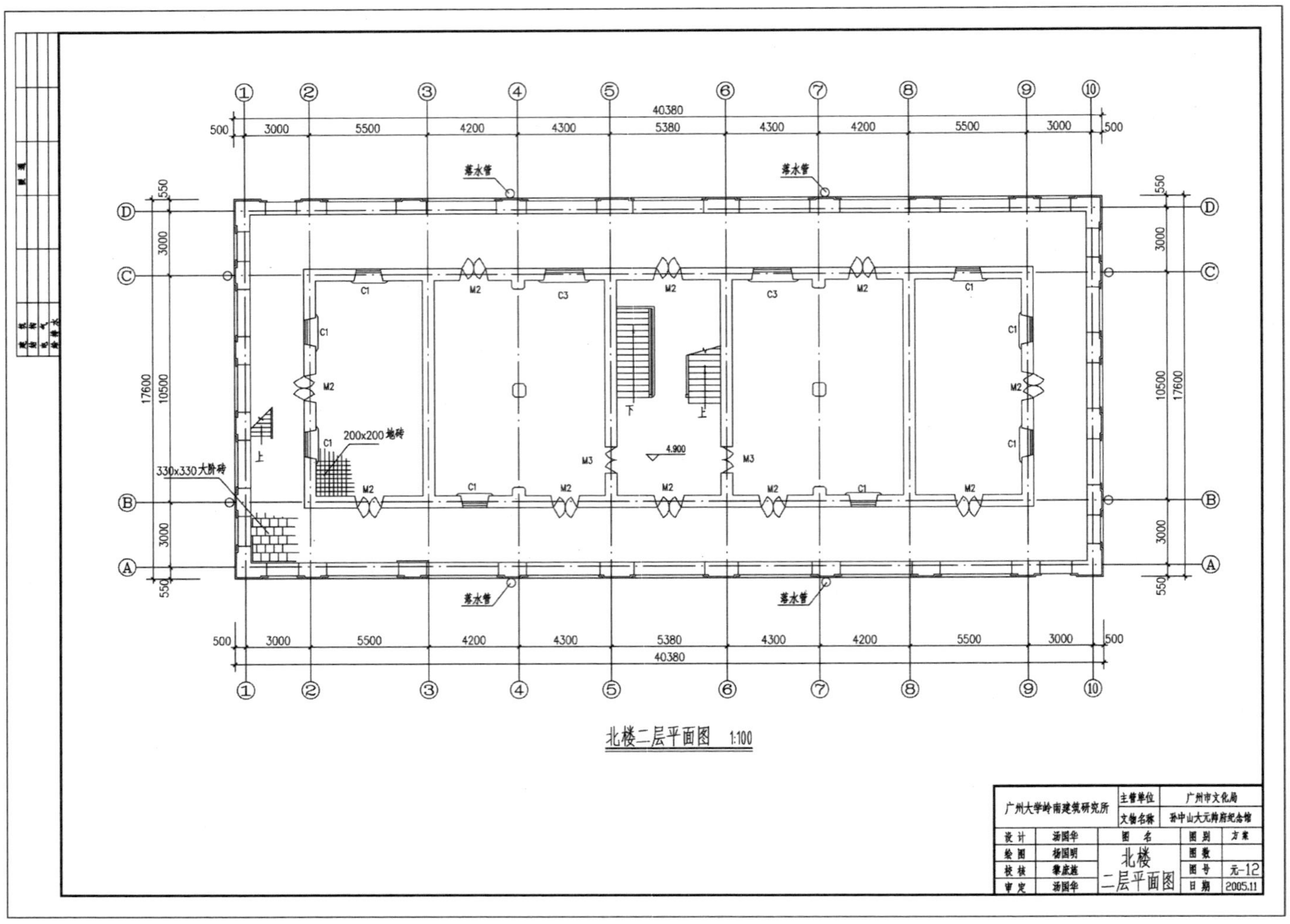

图85 广州孙中山大元帅府北楼二层平面图

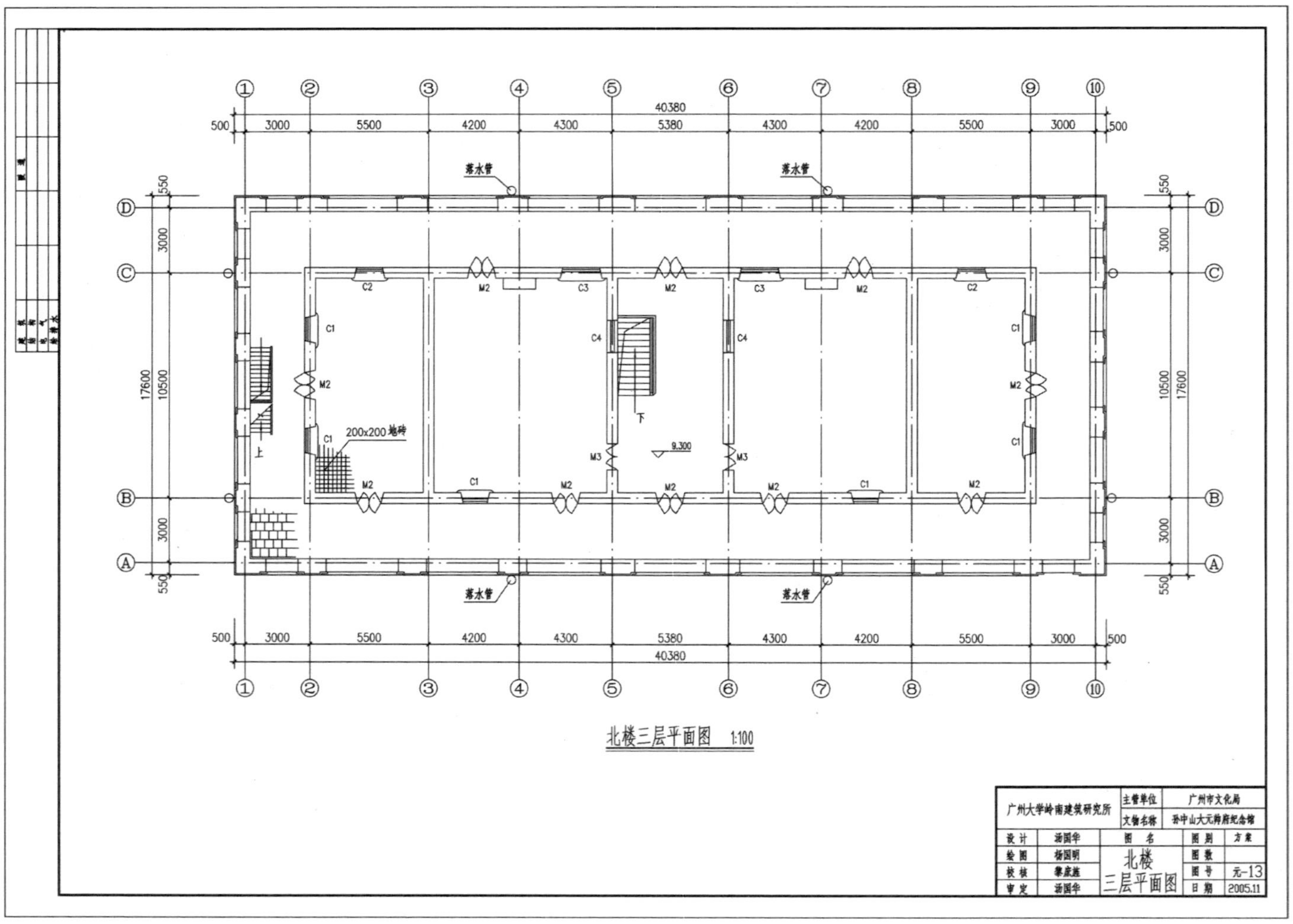

图86 广州孙中山大元帅府北楼三层平面图

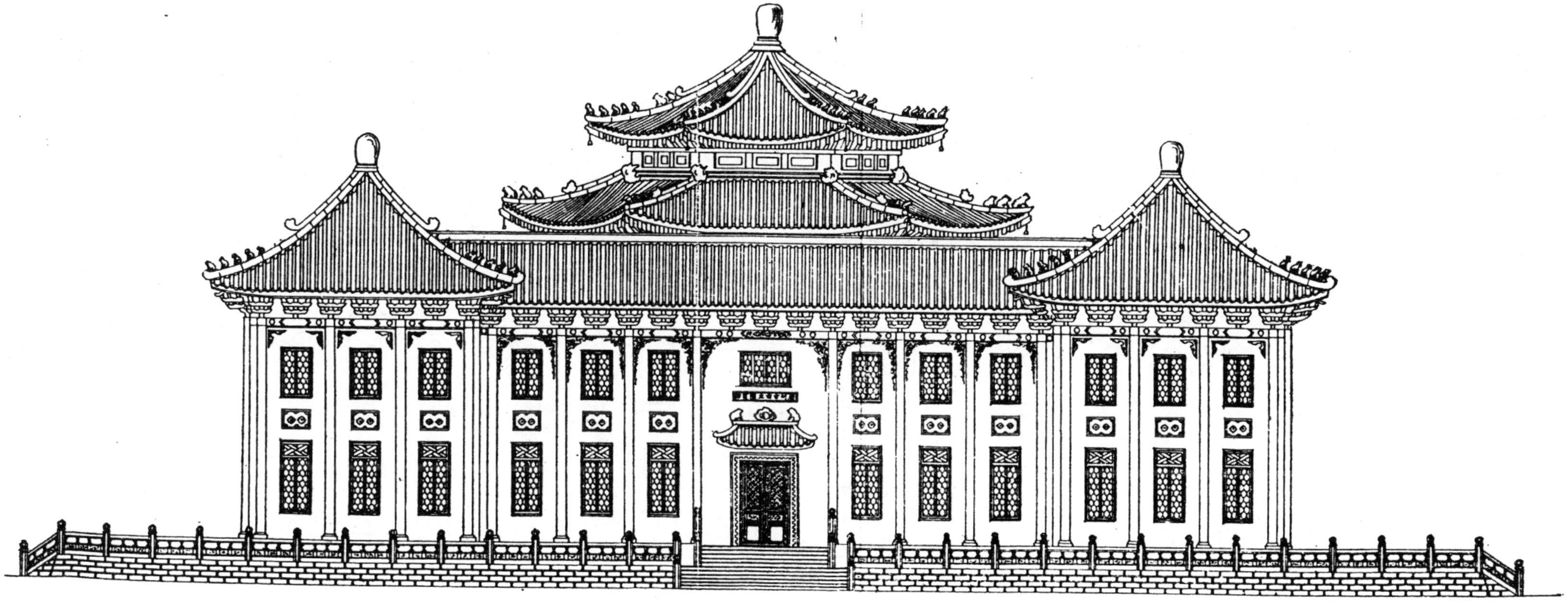

图87 广州中山图书馆正立面图 1928年（林克明设计。彭长歆提供）

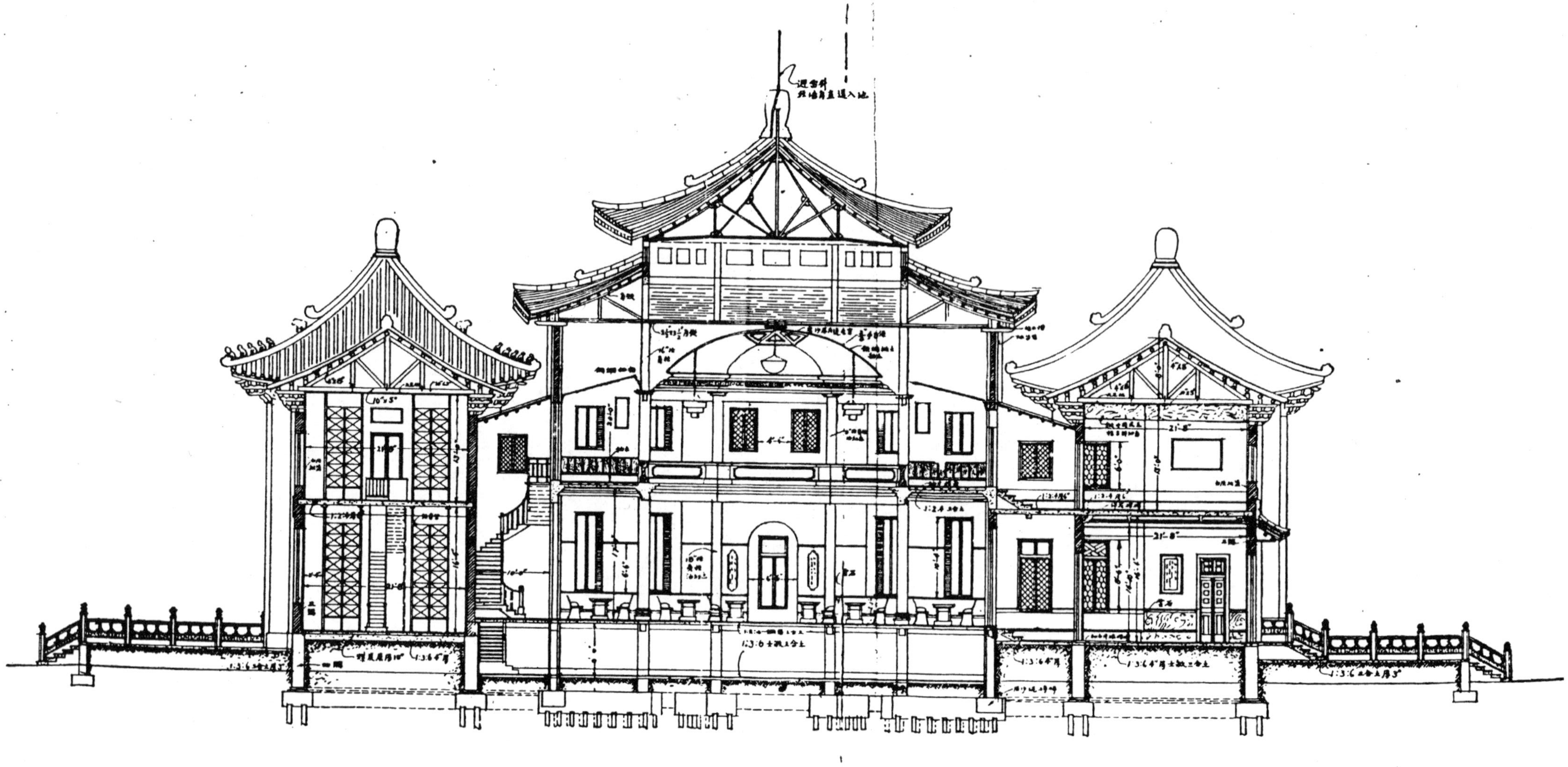

图88 广州中山图书馆剖面图（彭长歆提供）

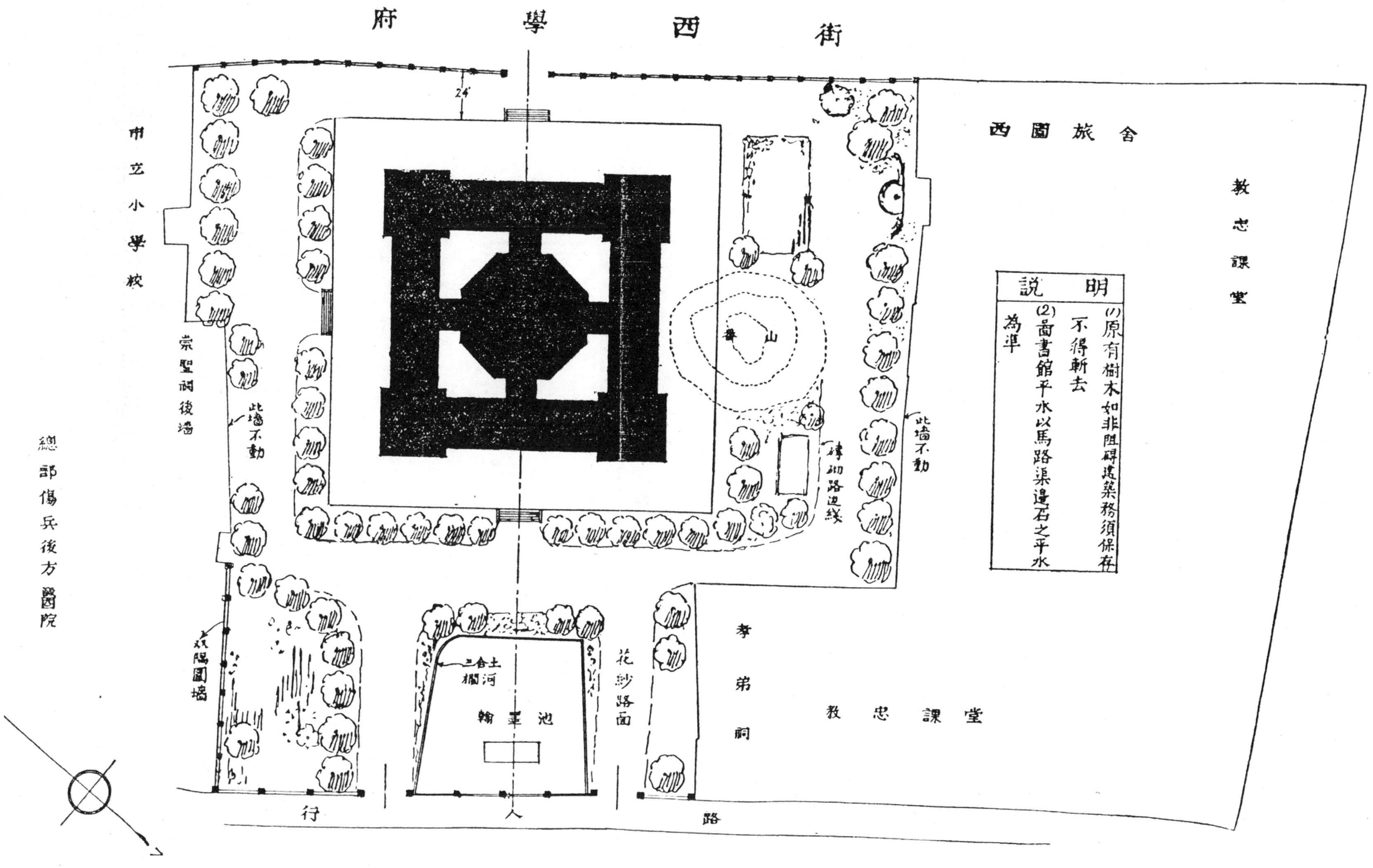

图89 广州中山图书馆总平面图

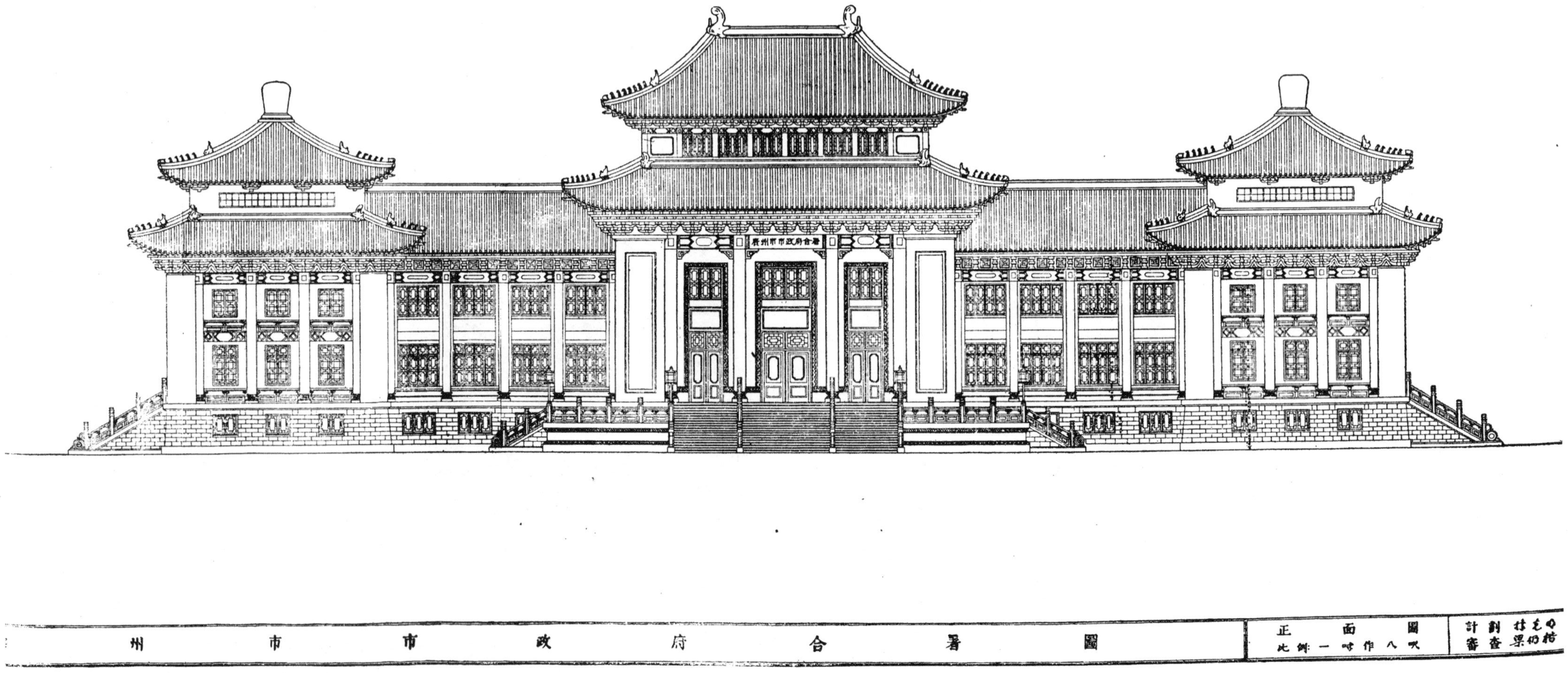

图90 林克明设计广州市政府合署立面图(广州工务之实施计划，彭长歆提供)

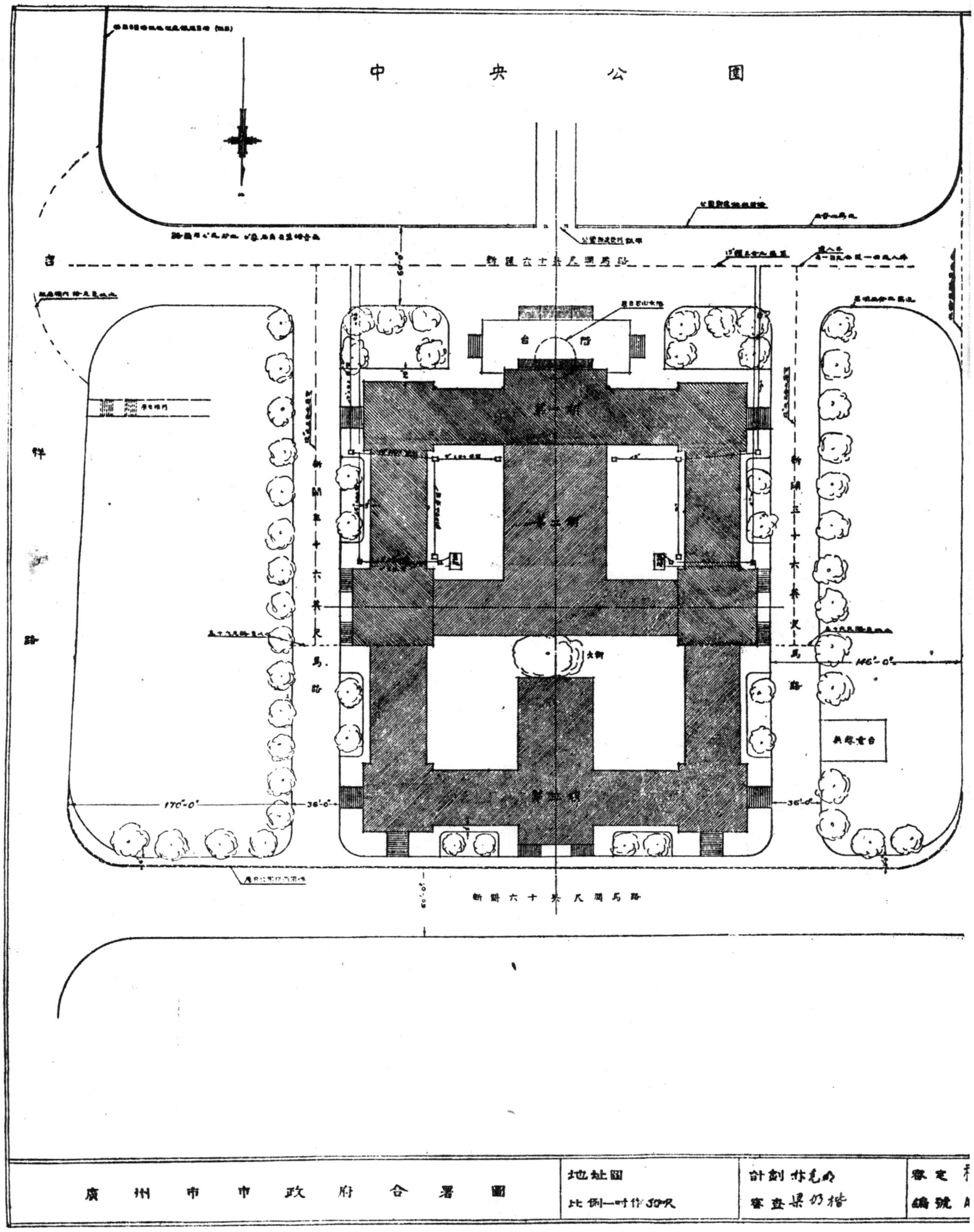

图91 广州市政府合署总平面图（彭长歆提供）

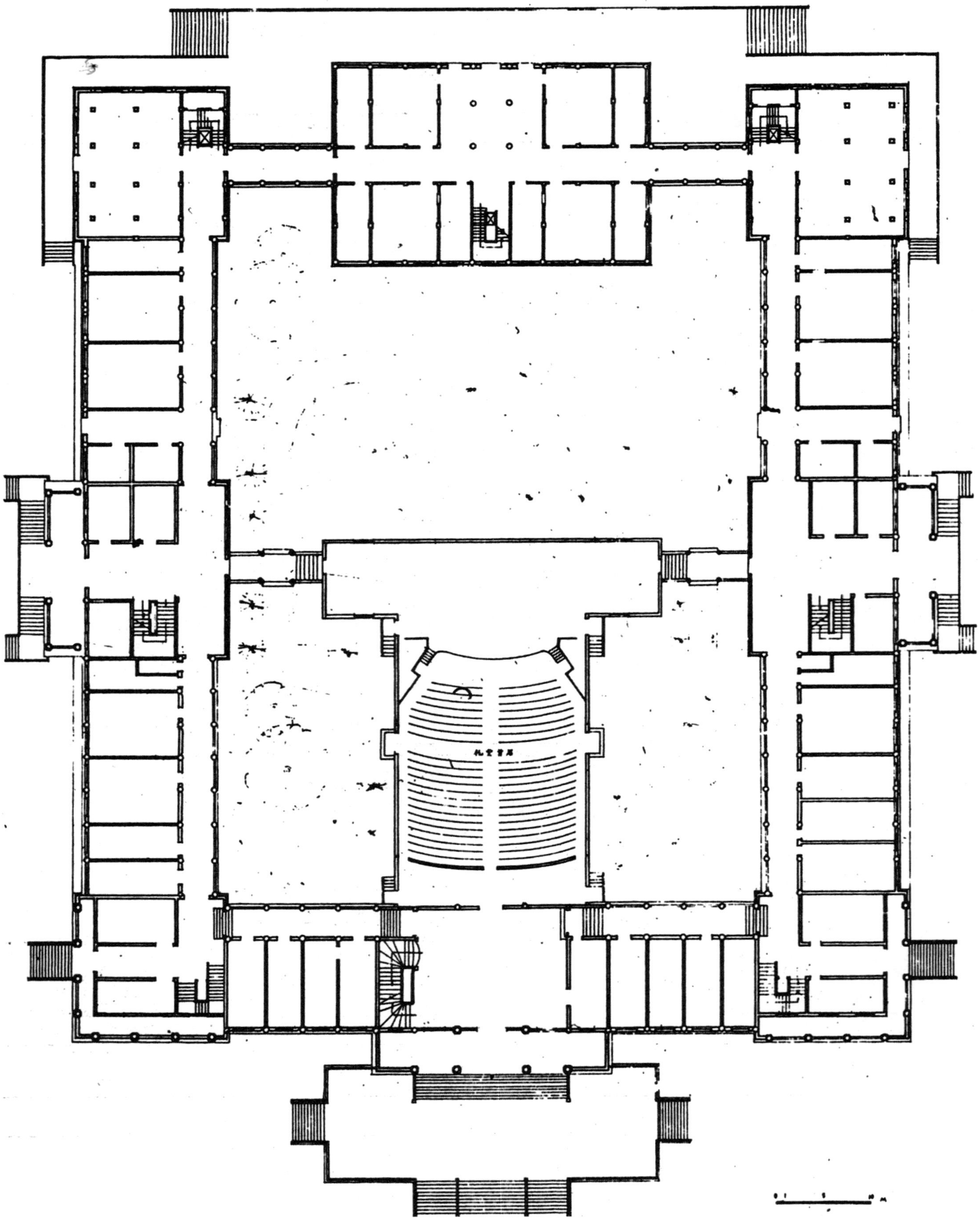

图92 广州市府合署平面图（彭长歆提供）

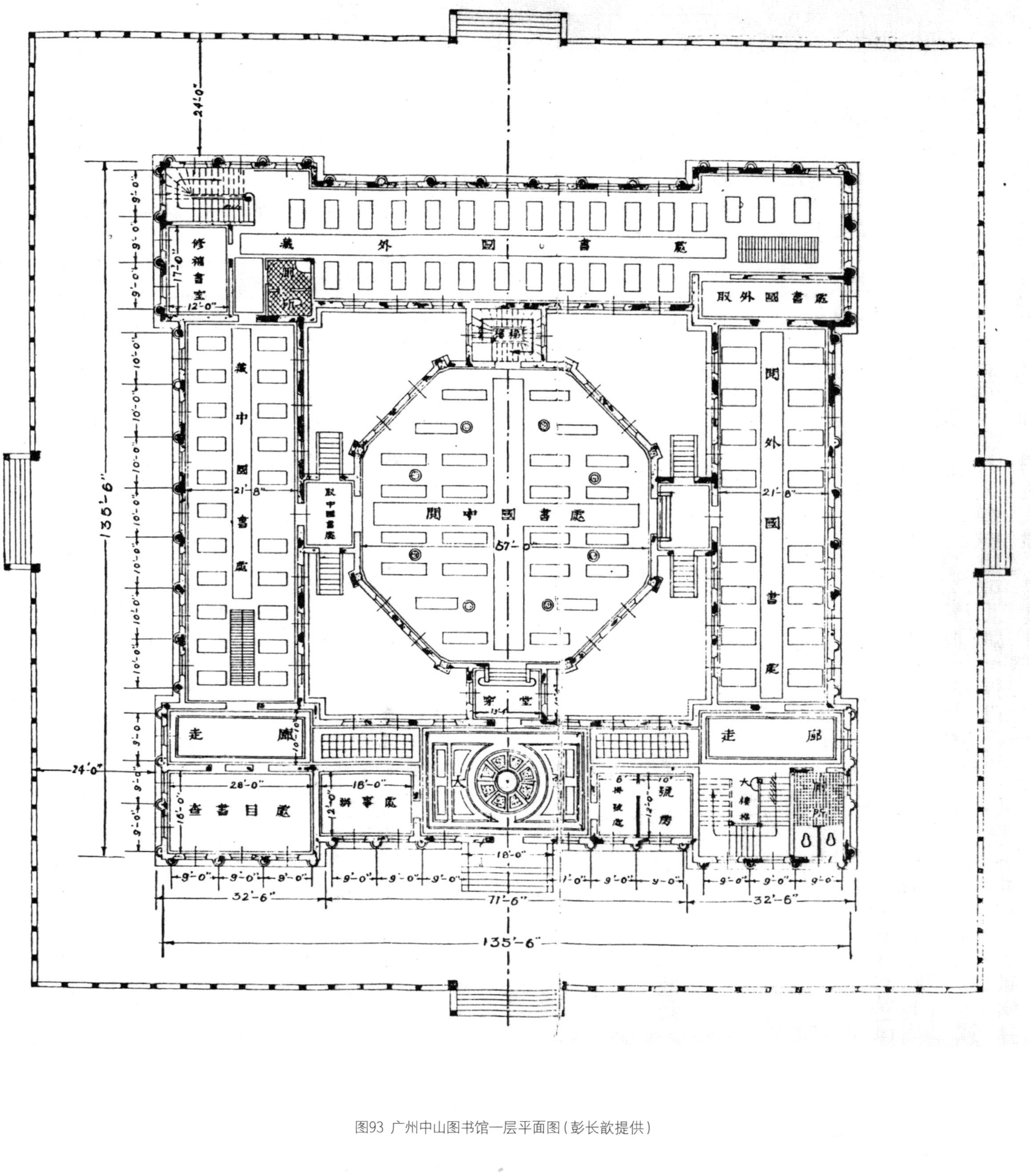

图93 广州中山图书馆一层平面图（彭长歆提供）

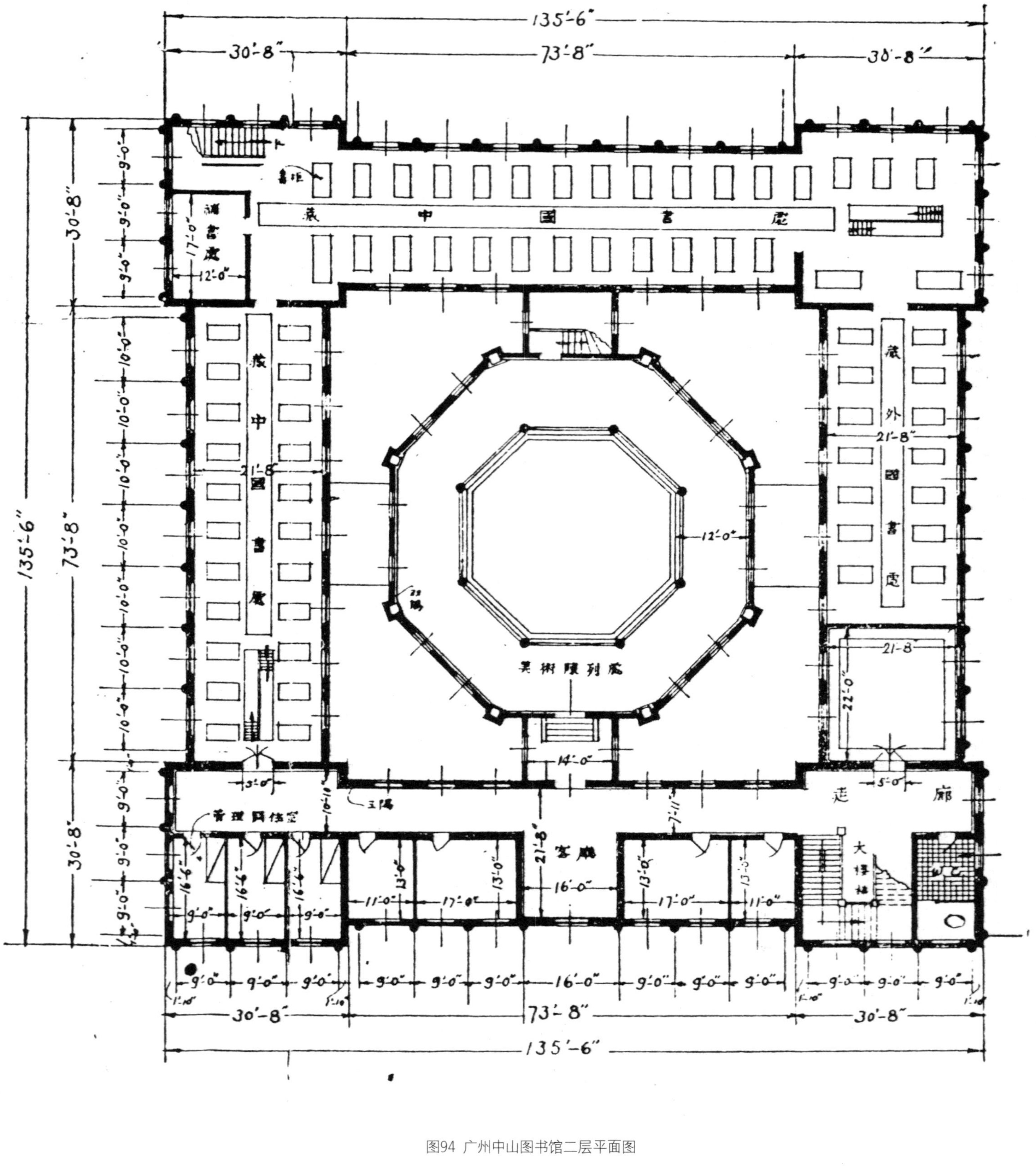

图94 广州中山图书馆二层平面图

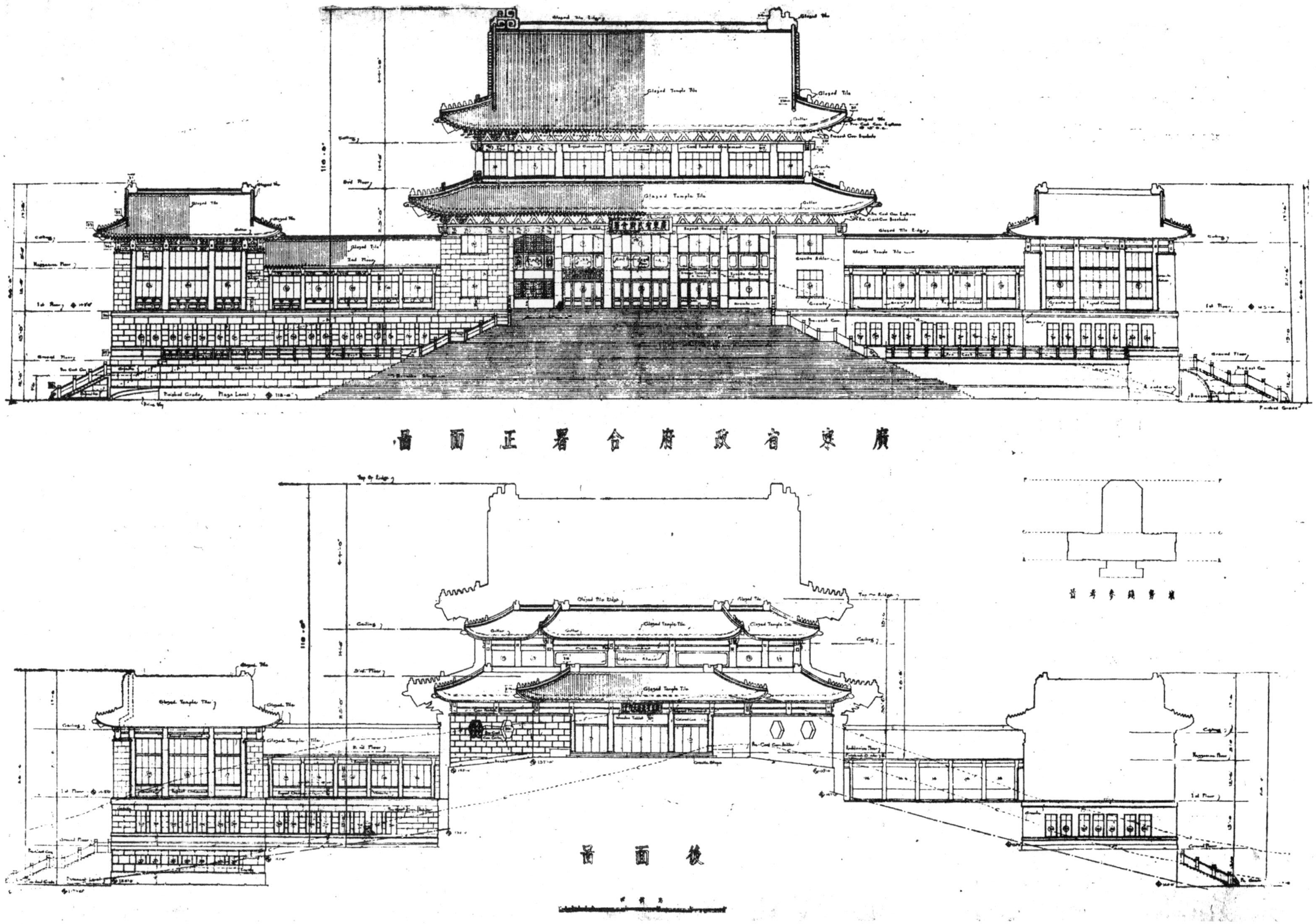

图95 广东省政府合署（未实施）正面后面图（范文照、李惠伯设计，1933年。彭长歆提供）

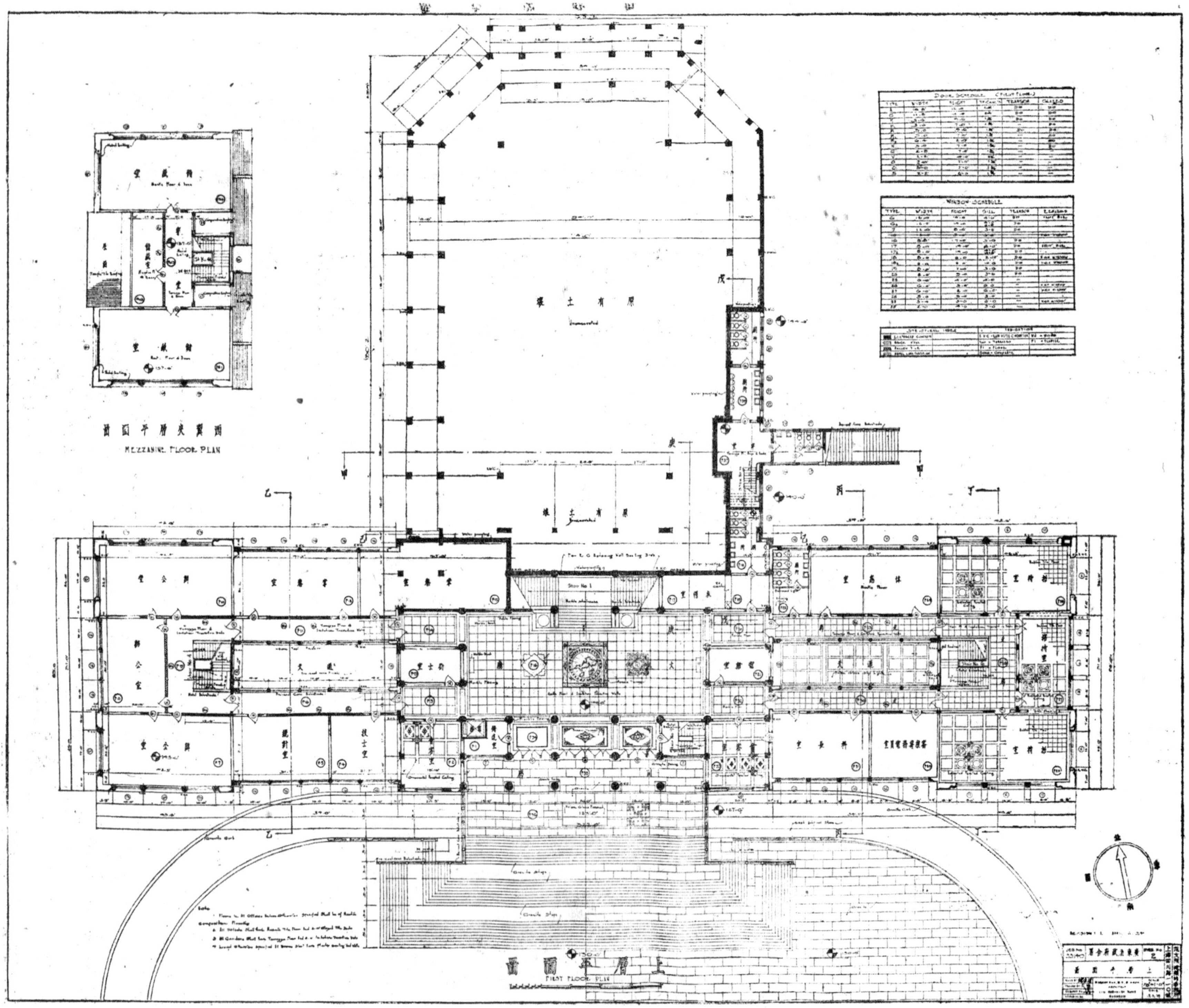

图96 广东省政府合署上层平面图(彭长歆提供)

中山纪念堂正面立视图1：200

图97 梧州中山堂正立面图（杨锡镠设计，1926年奠基）

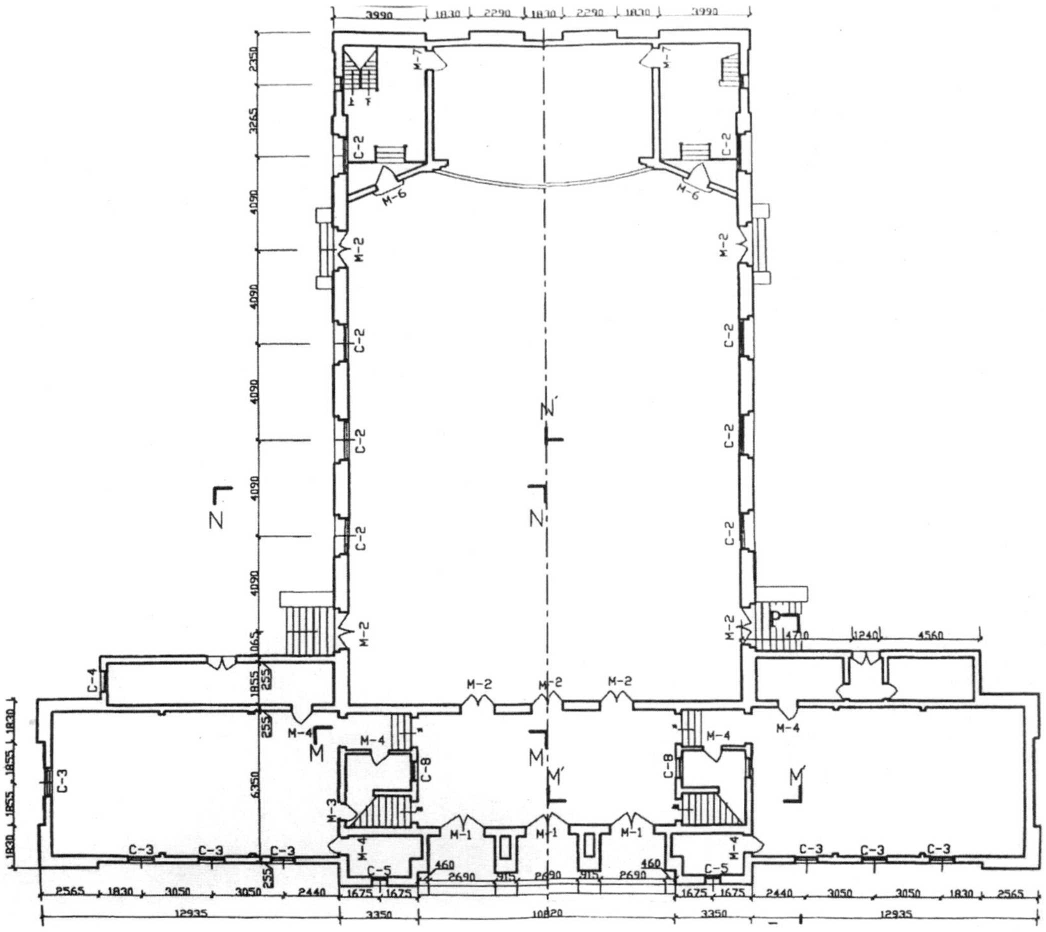

图98 梧州中山堂平面

辛亥时代建筑遗存历史照片选辑

照相术自1839年在法国诞生以来，约在19世纪50年代即有国人在澳门开设“影像铺”，于90年代进入中国内地。由此，摄影术逐渐成为建筑学界搜寻古代建筑遗存、记录当代建筑活动的必要手段。自法国人方苏雅（Auguste Francoisyin）记录云南昆明建筑遗存起，建筑的影像资料日益丰富。但是，由于时代的动荡，大量资料或已散佚，或菁芜杂存、有待梳理。本书囿于时间和其它条件限制，在不足半年的时间内，只能以武汉、南京、广州三地为重点，粗略旁及他省，以概略说明这一历史阶段建筑活动与时代发展的关系为要旨。挂一漏万，以待来日补阙。本辑所选图片，除注明资料来源者，其余均为《中国建筑文化遗产》杂志社资料中心搜集。

武汉

图1 清末武汉三镇之武昌城

图2 清末武汉三镇之汉阳晴川

图3 汉口西式建筑掠影

图4 咨议局大楼正面

图5 1911年1月30日，筹备首义的文学社在武昌风度楼成立

图6 咨议局大楼全景（陈飞提供）

图7 1911年，湖北省咨议局大楼（红楼）建成

图8 清末武汉三镇之汉口租界区

图9 1893年建成的汉阳铁厂

图10 1911年10月10日夜，起义军攻占楚望台（陈飞提供）

图11 首义次日，湖北军政府在咨议局成立（陈飞提供）

图12 咨议局大楼正式成为湖北军政府办公楼（陈飞提供）

图13 阳夏激战中，红楼曾遭清军炮火损伤（陈飞提供）

图14 1932年，湖北省政府改建明楚王皇殿为辛亥首义烈士祠（湖北省文物局提供）

图15 1935年所建武昌小洪山自立军烈士墓墓道

图16 1933年，汉口孙中山铜像落成

图17 江小鹣设计塑造之孙中山铜像于1931年建成于红楼前之阅马场

图18 黄兴铜像近景

图19 1935年，江小鹣设计塑造之黄兴铜像初立于武昌蛇山奥略楼后

图20 1957年武汉市重建后的彭楚藩烈士墓

南京

图21 1911年中华民国临时政府成立.图为南京临时大总统府辕门(原两江总督署辕门)

图22 南京临时大总统府大门(原两江总督署头门)

图23 南京临时大总统府二门(原两江总督署二门)

图24 南京临时大总统办公室外景

图25 南京临时大总统办公室外景局部

图26 南京临时大总统府暖阁(宣誓就职处)

图27 南京临时大总统府内石舫——黄兴办公室

图28 南京临时大总统府花园(原两江总督署西花园)

图29 南京临时大总统府内孙中山设计之太平湖

图30 南京临时大总统府内孙中山题写“天下为公”匾额（20世纪80年代摄）

图31 南京临时大总统府煦园之漪澜阁

图32 孙中山临时大总统起居室

图33 北伐胜利后的南京总统府（殷力欣收藏）

图34 1912年1月28日，南京临时参议院在原清末江苏省咨议局大楼成立

图35 民国时代南京市街景（殷力欣收藏）

图36 南京莫愁湖粤军阵亡将士公墓（1912年5月，殷力欣收藏）

图37 1928年建南京雨花台第四十军克复首都纪念塔（现已毁，殷力欣收藏）

图38 民国初年所建建国烈士公墓（确切年代、地点待考，殷力欣收藏）

图39 南京政府筹建国民革命阵亡将士公墓，图为原灵谷寺山门（摄于阵亡将士公墓筹建期间，殷力欣收藏）

图40 在原山门位置改建的革命革命军阵亡将士公墓正门（殷力欣收藏）

图41 阵亡将士纪念坊（殷力欣收藏）

图42 公墓祭堂（正气堂，原灵谷寺无梁殿，殷力欣收藏）

图43 第一公墓（淞沪抗战第十九路军及第五军阵亡将士公墓，殷力欣收藏）

图44 第一公墓之十九路军阵亡将士纪念碑（殷力欣收藏）

图45 祭堂前国民敬献纪念鼎（殷力欣收藏）

图46 阵亡将士纪念塔（殷力欣收藏）

图47 纪念塔细部（殷力欣收藏）

图48 自纪念塔鸟瞰中轴线主体建筑：松风阁、第一公墓、祭堂、纪念坊和正门（殷力欣收藏）

图49 公墓中轴线东部之谭延闿墓（殷力欣收藏）

图50 自谭延闿墓回望纪念塔（殷力欣收藏）

图51 1932年在南京玄武湖建第八十七师淞沪抗战阵亡将士纪念塔（殷力欣收藏）

图52 灵谷寺国民革命阵亡将士公墓全局鸟瞰（赖德霖提供）

图53 灵谷寺以西之中山陵园孙中山纪念馆（藏经楼，殷力欣收藏）

图54 藏经楼全景及纪念塔远景（殷力欣收藏）

广州

图55 清末广州镇海楼与城墙

图56 清末广州陈家祠堂

图57 广州沙面西式建筑群

图58 清末珠江南岸西式建筑掠影

图59 广东省咨议局会堂(彭长歆提供)

图60 广州兴中会分会旧址

图61 广东省咨议局会堂

图62 黄花岗七十二烈士墓纪功坊局部(殷力欣收藏)

图63 黄花岗七十二烈士墓纪功坊（殷力欣收藏）

图64 黄花岗七十二烈士墓全景

图65 不同时期的黄花岗七十二烈士墓之一

图66 不同时期的黄花岗七十二烈士墓之二（纪功坊以国民党党徽代女神像）

图67 黄花岗七十二烈士墓墓道(彭长歆提供)

图68 广东士敏土厂建于1907年，其南北办公楼及工程师楼由澳大利亚建筑师珀内设计，后成为孙中山大元帅府所在地，图为1909年时的士敏土厂门楼（彭长歆提供）

图69 远眺广东士敏土厂办公楼，当时南北楼之间有天桥相连，后被拆毁（彭长歆提供）

图70 20世纪20年代初的广东士敏土厂远景，可看到两座办公洋楼、工程师楼以及厂房（彭长歆提供）

图71 成为孙中山大元帅府的广东士敏土厂

图72 孙中山在大元帅府卧室的留影

图73 1918年3月孙中山、宋庆龄在大元帅府后花园合影

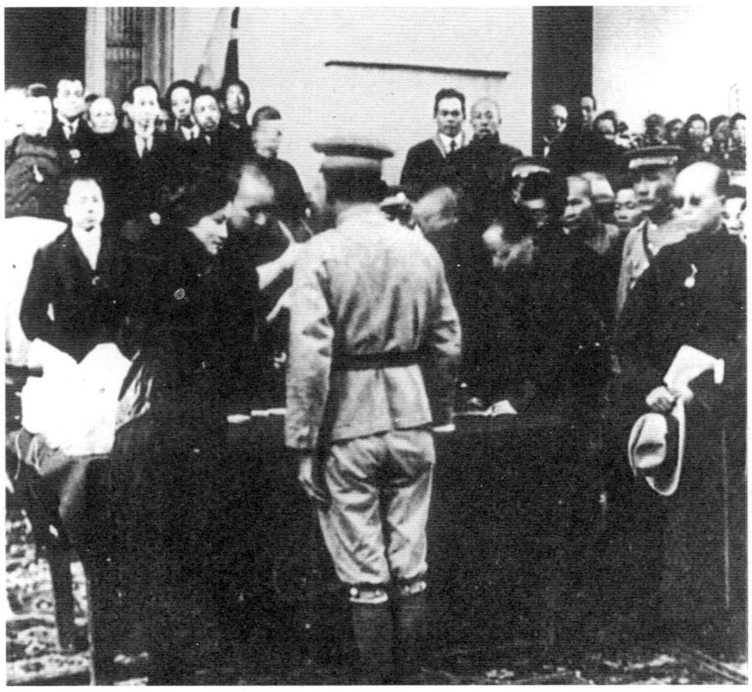

图74 1924年元旦孙中山、宋庆龄在大元帅府给有功的将士授勋

图75 黄埔军校旧影

图76 1924年6月16日，孙中山、蒋介石、廖仲恺、宋庆龄等出席黄埔军校开学典礼

图77 东江阵亡将士公墓（殷力欣收藏）

图78 东江阵亡将士公墓碑亭（殷力欣收藏）

图79 东征阵亡烈士纪念坊（殷力欣收藏）

图80 广州长洲岛孙总理纪念碑（殷力欣收藏）

图81 广州长洲岛孙总理纪念碑局部（殷力欣收藏）

图82 东江阵亡将士纪功坊（殷力欣收藏）

图83 1929年建广州市立中山图书馆

图84 广州中山图书馆

图85 “沙基惨案”烈士纪念碑

图86 朱执信墓

图87 广州市府合署（彭长歆提供）

图88 伍廷芳雕像(周俊荣提供）

图89 十九路军坟场（彭长歆提供）

图90 越秀山广东光复纪念碑（彭长歆提供）

其他

图91 1911年10月22日，革命军光复长沙，成为武昌首义后的首应之地

图92 长沙天心阁——华兴会活动地

图93 1904年的湖南高等学堂

图94 1926年兴建的长沙中山纪念堂（现被拆毁，邹容提供）

图95 上海宝昌路408号.1911年12月25日，孙中山回归在此下榻

图96 上海英租界市政厅——1911年12月南北议和会址

图97 上海龙华邹容墓旧影（原物已毁，今在原址重修）

图98 1910年9月建成的北京资政院大楼

图99 1912年4月29日，北京临时咨议院在原清末资政院大楼举行开院典礼

图100 中南海海晏堂移作袁世凯总统官邸

图101 北京湖广会馆，1912年8月25日，国民党成立大会在此召开

图102 北京临时参议院内景

图103 浙江杭州，秋瑾墓远景（原物已毁，今另择址重修，殷力欣收藏））

图104 杭州，民国初年所建浙军凯旋纪念碑（殷力欣收藏）

图105 浙江湖州陈其美墓

图106 1912年9月落成的四川成都彭家珍墓（黄兴等前往祭奠）

图107 杭州，浙江忠烈阙（现已毁，原址不详，殷力欣收藏）

图108 秋瑾墓近景（20世纪50年代摄，殷力欣收藏）

图109 成都彭家珍纪念碑（赖德霖提供）

图110 云南昆明光复楼旧影（现已毁）

图111 云南昆明大观楼前唐继尧铜像旧影（张天洁提供）

图112 江西省武宁县李烈钧夫妇合葬墓

图113 开封龙亭孙辛亥张钟端等十一位烈士公墓旧影

图114 河北石家庄辛亥烈士吴禄贞祠

图115 清末香港街景

图116 清末香港九龙全景，（摄于1898）

图117 香港乾亨行——兴中会总部旧址之一

图118 香港致发号——同盟会旧址之二

图119 澳门国父纪念馆

图121 澳门镜湖医院孙中山纪念像

图120 日本鹤见总持寺黄兴纪念碑（张天洁提供）

图122 河南开封龙亭孙中山像旧影

图123 广西桂林蒋翊武就义处旧影

图124 美国檀香山兴中会旧址——荷梯厘街酒厂

图125 新加坡晚晴园——同盟会旧址

图126 檀香山孙眉宅——兴中会旧址

辛亥革命重要建筑遗存现状照片选辑

在全国范围内，涉及辛亥革命的建筑遗存，尚无更完备的资料统计，有待今后作专项考察。本书依据建筑文化考察组近年考察和现有文献资料，择要选登武汉、南京、广州、长沙、北京、上海、天津、杭州、成都、深圳等城市的重要建筑遗存约34个大目69个分项的现状照片，以期是读者对这项文化遗产有一个概略的了解。囿于篇幅限制，南京中山陵、廖仲恺墓、灵谷寺内谭延闿墓、广州中山纪念堂及纪念碑、中山图书馆、孙中山大元帅府、长洲岛孙中山纪念碑、北京碧云寺孙中山衣冠冢、上海中山公园、孙中山故居、梧州中山纪念堂等重要建筑遗存，已在《中山纪念建筑》一书中收录，在此从略。

一、武汉市武昌首义纪念馆

图1 武昌起义军政府旧址（原湖北咨议局大楼，简称“红楼”）正面全景

图2 武昌首义纪念馆（原湖北咨议局大楼）全景鸟瞰.（剪裁样子）

图3 红楼正面

图4 红楼前伫立的孙中山纪念像

图5 红楼正面中段

图6 主楼侧影局部

图7 西翼楼正面

图8 门廊山花与议事厅屋顶

图9 首层外廊局部

图10 贴壁柱柱头及檐下纹饰

图11 细部装饰之一

图12 细部装饰之二

图13 门廊局部

图14 侧面窗饰

图15 顶层局部

图16 外廊阑干

图17 地下室窗饰

图18 外壁侧影

图19 排水设施

图20 首层外廊

图21 主楼门厅底层

图22 会堂二楼旁听席

图23 会堂维修场景

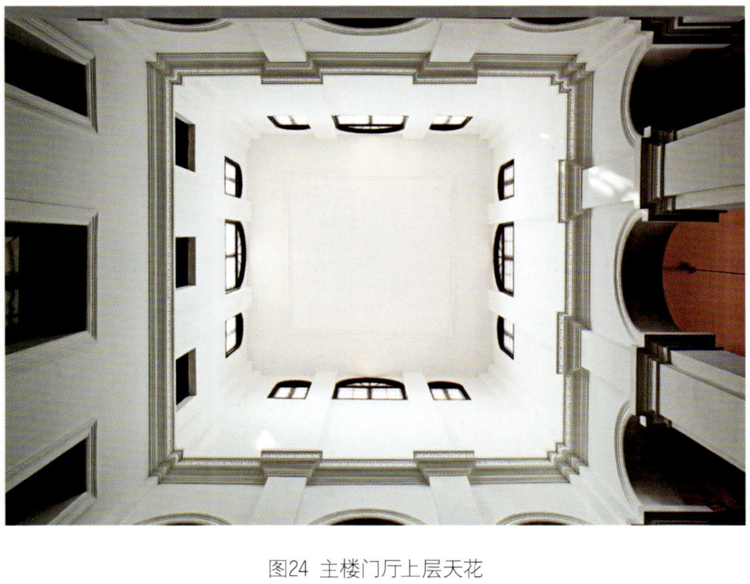

图24 主楼门厅上层天花

图25 会堂侧面

图26 会堂正面

图27 二层楼梯

图28 首层楼梯

图29 办公室局部

图30 黎元洪会客室

图31 二层室内走廊

图32 办公室局部

图33 会议室

图34 西翼楼——与主楼之关系

图35 原议员公所遗址

图36 建筑构件——砖瓦1

图37 建筑构件——砖瓦2

图38 建筑构件——砖瓦3

图39 建筑构件——砖瓦3

图40 建筑构件——砖瓦3

图42 武昌首义博物馆新馆（局部1）

图41 武昌首义博物馆新馆

图43 武昌首义博物馆新馆(局部2)

图44 武昌首义博物馆新馆（局部3）

图45 武昌首义博物馆新馆（局部4）

图46 武昌首义博物馆新馆（局部5）

二、武汉其他辛亥革命建筑及遗存

图47 辛亥武昌起义工兵营发难处纪念碑正面

图48 工兵营发难处纪念碑侧视

图49 工兵营发难处纪念碑碑文

图50 工兵营发难处纪念碑十八星旗图案

图51 武昌首义门正面

图52 庚子革命烈士祠

图53 华中师范大学校园内之黎元洪墓

图54 庚子革命先烈墓道正面

图55 庚子革命先烈墓道细部

图56 辛亥烈士祠牌坊现状

图57 武汉辛亥革命胜利亭

图58 武汉辛亥革命胜利亭碑记

图59 抱冰室

图60 武汉辛亥革命烈士陵园正门

图61 武汉辛亥革命烈士陵园纪念碑

图62 张森墓

图63 孙武墓

图64 黄兴先生纪念像

順誠翊戴以建共和癸丑之役袁勢方熾知必不可
勝然得已而不已者田恒弒其君孔子朝服告哀公
而請討之是豈魯之力所能勝哉及洪憲僭號天下
之人乃始嘩然出兵討之嗚呼晚矣綜公生平以不
世出之材兼容並包之量忍辱負重推己及人不務
近名不居成功其磊磊落落不激不撓之概信乎國
人之先覺吾黨所依歸也今距先生之歿十有七年
流風餘烈使人低徊歆慕而不能自已中正尋感懷
疇昔以茲土為先生講業視師之地建立遺像以昭
芳烈以垂無窮乃作贊曰
皝皝黃公志行濯磨力摧專制手剏共和續著旂常
名垂宇宙天步猶艱大星忽墜國喪元良人懷遺愛
儀容如生鑄顏不改衡湘間氣褒鄂英姿霜寒肝膽
月朗鬚眉黃鶴遐騫琴臺低俯江漢炳靈千秋萬古

图65 黄兴铜像后碑文

图66 黄兴拜将台遗址

图67 总理孙中山纪念碑园区全景

图68 汉口孙中山先生之像正面

图69 武昌起义纪念碑正面

图70 辛亥革命先贤纪念群像

图71 中山舰博物馆外景

图72 中山舰博物馆内景

三、南京中华民国临时政府孙中山办公室（含南京国民政府总统府）

图73 中华民国孙中山临时大总统办公室正立面（原两江总督署西部区域）

图74 孙中山临时大总统办公室侧影

图75 孙中山临时大总统办公室外廊

图76 孙中山临时大总统办公室西侧会议室

图77 孙中山临时大总统办公室东侧小会议室

图78 总统府大礼堂

图79 孙中山生平事迹陈列室（原临时政府参谋总部）

图80 总统府西部庭院孙中山起居室

图81 政务局入口

图82 政务局铺地

图83 子超楼东侧花园鸟瞰

图84 国民政府总统府主楼（子超楼）局部

图85 总统府中部大堂

图86 熙园不系舟（曾为黄兴临时办公室）

府

图87 南京国民政府总统府（原清代两江总督署旧址，1912年成为中华民国临时政府所在地）

四、南京国民革命阵亡将士公墓

图88 灵谷寺纪念牌楼正立面

图89 灵谷寺公园正门（原国民革命阵亡将士公墓正门）

图90 灵谷寺纪念牌楼全景侧视

图91 纪念牌楼明间正面“大仁大义”题额

图92 纪念牌楼檐下斗栱细部

图93 纪念牌楼明间背面“救国救民”题额

图94 纪念牌楼基座

图95 纪念牌楼基座细部雕饰

图96 纪念牌楼基座前东侧石虎

图97 纪念牌楼前东侧石虎局部

无樑殿

图98 国民革命阵亡将士公墓祭堂（由原明代灵谷寺无梁殿改造）正面

图99 祭堂明间细部

图100 祭堂脊兽

图101 祭堂正脊宝顶

海外華僑
聲援革命
捐款

图102 祭堂内景——祭坛

图103 祭堂内景——四壁铭刻革命军历年阵亡将士名录

图104 祭堂内景—祭坛中部“国民革命烈士之灵位”

图105 祭堂内景—祭坛东侧“总理遗嘱”碑刻

图106 祭堂内景—祭坛东侧“国歌”碑刻

图107 原第一公墓区中心花坛及烈士墓穴区界线痕迹

图108 第一公墓区界墙西端卷涡状雕饰

图109 墓区北侧西部之第五军淞沪抗战阵亡将士纪念碑

图110 “第十九路军淞沪抗战阵亡将士纪念碑”正立面

图111 “第十九路军淞沪抗战阵亡将士纪念碑”碑首瑞兽

图112 “第十九路军淞沪抗战阵亡将士纪念碑”基座铭文上被日军损毁痕迹

图113 “第十九路军淞沪抗战阵亡将士纪念碑”碑身残留记事文：“建筑师刘福泰设计”

图114 松风阁现状

图115 松风阁内景—首层

图116 松风阁背面陈列仿古二层石质宝鼎，刻“铭鼎垂勋”，民国安徽省主席刘镇华所赠

图117 国民革命阵亡将士纪念塔（灵谷塔）

图118 灵谷塔首层及丹墀雕刻

图119 灵谷塔平座层及栏杆细部

图120 灵谷塔首层门窗题字及雕饰

图121 草坪上所遗留原烈士墓穴区嵌砖界线

图122 灵谷塔首层门窗题字及雕饰

图123 灵谷塔首层内景—旋梯

图124 灵谷塔二层内景

图125 灵谷塔内景—碑刻选

图126 灵谷塔九层内景—藻井

图127 灵谷塔九层鸟瞰灵谷寺中轴线

图128 灵谷寺中轴线以西之原国民革命阵亡将士公墓第三公墓遗址

图129 原第三公墓中心区之花坛遗址（细部）

五、广州黄花岗七十二烈士墓（含黄花岗公园辛亥革命纪念馆烈士墓区等）

图130 黄花岗七十二烈士公墓正门

图131 墓道东侧宝鼎

图132 墓道西侧宝鼎

图133 墓道东侧宝鼎局部

图134 墓道西侧奏乐台

图135 墓道西侧之碑记亭

图136 碑记亭内七十二烈士记名碑

图137 墓道东侧纪念柱

图138 黄花岗七十二烈士墓及纪功坊平视

图139 自纪功坊俯视七十二烈士墓全景

图140 七十二烈士墓碑亭正立面

图141 七十二烈士墓碑亭侧立面

图142 碑亭之钟形屋顶

图143 碑亭之钟形屋顶细部

图144 七十二烈士纪功坊正立面

图145 纪功坊孙中山先生题辞“浩气长存”

图146 纪念坊二层纪念山及阳台

图147 自由女神像侧面

图148 自由女神像局部

图149 纪念坊后之记功碑

图150 邓仲元墓近景

图151 杨仙逸墓园

图152 飞行家叶少毅墓

图153 冯君如墓

图154 国民党安南支部敬献之龙

图155 潘达微墓

图156 民国初年之黄花岗七十二烈士公墓西南墓道大门（正面）

六、广州市其他辛亥革命建筑及遗存

图157 原清末广东省咨议局大楼（1921年，孙中山在此当选非常大总统）

图158 原广东咨议局正门柱廊

图159 原广东咨议局大楼首层外廊

图160 外观门廊与会场之转角处理

图161 原广东咨议局大楼会堂内景之四—会堂穹顶

图161 原广东咨议局大楼会堂内景之二—二楼旁听席

图162 原广东咨议局大楼会堂内景之一——自主席台平视议员席位

图163 黄花岗起义指挥部旧址正门

图164 黄花岗起义纪念雕塑

图165 越秀山光复亭全景

图166 越秀山光复亭亭内题刻

图167 越秀山海员亭牌坊

图168 越秀山海员亭外观

图169 越秀山海员亭铺地

图170 仲元图书馆（今广州美术馆）外观

图171 仲元图书馆（今广州美术馆）外观局部

图172 仲元图书馆（今广州美术馆）外观局部

图173 仲元图书馆（今广州美术馆）外观局部

图174 伍廷芳、伍朝枢墓园西区全景

图175 伍朝枢墓全景

图176 伍廷芳墓碑亭

图177 伍廷芳墓正立面

图178 伍廷芳纪念像正面

校學官

图179 广州长洲岛黄埔军校大门

图180 黄埔军校宿舍区

图181 长洲岛黄埔军校大礼堂

图182 黄埔军校教室

图183 黄埔军校礼堂室内

图184 黄埔军校游泳池

图185 长洲岛孙中山故居

图186 东征阵亡烈士纪念坊正立面局部——东征烈士陵园正门

图187 东江阵亡烈士墓墓碑、碑亭

图188 东江阵亡烈士墓墓碑

图189 东江阵亡烈士纪功坊

图190 东江阵亡烈士学生军公墓

图191 长洲岛白鹤岗黄埔军校阵亡士官纪念碑

图192 十九路军抗日亡将士坟园纪念坊正立面 （1933年建成）

图193 十九路军抗日亡将士坟园题名碑（位于坟园纵轴线中心）

图194 一九路军抗日亡将士坟园题名碑局部

图195 先烈纪念碑（位于坟园纵轴线北端）

图196 抗日亭（位于坟园纵轴线南端）

图197 坟场东南部先烈纪念馆

图198 战士墓（位于坟园横轴线西端）

七、长沙市辛亥革命建筑及遗存

图199 黄兴墓正面近景

图200 黄兴墓侧视

图201 黄兴墓墓园题刻

图202 黄兴墓庐院门

图203 黄兴墓庐院内

图204 岳麓山蒋翊武墓全景

图205 岳麓山蒋翊武墓侧面

图206 辛亥援鄂民五护国阵亡将士公墓近景

图207 蔡锷墓正面

图208 蔡锷墓题刻

图209 蔡锷墓庐

图210 蔡锷墓庐庭院

图211 蔡锷墓庐庭院

图212 岳麓山北伐阵亡将士纪念塔前牌坊

图213 北伐阵亡将士纪念塔（五轮塔，1927年建）正面

图214 北伐阵亡将士纪念塔侧视

图215 重修北伐阵亡将士纪念塔碑记

图216 长沙市内中山亭正面

图217 中山亭背面

图218 中山亭局部

八、北京市辛亥革命建筑及遗存

图219 北京中山公园社稷坛与中山堂全景

和平

图220 北京中山公园保卫和平纪念坊

公
孙文
东城区委员会敬献

图221 北京中山公园中山堂内景

图221 北京香山碧云寺内中山纪念堂庭院

图222 北京香山碧云寺内中山纪念堂近景

图223 辛亥滦州起义革命先烈纪念园—纪念坊

图224 辛亥滦州起义革命先烈纪念园—衣冠冢墓表

图225 辛亥滦州起义革命先烈纪念园—纪念碑

图226 辛亥滦州起义革命先烈纪念园—题刻

图227 辛亥滦州起义革命先烈纪念园—纪念塔

九、天津市辛亥革命建筑及遗存

图228 孙中山北上下榻处——天津张园

图229 天津利顺德大饭店外景

图230 天津利顺德大饭店内景之一

图231 天津利顺德大饭店内景之二

图232 天津利顺德大饭店内景之三

图233 天津市中山公园

图234 天津市中山公园孙中山塑像

图235 天津市冯国璋故居

图236 天津市袁世凯故居

十、上海市辛亥革命建筑及遗存

图237 上海黄兴公园鸟瞰

图238 黄兴公园大门

图239 黄兴公园黄兴纪念像全景

图240 上海闸北公园鸟瞰（陈立群提供）

图241 宋教仁墓—墓道、全景

图242 宋教仁墓—墓正面近景

图243 宋教仁墓—墓顶雕像细部

图244 宋教仁墓—墓顶雕像细部

图245 宋教仁纪念像

图246 宋教仁纪念像基座背面之于右任题语

十一、杭州市辛亥革命建筑及遗存

图247 1927年在清行宫遗址上改建的杭州中山公园外观全景

图248 杭州中山公园纪念坊正面明间额坊题字

图249 杭州中山公园纪念坊侧影

图250 杭州中山公园正门

图251 杭州中山公园内为纪念华侨赈灾所建东侧石亭

图252 杭州中山公园内为纪念华侨赈灾所建西侧石亭

图253 西侧石亭屋顶

图254 西侧石亭屋顶门楣题刻

图255 西侧石亭屋顶门楣题刻

图256 西侧石亭屋顶门楣题刻

图257 杭州南天竺辛亥革命烈士墓群园区东大门

图258 浙军攻克金陵阵亡诸将士之墓（文革后整体迁移至此地）正面

图259 浙军攻克金陵阵亡诸将士之墓题名录侧视

图260 浙军攻克金陵阵亡诸将士之墓题名录（局部）

图261 杭州南天竺辛亥革命烈士墓群园区内纵轴线南端陶成章、沈由智、杨哲尚三烈士墓

图262 杭州南天竺辛亥革命烈士墓群园区内横轴线西端徐锡麟、马宗汉、陈伯平三烈士墓

图263 杭州西泠桥南之秋瑾墓（经十次迁葬至此地）

图264 原秋瑾墓祠旧址，今杭州香格里拉饭店一角

图265 杭州太子湾章太炎墓祠入口

图266 章太炎墓全景

十二、成都市辛亥革命建筑及遗存

图267 成都彭（家珍）大将军专祠正门

图268 彭大将军专祠内彭家珍纪念堂外景

图269 彭大将军专祠内彭家珍纪念碑

图270 彭大将军专祠内彭家珍纪念堂内景

图271 彭家珍纪念碑局部—基座细部

图272 彭家珍纪念碑局部—基座细部

图273 彭家珍纪念像

图274 成都辛亥秋保路死事纪念碑现状

图275 成都辛亥秋保路死事纪念碑正面全景

图276 成都辛亥秋保路死事纪念碑碑首细部

图277 成都辛亥秋保路死事纪念碑基座局部

图278 纪念碑基座雕饰

图279 纪念碑基座雕饰

图280 纪念碑基座雕饰

图281 纪念碑基座雕饰

十三、深圳市辛亥革命建筑及遗存

图282 深圳坪山镇马峦村全景—庚子首义旧址

图283 马峦村村口碉楼瞭望—庚子首义旧址

图284 马峦村西北碉楼屋顶

图285 马峦村罗氏大屋—庚子首义指挥所旧址

图286 马峦村罗氏大屋——角及西北碉楼——深圳庚子首义旧址

图287 辛亥革命后成立的马峦村强华学校旧址

图288 孙中山为强华学校题写校名残迹

附录：1894—1937年中国重大历史事件与重要建筑事件对照表

殷力欣
刘江峰

时间	重大历史事件	重要建筑事件
1894年 （甲午，清光绪二十年）	1. 夏历甲午年七至十二月，中日甲午战争爆发。 2. 十一月，孙中山创兴中会于美国檀香山。	1. 上海圣约翰书院怀施堂奠基（西方建筑师采用中国建筑艺术元素设计建筑作品的最早实例）。 2. 工程师詹天佑主持修筑京奉铁路滦河大桥（首次使用压气沉箱法）。 3. 广州陈家祠堂建成（为晚期中国传统建筑实例之一）。
1895年 （乙未，清光绪二十一年）	1. 中方在甲午战争中战败。三月，李鸿章与日本伊藤博文签订马关条约。 2. 台湾民众举兵抗拒日军进犯，将领刘永福等因缺乏朝廷援助被迫弃台。 3. 是岁，孙中山设兴中会总部于香港，筹划广州起义，事泄；康有为、梁启超在上海创办《强学报》。	1. 张之洞在汉阳创建湖北炼铁厂（早期重大的民族工业项目之一）。 2. 盛宣怀在上海创建又新纱厂（早期重大的民族工业项目之一）。 3. 汉口德国领事馆建成。
1896年 （丙申，清光绪二十二年）	1. 二月，李鸿章赴俄订立"中俄密约"，允许俄在东北修建铁路以图谋协力抗日。 2. 盛宣怀在上海筹建官商合办性质的中国通商银行。 3. 是岁，严复译《天演论》成。	法商在汉口建永兴洋行（西洋古典建筑风格）。
1897年 （丁酉，清光绪二十三年）	1. 五月，清廷允许法国在云南、广西、广东一带修建铁路、开采矿山。 2. 十月，山东发生"曹州教案"。	1. 张謇在南通州筹建大生纱厂（主车间为砖木混合结构，18 000平方米，早期民族工业建筑代表作之一）。 2. 齐齐哈尔市建成龙沙公园（是为中国近代首家公园）。 3. 俄国在吉林省东宁县举行中东铁路开工典礼。 4. 上海中国通商银行大楼建成（西洋古典建筑风格）。
1898年 （戊戌，清光绪二十四年）	1. 二至五月，德、俄、法、英四国先后强租胶州湾、大连湾、广州湾和九龙半岛。 2. 六月，清光绪帝发布《明定国是诏》，史称"戊戌变法"就此开始。 3. 八月，慈禧太后再度训政，幽禁光绪帝于瀛台，谭嗣同等六人殉难，康梁流亡海外，变法彻底失败。	1. 德国在青岛开始大规模建造总督署等德国古典风格建筑群。 2. 上海建造礼和洋行大楼。
1899年 （己亥，清光绪二十五年）	1. 八月，美国国务卿约翰逊提出对华门户开放政策。 2. 十二月，山东义和团事起。	张之洞在汉阳筹建湖北枪炮厂（即汉阳兵工厂，约1904年建成）。
1900年 （庚子，清光绪二十六年）	1. 四至九月，义和团围攻北京东交民巷各使馆，清廷对外宣战，英、法等八国联军相继攻陷大沽口、进占北京，清廷与各国议和。 2. 六月，唐才常等在汉口发动自立军起义失败。 3. 闰八月，兴中会发动广东惠州起义失败，史称"庚子首义"。	1. 北京、保定等多处古城及古建筑群，北京西郊颐和园等行宫遭到破坏和劫掠。 旅顺火车站建成（俄式风格）。 2. 上海泰兴洋行大班住宅建成（典型的花园洋房式高级住宅）。 3. 由俄国皇太子倡议的汉口东正教堂建成。
1901年 （辛丑，清光绪二十七年）	1. 七月，清廷与各国签署和约，史称"辛丑条约"。 2. 十二月，清廷明令允许满汉通婚。 3. 是岁，梁启超创办《新民丛报》，与孙中山等作革命与维新之辩论。	法国修建的越南河内至中国广西龙州的铁路竣工。
1902年 （壬寅，清光绪二十八年）	1. 清廷颁行学堂章程。 2.《大公报》在天津创刊。 3. 是岁，章炳麟、蔡元培等创立光复会。	1. 英国教会设新书院于天津。 2. 天津河北新开区开始规划建设，由时任直隶总督的袁世凯主持。 3. 汉口俄国领事馆建成。
1903年 （癸卯，清光绪二十九年）	1. 黄兴、宋教仁等成立华兴会。 2. 上海"苏报案"发，章炳麟、邹容等被捕。	1. 清廷再次重修颐和园（原清漪园，于1860年遭英法联军破坏，清廷于1888年挪用海军军费重修，并改称颐和园）。 2. 北京美国公使馆办公楼建成。 3. 京汉铁路南端终点建筑大智门火车站建成。
1904年 （甲辰，清光绪三十年）	1. 七月，英军入侵西藏，十三世达赖北走，清廷驻藏大臣与英签订"拉萨条约"。 2. 十月，华兴会组织长沙、柳州起义相继失败。 3. 日本侵占旅顺口。	1. 日本在长沙小西门外修建湖南轮船公司码头。 2. 青岛火车站建成（德国文艺复兴式）。 北京宣武门天主堂第六次重建（巴洛克风格）。 3. 汉口美国领事馆建成。 铁路京汉铁路竣工。

（续表）

时间	重大历史事件	重要建筑事件
1905年 （乙巳，清光绪三十一年）	1. 七月，清廷诏令废止科举制。 2. 九月，孙中山、黄兴等在日本将兴中会、华兴会、光复会合并为中国革命同盟会。	1. 詹天佑主持筹建京张铁路（中国自行设计建造的第一项重大铁路工程项目，1909年竣工）。 2. 上海建法租界公董局大楼。
1906年 （丙午，清光绪三十二年）	1. 四月，“中英西藏条约” 在北京签字。 2. 七月，清廷宣布预备立宪。 3. 十二月，黄兴策划浏阳、萍乡、万载起义，失败，刘道一殉难。 4. 是年，绅民立宪运动起，上海立宪公会、湖北宪政准备会、湖南宪政分会、广东自治会先后成立。	1. 美国雅礼协会在长沙建造雅礼大学堂。 2. 哈尔滨中东铁路管理局大楼建成。 3. 天津劝业会场落成开放。 4. 上海徐家汇海格路（今华山路）李公祠前落成李鸿章铜像，由德国克虏伯兵工厂赠送，雕塑家为Otto Lang。
1907年 （丁未，清光绪三十三年）	1. 四月，日本逼迫清廷签订关于修建新奉、长吉铁路协定。 2. 六月，光复会徐锡麟刺杀安徽巡抚恩铭，图谋安庆起义，失败，徐锡麟等殉难；光复会秋瑾女士在绍兴殉难。 3. 七月清廷下诏宣布“满汉平等、用人行政不分畛域”。此距清廷入主中原凡二百六十三年。 4. 是年，同盟会相继举行黄冈起义、惠州七女湖起义、钦州、廉州起义、镇南关起义。	1. 陕西筹建延长石油厂。 2. 北京中华圣公会教堂建成（中西合璧的教堂建筑作品之一）。 3. 北京陆军部南楼建成（清末配合“新政”的建筑项目之一）。 4. 是岁，京奉、太正、沪宁铁路竣工。
1908年 （戊申，清光绪三十四年）	1. 三月，黄兴领导云南河口起义，失败。 2. 六月，清廷颁布各省咨议局章程。 3. 十月，安徽新军熊成基等起义失败。 4. 十一月，美国政府宣布退还庚子赔款，并将退款用于中国教科文卫事业。	1. 北京农事试验场附设公园开放。 2. 北京女子师范学堂建成。 3. 上海大北电报公司大楼建成。
1909年 （己酉，清宣统元年）	1. 二月，清廷宣布预备立宪（为期九年）。 2. 五月，清廷宣布皇帝为海陆军大元帅，设军咨府。 3. 九月，各省咨议局开会。	1. 京张铁路通车。 2. 北京资政院大楼落成（欧美新古典主义风格）。 3. 昆明云南陆军讲武学堂建成（中国近现代早期军校建筑之一）。 4. 南通市着手城市规划（民族工业影响下的新式城市规划）。 5. 武昌文华大学图书馆落成（中国近代第一座公共图书馆）。
1910年 （庚戌，清宣统二年）	1. 正月，清廷命满汉官员一律自称为臣，满员不得再自称奴才。 2. 正月，黄兴策动广州新军起义，失败。 3. 资政院开院。	1. 滇越铁路建成。 2. 湖北省咨 议局大楼落成（欧美新古典主义风格）。 3. 江苏省咨议局大楼落成（欧美新古典主义风格）。 4. 广东省咨议局大楼落成（欧美新古典主义风格）。 5. 北京外务部迎宾馆落成。 6. 津浦铁路天津西站建成。 7. 上海徐家汇天主堂建成。 8. 北京亚斯立堂建成（中西合璧风格）。 9. 汉口最早的多层公寓巴公房子建成。
1911年 （辛亥，清宣统三年）	1. 三月，清廷颁行新内阁官制，十三名内阁成员中，满员九人、汉员四人，史称“亲贵内阁”。 2. 三月二十九日（公历4月27日），黄兴领导的广州黄花岗起义失败，死难烈士有名可考者86人。 3. 七月，成都“保路运动”事起。 4. 八月十九日（公历10月10日），武昌新军起义，光复武汉三镇，成立湖北革命军政府。 5. 九月至十月，湖南、陕西、山西、云南、江西、上海、贵州、浙江、江苏、广西、安徽、广东、福建、四川等各省相继宣布独立。 6. 十月初七日，清军冯国璋部攻陷汉阳。 7. 十月初十日，各省代表会于武昌，拟定中国民歌临时政府组织大纲，并定南京为首都。 8. 十一月初十日，各省代表在南京选举孙中山为中华民国临时大总统，采用公历纪年。	1. 美国教会在杭州筹建之江大学。 2. 北京开始营建清华学堂清华园建筑群。
1912年 （中华民国元年）	1. 1月1日，孙中山在南京宣誓就任中华民国临时大总统。 2. 2月12日，清宣统帝宣布逊位；13日，孙中山辞临时大总统职。 3. 3月10日，袁世凯在北京就任临时大总统。 4. 3月11日，孙中山公布《中华民国临时约法》，确立立法、行政、司法三权分立的民主共和体制。 5. 4月1日，孙中山正式向南京临时参议院辞去总统职务。	1. 津浦铁路洛口黄河大桥竣工。 2. 南京原两江总督署简单改建为临时大总统办公地。 3. 南京为杨卓林、郑先声等烈士建专祠（此为中国建造辛亥革命专题纪念建筑之始）。 4. 杭州将清万寿宫改为“南京阵亡将士祠”。 5. 西安易俗社剧场建成（西式剧场罩以中式建筑外观）。

（续表）

时间	重大历史事件	重要建筑事件
1913年 （民国二年）	1. 3月，宋教仁遇刺于上海车站。 2. 7—9月，南方数省发动二次革命，失败。 3. 10月，袁世凯操纵国会选举其为正式大总统，并在紫禁城太和殿举行就职典礼。	1. 成都辛亥秋保路死事纪念碑（王楠设计，中国近现代纪念建筑代表作之一）建成。 2. 上海建福新面粉厂（1913—1919年，近现代工业建筑代表作之一）。
1914年 （民国三年）	1. 7月，孙中山改组国民党为中华革命党。 2. 12月，北京政府公布修正大总统选举法，大总统实际已成终身任职。 3. 是岁，第一次世界大战(1914-1918)起。	1. 天津开始建造“天津渤化永利碱业有限公司”（具有当时国际先进水平的工业建筑群）。 2. 上海建成兆丰公园（1925年后命名为“中山公园”）。 3. 北京改建社稷坛为中央公园（后命名为中山公园）。
1915年 （民国四年）	1. 12月，袁世凯宣布复辟帝制，改国号为中华帝国。 2. 12月25日，蔡锷等在云南起义讨袁，发动护国战争。 3. 是年，陈独秀在上海创办《青年杂志》。	江西南浔铁路竣工。
1916年 （民国五年）	1. 1—5月，蔡锷等护国军出兵入川，各地纷纷响应。 2. 6月，袁世凯去世，黎元洪代理大总统职务，明令恢复民国元年临时约法。 3. 12月，日本在厦门擅立警察局。 4. 是岁，护国功臣蔡锷、开国元勋黄兴相继病逝。	天津西开教堂建成。
1917年 （民国六年）	1. 7月1日，张勋、康有为等拥清逊帝溥仪复辟，12日，段祺瑞等率讨逆军占领北京，复辟失败。 2. 8月31日，广州非常国会议决《中华民国军政府组织大纲》13条。大纲规定“为戡定叛乱，恢复临时约法，特组织中华民国军政府”。9月1日，非常国会于广州选举孙中山为海陆军大元帅。 3. 11月，北方各省在天津举行会议，决定向南方政府开战。南北战争事起。	长沙岳麓山黄兴、蔡锷墓建成并举行国葬（中国近现代陵墓类纪念建筑代表作之一）。
1918年 （民国七年）	1. 10月，徐世昌就任北洋政府总统。 2. 11月，北、南方政府先后宣布停战。 3. 是岁，第一次世界大战结束，中国为战胜国之一。	广州营建黄花岗七十二烈士墓（中国近现代陵墓类纪念建筑的典范。）。
1919年 （民国八年）	1. 4月30日，《巴黎和约》将德国在山东权利让于日本。 2. 5月4日，北京爆发“五四运动”。 3. 10月，中华革命党改组为中国国民党。	1. 上海公共租界工部局大楼建成。 2. 金陵大学北大楼建成（司迈尔【美】设计）。 3. 朱启钤主持重新刊行宋《营造法式》（丁本）。 4. 武汉德明饭店建成并开业。 5. 汉口新市场建成。 6. 辛亥革命后武汉地区第一个由民族资本家创建的纺织厂第一纱厂建成。
1920年 （民国九年）	11月29日，孙中山在广州重组军政府。	1. 美国建筑师墨菲开始规划设计北京燕京大学。 2. 广州海珠公园落成程璧光铜像，纪念其护法功勋。 3. 关颂声在天津创办基泰工程司。
1921年 （民国十年）	1. 5月5日，孙中山在广州就任中华民国非常大总统。 2. 7月，中国共产党在上海成立。 3. 是岁，学衡社成立。	1. 天津建开滦矿务局大楼（新古典主义建筑代表作之一）。 2. 北京协和医学院建筑群落成。 3. 汉口最高的钢筋混凝土建筑景明洋行大楼建成。 4. 仿缅甸“阿难陀寺”风格的汉口古德寺大雄宝殿建成。
1922年 （民国十一年）	4月29日，直奉两军在北京附近交战。奉军败，直系张作霖控制北洋政府政权。 是岁，胡适推行白话文运动。	金陵女子学院（1922—1923年，墨菲设计，吕彦直助理设计）。
1923年 （民国十二年）	孙中山在广州第三次建立军政府。	1. 汇丰银行上海分行大楼建成（西洋古典折中式）。 2. 哈尔滨土耳其清真寺建成（吉达诺夫【俄】设计。具有伊斯兰建筑特征）。 3. 苏州工业专门学校设置建筑科，是为中国现代建筑教育之始。
1924年 （民国十三年）	1. 1月20～30日，中国国民党第一次全国代表大会在广州召开。大会决定联俄、联共、扶助农工三大政策。 2. 6 月16日，黄埔军校正式开学，蒋介石任校长。	1. 上海建造霞飞坊等新式里弄住宅。 2. 上海宋公园（今闸北公园）树立宋教仁石雕坐像。 3. 武昌首义纪念公园建成开放。 4. 汉口江汉关大楼建成。
1925年 （民国十四年）	1. 3月12日，孙中山在北京逝世。 2. 7月1 日，中华民国国民政府在广州成立。 3. 10月1 日，国民革命军开始第二次东征，实现广东统一。	1. 上海佘山大教堂奠基（兼具罗马风与拜占庭风样式。1935年落成）。 2. 孙中山先生葬事筹备处征集陵墓建筑图案，吕彦直设计方案获一等奖。 3. 吕彦直、黄檀甫创立彦记建筑事务所。 4. 广州原观音山公园改为中山公园。 5. 上海新新公司大楼建成（鸿达洋行【匈】设计，具有早期现代建筑风格）

（续表）

时间	重大历史事件	重要建筑事件
1926年 （民国十五年）	1. 7月1日，国民政府军事委员会颁布北伐动员令，9日国民革命军在广州誓师，北伐战争正式开始。 2. 10月10日，北伐军攻克武昌，吴佩孚主力基本被消灭。	1. 梧州中山纪念堂奠基（最早的中山纪念专题建筑之一，杨锡镠设计，1930年建成）。 2. 天津万国桥建成。 3. 盐业银行天津分行大楼建成（沈理源设计）。 4. 汉口万国跑马场建成。
1927年 （民国十六年）	1. 1月1日，国民政府定都武汉。 2. 3月24日，国民革命军占领南京，统一华南地区。 3. 4月18日，南京国民政府成立，继续北伐。 4. 8月1日，中国共产党于南昌起义。 5. 8月19日，南京国民政府合并武汉国民政府。 6. 12月11日，国民革命军攻占北京，统一华北地区。 7. 是岁，国民政府筹设中央研究院。	1. 中国建筑师学会在上海成立。 2. 上海市成立都市计划委员会。 3. 长沙中山纪念堂建成。 4. 上海江海关大楼建成（折中主义建筑风格）。 5. 南京第四中山大学（后称中央大学）成立建筑系，柳士英、刘敦桢、刘福泰等为创办人。 6. 厦门中山公园建成开放。
1928年 （民国十七年）	1. 6月4日，日本关东军制造“皇姑屯事件”，张作霖在事件中被炸身亡。 2. 10月10日，蒋介石任国民政府主席。 3. 12月29日，张学良代表北洋政府宣布“东北易帜”，全国统一。 4. 是岁，根据《国民政府建国大纲》，中华民国国民政府实行“训政”。	1. 上海英商正广和汽水厂大班住宅（1928年）建成。 2. 建筑师开尔斯【美】设计规划国立武汉大学。 3. 东北大学设建筑系，梁思成任系主任。 4. 汉口中山公园建成开放。 5. 广东汕头中山公园建成开放。 6. 北平中山公园落成王金铭、施从云铜像。 7. 成都春熙路落成孙中山铜像。
1929年 （民国十八年）	1. 2 月，国民政府宣布实施“关税自主”。 2. 是岁，梁启超逝。	1. 南京中山陵（吕彦直设计）建成并举行奉安大典（此建筑为现代中国最重要的纪念建筑，也标志着“中国固有式建筑”流派的产生）。 2. 南京公布《首都计划》。 3. 南京中央陆军军官学校大礼堂旁竖立孙中山铜像，由孙中山生前的日本友人梅屋庄吉捐赠。 4. 中国营造学社在北京成立。 5. 广州海珠桥建成。 6. 上海沙逊大厦建成（具有装饰派艺术风格的现代建筑）。 7. 梁思成设计吉林大学教学楼。 8. 浙江昭忠祠于是岁改建为浙江忠烈祠。 9. 杭州西湖畔树立陈英士戎装骑马铜像，雕塑师为江小鹣。 10. 宁波中山公园建成开放。 11. 河南开封中山公园龙亭照壁后真武殿旧址前落成孙中山铜像。
1930年 （民国十九年）	1. 5月，蒋冯阎“中原大战”事起。 2. 9月9日，阎锡山、冯玉祥、李宗仁、汪精卫等人于北平组建国民政府。 3. 11月4日，阎锡山、冯玉祥宣布下野，北平国民政府垮台。	1. 南京铁道部（范文照设计）、交通部（耶朗【俄】设计）等政府办公建筑相继建成。 2. 南京中山陵墓室落成孙中山白色大理石卧像，雕塑师为捷克斯洛伐克著名雕塑家高祺（Bohuslav J. Koci）；中山陵祭堂内落成孙中山白色大理石坐像，雕塑师为法国巴黎高等美术学院保罗·朗特斯基（Paul Landowsky）。 3. 《中国营造学社汇刊》第一卷第一期刊行。 4. 广州黄埔军校竖立孙中山铜像，由孙中山生前的日本友人梅屋庄吉捐赠。
1931年 （民国二十年）	1. 9月18日，日本关东军制造“九一八事变”，东北沦丧。 2. 11月，中国共产党在瑞金成立中华苏维埃共和国临时中央政府。 3. 12月，广州国民政府并入南京国民政府 。	1. 广州中山纪念堂建成（吕彦直设计，中国固有式建筑的杰作之一，其在建筑结构技术方面，也具备了当时的国际水准）。 2. 广州国立中山大学及广东中山县孙中山故居分别竖立孙中山铜像，均由孙中山生前的日本友人梅屋庄吉捐赠。 3. 长沙中山亭（钟楼）建成。 4. 上海建造市政府大楼（1933年落成，董大酉设计，中国固有式建筑风格）。 5. 上海国际饭店奠基（1934年建成）。 6. 国立北平图书馆落成（莫律兰【美】设计）。 7. 天津法租界工部局大楼建成（欧美新古典主义建筑风格）。 8. 广州市府合署落成（林克明设计） 9. 湖北省国民党党部前落成孙中山铜像，雕塑师为江小鹣。
1932年 （民国二十一年）	1. 1月28日，日军进攻上海，国民革命军第十九路军奋起抗战，大败日军。 2. 3月1日，日本侵占东北，建立满洲国，日寇拥溥仪为执政，改长春为新京。国民政府宣言否认东北伪政府。6日蒋介石被选举为国民政府军事委员会委员长。 3. 5月5日，中日签订《淞沪停战协定》 。	1. 杭州钱塘江大桥竣工（茅以升设计，为我国首座铁路公路两用桥，被誉为“工程与桥梁建筑艺术的双重杰作”）。 2. 哈尔滨圣索菲亚教堂建成（克希亚科夫【俄】设计。典型的东正教建筑风格）。 3. 中国建筑师学会主办的《中国建筑》月刊刊行。 4. 上海建筑师协会主办的《建筑月刊》杂志创刊。 5. 赵深、陈植、童寯在上海创办华盖建筑师事务所。
1933年 （民国二十二年）	1. 国民政府将北平故宫重要古物南迁。 2. 国联十九国委员会拒绝承认“满洲国”。	1. 上海市政府大楼落成（董大酉设计，中国固有式建筑风格）。 2. 上海市政府大楼前竖立孙中山铜像，雕塑师为江小鹣。 3. 南京中央体育场建成（杨廷宝设计，中国固有式建筑建筑风格） 4. 汉口三民路口落成孙中山铜像，雕塑师为江小鹣。 5. 武昌蛇山顶奥略楼前落成黄兴铜像，雕塑师为江小鹣。

（续表）

时间	重大历史事件	重要建筑事件
1934年 （民国二十三年）	1. 2月，国民政府在南昌发起新生活运动。 2. 10月10日，红军放弃瑞金，开始长征。	1. 青岛圣弥爱尔教堂建成。 2. 南京国民政府外交部大楼落成（赵深、童寯设计）。 3. 新华信托储蓄银行天津分行大楼建成（沈理源设计，具有装饰派艺术风格，中国现代主义建筑代表作之一）。 4. 广州邓铿铜像落成于广九铁路广州火车站前广场，雕塑师为李金发。
1935年 （民国二十四年）	1. 9月，日本策划华北"五省自治运动"。 2. 10月19日，中央红军完成长征。 3. 11月4日，国民政府实行法币政策，统一全国币制。	1. 南京建成国民大会堂（中国固有式建筑风格）。 2. 上海市图书馆、博物馆建成（董大酉设计，中国固有式建筑风格）。 3. 南京灵谷寺国民革命军阵亡将士公墓落成（墨菲规划设计，刘福泰等参与。此建筑群是辛亥革命的重要纪念地，同时是中国进入抗日战争建筑时代的先声）。 4. 汉口中山公园正门前落成蒋介石戎装骑马铜像，雕塑师为江小鹣。 5. 由李四光选址规划、美国建筑师开尔斯设计的国立武汉大学建筑群全面落成。
1936年 （民国二十五年）	1. 12月12日，张学良、杨虎城发动西安事变。 2. 是岁，鲁迅、章炳麟、胡汉民逝世。	1. 上海中国银行总行大楼建成（陆谦受设计）。 2. 上海法国邮船公司大楼建成（典型的现代建筑风格）。 3. 南京中央博物院大楼于是年完成设计，但因次年战事，迟至1947年完成建造。 4. 长春伪满国务院、最高法院等建筑由日本人设计建成，为日本侵略者对中国东北实施奴役策略的象征。
1937年 （民国二十六年）	1. 7月7日，日军在北平西郊卢沟桥蓄意制造"七七事变"。 2. 7月17日，蒋介石发表《庐山讲话》，中国全民抗战开始。	1. 宁波镇海口海防设施建筑竣工。 2. 中国营造学社梁思成、林徽因、莫宗江等在山西五台山发现唐代木构建筑佛光寺。

编著后记：以建筑的名义传承百年辛亥的不朽精神

金磊

《中山纪念建筑》
2009年5月第一版

《抗战纪念建筑》
2010年11月第一版

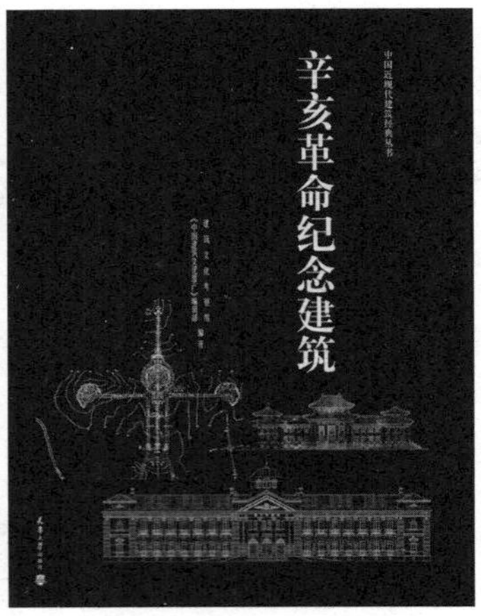

《辛亥革命纪念建筑》
2011年10月第一版

这是篇并非后记的“后记”：因为它全文是在论及如何“以建筑的名义传承百年辛亥的不朽精神”；因为它通过“事件建筑学”的梳理力求展示以“辛亥断想”为题的中国近现代文化遗产的传承之路；因为它更希望让《辛亥革命纪念建筑》的编研，在探索中国建筑学人“世界视野”的同时，把握住中国建筑遗产保护与发展的新使命。

如果说科学文化研究是一种国家需求，那么围绕辛亥革命实践百年的建筑科学与文化研究正筑起一座伟大的里程碑。辛亥革命，作为将中国带向共和的那场革命，注定是一场不断被人提起，不断被人分析的事件。在跨越百年的历史纵深之后，我们透过层层烟云去回望、去求索、去追寻，辛亥革命到底给中国留下了什么遗产？从建筑科学与文化发展的视角看：在辛亥革命前，在中国近现代建筑的活动中，少有可圈可点的壮举，正是辛亥革命成为中国科学文化（含建筑文化）的起点，恰从辛亥革命起到“五四”新文化运动，为中国近现代建筑文化的勃兴积蓄了力量。在国家文物局单霁翔局长亲自指导下，由建筑文化考察组、《中国建筑文化遗产》杂志社等单位学者历时两载主编的“中国近现代建筑经典丛书”第三卷《辛亥革命纪念建筑》的出版，正是建筑承载百年辛亥不朽精神的新著，它是中国建筑界、文博界一批中青年学者的又一心血之作。该书作为“‘十二五’时期国家重点图书”，不仅表达出建筑学人对中国民主革命先行者孙中山等前辈的深切缅怀，也填补着中国近现代建筑史专项研究的空白。

辛亥革命将共和的种子深植于中国，其潮流不可阻挡，逆流者若不调转方向注定会被人民所抛弃。如果说有一种淡忘叫耳熟能详，那么有一种冷漠就是高唱赞歌，所以我们该在关注辛亥的宏大叙事时，回到历史与建筑的现实场景中，记载那些“创共和”的一代代先驱，不仅不可将附丽视为本体，尤其不能在城市化发展中架空历史，自毁理想。曾记得2009年5月27日在南京中山陵博爱广场举办的“迎接中国第四个文化遗产日暨《中山纪念建筑》首发仪式”后的研讨会上，笔者曾这样总结《中山纪念建筑》一书的出版意义：它是国内第一次将南京中山陵、广州中山堂及台北国父纪念馆等建筑融为一体，并以中山纪念建筑为题的纪念建筑专著，对学界的贡献远大于该书提供的一批极为珍贵的建筑图纸、历史图片及相关数据的价值；它是国内第一次建筑界与文博界联合，通过对建筑师吕彦直及工程师黄檀甫的历史贡献总结与评述，进而探讨“中山纪念建筑”与“五四”新文化运动关系伟大命题的跨界活动；它是中国第一次以某类国家事件，展示大型建筑群遗产研究与保护范例的文化工程，无论从文化遗产的继承性，还是对中国当代建筑的启发性，都是呈现在“事件建筑学”学科研究上的建树；它是中国建筑史上以图书形式出现的、以工程实例为背景的对建筑文化传承产生遗产价值的工程“图说”，其价值不仅在工程上、更体现在文化多样性上。它不仅留下事件建筑的思考，更将留下辛亥时代的恒久影响力。据此，我今天更有信心说，《辛亥革命纪念建筑》一书不仅是建筑在《中山纪念建筑》上的新著，它更是从精神、内涵乃至著作深度上的集大成者，它是当今辛亥革命各类纪念专著中的特色经典。所以，笔者有四方面研究与思考。

一、孙中山先生及其辛亥革命实践的再认知

还在2008年5月，建筑文化考察组的学术顾问、建筑学编审杨永生转给我江苏大学黄建文教授的信函，提及他们已将其父珍藏南京中山陵、广州中山纪念堂建造的历史图片及图纸捐赠南京博物院，并希望有关机构能在2009年6月1日孙中山先生奉安大典80周年之际，充分利用这批资料加强对中山纪念建筑的深入研究。应该说，这封信启动了建筑文化考察组对中山纪念建筑的系统化研究及出版立项。2009年1月19日，在我主持召开的“建筑师与媒体面对面的新年论坛”上，我曾提到，2009年正值“五四运动”90周年，而与此对应的是人们不该忘却与时代一同走过的那些杰出的中国建筑师及其作品。建筑奇才吕彦直及其设计的南京中山陵和广州中山纪念堂建筑是中国近现代建筑史上的杰作。2010年9月14日，北京市政协举办“孙中山精神论坛”，新加坡晚晴园孙中山纪念馆馆长叶璞女士总结了孙中山精神及对新加坡社会的现实意义。自1900年至1911年，孙中山先生八次到新加坡进行革命活动，四次驻留此处并在此建立了同盟会南洋分会，他的“爱国、革命和愈挫愈奋”的革命精神，对新加坡的社会和华人华侨影响深远。台湾台北孙文学会创会会长王大智先生认为，孙中山先生三次到台，他对中国未来建设提出了一系列的建设方案，他是一位有高瞻远瞩洞察力及眼界的革命家及理论家，所以，建立“中山学”，将之作为后世中国人的一种思考及认识模式意义重大。我们认为，对完美社会、完美国家永抱憧憬的民族，才是一个有力量、有希望的民族，正是因此，国家才在百年之后蓦然回首，并将辛亥事件的伟大往事托举国民心中。辛亥革命后创刊的《新青年》（1915年）认为新生的中国该如新生的青年一般，其六条标准是“自主的而非奴隶的，进步的而非保守的，进取的而非退隐的，世界的而非锁国的，实利的而非虚文的，科学的而非想象的”。辛亥革命对中国乃至世界的巨大功绩至少表现在：它骤然变换了中国千年不变的沉闷空气，使得各种变革思想的种子获得萌发、成长的机会；它不仅加速了中国社会的变革进程，还成为自此以后中国社会、科技、文化、建筑诸方面发展改革的开端；它促进了中华民族的觉醒，近代思想启蒙的大门自那时开启后便再也未闭合，它不仅斩断了中国社会任何后退之路，更为中国民主革命留下了宝贵的政治、文化、科技、建筑遗产。正如某位哲人所言：“如果对伟大的资产阶级革命者不抱至深的敬意，就不能成为马克思主义者。”

洞悉辛亥历史发展的大势，追寻先辈们的绚丽梦想，体味那些改变了一个国家命运的人的伟大思想与人格魅力，是坚定中华民族伟大复兴壮美理想之关键。孙中山是提出“振兴中华”的第

图1 2009年5月27日《中山纪念建筑》首发式
国家文物局局长单霁翔讲话

图2 2006年9月29日 青龙桥火车站詹天佑墓

图3 2006年10月24日 詹天佑纪念馆

一人，1894年11月孙中山在檀香山成立兴中会时喊出了“振兴中华”的口号，在当时确实唤出了几万万有爱国心的中国人的共同心声。从历史角度看，辛亥革命影响百年不衰，与当年孙中山先生遍游世界探索中国发展之路是分不开的，那些遍布世界各地的辛亥革命旧址，引发人们对一个东方大国崛起之谜的无穷兴趣。有人做过统计，孙中山先生为了革命四次环游世界，七次到檀香山，十五次东渡日本，八次下南洋，四次赴美国大陆，这里的南洋即现在的东南亚地区，而位于南洋地区交通要冲的新加坡更是革命党人的活动中枢。1905年8月20日，中国同盟会在东京成立，孙中山被推举为总理，黄兴为庶务。1906年2月，为组建同盟会新加坡分会，孙中山第三次来到新加坡，对老革命党人林森说：“南洋故本党革命策源地，而星洲晚晴园则当时之枢纽所。”1911年武昌首义前，孙中山在这里就部署了八次反清起义，即1907年的潮州黄岗起义、惠州七女湖起义、钦廉防城起义、镇南关起义，1908年的钦廉上思起义、云南的河口起义，1910年的广州新军起义和1911年的广州黄花岗起义。1942年太平洋战争爆发，新加坡沦陷，晚晴园被强令充作日军通讯营，新加坡政府1994年8月29日宣布将晚晴园列为国家古迹。1994年初，新加坡中华总商会成立三个工作组，重新修葺晚晴园建筑，从新加坡、马来西亚、中国及夏威夷等地收集辛亥革命文献，2001年修复工程完毕，并于11月12日重新开幕，此时的晚晴园已经成为“孙中山南洋纪念馆”。在如今马来西亚槟榔屿的“孙中山槟城基地纪念馆”中，有两幅挂图吸引着参观者的视线，一是当年支持辛亥革命的华人捐款者的名单，用中英文两种文字书写这样一句话“你的先辈可在名单内”；二是当年槟榔屿同盟会的机关报——《光华日报》的影印件。据悉《光华日报》一度风行海内外，在上海、广州、福州、檀香山、旧金山、香港、新加坡等地已设71处代理，可见当年它为华人社会带来何等的新思想与新气象。

图4 2007年5月15日 段祁瑞府

图5 2008年11月14日 广州中山堂

翻开历史画卷，穿越记忆的时空，我们依旧能感受到100年前那场脱胎换骨、风云激荡的革命。如果说何为辛亥革命宝贵的遗产，那么可以说打破思想桎梏是一次思想的大跨越。因为在此前的两千年中，无数次揭竿而起，即使成功也总是陷入一个皇帝被另一个皇帝取代、一个王朝被另一个王朝取代的历史轮回中，而辛亥革命最不可比拟的成功之处，不是帝制在中国社会统治的终结，而是帝制在人民思想观念里的终结。打破思想桎梏，辛亥革命剑锋所指，不止君权至上，更体现在对未来中国的大胆设计构想中。百年世界变局，中华民族是亦步亦趋甘为他人身后的仆从，还是筚路蓝缕开创自我心路，关键在于拓展对孙中山先生及其辛

图6 2008年11月15日 广东省中山市孙中山故居前

图7 2009年5月27日 南京中国近现代建筑遗产保护论坛 1

亥革命实践的新研究视角。对此我颇同意学界的三点看法：①辛亥革命史需要更长的时间视野，即章开沅先生的“盘点三百年，三个一百年”的观点，也就是要从历史的“过去”、“当下”与“未来”三个超长的时间段中，考察辛亥革命的形成，发展及其影响的全貌、全过程。以辛亥革命发生的1911年为时间节点，前溯一百年，从19世纪以来“百年锐于千载”的变局中分析辛亥革命发生的社会原因；从1911年至今的100年，考察辛亥革命与以后发生的重大事件的内在关联性；从现在开始往后的100年，思考需要我们汲取哪些历史经验和教训，这种长时段的研究拓展了分析视野。②辛亥革命史需要给予更大的空间视野。如辛亥革命发生在中国，但与亚洲各国有着密不可分的联系，东南亚各国如越南、菲律宾、印度尼西亚、缅甸、泰国等都兴起过本地的民族解放运动。为此，列宁曾指出，“辛亥革命是席卷亚洲的民族革命风暴的重要一环”，与列宁一样，孙中山当年有着通过复兴中国从而复兴亚洲的强烈使命感和责任感。从这一视角看辛亥革命与孙中山，或许能感受到一个与以往常规认识不同的辛亥革命和孙中山，若干笼罩着孙中山的历史谜团可迎刃而解。③辛亥革命史传播要面向更广的社会视野，这样便会发现辛亥革命留存的不单是政治遗产，更是一笔宝贵的思想遗产和精神文化遗产。对此我更同意有的近现代史专家的看法，号召国人要重读鸦片战争。1840年6月28日，中国近现代史由此开端，170年过去了，我们对那段历史有着很多研究和解读。

图8 2009年5月27日 南京中国近现代建筑遗产保护论坛 2

图9 2009年5月27日 南京中国近现代建筑遗产保护论坛 3

相关著作从不同侧面表现着那场战争，两次鸦片战争就是近代战争的一把尺子，可量出中国近代史的尺度。据此我们大胆地设想并拷问：辛亥百年来，我们的民族何以从不断沉沦到自立于世界民族之林；我们的国家何以从风雨飘摇、濒临灭亡到大踏步走上了趋于繁荣之路；我们的民生又是怎样从穷苦不堪到开始实现小康并发生覆地翻天的变化。这不能不归功于百年辛亥的变革之力，这离不开孙中山在成立兴中会响亮提出的“振兴中华”的口号，离不开同盟会成立后提出的 “三民主义”的伟大精神。李文海教授对辛亥革命精神遗产归纳了四点：①为振兴中华而矢志不渝，顽强奋斗的爱国情怀；②“以浩气赴事功，置死生于度外”的献身精神；③关心民生疾苦，立志为百姓谋福祉的品德；④顺应时代潮流，放眼世界的博大胸怀。

图10 北洋法政学堂原貌（历史图片）

二、从孙中山先生的《建国方略》看辛亥纪念建筑

孙中山（1866.11.12—1925.3.12）享年59岁，竟然有31年先后在14个国家和地区活动，堪称“世界公民”。如果说康有为选择了变法、张謇选择了实业，那么孙中山选择了革命，但他们的终极目标都是在救国。孙中山作为一名建设者，他认为“建设是革命的唯一目的”，在上海的孙中山故居，展示着孙中山曾阅读过的英文版马克思的《政治经济学批判》，他曾说“马克思所著的书及发明的学说，可说是集几千年来人类思想的大成”。1896—1899年，他在旅英期间，几乎每天都到大英博物馆阅览室研读。1898年10月，孙中山在伦敦被绑架，经师友搭救，半个月后获释，并将其遇难经过写成《伦敦被难记》出版，声望大振。作为一位杰出的政治家，孙中山的建国方略博大恢弘，集中反映在《实业计划》中，其六大方面是：建设北方大港、东方大港和南方大港三大世界级港口；修筑总共十万英里长的六大铁路系统；修筑百万英里长的公路网；整治长江、淮河、黄河等内河水系；通过大规模移民开发边疆，全面开采煤、铁、石油、有色金属等矿藏；发展轻重工业和现代农业，规划衣、食、住、行等涉及民生的实业等。孙中山在《建国大纲》中尤其指出：“建设之首要在民生，故对于全国人民之食衣住行四大需要，政府当与人民协力共谋农业之发展，以足民食；共谋织造之发展，以裕民衣；建筑大计划之各式屋舍，以乐民居；修治道路、运河，以利民行。”虽然，史学界有辛亥革命是一场没有准备好的大变革的说法，但辛亥革命却带来了包括建筑学在内的大解放。百年岁月，风流云散，但散不去的是辛亥革命带给中国的深刻变化，散不去的是与辛亥志士一道追求民主与科学的创新情怀与技艺。梁启超作为近代史上引领时代潮流先行者与清末民初言论思想界执牛耳者，才华横溢，在诸方面都开风气之先。早在1898年戊戌变法前，梁启超就接触到西学，在梁启超的西学思想体系中，不仅有政治学说、西方学术思想流派，还涉及经济与文化思想等，尽管有学者认为，与严复相比，梁启超对西学的输入和传播，有些零碎繁杂，但恰因为梁启超思想的普惠公众，使梁启超在传播西学上具有严复不可比拟的优势。胡适、陈独秀、毛泽东等都是通过梁启超的介绍，才了解到霍布士、卢梭、康德、达尔文等人的思想，开始接触到了西方的先进文明。梁启超大力促进中西文化交流，影响了一大批的国内青年知识分子，从而对“五四”新文化运动的发生和发展作出了自己的贡献。同时，正是梁启超的中西方文化观，影响了一代建筑大师梁思成。

必须看到，辛亥百年是科学与艺术领域掀起向西方探索的百年，大时局下，科学界的发现、建筑艺术的创作，不仅是对生命的写照，也成为了一个时代的缩影和见证。面对西风东渐的中西问题，建筑有了日益独特而丰富的表现。从中国近现代建筑史的视角看问题时科学工作者与历史学家不同，他们该重新建构适合自己专业领域的问题意识，选择一种系统的、交叉科学的视角，通过解读辛亥革命与科学及文化、展示并挖掘中国科技史在建筑上的某些“空白”点。在《中国科技史杂志》（2011年1期）提供的2010年全国11

所高校的97篇科学技术史学位论文题目中，至多只有三篇是涉及建筑科学与文化的，这不仅说明在当下中国科技史研究中建筑学内容的薄弱，更表明建筑学界对建筑史研究与传播还欠深度及影响力，使本来极为广博的建筑科技史料被人为地局限在一个狭小的圈子里。这本身不仅暴露了中国科技史料研究上的问题，还透析了中国百年前几乎等于零的建筑教育格局。对此资深建筑学编审杨永生统计并分析道：中国最早开办有科技知识的高等建筑教育始于1923年（苏州工业专门学校），而意大利15世纪在米兰学院设建筑专业，法国1648在巴黎高等艺术学院设建筑专业，德国1790年在柏林艺术科技学院设建筑学，美国分别于1846年、1847年、1865年先后在波士顿大学、哈佛大学、麻省理工学院设立建筑学，日本于1886年、1911年在东京帝国大学及早稻田大学设建筑学，相比之下中国建筑教育及建筑科学认知上存在先天不足。时至辛亥百年后的今日，不仅科技与工程界误解建筑学太偏重艺术与文化，中国工程院与中国科学院的院士中建筑学界人士也偏少。这里借辛亥百年盘点发现中国建筑科技史料之机，向科技界与社会推荐百年中国建筑科学与文化背景下的经典中国建筑作品及开创性建筑师，目的旨在让业内外认知中国建筑因辛亥革命而发展的史实。

图11 2009年5月27日 《中山纪念建筑》首发式 1

图12 2009年5月27日 《中山纪念建筑》首发式 2

图13 2009年5月27日 《中山纪念建筑》首发式 3

（一）中国第一代建筑师的科学精神启示

清末是中国留学的第一个高峰期，其开端发展于1847年，1854年毕业于耶鲁大学的容闳是近代中国留学的第一人，后来成为中国留学计划的策划者和实施者。20世纪中国出现了盛极一时的赴日留学热潮，从1896年的13人，到1905年已达数千人。对于留学生对辛亥革命的贡献，孙中山先生在《建国方略》中说："提倡于先，内地学生附和于后，各省风潮从此渐作。"在那时，留学生中研读制造枪炮、冶炼等机械类学科占主导，如宣统二年（1910年）第二次庚子赔款留学生共录取70人，其中只有第64名庄俊（1888—1990年）一人学习建筑工程。据杨永生编《中国四代建筑师》一书所归纳，出生于19世纪到国外留学研读建筑学并学有所成者不少于20人，如贝寿同（贝季眉）、庄俊、沈理源、关颂声、罗邦杰、巫振英、范文照、柳士英、朱士圭、刘福泰、吕彦直、虞炳烈、朱彬、刘敦桢、张光圻、赵深、鲍鼎、董大酉、杨锡镠、李祖鸿、卢树森等。而梁思成、杨廷宝、陈植、龙庆忠、林徽因等几十人是1900年至辛亥年间出生并留学国外专攻建筑学的，他们共同成为中国第一代建筑师的脊梁。如贝寿同（1876—1941年）是中国近代第一位留德建筑学家，早年他追随蔡元培先生，颇得器重，1902年11月16日，参加我国学运史上的第一次学生运动。据蔡元培口述称，在上海南洋公学特班的优秀生中，尤以邵力子、黄炎培、李叔同、柳亚子、贝寿同等为先。贝寿同不仅是中国近代建筑留学的先行者及建筑事业的创始者，更开拓着中国最早的近代建筑教育。1915年8月大总统徐世昌任命他为司法部技正，1916年他兼任北京大学教授，开始将西方的建筑科学引进中国，贝寿同的侄孙是世界著名华裔建筑师贝聿铭。梁思成先生在《中国建筑史》中谈到清末及民国之建筑时说："至国人留学欧美，归国从事建筑业者，贝寿同实为之先驱，北京大陆银行为其所设计，欧美同学会则就石达子庙重修改造，保留东方建筑之美者也。"再看第一代中国建筑师范文照（1893—1979年），他先毕业于上海圣约翰大学，1922年再毕业于美国宾西法尼亚大学建筑系，1925年获南京中山陵设计竞赛二等奖，是很早便提出"首先科学化而后美术化"设计理念的建筑先辈。1932年范文照的《建筑师的认识》一书出版，其中蔡元培在为该书序言中写道："固见一般人士尚有不明建筑之性质与失选择建筑师之重要者，爰著《建筑师的认识》一书，条分缕析，罗罗清疏，须臾浏览之间，已得传访周咨之乐，启导社会，功不在小。都市之盛衰，视建筑物之多寡，建筑之良否，又全赖建筑师之计划。所以关心居住问题者，不可不阅此书。"

在论及中国第一代建筑师的科学精神时，不能不关注建筑设计思想现代化的萌芽。20世纪初，折中主义思潮在欧美盛行，如在清朝发源地的沈阳城，建筑也随之而变化，即随着西方文化的传入，以木构造为基础、注重礼制文化中国传统的建筑体系开始走向衰败，取而代之的是新的建筑体系，以新的西方砖木结构为代表的，体现折中风格的建筑体系随中国建筑技术如土木工学的发生与发展而开始建立起来。这种折中主义风格建筑的两大类型是：①用现代结构形式和功能塑造的典型西方古典主义建筑，如沈阳小南天主教堂；②以多种不同建筑风格集合一身的"中西合璧"中国式的建筑，它们从内部功能、结构、材料上是现代的，而外观上是各种优秀流派的集合，从而形成了中国传统建筑到西洋古典主义再到早期摩登建筑的折中很强的设计。那时，无论是铁、玻璃、混凝土的新建材，再到现代建筑技术先导的工业建筑，仅19世纪末沈阳即有酿造、皮革、丝织、木器、铁器等工厂建筑，由于其用砖木结构体系取代了中国传统梁架结构，木桁架代替了抬梁式屋架，拱券代替了木梁枋，砖墙砖柱取代了木柱，并大量采用金属屋面，从而使沈阳20世纪初的不少建筑技术在中国成为"推行者"。同样，在分析中国第一代建筑师的科学创新精神时不可不提及南京中山陵、广州中山纪念堂和纪念碑等重要项目的建筑师吕彦直（1894—1929年）。他生于天津，8岁丧父，次年随姐侨居法国巴黎数年，西欧文化与科技给少年的他留下烙印。1911年吕彦直入清华学校，1913年入美国康奈尔大学先读电学，后改建筑学，1918年毕业后即参与南京金陵女子大学和北平燕京大学的规划设计。吕彦直最大的贡献是1925年9月在南京中山陵设计方案竞赛中获首奖，并获授权负责设计中山陵。1927年5月由他设计的广州中山纪念堂和纪念碑再度夺魁。1930年孙中山陵园管委会决定建立吕彦直纪念碑，上部为吕彦直半身像，下部为于右任题写碑

图14 2009年5月27日 南京中山陵博爱广场前合影

文，可惜此碑在抗战时期丢失。建筑师吕彦直纪念碑是我国迄今在“城市公园”为建筑师竖立的唯一纪念碑，体现了对这位杰出的建筑家的尊重。南京中山陵从总体布局到单体设计都是运用传统文化，参考西方优秀设计理念的杰作，有专家评介该项目是中国建筑的开山之作。在单体建筑设计上，虽在造型上沿用传统帝王陵寝建筑的做法，可在结构上采用了钢筋混凝土，屋顶也没有用传统的黄色琉璃瓦而改用蓝色琉璃瓦，墙身也不同红色，而采用花岗石。这些一反传统的创作手法，不论在80多年前还是今天看来，都是成功的、富于文化与科技含量的近现代建筑之创新。

图15 2009年5月27日 《中山纪念建筑》首发式赠书

应该承认较后来的“五四”新文化运动更具前瞻性的是，辛亥革命为国家现代建筑思想传播提供了一个日益宽松的社会文化创作环境，外国建筑师及建筑作品的涌入与迭出，使建筑科学理性精神得到发扬，成为中国近现代建筑成长的有利科学与文化的土壤。对此杨永生在《中国四代建筑师》中总结到：“他们在建筑设计实践中不断探索中国建筑现代化的道路……他们在建筑历史和建筑理论方面，做了前无古人的中国古代建筑文献的诠释工作，他们调查、测绘、发掘了一大批中国古代建筑和各地的民间建筑，他们对外国古代和近现代建筑做了开拓性的研究工作……”提及中国第一代建筑师的科学精神还需提及中国最早的建筑课及现代建筑专业教材，在高校讲授建筑课最早的是辛亥前一年农工商部所属高等实习学校。讲课老师是张锳绪（1876—？），他是清末（1905年7月14日）殿试及第，进士出身，留学日本东京帝国大学机械专业，但他还“稍治建筑之学”，所编著的《建筑新法》一书于1910年由商务印书馆出版发行，它是我国迄今发现运用现代科学技术原理写成的第一部建筑学专著。论及中国建筑科技史与辛亥革命还不能不提及用世界的现代主义理念并在中国赢得“拐点”的大思想家、建筑先师朱启钤先生（1872—1964年）。1913—1916年期间，他先后任交通总长、内务总长、代理国务总理等要职。1915年袁世凯复辟帝制，他曾任大典筹备处处长。1918年后历任晚清、北洋、民国三朝要员的朱启钤再也无心于政界，转而倾力于城市建设。如北京正阳门改造、天安门广场千步廊的拆迁、东西长安街、南北池子、中山公园的兴建等重要工程均是在他指导下完成的。周恩来总理评价他为中国近现代著名社会活动家、实业家、早期建筑历史学家。他还是中国第一代建筑师及建筑教育家、1955年当选为中国科学院技术科学部学部委员的刘敦桢（1897—1968年）、梁思成（1901—1972年）两院士的建筑启蒙老师。1930年朱启钤在通融了政治、文化、科技、实业、教育等各界人士后，正式成立中国历史上第一个民间建筑学研究机构“中国营造学社”，旨在聚合国内外贤达，用现代科学测绘技术与中国传统的朴学相结合的方法致力于国学之一的中国古代建筑的研究与发掘。对于朱启钤及其中国营造学社的贡献，著名学者李约瑟博士在他的《中国科学技术史》中评介道“中国营造学社汇刊是一种内容极为丰富的（学术）资料杂志，是任何一个想要透过这个学科表面，洞察（其本质）的人所必不可缺少的”；两院院士吴良镛早在1989年便撰文“发扬光大中国营造学社所开创的中国建筑研究事业”赞扬其伟绩；中国工程院院士傅熹年说：“朱启钤是研究中国建筑的倡导者和引路人，其贡献是导向性和开创性的。”本人以为，中国营造学社庞大的科学工作使世界学术界对中国刮目相看，中国建筑文化之所以能重新闪耀于世界文化之林，要归功于朱启钤先生领导下的中国营造学社早在70年前便开始的有世界视野的科学研究工作。

（二）建筑作品科技内涵的分析

早在国际建筑师协会成立前的1928年，在瑞士成立了一个国际建筑师的非政府组织——国际现代建筑协会（CIAM），迄今全球建筑界、文博界、城市界备受关注的《雅典宪章》是CIAM第四次会议于1933年通过的，后经勒·柯布西埃修订在1943年正式以《雅典宪章》发表。它除了倡导遗产保护领域的国际合作及国家立法外，更强调现代新技术与新材料的使用，明确指出必须利用有助于研究和保护建筑遗产的一切科学技术来保护并修复文物建筑。至今在全世界继续发挥作用的是1948年6月28日在瑞士洛桑成立的联合国教科文组织的国际建筑师协会。国际建筑师协会（UIA）是一个国际非政府组织，其宗旨是联合全世界的建筑师强调可持续发展，用科技与文化有效改善人类居住条件。国际建协最主要的活动及影响力是每三年一届的代表大会，每次会议确定一个学术主题，归纳历届明确的建筑科技主题有：第6届“新技术与新材料”（1961年，英国伦敦）；第9届“建筑与人类环境”（1967年，捷克斯洛伐克布拉格）；第10届“作为社会原动力的建筑”（1969年，阿根廷布宜诺斯艾利斯）；第12届“创造与技术”（1975年，西班牙马德里）；第14届“建筑·人·环境”（1981年，波兰华沙）；第17届“文化与技术”（1990年，加拿大蒙特利尔）；第20届“21世纪的建筑学——走向整合的建筑学”（1999年，中国北京）；第21届“建筑与资源”（2002年，德国柏林）；第24届“设计2050”（2011年，日本东京）。应说明的是，2011东京世界建筑师大会的科学意义是要求建筑师创造可以保障人类安全的住房设计。这些内容使建筑的科学性极其充分的彰显出来。

图16 2011年8月15日 深圳龙岗庚子首义旧址

（三）《建筑十书》与文艺复兴对东方中国的启示

《建筑十书》是由古罗马建筑师和工程师维特鲁威所著，撰于公元前32—前22年间，共十卷，它不仅是全世界迄今保留最完备的西方古典建筑典籍，而且也是对后世极有参考价值的建筑科学全书。公元前30年罗马成为强大的帝国，正值奥古斯都时代，盛行奴隶制度，大量建筑活动遍布罗马帝国各地。从总体上看，该书包括城市规划、建筑工程、市政工程、机械工程等范畴；从细目分，它涉及建筑教育、城市规划原理、市政设置（道路、给排水、污染、筑港等），仅在建筑环境控制技术上就有抗炎热环境、音质设计、日照采光分析等。维特鲁威曾是服务过两代统治者——凯撒和奥古斯都的智者，其科学贡献是在2 000年前就断言，建筑学是由许多科学组成的一门综合科学，其卓越成就是：①他提出了建筑科学的基本内涵和基本理论，建立了建筑科学的基本体系；②他及时总结既往的城市建设的经验教训，使全书具有指南般的规范性结论；③他用当时朴素的唯物主义哲学思想和自然科学成就，使建筑科学成为有学术根底的科学分支，此外在综合科学的框架下，较好地使建筑技术与艺术相结合。在纵览了《建筑十书》的历史意义及当代价值后会发现，无论是这部古典建筑科学专著的引进，还是19世纪至20世纪西方建筑体系的全面输入都给中国建筑科学与文化带来了新气象。1920年，筹建燕京大学的司徒雷登提出“要使燕大既有中国式的环境，同时又具有国际性”。他在燕大校舍落成后说：“我们从一开始就决定按中国的建筑形式来建造校舍，室外设计了优美的飞檐和华丽的彩色图案，而主体结构则完全是钢筋混凝土的，并配以现代化的照明、取暖和管道设施。这样，校舍本身就象征着我们办学的目的，也就是要保存中国最优秀的文化遗产，并以此作为中国文化和现代知识精神的象征。”南京金陵大学1910年由美国基督教会传教士博罗创办，主要建筑有北大楼、东大楼、西大楼、东北大楼、礼拜堂及图书馆等，它们均为青砖墙面，歇山屋顶，造型严谨对称，体现了中国北方官式建筑的风格特征。其中北大楼建于1919年，是金陵大学主楼和标志性建筑，建筑师是美国的司马。在归纳西方建筑对东方建筑的影响时，在评

图17 2011年8月16日 广州七十二烈士墓

估20世纪初西方现代主义建筑对中国新文化建筑的启示中，我们不可不提及美国建筑师的代表性人物墨菲，他于1926年规划设计的燕京大学是“中国式”教会大学的典型代表。燕京大学办公楼以“宫殿式”大屋顶为蓝本，按照西方古典主义构成原理，进行了演绎，形成了以歇山顶为主体庑殿顶为两翼的主从三段式构图。墨菲的较大贡献是他用作品总结并传播着中国建筑的五个基本特征即：反曲屋顶、布局的有序、构造的直率、华丽的彩饰及建筑各构件间的完美比例等。

图18 2011年8月17日 广州陆军军官学校

三、用“事件建筑学”纪念百年辛亥是一新视角

“事件”往往指那些对一个国家、区域、城市产生重大历史、社会、经济、文化影响的活动，事件是英文单词event的直译，它又分为主动型和被动型两类。后者的被动型则主要来自公众意愿之外的突发事件如灾难、战争、危机、混乱等状况，建筑文化考察组于2010年推出的《抗战纪念建筑》正是以“二战”事件为背景的建筑学思考，无论抗战史迹建筑、抗战期间建筑活动，乃至抗战胜利后的纪念建筑，都是对“二战”史的深度挖掘，是重塑抗日战火的建筑文化记忆。《辛亥革命纪念建筑》及2009年完成的《中山纪念建筑》所含的事件，合乎公众意愿，不仅体现着纪念性、文化性、政治性，更具有遗产价值，属主动型事件。百年前，武汉打响的辛亥革命第一枪，宣告封建王朝土崩瓦解，百年之后，历史赋予武汉一个个庄严而鲜活的辛亥革命遗址。从中国近现代建筑及“事件建筑学”视角，武汉已确定了“辛亥首义武昌18景”即武昌起义军政府旧址、孙中山铜像、起义门、首义英雄烈士雕像、蛇山炮台等辛亥革命遗迹以及新建的辛亥革命博物馆、首义南轴线景观、楚望台遗址公园、辛亥革命百年纪念碑林等。18景是一本纯直观的“动态辛亥史书”，18景中最核心的当属武昌起义纪念馆，它是中华民国政府鄂军都督府旧址，位于武昌阅马场，西邻黄鹤楼，北倚蛇山，南临首义广场。这幢砖木结构的两层红色楼房，它采用西方国家行政大厦的风格，同时整个院落又体现出中国传统的建筑格局，坐北朝南，红楼东西两侧有配房，南段是装有铁栅栏的院墙。步入红楼会议厅，布局典雅庄重。1912年4月孙中山曾在此演讲，主席台正中布置十八星旗，寓意为内地十八省同胞团结起来，以“铁血精神”推翻清王朝的统治。十八星旗后被确定为中华民国陆军军旗。作为物质形态的首义遗址资源无法再生，但作为非物质形态的首义文化资源却是取之不尽的。落成的辛亥革命博物馆是首义文化园的新地标。博物馆是一个集辛亥革命历史展示、文物收藏、学术交

图19 2011年8月17日 黄埔军校旧址（东征烈士墓园）

图20 2011年8月18日 近代广州展览馆

流于一体的专题博物馆，更成为国内外了解武汉历史文化的窗口和文化旅游、观光新景点。远远望去，新博物馆呈“V”字形，寓意胜利，更像一个展开的翅膀，预示着中华腾飞。博物馆布局为变形的三合院形式，上部岩石象征着封建桎梏，中部玻璃象征着革命的新兴力量，下部基座更成为革命的基石。

建筑文化考察组在多次造访武汉的辛亥革命建筑考察中，尤其印象深刻的当属“中山舰博物馆”。2006年11月12日是伟大的革命先行者孙中山先生诞辰140周年，同时也是以孙中山的名字命名的中山舰打捞工程正式启动十周年。这艘船原名永丰舰，是中国近代史上富有传奇色彩的名舰，自1913年加入中国海军后，历经“护国运动”、“护法运动”、“孙中山广州蒙难”、“中山舰事件”、“武汉保卫战”等五大历史事件，1938年10月，在武汉大会战中于长江金口水域被日机炸沉。1997年1月28日，沉睡江底59年的中山舰被打捞出水，重见天日，已经清理出3 400多件各类文物（其中有51件国家一级文物），而舰体被定为目前我国最大可移动文物。为保护并展示中山舰这一具有世界影响力的中华民族近代史的“记忆”载体，按照“史以地近”的原则，2005年武汉市决定在江夏区金口镇建设中山舰旅游区，中山舰博物馆自然成为该区的核心建筑。广州珠江外资建筑设计院较成功地营造了历史空间氛围，其规划设计特点：①新颖独特的规划理念。中山舰是独一无二的，它所处的环境更是无法替代的，项目规划要能讲述人与历史、人与战争、人与自然及城市文化的关联性。楚地爱国诗人屈原为纪念战死沙场、为国捐躯的英勇将士曾有诗句“身既死兮神以灵，魂魄毅兮为鬼雄”（《楚辞·国殇》）。从此出发，设计者努力打造一个纪念英雄战舰的独特空间场所，并利用“向心”、“交流”、“围合”、“沉思”等景观环境，营造了缅怀先烈的遗产空间氛围。②突出“舰魂铸碑”的设计理念。建筑师通过简洁的几何体块穿插与组合，强调秩序、空间与功能的关系，在水平与竖向上构建强烈的视觉冲击感，勾勒出中山舰博物馆雄浑刚劲、气势恢弘的空间形象，材质的虚实对比更表现出悲怆、分开、沉思、缅怀的场所主题。③富于创意的建筑造型。博物馆的建筑形体以简洁、厚重、雄浑、伟岸又抽象的形式屹立于湖边，通过天然花岗岩及适量的玻璃幕墙等纯净形态传递自然山势的信息，拉近寓意与过往历史的关联，而圆形纪念厅、梯形的舰体陈列厅、笔直的湖边栈道等形体创作，自由舒展更犹如破水而出的不屈战舰，富有标识性、震撼感的极强的形象。④中轴线设

图21 2011年8月5日 中山舰博物馆室内

图22 2011年8月5日 中山舰博物馆室内

计思想的完满体现。中轴线概念贯穿了建筑师展陈设计的总意图，即孙中山塑像透过舰体造型望向远方的纪念碑，从而将孙中山、舰体、纪念碑连在一条轴线上，使参观者的肃穆和崇敬感油然而生，这是独具匠心的设计。由中山舰博物馆建筑设计让我想到要想对辛亥革命史研究得深入些，须从纵向与横向上做出拓宽，更长的时间视野是历史学的贡献，而贯通的空间视野则是学科上的贡献。

之所以拓展建筑视角，是因为辛亥百年有一系列地标式纪念建筑，如广东中山市是伟人故里，在此可领略到孙中山革命生涯的全部；广东是孙中山及革命党人长期革命的摇篮和策源地；武汉作为辛亥首义地，可看到一系列辛亥革命建筑与遗迹；南京是共和肇始第一城，是武昌起义“开花”，定都南京“结果”之地，同时也是中山先生未来精神不朽的长眠之地。认知辛亥百年历史，不仅从辛亥革命的旧事开始，更该循着辛亥革命诸起义地的城市地图展开：1910年4月长沙抢米风潮，1911年4月广州起义，1911年5月成都保路运动，1911年10月武昌起义，1911年10月汉阳、汉口阳夏保卫战，1911年10月22日西安起义，1911年10月23日九江起义，1911年10月29日太原起义，1911年10月30日昆明重九起义，1911年4月杭州起义，1911年11月3日上海起义，1911年11月3日贵阳起义，1911年11月5日苏州和平光复，1911年11月7日安徽独立，1911年11月7日桂林独立，1911年11月22日重庆独立等。美国建筑家沙野曾经说：“世界是本打开的书，从中可以看到它的抱负”。自“打响辛亥革命第一枪”的广州开始，辛亥起义在屡败屡战的坚韧中，在黄花岗七十二烈士的悲壮、《与妻书》的柔情中，让人们感受到经过锻造的中国城市精神与性格。辛亥百年的岁月，使这数十计的城市一次又一次“城变”，在每一次变迁中都或多或少保留下辛亥革命所植下的基因。通过建筑文化考察组的寻访我们发现在现在与未来，辛亥革命精神将在广州黄埔军校所在地长洲岛显现，在武汉酝酿的又一次崛起中实现，在南京潜心打造的民国建筑文化的城市魅力中展示，在中山市谋求民生均衡发展的人文和谐建设中呈现。具体说：

图23 2011年8月4日 考察灵谷塔合影

广州——辛亥赋予了太多的革命基因，它作为中国近现代革命的策源地，也是引领革命、文化发展的风潮之地。孙中山的《孙文学说》曾回顾兴中会建立到黄花岗起义间的十次起义，其中有八次是在广东境内举办的。孙中山在其《建国方略》中说，规划要点“吾人之南方大港，当然在广州”，辛亥年的革命改变了历史的进程，更改变了广州这座城市的发展方向。

武汉——首义后的百年城变。一座城市精神集中在一个广场上，它不仅完成一次时代的穿越，更发表着跨越历史的演说。这差一点成为首都的武汉，以城市为舞台， 以现代化的城市文明为支撑。武汉近代城市文明的积淀，为辛亥革命的爆发培植了土壤。

南京——南京临时政府只存在了短短91天，但却让中国人对人权、民主、法治理念与共和制度有了真切感知。南京也因此成为辛亥百年不可或缺的地标性城市，如今散落在南京各处的千多处精美的民国建筑物，串起的是一部凝固的中国近代史。

长沙——武昌首义之后的首应之城和同盟会精英荟萃之地。

中山——一个人成就一座城。它是孙中山的童年故居，此地原名香山县。俯瞰中山，就如同中山故居这座中西合璧的小楼，百年来凸显着中西文化的碰撞，印证着这座城市在这特殊文化背景下的发展之思，在中山，承载着中国近代文化遗产的复兴与保护之路。

北京——威胁着封建王朝的根基。在北京辛亥年间发生的革命事件有在北京正阳门火车站吴樾刺杀五大臣，汪精卫在什刹海银锭桥下杀摄政王，冯玉祥等人的反清滦州起义，指挥部设在通州张家湾的通州起义，在东华门丁字街拐角处刺杀袁世凯，西四牌楼附近的大红罗厂刺杀良弼等。辛亥革命后，北京在传承辛亥革命时期留下的宝贵遗产中发挥了独特的作用。万牲园（今动物园的荟芳轩南侧）为刺杀良弼和袁世凯的“彭、杨、黄、张”四烈士建立墓地，孙中山先生亲自参加了迁葬仪式；中山公园（过去称中央公园）内“公理战胜坊”，曾有两像面南并立，其中，王金铭像在左，施从云像在右；1936年冯玉祥将军为纪念滦州起义殉难烈士，在位于北京颐和园西以北15公里的温泉镇显龙山（俗称白塔山上）建立辛亥革命滦州起义先烈纪念园。再如首先高举讨袁义旗的云南将军蔡锷，曾于1913年10月—1915年11月在京居住两年，其建筑遗存有：新街口南大街东侧绵花胡同66号蔡锷故居；举国翘首的文人雅士光顾的大栅栏西街33号青云阁，也是蔡将军与小凤仙的邂逅地；由铁狮子胡同演变而成的今张自忠路3号，辛亥革命后先后成为袁世凯大总统府、段祺瑞执政府所在地。

上海——不仅是中西建筑文化交会的精华，更是辛亥风云激荡的城市。如果将孙中山于1894年11月在美檀香山成立“兴中会”起，经伦敦蒙难、转向日本等创革命、建立同盟会并发起起义被迫流亡海外，那么后革命阶段主要以上海为大本营。1912年4月3日辞去临时大总统后寓居上海。1911年12月27日（农历十月初八），孙中山在静安寺路（今上海南京西路）斜桥总商会后小洋房内会见各省代表，12月26日，在孙中山寓所宝昌路（今淮海中路）408号寓所主持召开了同盟会最高干部会，决定了历法改革及国家体制大事。孙中山与上海应成为上海编年史中最璀璨的篇章。

天津——底蕴深厚中山路。天津中山路，沧桑百年、文脉传承，它不仅是近代中国第一条以现代规划理念建设的城市干线道路。它相当于一座近代史上风云际会的大舞台，这里推行过清末“新政”，呼应过辛亥风雷，拨动着民国风云；这里留下过李鸿章、袁世凯等清末重臣的历史一页，留下过孙中山等革命家的足迹；天津作为北方辛亥革命的重要根据地，发生在1912年1月29日的辛亥革命天津起义，恰恰位于中山路（原名大经路1946年更名）起点的金钢桥畔打响的。据统计，全国各省市自治区（含台湾）共有纪念孙中山先生的道路326条，其中命名“中山路”的超过187条，这是一个罕见的“奇观”。孙中山先生三临天津，它们均在辛亥革命事件中起到重要作用：

第一次，1894年6月，时年28岁的孙中山带着洋洋数千字的《上李鸿章书》来津，想方设法见李鸿章，表达自己的改良主义思想，天津之行是孙中山革命生涯的开始；第二次，1912年8月23日来津，8月24日孙中山出席在广东会馆举办的欢迎会，并作了演讲，它使孙中山认识到袁世凯“伪共和”的真面目；第三次，1924年11月13日，孙中山不顾个人安危，经上海绕道日本进京，12月4日来津，4日下午入住张园，至31日他抱病日夜操劳，仅以大元帅名义在张园给部下发出的指令有118件，并草拟建国意见25条。

完整的建筑体系可有多种分法，但最基本的划分有三个层面：① 科技工程层面，即指作为建筑物质基础的技术、材料、设备乃至物化形态的建筑功能及类型等；②建筑文化观念层面，即建筑风格、建筑理论、建筑思想乃至建筑价值观及公众审美趣味等建筑文化；③建筑管理制度层面，主要指政府、甲方、设计师、施工商及建材企业间的契约关系等。若思考那时中国建筑体系的整体变迁，1840—1900年变化是缓慢的，而现代建筑的萌芽是以木构架为物质基础、礼制文化和典章制度为核心的官式建筑体系的衰落和断裂为标志的，清末新政时期官方建筑的全盘西化，新式建筑教育的创意乃至科学型建筑师的出现，都标志着中国建筑的觉醒。据此，笔者认为着力研究并总结辛亥时代与纪念建筑对认知和总结中国近现代建筑史研究意义重大。北京是孙中山转向革命的起点，也是他一生从事革命的终点，1894年、1912年、1924年曾三次赴京，他与北京有着不解之缘，1925年3月12日孙中山在北京铁狮子胡同病逝。天津历史风貌建筑中有70%的项目是1900年至1937年建成的，是中国极有代表性的20世纪文化遗产。2010年出版的《天津历史风貌建筑》丛书为全国辛亥革命建筑及其遗存的整理做出了榜样，更开启了中国建筑文化遗产保护上纪念辛亥革命的“序曲”。据《天津历史风貌建筑》丛书分析，从洋务运动始，天津便开设了全国最早的邮政、电报、铁路，建立起具有相当规模的近代工业体系，到1936年天津市已有洋行982家，1943年仅法租界就有注册商店4 000余家。名人故居更是天津20世纪建筑文化遗产的重要部分，从末代皇帝、前清遗老遗少、民国总统总理，到各部总长、各省督军、学者名人都在此形成故居群落，其中也包括辛亥革命的代表人物及其典型建筑，如袁氏宅邸、段祺瑞旧宅等。作为辛亥革命的百年建筑遗产，只要视野一开阔就会发现遍布国内诸多大城市的辛亥革命纪念建筑、遗址及相关历史遗存，我以为这是近年来建筑文化遗产研究向社会发展展示的课题。武汉是辛亥革命首义之地，辛亥武昌首义为彻底颠覆清王朝统治立下头功，开创了中国民主共和政权之先声。2009年，武汉为承办2011年全国性纪念辛亥革命100周年活动开始了全面的准备和建设。武汉有得天独厚的人文环境，更有丰富的辛亥革命历史文化遗迹。但应看到虽武汉的部分历史遗存和代表性建筑已开始修缮，可与南京、广州等城市的辛亥革命历史遗存建设、挖掘相比还显滞后。目前，武汉三镇的辛亥革命烈士公墓和辛亥革命名人之墓多达11处，但规模、建制均很小。云南也是辛亥革命的重要战场之一，1908年4月，经孙中山先生亲自策划发动了“河口起义”，同年12月发动了“永昌起义”。湖北武昌首义成功后，云南又先后发动腾越起义、重九起义、临安起义。其中，昆明的“重九起义”是独立各省革命党人组织的省城起义中代价最巨大的一次。在声援武昌起义同时，也推动了贵州、四川等省的独立。“重九起义”还使蔡锷、李根源、李烈钧、朱德、唐继尧等一批影响中国命运的杰出人才登上政治舞台。为此，云南的建筑文化遗产研究要调研分布在全省的辛亥革命历次起义相关的发生地、重要遗迹、标志性建筑、人物故居、墓碑、塑像等保护现状。同样，南京民国建筑研究院的专家称，民国建筑是中国近代建筑的缩影，作为民国之都，南京的民国建筑一枝独秀，中山陵、美龄宫、音乐台、原中央大学大礼堂以及散布在今中山东路、中山北路两侧星罗棋布的民国建筑群，构成南京独有的靓丽风景线，是辛亥革命及其以来重要的建筑文化遗产。与上海、天津、广州等城市辛亥革命以来建筑相比，南京民国建筑特色更是等级高、类型全、内涵更加丰富的建筑群落。

图24 2011年8月4日 考察组在南京合影

图25 2011年8月5日 武昌首义博物馆新馆工地前合影

但随着城市化进程的加快，很多辛亥革命遗迹被“淹没”在高楼大厦中，这不仅有因为缺少对历史遗迹重要性的认识而产生的忽视，也有因为没被划入文物保护单位而缺少保护资金的尴尬，但无论怎样我们都无权利让历史“断档”。古都西安首义旧址令人担忧，位于碑林区东县门的西安市第八中学曾是清政府“陕西军械总局”（军装局），更是陕西打响辛亥革命第一枪和革命军在西安城内大本营的重要旧址，无疑是西安辛亥革命的重要遗址。清政府军装局的门楼过去建在第八中学的门口偏西侧，坐南朝北，是一平顶圆门的建筑，到2003年，这仅存的门楼也被市政部门拆除。张云山是西安辛亥革命中一位颇具影响力的人物，他是辛亥革命前新军中哥老会的成员，在当年10月22日起义中，进攻满城，破城后被推任为兵马大都督。其故居位于长安区太乙街办西新庄村，如今院里杂草丛生、院墙坍塌，而兵马都督的坟茔也在“文革”中拆毁，现有墓碑已破败不堪；与张云山墓命运相似的，还有位于长安区韦曲街办的井勿幕墓，这位曾被孙中山誉为“西北革命巨柱”的杰出先驱，其墓碑孤零零地立在清凉山上，既无围挡更无陵园。据查西安大雁塔，在辛亥革命起义爆发前，同盟会、哥老会和新军中的主要领导人，都在大慈恩寺中举行过结盟仪式。再看2010年4月14日杭州市政府公布了《杭州市第五批历史建筑保护名单》，但名单公布没多久多处历史建筑便纷纷遭遇拆毁厄运。如牛羊司巷17号是建构考究的清代建筑，现已拆得仅剩一些木框架，这里曾是有着200年历史的杭城药业“六大家”之一；建兰中学地块是明清时浙江省最高官府巡抚都察院所在地。据史书记载，当时巡抚都察院署占地面积广阔，住房、楼堂、舫斋小楼、胥役班房甚至土地祠等一应俱全，现拆得只是遗存了。此地在辛亥革命中意义非凡：秋瑾曾女扮男装出入巡抚署卫队筹划举事；1911年11月4日夜，攻克巡抚署成为辛亥革命光复杭州的首战，而第一枪正是由东边镇东楼向朱婆弄处打响的，无疑，这里还是辛亥革命的重要纪念地及杭州唯一的辛亥革命遗迹。辛亥革命百年过去了，作为建筑学人虽难以诠释百年中国的发展模式，但我们应对百年中国建筑及其建筑文化遗产保护与发展做出评介和归纳，从此种意义上看，辛亥建筑遗产的研究与审视至少留存下三层意义。

其一，辛亥革命纪念建筑是中国近现代建筑这一庞大系统工程的重要方面，有属于世界建筑文化的遗产观。因此它在多方面体现了《世界遗产公约》规定的内容，如从历史、艺术、科学角度看，它在建筑式样、公布均匀或环境风景结合诸方面具有突出的普遍价值的单体或建筑群、遗址等，按照此标准现存的辛亥革命建筑多为军事建筑和特殊建筑。辛亥革命建筑即中国近代建筑与中国传统古建筑不同，是一个“有建筑师”的历史，赖德霖先生1988—1992年间在汪坦教授指导下研究中国近代建筑史，2006年8月出版的《近代哲匠录——中国近代重要建筑师、建筑事务所名录》，共收录了从白凤仪（1906—）到卓文扬（生辰不详）共250名建筑师，这便构成20世纪20—40年代受辛亥革命影响深远的一批建筑师的状况及建筑作品的“风景”，也恰恰靠着他们中国产生了遍布全国的一批辛亥革命建筑或遗址，深远地影响了后来建筑的发展。

其二，辛亥革命纪念建筑已开始倡导创新优先的原则，倡导如何有远见和前瞻性地选择在合理使用、加强监督的方针指导下可持续利用。从此种意义上讲，研究并挖掘辛亥革命建筑及其遗迹的过程，就是全面梳理中国20世纪前后近代建筑历史的过程。以上海为例，古代仅是个小镇，直到元代的1292年才建县，上海发展为大城市只是到20世纪初才开始。上海的近代建筑最先出现的是外滩及南京路，最先建造的则是两个跑马场。南京路上的“四大公司”即先施公司（1915年）、永安公司（1918年）、新新公司大楼（1926年）、大新公司（1934年）确立了中国近代商业建筑的基本形式。应该说，由于辛亥革命及“五四”运动现代启蒙思潮的引入，使德国鲍豪斯建筑学校、法国著名建筑师勒·柯布西耶等的建筑国际化设计思想影响着中国建筑作品，至今给中国近代建筑留下典范作用的作品有：南京中山陵、广州中山纪念堂、武汉大学图书馆、上海江湾的旧市政府、北平图书馆、南京中央博物馆等。

其三，辛亥革命纪念建筑的意义十分明显，它倡导用理性的态度和科学的方法去认识自然，认识社会，认识人类本身，而这些正是广义建筑学所一直关注并实践的主题。如从穿越百年的武汉首义的新旧红楼（辛亥革命博物馆建筑），应感到的不仅是建筑创作风格的变迁，更有辛亥建筑的“敢为先”，“破土而出”的创作特质。有鉴于此，以辛亥革命纪念建筑为背景的中国近现代事件建筑研究，不仅对建筑学本身，对中国近代史及其文化学都更有值得深究的传播意义。如此，我们会发问：建筑如何体现价值，建筑背后承载了多少丰富的历史事件？笔者对辛亥时代及其相关建筑的联想及拓展，不仅引燃辛亥百年事，更看到开启中国进步之门的力量。如果说马拉火车只是清王朝被时代抛离的一个例证，那么新加坡大人路12号，那座有着百年历史的红色尖顶两层楼的孙逸仙别墅——“晚晴园”正是辛亥革命萌芽期，几场起义的策源地；如果说那面样式新奇，代表了一个崭新历史的十八星旗，在武汉三镇上空飘扬彰显了革命形成的燎原之势，那我更认为刚刚落成的武汉辛亥革命纪念馆建筑更成为书写中国社会历史的时代缩影。以建筑发展的名义，纪念百年辛亥不仅是个专业视角，更是中国建筑学人重温历史建筑的过程，希望当年的民主与科学两大精神在当下继续发扬，中国城市建设之思倡导理性及科学态度，尤其该杜绝“大跃进”式的发展建设模式，这或许也是由辛亥百年建筑中国的“事件建筑学”研究给我们的现实启示。

四、“田野新考察”是重要的建筑遗产发现过程

自2008年在基本完成八卷本“人文奥运·文化北京建筑旅游丛书”策划及组织出版后，笔者便主持建筑文化考察组、《建筑创作》杂志社《中国建筑文化遗产》编辑部及相关单位数十位同道开始“中国近现代建筑经典丛书”的编撰。现纵观此过程，心中涌出无限感怀。笔者曾于2003年第1期，2006年第3期两次在《北京市人民政府专家顾问团简报》上撰文，提出关于加强北京2008年人文奥运建设的若干建议，现在重读旧文发现当时旨在希望政府及相关部门能从多角度、多层面来支持挖掘建筑文化遗产工作，从而推进建筑文化遗产的传播工程。需要申明的是，在对中国近现代建筑文化遗产的持续考察中发现，无论是2009年《中山纪念建筑》、2010年《抗战纪念建筑》乃至今日将问世的《辛亥革命纪念建筑》都关注了不同大事件背景下的建筑遗产保护专题。我们的经验是：要在建筑师、规划师、文博专家中重育历史的心境，构筑解读建筑遗产的方法，通过田野新考察及持续不断的探寻，找到建筑文化遗产发展的航向，使这些20世纪建筑遗产在大事件的引领下得到保护与发展。为此提出一系列争议与质疑问题：

第一，随着重要事件为契机的遗产保护运动的推进，某些城市各类建筑文化遗产被人为地套上了“时间表”，口号是要求数月或数年内完成，最可怕的做法莫过于“脱胎换骨”式的保护及“微循环”的做法；第二，事件遗产保护嬗变成“面子工程”与“美化运动”，而量大面广的急需保护的遗产项目却得不到有效保护；第三，迎接事件的时限要求，自然会滋生许多名义下的遗产大破坏，事件“热潮”与保护“冷态”并存；第四，事件遗产保护规划中的文化特殊性遭抹杀等。对于田野新考察的执著，启发我们如何在尊重历史中，省思辛亥建筑成就。对历史的价值英国前首相丘吉尔曾说：“永远为了现在和过去而纠缠不清的话，那你很可能就失去未来。”对此，建筑文化考察组的同道则认为，必须清楚、准确地了解过去和现在，那你才可能拥有一个美好的未来，无论是抗日战争的建筑遗存，还是孙中山及其辛亥革命建筑历史都需要为了明天而关注当下的保护与传承。尽管现实地讲，城市对建筑更新与现代化的需求最为迫切，集体化发展日益造成城市土地资源紧张，城市开发与历史、建筑与街区保护的矛盾凸显。要承认，许多极具保护价值的街区、建筑和历史遗迹，在人们对现代化的热切憧憬和深度误读中被破坏和面临破坏。但在另一方面，建筑文化遗产教育及传承也被僵化的思想笼罩，不仅脱离创新，造成了许多不伦不类、审美次之的假古董盛行。因此，在传统建筑、尤其是传统纪念建筑的时间建筑中，让当代美学元素融入，让技术功能元素进入，造成对比与张力，靠新材料及新思想才更反衬出旧，在虚与实之间叠加，创造出新的美学落差及意境，恰如胡适先生所说，自古成功在尝试。著名建筑师赖特说“建筑基本上是全人类文献中最伟大的记录，也是时代、地域和人的最忠实的记录”；果戈理也说“建筑同时还是世界的年鉴，当歌曲和传统已经缄默的时候，而它还在说话……”。我们近六年的建筑文化考察的最大收获是在建筑这历史“年鉴”中感受着发现的愉快及中国建筑文化的赏析之美。

2005年6月在上海、香港两地召开了沪港“旧区重建与旧建筑保育”会议，与会专辑引用了戴念慈先生将历史建筑的“保护”分为三个层次的观点，即“第一层次，需严格保护具有重要历史价值的建筑和建筑群；第二层次，被用于现代生活的老房子—旧建筑的改造；第三层次，历史城镇或城市的保护”。对此，作为建筑师的香港建筑署署长余炽铿表示，建筑文物既是我们宝贵的文化遗产，也是我们文化身份的象征。我们要为都市建筑环境搜寻失落的精髓，他特用一段文字描述了建筑遗产在挣扎中求生存的态势：“在现今的繁嚣闹市中，推土机发出轰轰巨响，推倒一幢幢古老建筑物；挖泥车碾过一座荒村，喷出那团团黑烟；起重机的吊臂在历史建筑物上空盘旋；幢幢高厦新宇拔地而起几乎遮蔽住法定的古迹；旧楼尘封多少历史，映照在大厦外壁，楼影若幻……”余先生最后表示城市设计是综合建筑新与旧意向的公织媒介，他希望能缔造一个拥有丰富文物建筑的城市。对余先生的挚言我以为：其一，建筑文化遗产传承与发展不可提“缔造”、“打造”之词；其二，余先生笔下的希望之城，在中国大陆早已比比皆是，中国七大古都“安阳、西安、洛阳、开封、南京、杭州、北京”暂不提，仅以“事件”为背景的辛亥建筑就主要涉及武汉、南京、广州、长沙、北京、天津、西安、昆明、深圳、台北、澳门等十多个城市。其中，上海作为自19世纪50年代就兴起的中国近现代贸易中心、金融中心和多功能经济中心，有西方文化输入和上海本地以及中国不同地域文化相互关联的近代建筑博物馆之称，中西方建筑文化的并存、冲撞、排斥、认同、适应、移植与转化，更使上海成

图26 2011年9月16日 建筑文化考察组成员出席在广州中山纪念堂建堂80周年学术研讨会合影

为中国近现代建筑文化的发源地，是必须关注的建筑遗产。对此中国科学院院士郑时龄撰文《近代都市文化环境中的上海历史建筑》，他对上海近现代建筑与事件的影响及关联做出评价：上海建筑叙说了革命史、社会史及经济史；上海建筑显示出技术进步，成为近代工程技术史的里程碑；上海建筑及建筑群在城市规划上具有重要的历史价值；上海建筑有享誉国内外的地标性建筑，是城市空间的中心；上海建筑在建筑类型学上因其独特风格而具有代表性，既代表着宽容、折中又兼收并蓄，有的建筑在艺术上、历史上均体现价值等。建筑文化考察组的调研实践证明，正是由于中国有诸如上海几乎囊括了世界近现代建筑各阶段的风格建筑，从而使中国城市演变成为活生生的一部历史建筑史。

建筑文化考察组的实践与总结已经体现在出版多卷的《田野新考察报告》上，自2007年至今已出版了四卷（第四卷估计于2011年末出版），笔者与殷力欣先生曾联合撰文“从《中国营造学社汇刊》到《田野新考察报告》”（见《第二届历史建筑遗产保护与可持续发展国际会议论文集》，天津大学出版社，94~98页，2010年）。我们认为建筑文化考察组的作用有三：①通过考察与研读，用挽救性之思，为中国新旧建筑留史，其近年来代表性作品主要有：七卷本《建筑中国六十年》丛书（天津大学出版社，2009年，第一版）；②通过考察与挖掘为中国建筑、文博界前辈梳史，做了口述历史的工作，先后出版《建筑师宋融》（2004年）、《中国第一代女建筑师张玉泉》（2006年）、杨永生主编的新编《张镈：我的建筑创作道路》（2011年元月），同时拓展思路，为中国第一代建筑结构大师杨宽麟诞辰120周年出版专辑（2011年9月），建筑文化考察组策划及著述不仅涉及学辈大家，还包括学养扎实的“小人物”，如为刘志雄先生《文博学人刘志雄》一书；③建筑文化考察组的建筑遗产传播，同时兼顾为中国建筑走向世界和世界建筑传播中国的双向交流，在2011年7月推出的《中国建筑文化遗产》系列专辑中，不仅设置华夏建筑文明的中国传统大栏目，还用“百年建筑中国”、“创意设计”等栏目展示中国面向世界的步伐，特别加大文稿的英文含量。对于中国建筑大家的历史性贡献，马国馨院士在为《中国第一代建筑结构工程设计大师杨宽麟》序中说：“该书的出版对于结构学界、建筑学界、建筑史学界，对于北京市建筑设计研究院，对于杨宽麟先生都是极有意义的……他作为中国最早的结构工程专家，对结构工程设计做出了重要的贡献……”

以建筑的名义承载百年辛亥是个大命题，虽然本书及本“编著后记”已从不同层面论及感想，但深刻记录百年建筑中国，独立思考并严谨审慎，不仅需要理解还值得敬畏。尽管有人对我们策划出版《辛亥革命纪念建筑》一书也有些不信任，甚至认为如此短暂时间，怎能啃下这硬骨头。我理解，因为在大家眼中，全国乃至海外，而今往事不仅成遗迹，甚至遗迹已难寻。但我始终以为，无论时代精神如何风云变幻，建筑的新与旧，有和无都是设计创作中的永恒话题。对建筑师而言，创作是他们张扬澎湃的激情，因为他们信奉“建筑之于营造，如诗之于文字”，与其说是一次设计历练，不如说是一场文化洗礼。“田野新考察”报告及其活动，不是荒野与自然的呼唤，更不是朋友们聚在一起的旅游，而是建筑界与文博界学科交叉的一种透彻锻造。如果说清晨与静夜吹来初春的花香，那么它让我感到的是一种建筑境界的升腾与心灵漫步，至此，我更坚信“田野新考察”研读、行走及出版传播之路是能担当起向世界解读中国建筑文化责任的，因为它留下的不再是一份份历史档案，更记录下一批旨在持之以恒、开拓耕耘者的文化足迹。所以，《辛亥革命纪念建筑》一书是在克服诸多困难后一步步走向完满目标 的。

回溯建筑文化考察组的NGO行为及其几年来深入研究“中国近现代经典建筑”的历程会发现，要走好田野新考察之路并非易事，重在提升每位建筑文化考察组同道人员的综合素质。常言道：行远，必先修其近；登高，必先修其低。近不修，无以行远路；低不修，无以登高山。一支欲有所作为和成就的团队，必须不断加强自身的修养。因此我想到建筑文化考察组的活动该如何迎接越来越丰富、越来越艰巨、越来越承担责任的新问题，2011年8月8日在中国国家文物局、天津市人民政府大力支持下，“《中国建筑文化遗产》首发暨《20世纪中国建筑遗产大典（天津卷）》启动仪式”在天津举办，国家文物局单霁翔局长不仅高度评价建筑文化考察组卓有成效的开创性学术工作，还就如何继续出好《中国建筑文化遗产》表达了新观念：“《中国建筑文化遗产》的诞生开拓了一个新的天地……我尤其支持该平台所策划的富有影响力及学术价值的各种学术活动及出版大系； 我代表国家文物局将继续全力支持《中国建筑文化遗产》的调研、出版、学术研讨、田野新考察等一系列活动，预祝这一应国学发展与中国走向世界而生的新‘平台’，更加充实并不断取得新的成就！”对此我想到，要深化田野新考察，开展更有针对性的建筑文化考察活动，更有效地总结并挖掘中国近现代建筑的宝库，需要非常深入的组织能力储备，不仅需要研究机构的交叉及跨学科问题，更需要高校建筑、规划、设计及文博专业的共同合作，要正视我们在这方面知识准备及历练上的欠缺。

基于此，我更以为建筑文化考察组在过去至今展开的中国近现代建筑遗产研究乃至传播的成果仅仅是发端，它必须要不断回答：何为对中国建筑界发展最有价值的建筑文化或建筑遗产研究；怎样做建筑文化研究传播才能承担其传承与发展的责任；何为在理论与应用上最可借鉴的文化遗产保护的成功模式；中国建筑文化遗产面向“十二五”及其大发展的中国建筑文化振兴格局我们该如何作为等，这些不仅是常做常新的战略思考，更是需要从专业化到公众化、从保护传承走向作出变革之思的新思路。建筑文化考察组作为集研究、设计、编辑、著述、出版“一条龙”的运作机构，恰由于其NGO特质，使它有能力、有潜质、有希望能在提升业内外建筑遗产认知的同时，关注中国乃至世界建筑文化遗产的走势，我们要以中国建筑文化遗产传播为“轴线”，继续开拓传播内容、传播方向、传播手段、传承通道乃至传播效果的纵深分析与实践。

上述这些似乎走题了的“编著后记”，缘于纪念辛亥革命百年之思，缘于以建筑的名义看待中国建筑文化遗产保护与发展之事件的广阔联想。本人作为公民纪念辛亥百年是源自共识，但作为千千万万的国人在百年之前又是怎样投身辛亥革命的，确有多少数不尽的“故事”。“据我母亲回忆我的姥爷兰健云（1880—1957年），生于官宦家庭，青年时代曾以全县第一名成绩考取秀才，又考取清廷公费赴日本早稻田大学学习法律，在日期间结识了孙中山和黄兴等人，并在经济上支持过辛亥革命活动。辛亥革命胜利后他曾接到孙中山新政府任职邀请函，尽管他回避政治，但仍以实业救国之路支持共和建设”。面对这一史实，我更感到辛亥革命距今人并不遥远，今人为挖掘并传承辛亥革命史是责任更是使命。面对《辛亥革命纪念建筑》，我再次感谢国家文物局单霁翔局长在过去十余年时间内，站在国家遗产保护高度对传播中国建筑文化遗产的关注，感谢他在方向上，选题上及政策把握上对“中国近现代建筑的经典丛书”系列的指点与支持；更感谢建筑文化考察组及其全国数十位始终不渝倾注心血研究、编撰《辛亥革命纪念建筑》著作的专家、朋友及同道，是他们对事件建筑的理解，是他们肩负起对辛亥建筑传承的责任，使这部尚艰难需数年研究才可能的著作能如此快且高质量问世，这背后的心血可想而知。我们在思考辛亥革命的当代价值时，虽然有不同的辛亥革命成败论，但辛亥革命打开了中国进步的闸门是事实，辛亥革命带动了中国近现代科学与文化的革命是事实。基于这些认识我深感《辛亥革命纪念建筑》一书是中国纪念辛亥百年数百计图书中的个性出版物，因为它以深刻的出版深度观照了深远的“辛亥”，作者们依事件、建筑、史料的文图形式竭尽所能再现那曾经的风云变幻，定格住了那些曾经影响过中国近现代史进程的悲壮身影。因此《辛亥革命纪念建筑》以学者们多维度建构之思带来它的时代印记，定使业内外朋友从中看到耳目一新处，会感受到以建筑的名义能续写出中国更多的鸿篇巨制，并作出超越历史的成果。

金　磊

《中国建筑文化遗产》总编辑

2011年10月